Edizioni PensareDiverso
Collana Cenacolo Jung Pauli.

O caminho quântico para a imortalidade

Bruno Del Medico

Além do fim.

Hipóteses científicas sobre a imortalidade. Da alma à consciência quântica.

Viaje pelas teorias de Henry Stapp, Roger Penrose, David Bohm, Giulio Tononi, Federico Faggin e muitos outros.

Bruno Del Medico Editor
edizioni@delmedico.it

Resumo

Introdução.

Ao longo dos tempos, a humanidade tem questionado a natureza do fenômeno comumente conhecido como "morte" e a possibilidade de existência além da vida terrena. Este livro nos convida a explorar as profundezas dessas antigas questões por meio das lentes da metafísica aplicada à ciência moderna, para uma compreensão da essência e da natureza do espírito humano.

Antes do advento da física quântica, o mundo dos fenômenos invisíveis, localizado além da compreensão humana, era tradicionalmente reservado à metafísica, uma disciplina filosófica que lida com questões ontológicas e transcendentais. A antiga distinção entre o que é material e o que é espiritual era nítida. A física se concentrava no estudo de fenômenos físicos e mensuráveis, enquanto a metafísica lidava com questões metafísicas, como a essência da alma, a natureza da consciência e a vida após a passagem.

Entretanto, com a revolução da física quântica no início do século XX, os próprios fundamentos da realidade foram abalados. Experimentos no nível subatômico revelaram um comportamento da matéria completamente diferente do que era previsto pelas leis da física clássica. Conceitos como superposição quântica, emaranhamento e dualidade onda-partícula foram introduzidos. Esses fenômenos são elusivos, não podem ser observados diretamente e desafiam nossa concepção tradicional de realidade objetiva e determinística.

Nesse contexto, o que antes pertencia ao domínio da metafísica, como a natureza da consciência humana ou a imortalidade da alma, está gradualmente se tornando um objeto de estudo da física teórica.

Alguns estudiosos pioneiros estão tentando desenvolver modelos físicos que possam explicar fenômenos aparentemente não físicos, mas que estão intimamente relacionados à nossa experiência humana.

Por exemplo, a consciência é cada vez mais vista como um fenômeno emergente relacionado à complexidade do cérebro e suas interações no nível quântico. Da mesma forma, algumas teorias postulam a existência de dimensões no espaço-tempo que poderiam permitir a existência de realidades não materiais, abrindo a porta para hipóteses sobre a imortalidade da alma ou a possibilidade de existências além da passagem física.

Em última análise, a fusão da física quântica com antigas questões existenciais, como a consciência, a alma e a vida após a morte, representa uma fronteira fascinante e controversa na pesquisa científica contemporânea. Essa abordagem interdisciplinar está redefinindo os limites entre ciência e espiritualidade, desafiando nossas concepções tradicionais da realidade e abrindo novas perspectivas sobre a natureza do universo e do ser humano.

Este livro não questiona se há sobrevivência da alma (ou consciência) após a transição, mas considera como certa uma transformação que mantém a identidade psicológica inalterada. A pergunta que o livro tenta responder usando o conhecimento científico atual e as opiniões dos mais renomados físicos teóricos tem como objetivo entender de que forma essa transformação ocorre.

Evidentemente, a alma, ou consciência quântica, sobrevive como "informação" após a passagem. Uma especulação teórica altamente avançada questiona se, no futuro, haverá instrumentos científicos capazes de decodificar essas informações ou até mesmo de conversar com elas. Em última análise, a fusão da física quântica com questões existenciais antigas, como a consciência, a alma e a vida após a passagem, representa uma fronteira fascinante e controversa na pesquisa científica contemporânea.

.

1 - PROBABILISMO E LIVRE-ARBÍTRIO.

"O livre-arbítrio é a capacidade da vontade de se determinar a uma ação, de acordo com as leis da razão."

(Immanuel Kant)

Capítulo 1. Probabilismo.

"Tudo pode ser tirado de um homem, exceto uma coisa: a última das liberdades humanas - escolher sua atitude em qualquer conjunto de circunstâncias, escolher seu próprio caminho."

(Viktor Frankl, sobrevivente do Holocausto e fundador da logoterapia).

(Tudo pode ser tirado de um homem, exceto a última das liberdades humanas: escolher sua atitude em qualquer conjunto de circunstâncias, ou seja, escolher seu próprio caminho).

Uma caminhada no Parque Circeo.

> *"E tudo o que somos é o resultado do que pensamos. A mente é tudo. O que pensamos, nós nos tornamos." (Buda).*

Nasci na pitoresca cidade italiana de Sabaudia, localizada no baixo Lazio, em um lugar que se distingue não apenas por sua beleza natural, mas também por sua história rica e fascinante. Sabaudia, de fato, foi construída no século passado em terras resgatadas com determinação dos pântanos de Pontine, por meio de um ambicioso projeto de recuperação que transformou um território inóspito em uma cidade animada e próspera.

A cidade de Sabaudia não é apenas um ponto no mapa, mas uma verdadeira porta de entrada para o magnífico Parque Nacional de Circeo, uma área protegida que se estende majestosamente entre as ondas do Mar Tirreno e a robustez do Monte Circeo. Este último é um lugar envolto em uma aura de mito e lenda, pois dizem que foi aqui que Ulisses desembarcou para encontrar Circe, de acordo com os versos da Odisseia narrados por Homero. Não muito longe dali, o interior é dominado pelo Monti Lepini, uma cadeia de montanhas que ergue seus picos como sentinelas sobre a paisagem circundante, oferecendo vistas de tirar o fôlego e natureza intocada.

Minha infância esteve intrinsecamente ligada a esse parque encantado. Até os quinze anos de idade, vivi imerso em sua natureza, pois meu pai, com orgulho e dedicação, trabalhava lá como funcionário, beneficiando-se de uma casa. Todo dia era uma aventura entre os caminhos da floresta, onde eu aprendia os segredos da flora e da fauna, onde o cheiro dos pinheiros e o canto dos pássaros enchiam o ar, oferecendo-me uma educação que ia muito além dos limites da escola.

A vida, com suas inevitáveis reviravoltas, me levou para longe deste canto do paraíso. As circunstâncias me levaram para longe, para outras experiências. No entanto, a lembrança daqueles dias serenos e a nostalgia daqueles lugares nunca me deixaram de fato. Agora, em uma idade mais tranquila e reflexiva, tive a oportunidade de voltar. E assim, com o coração cheio de emoção, voltei aos caminhos que percorri quando criança, às praias onde construí castelos de areia, ao lago com o enigma da cidade de Paola enterrado em suas profundezas e à floresta que explorei com a curiosidade incontrolável da infância.

Reencontrar-me em Sabaudia, no Parque Circeo, é como encontrar um pedaço de mim mesmo que eu havia deixado para trás, um retorno ao lar, onde cada árvore, cada onda e cada montanha parecem sussurrar histórias de um tempo passado, mas nunca esquecido.

Por isso, voltei a fazer longas caminhadas na floresta. Há algo mágico em estar cercado pela natureza, pelo ar fresco e pelo murmúrio das árvores. Do centro do parque, longos caminhos se ramificam na vasta área florestal. Essas avenidas serpenteiam entre farnias altas, pinheiros imponentes, morangueiros perfumados e azinheiras centenárias, oferecendo uma imersão total na paisagem mediterrânea.

O chão da floresta é uma tela pintada com plantas características: alfeneiros de folhas brilhantes, zimbros de flores vermelhas, medlars floridos, vassouras de cores vivas, espinheiros espinhosos, até essências herbáceas como aspargos selvagens, vassoura de açougueiro com suas folhas espinhosas e cistos com flores brancas ou rosadas que contrastam com o verde ao redor. Quando menino, esses caminhos representavam para mim verdadeiras jornadas ao desconhecido, mundos inexplorados nos quais me aventurar com um coração leve e olhos curiosos.

Hoje, o parque está mais bem conservado e acolhedor; as avenidas se tornaram rotas regulares para crianças em idade escolar em passeios ecológicos, turistas de todos os tipos e caminhantes meditativos como eu. Fiquei satisfeito em notar que, a partir dessas avenidas principais, agora se ramificam caminhos mais modestos, mas bem marcados, com placas indicando os vários destinos.

Há alguns dias, depois de dirigir por alguns quilômetros do Centro de Visitantes, uma placa em um caminho chamou minha atenção: "To the Visitors' Centre" (Para o Centro de Visitantes). Decidi sair da estrada larga e seguir esse caminho. O caminho, bem demarcado graças à organização cuidadosa e ao atendimento constante, parecia a promessa de uma caminhada relaxante. Depois de várias centenas de metros, à medida que avançava, às vezes atrapalhado por galhos e troncos caídos, pequenas valas de água e encostas arenosas criadas pela erosão da chuva, cheguei a uma bifurcação no caminho sem nenhuma sinalização. Um momento de perplexidade me tomou. Graças às minhas raízes profundas no parque e a uma confiança inata naqueles lugares, eu sabia que certamente não me perderia, mas preferia terminar a caminhada sem ter que me arrastar por entre arbustos e caminhos incertos. Eu precisava saber qual dos dois caminhos possíveis me levaria de volta à entrada.

Eu estava diante de duas probabilidades, direita ou esquerda. Era necessário que eu fizesse uma escolha. No entanto, os dois caminhos pareciam bem marcados e convidativos. Fui acometido pela síndrome do caixa de supermercado. Tendo que escolher entre vários caixas igualmente lotados, a escolha acaba sendo aquela que, pelos mais variados motivos, me faz sair por último.

Portanto, segundo meus próprios critérios, escolhi a direção certa e fui para a esquerda. As duas probabilidades foram reduzidas a uma. A probabilidade de ir para a direita "desmoronou" sobre a probabilidade de ir para a esquerda e desapareceu do horizonte da minha ita. Esse "colapso" ou "colapso" produziu uma escolha inequívoca.

Mas antes de retomar a viagem, tirei meu "caderno diário" do bolso e escrevi tudo nele, como costumava fazer. Gosto de pensar que, quando eu me for, esse caderno sempre permanecerá como um testemunho do que eu era.

A história ficou estranha? Talvez eu tenha usado algumas palavras incomuns, como "probabilidade" e "colapso", mas acho que o sentido é mais do que compreensível.

Então, eu lhe dou boas notícias.

Se você entendeu o significado da última parte da minha história, está no caminho certo para entender noventa por cento da física quântica. De fato, a física quântica tem tudo a ver com probabilidades e colapsos, além de alguns outros detalhes colaterais que tentarei expor no restante do livro.

Perfeito, você dirá, mas e o caderno? Bem, o caderno é o principal protagonista deste livro. Por metáfora, o caderno é chamado de consciência: no "caderno-consciência" estão registrados todos os colapsos, ou seja, todas as escolhas feitas na vida.

Mas há uma grande diferença: o notebook, assim como seu proprietário, ao longo dos anos, décadas e séculos, desaparecerá, sua fisicalidade acabará se dissolvendo, eles serão convertidos em outros átomos que formarão outros corpos ou materiais, talvez ar, talvez pedras, talvez outro planeta, apagando toda a memória de sua existência. Esse é o destino de toda matéria. A consciência, por outro lado, não é assim. A consciência, ou seja, a soma dos colapsos quânticos, é imaterial, sem corpo, tempo ou espaço, habita a não-localidade e, portanto, não é corruptível. A consciência é uma entidade quântica, ou seja, é imortal.

Probabilismo, escolhas possíveis.

No campo da psicologia e da filosofia, o conceito de "probabilismo" é uma das chaves para entender as escolhas humanas e a maneira como os indivíduos lidam com as decisões que caracterizam sua existência. O probabilismo está enraizado em vários conceitos fundamentais que moldam a maneira como percebemos as possibilidades e avaliamos os riscos em nossas escolhas de vida.

O dilema do prisioneiro.

O probabilismo refere-se a uma visão que considera as escolhas humanas como o resultado de uma avaliação constante dos possíveis resultados de uma ação. Um dos exemplos mais conhecidos desse conceito é o famoso experimento do "dilema do prisioneiro", desenvolvido em 1950 pelo matemático norte-americano Merrill M. Flood e pelo psicólogo Melvin Dresher.

Esse dilema, na prática, é um experimento clássico e amplamente estudado em várias disciplinas, como teoria dos jogos, psicologia e economia comportamental. Esse cenário hipotético destaca o conflito entre a racionalidade individual e o resultado ideal para o grupo envolvido.

No dilema do prisioneiro, duas pessoas são presas e colocadas em celas separadas sem a possibilidade de se comunicarem uma com a outra. Ambas têm a opção de trair a outra, confessando (escolha de "traição") ou mantendo silêncio (escolha de "colaboração").

As possíveis combinações de escolhas levam a resultados diferentes em termos de consequências para ambos os prisioneiros.

- Se ambos cooperarem, receberão uma sentença leve por sua cooperação.
- Se ambos traírem, receberão uma punição mais severa do que se cooperarem, mas menor do que se apenas um trair.
- Se um colaborar e o outro trair, o traidor receberá a penalidade mais leve, enquanto o colaborador sofrerá a penalidade mais pesada.

Aqui estão algumas das possíveis soluções:

Cooperação mútua.

Se ambos os prisioneiros optarem por cooperar (ou seja, ficarem calados), eles poderão obter um resultado melhor do que se traírem um ao outro. Essa estratégia se baseia na confiança mútua e na otimização do resultado geral, mesmo que haja o risco de um dos dois trair para obter ganhos pessoais.

Traição mútua.
Se ambos os prisioneiros decidirem trair para maximizar seu próprio benefício de curto prazo, ocorre a traição mútua. Nesse caso, ambos obtêm um resultado pior do que se cooperassem um com o outro, demonstrando que a busca pelo benefício individual máximo pode levar a resultados inferiores para ambos.

Domínio estratégico.
Uma possível solução poderia surgir se um prisioneiro implementasse uma estratégia dominante, ou seja, uma estratégia que levasse a um resultado melhor do que qualquer outra estratégia escolhida pelo outro prisioneiro. Nesse caso, um prisioneiro pode optar pela estratégia dominante para maximizar seu próprio benefício, independentemente da ação do outro.

Estratégias mistas.
Outras soluções possíveis envolvem estratégias mistas, nas quais os prisioneiros adotam uma combinação de colaboração e traição de acordo com determinadas condições ou uma lógica de resposta à ação do outro. Essas estratégias visam equilibrar a busca do próprio interesse com a consideração do interesse do outro para maximizar o resultado geral.

Em conclusão, as soluções para o dilema do prisioneiro refletem a complexidade da tomada de decisão humana e a variedade de estratégias que podem ser adotadas em situações de conflito entre o interesse próprio e o interesse coletivo.

O dilema do prisioneiro é usado para ilustrar conceitos como a teoria da cooperação, confiança, traição mútua e dinâmica comportamental em situações competitivas. É um exemplo eloquente de como as decisões individuais podem influenciar o resultado geral de uma situação, muitas vezes levando a um conflito entre o interesse pessoal e o coletivo.

Além de ser uma ferramenta para estudar o comportamento humano, o dilema do prisioneiro tem implicações importantes nas ciências sociais e econômicas. Ele ajudou a moldar as estratégias de negociação, a cooperação entre os indivíduos e os mecanismos de confiança e respeito mútuo que estão na base de muitas interações humanas.

O dilema do prisioneiro provou ser um ponto de partida fundamental para a compreensão da dinâmica da escolha e da cooperação humanas, destacando a complexidade das decisões influenciadas por diversas variáveis e estratégias comportamentais.

A influência dos cognitivistas.

As teorias dos cognitivistas, incluindo as contribuições de Daniel Kahneman e Amos Tversky, influenciaram profundamente a maneira como vemos as decisões humanas. Por meio de estudos como o "viés cognitivo", os dois estudiosos mostraram como as pessoas frequentemente se desviam de um modelo racional de escolha.

Os vieses cognitivos são os desvios sistemáticos da racionalidade que podem ocorrer nos processos humanos de tomada de decisão. Os estudiosos demonstraram, por meio de uma série de experimentos, que as pessoas frequentemente se desviam de um modelo de escolha puramente racional devido a vieses cognitivos e emocionais.

Kahneman, em seu livro Thinking, Fast and Slow, apresenta o conceito de *Sistema 1* e *Sistema 2*. O Sistema 1 representa o pensamento intuitivo, impulsivo e emocional, enquanto o Sistema 2 está associado a processos de pensamento mais lentos, racionais e deliberados. As pessoas geralmente confiam suas decisões ao Sistema 1, o que pode levar a decisões imediatas influenciadas pelo "viés cognitivo".

Entre os "vieses cognitivos" mais conhecidos identificados por Kahneman e Tversky estão o efeito de ancoragem, a disponibilidade e a representatividade. Esses "vieses" influenciam a maneira como avaliamos as informações, fazendo com que nos inclinemos para escolhas que podem estar muito distantes da lógica racional e da otimização.

A pesquisa de Kahneman e Tversky tem implicações profundas em campos como economia comportamental, finanças e psicologia. As organizações e instituições começaram a considerar esses fatores na elaboração de políticas públicas, no design da interface do usuário e no gerenciamento de riscos financeiros.

O trabalho de Kahneman e Tversky lançou as bases para uma compreensão mais profunda dos processos humanos de tomada de decisão e contribuiu significativamente para a evolução da psicologia cognitiva. A consciência do "viés cognitivo" leva a uma melhor compreensão de como as emoções e a cognição interagem para moldar nossas decisões cotidianas.

Mas então as escolhas que fazemos não dependem de nosso livre arbítrio?

Escolhas de vida e livre arbítrio.

Nos círculos filosóficos, o debate sobre o livre-arbítrio é frequentemente entrelaçado com reflexões sobre a escolha humana. Filósofos como Thomas Hobbes, David Hume e, mais recentemente, Daniel Dennett questionaram a extensão de nossa capacidade de tomar decisões e a existência real de um livre-arbítrio capaz de orientar nossas ações.

O livre-arbítrio é um conceito que fascinou gerações de pensadores que procuraram examinar a essência de nossa capacidade de tomar decisões. Desde os tempos antigos até os dias atuais, o debate sobre o livre-arbítrio continua a provocar perguntas profundas e debates acalorados entre acadêmicos de diferentes disciplinas.

Discutiremos o livre-arbítrio mais detalhadamente no próximo capítulo. Aqui, apenas darei algumas dicas.

Hobbes, no século XVII, argumentou que as ações humanas são determinadas por uma série de causas naturais, reduzindo o escopo da liberdade genuína de decisão. Em contraste, Hume enfatizou a influência das paixões e emoções na orientação de nossas escolhas.

Daniel Dennett avançou o debate sobre o livre-arbítrio com uma perspectiva contemporânea. Dennett, conhecido por seu interesse em transitar entre a filosofia e a ciência cognitiva, analisou o conceito de livre-arbítrio à luz das descobertas neurocientíficas e da complexidade do cérebro humano.

Vários estudos e experimentos nos campos da neurociência e da psicologia tentaram esclarecer a dinâmica do livre-arbítrio. O experimento do "neurônio espelho", realizado na década de 1990 pela equipe do neurocientista italiano Giacomo Rizzolatti, demonstrou a interconexão entre a observação dos outros e nossas próprias ações, levantando dúvidas sobre o grau de autonomia de nossas escolhas.

O debate entre o livre-arbítrio e o determinismo é um dos mais antigos e fascinantes da filosofia. Por um lado, o livre-arbítrio sustenta que os seres humanos são capazes de tomar decisões autônomas e responsáveis com base em sua própria vontade e consciência. Essa perspectiva atribui aos indivíduos a capacidade de escolher suas ações de forma independente e consciente.

Por outro lado, o determinismo sustenta que todo evento, inclusive as ações humanas, é determinado por causas anteriores e leis naturais, sem espaço para a verdadeira liberdade de escolha. De acordo com essa perspectiva, as ações humanas são o resultado de uma série de fatores interligados que inevitavelmente levam a uma determinada conclusão.

O debate entre o livre-arbítrio e o determinismo levanta questões importantes sobre o conceito de responsabilidade individual, a natureza da causalidade e até mesmo a própria essência da identidade pessoal. Enquanto alguns argumentam que o livre-arbítrio fornece a base da ética e da moralidade humanas, outros acreditam que o determinismo oferece uma explicação mais coerente e científica do comportamento humano.

Em suma, o debate entre livre-arbítrio e determinismo questiona a própria natureza dos seres humanos, desafiando nossas concepções de autonomia, causalidade e liberdade. Cada perspectiva oferece insights sobre nossa percepção do mundo e de nós mesmos.

Esse debate continua a ser fundamental para a reflexão sobre o livre-arbítrio. Enquanto algumas correntes filosóficas e científicas enfatizam a absolutez das leis naturais na determinação de nossas ações, outras correntes deixam espaço para uma concepção mais matizada da livre tomada de decisões, posicionada entre as restrições externas e a vontade individual.

O papel da tecnologia.

Com o advento das tecnologias preditivas e da inteligência artificial, nossa capacidade de prever os resultados de uma decisão aumentou muito. Algoritmos e modelos avançados nos permitem avaliar a probabilidade de sucesso ou fracasso de uma escolha, introduzindo um novo cenário caracterizado por uma maior conscientização dos riscos associados às nossas ações.

Em última análise, o probabilismo e as possíveis escolhas na vida representam uma encruzilhada de teorias, experimentos e reflexões que nos convidam a olhar para as decisões humanas com uma perspectiva ampla e complexa. Por meio de uma melhor compreensão de nossas motivações e das variáveis que influenciam nossas escolhas, podemos esperar navegar pelo fluxo incerto da vida com mais consciência.

A árdua tarefa de decidir é repleta de incertezas, mas é justamente nessa incerteza que reside a complexidade e a beleza das escolhas humanas.

Capítulo 2. Livre-arbítrio.

"Não vejo razão para que não possamos ser os artesãos de nosso próprio destino. Temos a sorte de viver em uma época em que os homens podem buscar e realizar seu livre arbítrio."

(*Thomas Jefferson)*

O livre-arbítrio como base para a identificação da responsabilidade após a passagem.

No antigo debate entre o livre-arbítrio e o determinismo, uma das questões mais cruciais surge no contexto da responsabilidade individual e do possível julgamento, com base em nossas ações, que pode ocorrer após o fim da vida. Se o livre-arbítrio é uma ilusão e todos os nossos atos são predeterminados, como podemos ser julgados por nossas escolhas?

É importante considerar que todas as ações humanas devem estar sujeitas ao livre-arbítrio, mesmo as mais básicas e não apenas aquelas consideradas "mais importantes". Essa premissa é refletida tanto na filosofia quanto na ciência. Um exemplo notável é o do filósofo alemão Immanuel Kant, que enfatizou que a autonomia moral e a atribuição de responsabilidade estão intimamente ligadas à existência do livre-arbítrio. De acordo com Kant, somente agindo de acordo com sua própria razão e livre-arbítrio o indivíduo pode ser verdadeiramente responsável por suas ações.

Do ponto de vista científico, experimentos nos campos da neurociência e da psicologia destacaram a complexidade da questão. Estudos como os realizados pelo neurocientista Benjamin Libet sugerem que há um intervalo de tempo entre a decisão consciente de realizar uma ação e a ativação dos neurônios responsáveis por essa ação, o que leva alguns a duvidar da existência do verdadeiro livre-arbítrio.

Entretanto, o conceito de livre arbítrio continua a influenciar profundamente nosso senso de responsabilidade e moralidade.

É por isso que, se considerarmos impreciso julgar as ações humanas sem levar em conta o livre-arbítrio, enfrentaremos o desafio de estabelecer um critério que transcenda a mera importância das ações. Estudiosos como Thomas Nagel enfatizaram que a noção de livre-arbítrio e responsabilidade moral é fundamental para a construção de sistemas judiciais e morais justos.

Em conclusão, a existência do livre-arbítrio surge como um conceito crucial não apenas para nossa percepção de julgamento após a passagem, mas também para o próprio fundamento da responsabilidade humana. Se aceitarmos a ideia de que nossas ações são determinadas por forças além do nosso controle, teremos de enfrentar as profundas implicações de uma ausência de responsabilidade individual e moral ao fazer julgamentos.

As raízes históricas do livre-arbítrio.

Thomas Hobbes, uma figura importante do século XVII, apresentou uma visão determinista da ação humana. Em seu tratado "Leviatã", de 1651, Hobbes argumentou que as ações humanas são o resultado de uma concatenação de causas naturais, desenvolvendo assim uma perspectiva que limitava o espaço para a existência do verdadeiro livre-arbítrio. De acordo com Hobbes, os indivíduos agem de acordo com seus desejos e busca de prazer, e as escolhas que fazem são estritamente determinadas por fatores fora de seu controle.

Aqui está uma citação do "Leviatã" de Hobbes:

"Nenhuma outra lei deve ser observada na natureza humana além desta: todos os homens buscam o que os beneficia, por mais que definam de forma diferente o que almejam. O que os homens podem fazer nada mais é do que responder a nomes ou a discursos anteriores, no que diz respeito a benefícios e infortúnios. A aspiração, a solicitude e o ciúme que levam os homens a um grande caráter, à riqueza, à ascensão ao cargo ou aos favores dos amigos estão unidos em um único fim: aspirar à felicidade. (Leviatã, Capítulo 6).

Essa citação do "Leviatã" de Hobbes enfatiza sua abordagem determinista da ação humana, destacando como os desejos e as aversões são as forças primárias que impulsionam as escolhas dos indivíduos, excluindo a liberdade genuína de tomada de decisão independente.

O legado de Thomas Hobbes na reflexão filosófica sobre o livre-arbítrio está repleto de complexidades e desafios conceituais que continuam a estimular o pensamento contemporâneo. Sua visão determinista representa uma importante contribuição para a discussão sobre as raízes históricas desse conceito fundamental, abrindo espaços para a reflexão crítica sobre o quanto somos realmente autônomos em nossas escolhas e ações.

Em contrapartida, David Hume, um ilustre expoente do Iluminismo escocês do século XVIII, ofereceu uma perspectiva diferente sobre a autodeterminação humana. Hume enfatizou a importância das paixões e emoções no direcionamento de nossas decisões, argumentando que nossa vontade é frequentemente condicionada por impulsos emocionais e não necessariamente racionais. Influenciado pelas teorias empíricas de sua época, Hume contestou a ideia de liberdade absoluta de escolha, enfatizando, em vez disso, a complexa interação entre fatores psicológicos e influências externas na determinação do comportamento humano.

Essas reflexões filosóficas inspiraram importantes estudos e debates ao longo dos séculos. Estudos contemporâneos sobre autodeterminação e livre arbítrio, muitas vezes com referência à neurociência, continuaram a explorar as raízes de nossa capacidade de tomar decisões e controlar nossas ações.

Além disso, experimentos e estudos psicológicos, como os realizados por Benjamin Libet na década de 1980, levantaram outras questões sobre a natureza do livre-arbítrio. Libet demonstrou que a atividade cerebral associada a uma ação começa antes de o indivíduo estar ciente de sua decisão de agir, desafiando a noção tradicional de um livre-arbítrio independente de processos neurais preestabelecidos.

Concluindo, o tema do livre-arbítrio continua a intrigar e desafiar filósofos, cientistas e acadêmicos de várias disciplinas. As raízes históricas desse conceito, incorporadas nas visões contrastantes de pensadores como Hobbes e Hume, nos levam a refletir sobre a complexidade da natureza humana e a eterna busca de compreensão e significado por trás de nossas ações e escolhas.

Atualidade da reflexão. Daniel Dennett.

Mais recentemente, o filósofo da mente Daniel Dennett assumiu um papel de liderança no debate sobre o livre-arbítrio, propondo uma perspectiva inovadora que mescla filosofia e ciência cognitiva. Conhecido por sua vasta erudição e interesse em trazer diferentes disciplinas para o diálogo, Dennett examinou o conceito de livre-arbítrio à luz das descobertas neurocientíficas e da complexidade do cérebro humano, abrindo novas perspectivas no cenário das teorias sobre autodeterminação individual.

Dennett se destaca por sua abordagem interdisciplinar, que busca integrar a filosofia ao conhecimento científico mais atualizado. Por meio de obras como "The Freedom to Act" (2015) e "Dangerous Intuitions" (2005), Dennett explorou as implicações da neurociência sobre o conceito de livre-arbítrio, desafiando tanto as concepções tradicionais quanto as mais recentes sobre esse tópico crucial.

Em particular, Dennett analisou como o cérebro humano processa decisões e ações, enfatizando a complexidade dos processos mentais que orientam o comportamento humano. Por meio de uma perspectiva que leva em conta as descobertas sobre o funcionamento do cérebro, Dennett sugere que o conceito de livre-arbítrio pode ser reinterpretado de uma forma mais matizada, na qual a liberdade de tomada de decisões não é entendida como soberania absoluta sobre as escolhas de uma pessoa, mas sim como um processo que surge das complexas interações entre mente, cérebro e ambiente.

Além disso, Dennett se destacou por sua abordagem crítica a posições extremas em ambas as extremidades do espectro filosófico, rejeitando tanto o determinismo radical quanto a visão completamente independente do livre-arbítrio. Por meio de um diálogo estreito com a ciência cognitiva e a filosofia da mente, Dennett contribuiu para enriquecer o debate sobre o livre-arbítrio com uma perspectiva que valoriza a complexidade e a interconexão dos processos mentais humanos.

Daniel Dennett representa, portanto, uma ponte entre as tradições filosóficas do passado e os desafios conceituais do presente, oferecendo uma contribuição significativa para a compreensão contemporânea da natureza humana e da livre decisão. Sua perspectiva interdisciplinar e cheia de nuances convida a uma reflexão profunda sobre a complexidade do livre-arbítrio e as implicações que esse conceito crucial tem para nossa compreensão do que significa ser um ser humano pensante e atuante.

Descobrindo os neurônios-espelho.

Nas últimas décadas, vários estudos e experimentos realizados nos campos da neurociência e da psicologia tentaram se aprofundar na complexa dinâmica que rege nosso suposto livre-arbítrio. Entre os experimentos mais relevantes que levantaram questões sobre a verdadeira natureza de nossas escolhas está a investigação sobre os neurônios-espelho realizada na década de 1990 pela equipe liderada pelo renomado neurocientista italiano Giacomo Rizzolatti.

O experimento do neurônio espelho concentrou-se na análise da atividade neuronal em áreas específicas do cérebro do macaco, principalmente nos sistemas nervosos pré-motor e parietal. O que tornou esse experimento tão revolucionário foi a descoberta de que determinados neurônios no cérebro dos macacos eram ativados tanto quando o animal realizava uma ação, como agarrar um objeto, quanto quando observava outro espécime realizar a mesma ação. Esse fenômeno levou à teoria dos neurônios-espelho, sugerindo uma ligação direta entre a observação do comportamento dos outros e nossa capacidade de imitar e entender.

Graças ao experimento do neurônio espelho, surgiu a hipótese de que nosso cérebro pode simular mentalmente as ações de outras pessoas, antecipando e compreendendo as intenções dos indivíduos ao nosso redor. Essa descoberta não apenas revolucionou nossa compreensão da empatia e da socialidade humana, mas também levantou questões sobre o conceito tradicional de livre arbítrio.

Se nossos neurônios são capazes de espelhar e antecipar as ações dos outros, até que ponto somos realmente autônomos em nossas decisões e ações? Essa pergunta alimentou um debate acalorado entre acadêmicos de neurociência, filosofia da mente e psicologia, questionando nossa suposta liberdade de tomar decisões e sugerindo uma conexão íntima entre nossa capacidade de agir e as influências externas que nos cercam.

O experimento do neurônio espelho provou ser uma peça fundamental no quebra-cabeça da compreensão do livre-arbítrio humano, abrindo novas perspectivas de pesquisa e lançando uma luz diferente sobre a complexidade dos processos cognitivos e de tomada de decisão que nos definem como seres pensantes e atuantes. Seu legado científico e filosófico continua a inspirar novas investigações e a estimular a reflexão crítica sobre a própria natureza de nossa autonomia individual.

O conceito de livre-arbítrio nas religiões.

O conceito de livre-arbítrio é uma questão fundamental abordada por muitas religiões ao longo da história, oferecendo percepções sobre a autonomia e a responsabilidade dos seres humanos quando confrontados com escolhas morais e espirituais. Dos textos sagrados às interpretações teológicas, o livre-arbítrio se apresenta como um tema fundamental que atravessa diferentes tradições religiosas, provocando debates e interpretações variadas.

Na tradição judaico-cristã, por exemplo, o conceito de livre-arbítrio tem sido o foco de debates teológicos matizados. De acordo com a Bíblia, o homem é dotado de livre arbítrio, a capacidade de escolher entre o bem e o mal e de assumir as consequências de suas ações. Esse conceito é evidente, por exemplo, no relato do Gênesis, no qual Adão e Eva são confrontados com a escolha de desobedecer a Deus e comer o fruto proibido, simbolizando assim o nascimento do pecado original e a queda da humanidade.

No contexto da filosofia islâmica, encontramos mais reflexões sobre o livre-arbítrio, muitas vezes interpretado em relação à concepção da onisciência divina. Muitos estudiosos muçulmanos debateram a compatibilidade entre a predestinação divina e a liberdade humana de escolher o próprio destino. O equilíbrio entre a vontade divina e a autodeterminação humana representa um núcleo fundamental da fé islâmica, levantando questões complexas sobre a natureza da vontade divina e da responsabilidade individual.

Nas tradições hinduísta e budista, o conceito de livre-arbítrio está entrelaçado com a noção de carma e reencarnação. De acordo com essas visões religiosas, as ações humanas estão ligadas a consequências inevitáveis determinadas pelo equilíbrio cármico, mas ao mesmo tempo é enfatizada a possibilidade de os indivíduos influenciarem seu próprio destino por meio de escolhas conscientes e virtuosas.

Estudiosos da história das religiões, como Mircea Eliade e Joseph Campbell, dedicaram extensas análises ao conceito de livre-arbítrio em diferentes tradições espirituais, destacando como ele incorpora uma dimensão ético-existencial relevante presente em muitas crenças e práticas religiosas.

Em suma, o livre-arbítrio representa um ponto crucial de reflexão e debate dentro das religiões, oferecendo diferentes facetas e percepções filosóficas e teológicas que iluminam a complexidade do relacionamento entre os seres humanos e as forças transcendentes que permeiam o universo. Esse tema, repleto de profundas implicações morais e metafísicas, continua a inspirar reflexões profundas e a oferecer insights para meditação e contemplação sobre o que significa ser autenticamente livre nas escolhas que moldam nosso destino.

A marca divina no livre-arbítrio humano.

A afirmação bíblica de Deus como "Eu sou Aquele que sou" (Êxodo 3:13-15) abre um interessante debate teológico e filosófico sobre a essência do homem como um ser criado à semelhança do divino e, portanto, dotado de livre arbítrio. Esse conceito, enraizado na tradição judaico-cristã, sugere que o homem possui a capacidade inerente de autodeterminar seu próprio destino, exercendo uma liberdade genuína de tomada de decisões que espelha, até certo ponto, a autonomia do próprio Deus.

A Bíblia, em suas muitas narrativas e ensinamentos, apresenta o homem como uma criatura singular e excepcional, chamada a refletir a imagem e a semelhança do Criador supremo. Essa concepção implica não apenas uma responsabilidade moral e ética, mas também a atribuição de um poder fundamental de escolha e decisão: o livre-arbítrio.

Alguns estudiosos e teólogos apontaram que a frase "Eu sou Aquele que Eu sou" é mais do que apenas uma declaração ontológica sobre a essência divina; ela também pode sugerir o potencial criativo e de autodeterminação inerente aos seres humanos, inerente à sua criação à semelhança de Deus. Esse conceito de liberdade de decisão e autodeterminação se reflete nas muitas histórias e ensinamentos bíblicos que descrevem a escolha humana, a responsabilidade e as consequências das ações humanas.

Um exemplo emblemático dessa reflexão é encontrado no Livro de Deuteronômio do Antigo Testamento, no qual a escolha entre vida e morte, bênção e maldição, é colocada diante da humanidade em uma invocação da liberdade de escolher o caminho que guiará o destino de cada um. Esse apelo à capacidade humana de se autodeterminar de acordo com a vontade divina é uma constante que permeia muitas das escrituras sagradas das diferentes tradições judaico-cristãs.

O pensamento de teólogos como Santo Agostinho e Tomás de Aquino ajudou a desenvolver e aprofundar o conceito de livre-arbítrio na teologia cristã, atribuindo ao homem um papel ativo na formação de seu próprio destino moral e espiritual. Esses pensadores elaboraram a noção de livre-arbítrio como uma dádiva divina e, ao mesmo tempo, uma responsabilidade intrínseca da condição humana.

A reflexão sobre o homem como "Aquele que é", capaz de autodeterminar seu próprio destino por meio do livre-arbítrio, é, portanto, um nó central das reflexões teológicas e filosóficas sobre a natureza humana e sua relação com o Infinito. Essa perspectiva convida os seres humanos a contemplar sua singularidade e dignidade como criaturas dotadas de capacidade de decisão e autodeterminadas, em um diálogo constante com o mistério de sua própria existência e sua conexão com a Divindade que permeia todas as coisas.

Livre arbítrio e responsabilidade. O entrelaçamento da ética, da justiça e da liberdade individual.

As reflexões sobre o livre-arbítrio não se limitam aos limites da academia, mas se projetam em áreas essenciais da vida social e cultural, gerando profundas implicações para nossa compreensão da responsabilidade individual e coletiva. Esse conceito filosófico não apenas informa nossa compreensão da liberdade individual, mas também molda nossa visão de justiça, responsabilidade ética e práticas punitivas. Assim, o livre-arbítrio se torna um nó crucial entrelaçado com questões éticas, legais e políticas fundamentais.

A ideia de que cada indivíduo é dotado de livre arbítrio e capaz de fazer escolhas autônomas desempenha um papel fundamental em nossa compreensão da responsabilidade pessoal e social. A possibilidade de escolher conscientemente as próprias ações e assumir as consequências delas é a base de nossa ética individual e do senso de justiça que permeia nossas interações sociais. Essa perspectiva ética, enraizada na tradição filosófica e religiosa, influenciou a maneira como concebemos a responsabilidade por nossas ações e nosso senso de dever moral para com os outros.

No contexto jurídico, o conceito de livre arbítrio é fundamental para determinar a responsabilidade legal de um indivíduo por suas ações. O direito penal, por exemplo, geralmente se baseia no pressuposto de que os indivíduos são capazes de escolher entre um comportamento lícito e ilícito, atribuindo responsabilidade e punição com base nessa suposta capacidade de tomada de decisão. Entretanto, a complexidade do conceito de livre arbítrio gerou debates sobre a determinação da culpa e as justificativas éticas por trás das sanções legais.

Estudos psicológicos e neurocientíficos enriqueceram o debate sobre o livre-arbítrio ao fornecer novas percepções sobre a natureza de nossas decisões. Experimentos como os realizados por Benjamin Libet levantaram questões sobre o momento e a natureza das decisões humanas, desafiando a noção tradicional de um livre-arbítrio absoluto independente de determinantes neurobiológicos.

Em um mundo em que a complexidade de nossas ações e suas consequências é cada vez mais evidente, a reflexão sobre o livre-arbítrio torna-se crucial para nossa compreensão da responsabilidade individual e coletiva. As questões éticas, jurídicas e políticas que envolvem esse conceito exigem um diálogo interdisciplinar contínuo que atravesse a filosofia, a ciência, a sociologia e o direito, a fim de delinear de forma mais clara e consciente o papel que a liberdade de escolha desempenha na formação de nosso mundo e de nossos valores fundamentais.

O livre-arbítrio e a física quântica.

No campo da física quântica, a discussão sobre o livre-arbítrio assume contornos fascinantes. Os pioneiros dessa disciplina lançaram as bases para uma análise que vai além dos limites da realidade observável. Uma premissa histórica dessa nova visão é certamente o famoso físico Isaac Newton. O determinismo mecanicista de Newton parecia governar as leis do cosmos até que a física quântica introduziu elementos de incerteza e aleatoriedade.

Um dos experimentos fundamentais que desafia a concepção clássica de causalidade é o proposto por Bell e realizado por Alain Aspect em 1982. Esse experimento demonstrou a presença de correlações quânticas instantâneas entre partículas separadas, levantando questões profundas sobre a própria ideia de causa e efeito. Esse enigma convincente levou intelectos brilhantes, como Albert Einstein e Stephen Hawking, a confrontar o mistério do livre arbítrio à luz da física quântica.

O físico teórico Richard Feynman, conhecido por suas contribuições revolucionárias para a física, fez uma contribuição interessante e fascinante para o debate sobre o livre-arbítrio por meio de suas pesquisas e teorias esclarecedoras. Ganhador do Prêmio Nobel por seu trabalho pioneiro em eletrodinâmica quântica, Feynman ofereceu novas percepções sobre a natureza do universo e o papel da aleatoriedade e da probabilidade na dinâmica fundamental da matéria e da energia.

As investigações de Feynman sobre as trajetórias das partículas e o comportamento das interações subatômicas revelaram uma realidade surpreendentemente complexa e cheia de nuances que foge à lógica determinística clássica. No campo da física quântica, Feynman destacou a existência de uma natureza probabilística e não determinística no nível microscópico, em contraste com a previsibilidade rígida da física clássica.

Uma das contribuições mais significativas de Feynman foi sua formulação do princípio da ação mínima, conhecido como princípio de Feynman, que postula que um sistema físico segue todas as trajetórias possíveis no espaço-tempo para ir do ponto A ao ponto B, e a trajetória real é uma soma ponderada de todas essas possibilidades. Esse conceito, conhecido como o princípio da superposição, enfatiza como a realidade quântica é intrinsecamente caracterizada por uma multiplicidade de opções e escolhas no nível subatômico.

As implicações filosóficas do trabalho de Feynman sobre a natureza probabilística do mundo quântico alimentaram o debate sobre o livre-arbítrio, sugerindo que, em um nível fundamental, há espaços de possibilidade e escolhas indeterminadas que podem influenciar o curso dos eventos de maneiras que não podem ser totalmente previstas. Essa perspectiva abre as portas para uma nova compreensão da livre tomada de decisões e da complexidade do conceito de autodeterminação.

Estudiosos contemporâneos, como Carlo Rovelli e Sean Carroll, continuam a explorar as implicações da física quântica sobre o livre-arbítrio e nossa percepção da realidade, destacando a coexistência do determinismo e da aleatoriedade no contexto da teoria quântica.

Esse cenário fascinante está entrelaçado com as especulações filosóficas de personalidades como Immanuel Kant e Friedrich Nietzsche, que lançaram as bases para uma visão complexa do livre-arbítrio como uma expressão paradoxal de uma liberdade que é inevitável, mas também condicionada por um número enorme de variáveis inescrutáveis.

Analogias entre a passagem e a teoria quântica.

De acordo com os entendimentos tradicionais, o fim da vida é considerado o fim de tudo o que somos. Entretanto, nas últimas décadas, um fenômeno intrigante começou a chamar a atenção de pesquisadores e filósofos: a metafísica quântica da sobrevivência no fim da vida. Essa teoria revolucionária baseia-se no probabilismo e nas possíveis escolhas feitas na vida, abrindo cenários fascinantes para entender o que acontece depois que morremos.

O ponto central dessa perspectiva é o conceito de superposição quântica, segundo o qual um objeto quântico pode existir em vários estados simultaneamente. Assim como uma partícula pode ser tanto uma onda quanto uma partícula, nossas vidas podem continuar a existir em várias trajetórias paralelas.

Experimentos demonstraram que, no nível subatômico, o comportamento das partículas não é determinístico, mas quântico. O famoso experimento de duas fendas, realizado pelo físico Thomas Young em 1801, mostra como uma única partícula pode passar por ambas as fendas simultaneamente e interferir em si mesma, criando um padrão característico.

No entanto, quando consideramos o papel das escolhas em nossa vida, abre-se uma nova janela de possibilidades. De acordo com a metafísica quântica, cada escolha que fazemos cria uma ramificação adicional do universo, uma espécie de bifurcação da realidade. Essas bifurcações podem levar a situações em que nosso eu, após a transição física, continua a existir em uma realidade paralela na qual a soma das escolhas feitas na vida caracteriza o novo estado, em uma representação do que era na existência corporal anterior.

O acadêmico Anthony Peake desenvolveu ainda mais essa teoria, sugerindo que a transição pode ser apenas uma transição para outra forma de existência, em que nossas escolhas ainda podem moldar nossa realidade.

Embora alguns críticos se oponham à validade científica dessas teorias, especialistas como o físico teórico e filósofo David Bohm reconheceram a possibilidade de interpretações não determinísticas na física quântica. É importante ressaltar que essa perspectiva não nega a importância da transição, mas oferece uma visão alternativa sobre a possibilidade de uma pós-passagem baseada em princípios quânticos.

Em última análise, a metafísica quântica da sobrevivência no fim da vida levanta questões profundas sobre a natureza da própria realidade. É uma hipótese que convida à reflexão sobre o significado de nossas escolhas e o poder que elas podem ter na formação de nosso destino. Se, como afirma o físico John Archibald Wheeler, *"participamos da criação de nosso próprio futuro"*, então podemos levantar a hipótese de que nossas escolhas também podem influenciar o que acontece após o fim de nossos corpos físicos.

À medida que a ciência continua investigando para compreender a natureza quântica da realidade, a metafísica quântica da sobrevivência no fim da vida nos leva a considerar alternativas ousadas e a questionar os mistérios que ainda aguardam desvendamento. As respostas, quando vierem, poderão mudar radicalmente nossa compreensão do que significa estar vivo "em estágios" e o que nos espera além da passagem.

O destino da alma após a passagem. Debate entre determinismo e livre-arbítrio.

No infinito e complexo cenário das questões metafísicas, poucas são tão convincentes e debatidas quanto a do destino da alma após a morte deste mundo. É uma disputa enraizada na história da humanidade, que viu filósofos, teólogos, cientistas e pensadores de todas as épocas se confrontarem sobre dois conceitos aparentemente antitéticos: determinismo e livre-arbítrio.

Por um lado, o determinismo propõe um universo no qual todos os eventos, inclusive o destino das almas, são predeterminados por causas que remontam à própria origem do cosmos. Os defensores dessa visão, como o filósofo grego Leucipo, no século V a.C., e o físico Laplace, no século XVIII, argumentam que tudo segue uma ordem causal precisa; portanto, as escolhas humanas e o destino individual são o resultado de condicionamentos inconscientes e impessoais.

O pensamento de Leucipo. O universo como um relógio perfeito.

O determinismo, uma doutrina filosófica antiga e fascinante, propõe um universo no qual cada evento, inclusive o destino das almas, é predeterminado por uma concatenação inexorável de causas que remontam à própria origem do cosmos. Nesse contexto, o pensamento do filósofo grego Leucipo surge como uma das primeiras vozes a apoiar essa hipótese, oferecendo uma visão do universo como um relógio perfeito, no qual todo movimento é predeterminado e imutável.

Leucipo, fundador, juntamente com seu discípulo Demócrito, da escola atômica, promoveu a ideia de que o mundo era composto de minúsculas partículas indivisíveis chamadas "átomos", que, em virtude de suas propriedades intrínsecas, moviam-se eternamente no espaço seguindo leis determinísticas. De acordo com essa concepção, tudo o que acontece no universo, inclusive as ações humanas e o destino das almas, é o resultado necessário dessas leis naturais e das interações entre os átomos.

O pensamento de Leucipo se reflete em muitas áreas do conhecimento, da física à filosofia, da astronomia à psicologia. A ideia de que o universo é um mecanismo regido por leis imutáveis influenciou pensadores de diferentes épocas, como o matemático e filósofo francês Pierre-Simon Laplace no século 18, com sua famosa teoria sobre o "demônio de Laplace", que poderia prever o futuro conhecendo a posição e a velocidade de cada partícula no universo.

As aquisições no campo da física quântica, como o famoso experimento das duas fendas ou a não-localidade quântica, levantaram questões sobre o determinismo clássico, introduzindo novos desafios e perspectivas no debate entre o livre-arbítrio e o determinismo. No entanto, o pensamento de Leucipo continua sendo um marco no cenário da filosofia determinista, oferecendo uma visão de um universo governado por leis imutáveis e inevitáveis.

Em um mundo em que o caos e a incerteza parecem reinar supremos, a visão determinista de Leucipo e dos pensadores que ainda hoje se inspiram em seu pensamento insiste na possibilidade de que tudo, até mesmo o destino das almas, faz parte de um projeto maior e inescrutável, de uma causalidade que governa o cosmos e nossa existência.

O livre arbítrio e o pensamento de Santo Agostinho e Tomás de Aquino. A humanidade entre escolhas e destino.

O conceito de livre arbítrio sempre foi uma das questões mais fascinantes e debatidas na história do pensamento humano. Ele se concentra na capacidade de tomada de decisão do indivíduo, na possibilidade de fazer escolhas autônomas que determinam seu destino após a morte. Nesse contexto, os pensamentos dos filósofos cristãos Santo Agostinho e Tomás de Aquino surgem com força como pontos de referência fundamentais.

Santo Agostinho, que viveu nos séculos IV e V d.C., abordou o tema do livre-arbítrio em profundidade em sua obra *"De libero arbitrio"*, na qual explorou a tensão entre a vontade divina e a liberdade humana. De acordo com Santo Agostinho, embora a vontade humana seja condicionada pelo pecado original, ela retém um resíduo de liberdade que permite ao indivíduo escolher entre o bem e o mal. No entanto, é a graça divina que desempenha o papel de libertadora. Entretanto, é a graça divina que desempenha um papel decisivo no direcionamento das escolhas humanas para o bem e na definição do destino espiritual.

Tomás de Aquino, um frade dominicano do século XIII, desenvolveu ainda mais o conceito de livre-arbítrio na filosofia cristã, harmonizando a doutrina da graça divina com a liberdade humana. De acordo com Tomás, o homem é capaz de fazer escolhas livres devido à sua natureza racional, que lhe dá a capacidade de discernir o bem do mal. O livre-arbítrio, portanto, torna-se um instrumento por meio do qual o indivíduo pode contribuir ativamente para o bem e o mal. Assim, o livre-arbítrio se torna um instrumento por meio do qual o indivíduo pode contribuir ativamente para a construção de seu destino moral e espiritual.

As reflexões de Santo Agostinho e Tomás de Aquino influenciaram profundamente o pensamento ocidental, deixando uma marca duradoura na teologia, na filosofia e na ética. O conceito de livre-arbítrio, nascido da tensão entre a vontade divina e a liberdade humana, continua a estimular o debate e o questionamento nos círculos religiosos e filosóficos.

Experimentos psicológicos e neurocientíficos modernos, como os realizados por Benjamin Libet e Sam Harris, questionaram a própria existência do livre-arbítrio, sugerindo que nossas escolhas podem ser mais influenciadas por processos neurológicos inconscientes do que pensamos. No entanto, as reflexões de Santo Agostinho e Tomás de Aquino nos lembram da complexidade e da profundidade do dilema humano entre liberdade e destino, convidando-nos a refletir sobre a responsabilidade de nossas escolhas e as implicações que elas têm para nossa jornada espiritual.

Por outro lado, o livre-arbítrio enfatiza o poder de decisão do indivíduo, a capacidade humana de escolher e determinar o próprio destino após a morte. Filósofos como Santo Agostinho e Tomás de Aquino defenderam fervorosamente essa perspectiva, argumentando que o homem é dotado de um livre-arbítrio capaz de romper as correntes do determinismo e moldar seu próprio destino espiritual.

Nos tempos atuais, o debate foi enriquecido com novas perspectivas graças às pesquisas em neurociência e psicologia. Estudos conduzidos por especialistas como Benjamin Libet e Sam Harris levantaram questões sobre a real existência do livre-arbítrio, sugerindo que nossas decisões podem ser o resultado de processos neurológicos que ocorrem em um nível inconsciente, desafiando nossa percepção de tomada de decisão autônoma.

Benjamin Libet, experimentos controversos.

Nas últimas décadas, estudos como os de Benjamin Libet e Sam Harris lançaram uma sombra de dúvida sobre a suposta existência do livre-arbítrio humano, levantando questões profundas sobre a natureza de nossas decisões e a autonomia real da tomada de decisões humanas. Essas pesquisas, baseadas na neurociência e na psicologia, desafiaram a visão tradicional do homem como um agente livre que tem consciência de suas próprias escolhas.

Benjamin Libet, um neurofisiologista americano, realizou experimentos pioneiros na década de 1980 que revelaram dinâmicas interessantes relacionadas à consciência e à tomada de decisões. Em um de seus estudos mais famosos, Libet pediu aos participantes que fizessem um movimento voluntário, como pressionar um botão, e relatassem o momento em que haviam tomado a decisão de fazer esse gesto. O resultado foi surpreendente: a atividade cerebral relacionada à ação ocorreu antes que os participantes estivessem cientes de que haviam tomado a decisão, sugerindo que o inconsciente desempenhou um papel decisivo na escolha.

As descobertas de Libet provocaram um debate acalorado na comunidade científica e filosófica. Alguns críticos levantaram objeções à validade de seus experimentos, questionando a representatividade dos sujeitos, a metodologia usada e a interpretação dos dados.

Sam Harris, um conhecido neurocientista e filósofo, continuou nesse caminho com suas investigações sobre a suposta ilusão do livre arbítrio. Harris argumenta que nossas decisões são o resultado de processos neurais inconscientes que ocorrem no cérebro, e que a sensação de que somos os autores de nossas escolhas é uma ilusão gerada por nossa mente. Por meio de experimentos e argumentos incisivos, Harris procurou demonstrar que nossa vontade é, na verdade, limitada por fatores biológicos e ambientais que estão além do nosso controle consciente.

A discussão sobre o livre-arbítrio, estimulada pelos estudos de especialistas como Libet e Harris, está no cruzamento entre a ciência e a filosofia, entre o conhecimento empírico e a reflexão ética. Embora as descobertas no campo da neurociência queiram desafiar nossa visão tradicional da liberdade humana, elas também nos levam a uma compreensão mais profunda da complexidade da mente humana e de sua dinâmica de tomada de decisões. Em uma época em que a ciência está lançando uma nova luz sobre os próprios fundamentos de nossa identidade, o debate sobre o livre-arbítrio se apresenta como um desafio intelectual e existencial que não podemos ignorar.

Entretanto, os estudos conduzidos por Benjamin Libet e Sam Harris sobre o livre-arbítrio humano levantaram uma onda de controvérsia que dividiu a comunidade científica. Embora a pesquisa desses estudiosos pareça desafiar a concepção tradicional de tomada de decisão autônoma, alguns pesquisadores e filósofos levantaram objeções e críticas quanto à validade e à interpretação dessas descobertas.

Benjamin Libet, com seus experimentos pioneiros na década de 1980, argumentou que nossas decisões e ações seriam precedidas por atividade cerebral inconsciente, minando a ideia de livre-arbítrio consciente. No entanto, algumas críticas se concentraram na metodologia usada por Libet, apontando que o momento em que os participantes afirmam ter tomado uma decisão pode não corresponder exatamente ao momento em que a ação foi realmente desencadeada no cérebro. Essas discrepâncias temporais levantam dúvidas sobre a real relação de causa e efeito entre a atividade cerebral e a decisão consciente.

Da mesma forma, as investigações de Sam Harris provocaram reações mistas na comunidade científica. Harris argumenta que o conceito de livre arbítrio é uma ilusão gerada por processos neurais inconscientes, questionando nossa percepção de que somos os verdadeiros autores de nossas escolhas. Entretanto, alguns acadêmicos contestam as conclusões de Harris, apontando que as implicações filosóficas de seus argumentos podem ser mais radicais do que os dados científicos suportam.

Nesse contexto de debate acalorado, muitos filósofos e cientistas importantes tomaram o partido da crítica às descobertas de Libet e Harris. Pensadores como Daniel Dennett e Karl Popper levantaram questões sobre as implicações filosóficas e éticas de uma visão determinista da mente humana, enfatizando a importância de considerar também os aspectos subjetivos e culturais que influenciam nossas escolhas.

Os experimentos realizados por Benjamin Libet e Sam Harris na década de 1980 e nas décadas seguintes, respectivamente, levantaram questões profundas sobre a natureza da consciência e do livre-arbítrio humano. No entanto, vivemos em uma época em que a consciência continua a ser "o problema difícil", um enigma intrincado que ainda escapa a uma definição clara e inequívoca, apesar dos avanços da neurobiologia e da psicologia.

David Chalmers: filósofo australiano, introduziu o conceito do "*problema difícil da consciência*". Ele destacou a diferença entre explicar os processos neurais e químicos associados à consciência (o "problema fácil") e compreender a experiência subjetiva em si (o "problema difícil").

A consciência, entendida como a experiência subjetiva e autoconsciente de si mesmo e do mundo, é um dos fenômenos mais complexos e misteriosos estudados pela ciência. Embora seja o foco de vários estudos e debates, nenhuma teoria ou abordagem científica conseguiu ainda fornecer uma explicação abrangente do que é a consciência humana e como ela funciona.

Nesse cenário de incertezas e desafios epistemológicos, os estudos de Libet e Harris sobre a autonomia de tomada de decisões e a ilusão do livre-arbítrio podem ser uma investigação muito rudimentar e superficial em comparação com a complexidade do assunto que se gostaria de investigar.

Os filósofos da mente, como Thomas Nagel e David Chalmers, enfatizaram a natureza elusiva e multifacetada da consciência, destacando a necessidade de uma perspectiva interdisciplinar e integrada para abordar essa questão. A divisão entre estudos neurobiológicos, psicológicos e filosóficos sobre a consciência reflete a complexidade inerente desse fenômeno, que escapa a uma redução única e linear.

À luz dessas considerações, parece claro que os experimentos de Libet e Harris, embora representem contribuições importantes para nossa compreensão da mente, não podem resolver sozinhos o dilema da consciência humana. O desafio que aguarda a comunidade científica e filosófica é abraçar a complexidade e a natureza interdisciplinar desse campo de investigação, enfrentando os desafios teóricos e metodológicos com uma abordagem mais aprofundada e integrada. Somente assim poderemos esperar esclarecer um dos mistérios mais fascinantes da experiência humana.

O mistério do destino da alma. Entre a filosofia e a ciência.

Anedotas e histórias antigas se entrelaçam com as descobertas científicas mais recentes, criando um panorama complexo e cheio de nuances. A antiga crença egípcia na vida após a morte, testemunhos de experiências à beira da morte, experimentos de regressão hipnótica conduzidos por Brian Weiss, tudo isso se combina para criar um mosaico de sugestões e perguntas sobre o destino da alma após a morte.

Nesse labirinto emaranhado de teorias e crenças, não há uma resposta definitiva. Talvez, como sugeriu o poeta Walt Whitman, "*a alma... vai em direção ao que é mistério*". O destino da alma após a passagem permanece um enigma, uma jornada que cada pessoa é chamada a fazer com sua própria consciência, na busca incessante pela verdade e pelo significado.

Até o século passado, a investigação desse tópico era predominantemente de natureza filosófica, permeada por reflexões profundas e especulações metafísicas. Entretanto, nas últimas décadas, a pesquisa sobre esse tópico está assumindo cada vez mais uma dimensão científica, combinando a reflexão filosófica com descobertas da neurociência, da psicologia e da física quântica.

Filósofos históricos, como Platão e Aristóteles, com suas concepções sobre a imortalidade da alma e a sobrevivência após a morte, lançaram as bases para o pensamento futuro sobre o assunto. Ao longo dos séculos, teólogos como Santo Agostinho e Tomás de Aquino aprofundaram o debate, enfatizando o papel fundamental da fé e da razão na compreensão do destino espiritual do homem.

Entretanto, embora a filosofia sempre tenha oferecido percepções valiosas sobre as profundezas da alma e seu destino, a ciência moderna só recentemente começou a lançar uma nova luz sobre essas questões antigas. Estudos recentes de neurocientistas como Antonio Damasio e Roger Penrose abriram novas perspectivas sobre a interconexão da mente, do cérebro e da consciência, sugerindo que o mistério da alma também pode estar refletido nas leis da física quântica.

Experimentos sobre EQMs (Experiências de Quase Morte), experiências à beira da morte, conduzidos por pesquisadores como Pim van Lommel e Sam Parnia, ofereceram dados interessantes sobre as experiências de pessoas durante situações de parada cardíaca, abrindo novas questões sobre as dimensões não físicas da experiência humana.

Em uma época em que a ciência e a espiritualidade se cruzam cada vez mais, o destino da alma após a morte representa um nó intrincado que envolve tanto a racionalidade quanto a fé. A pesquisa científica, abordando o assunto com rigor metodológico, busca desvendar os aspectos mais misteriosos do ser humano, enquanto a filosofia e a espiritualidade mantêm vivo o debate sobre o significado final de nossa existência. A alma, em última análise, embora envolta em um véu de mistério, continua a ser o centro de uma busca atemporal, uma jornada que cada pessoa é chamada a empreender com sua própria consciência, na busca incessante pela verdade e pelo significado.

Os fundamentos da metafísica quântica.

Na filosofia, poucas áreas são tão fascinantes e debatidas quanto a metafísica. Esse ramo do pensamento filosófico lida com a natureza do ser, da existência, da realidade e de seus fundamentos últimos. E, embora possa parecer um campo árido e abstrato, a metafísica tem sido o centro de discussões fervorosas que continuaram ao longo dos séculos, influenciando profundamente o pensamento humano.

A metafísica é uma disciplina filosófica que assumiu vários significados, características e funções ao longo dos séculos. A metafísica é geralmente entendida como o estudo da realidade que vai além do que é empiricamente verificável. Ela tem apresentado um desafio estimulante para filósofos, cientistas e pensadores em geral, levando a debates sobre a existência de uma realidade além do que podemos perceber.

Nos séculos passados, os filósofos expressaram várias definições e conceitos metafísicos, mas, nas últimas décadas, um novo campo de investigação se consolidou: a metafísica quântica. Essa abordagem propõe uma visão da realidade que combina os princípios fundamentais da física quântica com percepções metafísicas.

Para exemplificar a evolução da metafísica, podemos lembrar que em 1922 foi criada uma cadeira de metafísica na Universidade Católica de Milão. A criação dessa cadeira refletiu o interesse crescente nesse ramo da filosofia na época. A metafísica é uma das disciplinas filosóficas mais antigas e lida com questões fundamentais de existência, realidade, causalidade e outros conceitos abstratos.

A abertura de uma cadeira dedicada especificamente à metafísica indica o reconhecimento da importância de aprofundar o estudo desses conceitos no contexto acadêmico. Esse evento pode ser interpretado como uma tentativa de promover uma maior compreensão da natureza da realidade e dos tópicos metafísicos entre estudantes e pesquisadores de filosofia.

Atualmente, a área teórica metafísica faz parte do Departamento de Filosofia e suas funções são descritas da seguinte forma no site da universidade:

> *"A pesquisa teórica se concentra principalmente na ontologia e na teoria do conhecimento como áreas fundamentais em relação aos problemas apresentados pela complexidade que caracteriza a civilização contemporânea. Em particular, reflete sobre a relação entre tecnologia e humanismo e sobre a possibilidade de elaborar um modelo epistemológico capaz de promover a integração entre*

diferentes formas de conhecimento, em um diálogo capaz de envolver tanto o conhecimento subjacente aos desenvolvimentos tecnológicos quanto aquele expresso em áreas contíguas, como a literatura, as artes e a teologia. Nessa direção, é relevante a comparação com a metafísica clássica e seu renascimento no pensamento moderno e contemporâneo, a fim de repensar e reformular, também do ponto de vista hermenêutico, os desafios do mundo contemporâneo."

Há uma clara referência à necessidade de investigar os aspectos metafísicos da evolução da ciência moderna.

As cátedras universitárias de parapsicologia surgiram em Freiburg, em solo alemão, em Utrecht, nas terras de contos de fadas da Holanda, e em Edimburgo, na encantadora Escócia, esta última honrada com o legado do estimado homem de letras Arthur Koestler. Em 1982, Koestler doou a totalidade de sua considerável propriedade para estabelecer uma cadeira de parapsicologia em solo britânico como um sinal tangível de sua benevolência.

Na Itália, além da Cátedra de Milão, há a Cátedra de "Psicologia Clínica e Paranormologia" estabelecida há mais de trinta anos no Colégio Alphonsiano de Roma. Essa cátedra faz parte da Universidade Lateranense e é ocupada pelo professor Andreas Resch, de Innsbruck, um sacerdote redentorista, que dá um curso sobre esses tópicos todos os anos.

Entretanto, há vários institutos de pesquisa na Itália, incluindo a AISM (Associação Científica Italiana de Metapsíquica), o CSP (Centro Studi Parapsicologici) em Bolonha, o Centro Italiano di Parapsicologia em Nápoles e a Fondazione Biblioteca Bozzano-De Boni em Bolonha. Essa é a maior biblioteca especializada da Itália e a segunda maior da Europa.

Metafísica: uma jornada entre a antiguidade e a modernidade.

A metafísica tem desempenhado um papel central na história da filosofia, remontando aos tempos antigos com filósofos como Platão e Aristóteles, que questionaram as causas primordiais e a natureza do universo. No entanto, foi com Hegel que a metafísica ganhou uma nova perspectiva, vinculando-a à razão dialética e à história das ideias metafísicas. Hegel, com seu conceito de dialética, sugeriu que a realidade está em constante evolução por meio de conflitos de opostos que levam a uma síntese superior.

Na metafísica moderna, um tópico que tem atraído grande interesse é a metafísica quântica. Essa disciplina, nascida no século XX com a física quântica, propôs uma visão da realidade na qual as leis da física clássica são superadas por fenômenos quânticos que são aparentemente estranhos e contrários à lógica comum. O experimento de dupla fenda de Young, por exemplo, destacou o comportamento corpuscular e ondulatório das partículas, ressaltando a extraordinária complexidade e o desafio conceitual da realidade quântica.

A abordagem da metafísica quântica levou a uma redefinição dos conceitos tradicionais de espaço, tempo e causalidade. Filósofos contemporâneos, como David Bohm e Thomas Kuhn, exploraram as implicações da física quântica em nossa compreensão da realidade e do ser. Bohm, em particular, ofereceu uma visão holográfica do universo em que cada parte é refletida e interconectada no todo.

O fascínio metafísico da física quântica: nas visões de Bohm e Kuhn.

Em uma época em que a pesquisa científica e a filosofia se encontram cada vez mais, a metafísica quântica surge como um terreno fértil para explorar as implicações mais profundas da natureza da realidade. Duas figuras proeminentes nesse campo são os filósofos contemporâneos David Bohm e Thomas Kuhn, que enriqueceram de forma decisiva o debate sobre as interseções entre a física quântica e a metafísica.

David Bohm, um físico teórico de renome mundial conhecido por seu trabalho pioneiro no campo da mecânica quântica, contribuiu significativamente para o desenvolvimento de uma visão unificada da realidade. Sua teoria da "*ordem implícita*", que sugere a existência de uma ordem oculta e não manifesta que permeia todo o cosmos, representa uma tentativa ousada de superar as dicotomias entre matéria e mente, indivíduo e universo. Por meio do conceito de "ordem implícita", Bohm propõe uma nova concepção do universo como um todo interconectado e holístico, no qual cada parte reflete e se comunica com o todo em um intrincado balé de relações quânticas.

Ao mesmo tempo, Thomas Kuhn, um filósofo da ciência famoso por sua teoria dos paradigmas científicos, ajudou a questionar os próprios fundamentos do conhecimento científico. Seu conceito de revolução científica, expresso em seu famoso livro "The Structure of Scientific Revolutions", sugere que o progresso científico não ocorre de forma linear e cumulativa, mas sim por meio de momentos de ruptura radical e transformação dos paradigmas existentes. Aplicando essa perspectiva à física quântica, Kuhn nos convida a refletir sobre as implicações epistemológicas de uma disciplina que desafia nossas intuições mais profundas sobre a realidade.

O encontro das visões de Bohm e Kuhn abre cenários fascinantes para a metafísica quântica, um campo de pesquisa que visa explorar as profundezas insondáveis do universo por meio das ferramentas da física quântica e da filosofia. Por meio de experimentos como a fenda dupla, que destaca a natureza ondulatória das partículas e suas propriedades de superposição quântica, e conceitos como o emaranhamento quântico, que enfatiza a não-localidade e a interconexão de partes distantes, a metafísica quântica nos convida a reconsiderar nossas concepções de espaço, tempo e causalidade.

Em uma época em que as fronteiras do conhecimento estão se expandindo exponencialmente, desafios fascinantes e mistérios profundos nos aguardam no coração da metafísica quântica, onde a dança entre matéria e pensamento é revelada em toda a sua magnificência e complexidade.

Concluindo, a metafísica, tanto em sua forma clássica quanto moderna, continua a estimular o pensamento e a reflexão filosófica, desafiando os limites do conhecimento e abrindo novas perspectivas sobre a realidade. Por meio da análise de conceitos metafísicos e da comparação com as descobertas científicas mais avançadas, podemos embarcar em uma jornada fascinante rumo a uma compreensão mais profunda do universo e do nosso "destino" dentro dele.

O fim da vida como um enigma metafísico universal.

Na filosofia, o conceito do fim da vida sempre foi um enigma metafísico universal que fascinou os pensadores ao longo dos séculos. Um dos pilares fundamentais dessa reflexão é a visão platônica da imortalidade da alma e sua separação do corpo na morte.

Platão, uma figura importante da filosofia antiga, lançou as bases para uma abordagem metafísica do fim da vida.

No século V a.C., ele argumentou que a alma é eterna e que a morte não marca o fim da existência, mas sim a libertação da alma do corpo material. Essa visão transcendente da alma inspirou gerações de filósofos, teólogos e pensadores nos séculos seguintes.

Na história das ideias, várias figuras e eventos ajudaram a moldar nossa compreensão do fim da vida como um enigma metafísico. Desde o experimento "peso da alma" conduzido por Duncan MacDougall em 1907, que procurou medir a suposta perda de peso na morte de um indivíduo, até o trabalho de figuras como Santo Agostinho, que explorou a questão da imortalidade da alma no contexto da teologia cristã, as nuances desse tema foram enriquecidas por diferentes perspectivas.

Estudiosos contemporâneos, como Raymond Moody, pioneiro na pesquisa sobre experiências de quase-morte e pós-morte, contribuíram para explorar o mistério da passagem sob uma perspectiva científica e psicológica. Os testemunhos de pessoas que afirmam ter tido experiências de quase morte e contato com entidades espirituais alimentaram o debate sobre a existência de uma realidade após a morte.

Além disso, na cultura popular e nas experiências pessoais, é possível encontrar inúmeras histórias e anedotas que falam de encontros com o mistério da morte e visões de "luz no fim do túnel", sugerindo a presença de uma dimensão além de nossa compreensão racional.

Concluindo, o fim da vida como um enigma metafísico universal continua sendo um campo de investigação fascinante que desafia não apenas as mentes racionais dos filósofos, mas também as emoções e as convicções mais profundas dos indivíduos. Por meio de uma integração de perspectivas filosóficas, científicas, religiosas e pessoais, podemos nos aproximar de uma compreensão mais rica e multifacetada desse estágio inevitável de nossa jornada existencial.

No debate sobre o fim da vida como um enigma metafísico universal, a pesquisa moderna introduz agora uma nova lente de observação: a perspectiva quântica, que enriquece ainda mais a complexidade desse tópico fascinante. Além das reflexões tradicionais sobre a natureza da alma e a vida após a morte, agora estão sendo feitas perguntas sobre o papel das leis da física quântica na interpretação da transição da vida para a morte.

Estudiosos contemporâneos, como Roger Penrose, um conhecido matemático e físico teórico, propuseram hipóteses sobre a consciência e a alma à luz da física quântica, sugerindo que fenômenos como a coerência quântica no nível neuronal poderiam ter implicações profundas para nosso conceito de identidade e a continuação do ser além da morte física.

Experimentos como os realizados por Pim van Lommel, médico holandês e autor de estudos sobre experiências de quase morte, desafiam as noções tradicionais da fronteira entre a vida e a morte, abrindo caminho para novas interpretações nas quais a mecânica quântica poderia desempenhar um papel significativo na compreensão da natureza da consciência e da sobrevivência do indivíduo além da morte biológica.

Essa combinação de metafísica e física quântica nos convida a reconsiderar o fim da vida como um enigma que transcende as categorias convencionais de pensamento, abrindo novos espaços para o diálogo e a pesquisa que desafiam não apenas nossa racionalidade, mas também nossas emoções e nossas crenças íntimas sobre a existência e a transcendência.

Em uma época em que a ciência e a espiritualidade parecem estar caminhando para uma convergência sem precedentes, o fim da vida se apresenta como uma encruzilhada privilegiada onde as fronteiras entre o visível e o invisível, o tangível e o impalpável, se fundem em uma dança de mistério e descoberta que continua a fascinar e questionar a própria essência de nossa humanidade.

O fim da vida à luz da metafísica kantiana e da física moderna.

Immanuel Kant, o gigante da filosofia alemã, deixou uma marca indelével no campo da metafísica com sua obra monumental "Crítica da Razão Pura". Nessa obra-prima, Kant tenta superar a oposição entre empirismo e racionalismo, abrindo caminho para uma visão filosófica que vai além da mera percepção sensorial e do raciocínio lógico puro. A ideia de metafísica de Kant antecipa conceitos que, embora não estejam explícitos em sua obra, ecoam nas hipóteses mais avançadas da física contemporânea.

Descobertas revolucionárias na física moderna, como a teoria da relatividade e a mecânica quântica de Albert Einstein, redefiniram profundamente nossa concepção da realidade. A ideia de que o espaço e o tempo estão interconectados e que a matéria pode existir em diferentes formas simultaneamente, de acordo com os princípios da superposição quântica, acrescenta uma nova dimensão à nossa compreensão da vida e da morte.

Eventos cruciais na história da ciência, como o experimento da dupla fenda que destacou o comportamento ondulatório e corpuscular da luz e da matéria, tornaram evidente a natureza elusiva e aparentemente insondável da realidade. Esses desenvolvimentos abrem novas perspectivas sobre a possibilidade de sobrevivência do indivíduo além da morte, desafiando as concepções tradicionais e abrindo os horizontes para uma compreensão ainda mais profunda do fim da vida como um momento de transição e transformação.

Nesse intrincado entrelaçamento de filosofia, ciência e espiritualidade, o fim da vida se revela como um nó essencial que nos leva a refletir sobre o significado final de nossa existência e a própria natureza do universo no qual estamos imersos. A síntese entre a visão kantiana da metafísica como um espaço de possibilidades e a complexidade inescrutável da física quântica nos convida a explorar as fronteiras do conhecimento humano, deixando muitas portas abertas para uma compreensão cada vez mais vasta e fascinante dos mistérios que envolvem nossa passagem para o grande mistério do fim da vida.

O Congresso Internacional de Parapsicologia de 1953.

O Congresso Internacional de Parapsicologia de 1953 foi realizado em Paris, na França. A cidade da luz e da cultura foi o cenário de prestígio no qual estudiosos e pesquisadores ilustres se reuniram para discutir e apresentar suas descobertas e teorias sobre parapsicologia e metafísica. A atmosfera cosmopolita e intelectual de Paris ajudou a tornar esse congresso um evento de alcance internacional que deixou uma marca duradoura no campo de pesquisa dos fenômenos psíquicos e na compreensão da vida após a morte.

No cenário acadêmico do século XX, esse Congresso se destacou como um evento que marcou época e lançou uma nova luz sobre o enigma metafísico da vida após a morte. Naquela assembleia histórica, estudiosos e pesquisadores esclarecidos se reuniram para examinar evidências anedóticas sobre a sobrevivência após a morte e discutir as profundas ligações entre a física quântica e a metafísica.

Um dos protagonistas dessa conferência foi o renomado parapsicólogo Dr. Rhine, famoso por sua pesquisa pioneira sobre fenômenos psíquicos. Foi ele quem apresentou ao mundo acadêmico e científico uma série de experimentos que lançaram uma nova luz sobre a existência de uma realidade além da morte. Por meio de casos documentados de comunicações paranormais e fenômenos de mediunidade, o Dr. Rhine e sua equipe demonstraram que a vida poderia continuar além do limite da morte física.

A influência da física quântica na metafísica tornou-se tangível durante a conferência. Erwin Schròdinger, um ilustre físico teórico e ganhador do Prêmio Nobel, conhecido pelo famoso experimento do gato, contribuiu para o debate com suas teorias revolucionárias sobre a natureza ondulatória da realidade. Ele enfatizou como os princípios quânticos poderiam apoiar a ideia de uma consciência não local e imaterial, abrindo as portas para novas interpretações da existência após a morte.

Relatos de experiências de quase morte, comunicação com entidades de outro mundo e visões de lugares além da física comum foram tópicos centrais de debate na conferência. Estudiosos como o Professor Stevenson, conhecido por suas investigações sobre reencarnação, trouxeram à tona casos de crianças que se lembram de detalhes de vidas passadas, oferecendo percepções sobre a continuidade da alma além da morte corporal.

Ian Stevenson surgiu como uma figura de destaque durante essa conferência. Com o rigor científico e a dedicação com que conduziu sua pesquisa, Stevenson apresentou casos extraordinários.

Um dos casos mais emblemáticos apresentados diz respeito a uma criança que, desde pequena, contava em detalhes episódios e detalhes de uma vida passada em outra época e em um lugar distante. Por meio de uma investigação cuidadosa que envolveu testemunho direto, documentos históricos e referências cruzadas, Stevenson conseguiu demonstrar a coerência e a coesão das memórias dessa criança com a vida de um indivíduo que realmente existiu no passado.

Esses casos não eram isolados, mas representavam uma série de exemplos que abriram caminho para uma reflexão mais profunda sobre a natureza da alma e sua possível sobrevivência após a morte. A comparação entre as evidências empíricas coletadas por Stevenson e as teorias metafísicas sobre o ciclo de reencarnações e a continuidade da essência espiritual provocou debates acalorados e perguntas fundamentais sobre o significado e o destino do indivíduo além da vida terrena.

Assim, o Congresso de 1953 provou ser um momento crucial no qual a parapsicologia e a metafísica se encontraram, oferecendo percepções sobre o enigma universal do fim da vida e abrindo novas perspectivas de pesquisa e compreensão sobre a própria natureza da existência humana.

As discussões acaloradas e as evidências sugestivas apresentadas continuaram a inspirar gerações de pesquisadores a se aprofundarem no enigma metafísico da existência além da morte, confirmando que o fim da vida continua sendo um dos maiores enigmas universais ainda a serem desvendados.

O legado deixado pelo Congresso Internacional de Parapsicologia de 1953 reverberou ao longo do tempo, influenciando o debate sobre questões transcendentais relacionadas à vida, à morte e à natureza da própria existência. Esse evento não só deu impulso a novas pesquisas nos campos da parapsicologia e da metafísica, mas também alimentou uma maior consciência da complexidade e da profundidade da experiência humana.

Desde os experimentos realizados até as teorias mais ousadas, o Congresso de 1953 abriu as portas para um território ainda pouco explorado, desafiando as concepções convencionais e trazendo à tona um novo panorama de possibilidades existenciais. As discussões sobre outros planos da realidade, as energias sutis que permeiam o universo e as interconexões entre mente, matéria e consciência ofereceram insights sobre uma visão mais ampla e integrada do cosmos.

A evolução de nossa compreensão do fim da vida por meio da metafísica quântica.

Desde a antiguidade, filósofos e pensadores têm procurado entender o significado do fim da vida e o destino da alma além da vida terrena. A metafísica, como uma disciplina que vai além dos aspectos contingentes da experiência sensorial, nos oferece as ferramentas para explorar essas questões profundas.

Por meio de uma combinação de filosofia e ciência, a metafísica quântica visa aprofundar nossa compreensão da sobrevivência à morte e da realidade que transcende os limites do mundo material. Estudos no campo da física quântica, desde experimentos de emaranhamento até a teoria de universos paralelos, lançaram luz sobre a possibilidade de uma realidade desconhecida além do que percebemos com nossos sentidos.

Inspirando-nos em eventos e descobertas significativos, podemos traçar um curso de desenvolvimento em nossa compreensão da passagem e de suas implicações metafísicas.

Um desses momentos cruciais foi a criação, em 2012, do "*Cambridge Center for the Study of Existential Risk*" na Universidade de Cambridge, que se concentrou na análise de riscos existenciais que poderiam ameaçar o futuro da humanidade, incluindo a questão do fim da vida.

Esse centro de pesquisa pioneiro atraiu a atenção de eminentes acadêmicos, filósofos e cientistas que se dedicaram ao estudo aprofundado de questões que vão além da mera existência física do homem. O fim da vida, entendido não apenas como o momento da morte física, mas como a própria passagem da vida para a não-vida, representa um dilema metafísico que envolve a própria natureza do ser humano e seu relacionamento com o universo.

Além disso, o testemunho de vários estudiosos e pesquisadores do campo da metafísica quântica, como David Bohm, Amit Goswami e Fritjof Capra, oferece uma contribuição fundamental para a compreensão do vínculo entre a metafísica quântica e a sobrevivência no fim da vida. Por meio de suas teorias e do reconhecimento da importância da consciência na criação e interpretação da realidade, somos levados a explorar como o fim da vida pode ser concebido como uma transição para uma forma de existência diferente da nossa vida terrena.

Da filosofia antiga à ciência quântica moderna, ampliamos progressivamente nossos horizontes cognitivos e estamos enfrentando o desafio de entender o fim da vida de uma forma mais ampla e interdisciplinar.

2 - NA ALMA.

"Quem olha para fora, sonha; quem olha para dentro, acorda."
(Carl Jung)

Capítulo 3. A alma, uma dádiva a ser valorizada.

"A beleza da alma brilha quando o coração está livre dos grilhões da matéria." (Khalil Gibran).

Existência da alma: sugestões científicas e filosóficas sobre a sobrevivência no fim da vida.

Nas discussões científicas, vários estudiosos contribuíram para estabelecer as bases de uma compreensão mais profunda da alma e de sua suposta imortalidade. Entre eles, destaca-se o conhecido neurocirurgião Eben Alexander, que em seu livro Proof of Heaven (Prova do Céu) relata sua experiência pessoal de uma experiência de morte iminente que, segundo ele, confirma a existência da alma e a continuação da consciência além da passagem física.

Ao mesmo tempo, o campo da neurociência oferece uma perspectiva científica sobre as experiências de quase morte. O estudo das *experiências de quase morte* (EQMs) atraiu muito interesse e debate, com o Dr. Sam Parnia, especialista no campo das EQMs, afirmando que essas experiências são comuns e podem fornecer evidências da sobrevivência da alma.

Outro estudioso de destaque é o Dr. Raymond Moody, que realizou uma série de pesquisas sobre experiências de quase morte e cunhou o termo "*experiências-limite*" para descrevê-las. Os depoimentos coletados por Moody sugerem que, durante essas experiências, muitas pessoas relatam a sensação de estarem separadas do corpo físico e entrando em um estado de consciência mais elevado, em sintonia com uma existência que continua além da passagem.

A filosofia, por outro lado, contribuiu para uma ampla gama de argumentos e especulações sobre a alma e sua possível existência. Platão, um dos filósofos mais influentes da história, desenvolveu a teoria da alma imortal, argumentando que a alma é separada do corpo e persiste mesmo após a morte. Esse ponto de vista filosófico influenciou muito o pensamento ocidental.

O legado de Platão na construção do pensamento ocidental.

Na imensa paleta da filosofia, poucos pincéis pintaram o conceito de alma e o fim da vida com tanta habilidade e profundidade quanto Platão, o célebre pensador da Grécia antiga. O fundador da Academia de Atenas não apenas elaborou uma das teorias mais fascinantes sobre a existência da alma imortal, mas também moldou toda uma perspectiva metafísica que reverberou ao longo dos séculos a ponto de moldar o pensamento ocidental contemporâneo.

No diálogo "Phaedo", Platão explora a natureza da alma, argumentando que ela é eterna, separada do corpo e dotada de conhecimento inato. Essa visão transcende o limitado horizonte terreno, oferecendo uma perspectiva que provocou profundas reflexões sobre a natureza da existência humana e o significado de seu termo.

> *"E assim é que a alma não é apenas incombustível, mas eterna, pois é composta com sabedoria, já que Deus a compôs. Esperávamos que agora você fosse ao túmulo de Cebete conosco, com uma alma livre e tranquila. Nós o*

exortamos: seja corajoso e abandone sua vida com simplicidade e tranquilidade, sabendo que essas coisas são verdadeiras" ("Phaedo, 118)

A influência de Platão é tangível em muitos estágios cruciais da história do pensamento ocidental. Por exemplo, o pensamento cristão assimilou e reinterpretou a ideia de uma alma imortal ligada a um princípio divino, dando origem a uma visão dualista do homem e de seu destino após a morte. Nos séculos posteriores, filósofos como Descartes reinterpretaram e desenvolveram a distinção entre mente e corpo inaugurada por Platão, lançando as bases para o surgimento da moderna filosofia da mente.

Entretanto, a teoria da alma imortal também entrou em conflito com outras perspectivas filosóficas e científicas ao longo da história. O materialismo filosófico, por exemplo, desafiou a ideia de uma realidade de outro mundo e tentou explicar a experiência humana exclusivamente em termos físicos e materiais. Além disso, experimentos científicos no campo da neurociência levantaram dúvidas sobre a persistência de uma entidade imaterial, como a alma, além da morte biológica.

Buscando a alma no lugar errado.

A alma é um mistério milenar que continua a desafiar os pesquisadores do conhecimento humano, especialmente quando estão imersos em preconceitos. Na era atual, dominada pela neurociência e pela pesquisa materialista, o conceito de uma entidade imaterial, como a alma, encontra um terreno desconfortável para se firmar.

As experiências no campo da neurociência tentam enfatizar a estreita interconexão entre a atividade cerebral e os fenômenos mentais, sugerindo que a consciência e as experiências humanas podem ser rastreadas até os processos neurológicos e biossociais. Os estudos de lesões cerebrais, as correlações entre a atividade cerebral e os estados mentais e o impacto das substâncias psicoativas ajudaram a minar os fundamentos da ideia tradicional de uma alma imaterial separada do corpo.

Figuras científicas importantes, como Antonio Damasio, com seu trabalho sobre a integração mente-corpo, e Steven Pinker, com suas teorias sobre a evolução da mente, levantaram dúvidas sobre o conceito de uma alma imortal e propuseram uma abordagem materialista para entender a consciência humana. Por algum tempo, as teorias reducionistas, que buscam explicar os fenômenos mentais exclusivamente em termos físicos, ganharam terreno, levando a uma reconsideração da concepção dualista tradicional do homem.

Entretanto, apesar da ascensão do materialismo científico, persiste uma corrente de pensamento que reconhece a complexidade inesgotável do conceito de consciência e sua interconexão elusiva com a alma. Filósofos contemporâneos, como David Chalmers, pai do *"problema difícil da consciência"*, e Thomas Metzinger, com sua teoria da autoilusão, oferecem perspectivas alternativas que desafiam as limitações da abordagem puramente materialista da mente.

Nessa intrincada dança entre a ciência e a metafísica, a busca pela alma continua a estimular debates acalorados e perguntas sem respostas. Enquanto a ciência materialista tenta resolver o enigma da consciência reduzindo-a a processos tangíveis, a filosofia abre espaços para a reflexão sobre a possível existência de uma entidade independente além dos limites do corpo físico.

Assim, na fronteira de nossa compreensão, a alma e a consciência são como sentinelas de um mistério antigo e atemporal, convidando-nos a explorar os limites de nosso conhecimento e a confrontar a complexidade de nossa natureza humana. Nesse intrincado entrelaçamento de ciência e metafísica, talvez esteja a chave para desvendar um dos maiores enigmas da existência humana.

O debate sobre a alma e o fim da vida continua a intrigar estudiosos de diferentes disciplinas. Por um lado, a filosofia examina as implicações éticas e metafísicas da morte e da transcendência, enquanto a ciência busca desvendar os segredos da consciência e da identidade humana por meio de estudos da atividade cerebral e da experiência de quase morte.

Em última análise, o enigma metafísico do fim da vida, conforme proposto por Platão, continua sendo um nó crucial do pensamento humano, exigindo um diálogo constante entre diferentes perspectivas e disciplinas. O legado do antigo filósofo grego ainda vive em nossas reflexões sobre a eternidade da alma e o mistério da morte.

Da mesma forma, o pensador místico e teólogo do século XVIII Emanuel Swedenborg forneceu uma importante perspectiva filosófica sobre a sobrevivência da alma. Swedenborg alegou ter recebido revelações divinas que lhe permitiram explorar o mundo espiritual, e suas obras, como "Heaven and Hell" (Céu e Inferno), reforçaram a ideia de que a alma está destinada a continuar existindo após o fim da vida.

Essas discussões científicas e filosóficas não são conclusivas; no entanto, elas abrem a porta para reflexões profundas sobre a exploração contínua da alma e sua possível sobrevivência após o fim da vida. Elas fornecem um terreno fértil para tecer uma ponte entre o empirismo e o misticismo, convidando a fusão do conhecimento científico e da pesquisa mística para abordar em profundidade o enigma da existência da alma e o destino que a aguarda após o fim da vida.

Existência da alma: uma comparação entre as religiões e as teorias científicas.

Durante séculos, muitas religiões defenderam a existência da alma como um elemento central de sua doutrina. Por exemplo, no cristianismo, a doutrina do *Catecismo da Igreja Católica* afirma que a alma é criada diretamente por Deus e sobrevive à morte física, aguardando a ressurreição do corpo no momento do Juízo Final.

As religiões orientais, como o hinduísmo e o budismo, oferecem uma perspectiva mais complexa sobre a alma. No conceito hinduísta de "*atman*", a alma é considerada parte da energia universal e destinada a reencarnações repetidas com base em suas ações (*carma*). No budismo, falamos de "*anatta*". Anatta é um conceito essencial que desafia as concepções ocidentais sobre o eu e a natureza da existência humana. Anatta, traduzido literalmente como "*não-eu*" ou "*ausência do ego*", é um pilar fundamental da visão de mundo budista, convidando a uma reflexão profunda sobre a natureza efêmera da identidade e a verdadeira realidade do eu.

O ponto central da doutrina Anatta é a ideia de que não existe um núcleo permanente e imutável do ego e que a ilusão de um eu separado e distinto é a raiz do sofrimento humano. Esse conceito, claramente expresso em escrituras antigas como o "*Cânone*

Pali", convida os praticantes budistas a olharem além das aparências e das identificações egóicas para descobrir a verdadeira natureza da realidade.

Gautama Buda, o fundador do budismo, foi o primeiro a enunciar a doutrina de Anatta no contexto das Quatro Nobres Verdades, enfatizando que superar a ilusão do ego é essencial para alcançar a libertação do ciclo de dor e renascimento. Por meio da prática da meditação e da auto-observação, os seguidores do budismo são chamados a explorar a natureza transitória e interconectada de sua existência a fim de experimentar diretamente a ausência do ego.

Na tradição budista, mestres ilustres como Nagarjuna e Dogen desenvolveram ainda mais o conceito de Anatta, aprofundando a compreensão da vacuidade do ego e da interdependência de todos os seres. Por meio de anedotas, parábolas e ensinamentos, eles transmitiram a sabedoria do não pertencimento e da impermanência, oferecendo caminhos práticos para superar a ilusão do ego e alcançar a plena consciência da realidade.

Em seu tratado seminal, o "Maha-Prasangika-Madhyamaka", Nagarjuna expôs a ideia da vacuidade do ego como um meio de superar a ilusão do ego e abrir-se para a compreensão da verdadeira natureza da existência. Ele frequentemente citava parábolas e anedotas para ilustrar seus ensinamentos, como a famosa história do "Rei Milinda", na qual um monarca faz perguntas desafiadoras ao monge Nagasena sobre a natureza do ego, recebendo respostas que desafiam os próprios fundamentos da identidade individual.

Dogen, conhecido por sua abordagem zen ao budismo, incorporou o conceito de Anatta em seus ensinamentos sobre a prática da meditação e a iluminação. Por meio de sua obra "Shobogenzo", ele convida os aspirantes à atenção plena a contemplar a ideia da interdependência de todos os seres, ensinando que a sensação de separação entre o eu e o mundo é uma ilusão que deve ser superada para se alcançar a paz interior.

Em tempos mais recentes, estudiosos ocidentais como Alan Watts e Thich Nhat Hanh ajudaram a disseminar a compreensão de Anatta além dos limites tradicionais do budismo, oferecendo interpretações contemporâneas e aplicações práticas desse princípio universal. Por meio de suas obras, palestras e ensinamentos, eles tornaram a profunda sabedoria da não identificação e da liberdade da dualidade do ego acessível ao público ocidental.

É possível conceber um papel das religiões na exaltação da morte como um momento de julgamento para condicionar os crentes?

O conceito da exaltação da morte como um momento de julgamento e condicionamento dos fiéis por meio das religiões é uma questão complexa que tem provocado uma ampla discussão na história do pensamento filosófico e religioso. Vários filósofos e pensadores exploraram essa questão, oferecendo reflexões e argumentos sobre como as religiões podem influenciar a percepção da morte e o julgamento final para condicionar os fiéis.

Um dos filósofos mais conhecidos que abordou essa questão foi Friedrich Nietzsche, um famoso filósofo alemão do século XIX. Nietzsche criticou duramente as religiões tradicionais, especialmente o cristianismo, pelo que ele descreveu como uma "*moralidade escrava*" baseada na ideia do julgamento divino e na promessa de uma vida melhor após a morte em troca da submissão terrena. Nietzsche argumentou que essa concepção da morte como um momento de julgamento poderia ser usada para condicionar e manipular as massas.

Nietzsche cunhou o conceito de "*moralidade escrava*" para se referir à visão cristã da moralidade como uma ferramenta para dominar e controlar as pessoas. Ele criticou a ideia de um Deus julgador que prometia recompensas ou punições na vida após a morte com base nas ações realizadas em vida. Ele acreditava que esse conceito era prejudicial, pois poderia ser usado para manipular as emoções e ações das pessoas, condicionando-as a seguir determinados comportamentos por medo das consequências após a morte.

Nietzsche reconheceu o potencial reconfortante e consolador da religião para muitas pessoas, mas contestou a maneira como as instituições religiosas exploravam o medo da morte e do julgamento divino para impor uma ética coercitiva e reduzir a liberdade individual. Ele propôs uma ética baseada na autodeterminação, na autoafirmação e na aceitação da própria humanidade, sem precisar depender de conceitos de pecado e redenção.

As ideias de Nietzsche tiveram um impacto significativo na filosofia ocidental e no debate cultural sobre o papel da religião na sociedade. Suas críticas às concepções tradicionais de morte, julgamento e vida após a morte estimularam reflexões profundas sobre a liberdade individual, a autenticidade e a responsabilidade moral além das instâncias religiosas convencionais.

Em conclusão, a análise de Nietzsche sobre o papel das religiões na exaltação da morte como meio de condicionar as massas é uma contribuição significativa para a reflexão crítica sobre a cultura e a sociedade. Suas ideias convidam a uma reflexão profunda sobre a dinâmica de poder e controle presente nas instituições religiosas e sobre a importância de uma visão livre e autêntica da vida e da morte, além dos dogmas e das crenças dogmáticas.

Outro filósofo que explorou o papel das religiões na exaltação da morte como um instrumento de controle foi Michel Foucault. Foucault, um filósofo francês do século XX, analisou o conceito de "*biopoder*" e como as instituições religiosas e políticas usam a disciplina e o controle sobre a vida e a morte para regular o comportamento e as crenças das pessoas. Ele mostrou como as religiões podem influenciar as percepções da morte e o julgamento para direcionar as ações e os pensamentos dos fiéis.

Foucault é conhecido por suas teorias sobre sociedade, poder e conhecimento, ele ofereceu uma perspectiva particular sobre o papel das instituições religiosas na exaltação da morte como instrumento de controle social. Seu conceito de "*biopoder*" refere-se à maneira como as instituições políticas e religiosas exercem controle sobre a vida e a morte das pessoas.

Foucault analisou como as instituições religiosas, juntamente com as instituições políticas, usam a disciplina e o controle sobre a vida e a morte para influenciar as percepções e práticas sociais. Ele destacou como as religiões podem oferecer narrativas e interpretações da morte e do julgamento que condicionam as ações e os pensamentos dos fiéis, criando normas morais e comportamentos sociais que se conformam aos seus valores e ensinamentos.

De acordo com Foucault, as instituições religiosas podem exercer poder disciplinar sobre a vida e a morte por meio da regulamentação de práticas rituais, crenças e valores morais. Esse controle pode influenciar profundamente a percepção da morte como um momento de transição e julgamento, moldando as visões individuais e coletivas da existência e da vida após a morte.

A crítica de Foucault ao controle social exercido pelas instituições religiosas sobre a morte faz parte do contexto mais amplo de seus trabalhos sobre a análise do poder, da disciplina e da vigilância nas sociedades modernas. A análise de Foucault sobre o papel das religiões na exaltação da morte como um instrumento de controle social oferece uma lente nítida por meio da qual se pode considerar a complexidade da dinâmica de poder e influência presente nas instituições religiosas e no contexto cultural mais amplo. Suas reflexões estimulam uma maior conscientização e análise crítica das práticas e crenças relacionadas à morte e à vida após a morte.

A perspectiva de Michel Foucault sobre o papel das instituições religiosas faz parte de um questionamento mais amplo sobre a natureza do poder, do controle social e das práticas disciplinares que caracterizam as sociedades modernas. Foucault destacou como as instituições religiosas, assim como as políticas e sociais, podem usar o tema da morte e do julgamento como uma ferramenta para regular o comportamento individual e coletivo, criando dispositivos de controle que influenciam as crenças, os valores e as ações das pessoas.

Sua análise destaca a complexidade da dinâmica de poder que opera no contexto das instituições religiosas e ressalta as maneiras pelas quais essas instâncias podem influenciar profundamente as visões sobre a morte e a vida após a morte. Foucault estimula a reflexão crítica sobre a interseção de poder, disciplina e crença religiosa, convidando-nos a examinar como as narrativas sobre a morte podem ser usadas para condicionar a sociedade e manter uma determinada ordem social e moral.

Outros estudiosos contemporâneos estudaram como as religiões usam conceitos como julgamento divino, vida após a morte e culpa para condicionar os fiéis e manter o controle sobre a sociedade. Esses estudiosos destacaram o poder das crenças religiosas para influenciar o comportamento individual e coletivo por meio do medo da morte e do julgamento.

Em última análise, o papel das religiões na exaltação da morte como um momento de julgamento para condicionar os crentes é um tópico complexo que envolve questões de poder, controle social, moralidade e filosofia. As reflexões de filósofos como Nietzsche e Foucault oferecem percepções interessantes sobre como as religiões podem influenciar as crenças e ações das pessoas por meio de conceitos relacionados à morte e ao julgamento.

Entretanto, também é importante considerar o papel positivo que as religiões podem desempenhar ao abordar a questão da morte e do julgamento, oferecendo conforto, esperança e orientação moral aos fiéis em momentos de dificuldade e incerteza. Muitas religiões promovem valores de compaixão, solidariedade e amor que podem ajudar as pessoas a encontrar significado e propósito na vida e na morte.

Ao mesmo tempo, é essencial manter uma perspectiva crítica e o discernimento em relação às interpretações e aos ensinamentos religiosos que podem ser usados para fins de controle e manipulação. A filosofia e a reflexão crítica podem ajudar a explorar as várias concepções de morte e julgamento encontradas em diferentes tradições religiosas e avaliá-las de maneira ponderada.

Refletir sobre o papel das religiões na exaltação da morte como um momento de julgamento pode ajudar a desenvolver uma visão mais ampla e articulada de como as crenças e práticas religiosas influenciam as percepções individuais e coletivas da vida e da morte. Essa reflexão pode oferecer percepções e discussões sobre como as religiões podem agir como um meio de controle, mas também como uma fonte de conforto e inspiração para os fiéis e as comunidades religiosas.

No contexto das religiões orientais, como o budismo e o hinduísmo, é possível encontrar diferentes abordagens da ideia da morte como um momento de julgamento. Essas tradições geralmente enfatizam conceitos como o carma, o ciclo de renascimentos e a busca pela libertação espiritual como fundamentais para a compreensão da existência humana além da vida terrena.

No budismo, por exemplo, a morte não é vista como um momento de julgamento divino, mas sim como uma transição natural no ciclo do samsara, que pode levar ao renascimento com base nas ações passadas de um indivíduo. O conceito de carma, que se refere às ações e intenções de uma pessoa e suas consequências, é fundamental para determinar o destino da alma após a morte. Nesse contexto, o budismo ensina a responsabilidade individual e a importância de cultivar a virtude e a compaixão para influenciar positivamente o destino após a morte.

No hinduísmo, a ideia de carma e renascimento também é fundamental para a concepção de morte e julgamento. Moksha, a liberação do ciclo de renascimento, representa o objetivo final para os indivíduos que buscam a realização espiritual suprema além da vida terrena. Nesse contexto, o momento do fim da vida é visto como uma oportunidade de progredir espiritualmente e alcançar a liberação da ilusão e do sofrimento do mundo material.

Filósofos e estudiosos pertencentes a essas tradições religiosas orientais ofereceram percepções significativas sobre a natureza da morte e da vida após a morte, muitas vezes enfatizando a prática da meditação, da moralidade e do serviço altruísta como ferramentas de preparação para a passagem além da vida terrena. Mestres espirituais como o Dalai Lama, do budismo tibetano, e Swami Vivekananda, do hinduísmo, transmitiram ensinamentos valiosos sobre a compreensão da morte e do julgamento sob a perspectiva das tradições espirituais orientais.

Em conclusão, as religiões orientais oferecem uma visão diversificada e profunda sobre a morte como um momento de transição e possibilidade espiritual. Explorar seus ensinamentos e perspectivas sobre a vida após a passagem pode enriquecer nossa compreensão da mortalidade e da espiritualidade, oferecendo uma perspectiva única sobre a natureza do julgamento e o destino da alma além da vida terrena.

Essas tradições religiosas orientais geralmente convidam os fiéis a contemplar a morte como parte integrante do ciclo natural da existência, incentivando-os a viver conscientemente e a cultivar virtudes que possam influenciar positivamente seu destino além da vida terrena. A abordagem das religiões orientais em relação à vida após a morte e à morte geralmente se concentra na transformação interior, no acúmulo de mérito espiritual e na evolução da alma em direção à libertação e à iluminação.

Ao investigar o papel das religiões orientais na exaltação da morte como um momento de julgamento e condicionamento, também é importante considerar o contexto cultural e histórico em que essas tradições se desenvolveram. Práticas rituais, crenças e valores culturais podem influenciar significativamente a percepção e a interpretação da morte e da vida após a morte no contexto religioso oriental.

A riqueza e a complexidade das interpretações da morte e do julgamento nas religiões orientais oferecem percepções sobre a natureza da existência, da espiritualidade e da eternidade. Os ensinamentos dos mestres espirituais orientais e a sabedoria transmitida por gerações podem inspirar uma visão mais inclusiva e compassiva da morte como parte integrante da jornada espiritual de cada indivíduo.

O conceito de alma no contexto das teorias científicas.

No contexto das teorias científicas, o conceito de alma é frequentemente objeto de debate e especulação. Alguns cientistas, como o ganhador do Prêmio Nobel Sir John Eccles, propuseram teorias como a interação mente-cérebro, argumentando que a alma pode existir como uma entidade separada do corpo.

Por outro lado, a neurociência tentou explicar os fenômenos da experiência humana por meio de processos neurológicos. O famoso cientista Francis Crick, em seu livro *"The Astonishing Hypothesis"* (*A hipótese surpreendente*), argumentou que a consciência é o resultado da atividade cerebral e que a ideia de uma alma independente é uma mera ilusão.

Além disso, estudos sobre *experiências de quase morte* (*EQMs*) contribuíram para a discussão sobre a existência da alma. O Dr. Kenneth Ring, Professor Emérito de Psicologia, investigou as EQMs e descobriu que muitas pessoas que tiveram essas experiências relatam sentimentos de presença de luz, conexão espiritual e epifanias que parecem sugerir uma existência além do corpo físico.

Outro aspecto significativo são os estudos recentes que combinam a física quântica com a teoria da informação e a percepção da alma. O físico teórico Stuart Hameroff e o anestesista médico Sir Roger Penrose desenvolveram uma teoria conhecida como Orch-OR, sugerindo que a alma pode se formar como uma forma sutil de energia quântica devido a colapsos quânticos dentro dos microtúbulos das células cerebrais. Discutiremos isso detalhadamente em um capítulo posterior.

O paradigma materialista contra a vida após a passagem: um choque entre ciência e fé.

Ao longo da história, várias religiões têm valorizado espiritualmente a existência da alma e sua continuidade após a passagem pelo corpo. Veja o budismo, por exemplo, que fala do conceito de reencarnação e de um caminho espiritual que se desenvolve ao longo de várias vidas. O conceito de "*Nirvana*" na tradição budista representa o objetivo final, a liberação dos ciclos de nascimento e morte.

Da mesma forma, no cristianismo, a alma é considerada uma parte imortal e divina do ser humano, destinada a alcançar a eternidade ao lado de Deus. As Escrituras Sagradas fornecem referências sobre a vida após a morte e a vida após a passagem, apoiando a existência de um reino celestial ou infernal, dependendo das ações realizadas em vida.

A teoria científica da evolução, desenvolvida por Charles Darwin no século XIX, apresentou uma perspectiva diferente sobre a origem e a natureza dos seres humanos. De acordo com essa teoria, os seres humanos seriam o resultado de um processo evolutivo que começou com organismos simples. No contexto dessa teoria, a ideia de uma alma individual e imortal poderia estar em desacordo com uma interpretação puramente materialista da existência.

No campo da física quântica, entretanto, novas perspectivas se abrem sobre o tema da alma e da sobrevivência após a morte. Vários estudiosos investigaram essa área, trazendo contribuições esclarecedoras para o debate.

O físico teórico John Archibald Wheeler apoiou a ideia de que o observador (a alma ou consciência) pode influenciar a realidade e criar o próprio universo por meio da não temporalidade dos fenômenos quânticos.

Embora as religiões e a ciência abordem a existência da alma a partir de perspectivas diferentes, é possível identificar pontos de convergência entre as duas. Por exemplo, alguns estudiosos defendem a presença de um "*campo morfogenético*" que pode explicar a persistência de memórias e experiências além da passagem física. Essa hipótese, levantada por biólogos como Rupert Sheldrake, poderia abrir caminho para um entendimento mais unificado entre as religiões e a ciência.

O campo morfogenético e a persistência das memórias: uma investigação da memória além da vida física.

O mundo da ciência e da consciência humana é permeado por uma série de perguntas intrigantes que ultrapassam os limites convencionais do conhecimento. Uma dessas questões fascinantes diz respeito à persistência de memórias e experiências além da vida física de um indivíduo. Uma hipótese estimulante que ganhou a atenção e a curiosidade de muitos é a do "campo morfogenético", proposta por Rupert Sheldrake, um biólogo e escritor britânico conhecido por suas teorias revolucionárias.

O conceito do campo morfogenético baseia-se na ideia de que existe um campo invisível e desconhecido que conecta e influencia o crescimento e o desenvolvimento dos organismos vivos. De acordo com Sheldrake, esse campo também poderia conter informações sobre as experiências e memórias de um indivíduo, persistindo mesmo após seu desaparecimento físico.

Para apoiar sua teoria, Sheldrake baseou-se em vários estudos e experimentos realizados nos campos da biologia, psicologia e física quântica. Um dos exemplos mais conhecidos é o conceito de "subconsciente coletivo", proposto pelo psiquiatra suíço Carl Gustav Jung, que sugere a existência de uma camada inconsciente compartilhada de experiências e símbolos comuns à humanidade.

Além disso, Sheldrake citou casos de "memórias de vidas anteriores" relatadas por pessoas que afirmam ter tido experiências que não poderiam conhecer racionalmente, apoiando a ideia de que essas informações poderiam ser preservadas e transmitidas por algum meio não convencional.

Por mais ficção científica ou metafísica que possa parecer, a hipótese do campo morfogenético levanta questões importantes sobre a natureza da memória, do tempo e da consciência que ainda escapam à compreensão humana. Estudiosos como Dean Radin, físico e parapsicólogo, também contribuíram para explorar a possível interconexão entre a mente humana e os fenômenos além da percepção sensorial.

Em suma, o campo morfogenético abre um debate interessante sobre a origem e a persistência das memórias, levando a ciência a explorar novas fronteiras e desafiando as concepções tradicionais da realidade. Embora possa estar sujeita a críticas e ceticismo, essa teoria oferece uma oportunidade intrigante de refletir sobre a complexidade da memória humana e o potencial inexplorado da mente e da vida além do visível.

O conceito de "campo" na física quântica:

No centro da física quântica está uma noção enigmática e fascinante que desafia as concepções tradicionais da realidade: o conceito de "campo". Essa ideia fundamental, que remonta aos primórdios da mecânica quântica nas primeiras décadas do século XX, capturou a imaginação de cientistas, filósofos e observadores de todos os tipos, abrindo as portas para novas visões do nosso universo.

Um dos pioneiros que introduziu o conceito de campos na física quântica foi Albert Einstein, com sua teoria da relatividade geral que revolucionou nossa compreensão do espaço e do tempo. No entanto, foi o trabalho de grandes mentes, como Max Planck, Niels Bohr, Werner Heisenberg e Erwin Schrödinger, que lançou as bases da moderna teoria quântica de campos.

Graças aos experimentos de dupla fenda realizados por Thomas Young em 1801 e às pesquisas sobre fótons e o comportamento ondulatório da matéria, conforme demonstrado pelo experimento de difração de elétrons, a física quântica destacou a natureza ondulatória e probabilística da realidade no nível subatômico. Isso levou à ideia de que as partículas elementares, como quarks, elétrons e fótons, interagem por meio de campos de força que permeiam o espaço e o tempo.

O conceito de um campo na física quântica está intimamente relacionado à noção de vácuo quântico, um estado de energia mínima no qual as flutuações do campo quântico criam uma rede sutil de energia que permeia todo o universo. Esse vácuo quântico é rico em potenciais que dão origem às partículas e interações que observamos no mundo macroscópico.

Uma analogia comum para entender os campos quânticos é a da superfície de um lago, onde as ondas correspondem às flutuações do campo e as interações entre as ondas representam as forças e partículas fundamentais do universo. Essa visão sugestiva nos ajuda a conceber a realidade não como uma coleção estática de partículas isoladas, mas como um tecido intrincado de campos interconectados que compõem a própria estrutura de nossa existência.

No centro da teoria quântica de campos está um universo de enigmas fascinantes e revelações surpreendentes que abalam as concepções convencionais da realidade. De acordo com essa teoria revolucionária, as partículas elementares não são mais vistas como meros objetos isolados, mas sim como estados excitados de campos quânticos que permeiam o espaço e o tempo, representando os próprios fundamentos de nossa existência.

Ou seja, existiria um "campo de partículas" que podemos imaginar como semelhante a um lago tão largo quanto o universo inteiro. Nesse "lago" ou "campo as partículas individuais correspondem às ondulações que podem ser criadas na superfície, e as interações entre as ondulações representam as forças e partículas fundamentais do universo.

Há o campo do próton, o campo do elétron, o campo do nêutron e assim por diante. Esses campos são sobrepostos, mas independentes. Não existem corpos físicos separados, mas estados excitados de pequenas porções da "superfície" de um campo. Até mesmo os átomos e as células de nossos corpos são estados excitados dos campos relevantes.

As raízes dessa visão revolucionária estão no trabalho pioneiro de grandes mentes da física, como Richard Feynman, Murray Gell-Mann, Julian Schwinger e Shinichiro Tomonaga, que desenvolveram a teoria do campo quântico na década de 1940. Com a formulação dessa teoria, surgiu um cenário extraordinário no qual os campos quânticos são os principais atores, enquanto as partículas se tornam meros epifenômenos desses campos.

De acordo com essa perspectiva, os campos quânticos são descritos como entidades ontológicas primárias e iminentes das quais emergem as partículas e as interações que observamos no universo. Ao contrário da visão clássica que atribui às partículas uma entidade individual autônoma, a teoria de campo enfatiza a relação indissolúvel entre partículas e campos, substituindo a concepção mecanicista que veria acúmulos de "objetos" separados pela visão de um tecido vibrante de interações e probabilidades.

Um exemplo eloquente dessa visão revolucionária são os elétrons que compõem a matéria, incluindo nossos corpos e todo o universo. Os elétrons são considerados estados excitados do campo do elétron, manifestando-se como ondas de probabilidade que só se manifestam de forma tangível por meio de interações com outros campos. Essa perspectiva revela um cenário extraordinário no qual a própria existência das partículas depende intimamente do complexo entrelaçamento dos campos quânticos.

A visão que emerge da análise dos estados quânticos e de seus campos subjacentes revela um universo de extraordinária complexidade e interconexão, no qual o espaço e o tempo estão intimamente interligados por meio de interações entre campos. Esse cenário fascinante traz consigo uma visão de mundo em que o conceito de causalidade e determinismo é desafiado, abrindo a porta para uma nova maneira de conceber a realidade e a própria existência.

Em conclusão, o conceito de campo quântico revela um universo vibrante e misterioso no qual a realidade se desdobra por meio de um intrincado balé de campos e estados quânticos em interação. Essa perspectiva nos convida a explorar as profundezas ocultas da natureza e a contemplar as maravilhas de um mundo no qual as partículas e as interações são apenas os ecos de uma realidade mais profunda e ilimitada.

A natureza da alma: um elemento-chave para entender a sobrevivência.

A questão da natureza da alma tem fascinado cientistas e filósofos ao longo dos séculos. Um dos debates mais antigos diz respeito à dualidade entre corpo e alma, que remonta ao pensamento de filósofos gregos como Platão e Aristóteles. Platão defendia a existência de uma alma imortal separada do corpo, enquanto Aristóteles considerava a alma como parte integrante do ser humano.

Nas últimas décadas, a pesquisa científica fez contribuições significativas para as discussões sobre a natureza da alma. Por exemplo, o psicólogo Carl Gustav Jung introduziu o conceito de subconsciente coletivo, uma espécie de nível de consciência compartilhado por todos os indivíduos. De acordo com Jung, a alma faria parte desse subconsciente coletivo e seria o canal por meio do qual ocorrem as experiências transpessoais.

Outro exemplo são os estudos do neurocientista Mario Beauregard, que examinou os efeitos neurológicos das experiências místicas e espirituais. Sua pesquisa sugere que tais experiências podem estar relacionadas a diferentes atividades cerebrais, sugerindo a existência de um aspecto do ser humano que vai além do mero mundo material.

Não podemos nos esquecer da importante contribuição feita pelo campo da física quântica. Os físicos descobriram que as partículas subatômicas podem ser partículas e ondas ao mesmo tempo e são influenciadas pelo próprio observador. Essas descobertas levantam questões sobre a possibilidade de a alma estar conectada a níveis mais profundos de consciência e à interconexão quântica de todas as coisas.

Um experimento fundamental que levantou mais questões sobre a natureza da alma foi o realizado em 1967 por Sir Roger Penrose e Stuart Hameroff, conhecidos por sua teoria Orch-Or. (*ORCHestrated Objective Reduction*). De acordo com essa teoria, a consciência seria o resultado de interações quânticas dentro dos microtúbulos, estruturas encontradas nas células cerebrais. Isso sugere que a alma poderia estar ligada às propriedades quânticas da própria matéria.

A ilusão de tempo e espaço na vida após a morte.

O tempo é uma dimensão fundamental de nossa experiência humana, mas como ele é percebido durante a passagem? Ao longo da história, muitos filósofos refletiram sobre a natureza do tempo e como ele afeta nossa realidade. Por exemplo, o filósofo grego Platão argumentou que o tempo era apenas uma sombra da realidade das ideias, enquanto para o filósofo alemão Immanuel Kant, o tempo era uma categoria por meio da qual construímos nossa experiência.

Nas últimas décadas, a ciência proporcionou novas percepções sobre a natureza do tempo. Albert Einstein, com sua teoria da relatividade, demonstrou que o tempo é relativo à velocidade e à presença da gravidade. Isso significa que o tempo pode ser percebido de forma diferente, dependendo das condições em que nos encontramos. Por exemplo, experimentos de dilatação do tempo em medidores de precisão mostraram que o tempo flui mais lentamente perto de grandes massas, como a Terra.

A questão se torna ainda mais interessante quando se considera a experiência da passagem. Há inúmeros testemunhos e anedotas de pessoas que tiveram experiências de "vida após a passagem", nas quais a percepção do tempo aparentemente se alongou ou até mesmo desapareceu completamente. Essas experiências foram descritas por muitas pessoas que estiveram nas proximidades da passagem clínica ou que passaram por EQMs (Experiências de Quase Morte), nas quais afirmam ter experimentado sentimentos de eternidade ou um senso distorcido de tempo.

A ciência tem tentado explorar essas experiências misteriosas. Um estudo significativo foi realizado pela médica suíça Elisabeth Kübler-Ross, uma das pioneiras no campo das experiências de quase morte. Por meio de entrevistas com pacientes terminais, Kübler-Ross descobriu que muitos deles relataram sentir-se "fora do tempo" durante essas experiências. Essa pesquisa ajudou a fornecer uma base empírica para a compreensão da experiência do tempo quase passando.

Além da ciência, a filosofia e a espiritualidade também oferecem pontos interessantes para a reflexão sobre a percepção do tempo no fim da vida. Alguns estudiosos sugerem que a vida após a morte pode ser uma dimensão na qual o tempo não existe ou é vivenciado de forma diferente da realidade terrena. Por exemplo, o filósofo alemão Friedrich Nietzsche teorizou sobre a existência de um "eterno retorno" no qual tudo se repete sem fim.

Capítulo 4. O que acontece após o fim da vida? Teorias clássicas.

A morte é levar embora tudo o que não é você. O segredo da vida é "morrer antes de morrer"' e descobrir que não existe morte.
(Eckhart Tolle)

Desde as primeiras civilizações, a humanidade tem procurado entender o que acontece após o fim da vida. No antigo Egito, por exemplo, acreditava-se na continuidade da alma após a morte e praticavam-se rituais para garantir uma passagem segura para a vida após a morte. Essas crenças foram transmitidas de geração em geração, influenciando as filosofias e religiões de muitas culturas ao longo dos séculos.

A ciência contemporânea tem tentado trazer uma luz racional a esse assunto misterioso. Um dos pontos de partida é a Experiência de *Quase Morte* (EQM), na qual indivíduos que estiveram perto da morte contam relatos detalhados de suas experiências. Um dos casos mais famosos é o do médico Raymond Moody, que em seu livro "*Life After Life*" (*Vida Após a Vida*) entrevistou vários pacientes que relataram experiências de EQM, incluindo a percepção de deixar seus corpos, encontros luminosos e a sensação de paz e amor universais.

Outros experimentos, como os realizados pelo médico americano Michael Sabom, estudaram as experiências de EQM de pacientes submetidos à ressuscitação cardíaca. Sabom descobriu que muitas das descrições das experiências de EQM eram consistentes entre si, independentemente das diferenças culturais ou individuais dos pacientes. Isso levou a uma maior consideração científica da ideia de que há uma experiência semelhante para todos após o fim da vida.

A física quântica é outra área que tem oferecido percepções interessantes sobre o que pode acontecer após o fim da vida. Alguns estudiosos, como o físico britânico Sir Roger Penrose e o anestesista Stuart Hameroff, teorizaram a existência de atividade quântica no cérebro que sobreviveria à morte do corpo. Essa teoria propõe que a consciência pode existir em uma entidade separada do corpo e pode continuar em uma existência eterna após a morte.

Adaptando a perspectiva da evolução, o psicólogo Michael A. Persinger acredita que a energia da consciência pode se fundir com a energia do cosmos, levando a uma experiência transcendente após a passagem. Persinger se refere ao conceito de "noosfera" como uma extensão de nossa consciência individual.

A abordagem proposta por Persinger lança uma nova luz sobre a hipótese de que a consciência individual pode se perpetuar em uma dimensão maior após a morte física, graças à evolução da própria mente humana.

Persinger, conhecido por seus estudos sobre a interação entre o cérebro e o ambiente externo, afasta-se da abordagem religiosa tradicional para se concentrar na energia da consciência. Ele sugere que essa energia poderia, em um processo de "fusão", unir-se à energia cósmica, abrindo a porta para uma experiência transcendente além da vida terrena.

Voltando às origens dessa perspectiva, encontramos suas raízes no conceito de "noosfera" cunhado pelo filósofo e teólogo francês Pierre Teilhard de Chardin na década de 1920. A noosfera foi definida como a esfera global da mente humana, um tecido entrelaçado de mentes individuais que se estende até o nível planetário. Dentro dessa estrutura conceitual, cada consciência individual contribui para moldar e expandir a própria noosfera, criando um substrato coletivo para experiências espirituais e a continuidade do ser após a morte.

Para apoiar sua teoria, Persinger cita exemplos de experiências de quase morte em que as pessoas relataram sentimentos de conexão universal, de unidade com todo o cosmos. Um estudo emblemático é o realizado por Raymond Moody na década de 1970 sobre EQMs, que mostrou elementos de luz, calma e total aceitação durante as experiências de quase morte.

A física quântica também oferece percepções interessantes para essa reflexão. A ideia de que a energia não se dissolve, mas se transforma, de acordo com o princípio da conservação da energia, poderia apoiar a ideia de uma transição da energia da consciência para uma forma maior e mais intangível após a morte.

Experiências de regressão hipnótica.

O mistério da vida e da morte sempre fascinou a humanidade, gerando teorias, crenças e hipóteses sobre o destino da consciência quando o corpo deixa de existir. Entre as muitas perspectivas que surgiram ao longo da história, uma abordagem intrigante e controversa são as experiências de regressão hipnótica conduzidas por pesquisadores como Brian Weiss e Michael Newton. Essas experiências oferecem uma nova visão sobre a possibilidade de acessar memórias de vidas passadas e explorar transições entre a existência terrena e as dimensões espirituais, abrindo novos horizontes para a compreensão da vida após a morte.

Brian Weiss, psiquiatra e autor de best-sellers internacionais como "*Muitas Vidas, Muitos Mestres*", realizou inúmeras sessões de regressão hipnótica com seus pacientes, trazendo à tona memórias surpreendentes de existências anteriores. Por meio dessas experiências, os pacientes que manifestavam medos, bloqueios emocionais ou sintomas físicos aparentemente inexplicáveis puderam explorar as raízes profundas dessas questões em suas vidas passadas, ativando um processo de cura e conscientização.

Outro pioneiro nesse campo foi o Dr. Michael Newton, autor de obras seminais como "*Journey of Souls*" e "*Destiny of Souls*". Por meio de sua pesquisa sobre regressão hipnótica realizada em milhares de pacientes, Newton delineou uma visão estruturada das jornadas da alma entre as vidas, detalhando as fases de transição entre a morte e o renascimento, as dimensões espirituais e os encontros com guias e mentores na vida após a morte.

Os testemunhos que surgiram dessas sessões hipnóticas foram analisados e comparados por vários acadêmicos e especialistas nas áreas de psicologia, espiritualidade e parapsicologia. Alguns críticos levantam dúvidas sobre a validade científica dessas experiências, argumentando que elas podem ser o resultado de sugestão ou fantasia. Entretanto, para muitos defensores da regressão hipnótica, as semelhanças recorrentes entre os relatos dos pacientes, a precisão dos detalhes históricos e a transformação positiva das condições de vida das pessoas envolvidas oferecem uma indicação da verdadeira extensão dessas experiências.

Além da controvérsia e da interpretação, as experiências de regressão hipnótica nos levam a refletir sobre a possibilidade de uma continuidade da consciência além da morte física, abrindo cenários sugestivos sobre a própria natureza da existência e do destino humanos. Em um contexto em que a ciência e a espiritualidade se encontram, esses testemunhos nos convidam a explorar os limites de nossa compreensão e a considerar novas perspectivas sobre a vida, a morte e o mistério do infinito que nos cerca.

Em última análise, embora a questão do que acontece após a morte continue sendo um dos mistérios mais fascinantes e não resolvidos da humanidade, a abordagem de Persinger e de outros estudiosos nos convida a considerar a possibilidade de que nossa consciência possa embarcar em uma jornada além dos limites físicos, interagindo com a energia cósmica em um continuum evolutivo. Esse cenário nos leva a explorar novas fronteiras do conhecimento e a reconsiderar a própria natureza da vida e da morte.

No entanto, é importante ressaltar que o debate sobre o que acontece após o fim da vida permanece aberto e sujeito a diferentes interpretações. As abordagens científicas e filosóficas podem oferecer apenas hipóteses e explicações parciais, enquanto cada pessoa pode ter sua própria visão pessoal desse mistério. No entanto, abordagens científicas apoiadas por evidências experimentais sobre a possibilidade real da sobrevivência da "alma" na nova interpretação da "consciência quântica" estão surgindo nas últimas décadas.

O significado da passagem. Uma reflexão sobre a passagem final da vida.

O fim da vida é uma parte natural do ciclo existencial humano, mas o que ele realmente representa? Muitos pensadores e estudiosos tentaram dar sentido a esse enigma eterno. De um ponto de vista filosófico, alguns argumentam que a passagem é o elemento que dá valor e significado à própria vida. Historicamente, grandes pensadores, como o filósofo grego Sócrates e o estoico romano Sêneca, exploraram o assunto do fim da vida, enfatizando a necessidade de abordá-lo com coragem e sabedoria.

Para Sócrates, a morte não representava o fim absoluto da existência, mas sim uma passagem para algo maior e mais misterioso. No diálogo platônico "*Phaedon*", Sócrates expressa sua crença de que a alma é imortal e que a morte representa apenas a separação do corpo, enquanto a alma continua sua jornada para outra existência:

> *"Talvez, amigo Phaedon, seja afirmado e verdadeiro que o oposto da morte é a vida. De fato, visto assim, um é a presença do outro, um para o outro."*

Essa visão da morte como uma passagem para uma forma superior de vida reflete a profunda espiritualidade e a crença na imortalidade da alma que caracterizava o pensamento socrático.

Sêneca, um importante expoente do estoicismo, também abordou a questão da morte com coragem e serenidade. Em suas obras, como as "*Cartas a Lucílio*", Sêneca nos exorta a considerar a morte como parte integrante da própria vida e a viver com sabedoria e virtude a cada momento, sem medo do destino inevitável. Ele escreve:

> *"A morte nos liberta de nossos laços e tristezas, não de nossa pessoa".*

Essa perspectiva estoica da morte como libertação das misérias terrenas e como um momento de passagem para uma realidade superior reflete a capacidade de aceitar o mistério da existência humana com serenidade.

Em resumo, tanto Sócrates quanto Sêneca, como tantos outros filósofos, nos ensinam que enfrentar a morte com sabedoria e coragem é essencial para levar uma vida autêntica e significativa. Suas visões sobre a morte como uma passagem e como libertação nos convidam a refletir sobre a dimensão transcendente da existência e a considerar a possibilidade de um destino além de nossa compreensão racional. Como afirma Sêneca:

> *"Nunca houve um momento em que nossa alma não fosse; nem haverá um momento em que ela não será; pois ser não é nascer em intervalos, mas existir."*

Portanto, à luz dos ensinamentos desses grandes pensadores, podemos contemplar a passagem não como um enigma assustador, mas como uma oportunidade de crescimento interior e contemplação do infinito. As lições de Sócrates e Sêneca nos convidam a viver com sabedoria, virtude e coragem, aproveitando ao máximo o tempo que nos é dado nesta terra e enfrentando o mistério do fim da vida com a consciência de que, afinal, este pode ser um novo começo para algo ainda maior.

A perspectiva da ciência.

A ciência tradicional, por outro lado, geralmente oferece uma perspectiva negacionista... As teorias evolucionárias sugerem que o fim da vida nada mais é do que um mecanismo necessário para a continuidade das espécies e a evolução da vida na Terra. Charles Darwin, em sua obra "*A Origem das Espécies*", explicou como a evolução opera por meio da "seleção natural", na qual as espécies com características mais adaptadas ao ambiente sobrevivem e se reproduzem, enquanto as menos adaptadas são extintas. A morte, portanto, torna-se um processo crucial para o progresso e a adaptação das formas de vida e, nesse sentido, ela cumpre sua tarefa.

A teoria do "terror da aniquilação".

Nas últimas décadas, a psicologia contribuiu para uma compreensão mais profunda do fim da vida e de como isso afeta as pessoas. A teoria do "*terror da aniquilação*", desenvolvida pelos psicólogos Ernest Becker e Sheldon Solomon, enfatiza o impacto que a consciência da própria mortalidade tem sobre a psique do indivíduo. De acordo com essa teoria, o medo de morrer pode levar a um comportamento defensivo, como a busca de significado e o desejo de deixar uma marca duradoura na sociedade.

Ernest Becker, em seu trabalho pioneiro "*The Denial of Death*" (*A negação da morte*), de 1973, expõe sua teoria de que a consciência da própria mortalidade está na raiz de grande parte do comportamento humano. Essa consciência, que nos distingue dos animais que vivem por instinto, gera ansiedade existencial e um profundo medo de sermos apagados da existência. Sheldon Solomon, juntamente com seus colegas

Jeff Greenberg e Tom Pyszczynski, deu continuidade a essa linha de pesquisa com experimentos sobre autoestima e mortalidade (*Terror Management Theory*), demonstrando como o medo da morte influencia nossas escolhas e ações cotidianas de maneiras muitas vezes sutis, mas significativas.

Um dos exemplos mais conhecidos de como o terror da aniquilação pode moldar as sociedades humanas é encontrado em obras literárias e filosóficas que buscam imortalizar seu autor. A busca pela imortalidade simbólica por meio da criação artística, da escrita ou do engajamento social é um reflexo da necessidade humana de sobreviver além da morte física. Artistas como Leonardo da Vinci, Shakespeare e Beethoven, para citar apenas alguns, deixaram uma marca eterna na cultura humana precisamente em uma tentativa de derrotar o terror da aniquilação.

Nas práticas religiosas e espirituais de todas as épocas, também podemos encontrar respostas para o dilema da morte. O conceito de vida após a morte, de reencarnação ou de céu e inferno responde, em parte, à necessidade humana de dar significado e continuidade à própria existência.

Entretanto, apesar de séculos de especulação, pesquisa e crença, o mistério além da morte permanece intacto. A teoria do terror da aniquilação nos lembra que a consciência de nossa mortalidade é um poderoso motor para a ação e a criatividade, mas também pode condicionar nossas escolhas de forma limitante. Enfrentar o tema da morte e do pós-morte com coragem e consciência pode nos levar a uma maior compreensão de nós mesmos e de nosso lugar no universo.

Concluindo, a busca por significado, a marca que deixamos no mundo e as crenças que abraçamos são formas de enfrentar o terror da aniquilação e dar significado à nossa existência efêmera.

A influência da certeza da passagem no comportamento social.

Experimentos como os realizados pelos psicólogos sociais Solomon Asch e Muzafer Sherif destacaram a influência da transição na percepção e no comportamento social. Estudos demonstraram que a conscientização sobre o fim da vida pode ampliar a identidade e o apoio a valores culturais compartilhados. Por exemplo, o fenômeno da identidade de grupo e o desejo de pertencer podem se intensificar como mecanismos de defesa contra o medo do fim da vida.

Solomon Asch, conhecido por seus experimentos sobre influência social e conformidade, demonstrou como as pessoas podem ser influenciadas pelas opiniões dos outros em um grau significativo. Esse fenômeno, conhecido como "*efeito Asch*", destaca como a pressão social pode distorcer as percepções individuais ou induzir a adesão a uma maioria, mesmo quando essa maioria está claramente errada.

Muzafer Sherif, pioneiro no estudo de conflitos intergrupais e dinâmicas sociais, realizou experimentos relevantes para a compreensão de como as pessoas constroem identidades e relacionamentos em contextos de grupo. Seu experimento sobre formação de grupos e confrontos entre grupos em Robbers Cave mostrou como a competição e a rivalidade podem surgir entre grupos, mesmo em bases insignificantes, destacando a força da identidade do grupo.

O experimento foi realizado no Robbers Cave State Park, um parque estadual em Oklahoma, EUA, em 1954. O objetivo do experimento era estudar a dinâmica de grupo e o fenômeno da identidade de grupo, criando dois grupos de meninos adolescentes e observando as interações entre eles.

Durante o experimento, as crianças foram divididas em dois grupos e levadas para dois acampamentos separados dentro do parque, sem saber da existência do outro grupo. Inicialmente, os dois grupos foram levados a atividades separadas para que pudessem estabelecer uma coesão interna. Posteriormente, as duas equipes foram colocadas em contato, dando início a uma série de competições e conflitos entre elas.

Sherif observou como o senso de pertencimento e a identidade do grupo foram rapidamente consolidados nas crianças e como isso levou à formação de estereótipos, preconceitos e rivalidade entre os dois grupos. Esse experimento mostrou claramente como a mera criação de grupos distintos tinha o poder de gerar sentimentos de pertencimento, competição e conflito, mesmo em bases aparentemente insignificantes.

A ideia de que a consciência da própria mortalidade pode influenciar a intensidade da identidade do grupo e o apoio a valores culturais compartilhados se reflete em vários contextos históricos e contemporâneos. Eventos como guerras, revoluções e movimentos sociais geralmente destacam como a ameaça à vida comunitária pode fortalecer os laços de identidade e a defesa de valores compartilhados.

Por exemplo, durante a Guerra Fria, a ideia de uma possível destruição total no caso de um conflito nuclear levou muitas pessoas a fortalecer seu apego à ideologia dominante e aos valores nacionais. Em situações de crise ou incerteza, a identidade do grupo se torna um refúgio emocional e uma fonte de segurança psicológica diante da perspectiva de aniquilação individual.

O desejo de pertencer e a busca de apoio social tornam-se, portanto, mecanismos de defesa contra o medo do fim da vida. Os laços com a comunidade, a família ou qualquer grupo de pertencimento tornam-se ainda mais significativos diante da consciência da mortalidade, oferecendo um senso de continuidade e significado em um mundo incerto e transitório.

Nesse contexto, compreender como a consciência da morte afeta nossa identidade e nosso comportamento social torna-se crucial para explorar as complexas interações entre as dimensões individuais e coletivas de nossa existência. A busca de significado e a construção de relacionamentos significativos tornam-se, portanto, fundamentais para enfrentar o terror do desconhecido com o qual a morte nos confronta, transformando nossa vulnerabilidade em uma fonte de conexão e compaixão mútua.

Algumas experiências e depoimentos pessoais também ofereceram uma visão interessante sobre o significado do fim da vida. Stephen Hawking, o famoso físico teórico, disse que a passagem torna a vida mais preciosa, pois nos incentiva a viver plenamente e a valorizar o tempo que temos. Anedotas de pessoas que enfrentaram doenças terminais ou passaram por experiências de quase morte geralmente descrevem uma consciência renovada do valor da vida e uma busca por um significado mais profundo.

Refletir sobre o significado da passagem é uma jornada complexa e pessoal, repleta de nuances que vão além das explicações filosóficas e científicas. Muitos estudiosos, como o teólogo e escritor C.S. Lewis, destacaram a importância de abordar o fim da vida como uma experiência que pode levar ao crescimento espiritual e à conscientização de valores como o amor, a compaixão e a busca de significado.

Vários eventos históricos e culturais também influenciaram nosso entendimento sobre o fim da vida. Por exemplo, durante o período da epidemia da Peste Negra no século XIV, também conhecida como Peste Negra, o fim da vida se tornou central na vida cotidiana das pessoas e provocou uma reflexão mais profunda sobre a mortalidade humana. Obras de arte como o "*Triunfo da Morte*", de Pieter Bruegel, o Velho, refletem a preocupação do homem medieval com a morte iminente.

A diversidade de perspectivas culturais sobre o fim da vida é outro aspecto relevante na reflexão sobre seu significado. Por exemplo, a filosofia budista vê a passagem como uma transição para uma nova forma de existência, enquanto muitas tradições religiosas oferecem visões de uma vida após a morte e recompensas ou punições por ações realizadas em vida.

O que acontece após o fim da vida? Exploramos as várias visões da cultura ocidental.

Platão, em seu famoso diálogo "Phaedo", desenhou um quadro fascinante do destino da alma após o fim da vida. De acordo com o filósofo grego, a alma é imaterial e sobrevive além da morte do corpo. Platão imaginou a vida após a morte como um mundo de ideias, no qual a alma está destinada a alcançar a verdade absoluta. Essa concepção influenciou profundamente o pensamento ocidental posterior, influenciando até mesmo as ideias de filósofos cristãos, como Santo Agostinho e São Tomás de Aquino.

Epicuro, ao contrário, ofereceu uma visão radicalmente diferente. Em seu tratado "*Sobre a Natureza*", ele argumentou que a passagem simplesmente representa o fim de nosso ser e que não há vida após a morte. De acordo com Epicuro, a única maneira de lidar com a passagem é concentrar-se na busca do prazer e na liberdade dos medos associados à vida após a morte. Essa concepção contrastante provocou debates acalorados entre os filósofos da época.

Ao longo dos séculos, as opiniões dos filósofos sobre a morte e a vida após a morte foram alimentadas por experimentos científicos e eventos históricos significativos. O advento do Iluminismo, por exemplo, trouxe uma mudança radical no pensamento filosófico ocidental sobre a vida após a morte. Filósofos como Immanuel Kant desenvolveram uma visão racionalista, afirmando que a vida após a morte não pode ser provada nem refutada pelo uso da razão e, portanto, deve permanecer um enigma insolúvel.

Essa complexa rede de opiniões filosóficas teve um impacto duradouro na orientação das culturas ocidentais. Anedotas como a de Sócrates, que aceitou serenamente a sentença de morte bebendo cicuta, inspiraram gerações de pensadores sobre o significado do fim da vida e a possibilidade de uma vida após a morte.

Atualmente, muitas concepções tradicionais sobre o fim da vida e a vida após a morte foram desafiadas pelas descobertas científicas e pelo progresso social.

Estudiosos modernos, como o filósofo britânico Thomas Nagel, exploram o problema da mortalidade à luz da consciência e da experiência subjetiva.

Concluindo, as visões dos filósofos sobre o fim da vida e a vida após a morte no pensamento ocidental atravessaram séculos de debate, enriquecendo nossa compreensão desse mistério humano universal. As concepções de Platão, Epicuro, Kant e muitos outros ampliaram as fronteiras do pensamento, revelando diferentes visões sobre a vida após a morte e permitindo-nos refletir sobre o significado da vida e da própria existência.

Uma jornada na escuridão de Erebo.

Na história das crenças sobre a vida após a morte, um capítulo fascinante é representado pela visão dos antigos gregos sobre a vida após a morte. Para eles, o destino dos mortos estava ligado a um reino sombrio e enigmático chamado Erebo, uma dimensão onde as almas vagavam como sombras em uma espécie de existência suspensa entre o mundo dos vivos e dos mortos.

O conceito de Erebo ainda ressoa hoje como uma das imagens mais evocativas relacionadas à vida após a morte. Embora possa parecer uma ideia poética e mitológica, ela tem raízes profundas na cultura e no pensamento antigos, refletindo a complexidade das concepções de morte e vida após a morte na Grécia antiga.

Para entender completamente essa perspectiva, devemos nos guiar pelos relatos dos grandes pensadores da época. Uma das primeiras referências que me vêm à mente é Homero, autor da "*Odisseia*" e da "*Ilíada*", obras que tratam da questão da vida após a morte de forma profunda e convincente. Em seu conto épico, Homero descreve a vida após a morte como um lugar sombrio e misterioso, onde as almas vagam e a fronteira entre a vida e a morte se torna tênue.

Outros importantes estudiosos e filósofos gregos ajudaram a moldar a visão do Érebo. Platão, por exemplo, em suas obras dialógicas, como "*O Mito de Er*" no "*Fédon*", expõe a teoria das almas e sua jornada por mundos sobrenaturais após a morte. Sua ideia de um reino de almas em constante evolução e purificação influenciou profundamente o pensamento ocidental sobre a vida após a morte.

O surgimento do cristianismo.

Com o surgimento do cristianismo, as concepções sobre o fim da vida passaram por uma mudança significativa. O céu e o inferno tornaram-se os lugares para onde as almas estavam destinadas após a morte, com base em suas ações terrenas. De acordo com a visão cristã, os indivíduos virtuosos seriam recompensados com a felicidade eterna, enquanto os pecadores seriam condenados a uma existência de tormento.

Ao longo dos séculos, o pensamento filosófico forneceu outras interpretações da vida após a passagem. Por exemplo, de acordo com o filósofo alemão Friedrich Nietzsche, a vida após a morte representa uma ilusão que a humanidade criou para lidar com a dor e a incerteza da passagem. Nietzsche argumentou que o verdadeiro significado da vida deveria ser encontrado na existência terrena, em vez de nas esperanças e nos medos relativos à vida após a morte.

A Antroposofia de Rudolf Steiner.

Na infinita gama de concepções sobre a vida após a morte e o destino das almas após a morte, as tradições esotéricas e ocultas se destacam pela profundidade e complexidade de seus ensinamentos. Entre as diferentes visões propostas por essas correntes de pensamento, destaca-se a antroposofia de Rudolf Steiner, cuja perspectiva sobre a jornada da alma após a morte oferece uma interpretação intrincada e fascinante do além.

Steiner, filósofo, escritor e pensador do século XX, fundou a antroposofia como uma abordagem integrada ao conhecimento espiritual e à compreensão do homem e do universo. Entre os muitos tópicos abordados por Steiner, o da vida após a morte ocupa um lugar de destaque, com sua visão articulada dos estágios pelos quais a alma transita após deixar a vida terrena.

De acordo com a concepção de Steiner, a alma após a morte não passa por uma experiência estática ou final, mas embarca em uma jornada dinâmica por diferentes regiões espirituais. Essas regiões, ou esferas, representam estágios cruciais da purificação e do crescimento da alma, nos quais ela enfrenta e supera os desafios que lhe são apresentados a fim de alcançar uma nova consciência e evolução espiritual.

O pensamento de Steiner baseia-se em visões místicas e na percepção de realidades não acessíveis aos sentidos físicos, aproximando-se de uma dimensão da existência que vai além da racionalidade pura. Suas elaborações sobre a vida após a morte estão entrelaçadas com conceitos como a reencarnação, a carmicidade das ações e a transformação do ser em sucessivas existências.

Além da perspectiva única de Steiner, as tradições esotéricas e ocultas oferecem um rico patrimônio de conhecimento e ensinamentos sobre a vida após a morte. Da doutrina egípcia sobre a vida após a morte à alquimia medieval, passando pela Teosofia de Helena Blavatsky, os caminhos do ocultismo e do mistério se entrelaçam em uma rede de símbolos, rituais e visões místicas que lançam luz sobre as profundezas insondáveis do universo espiritual.

Nesse intrincado labirinto de crenças e visões sobre a vida após a morte, também surgem experiências pessoais, testemunhos e eventos que parecem confirmar parcialmente as teorias esotéricas e ocultas sobre a vida após a morte. Fenômenos como regressões hipnóticas a vidas passadas e comunicações mediúnicas com espíritos que partiram alimentam o debate sobre realidades ocultas e conexões entre os mundos material e espiritual.

Não podemos ignorar a importância das experiências subjetivas na formação de nossa percepção da vida após a morte. Muitas pessoas relataram encontros com entidades de outro mundo ou vivenciaram fenômenos paranormais que pareciam confirmar a existência de uma realidade além daquela que percebemos com nossos sentidos físicos.

O interesse pelo misticismo e esoterismo, incluindo a visão de Steiner sobre a vida após a morte, não termina no passado, mas continua a influenciar o pensamento contemporâneo e a inspirar novas pesquisas e reflexões sobre a vida e a morte. Estudiosos, filósofos e pesquisadores continuam a explorar os limites do conhecimento humano em busca de respostas para os mistérios da existência.

À luz dessas múltiplas facetas, a questão do que acontece após a morte se apresenta como um enigma complexo e convincente que desafia nossa compreensão racional e nos convida a explorar as profundezas de nossa existência e espiritualidade. Em um universo multiforme e misterioso, as tradições esotéricas e ocultas oferecem um prisma diferente para observar e interpretar a jornada da alma além da morte, abrindo espaços para reflexão e contemplação que vão além das convenções e certezas do mundo material.

Deve-se observar que, neste século, as tradições esotéricas, baseadas em especulações metafísicas, são confrontadas com evidências científicas derivadas da física quântica aplicada ao estudo da consciência.

Experiências antes da morte e relatos de pessoas que afirmam ter passado por um túnel de luz durante uma experiência de morte iminente também alimentaram o interesse na jornada da alma para a vida após a morte. Essas experiências podem ser interpretadas como uma indicação de que, nesses momentos, a alma está se movendo para outra dimensão.

Embora ainda não exista uma visão unificada ou cientificamente comprovada sobre a vida após a transição, a variedade de concepções que surgem das tradições ocidentais nos convida a considerar a importância da reflexão pessoal sobre esse mistério.

A perspectiva de Deus sobre a vida após a passagem.

A questão da natureza da vida após a morte tem fascinado a humanidade ao longo dos tempos, desafiando a racionalidade e exigindo contemplação além dos limites do conhecimento científico convencional. Nessa busca pela verdade além do véu da morte, um vislumbre da perspectiva divina pode oferecer uma perspectiva única e profunda.

As escrituras sagradas de muitas religiões oferecem uma visão de como o divino concebe a vida após a morte. Por exemplo, na tradição cristã, a Bíblia fala de um julgamento divino no qual as almas serão avaliadas de acordo com suas ações na Terra e conduzidas à vida após a morte com base nessa avaliação. O céu e o inferno são descritos como realidades tangíveis em que todos serão designados de acordo com seus méritos.

Estudiosos como o teólogo Tomás de Aquino argumentaram que a alma, após a morte, mantém sua individualidade e consciência, continuando sua jornada espiritual rumo à perfeição divina. Essa visão enfatiza a importância da ética e da moralidade na vida terrena, pois essas virtudes influenciam o destino da alma na vida após a morte.

Além das perspectivas religiosas, há também abordagens filosóficas sobre a questão da vida após a morte. O filósofo grego Platão, por exemplo, teorizou sobre a imortalidade da alma e sua reencarnação por meio de ciclos de vida e morte. Conceitos semelhantes são encontrados em muitas tradições espirituais orientais, como o hinduísmo e o budismo.

Nos círculos científicos, os experimentos de quase-morte e as experiências fora do corpo alimentaram o debate sobre a possibilidade de uma vida após a morte. Estudos realizados em indivíduos que relataram experiências de "quase morte" levantaram questões sobre a natureza da consciência e sua permanência além da morte física.

Além disso, a física quântica propôs teorias que sugerem a existência de dimensões e realidades além daquelas que percebemos, abrindo a possibilidade de mundos invisíveis e de uma realidade não limitada ao espaço e ao tempo como os conhecemos.

Em última análise, a perspectiva de Deus sobre a vida após a morte permanece um mistério inefável, além da limitada compreensão humana. Entretanto, por meio de crenças, estudos, experiências pessoais e reflexões filosóficas, a humanidade continua buscando respostas para uma das perguntas mais antigas e fundamentais de nossa existência: o que acontece após a morte.

Renascimento e reencarnação: Investigações sobre a possibilidade de novas vidas.

A reflexão sobre a reencarnação tem sido um assunto de interesse e debate há séculos na cultura ocidental, com raízes em pensadores antigos e em teologias mais modernas. Platão, por exemplo, teorizou sobre almas errantes, propondo a possibilidade de que as almas estão destinadas a reencarnar em diferentes corpos até atingirem a perfeição. Essa visão, embora enraizada na filosofia clássica, teve uma profunda influência no pensamento posterior sobre a reencarnação.

Ainda mais significativa é a contribuição de Aristóteles, cujo conceito de movimento circular das almas fornece um importante alimento para a reflexão sobre a possível continuidade da existência além da vida terrena. Aristóteles argumentou que as almas se movem em um ciclo eterno de nascimento e morte, no qual o indivíduo transmite sua essência às gerações futuras por meio de um fluxo incessante de vida e morte.

Ao longo da história ocidental, a reencarnação tem sido objeto de controvérsias teológicas e filosóficas. O Concílio de Constantinopla, em 553 d.C., condenou a doutrina da "alma preexistente", rejeitando a ideia de que as almas poderiam existir antes do nascimento. No entanto, essa condenação não acabou completamente com o interesse pela reencarnação, que continuou a provocar debates entre pensadores e acadêmicos.

Fora do contexto religioso, a ciência tem procurado investigar a possibilidade de reencarnação por meio de estudos de caso de "memórias de vidas passadas". Experimentos realizados com crianças que afirmam se lembrar de detalhes precisos de uma vida anterior despertaram interesse e desafios na comunidade científica. Um dos casos mais famosos é o de Shanti Devi, na Índia, uma criança que afirmava se lembrar de sua vida anterior com uma precisão surpreendente.

Shanti Devi nasceu em 1926 em Delhi, Índia, e desde cedo começou a contar aos pais detalhes surpreendentemente precisos de uma vida passada em um vilarejo remoto chamado Muttra, a cerca de 145 quilômetros de Delhi. A pequena Shanti descreveu sua vida passada com tanta precisão que seus pais, inicialmente céticos, começaram a investigar essa afirmação extraordinária.

O caso de Shanti Devi chamou a atenção de Mahatma Gandhi, que acreditava firmemente na reencarnação e decidiu criar uma comissão para investigar as alegações da garota. A comissão conduziu uma investigação minuciosa, verificando os detalhes fornecidos por Shanti Devi e comparando-os com os registros históricos disponíveis.

Um dos eventos mais significativos durante a investigação foi quando a garota reconheceu, sem hesitar, sua suposta esposa e pais de sua vida passada enquanto visitava a aldeia de Muttra. A precisão e a consistência de suas histórias despertaram espanto e ceticismo, mas também um profundo interesse na possibilidade de uma continuidade de identidade além da morte.

O psiquiatra e pesquisador Ian Stevenson, conhecido por seus extensos estudos sobre reencarnação, interessou-se pelo caso de Shanti Devi e conduziu mais investigações e análises. Stevenson confirmou a consistência das memórias da criança e sua correspondência com a vida de uma mulher que havia morrido em Muttra vários anos antes do nascimento de Shanti Devi. Relatei outro caso estudado por Stevenson em outra parte do livro.

O caso de Shanti Devi, com sua riqueza de detalhes e verificação minuciosa, é um exemplo emblemático dos desafios e implicações levantados pelos estudos sobre reencarnação e memória de vidas passadas. Esse episódio continua a provocar debates e reflexões tanto na comunidade científica quanto entre os estudiosos e entusiastas do mistério da vida após a morte.

Anedotas e relatos pessoais de experiências fora do corpo e regressões hipnóticas alimentaram ainda mais o debate sobre a reencarnação e a possibilidade de uma continuidade da alma além da morte física.

Em última análise, a reflexão sobre a reencarnação no Ocidente representa um rico tecido de pensamentos, teorias e experiências que continuam a estimular nossa curiosidade sobre o desconhecido e nos levam a explorar as profundezas de nossa existência além do limite da morte.

As raízes profundas da reencarnação.

Na cultura ocidental, a reencarnação é um tópico que frequentemente desafia as concepções convencionais de vida e morte, levando a humanidade a olhar além do tangível e explorar o mistério do ser. Ao longo dos séculos, pensadores, filósofos e teólogos enriqueceram o debate sobre a possibilidade de uma vida subsequente e a continuidade da alma além dos limites da Terra.

m dos pioneiros na reflexão sobre a reencarnação foi o filósofo alemão Friedrich Nietzsche, que, embora não tenha abraçado explicitamente a doutrina da reencarnação, introduziu conceitos como o eterno retorno e a ideia de que o indivíduo deve começar sua jornada existencial várias vezes. Suas visões provocativas alimentaram a reflexão sobre a natureza cíclica da existência e a possibilidade de um destino repetido ao longo do tempo.

Da mesma forma, a influência da teosofia e da antroposofia de Rudolf Steiner fez com que a reencarnação fosse vista como parte de uma visão de mundo mais ampla, na qual a evolução da alma em várias vidas é vista como parte de um projeto cósmico maior e mais complexo.

No contexto atual, a pesquisa científica está se abrindo para a possibilidade de investigar a reencarnação por meio de abordagens multidisciplinares. Estudos recentes sobre a encarnação infantil, que exploram a capacidade das crianças de se lembrarem de episódios de vidas anteriores, estão tentando lançar luz sobre essa dimensão enigmática da existência humana.

Em uma época em que a ciência e a espiritualidade se encontram, a reencarnação continua a despertar interesse e curiosidade, oferecendo-nos percepções sobre a natureza da alma, a evolução espiritual e a eternidade da existência.

Em meio à complexidade dos pensamentos e das experiências humanas, a questão do que acontece após a morte permanece em aberto, convidando-nos a explorar as profundezas do mistério e a buscar respostas que possam iluminar o caminho da alma além do véu da vida terrena.

As múltiplas abordagens da reencarnação na cultura ocidental refletem a complexidade e a profundidade de nossas concepções sobre a existência e a vida após a morte.

Na esfera literária, obras como "*The Light on the Soul*", de Henri Bergson, exploram o conceito de imortalidade da alma e sua possível interação com o mundo terreno. Bergson incita o leitor a considerar a vida como uma experiência contínua, na qual a alma passa por ciclos de morte e renascimento em um eterno devir.

Outros pensadores contemporâneos, como Brian Weiss, trouxeram a reencarnação à tona por meio de casos de regressão hipnótica e testemunhos de pacientes que afirmam ter vivido vidas passadas. Os relatos dessas experiências oferecem uma visão penetrante sobre a possibilidade de uma história da alma que se estende muito além da breve duração de uma única existência.

As regressões hipnóticas de Brian Weiss.

As regressões hipnóticas são uma técnica psicoterapêutica que envolve o uso da hipnose para levar uma pessoa a reviver eventos de seu passado, seja desta vida ou, de acordo com algumas crenças, de vidas anteriores. Durante uma sessão de regressão hipnótica, a pessoa é guiada pelo terapeuta ou praticante por um estado de relaxamento profundo e sugestionabilidade aumentada, o que permite o acesso a memórias e experiências muitas vezes não acessíveis na consciência comum.

Essas técnicas têm sido usadas em várias disciplinas, incluindo psicologia clínica, psicoterapia e o estudo de experiências espirituais e paranormais. O principal objetivo das regressões hipnóticas é explorar memórias ancestrais, eventos traumáticos passados, memórias da infância e, em alguns casos, experiências de supostas vidas passadas.

No contexto da regressão hipnótica de vidas passadas, o praticante orienta o sujeito a explorar e narrar supostas experiências de vidas passadas. Essas sessões podem revelar detalhes surpreendentes e vívidos que se alega terem sido vivenciados em outro tempo e corpo.

É importante observar que o conceito de regressões hipnóticas e regressão a vidas passadas é um assunto de debate e controvérsia na comunidade científica e acadêmica. Enquanto alguns argumentam que as experiências durante a regressão são autênticas e indicativas de uma continuidade da alma, outros céticos levantam questões sobre a sugestionabilidade do sujeito, a possibilidade de falsas memórias e o risco de influências externas durante o processo hipnótico.

De qualquer forma, as regressões hipnóticas representam uma ferramenta intrigante para a exploração da mente humana e de suas profundezas ocultas, oferecendo uma oportunidade única de acessar memórias e experiências que podem revelar novas perspectivas sobre a natureza da alma, da consciência e da existência além dos limites da vida terrena.

Brian Weiss, psiquiatra e pesquisador, ganhou notoriedade com seu trabalho pioneiro no campo das regressões hipnóticas e com a publicação de livros como "*Many Lives, Many Masters*" e "*Through Time*". Em anos de prática e estudo, Weiss coletou testemunhos de pacientes que, durante sessões hipnóticas, narraram experiências detalhadas de vidas passadas, revelando episódios, lugares e pessoas dos quais eles não poderiam ter conhecimento racional.

Um dos exemplos mais significativos diz respeito ao caso de Catherine, uma paciente de Weiss, que durante uma sessão de hipnose revive vidas passadas em diferentes épocas, descrevendo em detalhes precisos eventos que foram posteriormente verificados e confirmados por fontes históricas. Esses relatos oferecem uma visão direta da possibilidade da existência de uma identidade espiritual que reencarna por meio de ciclos de nascimento e morte.

Um dos episódios mais intrigantes foi quando Catherine narrou uma vida que viveu durante o antigo período egípcio, fornecendo detalhes precisos sobre sua identidade, suas ações e o contexto histórico em que viveu. Estudos posteriores realizados por especialistas em história e arqueologia confirmaram a correspondência de alguns desses detalhes com elementos conhecidos da história egípcia da época.

Essa evidência tangível levanta questões fundamentais sobre a memória da alma, a possibilidade de uma existência além da morte e a contiguidade entre diferentes encarnações de uma identidade espiritual. O caso de Catherine, com sua complexidade e profundidade, oferece um importante campo de reflexão para os interessados em explorar os limites do conhecimento humano e sondar os mistérios que envolvem o destino da alma após a morte.

Por meio da análise de casos como o de Catherine nas regressões de Brian Weiss, abordamos uma visão mais ampla e articulada da possibilidade de uma realidade multidimensional na qual nossas almas fazem uma jornada interminável pelo tecido da eternidade.

As contribuições de Brian Weiss levantaram questões profundas sobre a natureza da alma, a continuidade da consciência e a possibilidade de evolução espiritual que transcende os limites temporais da vida terrena. A abordagem empírica e a pesquisa rigorosa conduzida por Weiss prepararam o terreno para um novo capítulo na investigação da reencarnação e suas implicações para a compreensão da vida além da morte.

Os testemunhos dos pacientes de Weiss, corroborados por verificações históricas e detalhes que desafiam a explicação racional, oferecem uma visão promissora do potencial da mente humana e da complexidade da experiência da alma além dos limites da vida física. Por meio das lentes das regressões hipnóticas, nós nos aventuramos em um território inexplorado, descobrindo os rastros indeléveis que a alma deixa para trás no fluxo da eternidade.

O debate sobre reencarnação nos círculos acadêmicos,

Nos círculos acadêmicos, o debate sobre a reencarnação está evoluindo por meio de estudos interdisciplinares que envolvem psicologia, neurociência e antropologia. A abordagem científica da reencarnação, embora controversa e ainda em desenvolvimento, abre novos caminhos de pesquisa e compreensão das dimensões ocultas da consciência humana.

Além disso, o crescente interesse pela espiritualidade e pela busca de significado na era moderna tem levado cada vez mais pessoas a explorar conceitos como a reencarnação e a continuidade da alma. Essa busca interior reflete o desejo inato dos seres humanos de entender seu lugar no universo e o significado final de sua existência.

Ao longo de séculos de reflexão, a reencarnação continua a alimentar nossa imaginação e sede de conhecimento, oferecendo-nos uma perspectiva fascinante e complexa sobre a natureza da alma e sua jornada além da morte. Nessa busca incessante pela verdade e pelo entendimento, nós nos aventuramos nos territórios mais profundos do ser humano, descobrindo os segredos ocultos do que pode estar além da vida terrena.

O pensamento de Friedrich Schelling.

No século XIX, o filósofo alemão Friedrich Schelling se destacou por suas reflexões filosóficas abrangentes que englobavam questões profundas e complexas, incluindo o conceito de reencarnação. Schelling, uma das principais figuras do idealismo alemão, juntamente com Kant e Hegel, explorou a reencarnação como parte de um processo evolutivo da alma a partir de uma perspectiva filosófica.

Schelling via a alma como um princípio em constante evolução que passa por ciclos de nascimento, morte e renascimento, acumulando experiências e aprendendo ao longo de várias existências. Sua visão da reencarnação estava enraizada na concepção de uma unidade espiritual e divina que se expressa por meio de múltiplas manifestações terrenas.

Da perspectiva de Schelling, a ideia de reencarnação ajudou a enuclear um padrão mais amplo de continuidade e progresso da alma, oferecendo uma interpretação significativa da complexidade da existência humana e da eternidade da consciência. Por meio da reencarnação, a alma evolui, aprende e se aproxima cada vez mais da realização de seu propósito final.

As reflexões de Schelling sobre a reencarnação faziam parte de um contexto cultural e filosófico fértil, marcado por um profundo interesse em questões metafísicas e espirituais. Sua visão integrativa da reencarnação como parte de um processo de crescimento e realização da alma influenciou sucessivas gerações de pensadores e estudiosos que se dedicaram à investigação da natureza humana e da existência além da vida física.

Através das lentes da filosofia de Schelling, a reencarnação surge como um elemento fundamental para a compreensão da essência do homem e sua conexão com o mistério da existência. Sua perspectiva evolucionária e transcendental sobre a reencarnação ajudou a enriquecer o cenário das teorias sobre a vida após a morte, oferecendo uma estrutura conceitual que convida à reflexão e à exploração dos limites do conhecimento humano.

Pensamentos de Sigmund Freud sobre a reencarnação.

Em seu trabalho revolucionário na psicanálise, o fundador Sigmund Freud abordou o enigma da morte e da possível reencarnação por meio de uma análise dos mecanismos do inconsciente e da repetição. A abordagem de Freud à questão do renascimento faz parte de uma profunda exploração da alma humana, na qual a mente e os impulsos inconscientes desempenham um papel crucial na compreensão das crenças e aspirações relacionadas à vida após a morte.

Para Freud, a teoria da reencarnação representava uma forma de desejo de continuidade e imortalidade, uma fuga da consciência de sua própria finitude e mortalidade. Em vez de ver a reencarnação como uma realidade concreta, Freud a interpretou como um processo psicológico no qual os desejos e medos individuais são entrelaçados em uma complexa rede simbólica.

Um dos principais aspectos do pensamento de Freud sobre a reencarnação está em sua análise da repetição, um conceito central na psicanálise por meio do qual os pacientes tendem a reviver eventos traumáticos ou desejos não realizados de forma disfarçada. De acordo com Freud, a reencarnação poderia ser interpretada como uma projeção simbólica dos impulsos não resolvidos que continuam a exercer sua influência sobre o indivíduo mesmo após a morte.

Essa perspectiva sugere que a crença na reencarnação pode se originar de uma necessidade psicológica dos seres humanos de dar sentido à sua existência e à sua experiência de continuidade. Portanto, Freud explorou as raízes profundas desse desejo de imortalidade no inconsciente coletivo do homem, destacando como a teoria do renascimento pode representar uma resposta simbólica às necessidades emocionais e psicológicas primordiais.

Apesar de sua inclinação para uma interpretação psicanalítica dos conceitos relacionados à reencarnação, Freud ajudou a lançar uma nova luz sobre o mistério da vida após a morte e a complexa dinâmica que caracteriza a relação entre a vida e a morte, oferecendo uma abordagem única e provocativa que estimulou o pensamento e a reflexão sobre um dos enigmas mais antigos e fascinantes da humanidade.

A visão de Sigmund Freud sobre a reencarnação e o destino da alma após a morte constitui uma peça significativa no mosaico de interpretações psicanalíticas do mistério da vida após a morte. Seu ceticismo racional e sua abordagem do conceito de retorno à vida do ponto de vista psicológico oferecem uma visão única sobre a questão da continuidade do ser além da morte física.

Por meio das lentes da psicanálise, Freud explorou o papel do inconsciente e dos mecanismos de defesa na formação de crenças sobre o renascimento e a vida após a morte. Para Freud, a reencarnação poderia ser interpretada como uma projeção simbólica dos desejos humanos de imortalidade, redenção ou renovação, refletindo aspectos inconscientes do indivíduo e sua complexa dinâmica psíquica.

No contexto das teorias freudianas de repetição e do inconsciente, a reencarnação assumiu um significado mais simbólico e psicológico do que literal. Freud sugeriu que a crença na reencarnação poderia derivar de uma busca por significado e consolo diante da perspectiva da própria morte e da perda de entes queridos, em vez de uma realidade tangível de vidas sucessivas.

As reflexões de Freud sobre o tema da reencarnação ofereceram uma visão profunda sobre a complexidade da experiência humana e a vulnerabilidade do indivíduo às incertezas da existência e sua finitude. Por meio de sua abordagem rigorosa e fundamentada, Freud convidou à reflexão crítica sobre a natureza dos desejos e medos que moldam as crenças sobre a vida após a morte e a possibilidade de um caminho espiritual além da morte.

O legado de Sigmund Freud sobre a questão da vida após a morte continua sendo um pilar na história do pensamento psicanalítico e na compreensão da alma humana diante do mistério da imortalidade e da reencarnação.

O caminho da reencarnação de acordo com Carl Gustav Jung.

Carl Gustav Jung, renomado psiquiatra suíço e fundador da psicologia analítica, contribuiu significativamente para o entendimento contemporâneo da reencarnação e de nossa compreensão da vida após a morte. Por meio de suas teorias e estudos do inconsciente coletivo, Jung ofereceu uma interpretação rica e complexa da alma humana e de seu possível destino além dos limites da terra.

No pensamento de Jung, a reencarnação não era apenas uma questão de crença religiosa ou folclore, mas um conceito intrinsecamente ligado à psique individual e à sua evolução. Jung explorou a possibilidade de que as experiências arquetípicas e as riquezas do inconsciente coletivo pudessem se manifestar por meio de relatos de vidas passadas, oferecendo assim uma perspectiva psicológica e simbólica sobre a reencarnação.

Uma das chaves de Jung para entender a reencarnação está em sua concepção de arquétipos e mitos como expressões universais do inconsciente coletivo da humanidade. De acordo com Jung, relatos de vidas passadas e reencarnação podem derivar da ativação de símbolos e imagens profundas que ressoam na alma humana, revelando aspectos ocultos e profundos da psique individual.

Jung viu a teoria da reencarnação não apenas como um fenômeno cultural ou religioso, mas como uma forma de exploração da identidade, transformação e integração das diferentes partes do eu. Por meio de seus estudos de sonhos, mitos e símbolos que emergem do inconsciente, Jung ofereceu uma visão da reencarnação como um processo de crescimento espiritual e realização do eu mais profundo.

O legado de Jung sobre a questão da vida após a morte e da reencarnação continua a influenciar a psicologia moderna e nossa compreensão da natureza da alma e de sua eternidade. Por meio de sua abordagem inovadora e multidimensional, Jung abriu novas perspectivas de investigação sobre a vida após a morte, convidando-nos a explorar as profundezas do inconsciente e a descobrir os segredos ocultos do mundo da alma.

Com seu inconfundível olhar psicológico e filosófico, Jung traçou um caminho convincente para o mundo da reencarnação e as possibilidades que se abrem além da morte física. Suas teorias, impregnadas de símbolos, mitos e arquétipos, lançam uma nova luz sobre o conceito de continuidade da alma e sua evolução por meio de múltiplas existências.

Jung acreditava que a reencarnação poderia ser interpretada como uma expressão complexa das profundezas do inconsciente, uma ponte entre o passado e o presente que permite que o indivíduo integre suas experiências entre épocas e dimensões. Sua concepção da alma como uma entidade eterna em contínua transformação abriu perspectivas sobre a natureza do destino do homem além da morte.

Por meio de seu trabalho sobre individuação e o processo de integração psíquica, Jung destacou como a reencarnação pode ser vista como um caminho para o crescimento e a realização do eu mais autêntico. Na visão junguiana, as experiências de vidas passadas podem emergir como sinais de uma consciência profunda que busca expressão e evolução por meio das múltiplas encarnações da alma.

Um dos aspectos mais sugestivos do pensamento de Jung diz respeito à sua interpretação de mitos e símbolos como chaves para a compreensão do mistério da reencarnação. Jung enfatizou o papel dos contos mitológicos e das imagens arquetípicas na formação de nossas percepções de tempo, espaço e eternidade, oferecendo uma perspectiva transpessoal sobre a vida após a morte.

O legado de Jung sobre a reencarnação e a vida após a morte ainda reverbera em suas obras e percepções, inspirando uma visão ampliada da consciência humana e seu destino imponderável. Por meio do prisma junguiano, nos aventuramos em uma jornada interior para descobrir as profundezas da alma e as possibilidades que se desdobram além dos limites da realidade tangível, explorando as dimensões ocultas e misteriosas do ser humano em seu perpétuo devir.

Física quântica e reencarnação.

Recentemente, a física quântica também lançou uma nova luz sobre a ideia de uma possível reencarnação. Conceitos como emaranhamento quântico e não-localidade levaram alguns cientistas a especular que a consciência pode estar além de nossa compreensão atual, abrindo a porta para especulações sobre a possibilidade de uma transmissão de consciência entre diferentes existências.

Além disso, histórias de pessoas que relatam experiências de "*déjà vu*" e sentimentos de familiaridade com lugares desconhecidos alimentaram a curiosidade sobre o renascimento e a continuidade da alma. A busca cuidadosa por histórias de vida que parecem interconectadas em um nível inexplicável leva a perguntas sobre o possível legado espiritual que transcende a existência individual.

Embora a ciência e a religião continuem a debater essa questão, as pesquisas sobre renascimento e reencarnação permanecem abertas a novas descobertas e interpretações. A possibilidade de explorar a ideia de novas vidas levanta questões contínuas sobre a natureza da existência humana e o significado do tempo e do espaço.

Em conclusão, a investigação do renascimento e da reencarnação levanta um véu de mistério que tem fascinado a humanidade há séculos. No cruzamento de tradições espirituais milenares, estudos científicos contemporâneos e visões filosóficas ousadas, surgem imagens fascinantes que levam os seres humanos a refletir sobre sua própria essência e a possibilidade de um futuro além da vida terrena. Horizontes infinitos de conhecimento se abrem diante de nós, convidando-nos a explorar as profundezas do nosso ser e a contemplar o mistério da vida e o fim da vida em um contínuo sem fim.

A alma eterna. Uma perspectiva filosófica sobre a existência após a passagem.

O conceito de uma alma eterna, imortal e destinada a transcender a passagem física, tem fascinado a humanidade ao longo dos séculos, levando a um profundo debate filosófico sobre a existência além dos limites da vida terrena. Esse tema intrinsecamente humano, intimamente ligado à busca de significado e à contemplação da eternidade, inspirou profundas reflexões entrelaçadas com antigas tradições espirituais, sofisticadas teorias filosóficas e surpreendentes descobertas científicas.

As raízes dessa perspectiva podem ser encontradas em muitas tradições religiosas e filosóficas do mundo antigo. Os antigos egípcios, por exemplo, acreditavam que a alma do indivíduo estava destinada a uma jornada para a vida após a morte, onde seria julgada pelos atos realizados em vida. Conceitos semelhantes também são encontrados nas tradições gregas, onde a alma era considerada imortal e beneficiária de um destino após o fim da vida.

Na história da filosofia ocidental, pensadores como Platão e Aristóteles desempenharam um papel fundamental no desenvolvimento de ideias sobre a alma eterna.

Afinal de contas, a humanidade sempre se perguntou sobre a natureza da alma e seu destino após a morte. Esse debate atravessou épocas e influenciou profundamente o pensamento filosófico e religioso. No contexto do humanismo renascentista, um período caracterizado por um interesse fervoroso no conhecimento humano e divino, o tema da imortalidade da alma assumiu um papel de destaque.

Entre os protagonistas desse debate, destacam-se os nomes de Marsilio Ficino e Pico della Mirandola, filósofos que se destacaram por suas reflexões sobre a natureza eterna da alma. Ficino, no século XV, argumentou que a alma é imortal e que sua principal tarefa é contemplar a beleza divina. Seu trabalho influenciou profundamente a visão do homem como um ser espiritual e racional.

Pico della Mirandola, por outro lado, abordou o tema da imortalidade da alma nos séculos XV e XVI como parte de sua concepção da dignidade humana. Em seu famoso "*Discurso sobre a Dignidade do Homem*", Pico expressou sua visão do homem como um ser livre capaz de se elevar à perfeição divina por meio do conhecimento e do amor. Essa perspectiva enfatizava a importância da alma como o princípio vital e imortal do ser humano.

O pensamento de Ficino e Pico della Mirandola faz parte de um contexto mais amplo de discussões filosóficas e teológicas sobre a imortalidade da alma, com raízes na tradição platônica e aristotélica.

Ao longo dos séculos, houve inúmeras teorias e concepções sobre a alma eterna. Desde as visões dualistas de Descartes, que fez uma clara distinção entre res cogitans (a mente) e res extensa (o corpo), até as interpretações mais espirituais do misticismo oriental, o debate sobre a imortalidade da alma assumiu facetas diversas e complexas.

Estudos recentes nos campos da neurociência e da psicologia levaram a novas perspectivas sobre a alma e sua duração após a morte. Experimentos pré-mortais e relatos de experiências fora do corpo alimentaram o debate sobre a vida após a morte e a continuidade do ser além da vida terrena.

Em resumo, o tema da alma eterna representa uma das questões fundamentais da experiência humana, envolvendo não apenas a filosofia e a teologia, mas também a ciência e a psicologia. Ao longo dos séculos, filósofos, teólogos, cientistas e místicos contribuíram para enriquecer o debate sobre a natureza da alma e seu destino após a morte, oferecendo percepções e contemplações que continuam a estimular a mente humana em sua busca pela verdade suprema.

Mais recentemente, estudiosos contemporâneos contribuíram para a discussão sobre a alma eterna e a possibilidade de uma existência após a morte. Os trabalhos do neurocientista David Chalmers e do filósofo Thomas Nagel, por exemplo, levantaram questões sobre a natureza da consciência e a possibilidade de uma dimensão transcendente além de nossa compreensão atual.

Experimentos sobre experiências de quase morte, testemunhos de pessoas que afirmam ter tido encontros com a "luz divina" durante situações de perigo iminente e relatos detalhados de casos de supostas reencarnações são todos alimentos para a reflexão sobre a existência de uma alma eterna. Essas narrativas oferecem alimento para a reflexão sobre a possibilidade de uma dimensão espiritual ainda a ser explorada. Esses são os fenômenos de EQM. Tratarei deles detalhadamente nos próximos capítulos.

O conceito de uma alma eterna faz parte de uma densa rede de crenças, experiências pessoais e especulações filosóficas que continuam a estimular a mente e a alma humanas. A busca de sentido e significado na ideia de uma existência além da passagem leva à reflexão sobre a própria essência da humanidade e nossa conexão com o infinito.

Em conclusão, a análise filosófica sobre a alma eterna e a existência após o fim da vida é uma jornada pelas profundezas do ser humano e seu relacionamento com a eternidade. Das antigas perspectivas espirituais às teorias filosóficas contemporâneas, o debate sobre a natureza da alma e a possibilidade de um destino eterno continua sendo um tópico rico em significado e com profundas implicações em nossa compreensão do significado da vida e da passagem.

Ciência e espiritualidade. Um diálogo difícil sobre a possibilidade da imortalidade da alma.

No centro da eterna busca humana por significado e conhecimento, o encontro entre ciência e espiritualidade abre as portas para um diálogo que continua a levantar questões profundas sobre a natureza da alma e sua possível imortalidade. Esse fascinante entrelaçamento de abordagens diferentes e aparentemente irreconciliáveis oferece percepções interessantes que desafiam nosso entendimento atual e nos convidam a explorar as fronteiras da existência humana.

O debate sobre a possibilidade da imortalidade da alma remonta aos primórdios do pensamento humano. No século V a.C., o filósofo grego Pitágoras propôs a ideia da transmigração da alma, argumentando que a alma estava destinada a viver várias vidas sucessivas.

Pitágoras, um conhecido filósofo e matemático da Grécia antiga, fundou uma escola de pensamento que recebeu o nome de pitagorismo. Um dos ensinamentos mais característicos de Pitágoras é a doutrina da metempsicose, ou transmigração da alma.

De acordo com essa doutrina, a alma é imortal e passa de um corpo para outro após a morte. As almas podem renascer em diferentes corpos humanos ou até mesmo em corpos de animais, dependendo do comportamento e da evolução espiritual alcançados durante a vida anterior.

Esse conceito está intimamente relacionado à teoria da reencarnação, que é amplamente difundida em muitas tradições espirituais e religiosas em todo o mundo. Pitágoras acreditava que, por meio de um ciclo de vidas sucessivas, as almas poderiam se purificar e progredir em direção a uma forma de perfeição espiritual ou conhecimento superior.

A doutrina da transmigração da alma influenciou significativamente o pensamento filosófico e religioso na antiguidade e teve um impacto duradouro na cultura ocidental.

Mas esse conceito também está muito presente nas tradições espirituais orientais, onde apresenta uma visão contínua e ininterrupta da existência da alma.

Ao longo da história, muitos cientistas exploraram o tema da imortalidade da alma sem rejeitar completamente a abordagem científica.

Carl Sagan, conhecido como astrofísico, cosmólogo, escritor e divulgador da ciência, foi uma figura de destaque no mundo da ciência e na disseminação pública do conhecimento científico. Embora conhecido por sua abordagem rigorosa e racional da ciência, Sagan também se interessava por questões existenciais e filosóficas que ultrapassavam os limites da ciência convencional.

Sagan tratou de tópicos relacionados à possibilidade de uma dimensão transcendente da existência em vários de seus escritos e discursos, enfatizando a necessidade de manter um olhar crítico e aberto diante das novas possibilidades e perspectivas que o conhecimento científico e a exploração do cosmos podem oferecer.

Apesar de sua inclinação para o método científico e o rigor na análise dos fenômenos naturais, Sagan respeitava as concepções espirituais e filosóficas que vão além da pura materialidade, incentivando uma visão de mundo integrada e inclusiva que abrange a complexidade do universo e da experiência humana.

Sua abordagem inspirou muitas pessoas a explorar os limites do conhecimento e a refletir sobre questões profundas relativas à natureza do universo, da vida e da consciência humana, promovendo um diálogo construtivo entre a ciência e a espiritualidade.

Recentemente, um grande avanço foi feito no campo da neurociência e da consciência. Estudos sobre experiências de quase-morte, como os conduzidos pelo Dr. Sam Parnia, representam um desafio às nossas concepções tradicionais da passagem como um limite definitivo. Esses estudos relatam experiências de indivíduos que viveram "perto da morte" e afirmam ter experimentado sentimentos de paz, lucidez e conexão espiritual.

Experimentos como a ressuscitação cardiopulmonar (RCP) e o uso de substâncias psicodélicas controladas em terapias guiadas experimentais forneceram algumas evidências sugestivas de possível acesso a dimensões transcendentais da consciência.

No entanto, é importante enfatizar que esses experimentos exigem mais pesquisas e avaliações para estabelecer conclusões definitivas.

Experimentos envolvendo ressuscitação cardiopulmonar (RCP) e o uso de substâncias psicodélicas controladas em terapias experimentais despertaram o interesse nas possíveis experiências de consciência transcendental que podem surgir nessas situações.

A ressuscitação cardiopulmonar (RCP) é um procedimento de emergência realizado em pessoas que sofreram parada cardíaca. O objetivo da RCP é manter o fluxo de oxigênio para os tecidos vitais do corpo quando o coração para de bater repentinamente ou quando a respiração cessa.

A RCP combina compressão torácica (massagem cardíaca) para manter o fluxo sanguíneo no corpo com ventilação boca a boca ou por meio de dispositivos como uma máscara com válvula-balão para fornecer oxigênio aos pulmões.

Esse procedimento é vital para manter uma pessoa viva enquanto aguarda uma intervenção médica mais avançada, como o uso de um desfibrilador para restaurar o ritmo cardíaco normal.

A RCP deve ser realizada o mais rápido possível em caso de parada cardíaca, pois cada minuto sem RCP diminui significativamente as chances de sobrevivência da pessoa afetada.

Portanto, a RCP é uma habilidade fundamental para socorristas de emergência, médicos, enfermeiros e qualquer pessoa que queira estar preparada para lidar com situações de parada cardíaca e salvar vidas em emergências. É importante que qualquer pessoa aprenda as técnicas corretas de RCP para poder reagir rapidamente em situações críticas e, assim, aumentar as chances de sobrevivência das pessoas que sofrem uma parada cardíaca.

No caso da RCP, algumas pessoas que foram trazidas de volta à vida após uma parada cardíaca testemunharam experiências de quase morte ou experiências de consciência não relacionadas à atividade cerebral, que foram interpretadas por alguns como possíveis indicações de uma experiência além da realidade comum.

Com relação ao uso de substâncias psicodélicas controladas em terapias guiadas, há relatos de experiências profundas e transformadoras que ultrapassam os limites da consciência comum, levando alguns a considerar a possibilidade de acessar dimensões transcendentais da consciência por meio dessas substâncias.

É importante enfatizar que esses testemunhos sugestivos não constituem prova definitiva das dimensões transcendentais da consciência e que são necessárias mais pesquisas e avaliações científicas para entender completamente a natureza dessas experiências e avaliar seu significado.

A pesquisa contínua nesses campos poderia contribuir para uma melhor compreensão do potencial da mente humana e das experiências de consciência, mas é essencial manter uma abordagem rigorosa e baseada em evidências para distinguir entre fenômenos reais e interpretações subjetivas.

No lado espiritual, estudiosos como Deepak Chopra ajudaram a unir ciência e espiritualidade na busca pela imortalidade da alma. Chopra reflete sobre a física quântica e a filosofia indiana para explorar a possibilidade de uma consciência imortal que se estende além do tempo e do espaço.

Da mesma forma, a visão de Ken Wilber e sua teoria da evolução integral oferecem uma estrutura que inclui abordagens científicas e espirituais.

Ken Wilber é um autor e filósofo contemporâneo conhecido por desenvolver a teoria da evolução integral, que busca integrar abordagens de diferentes disciplinas, incluindo psicologia, filosofia, espiritualidade e ciência. Sua visão holística propõe um quadro abrangente da evolução do indivíduo e da consciência humana.

De acordo com Wilber, a evolução integral considera tanto os aspectos individuais quanto os coletivos da evolução humana, incluindo o crescimento pessoal e o desenvolvimento interior, bem como a evolução social e cultural. Wilber argumenta que, para entender completamente a evolução humana, tanto em nível individual quanto coletivo, é necessário integrar as abordagens científica e espiritual.

Sua teoria busca superar as divisões entre ciência e espiritualidade, oferecendo um modelo que engloba diferentes perspectivas sem excluir nenhuma delas. Wilber reconhece o valor e a importância tanto do conhecimento científico racional quanto da experiência espiritual e contemplativa, enfatizando a complementaridade dessas abordagens na investigação da natureza do homem e do universo.

Por meio de sua teoria da evolução integral, Ken Wilber nos convida a considerar o ser humano como uma entidade complexa que engloba as dimensões física, mental, emocional e espiritual, promovendo uma abordagem inclusiva e integrada para compreender a realidade e a consciência humanas.

Por fim, Wilber argumenta que a ciência e a espiritualidade podem se integrar para entender a imortalidade da alma como parte de um processo evolutivo que envolve corpo, mente e espírito.

Em conclusão, o diálogo entre a ciência e a espiritualidade sobre a possibilidade da imortalidade da alma reflete nossa curiosidade humana inata e nossa busca incessante por significado. Embora a ciência e a espiritualidade geralmente sigam caminhos separados, reuni-las em um diálogo aberto e crítico pode levar a novas perspectivas sobre a complexidade do ser humano. Esse diálogo nos convida a explorar ainda mais as conexões entre mente, consciência e uma possível dimensão transcendente da existência. É uma jornada que nos confronta com os desafios do conhecimento científico, a busca espiritual e as incertezas que cercam a imortalidade da alma.

Teorias sobre a sobrevivência após a morte.

O eterno mistério da vida após a morte tem fascinado a humanidade desde o início de sua existência. Muitos se perguntam se a passagem é realmente o fim de tudo ou se existe a possibilidade de a alma sobreviver além dos limites da Terra. Hoje, a ciência se une à especulação filosófica e ao debate espiritual para explorar teorias sobre a preservação da alma e sua possível existência após a passagem.

A base da preservação da alma pode ser encontrada em tradições antigas. A crença na imortalidade da alma tem raízes profundas nas culturas do antigo Egito, onde se acreditava que uma parte do ser humano sobrevivia à morte física e continuava em outra dimensão. Nas tradições gnósticas e nas religiões orientais, a concepção da alma como uma entidade eterna também desempenhava um papel central.

O núcleo pesa 21 gramas?

No entanto, as pesquisas científicas sobre o assunto ganharam mais relevância nas últimas décadas. Investigações mais cruas se concentraram na chamada "pesagem de almas". Um exemplo significativo é o estudo do médico britânico Duncan MacDougall, realizado em 1907. MacDougall tentou medir o peso da alma humana no momento da passagem.

Em seu estudo, Duncan MacDougall levantou a hipótese de que a alma deixa o corpo no momento da morte, causando uma mudança no peso.

Durante seu experimento, ele notou uma diferença no peso dos indivíduos no momento da morte, especulando que essa discrepância poderia ser atribuída à partida da alma. De fato, MacDougall mediu o peso de seis indivíduos no momento da morte, fornecendo dados que apoiavam sua hipótese da existência de um peso da alma. Os resultados de sua pesquisa foram publicados em março de 1907 no *New York Times* e na revista médica *American Medicine*.

A ideia de MacDougall, que atribuiu o peso de 21 gramas à alma humana, foi adotada pela cultura popular, apesar das dúvidas sobre a validade científica de seus estudos. A teoria de MacDougall influenciou obras cinematográficas como "21 gramas", dirigida pelo diretor mexicano Alejandro González. No campo da música italiana, a canção "21 Grams", da dupla de hip-hop Duplici, e uma canção homônima do rapper Fedez também foram inspiradas pelos estudos de MacDougall.

No final, a teoria de MacDougall era mais útil para o entretenimento do que para a ciência.

Apesar das conquistas do "Prêmio Ignobel" de MacDougall, seu trabalho alimentou uma animada discussão sobre a possibilidade de uma manifestação física da alma e levantou questões sobre a fronteira entre ciência e espiritualidade. Outros estudiosos, como o ganhador do Prêmio Nobel Sir Roger Penrose, propuseram teorias da consciência que desafiam as concepções tradicionais e abrem novas perspectivas sobre a natureza da mente humana e as experiências após a morte.

Capítulo 5. O fim da vida não é o fim de tudo.

"O que para a lagarta é o fim do mundo, para o resto do mundo é uma borboleta." *(Lao Tzu)*

O fim da vida como mistério. Abordagens científicas e filosóficas sobre a inanição da alma.

No panorama de crenças e teorias sobre a sobrevivência da alma após a morte, surgem várias imagens e semelhanças que refletem a complexidade do eterno mistério que envolve a vida após a morte. Esse debate fascinante abrange a ciência, a filosofia e a espiritualidade.

Um dos pensadores mais influentes nesse campo, o filósofo grego Platão, desenvolveu a ideia da transmigração das almas na Grécia antiga, argumentando que a alma estava destinada a passar por reencarnações em um ciclo eterno de aprendizado e purificação. Essa visão foi ecoada em muitas tradições espirituais e religiosas que celebram o conceito de continuidade da alma por meio de múltiplas existências.

Na ciência contemporânea, abordagens como a pesquisa sobre experiências de quase morte e testemunhos de pessoas que afirmam ter tido contato com dimensões transcendentes oferecem percepções interessantes. Estudiosos como Raymond Moody e Eben Alexander coletaram inúmeros relatos de experiências de quase morte, descrevendo encontros com uma luz divina ou visões de paisagens de outro mundo. Esses relatos levaram a reflexões profundas sobre a existência da alma além do corpo físico.

Um exemplo emblemático de experimento de sobrevivência da alma é encontrado na pesquisa do Dr. Ian Stevenson sobre reencarnação. Por meio de estudos cuidadosos e meticulosos, Stevenson documentou casos de crianças que afirmam se lembrar de vidas passadas, fornecendo detalhes surpreendentemente precisos sobre eventos e pessoas de épocas anteriores que, de outra forma, elas não saberiam.

Alguns cientistas também exploraram a natureza da consciência e sua possível persistência além da passagem por meio de experimentos como a ressuscitação cardiopulmonar (RCP) e a análise de experiências fora do corpo.

Dentro da estrutura de evidências, pesquisas e concepções sobre a sobrevivência da alma, surgem muitas imagens e analogias que levam a humanidade a questionar sua essência e seu relacionamento com o infinito. Essas representações variadas abrem uma janela para um mundo enigmático que ultrapassa nossa compreensão racional e abre caminho para uma reflexão profunda sobre o destino da alma após sua passagem para a dimensão terrena.

Esse diálogo multifacetado entre ciência, espiritualidade e filosofia sobre o tema da preservação da alma após a morte continua a estimular pensamentos, emoções e debates que alimentam a sede humana por conhecimento e significado.

O fim da vida como uma porta de entrada para o desconhecido. A transição para a vida após a morte.

O mistério do fim da vida tem fascinado a humanidade desde o início dos tempos, levando mentes curiosas a explorar o desconhecido que está além da linha tênue entre a vida e a morte. Nessa profunda exploração, surgem muitas imagens e analogias que tentam dar forma ao que pode nos aguardar quando cruzamos o limiar da vida após a morte.

Desde a antiguidade, muitas culturas e tradições adotaram imagens e metáforas para descrever a passagem como um portal para um mundo misterioso e desconhecido. Por exemplo, no antigo Egito, o conceito do fim da vida estava imbuído de profundas crenças religiosas que influenciaram fortemente a cultura e a sociedade egípcias. Para os antigos egípcios, a morte não representava o fim absoluto da existência, mas sim uma passagem para outra forma de vida. Esse conceito estava associado à crença em uma vida após a morte, na qual a alma do falecido seria julgada e continuaria a existir de alguma forma.

Um dos conceitos mais conhecidos relacionados à morte no Egito antigo é o do "julgamento final", representado pelo mito da pesagem da alma. De acordo com essa crença, após a morte, o falecido tinha de comparecer perante o deus Osíris e uma série de juízes para ser submetido ao julgamento final. Nessa cerimônia, o coração do falecido era colocado no prato de uma balança, com uma pena da deusa Maat, símbolo da ordem cósmica e do equilíbrio, no outro prato.

Se o coração do falecido fosse leve como uma pena, isso significava que a pessoa havia levado uma vida justa em harmonia com os ensinamentos divinos e, portanto, poderia entrar na vida após a morte e desfrutar da vida eterna. Por outro lado, se o coração fosse mais pesado do que uma pena, isso indicaria que o falecido havia praticado atos maus ou imorais e seria devorado por um monstro chamado Ammit, impedindo-o de chegar à vida após a morte e condenando-o à aniquilação da alma.

Esse mito da pesagem da alma era, portanto, um símbolo poderoso da importância da moralidade e do equilíbrio na vida dos antigos egípcios, que acreditavam firmemente na importância de levar uma vida virtuosa para garantir uma eternidade feliz após a morte.

Essas crenças e rituais relacionados ao fim da vida no Egito antigo permeavam a vida cotidiana e a arte dessa antiga civilização, levando a práticas funerárias elaboradas e à construção de monumentos como as pirâmides, que serviam como tumbas monumentais para os faraós e nobres egípcios, preparando-os para sua jornada para a vida após a morte.

A metáfora da porta ou ponte como uma passagem entre o mundo dos vivos e a vida após a morte é um tema recorrente em muitas culturas e religiões antigas, pois reflete a concepção da existência humana como uma jornada por diferentes estágios ou dimensões da existência.

Na mitologia grega, o rio Estige representa, na verdade, uma das fronteiras entre o mundo dos vivos e o reino dos mortos, conhecido como Hades. De acordo com a tradição grega, o Estige era um rio divino que fluía pelo submundo e tinha de ser atravessado pelos mortos para entrar no reino dos mortos. Essa travessia era considerada um momento crucial e simbólico, pois marcava a passagem definitiva da vida terrena para a vida após a morte.

O rio Estige não era o único elemento que atuava como fronteira entre os dois mundos na mitologia grega. Havia também outras divindades ou lugares que representavam pontos de transição entre os mundos dos vivos e dos mortos. Por exemplo, Caronte era o barqueiro dos mortos, que tinha de ser pago para atravessar o rio, e a entrada para o reino dos mortos era geralmente representada por um portão ou porta guardada por guardiões como Cérbero, o cão de três cabeças.

Esses elementos simbólicos presentes na mitologia grega refletem a profunda consideração da morte e da vida após a morte pelos gregos antigos, que mantinham rituais e crenças complexos relacionados à vida após a morte e à sobrevivência da alma após a morte. A presença dessas figuras e dos locais de transição destacava a importância atribuída à passagem de uma fase da existência humana para a próxima e a necessidade de observar certos rituais e regras para garantir uma passagem segura e adequada para a vida após a morte.

No contexto contemporâneo, estudos sobre experiências de quase morte revelaram vários testemunhos que sugerem uma possível conexão entre a passagem e um mundo transcendente. Raymond Moody, pioneiro no campo das experiências de quase-morte, coletou testemunhos de pessoas que afirmam ter passado por um túnel estreito de luz ou ter experimentado um sentimento de paz e serenidade indicativo de um reino de outro mundo. Essas experiências inspiraram a representação do fim da vida como uma passagem para uma realidade promissora e altamente espiritual.

Alguns pesquisadores, como o Dr. Sam Parnia, realizaram estudos extensos sobre experiências de quase morte e consciência no momento da morte. Por meio da análise de eventos cardíacos e de ressuscitação, Parnia observou que alguns pacientes relatam conhecimento detalhado dos eventos que ocorreram durante sua "morte clínica", período em que a atividade cerebral supostamente cessou. Essas descobertas desafiam a compreensão tradicional da passagem como um ponto final, abrindo caminho para uma possível compreensão da passagem como um portal para dimensões desconhecidas.

A filosofia também tentou interpretar essa transição para o desconhecido.

Albert Camus, filósofo e escritor existencialista francês do século XX, é conhecido por sua análise profunda e muitas vezes chocante da condição humana diante do absurdo da vida e da morte. Camus estava interessado na ideia da passagem para o desconhecido, tanto no contexto da morte física quanto em um sentido mais amplo, como uma transição entre diferentes estados da existência humana.

De acordo com Albert Camus, o encontro com o desconhecido, que pode se manifestar por meio da morte ou de outras experiências liminares na vida, é um momento crucial que confronta o ser humano com o absurdo metafísico. Esse conceito de absurdo refere-se à falta de significado intrínseco ou significância no universo, à dissonância entre o desejo humano de significado e a realidade aparentemente desprovida de significado e propósito.

Para Camus, o absurdo metafísico em face da transição para o desconhecido representa uma revelação que nos força a confrontar radicalmente o mistério da existência humana. Esse confronto com o absurdo pode gerar ansiedade, desorientação e até mesmo desespero, mas, ao mesmo tempo, pode levar a uma consciência mais profunda da condição humana e a uma reflexão filosófica sobre a vida, a morte e o significado da existência.

Em sua principal obra, "A Peste", Camus explora o tema da morte e da doença como uma expressão do absurdo da vida, destacando a fragilidade e a incerteza da existência humana diante da inevitabilidade da morte. Por meio de suas obras, Camus convida o leitor a confrontar a realidade do absurdo e a encontrar, se possível, um significado pessoal e uma maneira autêntica de viver em um universo sem explicação definitiva.

Dessa forma, a filosofia de Albert Camus oferece uma perspectiva profunda e provocativa sobre a transição para o desconhecido, sugerindo que esse encontro com o absurdo metafísico pode ser uma oportunidade para explorar a condição humana em toda a sua complexidade e contradições, e para buscar um significado existencial apesar das incertezas e contradições da vida.

Martin Heidegger, filósofo alemão do século XX, é conhecido por seu pensamento complexo e inovador sobre o ser e a existência humana. No contexto da passagem para o desconhecido, Heidegger abordou o tema do "estar em suspensão" e enfatizou a importância crucial que a consciência da morte tem na vida humana.

Heidegger enfatizou como o fim da vida é uma das condições fundamentais que definem a existência humana. De acordo com Heidegger, a consciência de nossa finitude e da possibilidade da morte é o que nos leva a uma reflexão mais profunda sobre nossa existência e o significado da vida.

Para Heidegger, a passagem para o desconhecido e a perspectiva da morte são fundamentais para compreender nossa verdadeira natureza e viver autenticamente. Em vez de considerar a morte como um mero fim da vida, Heidegger nos convida a refletir sobre o fato de que nossa existência também é definida por seu fim, e que a consciência dessa limitação temporal deve nos guiar para escolhas de vida mais significativas e autênticas.

A ideia de "estar em suspensão", proposta por Heidegger, sugere que o fim da vida está sempre presente em nosso horizonte existencial, servindo como um lembrete constante de uma vida autêntica e consciente. Essa perspectiva nos convida a confrontar nossa transitoriedade e a viver de acordo com nossos valores mais profundos, conscientizando-nos da brevidade e da preciosidade da vida.

Em suma, por meio de sua filosofia do ser e da morte, Martin Heidegger nos incentiva a refletir sobre nossa existência em relação à nossa finitude e à perspectiva da morte, convidando-nos a viver de forma autêntica, consciente e respeitosa com os desafios e as oportunidades que a passagem para o desconhecido pode oferecer à nossa existência.

Em conclusão, as muitas imagens e analogias que cercam a passagem nos oferecem perspectivas diferentes e sugestivas sobre a transição para a vida após a morte. Do antigo Egito à pesquisa moderna sobre experiências de quase morte, da arte à filosofia, a humanidade procura dar sentido a essa passagem misteriosa. Cada concepção, cada metáfora contribui para nosso entendimento coletivo, alimentando o desejo humano de saber o que está além da vida terrena. A passagem, bem como suas muitas imagens e analogias, nos leva a refletir sobre o significado da própria existência e a abraçar o desconhecido que nos espera além do limiar final.

A morte como transição. Comparação das concepções antigas e modernas.

O fim da vida terrena, um tema que sempre fascinou a humanidade, tem sido objeto de várias concepções e representações ao longo dos tempos. Ainda hoje, as imagens e símiles que envolvem essa passagem crucial continuam a estimular reflexões profundas sobre seu significado e a possível transição para outro estado de existência.

No mundo antigo, muitas culturas atribuíam à morte um significado de passagem para uma outra dimensão. Por exemplo, as antigas crenças gregas identificavam o reino dos mortos como Hades, um lugar escuro e misterioso. De acordo com o filósofo Platão, a passagem representava a libertação da alma da prisão do corpo, possibilitando a união com o mundo eterno e imortal das ideias. Essa concepção também se reflete nas tradições egípcias, onde o processo de mumificação era considerado essencial para garantir uma passagem sem obstáculos para a vida após a morte.

Ao longo dos séculos, o avanço científico e as novas perspectivas filosóficas contribuíram para uma reflexão mais ampla sobre o fim da vida como uma transição. Estudos científicos, como os realizados sobre experiências de quase morte, revelaram experiências e testemunhos de indivíduos que afirmam sentir sensações intensas e vívidas durante o momento crítico de transição.

Trabalhos como o da psiquiatra suíça Elisabeth Kübler-Ross contribuíram para a compreensão dos estágios emocionais pelos quais passam as pessoas que estão morrendo, enfatizando a importância de abordar o fim da vida como um processo de transição psicológica.

Elisabeth Kübler-Ross, nascida em 8 de julho de 1926 e falecida em 24 de agosto de 2004, foi uma psiquiatra renomada que combinou seu trabalho pioneiro no campo dos estudos pré-morte com a redação do famoso livro "*On Death and Dying*" (*Sobre a Morte e o Morrer*), publicado em 1969 e que se tornou um best-seller internacional. Nessa obra seminal, Kübler-Ross apresentou sua teoria dos cinco estágios do sofrimento, amplamente conhecida como o "modelo de Kübler-Ross".

Em 1970, Kübler-Ross proferiu a prestigiosa "Ingersoll Lecture" na Universidade de Harvard, enfocando as ideias expressas em "On Death and Dying". Em julho de 1982, ele ensinou milhares de estudantes, ministrando cursos sobre morte e morrer em várias instituições acadêmicas, hospitais e centros de assistência social. Em 1999, a Biblioteca Pública de Nova York incluiu seu livro "On Death and Dying" entre os "Livros do Século", e a revista Time a listou entre os "Cem Pensadores Mais Importantes" do século XX.

Sua extensa produção literária inclui 24 livros, que venderam um total de mais de 10 milhões de cópias e foram traduzidos para 44 idiomas.

Elisabeth Kübler-Ross foi uma pioneira no campo da psiquiatria que revolucionou nossa compreensão da morte e do luto. Seu trabalho se concentra nos estágios emocionais pelos quais as pessoas passam ao enfrentar a morte, abrindo caminho para uma maior sensibilidade e compaixão ao lidar com esse momento crucial da vida humana.

A filosofia de Kübler-Ross baseia-se no conceito dos cinco estágios do luto, comumente conhecido como "modelo de Kübler-Ross". De acordo com essa teoria, as pessoas passam por uma série de estágios emocionais em resposta à morte iminente de si mesmas ou de um ente querido. Esses estágios incluem negação, raiva, barganha, depressão e aceitação. Kübler-Ross enfatizou que essas fases não são necessariamente lineares e que as pessoas podem passar por elas de forma diferente e não necessariamente em uma ordem específica.

Além disso, Kübler-Ross enfatizou a importância de lidar com o fim da vida como um processo de transição psicológica que requer apoio emocional e compreensão dos membros da família, dos cuidadores e da comunidade em geral. Ela trabalhou para eliminar o tabu e o silêncio que geralmente cercam a morte, incentivando as pessoas a falarem abertamente sobre seus sentimentos e medos em relação ao fim da vida.

As ideias de Kübler-Ross sobre a morte baseiam-se na crença de que a morte é parte integrante da vida e que lidar com ela com sinceridade e aceitação pode levar a uma maior consciência da própria existência e das conexões com os outros. Ela incentivou as pessoas a ver a morte como parte do ciclo natural da vida e a encontrar significado e valor nas experiências emocionais de perda e luto.

Em última análise, a filosofia de Elisabeth Kübler-Ross sobre a morte concentra-se na importância da empatia, da compaixão e da compreensão em relação àqueles que enfrentam o fim da vida, oferecendo uma abordagem humana e sensível a um momento profundamente pessoal e universal.

Atualmente, os avanços na ciência e na medicina são capazes de prolongar a vida humana e oferecer uma melhor compreensão da dinâmica que acompanha o fim da vida. Entretanto, muitas pessoas continuam a buscar um significado além da passagem física, esforçando-se para investigar as possíveis dimensões espirituais ou transcendentes da existência após a vida terrena. Estudiosos contemporâneos, como o neurocirurgião Eben Alexander, autor do livro Proof of Heaven (Prova do Céu), afirmam ter tido experiências pessoais de vida após a passagem, desafiando os entendimentos tradicionais e estimulando um debate no campo científico.

Enquanto a filosofia antiga explorava o fim da vida como uma passagem para um reino transcendente, a ciência moderna procura fornecer explicações baseadas no empirismo e na racionalidade. Entretanto, essas diferentes abordagens não são necessariamente incompatíveis entre si. A concepção antiga da passagem como uma transição pode ser vista como uma metáfora afortunada que evoca a esperança e a continuidade da existência, enquanto os desenvolvimentos científicos contribuem para uma maior compreensão dos mecanismos biológicos e das experiências dos que estão morrendo.

Em conclusão, as muitas imagens e semelhanças que cercam a passagem nos convidam a uma comparação entre as concepções antigas e modernas. Enquanto os antigos viam a passagem como uma ponte para uma morada transcendente, a ciência contemporânea oferece explicações baseadas na experiência e na observação empírica. Entretanto, essas concepções não são necessariamente exclusivas uma da outra. Pelo contrário, a comparação entre as duas perspectivas pode enriquecer nossa compreensão da passagem como uma transição misteriosa e potencialmente significativa. Por meio desse diálogo e de pesquisas contínuas, a humanidade continua a buscar respostas sobre a natureza da existência e o significado final dessa transição crucial.

A morte como transição de energia. Uma análise dos corpos sutis.

O fim da vida, um enigma que fascina a humanidade desde a antiguidade, produziu muitas interpretações e representações que tentam explicar a passagem da alma para o além. Entre as várias concepções está a da passagem como uma transição energética, na qual o corpo físico dá lugar aos chamados "corpos sutis".

Sob a perspectiva das tradições espirituais e filosóficas orientais e esotéricas, os "corpos sutis" são considerados envelopes ou veículos de energia que supostamente existem além do corpo físico e formam uma parte essencial do indivíduo. Esses corpos sutis são frequentemente vistos como veículos para a alma ou essência espiritual do indivíduo e são considerados componentes cruciais de nossa identidade e existência.

Os corpos sutis são descritos como camadas ou dimensões de energia que são mais sutis e mais vibratórias do que o corpo físico, e acredita-se que interajam com os mundos físico e espiritual de diferentes maneiras. De acordo com algumas tradições, acredita-se que cada ser humano tenha vários corpos sutis que interagem entre si e com o corpo físico, formando um sistema complexo e interconectado.

Os corpos sutis são frequentemente descritos em termos de diferentes níveis de energia ou consciência, cada um com funções e características específicas. Em geral, os corpos sutis mais comuns mencionados nas tradições espirituais incluem:

O corpo astral.

Muitas vezes descrito como o corpo energético que carrega emoções, desejos e experiências de sonhos. Acredita-se que ele seja o veículo que permite ao indivíduo explorar os reinos não físicos durante o sono, na meditação ou em estados alterados de consciência.

O corpo mental.

Esse corpo sutil está associado à mente, ao pensamento e à consciência. Acredita-se que ele opere em níveis de energia mais elevados do que o corpo astral, influenciando a percepção, a racionalidade e a criatividade do indivíduo.

O corpo espiritual ou causal.

Esse corpo é frequentemente associado à dimensão da alma ou à essência espiritual do indivíduo. Acredita-se que ele represente a conexão com o divino ou a dimensão transcendente da existência.

A concepção de corpos sutis reflete a ideia de que o ser humano não se limita simplesmente ao seu corpo físico, mas existe em vários níveis de realidade e consciência. Essa perspectiva oferece uma maneira de entender o ser humano como um ser complexo e multidimensional, cujo desenvolvimento e evolução envolvem não apenas o plano físico, mas também os planos energético e espiritual.

Muitas culturas e tradições espirituais, como a antiga filosofia indiana, desenvolveram uma compreensão profunda dos corpos sutis como parte integrante do ser humano. De acordo com esses entendimentos, o indivíduo não é composto apenas do corpo físico, mas também de várias camadas ou níveis de energia sutil. Por exemplo, na tradição védica, fala-se de "koshas" ou bainhas, que representam esses corpos sutis.

A abordagem científica contemporânea, ao mesmo tempo em que mantém uma perspectiva mais objetiva, tem realizado pesquisas e investigações para explorar as possíveis dimensões energéticas associadas à morte. Um exemplo é o interesse crescente na aura humana, um campo de energia que se acredita envolver o corpo físico e que pode continuar a existir após a morte.

A aura.

Na pesquisa científica contemporânea, há um interesse crescente em explorar as dimensões energéticas relacionadas à morte, incluindo a hipótese da existência da aura humana. A aura é concebida como um campo de energia sutil e invisível que envolve o corpo físico e acredita-se que reflita o estado emocional, físico e espiritual de um indivíduo. Esse campo de energia é objeto de estudos e pesquisas com o objetivo de compreender melhor sua natureza, propriedades e possível papel na transição para a vida após a morte.

O interesse na aura humana decorre da crença de que ela pode conter informações significativas sobre as pessoas e seu bem-estar, e que pode sobreviver à morte do corpo físico. Alguns estudiosos e pesquisadores procuram explorar cientificamente a existência e a natureza da aura por meio de tecnologias e metodologias avançadas, como bioeletrônica, imagens de energia e bioeletromagnetismo.

As pesquisas sobre a aura humana têm como objetivo investigar se esse campo de energia pode persistir após a morte e se pode ter um impacto sobre a percepção da vida após a morte ou sobre a sobrevivência da alma. No entanto, é importante enfatizar que essa pesquisa está em um estágio preliminar de estudo e que a questão da existência e da natureza da aura humana continua sendo uma questão de debate e investigação no contexto científico.

As abordagens científicas contemporâneas dos aspectos energéticos da morte, incluindo a exploração da aura humana, representam uma tentativa de abordar conceitos tradicionalmente considerados mais espirituais ou metafísicos de forma objetiva e racional. Essa pesquisa promove uma melhor compreensão dos fenômenos energéticos na experiência humana e pode oferecer novas percepções sobre a natureza da consciência e a transição para o desconhecido que acompanha a morte.

Fotografia Kirlian.

Vários pesquisadores tentaram analisar essas dimensões sutis por meio de experimentos e estudos. Um dos pioneiros nesse campo foi o estudioso russo Semyon Kirlian, que desenvolveu uma técnica fotográfica baseada em descargas elétricas para revelar a energia sutil que envolve os objetos. Essa técnica foi então usada na tentativa de capturar a energia sutil presente nos organismos vivos e, potencialmente, também na fase pós-morte.

Semyon Kirlian foi um pioneiro no campo da pesquisa da dimensão da energia sutil, famoso por desenvolver a técnica fotográfica conhecida como "fotografia Kirlian" na década de 1930. Essa técnica inovadora baseia-se em descargas elétricas e tem como objetivo visualizar a energia sutil que envolve os objetos, inclusive os organismos vivos.

A fotografia Kirlian atraiu muito interesse por sua suposta capacidade de capturar e mostrar os campos de energia sutis que cercam os objetos fotografados, oferecendo assim uma possível representação visual dessas dimensões invisíveis, mas que se acredita estarem presentes. O trabalho de Kirlian ajudou a estimular a pesquisa e a especulação sobre essas energias sutis e seu possível papel nas experiências humanas, incluindo a transição para a morte.

Usando essa técnica, os pesquisadores procuraram examinar e analisar a energia sutil presente nos organismos vivos e levantaram a hipótese de que essa energia pode persistir mesmo após a morte física. Assim, a fotografia Kirlian tem sido usada para explorar a possibilidade de capturar evidências visuais das dimensões de energia sutil que podem acompanhar a passagem de um indivíduo para além da vida terrena.

Embora a fotografia Kirlian tenha despertado amplo interesse e gerado discussões sobre energias sutis e seu impacto em nossa compreensão da realidade, é importante enfatizar que as interpretações e aplicações dessa técnica continuam sendo objeto de debate e estudo científico. No entanto, o trabalho de Kirlian ajudou a catalisar a pesquisa e a exploração dos limites da ciência e da percepção humana, oferecendo novas perspectivas sobre a complexidade e a diversidade dos fenômenos energéticos que podem estar envolvidos em nossa experiência de vida e morte.

Outros, como o físico teórico Amit Goswami, promovem a ideia de que a transição é uma transição entre diferentes estados de energia. De acordo com sua perspectiva, mais metafísica do que científica, a energia da alma não é destruída.

Amit Goswami é conhecido por sua visão de mundo que integra conceitos da física quântica com espiritualidade e consciência. Goswami promove a ideia de que a morte é uma transição entre diferentes estados de energia e que a energia da alma não é destruída, mas se transforma em uma forma diferente após a morte do corpo físico.

De acordo com a perspectiva de Goswami, a essência de quem somos, nossa consciência ou alma, é uma entidade energética que existe além de nosso corpo físico. Quando o corpo físico morre, a energia da alma não é eliminada, mas é liberada e transformada em uma nova forma de energia. Esse conceito reflete uma visão cíclica da existência na qual o fim da vida não representa um fim absoluto, mas sim uma transição para outra fase do ser.

Goswami ressalta que a física quântica oferece percepções interessantes sobre essa visão da morte e da continuidade da energia da alma. Na física quântica, a matéria e a energia são consideradas interconectadas e a consciência pode desempenhar um papel significativo na criação e na experiência da realidade.

De acordo com a visão Goswami, o fim da vida é o momento em que a energia da alma é liberada dos limites do corpo físico e reunida com a energia universal ou cósmica. Essa transição bem-vinda é vista como uma passagem para uma nova existência ou forma de energia que continua sua jornada no universo.

Por fim, a perspectiva de Amit Goswami sobre a morte como uma transição entre diferentes estados de energia oferece uma visão que integra conceitos científicos à espiritualidade, enfatizando a imortalidade da energia da alma e a ideia de que a morte não é o fim absoluto, mas sim uma mudança de forma e uma evolução contínua no mosaico infinito do universo.

Além dos aspectos científicos, muitas pessoas compartilharam testemunhos e experiências pessoais que parecem apoiar a ideia de uma transição energética. Histórias de encontros com entidades espirituais ou experiências da presença de energias sutis após o falecimento de um ente querido são relativamente comuns.

Concluindo, a ideia da passagem como uma transição energética por meio de corpos sutis oferece outra perspectiva no discurso sobre o fim da vida e o destino da alma. Enquanto as antigas tradições espirituais integravam conceitos de corpos sutis em sua compreensão do ser humano, a ciência contemporânea procura explorar esses aspectos por meio de métodos empíricos e novas abordagens. Isso abre as portas para novas pesquisas a fim de compreender melhor as possíveis dimensões energéticas relacionadas à morte e, potencialmente, lançar luz sobre o que pode acontecer após a transição final. É por meio desses esforços de investigação e mente aberta que a humanidade pode continuar a explorar as muitas imagens e semelhanças da transição, buscando respostas que combinem razão e espiritualidade.

A morte como transcendência. Concepções espirituais e místicas.

O conceito de transcendência no contexto do fim da vida refere-se à possibilidade de o indivíduo, no fim da vida ou próximo a ele, experimentar um estado de transcendência dos limites da existência terrena e perceber uma realidade ou dimensão além da física e material. Essa experiência pode se manifestar de diferentes maneiras e incluir sentimentos de paz, conexão com o divino ou o universo, visões de luz ou presenças espirituais e um sentimento de unidade com o todo.

Para muitas pessoas, o momento da morte pode ser uma oportunidade de transcendência, em que se abrem possibilidades para experiências espirituais e conexões profundas além da realidade tangível e cotidiana. Essas experiências podem abrir a porta para uma maior consciência da própria existência e do fim da vida como parte de um ciclo maior e mais significativo.

Algumas tradições espirituais e culturais veem a transcendência no final da vida como uma passagem para outra forma de existência, uma evolução espiritual ou um retorno a uma dimensão de unidade com a fonte criativa. Essas concepções podem oferecer conforto e significado ao enfrentar a morte e navegar pelo mistério do desconhecido.

Para aqueles que ajudam ou acompanham uma pessoa que está morrendo, contemplar a transcendência pode ser uma oportunidade de refletir sobre os significados mais profundos da vida e da morte, bem como sobre a possibilidade de conexão e amor que transcende o momento da separação física.

Em resumo, o conceito de transcendência no contexto do fim da vida refere-se à possibilidade de experiências espirituais, conexões profundas ou visões de realidades além da vida terrena, oferecendo uma oportunidade de significado, consolo e esperança na transição para a vida após a morte.

O fim da vida, um enigma nunca totalmente desvendado, inspirou inúmeras concepções e teorias que se desenvolveram nos círculos espirituais e místicos. Essas perspectivas oferecem uma imagem fascinante da passagem como um portal para uma realidade superior, além dos limites da vida terrena.

Em muitas tradições religiosas e filosóficas, a transição é vista como uma transcendência da alma, uma jornada que leva a uma experiência mais elevada de consciência. O pensamento egípcio antigo, por exemplo, acreditava na transição do falecido para o Duat, o reino da vida após a morte, onde a alma continuaria sua jornada rumo à imortalidade. Conceitos semelhantes foram explorados em outras culturas do passado, como a concepção grega da imortalidade da alma ou o conceito de Nirvana no budismo.

O interesse na passagem como transcendência e nas experiências místicas é um tema enraizado na busca humana por uma conexão mais profunda com o divino e com a essência suprema da realidade. Figuras espirituais importantes contribuíram significativamente para moldar essa perspectiva, oferecendo percepções valiosas sobre a experiência mística e a fusão da alma com o Inefável ou o "Um" Divino.

São João da Cruz, um teólogo e místico espanhol do século XVI, usou o conceito da "Noite Escura da Alma" para descrever um processo interno pelo qual a alma, ao se purificar das impurezas e dos desejos terrenos, pode alcançar um nível mais profundo de união com Deus. Esse estado de transcendência leva o indivíduo a experimentar o êxtase místico e a fusão da alma com a divindade, levando à realização de sua natureza espiritual e à consciência de sua unidade com o divino.

Aqui está uma citação significativa de "Dark Night of the Soul" (Noite Escura da Alma), de São João da Cruz:

> *"Na noite escura, no abismo onde a alma não encontra apoio, ela descobre apenas o que não é. Como não pode abraçar o que não é, ela deriva disso um desconforto e um tormento indefinidamente crescentes. Como não pode abraçar o que não é, ela deriva disso um desconforto e um tormento indefinidamente crescentes."*

Essa citação reflete o conceito do autor de que a alma passa por uma profunda purificação e transformação interior. Durante esse processo, a alma é confrontada com a escuridão interior, os medos e as incertezas, tentando se libertar das impurezas e dos laços terrenos para alcançar uma união mais profunda com Deus. Esse período de escuridão e luta interior é visto como essencial para a jornada espiritual da alma rumo a uma maior conscientização, purificação e união divina.

Rumi, o famoso místico e poeta persa do século XIII, explorou o tema do amor divino e da fusão da alma com o "Um" Divino por meio de seus poemas ricos em símbolos e metáforas. Suas obras transmitem uma profunda sensação de união cósmica e êxtase espiritual, convidando os leitores a explorar a dimensão interna e a beleza transcendente da conexão com o divino. Assim escreve Rumi:

"Onde eu termino e onde você começa? / A fronteira entre 'nós' não pode ser encontrada / exceto onde o amor construiu um moinho de grãos de quatro andares."

Juntamente com outros mestres espirituais e místicos, São João da Cruz e Rumi ajudaram a iluminar a jornada humana rumo à transcendência e à fusão com a essência suprema da realidade. Suas perspectivas inspiraram e guiaram muitos na busca da verdade espiritual e na profunda experiência de conexão com o Inefável, oferecendo um farol de sabedoria e iluminação no vasto território da experiência humana e da busca interior.

O conceito de transcendência no contexto do fim da vida refere-se à ideia de que, durante o processo de aproximação da morte ou no momento da própria morte, as pessoas podem experimentar estados de consciência e percepção que vão além da realidade física e material, abrindo a porta para experiências que envolvem dimensões mais amplas e profundas da existência.

Alguns estudiosos contemporâneos exploraram essas ideias. Por exemplo, Stanislav Grof, um psicólogo transpessoal famoso por seu trabalho sobre consciência e experiências não ordinárias, realizou estudos extensos sobre o tema da morte e experiências transcendentais. Por meio do uso de substâncias psicodélicas controladas e da prática da "respiração holorespiratória", Grof explorou a experiência da morte iminente e a possibilidade de transcendência por meio de estados expandidos de consciência.

A pesquisa de Grof documentou uma ampla variedade de experiências transpessoais associadas à morte iminente, como encontros com figuras espirituais, sentimentos de paz profunda, visões místicas e ideias de conexão com o universo ou com a essência divina. Essas experiências, que parecem combinar a passagem física com a transcendência da consciência, levaram Grof a levantar a hipótese da presença de uma dimensão espiritual ou transpessoal que se manifesta no momento da morte ou em situações-limite.

Por meio de seu trabalho, Grof destacou o potencial que a experiência da morte pode oferecer para a transformação da consciência e a elevação da percepção do indivíduo, trazendo à tona questões profundas sobre a existência, a espiritualidade e a interconexão universal. Sua pesquisa contribuiu para o surgimento de uma perspectiva inovadora sobre a morte como um momento de transição e uma possível experiência de transcendência para o ser humano.

Defendendo a ideia de uma consciência universal e transcendência além da realidade material, Grof sugere que a passagem física pode ser apenas uma passagem para uma realidade mais profunda e significativa.

Anedotas de experiências de quase morte ou despertares espirituais são comumente compartilhadas por aqueles que afirmam ter passado por experiências de quase morte. No famoso livro "Proof of Heaven" (Prova do Céu), o neurocirurgião Eben Alexander relata sua experiência de uma jornada após a morte durante um coma, desafiando a concepção tradicional da passagem como um simples colapso da consciência.

Entretanto, é importante observar que essa exploração da vida após a morte e da transcendência não se limita exclusivamente a experiências individuais ou testemunhos pessoais. Alguns cientistas estão tentando trazer uma visão de um ponto de vista mais objetivo, por exemplo, usando a tecnologia para coletar dados correspondentes a essas experiências de quase morte ou adotando abordagens de pesquisa subjetivas.

Em conclusão, as muitas imagens e semelhanças do fim da vida nos levam a concepções espirituais e místicas fascinantes. Por meio de religiões antigas, experiências individuais e pesquisas contemporâneas, surgem teorias que veem a morte como uma passagem para uma realidade superior e transcendente.

A passagem como iniciação. Concepções místicas da vida após a morte.

O fim da vida, uma das experiências mais misteriosas e universais da humanidade, tem atraído constante interesse por causa de sua conexão com a vida após a morte e com os conceitos de iniciação. De acordo com algumas tradições antigas e teorias esotéricas, a passagem não é apenas o fim da vida, mas também a abertura para um novo estado de conhecimento e compreensão.

Um dos exemplos mais significativos dessa perspectiva é *o antigo culto grego de Eleusis*. Esse rito misterioso, que se desenvolveu a partir do século VIII a.C., envolvia um processo de iniciação no qual os participantes esperavam obter conhecimento sobre a vida após a morte. No caso específico do culto grego de Elêusis, a iniciação representava uma jornada simbólica pelos estados da existência humana e, em particular, para compreender e aceitar a morte como parte integrante do ciclo da vida.

Durante o rito de Eleusis, os participantes eram conduzidos por diferentes estágios de purificação, ensinamentos e ritos secretos que culminavam em um momento de revelação ou experiência mística. Esse processo de iniciação simbolizava a passagem da ignorância para o conhecimento, da escuridão para a luz, e muitas vezes incluía elementos de morte e renascimento para enfatizar a transformação interna do iniciado.

O objetivo da iniciação no contexto do culto de Eleusis era levar os participantes a uma maior consciência de sua natureza espiritual e da natureza cíclica da vida e da morte. Por meio da experiência desse rito iniciático, esperava-se que os adeptos superassem o medo da morte, aceitassem seu destino com serenidade e adquirissem uma perspectiva mais profunda sobre o significado da existência humana.

Em resumo, o conceito de iniciação no contexto do mistério do fim da vida representa um processo de transformação interior e busca de sabedoria que envolve a consciência da mortalidade humana e a busca de uma compreensão mais profunda da vida após a morte e do significado final da vida.

Essa perspectiva iniciática do culto de Eleusis mostra como, por meio de rituais, símbolos e ensinamentos secretos, as culturas antigas procuravam oferecer a seus seguidores uma maneira de superar o medo e a angústia associados à morte. O objetivo era transformar essa realidade inevitável em uma oportunidade de crescimento espiritual e conhecimento mais profundo. A iniciação no contexto do mistério do fim da vida não era apenas uma experiência simbólica ou teórica, mas um processo profundamente transformador que envolvia a alma e a mente do iniciado em uma jornada interior para a compreensão das verdades supremas da existência. Essa jornada iniciática permitia que os iniciados confrontassem seus medos e limitações e abraçassem a realidade da morte e do renascimento como parte integrante do ciclo da vida.

Por meio da iniciação, os participantes esperavam obter uma nova perspectiva sobre sua existência, o significado da vida e a transformação interna necessária para enfrentar os desafios da vida e a inevitabilidade da morte com coragem e consciência.

Em suma, o conceito de iniciação no contexto do mistério do fim da vida representa um símbolo poderoso da busca humana por significado e sabedoria diante da morte, e demonstra como as antigas práticas rituais e iniciáticas podem oferecer um caminho para aceitar a mortalidade e descobrir o segredo da vida eterna por meio do conhecimento interior e da iluminação.

Outros exemplos de concepções misteriosas da vida após a morte podem ser encontrados em várias tradições religiosas e filosóficas. Por exemplo, a antiga civilização egípcia considerava a passagem como uma transição para um mundo eterno, no qual a alma do indivíduo teria a chance de alcançar a imortalidade. A figura do julgamento da alma perante o deus Osíris, representando a iniciação na vida após a morte, era fundamental para a concepção da vida após a passagem.

O conceito de iniciação em relação ao mistério do fim da vida é um elemento fundamental nas tradições de mistério e em muitas sociedades tradicionais. Mircea Eliade, um dos mais importantes historiadores das religiões do século XX, contribuiu significativamente para a compreensão desses ritos de passagem e iniciação, enfatizando sua importância no contexto das culturas antigas e tradicionais.

De acordo com Eliade, a passagem pelos ritos de iniciação e mistério representa um momento crucial na vida de um indivíduo, pois marca uma transição essencial que leva a profundas transformações espirituais e psicológicas. A iniciação para a vida após a morte, ou a preparação para a vida após a morte, é vista como um processo pelo qual o indivíduo adquire uma nova compreensão da vida, da morte e do significado final da existência.

Eliade reconhece que os ritos iniciáticos não são apenas cerimônias formais, mas momentos reais de contato com a dimensão sagrada e uma realidade transcendente. Esses ritos não apenas preparam o indivíduo para a transição, mas também o ajudam a superar os medos relacionados ao fim da vida, a se reconciliar com o ciclo natural de nascimento, morte e renascimento e a adquirir uma nova consciência de sua natureza espiritual.

Por meio da iniciação na vida após a morte, criava-se uma ponte entre o mundo terreno e o reino divino, permitindo que o indivíduo experimentasse uma comunhão mais profunda com o divino e enfrentasse sua existência com coragem, sabedoria e aceitação. Nesse sentido, os ritos de iniciação representavam uma maneira de integrar a dimensão transcendente à vida cotidiana e de encontrar um significado mais profundo e espiritual na existência humana.

Para Mircea Eliade, os ritos de iniciação dentro do mistério do fim da vida não só oferecem aos indivíduos uma transformação interior e uma consciência mais profunda de sua própria existência, mas também desempenham um papel crucial na construção e organização das sociedades tradicionais. Esses ritos representam uma forma pela qual as culturas antigas buscavam integrar a dimensão sagrada à vida cotidiana e transmitir valores, conhecimento e sabedoria de uma geração para a outra.

De acordo com Eliade, a passagem da iniciação para a vida após a morte assume um significado simbólico de morte e renascimento que reflete a natureza cíclica da vida e a continuidade da existência além da morte física. Esse processo de iniciação permite que os indivíduos transcendam os limites de sua existência terrena e acessem uma dimensão mais ampla e profunda do ser.

Além disso, Eliade ressalta que os ritos de iniciação são frequentemente associados a ensinamentos secretos, símbolos e mitos que transmitem sabedoria ancestral e conhecimento místico sobre a natureza da realidade e do universo. Por meio da iniciação, os indivíduos podem adquirir não apenas uma compreensão intelectual, mas também um conhecimento intuitivo e espiritual que os orienta em seu caminho para a conscientização e a realização pessoal.

Em última análise, o conceito de iniciação em relação ao mistério do fim da vida, conforme interpretado por Mircea Eliade, revela a profunda interconexão entre as dimensões humana e divina e a importância dos ritos de passagem para ajudar os indivíduos a integrar a morte e a transcendência em suas vidas, a superar os medos relacionados ao fim e a descobrir um significado mais amplo e duradouro na existência humana.

Mircea Eliade estudou e analisou vários ritos de iniciação encontrados em diversas culturas e tradições religiosas em todo o mundo. Entre os ritos de iniciação mais conhecidos que Eliade discutiu em seu trabalho, dois que se destacam significativamente são o rito de iniciação xamânica e o rito de iniciação cosmológica.

Ritual de iniciação xamânica.

Esse rito é particularmente significativo em culturas indígenas nas quais o xamã, ou curandeiro espiritual, desempenha um papel central na comunidade. Na visão de Eliade, o rito de iniciação xamânica representa a passagem do iniciado para um estado de transe, durante o qual ele entra em contato com o mundo espiritual e adquire poderes xamânicos. Esse processo de iniciação xamânica geralmente envolve provações de resistência e sofrimento que simbolizam a morte do antigo eu e o renascimento como xamã, dotado de poderes sobrenaturais para curar e proteger a comunidade.

Um lugar onde o rito de iniciação xamânica tem sido tradicionalmente praticado é a Sibéria, uma vasta região no norte da Rússia que tem sido historicamente habitada por povos indígenas com ricas tradições xamânicas. Os povos siberianos que mantiveram práticas xamânicas incluem os Yakuti, Buriati, Evenki e Tuvani, para citar apenas alguns.

Os xamãs siberianos são considerados figuras fundamentais em suas comunidades, atuando como mediadores entre os mundos espiritual e terreno para curar doenças, prever o futuro, restaurar a harmonia dentro da comunidade e conduzir rituais sagrados. Os ritos de iniciação xamânica desempenham um papel essencial no treinamento dos xamãs, preparando-os para sua tarefa sagrada e dando-lhes acesso aos poderes e ao conhecimento necessários para desempenhar suas funções.

No contexto siberiano, o rito de iniciação xamânica geralmente envolve um período de isolamento, jejum, meditação e testes físicos ou psicológicos que testam a resistência e a determinação do iniciado. Durante esse processo, o aprendiz de xamã entra em um estado de transe para fazer contato com os espíritos e receber suas instruções, visões e poderes sobrenaturais que serão usados para o benefício da comunidade.

A Sibéria tem sido historicamente rica em práticas xamânicas que mostram a profunda conexão entre os seres humanos e o mundo espiritual, e a importância dos rituais de iniciação na transmissão da sabedoria ancestral e na preparação de indivíduos para assumir papéis significativos em suas culturas indígenas.

Rito de iniciação cosmológica.

Esse tipo de iniciação aborda a dimensão universal da criação e da transformação. No contexto desse ritual, o iniciado é conduzido por uma série de símbolos e testes que representam a criação do mundo e a ordem cósmica. A iniciação cosmológica tem como objetivo fazer com que o indivíduo experimente a unidade e a interconexão de todos os seres e elementos do universo, transmitindo uma compreensão profunda da estrutura cósmica e sua relação com a humanidade.

Um povo que tem sido associado a ritos de iniciação cosmológica semelhantes aos descritos por Mircea Eliade são os aborígenes australianos.

É importante ter em mente que as concepções misteriosas da vida após a morte não se limitam apenas à experiência individual, mas muitas vezes estão enraizadas em crenças coletivas e tradições culturais. Em muitas sociedades indígenas, como as dos aborígenes australianos, acreditava-se que as experiências de morte e renascimento eram essenciais para a aquisição de conhecimento profundo e formação espiritual.

As tradições espirituais dos aborígines australianos são ricas em complexos sistemas de crenças cosmológicas e rituais iniciáticos que refletem a profunda conexão entre os seres humanos, a terra e o universo.

Nas culturas aborígines, a iniciação cosmológica costuma ser parte integrante do caminho de crescimento e formação espiritual dos jovens membros da comunidade. Esses ritos podem envolver uma série de cerimônias, danças, histórias míticas e ensaios que visam dar ao iniciado uma experiência direta da criação, da estrutura cósmica e das leis que governam o universo.

Durante o ritual de iniciação cosmológica, o iniciado é orientado a compreender e vivenciar em primeira mão os conceitos de interconexão, harmonia e unidade que fundamentam toda a existência. Por meio de símbolos, mitos e rituais específicos, o indivíduo é colocado em contato com a sabedoria ancestral e percebe a relação intrínseca entre ele, a comunidade, a terra e o cosmos.

Os aborígenes australianos consideram o conhecimento cosmológico essencial para viver em harmonia com a terra e outros seres vivos, e os ritos de iniciação desempenham um papel fundamental na educação espiritual e moral das novas gerações. Esses ritos não apenas ensinam aos iniciados os segredos do universo, mas também os preparam para assumir responsabilidades dentro da comunidade e manter vivas as tradições culturais e espirituais que definem a identidade aborígine.

Esses dois tipos de ritos de iniciação mostram como, por meio de símbolos, mitos e ensinamentos secretos, as culturas tradicionais buscavam orientar os indivíduos para um maior conhecimento e uma consciência mais profunda da realidade espiritual e cósmica, preparando-os, assim, para assumir papéis cruciais em suas comunidades e em suas relações com o divino.

Em conclusão, explorar as muitas imagens e semelhanças da passagem para a vida após a morte como iniciação oferece uma perspectiva interessante sobre o significado dessa experiência universal. As concepções místicas da vida após a morte em tradições antigas, as contribuições de estudiosos modernos e os testemunhos pessoais enriquecem nossa compreensão das possibilidades de transcendência oferecidas pela morte.

Anedotas e relatos de experiências ou eventos místicos no limite da passagem enriquecem ainda mais essa discussão. Por exemplo, o filósofo e escritor francês René Guénon compartilhou sua própria experiência em uma série de experiências médicas e espirituais em torno do fim da vida. Ele acreditava que a passagem era uma oportunidade para a alma continuar sua jornada em uma dimensão mais elevada da existência.

René Guénon, filósofo e escritor francês do século XX, é conhecido por suas profundas reflexões sobre espiritualidade, tradição e metafísica. Guénon compartilhou experiências místicas e reflexões sobre a passagem pela morte que enriqueceram o debate sobre questões existenciais e metafísicas relacionadas à vida após a morte.

Guénon acreditava que a morte não era o fim absoluto da existência, mas sim uma passagem para uma dimensão mais elevada da realidade. De acordo com sua visão, a alma humana sobrevive à morte do corpo físico e continua sua jornada para um plano superior de existência. Esse conceito baseia-se na noção de um dualismo entre o mundo físico e o mundo espiritual, no qual o fim da vida representa simplesmente um momento de transição de uma forma de existência para outra.

As experiências médicas e espirituais de Guénon ajudaram a moldar sua perspectiva sobre a passagem e a vida após a morte. Essas experiências podem incluir estados expandidos de consciência, visões internas profundas ou encontros com a morte iminente que influenciaram sua compreensão da natureza da vida e do fim da vida.

Os testemunhos de Guénon e de outras pessoas que tiveram experiências de quase morte ou místicas oferecem uma perspectiva adicional sobre a possibilidade de existências ou realidades além do que é percebido pelos sentidos físicos. Essas experiências alimentam um debate antigo e sempre presente sobre a natureza da alma, a existência de planos de realidade não material e a continuidade da consciência após a morte física.

O fim da vida como uma transição dimensional. Concepções de outras realidades na vida após a morte.

A morte sempre foi objeto de fascínio e pesquisa para a humanidade, que busca entender o que está além da vida terrena. Um tópico que tem atraído o interesse de estudiosos e pesquisadores é a possibilidade da passagem para outras dimensões ou realidades.

Um exemplo dessa concepção pode ser encontrado em tradições religiosas antigas, como o hinduísmo. De acordo com a doutrina hindu, a passagem não representa o fim definitivo do indivíduo, mas a passagem para uma nova encarnação ou para uma dimensão superior de existência. As experiências de morte iminente relatadas por indivíduos de diferentes culturas geralmente afirmam ter vivenciado viagens ou encontros com seres de uma realidade além da terrena.

Uma das figuras mais conhecidas que explorou esse conceito foi o famoso psiquiatra suíço Carl Gustav Jung. Em seu trabalho, Jung introduziu o conceito de "inconsciente coletivo", um tipo de dimensão arquetípica compartilhada.

A teoria do inconsciente coletivo desenvolvida por Carl Gustav Jung representa um dos conceitos fundamentais de sua psicologia analítica. De acordo com Jung, o inconsciente coletivo é uma camada profunda da psique humana que contém conteúdo psíquico compartilhado por todos os seres humanos, além das experiências individuais e culturais.

O inconsciente coletivo consiste principalmente de arquétipos, que são imagens inatas, símbolos e padrões universais de comportamento que se manifestam em todas as culturas e épocas históricas. Os arquétipos são essencialmente predisposições psíquicas que influenciam a forma como percebemos o mundo, como reagimos a ele e como nos comportamos.

Jung acreditava que os arquétipos são a base das mitologias, religiões, contos de fadas e histórias humanas, pois surgem como representações simbólicas de conceitos universais e experiências humanas comuns. Esses arquétipos podem ser incorporados em figuras como a mãe, o pai, a criança, o herói, a sombra, a anima, o animus e muitos outros.

De acordo com Jung, o inconsciente individual está conectado ao inconsciente coletivo por meio desses arquétipos. As experiências pessoais de um indivíduo podem ativar e manifestar os arquétipos, levando a processos de individuação e integração que visam trazer equilíbrio e harmonia entre a consciência e o inconsciente.

Em essência, a teoria de Jung sobre o inconsciente coletivo é um conceito complexo que oferece uma perspectiva intrigante sobre a essência humana, a interconexão entre os indivíduos e a herança simbólica compartilhada que faz parte de nossa natureza profunda.

De acordo com Jung, o fim da vida poderia ser uma passagem para essa dimensão, onde a alma encontraria uma conexão com a essência universal da humanidade.

Na perspectiva junguiana, a passagem para essa dimensão arquetípica do inconsciente coletivo pode representar uma experiência de profunda transformação e conexão com as raízes mais profundas da humanidade. Essa passagem poderia ser interpretada como uma oportunidade de integração e uma busca mais ampla de significado que vai além do indivíduo para abranger todo o tecido da existência humana.

Em suma, a teoria de Jung sobre o inconsciente coletivo oferece uma visão rica e complexa da essência humana e sua interconexão com o universo, sugerindo que o fim da vida poderia ser concebido como uma passagem para uma dimensão universal e simbólica que abrange toda a humanidade.

Os cientistas contemporâneos não ficaram indiferentes à questão do fim da vida como uma transição dimensional, tentando responder à pergunta se existem de fato outras realidades além da material. Um dos projetos mais conhecidos foi conduzido pela Universidade de Southampton, no Reino Unido, que estudou os efeitos do fenômeno chamado *"EFC" (Experiência Fora do Corpo)*. Por meio de experimentos controlados, a equipe de pesquisa coletou depoimentos de pessoas que afirmam ter deixado seu corpo físico durante experiências de quase morte, fornecendo evidências para apoiar concepções de outras realidades na vida após a morte.

Além disso, há inúmeros relatos e anedotas de pessoas que afirmam ter tido contato ou visões de realidades alternativas após a passagem. O conhecido médium britânico Arthur Conan Doyle, criador do personagem Sherlock Holmes, alegou ter feito contato com entidades de dimensões além das terrenas. Alguns relatos de experiências de quase-morte descrevem encontros com seres luminosos ou a percepção de uma realidade diferente, o que confirmaria a ideia de outras dimensões na vida após a morte.

Há também estudiosos, como o filósofo escocês David Hume, que abordou a questão da possibilidade de outras realidades na vida após a morte. Hume argumentou que, mesmo que não possamos ter provas empíricas dessas dimensões, não devemos rejeitá-las de imediato, pois elas podem oferecer percepções interessantes sobre a natureza do universo e da existência.

Hume, conhecido por seu empirismo rigoroso, enfatizou a importância da experiência sensorial e da razão na formação de nosso conhecimento. Entretanto, ele não negou a existência de realidades além do que podemos perceber diretamente. Hume reconheceu que nossas cognições são limitadas e que há domínios da realidade que podem escapar de nossa compreensão empírica.

No contexto da vida após a morte ou de outras dimensões da existência, Hume provavelmente teria enfatizado que, embora não possamos provar empiricamente a existência dessas realidades, não devemos rejeitá-las automaticamente. Hume pode ter aceitado que há limites para nossa capacidade de perceber e compreender tudo o que existe e que a mente humana pode não ser capaz de compreender totalmente as dimensões mais sutis ou transcendentais da existência.

Nesse sentido, Hume pode ter recomendado cautela ao afirmar com certeza a inacessibilidade de outras realidades ou dimensões, reconhecendo que a abertura para a exploração de percepções e ideias alternativas pode enriquecer nossa compreensão do mundo e do universo sem comprometer a abordagem racional e crítica do conhecimento.

Em suma, embora Hume não tenha sido um teórico explícito da vida após a morte ou de realidades além da experiência empírica, sua filosofia empírica e crítica poderia oferecer uma perspectiva interessante ao considerar o assunto de outras dimensões da existência e suas possíveis implicações para nossa compreensão da natureza do universo e da existência.

Em conclusão, a ideia de outras realidades na vida após a morte como uma passagem dimensional oferece uma perspectiva fascinante sobre o fim da vida. Os entendimentos das antigas tradições religiosas, o trabalho de eminentes acadêmicos e as experiências pessoais relatadas nos convidam a considerar a vida após a morte como um espaço onde a alma pode embarcar em uma jornada para realidades desconhecidas. Embora a pesquisa científica e os testemunhos de indivíduos continuem a surgir, o mistério da vida após a morte permanece aberto à nossa curiosidade e capacidade de explorar o desconhecido.

O fim da vida como libertação. Experiências de ressuscitação e a sensação de paz.

A morte, às vezes temida e misteriosa, também pode ser vista como uma oportunidade de libertação e paz. As experiências de ressuscitação e as histórias de pessoas que estiveram perto da morte nos dão uma perspectiva interessante sobre isso.

Observando os casos de ressuscitação, podemos encontrar vários exemplos de pessoas que afirmam ter experimentado uma sensação de calma e serenidade durante o período em que estavam clinicamente mortas. Um dos casos mais famosos é o de Pam Reynolds, uma mulher americana que passou por uma cirurgia no cérebro e foi ressuscitada após estar clinicamente morta. Pam alegou ter tido uma experiência fora do corpo, encontrando-se fora de seu corpo físico e experimentando um sentimento de amor e paz total.

A experiência de Pam Reynolds durante sua ressuscitação é um caso bem conhecido no campo de estudos sobre experiências de quase morte. Seu testemunho despertou interesse e debate na comunidade científica e entre especialistas em fenômenos relacionados à consciência. Além do caso de Pam Reynolds, há outros exemplos relevantes de experiências semelhantes.

Os experimentos de Deal Radin.

De uma perspectiva científica, os experimentos de percepção remota conduzidos pelo psicólogo Dean Radin levantaram questões sobre o potencial da mente humana de perceber informações além dos limites convencionais de espaço e tempo. Pesquisas nesse campo foram realizadas em várias ocasiões ao longo dos anos.

A pesquisa de Dean Radin foi realizada em várias ocasiões ao longo dos anos, na segunda metade do século passado, no Institute of Noetic Research, onde Radin ocupou o cargo de cientista-chefe.

Esse evento é um exemplo significativo de como a pesquisa científica pode desafiar nossas concepções tradicionais sobre a mente e sua capacidade de perceber além dos limites do espaço-tempo.

O Institute of Noetic Research está localizado em Petaluma, Califórnia, nos Estados Unidos. Esse instituto dedica-se ao estudo da consciência, fenômenos psíquicos e pesquisa de percepção, colaborando com vários especialistas e pesquisadores nas áreas de parapsicologia, psicologia transpessoal e outras disciplinas relacionadas.

Em geral, os experimentos de percepção remota envolvem a seleção de "alvos" ou alvos remotos, nos quais os participantes devem concentrar sua atenção para perceber informações que não são acessíveis pelos sentidos convencionais. Os participantes podem estar localizados em lugares diferentes do alvo e, por meio de protocolos controlados, qualquer informação correta percebida é medida.

A percepção remota é um fenômeno que envolve a capacidade de perceber informações sobre eventos, lugares ou situações distantes no tempo e no espaço, geralmente sem o uso dos cinco sentidos convencionais. Em particular, a pesquisa conduzida por Radin procurou avaliar até que ponto as pessoas podiam perceber informações de lugares remotos sem ter nenhum contato direto com eles.

As implicações de tais estudos são profundas, pois desafiam nosso paradigma científico atual, que se baseia principalmente nos conceitos de espaço e tempo como entidades separadas e definidas. Se a mente humana fosse de fato capaz de acessar informações além desses limites, poderíamos estar diante de um novo cenário de compreensão da realidade e da própria consciência.

De qualquer forma, os experimentos de percepção remota de Radin e pesquisas semelhantes oferecem uma oportunidade interessante para explorar os limites do conhecimento científico e estimular uma reflexão mais ampla sobre a natureza da mente, da percepção e da própria realidade. Esses estudos incentivam uma visão mais aberta e integradora da realidade, que não se limita aos limites convencionais da ciência, mas abrange a complexidade e o mistério que ainda cercam nossa compreensão do mundo.

A esfera filosófica.

Na esfera filosófica, as teorias de filósofos como René Descartes sobre a dualidade mente-corpo e David Chalmers sobre a consciência como um "fenômeno irredutível" deram origem a reflexões sobre as implicações das experiências de quase morte para nossa compreensão da consciência e da existência humana.

Em conclusão, ao examinar casos de reanimação e relatos de experiências de quase morte, é possível abrir novas perspectivas sobre a natureza da consciência e a existência de dimensões além de nossa compreensão racional, levantando questões importantes sobre a vida, a morte e o significado da existência humana.

Essa perspectiva também é explorada por pesquisadores como o médico americano Raymond Moody. Em seu livro *"Life After Life", Moody* examina vários casos de experiências de quase morte, destacando o elemento comum de uma sensação de paz e bem-estar que as pessoas experimentam durante essas experiências. Esses testemunhos, de acordo com o estudioso, sugerem a existência de uma realidade além da vida terrena, na qual a alma pode encontrar paz e serenidade.

Experimentos científicos sobre experiências de quase morte também produziram resultados interessantes. Em um estudo conduzido pelo médico holandês Pim van Lommel, foram coletados depoimentos de pacientes que sofreram parada cardíaca e, posteriormente, relataram experiências detalhadas de quase morte. Sessenta e dois por cento dos participantes afirmaram ter experimentado uma sensação de paz e harmonia durante esse período, sugerindo que a passagem pode de fato significar uma libertação dos tormentos da vida terrena. Discutirei extensivamente Pin van Lommel no capítulo seguinte sobre EQMs (Experiências de Quase Morte).

Há também inúmeras anedotas que apóiam a ideia da passagem como libertação e paz. O famoso escritor americano Mark Twain, em uma carta de 1900, descreveu a passagem como "*o dia mais feliz da minha vida*". Twain via a passagem como o fim dos sofrimentos e ansiedades da vida terrena, um momento em que a alma poderia finalmente encontrar a paz.

Concluindo, o conceito de morte como libertação e paz surge por meio das experiências de ressuscitação, do testemunho daqueles que estiveram próximos da morte e da pesquisa científica sobre experiências de quase morte. As histórias de pessoas que afirmam ter experimentado uma sensação de calma e tranquilidade durante esses momentos oferecem uma visão fascinante sobre o fim da vida.

A morte como despertar espiritual. Iluminação no fim da vida.

A morte é geralmente vista como o fim da vida, mas algumas teorias afirmam que ela também pode representar um momento de despertar espiritual. A ideia de que a morte pode levar à iluminação ou a uma conexão espiritual mais profunda foi investigada e pesquisada por muitos estudiosos e pesquisadores.

Uma das pessoas por trás dessa teoria é a psiquiatra suíça Elisabeth Kübler-Ross, famosa por seus estudos sobre experiências de morte iminente. De acordo com Kübler-Ross, muitos pacientes terminais relatam experiências de conexão espiritual ou presença divina quando se aproximam da morte. Essas experiências podem ser caracterizadas por um sentimento de paz, amor e luz intensa, indicando um possível despertar espiritual no final da vida.

Um exemplo notável de iluminação no final da vida é o do grande místico indiano Ramana Maharshi.

Ramana Maharshi foi um famoso sábio e místico indiano do século XX, conhecido por sua sabedoria e prática de autoinvestigação e autoanálise. Nascido em 1879 em Tamil Nadu, na Índia, Ramana Maharshi viveu uma vida de profunda meditação e ensinou o caminho da autoinvestigação como um meio de alcançar a iluminação e a realização espiritual.

Uma das características distintivas de seus ensinamentos era a prática de "Atma-vichara", autoinvestigação ou autoanálise, que consiste em fazer a si mesmo a pergunta "Quem sou eu?" para descobrir sua verdadeira natureza além da identificação com o corpo, a mente e as emoções.

Ramana Maharshi incentivava seus seguidores a praticar constantemente a autoinvestigação e a procurar descobrir a fonte de seu ser interior, onde residem a paz e a felicidade duradouras. Sua presença tranquila e sua profunda sabedoria inspiraram muitas pessoas em todo o mundo a buscar a verdade interior e a paz interior.

Esse ilustre mestre espiritual teve uma experiência de morte simbólica em sua juventude. Durante essa experiência, Ramana afirmou ter experimentado um profundo despertar espiritual, que o levou a uma compreensão direta de seu verdadeiro eu e à realização da unidade de todo o universo. Essa experiência marcou o início de sua missão espiritual e influenciou profundamente seus ensinamentos.

Foram realizados experimentos científicos para investigar o efeito da morte iminente sobre a espiritualidade. Um estudo realizado em 2011 pela neurologista eslovena Zalika Klemenc-Ketiš e pelo psicólogo americano Bruce Greyson examinou um grupo de pacientes que tiveram uma experiência de quase morte. O estudo é interessante porque se concentrou na investigação científica das experiências de quase morte e seu impacto na espiritualidade. Esse tipo de pesquisa desafia os limites entre ciência e espiritualidade, tentando dar uma explicação racional para experiências que geralmente são consideradas fenômenos espirituais ou transcendentais.

No estudo, os pesquisadores examinaram um grupo de pacientes que haviam tido uma experiência de quase morte. Essas experiências são descritas como tendo sido vivenciadas por pessoas que estavam clinicamente mortas ou próximas da morte e depois foram trazidas de volta à vida. Durante essas experiências, algumas pessoas relatam sensações de paz, visões de luz, encontros com seres ou figuras espirituais ou uma sensação de deixar o corpo.

Os estudiosos usaram metodologias científicas para examinar os depoimentos dos pacientes e tentar entender melhor esses fenômenos. O objetivo era entender se essas experiências poderiam ter um impacto duradouro na espiritualidade das pessoas e se havia uma correlação entre essas experiências e uma maior abertura espiritual ou mudanças de atitude em relação à vida e à morte.

O estudo pode ter ajudado a esclarecer uma área cinzenta entre a ciência e a espiritualidade, abrindo novas perspectivas de pesquisa sobre a experiência humana e a consciência. Esse tipo de abordagem interdisciplinar é importante para ampliar nossa compreensão dos seres humanos e de suas experiências mais profundas e significativas.

A pesquisa revelou que muitos deles relataram uma profunda mudança em seu sistema de valores e um aumento na espiritualidade após a experiência da morte iminente, contradizendo a ideia de que a transição é apenas um momento final e sem sentido.

Anedotas e relatos de pessoas que vivenciaram a morte iminente oferecem mais evidências de iluminação no final da vida. Um dos casos mais famosos é o de Eben Alexander, um neurocirurgião americano que teve uma experiência de morte iminente após ficar gravemente doente. Alexander relatou uma espécie de viagem ao mundo espiritual, na qual experimentou uma conexão com uma entidade superior e compreendeu o significado mais profundo do amor e da própria vida. Essa experiência teve um impacto tão significativo sobre ele que dedicou grande parte de sua vida a compartilhar sua história e promover uma visão mais ampla e espiritual da passagem.

Em conclusão, as investigações sobre a iluminação no final da vida sugerem a existência de uma possível conexão ou despertar espiritual que pode acompanhar a transição.

A passagem como transformação espiritual. A purificação da alma.

O fim da vida é um evento universal que pode ser visto como uma transformação espiritual, um momento de purificação da alma. Essa perspectiva, amplamente explorada por estudiosos e filósofos, oferece uma visão interessante do fim da vida como uma passagem para uma nova existência espiritual.

Um dos grandes pensadores que abordou esse tema foi o filósofo grego Platão. Em seu diálogo "Phaedo", Platão apresenta a ideia de que a passagem pode ser entendida como uma libertação da alma do corpo, permitindo assim que a alma alcance um estado mais elevado de conhecimento e sabedoria. De acordo com Platão, a passagem é o momento em que a alma se liberta das paixões e desejos terrenos, permitindo uma purificação e transformação espiritual.

Outras reflexões sobre a purificação da alma na morte podem ser encontradas no pensamento do místico persa Rumi. Rumi, que viveu no século XIII, explorou temas profundos como a passagem e a transformação da alma em seus poemas e escritos místicos. Por meio de suas palavras, Rumi expressa a crença de que a passagem é uma passagem pela qual a alma se liberta de seus laços terrenos e atinge um estado de união com o divino.

Rumi ofereceu reflexões profundas sobre a purificação da alma e sua união com o divino. Uma de suas citações mais famosas sobre esse tema é a seguinte:

> *"Sua tristeza deve ser tão profunda que divide o coração até abri-lo. A luz não pode entrar em um coração fechado. A luz não pode entrar em um coração fechado."*

Nessa citação, Rumi sugere que, por meio de dificuldades e sofrimento, a alma pode ser purificada e aberta à luz do divino. Rumi explora a transformação interior e a liberação do apego terreno como formas de alcançar uma conexão mais profunda com a essência espiritual do universo. Seus poemas e escritos místicos continuam a inspirar e iluminar aqueles que buscam sabedoria e compreensão espiritual.

A pesquisa científica também contribuiu para o debate sobre a transformação espiritual na morte. Um dos experimentos mais famosos no campo das experiências de quase morte foi realizado em 1988 pelo médico americano Kenneth Ring. Ring entrevistou várias pessoas que alegaram ter tido uma experiência de morte iminente e descobriu que muitas delas relataram uma transformação radical de suas crenças e valores. Esses indivíduos manifestaram maior abertura espiritual, maior consciência de si mesmos e dos outros e uma profunda conexão com o significado final da vida.

Um exemplo interessante sobre o tema da purificação da alma na morte é o de Carl Jung, o famoso psicólogo suíço. Jung teve uma experiência intensa de doença fatal por volta dos 40 anos de idade, na qual passou por uma profunda transformação interior. Esse período de crise pessoal o levou a enfrentar e integrar seus lados obscuros e inconscientes, um processo que acabou levando-o a desenvolver suas teorias psicológicas revolucionárias e a adquirir maior autoconsciência.

Por fim, a ideia de uma purificação da alma por meio da passagem está relacionada a crenças religiosas em muitas tradições espirituais. Por exemplo, no budismo, argumenta-se que a passagem pode ser um momento de conquista da iluminação final, no qual a alma é liberada dos sofrimentos cíclicos da reencarnação. Da mesma forma, algumas concepções religiosas veem a passagem como uma oportunidade para a alma se purificar e se reconciliar com o divino.

Concluindo, a investigação do fim da vida como transformação espiritual e purificação da alma nos mostra uma perspectiva fascinante sobre a natureza profunda da experiência da morte. Por meio dos pensamentos de grandes filósofos e pensadores, surge a ideia de que o fim da vida pode ser uma passagem para uma nova forma de existência espiritual. À medida que continuamos a explorar as muitas imagens e semelhanças da passagem, essas considerações nos convidam a abraçar a possibilidade de uma profunda transformação que pode acompanhar o momento final de nossas vidas.

O fim da vida como transformação de energia. Da morte material à vida espiritual.

No cenário de questões existenciais que a humanidade enfrenta, a transformação da energia da morte material para a vida espiritual surge como uma questão em evolução, profunda e complexa. Ao longo da história e da filosofia, vários pensadores, estudiosos e místicos exploraram essa transição da existência terrena para a dimensão espiritual, sugerindo que a morte não é o fim absoluto, mas uma passagem para uma realidade maior e desconhecida.

Um dos pontos centrais dessa reflexão é a ideia de que a energia vital, no final da vida física, não é destruída, mas transformada em uma forma mais sutil e espiritual. Esse conceito encontra apoio em muitas tradições espirituais e filosóficas, incluindo a antiga filosofia grega de Platão.

Além dos pensamentos filosóficos e místicos, a ciência também se interessou por essa questão. Estudos contemporâneos no campo da física quântica, por exemplo, sugerem que a energia não pode ser criada nem destruída, mas apenas transformada de uma forma para outra, abrindo espaço para a reflexão sobre possíveis conexões entre ciência e espiritualidade.

Pesquisadores da Universidade de Harvard realizaram estudos sobre experiência mística e espiritualidade, examinando como as práticas espirituais podem influenciar a atividade cerebral e levar a experiências de transformação interior.

Os estudos da Universidade de Harvard liderados pelo neurocientista Andrew Newberg fizeram contribuições significativas para nossa compreensão da experiência mística, da espiritualidade e de sua conexão com a atividade cerebral. Newberg é conhecido por sua pesquisa sobre o efeito das práticas espirituais na mente e no cérebro, examinando como essas experiências influenciam a atividade cerebral e podem levar à transformação interior.

Uma das principais áreas de pesquisa de Newberg diz respeito aos efeitos das práticas espirituais, como meditação, oração e recolhimento contemplativo, sobre o funcionamento do cérebro. Por meio de imagens funcionais do cérebro, Newberg e sua equipe observaram mudanças na atividade cerebral que ocorrem durante experiências espirituais intensas, como o sentimento de conexão com o divino ou a experiência de unidade com o universo.

Um dos experimentos mais conhecidos conduzidos por Newberg foi publicado em seu livro de 2001 "*Why God Won't Go Away: Brain Science and the Biology of Belief*". No livro, Newberg examinou as correlações entre as práticas espirituais e a neurofisiologia do cérebro. Por meio de estudos com monges budistas, sufis e praticantes de várias tradições espirituais, Newberg documentou como o estado de meditação e contemplação produz efeitos específicos no cérebro, demonstrando uma correlação entre experiências espirituais e mudanças neurológicas.

Além disso, a pesquisa de Newberg tem implicações significativas para a compreensão da natureza da experiência espiritual e da possível transformação interior que ela pode oferecer. A ideia de que as práticas espirituais podem influenciar de forma tangível a atividade cerebral e levar a experiências de profunda conexão e realização abre novas perspectivas sobre a interação entre a mente, o cérebro e as dimensões espirituais do ser humano.

Por meio de seus estudos, Newberg e sua equipe lançaram uma nova luz sobre como as experiências espirituais podem modular a percepção de si mesmo, do mundo e da divindade, fazendo assim uma importante contribuição para a compreensão da transformação interior e da conexão entre as esferas material e espiritual.

De uma perspectiva ética, a reflexão sobre a transformação da energia da morte para a vida espiritual levanta questões importantes sobre a natureza da sobrevivência e o significado da vida terrena. Alguns especialistas em ética argumentam que a ideia de uma existência contínua após a morte poderia influenciar positivamente as escolhas morais e o senso de propósito na vida de muitos indivíduos, enquanto outros levantam preocupações sobre o possível desvio de responsabilidade para o mundo terreno.

Para entender completamente a transformação de energia da morte material para a vida espiritual, é essencial considerar também as experiências individuais e os relatos de pessoas que afirmam ter tido experiências de quase morte ou contato com dimensões de outro mundo. Esses relatos fornecem uma perspectiva adicional sobre a possibilidade de uma existência além da morte física e a natureza dessa transição.

Pessoas como o médico e pesquisador Raymond Moody, autor do famoso livro "*Life After Life*", realizaram estudos sobre experiências de quase morte e contato com realidades espirituais, destacando elementos recorrentes como a sensação de paz, luz e conexão com entidades não físicas durante essas experiências.

Outros estudiosos contemporâneos, como o filósofo Thomas Nagel, ofereceram perspectivas críticas sobre a ideia de uma existência espiritual após a morte, questionando as possíveis consequências de uma eternidade de vida e a importância de dar significado e valor à nossa finita existência terrena.

Conceitos como a reencarnação, frequentemente encontrados em tradições espirituais como o hinduísmo e o budismo, oferecem uma interpretação alternativa da transformação da energia após a morte, sugerindo um ciclo de nascimentos e mortes que visa ao crescimento e à evolução da alma.

Em última análise, a questão da transformação da energia da morte material para a vida espiritual permanece aberta a múltiplas interpretações, estimulando a reflexão sobre quem somos, de onde viemos e qual pode ser o nosso destino final. Por meio de uma abordagem multidisciplinar que integra conhecimentos científicos, filosóficos, espirituais e éticos, podemos continuar a explorar os limites da existência humana e buscar respostas para as perguntas mais profundas que a humanidade sempre fez sobre a morte e a vida além dela.

O fim da vida como uma oportunidade de crescimento. O significado evolutivo das experiências "post-mortem".

A passagem é uma experiência universal que continuamente levanta questões sobre seu significado e o destino da alma. Geralmente nos concentramos na vida terrena, mas há estudos e testemunhos que sugerem que a passagem pode ser uma oportunidade de crescimento e evolução espiritual. Nesta seção, exploraremos o conceito de experiências "post-mortem" e seu significado para a compreensão da vida após a morte.

Uma das principais figuras nesse campo é o Dr. Raymond Moody. Em seu famoso livro de 1975, *Life After Life (Vida após a vida)*, Moody relata os testemunhos de pessoas que afirmam ter tido experiências de morte iminente. De acordo com suas descrições, durante essas experiências, as pessoas experimentam sentimentos de paz e luz e se sentem separadas de seu corpo físico. Muitos testemunhos também concordam com a passagem por um "túnel" e o encontro com seres espirituais ou falecidos. Moody acredita que essas experiências oferecem uma visão de um possível mundo espiritual além da passagem.

A pesquisa científica também contribuiu para esse debate por meio de estudos sobre regressões hipnóticas. Michael Newton, um psicólogo americano, conduziu várias sessões hipnóticas com seus pacientes, durante as quais eles afirmam se lembrar de detalhes de suas vidas passadas, bem como de experiências após a morte. Newton afirma que essas sessões oferecem um testemunho de que as almas continuam a evoluir por meio de várias encarnações, apoiando uma perspectiva de crescimento espiritual por meio dos ciclos de vida e morte.

A pesquisa sobre regressão hipnótica conduzida por Michael Newton gerou um interesse significativo no debate sobre reencarnação e vida após a morte. Michael Newton tornou-se famoso por seu trabalho no campo da regressão hipnótica, especialmente com seus livros *Journey of* Souls e *Destiny of Souls*, nos quais descreve as experiências de almas entre vidas, conforme relatadas por seus pacientes durante sessões hipnóticas.

Outros estudiosos também contribuíram para esse campo de pesquisa sobre regressão hipnótica e reencarnação. Por exemplo, o Dr. Ian Stevenson, um pesquisador psiquiátrico que realizou estudos sobre milhares de casos de supostas memórias de vidas passadas em todo o mundo, procurou fornecer evidências científicas em apoio à reencarnação. Stevenson documentou casos em que crianças forneceram detalhes precisos e verificáveis de vidas passadas que não podiam ser explicados por outros meios.

Além disso, algumas personalidades famosas, como o Dalai Lama, líder espiritual do budismo tibetano, expressaram apoio à perspectiva da reencarnação. O próprio Dalai Lama tem sido objeto de uma tradição na qual ele é reconhecido como a reencarnação de vários líderes espirituais tibetanos.

Nos círculos científicos, as regressões hipnóticas e os casos de supostas memórias de vidas passadas têm sido debatidos e criticados pela comunidade acadêmica. Alguns cientistas acreditam que as experiências durante a regressão hipnótica são produto da imaginação ou influência do hipnotizador, enquanto outros continuam a investigar essas experiências em busca de explicações científicas.

Por fim, a pesquisa conduzida por estudiosos como Michael Newton e Ian Stevenson ajudou a trazer à luz as experiências de vida após a morte e reencarnação, oferecendo percepções interessantes para o debate sobre a natureza da alma e a possível continuidade da consciência entre uma vida e outra.

Um elemento frequentemente mencionado nas experiências "post-mortem" é a revisão de vida. O termo "revisão de vida" foi cunhado por Kenneth Ring, outro conhecido estudioso das experiências de quase morte.

A "revisão de vida" ou revisão de vida é um elemento recorrente nas experiências post-mortem relatadas por pessoas que tiveram uma experiência de quase morte (EQM). Esse processo envolve uma espécie de visão geral detalhada da existência de alguém, durante a qual a pessoa revive momentos significativos de sua vida e experimenta as consequências emocionais e espirituais.

De acordo com Ring e outros estudiosos, durante a revisão de vida, a pessoa não apenas revive seus feitos e ações, mas também experimenta os efeitos que eles tiveram sobre os outros e sobre sua própria evolução espiritual.

A "*revisão de vida*" é frequentemente descrita como um momento de grande clareza e compreensão, no qual a pessoa é capaz de compreender o significado mais profundo de suas ações e perceber as conexões entre os eventos de sua vida. Alguns indivíduos que passaram por essa experiência relatam um sentimento de aceitação incondicional e amorosa de si mesmos e dos outros, bem como uma maior consciência de suas escolhas e da direção de sua existência.

A "*revisão de vida*" representa, portanto, um momento significativo de autorreflexão e crescimento interior, muitas vezes levando as pessoas a reconsiderar seus valores, relacionamentos e o significado de suas vidas. Esse fenômeno tem estimulado a reflexão sobre questões relacionadas à moralidade, compaixão, empatia e conexão com os outros, contribuindo para uma maior compreensão da experiência humana e da espiritualidade.

Eventos históricos, como a *International Association for Near-Death Studies* (IANDS), proporcionaram um palco para especialistas da área e para aqueles que desejavam compartilhar suas experiências.

Essa conferência é um evento importante que reúne acadêmicos, pesquisadores e pessoas interessadas no tema das EQMs (Experiências de Quase Morte) para discutir, compartilhar e aprofundar o conhecimento sobre esses fenômenos intrincados e misteriosos.

A conferência da IANDS é realizada regularmente em diferentes locais do mundo e oferece uma oportunidade única de explorar as experiências de quase morte a partir de diferentes perspectivas, incluindo aspectos científicos, espirituais, psicológicos e filosóficos. Durante a conferência, são apresentados estudos, casos clínicos, testemunhos e percepções teóricas sobre EQMs.

Os participantes da conferência da IANDS incluem especialistas nas áreas de psicologia, medicina, espiritualidade, filosofia e pesquisa científica. Os palestrantes e participantes podem incluir psicólogos, como Kenneth Ring, médicos, como Raymond Moody, pesquisadores, como Bruce Greyson, e outros acadêmicos de renome internacional que dedicaram parte de suas carreiras ao estudo e à investigação das EQMs.

As conclusões da conferência da IANDS geralmente destacam a importância de continuar a pesquisa e o estudo das experiências de quase morte para entender melhor a natureza da consciência, da vida e da morte. Os testemunhos reunidos durante a conferência podem oferecer percepções interessantes sobre nosso conhecimento da experiência humana e a possibilidade de uma realidade ou dimensões além do que percebemos com nossos sentidos.

As conferências da IANDS são, portanto, um ponto de referência fundamental para a comunidade científica e espiritual interessada em EQMs, oferecendo um espaço para discussão e compartilhamento que pode levar a novas descobertas e a uma maior compreensão desses fenômenos fascinantes e complexos.

Há também publicações científicas, como o *Journal of Near-Death Studies*, que fornecem dados e evidências de interesse científico sobre os aspectos transcendentais da passagem.

O *Journal of Near-Death Studies* é uma revista científica dedicada à publicação de pesquisas, estudos e artigos sobre experiências de quase morte (EQMs) e outros fenômenos relacionados. Essa revista oferece um fórum para acadêmicos, pesquisadores e profissionais interessados em explorar e aprofundar a fenomenologia e a interpretação das EQMs de várias perspectivas, incluindo aspectos médicos, psicológicos, espirituais e filosóficos.

A revista publica artigos baseados em pesquisas científicas rigorosas, estudos de casos clínicos, revisões de literatura, percepções teóricas e debates acadêmicos sobre EQMs. Essa revista é considerada um recurso valioso para aqueles que desejam aprofundar sua compreensão desses fenômenos.

As publicações no *Journal of Near-Death Studies* abrangem uma ampla gama de tópicos, incluindo análise estatística de experiências de quase morte, implicações filosóficas das EQMs, testemunhos de pacientes que tiveram uma experiência semelhante e teorias sobre as raízes neurológicas ou espirituais desses fenômenos.

Esta revista é, portanto, uma fonte confiável de informações e percepções para aqueles que se interessam por EQMs e desejam explorar essas experiências a partir de uma perspectiva científica e acadêmica.

No cenário filosófico, um dos pensadores mais influentes sobre as experiências post-mortem foi Emanuel Swedenborg, no século 18. Swedenborg foi um dos pensadores mais influentes no campo das experiências post-mortem e da metafísica no século XVIII. Swedenborg, um teólogo, cientista, filósofo e místico sueco, é conhecido por suas visões, que ele acreditava serem comunicações com o mundo espiritual e a dimensão espiritual.

Suas obras mais importantes, como "*Heaven and Hell*" (*Céu e Inferno*) e "*Arcana Coelestia*" (*Arcanos Celestes*), oferecem uma exploração aprofundada da vida após a morte, do mundo espiritual e das experiências da alma além do limite da morte física. Swedenborg alegou ter visitado vários reinos espirituais e interagido com espíritos, fornecendo descrições detalhadas desses encontros e dos ambientes espirituais que experimentou.

As visões e comunicações de Swedenborg abriram um novo diálogo sobre a natureza da alma, a estrutura do cosmos e o significado da vida além da morte. Suas concepções sobre as dimensões espirituais influenciaram filósofos, teólogos e pensadores posteriores, deixando uma marca duradoura no cenário da filosofia da religião e da espiritualidade.

Swedenborg também desenvolveu uma teoria complexa sobre a interconexão entre os mundos espiritual e material, argumentando que ambos fazem parte de uma única realidade divina na qual a alma continua sua jornada de evolução e aprendizado mesmo após a morte física.

Sua visão da vida após a morte como um processo contínuo de crescimento e transformação espiritual inspirou muitas pessoas a refletirem sobre a natureza da consciência, a vida após a morte e o significado da vida terrena. As obras de Swedenborg desempenharam um papel significativo no enriquecimento do debate filosófico e espiritual sobre as experiências pós-morte, influenciando gerações de pensadores e crentes.

O fim da vida como uma experiência de fusão com o universo.

O fim da vida, um assunto que geralmente evoca medos e apreensões, poderia, em vez disso, ser um momento de profunda conexão com o universo.

Um pioneiro nesse campo foi o filósofo alemão Friedrich Nietzsche. Em sua obra *"Assim falou Zaratustra",* Nietzsche fala da *"dança do eterno retorno"*, na qual todas as existências se repetem ciclicamente.

Friedrich Nietzsche, o famoso filósofo alemão do século XIX, é conhecido por suas opiniões provocativas e radicais sobre a vida, a morte e a condição humana. Em sua obra "*Assim falou Zaratustra*", Nietzsche explora conceitos filosóficos complexos e profundos, incluindo sua ideia do eterno retorno.

Nietzsche propõe a ideia de que cada momento de nossa vida, juntamente com todos os eventos e experiências, se repete infinitamente em um ciclo eterno. Esse conceito tem implicações significativas para nossa compreensão da morte e do fim da vida.

De acordo com Nietzsche, aceitar a ideia do *eterno retorno* significa abraçar totalmente cada momento de sua existência, inclusive o sofrimento e as dificuldades. O conhecimento de que cada momento se repetirá eternamente nos convida a viver cada experiência com intenso fervor e paixão, fazendo da própria vida uma oportunidade única e irrepetível.

Uma citação famosa de Nietzsche que reflete o conceito de eterno retorno e o convite para viver plenamente cada momento de sua existência com paixão é a seguinte:

> *"Não quero ser um céu em que não haja mais 'para sempre'. Sou um defensor do eterno retorno."*
>
> *("Ich will kein Himmel sein, in dem euer 'Für immer' schwebt. Ich bin ein Verfechter der ewigen Wiederkehr.")*

Essa citação destaca o desejo de Nietzsche de que cada momento e cada experiência sejam abraçados com o conhecimento de que tudo se repetirá na eternidade, enfatizando a importância de abraçar totalmente a totalidade da vida, incluindo os momentos de alegria, mas também os sofrimentos e as dificuldades.

Nietzsche não via a morte como um fim definitivo, mas sim como parte integrante do ciclo eterno da existência. Sua filosofia sugere que cada indivíduo pode encontrar um senso de conexão com o universo ao aceitar e abraçar a totalidade de sua vida, incluindo a perspectiva da morte.

A abordagem de Nietzsche sobre o fim da vida e a mortalidade também pode ser interpretada como um convite para viver autenticamente e confrontar a própria existência com coragem e consciência. Sua visão do eterno retorno desafia as concepções tradicionais da morte e abre as portas para uma reflexão mais profunda sobre a natureza da realidade e nosso relacionamento com o universo.

Em suma, Nietzsche, por meio de sua filosofia do eterno retorno, convida a uma reflexão existencial sobre a vida, a morte e o significado da existência humana, oferecendo uma perspectiva única e desafiadora sobre o último ato de nossa vida terrena.

Para ele, a passagem não é o fim, mas um retorno à fonte do universo, uma oportunidade de se fundir com a própria eternidade. Essa perspectiva filosófica oferece uma nova maneira de ver a passagem como uma experiência de fusão com a totalidade da existência, superando a separação entre o indivíduo e o cosmos.

Alguns estudiosos modernos adotaram perspectivas semelhantes. O físico teórico e cosmólogo Brian Greene explora a teoria das cordas e sugere que a transição poderia ser uma forma de dissolução do indivíduo no próprio universo. De acordo com Greene, cada partícula que nos constitui é, na verdade, parte de uma rede inteira de conexões cósmicas e, portanto, a transição poderia ser um retorno dessas partículas fundamentais ao universo.

Brian Greene, renomado físico teórico e cosmólogo, abordou o tema do fim da vida e da dissolução do indivíduo no universo de forma inovadora em seu livro "*The Elegant Universe*". Greene, também autor de outros livros de sucesso, como "*The Plot of the Cosmos*" e "*The Big Picture*", é conhecido por sua capacidade de comunicar conceitos complexos da física de uma forma acessível ao público.

No contexto da teoria das cordas e da física moderna, Greene propõe a ideia de que cada partícula que compõe nosso ser é, na verdade, parte de uma complexa rede de conexões cósmicas. Essa visão sugere que o indivíduo e o universo estão interconectados de maneiras profundas e intrincadas, e que a morte pode ser interpretada como o retorno dessas partículas fundamentais à matriz cósmica maior.

De acordo com Greene, a dissolução do indivíduo na morte poderia ser vista como uma forma de devolver nossas energias, nossa matéria e nossas partículas constituintes ao próprio universo. Essa perspectiva sugere que a morte não deve ser vista como o fim absoluto, mas como um processo de transformação e retorno à matriz universal da qual tudo se origina.

A abordagem de Greene ao tema da morte e da conexão com o universo pode ser vista como uma interpretação moderna da antiga ideia da interconexão de todas as coisas, reafirmando a noção de que somos todos parte de uma única realidade cósmica em evolução.

Por meio de sua visão da teoria das cordas e das interconexões cósmicas, Brian Greene nos convida a considerar a morte não como um fim definitivo, mas como um momento de transformação e reunião com a própria essência do universo, trazendo assim uma perspectiva única e profunda sobre a vida, a morte e nosso relacionamento com o cosmos.

No entanto, Greene não é particularmente conhecido por se expressar explicitamente sobre a existência após a morte de forma detalhada ou definitiva, pois está mais concentrado em seu trabalho científico. Assim como muitos cientistas, Greene tende a considerar o conceito de vida após a morte como um assunto fora do domínio da ciência, já que atualmente não é verificável por meio de métodos científicos.

Um aspecto interessante é o estudo realizado em 2012 pelo neuroquímico Rick Strassman.

O trabalho de Strassman diz respeito a um importante estudo sobre experiências induzidas pela dimetiltriptamina (DMT), uma substância psicodélica encontrada em várias plantas e animais, inclusive humanos. A DMT tem sido associada a experiências místicas, visões intensas e à sensação de entrar em contato com outras dimensões ou realidades ao tomá-la.

Em seu estudo, Strassman administrou DMT a voluntários humanos em condições controladas para estudar seus efeitos sobre o estado mental e as percepções. Os participantes relataram experiências intensas e extraordinárias, muitas vezes descritas como encontros com seres alienígenas, visões de mundos alternativos, experiências fora do corpo e sentimentos de profundo significado espiritual.

Esse estudo trouxe percepções interessantes sobre o cérebro humano e a consciência, levantando questões sobre a natureza da realidade, percepção, experiência mística e a relação entre mente e matéria.

Trabalhos como o de Strassman oferecem percepções interessantes sobre a ligação entre a química do cérebro, a experiência consciente e a percepção da realidade, e provocam debates sobre questões filosóficas e científicas mais amplas sobre a natureza da consciência e a possibilidade de experiências transcendentais ou espirituais por meio da ativação de processos neuroquímicos específicos no cérebro.

De acordo com os depoimentos dos participantes do estudo, a experiência com DMT levou a uma sensação de fusão com uma entidade maior e a um encontro com mundos ou dimensões não terrestres. Esses resultados oferecem mais uma confirmação científica da possibilidade de uma fusão com o universo durante experiências semelhantes à morte.

Eventos como o *International Symposium on Borderline Experiences* proporcionaram uma plataforma para discussão e compartilhamento de experiências de morte iminente e alucinações de quase morte. Nesses contextos, especialistas em espírito humano, como o neurofisiologista Peter Fenwick, compartilharam suas pesquisas e teorias sobre o significado de uma experiência de fusão com o universo durante a transição.

O Simpósio é um evento importante que oferece um espaço para discussão e compartilhamento de experiências de morte iminente, alucinações de quase morte e tópicos relacionados entre especialistas, pesquisadores e pessoas interessadas nessas questões. Esse simpósio permite a exploração das nuances da experiência humana na fronteira entre a vida e a morte, abrindo o diálogo sobre tópicos espirituais, filosóficos, científicos e psicológicos relacionados a esses fenômenos.

O neurofisiologista Peter Fenwick é um dos pesquisadores mais conhecidos nesse campo. Ele realizou uma extensa pesquisa sobre experiências de quase morte, investigando fenômenos como EQMs (Experiências de Quase Morte) e visões durante a morte. Sua pesquisa se concentra na análise científica e psicológica desses eventos, explorando o significado da experiência de fusão com o universo durante a morte.

Fenwick tem demonstrado grande interesse em compreender as experiências que as pessoas têm durante situações de risco de vida ou na presença de inconsciência, explorando as possibilidades da consciência além da vida física e as ligações entre mente, cérebro e dimensões mais amplas da realidade.

A pesquisa de Fenwick frequentemente ultrapassa os limites da ciência convencional, explorando territórios mais próximos da esfera da consciência, da espiritualidade e da experiência humana. Suas teorias e estudos têm sido importantes para estimular o debate e a percepção sobre o tema das experiências-limite e a compreensão da natureza da consciência, da morte e da realidade.

Anedotas e testemunhos de pessoas que passaram por experiências de quase-morte (EQMs) fornecem percepções interessantes sobre essa perspectiva. Discutirei esse assunto em um capítulo posterior. O cardiologista Pim van Lommel, em seu livro *Consciousness Beyond Life (Consciência além da vida)*, apresenta uma série de casos em que as pessoas afirmam ter experimentado uma sensação de fusão com todo o universo durante sua EQM. Os testemunhos descrevem um senso de unidade, paz e harmonia que vai além do entendimento tradicional de individualidade.

Novas perspectivas sobre a consciência durante a passagem nos convidam a nos abrirmos para uma ampla gama de possibilidades. As teorias filosóficas de Nietzsche, as percepções científicas de Greene e Strassman, os relatos de experiências de morte iminente e os eventos de compartilhamento internacional oferecem uma base sólida para considerar a passagem como um momento de fusão com o universo. Em vez de ver a passagem como o fim de tudo, podemos nos abrir para a possibilidade de que ela seja um limiar para uma experiência de conexão profunda com toda a existência.

O fim da vida como transformação. Comparação das filosofias oriental e ocidental.

O fim da vida é um tema universal que provoca profunda reflexão nas filosofias oriental e ocidental. Ambas as tradições oferecem diferentes perspectivas sobre a morte como um momento de transformação. Exploraremos suas concepções contrastantes, abrindo um diálogo entre as filosofias orientais, como o budismo e o hinduísmo, e as filosofias ocidentais, como o platonismo e o cristianismo.

Na filosofia oriental, a passagem é frequentemente vista como um passo fundamental para alcançar a iluminação ou a liberação. No budismo, por exemplo, uma das principais concepções diz respeito ao ciclo de renascimentos, no qual a passagem oferece uma oportunidade de sair do ciclo de sofrimento cármico e renascimento. Por meio de meditações e práticas espirituais, busca-se desenvolver a consciência da mortalidade e compreender a verdadeira natureza da existência. Um exemplo dessa perspectiva é o ensinamento do Buda sobre a *impermanência*, que enfatiza que a vida e a passagem são aspectos inseparáveis e que a consciência dessa realidade leva à libertação do ciclo de nascimentos e mortes.

No contexto da filosofia ocidental, uma visão semelhante pode ser encontrada no platonismo. De acordo com Platão, a passagem representa a liberação da alma do corpo. A alma, que é imortal e eterna, está presa no corpo, mas por meio da passagem ela pode finalmente se separar e alcançar o estado de pureza e verdade. Platão imagina a passagem como uma oportunidade para a alma se reunir com ideias etéreas e alcançar um nível mais elevado de conhecimento e sabedoria. Essa concepção da passagem como transformação espiritual tem sido muito influente na tradição filosófica ocidental.

Experimentos científicos tentaram explorar essa questão. Um exemplo notável é o estudo realizado em 2014 pelo neurocirurgião americano Eben Alexander. Em seu livro "*Proof of Heaven*", Alexander compartilha sua própria experiência de morte iminente, na qual ele afirma ter entrado em um reino espiritual. Essa experiência pessoal levou Alexander a considerar o fim da vida como uma passagem para uma dimensão superior da existência, de acordo com as ideias espirituais orientais.

Outra comparação interessante entre as filosofias oriental e ocidental pode ser encontrada na comparação entre o hinduísmo e o cristianismo. No hinduísmo, a passagem é vista como um estágio na sequência interminável de reencarnações, com o objetivo final de alcançar a libertação do ciclo de nascimento e morte. O cristianismo, por outro lado, concentra-se na ideia de uma vida eterna além da passagem, com uma ressurreição corporal e a possibilidade de reencontro com Deus. Essas visões contrastantes refletem as diferenças culturais e teológicas entre o Oriente e o Ocidente.

Em conclusão, a comparação entre as filosofias oriental e ocidental oferece uma perspectiva rica e complexa sobre a morte como um momento de transformação. Enquanto as filosofias orientais, como o budismo, enfatizam a libertação da existência cíclica, as filosofias ocidentais, como o platonismo, enfatizam a ascensão da alma a uma realidade superior. Além das diferenças culturais e religiosas, refletir sobre as imagens e semelhanças da passagem nos convida a explorar o significado mais profundo dessa experiência universal e a considerar as múltiplas perspectivas que podem enriquecer nossa jornada espiritual.

3 - UMA VIAGEM A OUTRAS CULTURAS.

"Nunca houve um momento em que não existíssemos, você e eu, nem deixaremos de existir no futuro. Assim, o homem sábio não se perturba com a visão da morte física."
(Bhagavad Gita) (Hinduísmo).

Capítulo 6. Cultura oriental .

"A morte é apenas outra porta; através dela, passamos para outro cômodo."
(Dalai Lama)

Crenças sobre a vida após a morte em culturas orientais antigas.

No panorama das crenças sobre o destino pós-morte, as antigas culturas orientais oferecem um rico campo para análise e reflexão. As concepções de vida após a morte nessas tradições estão impregnadas de profundas visões filosóficas, espirituais e cosmológicas que moldaram as sociedades e os pensamentos de gerações inteiras.

Uma das crenças mais fascinantes sobre o fim da vida é a da antiga religião védica, a base do hinduísmo. Na antiga tradição védica, as pessoas acreditavam na reencarnação, um processo no qual a alma, chamada *Atman*, reencarna em diferentes formas em um ciclo interminável conhecido como *Samsara*. Essa crença tem raízes profundas nos *Upanishads*, textos sagrados indianos que datam de cerca de 700 a 600 a.C. e tratam da natureza do ser e da alma.

Outra contribuição importante para as crenças sobre a vida após a morte vem do budismo. O Buda, Siddhartha Gautama, ensinou que a alma humana, ou *Atman*, não existe e que, em vez disso, a existência é caracterizada por um ciclo de nascimento e renascimento determinado pelo *carma*. De acordo com o budismo, o objetivo final é alcançar *o Nirvana*, um estado de felicidade absoluta e libertação do ciclo de renascimentos.

Outra cultura oriental que desenvolveu ideias complexas sobre a reencarnação é a cultura taoista chinesa. De acordo com o taoismo, a essência do ser humano, chamada *Dao*, é imortal e reencarna em diferentes formas para aperfeiçoar sua natureza. O conceito de *yin e yang*, o equilíbrio de forças opostas, desempenha um papel fundamental na compreensão do ciclo da vida e da reencarnação.

Um dos exemplos mais marcantes dessas crenças é a história de Zhuangzi, um filósofo taoista da China antiga. Zhuangzi conta a história de um homem que sonha que é uma borboleta e, ao acordar, se pergunta se ele é um homem que sonhou que era uma borboleta ou uma borboleta que agora está sonhando que é um homem, questionando a própria natureza da realidade e da identidade.

Estudos contemporâneos conduzidos por estudiosos como Carl Jung, filósofo e psicólogo suíço, e Ian Stevenson, psiquiatra e pesquisador de reencarnação, fizeram outras contribuições para a compreensão das crenças sobre o fim da vida nas culturas orientais, propondo discussões sobre a natureza da consciência e a continuidade da alma.

Em conclusão, as crenças sobre o destino pós-morte nas antigas culturas orientais representam uma fascinante mistura de filosofia, religião e espiritualidade que moldou a visão de mundo de milhões de pessoas durante séculos. Essas concepções oferecem percepções profundas sobre a natureza da existência e da alma e continuam a exercer uma influência significativa na cultura contemporânea e na humanidade como um todo.

A morte como um novo começo: uma visão oriental otimista da transição para a vida após a morte.

No contexto das culturas orientais, a morte geralmente é vista não como um fim definitivo, mas como um novo começo, uma transição para outro estado de existência ou consciência. Essa perspectiva otimista é refletida em muitas tradições e crenças que abordam o tema da transição para a vida após a morte de forma profunda e esclarecedora.

Uma das visões mais emblemáticas dessa transição otimista é encontrada no conceito de Nirvana do budismo. O Nirvana representa não apenas a cessação do sofrimento e do ciclo de renascimentos, mas também um novo estado de consciência e realização espiritual. Siddhartha Gautama, o Buda, ensinou que, ao atingir o Nirvana, a pessoa pode superar a dor e alcançar a iluminação completa, libertando-se da roda dos renascimentos.

Na filosofia chinesa, o conceito de Wu Wei, "ação sem ação" ou "ação sem esforço", representa uma ideia de transição harmoniosa após a morte. De acordo com o taoismo, essa forma de não agir conscientemente permite que a pessoa flua com o *Tao*, o princípio cósmico, e embarque em uma jornada sem obstáculos para novas formas de existência.

Outra perspectiva otimista sobre a morte é encontrada no hinduísmo, onde a morte é vista como parte de um ciclo natural de vida, morte e renascimento. A crença na reencarnação oferece a possibilidade de uma evolução contínua da alma por meio de diferentes experiências, em uma jornada constante de aprendizado e crescimento espiritual.

Em termos científicos, estudos recentes sobre a experiência de quase morte (EQM) forneceram percepções interessantes sobre a natureza da transição após a morte. As pessoas que passaram por EQMs geralmente relatam sentimentos de paz, luz e amor incondicional, sugerindo a presença de uma dimensão além da vida terrena.

A visão oriental otimista da morte como um novo começo oferece uma visão profunda e desafiadora sobre a natureza da transição para a vida após a morte. Por meio de conceitos como o Nirvana no budismo, o Wu Wei no taoismo e a reencarnação no hinduísmo, essas culturas nos ensinam que a morte pode ser vista como uma passagem para uma realidade mais elevada e mais consciente, aberta a infinitas possibilidades de evolução e crescimento espiritual.

Essas concepções da morte como um novo começo nas culturas orientais proporcionam um contexto espiritual significativo que garante que a vida não termina com a morte física, mas é transformada em uma nova forma de existência ou consciência.

Na antiga cultura japonesa, por exemplo, há uma profunda veneração pelos espíritos dos ancestrais e uma forte crença de que eles continuam a viver e a influenciar a vida dos vivos. Essa conexão entre os vivos e os mortos por meio de rituais de homenagem e lembrança dos mortos baseia-se na ideia de que as almas dos mortos ainda estão presentes e são capazes de se comunicar com o mundo terreno.

Na arte e na literatura orientais, também podemos encontrar reflexos dessa visão positiva da morte como uma transição para uma nova existência. Obras como o "*Bardo Thodol*" tibetano, que guia a alma pelos diferentes estágios após a morte em direção ao renascimento ou à iluminação, oferecem um mapa de possíveis experiências após a morte e a possibilidade de despertar espiritual.

Filósofos como Laozi, Confúcio e Zhuangzi ofereceram ensinamentos que desafiam a concepção linear do tempo e da existência, sugerindo uma interconexão universal que transcende a morte física e abre as portas para uma compreensão mais profunda do significado da vida e da morte.

Em última análise, a concepção oriental da morte como um novo começo oferece uma perspectiva consoladora e esclarecedora sobre um aspecto universal da existência humana. Por meio de uma mistura de crenças espirituais, filosóficas e científicas, essas culturas nos convidam a considerar a morte não como um ponto final, mas como uma passagem fluida em um vasto mosaico de experiências e conhecimentos que vão além da compreensão racional, abrindo assim a porta para uma visão mais ampla e profunda da vida e de seu fim.

O lar dos antepassados. Ritos ancestrais e veneração dos ancestrais na cultura oriental.

Nas culturas orientais, a morte marca não apenas o fim de um ciclo de vida individual, mas um momento de transição que também envolve a continuidade com as gerações passadas. A importância dos ritos ancestrais e da veneração aos antepassados ocupa um papel central em muitas tradições orientais, proporcionando um vínculo tangível entre os vivos e os mortos que se manifesta por meio de práticas rituais e simbólicas profundas e significativas.

Um dos exemplos mais emblemáticos dessa prática é o culto aos ancestrais na cultura chinesa. Os chineses dão grande importância à memória dos antepassados, considerados guardiões da sabedoria e da benevolência que continuam a influenciar a vida dos descendentes. Rituais ancestrais, como o *Qingming Festival* e *o Hungry Ghost Festival*, são ocasiões em que as famílias se reúnem para homenagear e celebrar seus antecessores, oferecendo comida, incenso e respeito em seus túmulos.

No Japão, o *Bon Festival* é um festival que comemora os espíritos dos ancestrais, acreditando que eles retornam nessa época para visitar seus parentes vivos. Durante o Bon, as casas são decoradas com lanternas flutuantes para guiar os espíritos e refeições especiais são preparadas para alimentá-los e homenageá-los.

No contexto do budismo, o memorial dos mortos é um ritual importante realizado para promover o renascimento favorável do falecido e facilitar seu caminho na vida após a morte. As cerimônias fúnebres budistas geralmente incluem orações e oferendas aos ancestrais, bem como práticas para facilitar a transição e estender o apoio espiritual ao falecido.

Anedotas famosas, como a do monge budista chinês Xuanzang, que viajou para a Índia em busca de textos sagrados, demonstram a importância da continuidade com o passado e da transmissão de conhecimento entre gerações, com vistas à veneração dos antepassados.

Estudos recentes realizados por antropólogos, como Victor Turner, e sociólogos, como Emile Durkheim, destacaram o papel fundamental dos rituais ancestrais e da veneração aos antepassados nas sociedades orientais, enfatizando como essas práticas podem ajudar a fortalecer a identidade cultural, promover um senso de comunidade e garantir a memória coletiva das raízes e da sabedoria dos antecessores.

Em última análise, o lar ancestral nas culturas orientais atua como uma ponte entre o passado, o presente e o futuro, proporcionando um vínculo espiritual e cultural que nutre e orienta as gerações ao longo da vida e além dela. A prática da veneração aos ancestrais enuncia a continuidade da existência e a importância de honrar e preservar o legado de nossos predecessores, transmitindo assim uma essência de continuidade e gratidão que permeia a própria estrutura da vida oriental.

Por meio de rituais ancestrais e veneração aos antepassados, as culturas orientais não apenas preservam a memória de seus antepassados, mas também promovem valores fundamentais, como o respeito aos mais velhos, a importância da família e o senso de pertencimento a uma história mais ampla e compartilhada.

Estudos antropológicos realizados em contextos orientais mostraram que os rituais ancestrais não são apenas um ato de devoção, mas também um aspecto crucial da coesão social e da transmissão de valores culturais dentro das comunidades. Esses rituais ajudam a fortalecer os laços familiares, a manter vivas as tradições e a dar um senso de continuidade e identidade às gerações presentes e futuras.

Em um mundo cada vez mais globalizado e que tende à fragmentação das tradições, a prática da veneração dos antepassados nas culturas orientais representa um tesouro precioso de sabedoria e consciência que continua a ser transmitido ao longo dos séculos, oferecendo uma ânfora de riqueza cultural e espiritual que nutre a alma e o senso de pertencimento a uma comunidade maior e duradoura.

Contos de fadas e mitos sobre a vida após a morte. Ilustrações da visão oriental.

No coração das culturas orientais há um rico tesouro de contos de fadas e mitos que pintam imagens vívidas da vida após a morte, oferecendo uma perspectiva única e fascinante sobre o destino da alma quando ela cruza o limiar da vida terrena. Essas narrativas estão repletas de símbolos, metáforas e ensinamentos que revelam verdades profundas sobre a natureza do cosmos e da própria existência.

Um dos contos de fadas mais famosos da tradição oriental é o do *Caçador e o Tigre*, uma antiga história chinesa que ilustra o conceito de reencarnação por meio da jornada da alma entre várias formas de vida. Nesse conto de fadas, o caçador é transformado em um tigre após a morte e experimenta o mundo sob a perspectiva de uma criatura diferente, abrindo assim novas perspectivas sobre a vida e a natureza cíclica da existência.

No budismo japonês, o mito do Bodhisattva Kannon representa uma entidade compassiva que guia as almas que partiram através do Bardo, o período intermediário entre a morte e o renascimento. Esse mito simboliza a esperança, a misericórdia e a assistência divina na jornada da alma rumo à transformação e à evolução espiritual.

A mitologia indiana também oferece ricas narrativas sobre a vida após a morte. O mito de Yama, o deus hindu do reino dos mortos, descrito em textos sagrados como o Mahabharata e o Ramayana, oferece uma imagem detalhada dos vários destinos onde as almas podem residir com base em suas ações na Terra.

Yama é considerado o senhor do reino dos mortos e o juiz das almas, responsável por decidir o destino post-mortem de cada indivíduo com base em suas ações terrenas. Yama é considerado o senhor do reino dos mortos e o juiz das almas, responsável por decidir o destino post-mortem de cada indivíduo com base em suas ações terrenas.

Os textos sagrados descrevem como Yama guia as almas dos falecidos pelo reino dos mortos, onde suas ações e o carma acumulado durante a vida são examinados. Com base nesse julgamento, as almas são enviadas a vários destinos, que refletem as consequências de suas ações na Terra.

As almas daqueles que levaram uma vida virtuosa e justa são recompensadas com uma residência feliz em um lugar de bem-aventurança e paz, enquanto aqueles que realizaram ações negativas ou imorais podem ser condenados a uma vida de sofrimento e tormento em lugares infernais.

Essa visão do reino dos mortos e das consequências cármicas das ações humanas serve de alerta e incentivo para que os fiéis hindus levem uma vida virtuosa, ética e justa a fim de garantir um destino positivo na vida após a morte e um ciclo mais favorável de reencarnações.

O mito de Yama e suas representações nos textos sagrados hindus oferecem, portanto, um quadro detalhado dos diferentes destinos das almas na vida após a morte, enfatizando a importância do carma e das ações morais na vida de um indivíduo de acordo com a tradição hindu.

Estudos conduzidos por acadêmicos como Joseph Campbell, especialista em mitologia comparada, destacaram as semelhanças entre os mitos orientais e as narrativas universais sobre a vida após a morte encontradas em muitas culturas e tradições religiosas em todo o mundo, enfatizando a importância dos mitos para a compreensão do invisível e a exploração das dimensões espirituais da existência humana.

Na cultura japonesa, o mito dos quarenta e nove dias de passagem, um período crítico após a morte no qual a alma está em transição antes de chegar ao seu destino final, revela a complexidade e a delicadeza da jornada além da morte.

Concluindo, os contos de fadas e os mitos sobre a vida após a morte nas culturas orientais constituem um rico patrimônio narrativo que ilumina e enriquece nossa compreensão da natureza da alma e do destino além do véu da morte. Por meio de símbolos e alegorias, essas histórias nos oferecem um mapa da jornada da alma e das facetas da realidade espiritual, convidando-nos a explorar as profundezas da existência em um continuum que abrange as dimensões do visível e do invisível.

Esses contos de fadas e mitos orientais não são apenas histórias fantásticas, mas veículos de sabedoria e ensinamentos que oferecem percepções sobre a vida, a morte e a vida após a morte. Por meio de personagens simbólicos, eventos extraordinários e jornadas místicas, essas narrativas nos levam a contemplar a natureza da realidade, a transitoriedade da existência e a evolução contínua da alma por meio do ciclo de vida, morte e renascimento.

Outro exemplo significativo são os contos Jataka, uma coleção de histórias budistas que narram as vidas passadas de Gautama Buda em várias formas como animais, demonstrando o conceito de renascimento e a busca pela iluminação por meio de múltiplas existências. Essas histórias ensinam importantes lições morais e espirituais sobre carma, compaixão e sabedoria.

No taoismo, os contos de fadas e os mitos frequentemente exploram o conceito de imortalidade e a natureza cíclica do tempo, oferecendo perspectivas únicas sobre a eternidade da alma e sua conexão com o cosmos. O mito da Ilha dos Abençoados, por exemplo, representa um lugar onde as almas podem residir em paz e harmonia após a morte, enfatizando a importância de viver em harmonia com a natureza e com o espírito interior.

A pesquisa científica e filosófica moderna, inspirada por essas narrativas antigas, continua a explorar os limites da realidade e a questionar as possibilidades de existências além da vida terrena. Estudos sobre a experiência de quase morte, consciência e EQMs (Experiência de Quase Morte) proporcionaram novos ângulos de observação sobre a natureza da alma e seu destino após a morte.

Em conclusão, os contos de fadas e mitos sobre a vida após a morte nas culturas orientais são tesouros de sabedoria que nos permitem visualizar e interpretar a realidade sob o véu da morte. Por meio de símbolos, metáforas e narrativas convincentes, essas histórias nos levam a uma jornada espiritual e intelectual que nos convida a explorar as profundezas da existência e a contemplar o mistério da vida e sua continuação além da morte.

Divindades patronais da passagem nas culturas orientais.

Nas crenças e práticas de fim de vida das culturas orientais, um papel significativo é desempenhado pelas divindades protetoras da passagem, seres sobrenaturais que auxiliam e guiam as almas durante a transição da vida terrena para a vida após a morte. Essas divindades são frequentemente associadas a rituais, cerimônias e crenças que se concentram nos vários estágios do processo de passagem e na proteção da alma durante essa jornada mística.

Na tradição chinesa, uma das mais importantes divindades protetoras é Yanluo Wang, o Rei dos Mortos. Yanluo Wang preside o reino dos mortos e o julgamento das almas, decidindo o destino de cada uma com base em suas ações terrenas. Durante a transição da existência física para a vida após a morte, acredita-se que Yanluo Wang e seus assistentes guiem as almas por várias provações e transições para determinar seu destino final.

No Japão, a figura de Jizo Bosatsu é reverenciada como o protetor das almas das crianças e das almas que partiram. Jizo Bosatsu é frequentemente retratado como uma figura compassiva que acompanha as almas no reino dos mortos, oferecendo-lhes conforto e proteção durante sua jornada para a vida após a morte. As estátuas de Jizo Bosatsu são frequentemente colocadas em cemitérios e ao longo das estradas para proteger as almas errantes e ajudá-las a alcançar seu novo estado de existência.

No budismo tibetano, a divindade Buda Amitabha é considerada o senhor do Paraíso Ocidental, um lugar de paz e felicidade onde as almas podem residir após a morte. O Buda Amitabha recebe as almas que partiram em seu reino e oferece a elas a chance de alcançar a iluminação e o nirvana, transformando assim a transição após a morte em uma oportunidade de crescimento espiritual e realização final.

Estudos realizados por antropólogos, como Mircea Eliade, e estudiosos de religiões, como Huston Smith, destacaram a importância das divindades tutelares de passagem nas culturas orientais como símbolos de conforto, orientação e transformação durante a transição para a vida após a morte.

Em última análise, as divindades protetoras de passagem nas culturas orientais incorporam a ideia de um guia compassivo e amoroso que acompanha as almas em sua jornada além da morte. Essas figuras simbólicas proporcionam um ponto de referência espiritual e uma fonte de conforto para aqueles que enfrentam a transição da existência terrena para a existência além do véu da vida, enfatizando a importância de rituais, orações e práticas que ajudam e apoiam as almas em sua jornada para novas dimensões de existência e consciência.

No folclore e nas crenças das culturas orientais, as divindades protetoras da passagem não são apenas guardiãs da vida após a morte, mas também incorporam valores fundamentais como compaixão, misericórdia e justiça, oferecendo um reflexo dos ideais espirituais e éticos que guiam o caminho das almas além da morte.

Na Índia, a figura de Yama, o deus da morte, é um exemplo significativo de uma divindade protetora de passagem. Yama é considerado o juiz supremo das almas, responsável por determinar o destino das pessoas após a morte com base em suas ações terrenas. Sua presença nas crenças hindus e budistas indica o papel central da justiça e da retidão na jornada da alma até seu destino final.

Na mitologia taoista, a divindade Meng Po é adorada como guardiã das almas que precisam reencarnar no ciclo de vida e morte. Meng Po serve um caldo que pode apagar a memória das almas antes de elas renascerem, apagando assim as lembranças de vidas passadas e permitindo que elas comecem um novo ciclo de existência sem o peso de erros ou sofrimentos anteriores...

As divindades protetoras da passagem revelam um universo de simbolismo e significado que explora a natureza da existência humana, a continuidade da alma e o destino eterno. Por meio dessas figuras divinas, as culturas orientais oferecem uma interpretação profunda e complexa da morte e da transição após a vida terrena, destacando a complexidade e a beleza da vida após a morte e suas múltiplas dimensões.

Estudos conduzidos por antropólogos, como James George Frazer, e estudiosos de religiões, como Joseph Campbell, destacaram a presença generalizada de divindades protetoras da passagem em várias tradições orientais e o papel crucial que essas figuras desempenham no processo de transição e transformação da alma além da morte.

Em conclusão, as divindades protetoras da passagem nas culturas orientais representam um foco de espiritualidade, sabedoria e conforto durante a passagem da alma para além dos limites da vida terrena. Essas figuras divinas testemunham a presença de um guia amoroso e compassivo que acompanha as almas em sua jornada eterna, oferecendo esperança, proteção e um caminho iluminado para o renascimento e a realização espiritual definitiva.

Estudiosos de filosofia, religião e antropologia, como Mircea Eliade, Carl Jung e Karen Armstrong, aprofundaram sua compreensão sobre essas divindades protetoras e seu significado simbólico nas culturas orientais. Por meio de suas pesquisas e análises, surgiu o papel fundamental dessas figuras na estrutura cultural e espiritual das sociedades orientais e a influência que elas exercem na formação de crenças, valores e rituais relacionados à morte e à transição após a vida terrena.

Existência de guias espirituais. Uma investigação sobre o papel dos seres espirituais na vida após a morte oriental.

No cenário de crenças e concepções relacionadas à vida após a morte nas culturas orientais, um aspecto proeminente é a presença de guias espirituais, seres espirituais que acompanham e ajudam as almas em sua jornada além da vida terrena. Esses espíritos desempenham um papel significativo no tecido das crenças orientais, incorporando apoio, orientação e uma fonte de sabedoria para as almas em sua jornada para a vida após a morte.

No Japão, a figura dos "Anciãos da Montanha" ou "Yamabushi" tem sido tradicionalmente associada à ideia de guias espirituais que cuidam das almas que partiram e as guiam pelos vários estágios de transição após a morte. Esses anciãos espirituais são considerados mediadores entre o mundo terreno e a vida após a morte, oferecendo conforto e assistência às almas em transição.

Na cultura chinesa, a ideia de "Zhuji" ou "Mestres de Bambu" representa seres espirituais que atuam como guias e protetores das almas que partiram em seu caminho para a vida após a morte. Esses espíritos são frequentemente retratados como sábios e compassivos, oferecendo apoio e orientação às almas no momento crítico da passagem.

Estudos realizados por psicólogos, como Carl Gustav Jung, e parapsicólogos, como Raymond Moody, investigaram a presença de guias espirituais em EQMs, sugerindo que essas entidades espirituais podem representar manifestações do inconsciente coletivo ou dimensões da consciência além da vida terrena.

Além disso, antropólogos como James George Frazer e sociólogos como Emile Durkheim exploraram o papel dos guias espirituais nas práticas e crenças rituais das sociedades orientais, destacando sua importância como pontes entre o humano e o divino, o visível e o invisível.

Anedotas e testemunhos de pessoas que tiveram contato com guias espirituais oferecem mais percepções sobre a presença dessas entidades no contexto da vida após a morte, alimentando o debate sobre a natureza da vida após a morte e as conexões entre as dimensões espiritual e material da existência.

Concluindo, a existência de guias espirituais nas culturas orientais representa um elemento fundamental no cenário das crenças sobre a vida após a morte, oferecendo às almas apoio, orientação e uma presença amorosa em sua jornada além dos limites da vida terrena. Essas figuras espirituais incorporam a ideia de um vínculo eterno entre os seres humanos e o divino, oferecendo conforto e sabedoria nos desafios e transformações da vida após a morte.

No budismo, a figura do Bodhisattva Avalokiteshvara representa uma essência compassiva e curadora que acompanha as almas em sua jornada pelos ciclos de nascimento e morte, oferecendo proteção e conforto durante as transições cármicas. O ensinamento budista sobre o conceito de *Anatta* (não-eu) sugere uma interconexão entre as almas e os guias espirituais, enfatizando a natureza transitória e interdependente de todas as formas de existência.

Na tradição xintoísta japonesa, os "*Kami*" são considerados seres espirituais que residem na natureza, em objetos ou em indivíduos e atuam como espíritos guardiões e protetores. Esses Kami podem ser adorados e invocados para receber apoio e guiar as almas pelos estágios de transição e transformação após a morte.

Estudos realizados por psicólogos como Stanislav Grof e pesquisadores de experiências de quase morte relataram experiências de encontros com guias espirituais durante estados alterados de consciência, sugerindo que essas entidades podem atuar como pontes entre a vida terrena e o reino da vida após a morte, oferecendo conforto e esclarecimento durante a transição.

A literatura filosófica oriental, com obras como o "*Tao Te Ching*" de Laozi e os sutras budistas, menciona com frequência a presença de seres espirituais orientadores que ajudam as almas em seu caminho evolutivo e na realização da sabedoria e da compaixão.

Rituais funerários tradicionais. Comemoração da vida após a morte nas culturas orientais.

Os rituais funerários tradicionais são uma parte fundamental das culturas orientais, proporcionando uma oportunidade de honrar e celebrar a vida daqueles que passaram além do véu da morte. Esses rituais atestam o respeito, o amor e a devoção pelo falecido e proporcionam um momento de transição e cura para aqueles que permanecem. Por meio de rituais antigos e profundamente enraizados, as culturas orientais expressam a conexão eterna com seus ancestrais e com o mistério da existência além da vida terrena.

No Japão, o ritual fúnebre conhecido como "Ohakamairi" consiste em visitar o túmulo de entes queridos para honrá-los e oferecer orações e presentes em sua memória. Esse ritual, tradicionalmente realizado em intervalos regulares após a morte de um indivíduo, simboliza o respeito pelos ancestrais e a continuidade do amor e dos laços familiares além da morte física.

No budismo tibetano, "Phowa" é um rito funerário que se concentra em ajudar a alma do falecido a deixar o corpo pacificamente e continuar sua jornada para a vida após a morte sem obstáculos. Esse rito invoca as bênçãos e a proteção de seres iluminados para guiar a alma em sua passagem pelos diferentes estados de existência.

Antropólogos, como Victor Turner, e estudiosos de cerimônias rituais, como Arnold van Gennep, teorizaram sobre o significado e as funções dos rituais fúnebres nas sociedades humanas, destacando o papel dessas práticas na facilitação do processo de luto e na transformação da perda em uma oportunidade de transformação e continuidade.

Eventos históricos, como a disseminação do budismo e do hinduísmo na Ásia, ajudaram a moldar os rituais fúnebres nas culturas orientais, integrando elementos de práticas religiosas e espirituais às cerimônias de despedida e transformando a morte em um momento sagrado de transição e renascimento.

Em conclusão, os rituais funerários tradicionais nas culturas orientais representam um momento importante de celebração da vida após a morte, enfatizando o vínculo inquebrável entre os vivos e os mortos e proporcionando um espaço para a cura, a reverência e a continuidade do amor e da memória. Por meio desses ritos, as culturas orientais homenageiam a natureza cíclica da existência e a conexão eterna com as gerações passadas, celebrando a vida e a espiritualidade além da morte.

Na Índia, a prática da incineração, conhecida como "Antyeshti", é um ritual funerário fundamental em muitas comunidades hindus. Esse ritual simboliza a passagem da alma para a liberação e a transformação, permitindo que o indivíduo se livre dos grilhões terrenos e embarque em sua jornada para o além.

No Zen Budismo japonês, o "Sesshin" é um retiro de meditação silenciosa dedicado a honrar os mortos, durante o qual são recitadas orações e mantras para acompanhar as almas em sua jornada após a morte. Esse ritual reflete a prática da atenção plena e da compaixão no apoio aos enlutados e às almas em transição.

As contribuições de estudiosos como Alan Dundes e Joseph Campbell enfatizam a importância dos rituais fúnebres como veículos de significado cultural, luto e conexão com forças espirituais para lidar com o mistério da morte e da transformação.

Eventos históricos e culturais, como a fusão entre tradições nativas e influências estrangeiras, moldaram os rituais fúnebres nas culturas orientais ao longo dos séculos, criando uma sinergia de elementos antigos e contemporâneos que se unem para celebrar a vida após a morte em um contexto de continuidade e renovação.

Em última análise, os rituais funerários tradicionais das culturas orientais são um testemunho da sabedoria ancestral, da profunda espiritualidade e da compaixão universal que permeia o relacionamento da humanidade com a morte e a vida após a morte. Por meio dessas cerimônias de transformação e transição, as culturas orientais celebram a beleza e o mistério da vida após a morte, oferecendo um rito de passagem que une passado, presente e futuro em um eterno abraço de amor e consciência.

A vida eterna e o elixir da imortalidade.

Nas profundezas da cultura oriental, a aspiração à vida eterna e à imortalidade tem raízes antigas, entrelaçando mitos, filosofias e práticas espirituais que visam penetrar no mistério da existência além do véu da morte.

No taoismo chinês, a ideia de imortalidade está intimamente ligada ao conceito de "Xian", seres humanos que atingiram um estado de perfeição espiritual e física que lhes permite viver para sempre ou ascender a uma outra dimensão da existência. O taoismo incentiva a prática da meditação, a alquimia interna e a vida em harmonia com a natureza como meios de aspirar à longevidade e à imortalidade.

O Budismo Mahayana, com sua visão do Bodhisattvahood, propõe um caminho espiritual que se concentra em ajudar os outros a alcançar a iluminação antes de buscar a libertação final. Nessa estrutura, a imortalidade é vista por meio da eternidade do serviço altruísta e da compaixão por todos os seres sencientes.

Estudos conduzidos por psicólogos como Carl Jung e Joseph Campbell exploraram o conceito de imortalidade como um arquétipo universal presente no subconsciente coletivo da humanidade. Essas percepções enfatizam a aspiração humana pela continuidade da existência e a busca de significado além da dimensão material.

Eventos históricos, como a descoberta dos antigos textos taoístas sobre longevidade e imortalidade e a influência das práticas indianas de ioga e meditação nas filosofias espirituais orientais, ajudaram a moldar as concepções e práticas relacionadas à busca da imortalidade nas culturas orientais.

Em conclusão, a busca espiritual oriental pela imortalidade e pela vida eterna reflete um profundo desejo humano de transcender os limites físicos e explorar as dimensões espirituais da existência. Por meio de mitos, ensinamentos filosóficos e práticas espirituais, as culturas orientais oferecem caminhos e visões que destacam a possibilidade de uma existência que transcende o tempo e o espaço, abrindo a alma do indivíduo para um universo de possibilidades além da morte e da finitude humana.

Na busca espiritual oriental pela imortalidade, surgem conceitos fundamentais como a transmutação do ser, a purificação da alma e a experiência da consciência universal, oferecendo uma perspectiva ampla e profunda sobre a natureza da existência e a ideia de vida eterna.

No Japão, a prática da "Amrita", a bebida dos deuses que conferia imortalidade, é um tema recorrente na mitologia japonesa e na cultura xintoísta. Essa bebida simbólica representa o desejo intrínseco da humanidade de superar os limites da mortalidade e acessar uma dimensão privilegiada e eterna da vida.

A investigação metafísica da imortalidade no hinduísmo contempla o conceito de "Atman", a alma individual eterna e imutável que se une a "Brahman", o absoluto cósmico, na experiência da unidade eterna e da libertação definitiva do ciclo de renascimentos. Essa perspectiva oferece um paradigma de vida eterna por meio do conhecimento e da realização de nossa verdadeira natureza espiritual.

Estudos realizados por acadêmicos como Frits Staal e Mircea Eliade investigaram as práticas iogues, tântricas e meditativas das tradições orientais, destacando técnicas e princípios que buscam superar as limitações físicas e explorar a dimensão da imortalidade por meio da experiência interior.

Eventos culturais históricos, como a disseminação da alquimia taoista, com seu objetivo de transformar o corpo físico em um recipiente de imortalidade, e a influência da filosofia neoconfucionista na ideia de alcançar a imortalidade por meio da prática de virtudes morais e da disciplina interior, atestam a ampla gama de perspectivas e abordagens da busca pela imortalidade nas culturas orientais.

Em conclusão, a busca espiritual oriental pela imortalidade e pela vida eterna se manifesta como uma jornada empreendida pelos seres humanos para reconhecer sua essência divina e transcendental, além das limitações da vida física. Por meio de um entrelaçamento de práticas espirituais, mitologias e sabedorias milenares, as culturas orientais oferecem um convite para explorar a possibilidade infinita de existência além da morte e descobrir a imortalidade que reside no âmago da consciência universal.

No centro da busca espiritual oriental pela imortalidade está a visão de uma jornada interior rumo à realização da natureza divina e à liberação da ilusão da morte, levando à contemplação de uma vida eterna que transcende a temporalidade e a dualidade.

O conceito de "Yin e Yang". Equilíbrio e dualidade na visão chinesa da vida após a morte.

Na visão tradicional chinesa do mundo e do universo, o conceito fundamental de "Yin e Yang" representa o equilíbrio dinâmico e a dualidade complementar que permeia a existência. Esse conceito também se estende à esfera da vida após a morte, oferecendo uma perspectiva única sobre a continuidade das almas além da morte e a natureza cíclica da existência.

Yin e Yang" simbolizam as forças opostas, porém interconectadas, da natureza, como a escuridão e a luz, o feminino e o masculino, a morte e o renascimento. Na visão chinesa, a vida após a morte é considerada um período de transição no qual as almas passam pelo ciclo eterno de "Yin e Yang", experimentando a dualidade dos opostos para progredir em seu caminho espiritual.

No taoismo, o "Yin e Yang" é visto como parte integrante da natureza cósmica e da vida humana, na qual energias opostas se fundem e se alternam para criar a harmonia e o equilíbrio necessários para o bem-estar do indivíduo e do universo. Esse princípio também orienta a percepção da vida após a morte como um continuum de transformação e equilíbrio entre as várias polaridades da existência.

Estudos conduzidos por filósofos como Confúcio e Laozi, os fundadores das tradições chinesas, exploraram o conceito de "Yin e Yang" como uma chave para entender a ordem cósmica e moral do universo. Por meio de sua reflexão sobre essa dualidade, os pensadores chineses ofereceram uma perspectiva única sobre a continuidade da existência e as fases de transição na vida após a morte.

A abordagem holística e interconectada da medicina tradicional chinesa incorpora o conceito de "Yin e Yang" na análise e no tratamento de doenças, considerando também os desequilíbrios energéticos sob a perspectiva dessa dualidade. Essa visão integrada também se reflete na forma como a transição das almas na vida após a morte é percebida, como parte de um sistema complexo de harmonia e dualidade que está em constante mudança.

Em conclusão, o conceito de "Yin e Yang" na visão chinesa da vida após a morte representa uma interpretação profunda e rica da natureza cíclica e da dualidade da existência humana e cósmica. Essa perspectiva oferece uma imagem única e articulada da continuidade das almas além da vida terrena, destacando a importância do equilíbrio e da complementaridade de forças opostas para a compreensão da vida após a morte e de seus mistérios.

O conceito de "Yin e Yang" na visão chinesa da vida após a morte vai além da própria dualidade, representando também a interconexão entre os mundos material e espiritual e a continuidade da energia vital que flui por todas as formas de existência. Essa perspectiva enfatiza a importância do equilíbrio e da harmonia no processo de vida e morte, oferecendo uma estrutura conceitual para a compreensão do eterno ciclo de transformação e regeneração que caracteriza a experiência humana.

Na antiga filosofia chinesa, "Yin e Yang" tem raízes profundas no Tai Chi, um símbolo visual de dualidade complementar que expressa o fluxo constante entre forças opostas. Esse conceito também se reflete na visão da vida após a morte como um período de transição no qual as almas se movem pelas várias esferas do "Yin e Yang", completando seu ciclo de evolução e aprendizado.

Estudos de antropólogos como Marcel Granet e Joseph Needham investigaram a persistência do conceito de "Yin e Yang" nas práticas culturais chinesas, destacando seu impacto sobre crenças, rituais e concepções de vida após a morte. Esses estudiosos enfatizam a centralidade dessa dualidade na compreensão da existência humana e sua continuação após a morte.

Na prática do Feng Shui, a arte chinesa de harmonizar ambientes para promover o bem-estar e a prosperidade, o princípio do "Yin e Yang" é aplicado para criar um equilíbrio energético e harmônico. Essa visão também se estende ao conceito de vida após a morte, em que as almas são consideradas parte de um sistema de energias em constante movimento e transformação.

Por meio da rica herança filosófica e cultural da China, o conceito de "Yin e Yang" no contexto da vida após a morte oferece uma perspectiva abrangente e interconectada sobre a natureza da existência e a continuidade das almas além da morte. Essa visão integrada incentiva uma compreensão profunda da natureza cíclica da vida, da morte e do renascimento e enfatiza a sabedoria milenar que permeia a visão chinesa do reino espiritual e do além.

Na visão chinesa da vida após a morte, permeada pelo conceito de "Yin e Yang", surge um profundo entrelaçamento entre a dualidade das forças cósmicas e o equilíbrio dinâmico que caracteriza a existência além da vida terrena. Essa perspectiva reflete não apenas uma visão filosófica e metafísica da realidade, mas também se traduz em práticas culturais e rituais que guiam as almas na jornada para o reino da vida após a morte.

Em textos antigos, como o "Livro dos Ritos" (Liji) e o "Yijing" (Livro das Mutações), o dualismo de "Yin e Yang" é considerado a chave para a compreensão do fluxo constante de energias cósmicas e transformações que caracterizam o universo e a própria vida. Esses textos oferecem uma visão da natureza cíclica da existência e da continuidade das almas em seu caminho evolutivo além da morte.

Na prática das artes marciais chinesas, o conceito de "Yin e Yang" é integrado como parte fundamental da filosofia e da prática física, simbolizando o equilíbrio entre força e flexibilidade, mente e corpo. Esses elementos também são encontrados na visão da "vida após a morte" como um processo de integração e harmonização das polaridades do ser...

Filósofos como Zhuangzi e Han Feizi exploraram os conceitos de dualidade e unidade a partir de uma perspectiva chinesa, enfatizando o dinamismo e a interconexão dos opostos. Essas reflexões filosóficas influenciaram a visão cultural chinesa da vida após a morte como um momento de síntese e convergência das dualidades que caracterizam a existência humana e cósmica.

Eventos históricos, como a disseminação do taoismo e do confucionismo na China e em outros países asiáticos, ajudaram a moldar as percepções culturais da vida após a morte por meio do prisma do "Yin e Yang", enucleando uma estrutura de continuidade, transformação e harmonia na evolução das almas além da fronteira terrena.

A relação entre a alma e o corpo. Perspectivas filosóficas orientais sobre a vida após a morte.

Nas culturas orientais, o conceito da relação entre a alma e o corpo desempenha um papel central nas reflexões sobre a vida após a morte, lançando luz sobre a natureza da existência espiritual e corpórea e o vínculo indissolúvel entre essas dimensões essenciais do ser humano.

No budismo, a noção de *anatman*, a ausência de uma entidade individual permanente, como a alma, está relacionada ao conceito de impermanência e interdependência de todas as coisas. De acordo com essa perspectiva filosófica, a própria ideia de uma entidade transcendente ou de uma alma eterna é vista como uma ilusão, uma vez que a essência última do indivíduo está ligada à natureza universal da própria existência.

O taoismo chinês oferece uma visão mais fluida e orgânica da relação entre a alma e o corpo, vendo a essência espiritual humana como parte integrante do Tao, o princípio cósmico do universo. Nessa perspectiva, a alma é vista como um fluxo de energia vital que anima o corpo temporário, e a morte é vista como um retorno harmonioso à matriz universal da existência.

O filósofo chinês do século IV a.C., Zhuangzi, expressou sua visão sobre a natureza da alma e do corpo em sua obra *"Tao Te Ching"*, enfatizando a interconexão entre as duas realidades e sua reciprocidade dentro da unidade cósmica. Suas reflexões influenciaram profundamente a concepção chinesa da vida após a passagem, enfatizando a dimensão cíclica e harmoniosa da existência.

Estudos em neurociência e psicologia, como os realizados por Richard Davidson e Daniel Goleman sobre o impacto da meditação na consciência e no bem-estar mental, indicaram que as práticas contemplativas orientais podem modular a autopercepção e a relação mente-corpo, oferecendo até mesmo percepções sobre o possível destino da alma após a morte.

Eventos históricos como a disseminação das filosofias orientais no mundo ocidental, começando no século XIX com o movimento da Nova Era e a disseminação do Zen Budismo e da ioga no Ocidente, contribuíram para a disseminação das perspectivas orientais sobre o relacionamento entre a alma e o corpo e o destino da essência espiritual além da vida terrena.

Concluindo, as perspectivas filosóficas orientais sobre a relação entre a alma e o corpo oferecem uma ampla estrutura conceitual para a compreensão da natureza da existência e da vida após a morte. Essas visões destacam a interconexão, a harmonia e a unidade entre as dimensões espiritual e física do ser humano, convidando à contemplação da continuidade da alma e da natureza cíclica da existência além do limite da morte.

Ao explorar ainda mais a complexa relação entre a alma e o corpo nas perspectivas filosóficas orientais sobre a vida após a morte, surgem conceitos e visões que desafiam as concepções dualistas tradicionais e convidam à contemplação de uma realidade mais profunda e interconectada.

Na visão hindu, o conceito de "*Atman*", a alma individual eterna e imutável, está entrelaçado com o conceito de "*Brahman*", o absoluto cósmico, que representa a realidade suprema. Essa perspectiva sugere que, após a morte do corpo físico, a Alma pode retornar à sua essência imanente e espiritual, em um contínuo eterno de renascimento e transformação.

A perspectiva da Alma Gêmea, encontrada em algumas tradições espirituais orientais, como o taoismo e o hinduísmo, propõe a ideia de que as almas estão destinadas a se reunir e se completar em uma jornada evolutiva além da morte física. Esse conceito reflete a busca pela unidade e integridade espiritual que anima a natureza do Ser.

Filósofos contemporâneos, como Ken Wilber e Deepak Chopra, exploraram o conceito de "*consciência global*" e a ideia de uma rede interconectada de energias e informações que constituem a realidade além do plano material, sugerindo que a Alma pode continuar a existir em um campo universal de consciência após a morte.

Experimentos em ciência cognitiva e neurociência, como os conduzidos por Sam Parnia no estudo de experiências de quase morte em pacientes ressuscitados, levantaram questões sobre o destino da alma e sua possível existência além da morte corporal, oferecendo também percepções sobre as perspectivas orientais.

Eventos históricos, como a disseminação das filosofias orientais no mundo ocidental com o movimento da Nova Era e a disseminação do Zen Budismo e da ioga no Ocidente, contribuíram para a disseminação das perspectivas orientais sobre a relação entre a alma e o corpo e sobre o destino da essência espiritual além da vida terrena...

Concluindo, as perspectivas filosóficas orientais sobre a relação entre a alma e o corpo na vida após a morte abrem um espaço para uma profunda reflexão sobre a essência espiritual do ser humano e sua continuação além do limite da vida física. Essas visões nos convidam a explorar a natureza interconectada e universal da alma, sugerindo possibilidades de existência e evolução que ultrapassam os limites da compreensão racional e entram no mistério infinito da vida e da vida após a morte.

O fim da vida como uma oportunidade de crescimento espiritual. Versos de poesia oriental.

Nas culturas orientais, o conceito de fim da vida não é apenas um momento de transição física, mas também uma oportunidade para o crescimento espiritual e a descoberta da essência mais profunda do ser humano. As ricas tradições poéticas orientais nos oferecem acesso emocional e espiritual a esse tema, explorando a beleza, a sabedoria e a transformação que podem acompanhar a transição da existência terrena para uma dimensão além da morte.

Os poemas de Rumi, um místico persa do século XIII, refletem a visão da alma como uma gota que retorna ao oceano divino após a morte, reencontrando a totalidade e a unidade com o universo. Os versos de Rumi exploram a dualidade da experiência humana e da vida após a morte, convidando à contemplação da eternidade e do amor universal que fundamentam a existência.

Na poesia japonesa haiku, por exemplo, encontramos uma forma de expressão que captura a essência do eterno no presente, celebrando a natureza cíclica da vida e a constante transformação que caracteriza a existência. Os versos de poetas como Matsuo Basho e Yosa Buson exploram a delicadeza da natureza, a fugacidade do tempo e a continuidade da alma que paira além do véu da morte.

A obra do poeta chinês do século VIII, Li Bai, reflete a profunda conexão entre o homem e o universo, revelando a beleza e a harmonia que permeiam a vida e a vida após a morte. Seus versos exploram a fluidez da alma e a continuidade da existência além da mortalidade do corpo, sugerindo a possibilidade de crescimento espiritual que se estende além dos limites da vida corporal.

Estudos realizados por psicólogos como Carl Jung e James Hillman investigaram o poder terapêutico e transformador da poesia e da arte para abordar a questão da morte e da espiritualidade. Esses estudiosos enfatizam o valor da poesia oriental para facilitar a reflexão, a conscientização e o crescimento interior em resposta aos desafios da existência e da transição para além da vida terrena.

Eventos históricos, como a disseminação da poesia oriental no Ocidente e sua influência na literatura e na filosofia modernas, atestam o valor universal e atemporal dessas expressões artísticas. São versos que continuam a oferecer inspiração e consolo aos que buscam a verdade e o significado em culturas de todo o mundo.

Concluindo, os versos da poesia oriental sobre o fim da vida oferecem uma experiência emocional e espiritual que transcende as palavras e atinge as profundezas da alma humana. Essas obras poéticas iluminam o caminho para o crescimento espiritual, uma compreensão da morte como parte integrante da vida e uma abertura para a infinita beleza e sabedoria que residem nas esferas além do limite da morte.

Os poemas japoneses do período Heian, como o "Conto de Genji", de Murasaki Shikibu, refletem a visão do amor, da beleza e da transitoriedade da existência humana, oferecendo uma luz reflexiva sobre o significado da vida e da morte na cultura japonesa. Essas obras literárias exploram as dimensões emocionais e relacionais dos seres humanos, bem como sua conexão com o divino e o eterno.

O monge budista Saigyo, conhecido por seus *poemas waka* e sua busca espiritual no século XII, transmitiu em seu trabalho uma profunda sensibilidade à natureza, ao tempo e à transitoriedade da vida. Suas composições poéticas revelam uma contemplação de sua própria mortalidade e uma busca por significado e conexão com a dimensão cósmica da existência eterna.

No antigo texto taoista "Tao Te Ching", atribuído a Laozi, o fundador do taoismo, encontramos versos que exploram a sabedoria de viver em harmonia com o Tao, o caminho cósmico e universal. Esses ensinamentos sugerem uma visão da morte como parte integrante do ciclo natural da existência, incentivando uma compreensão profunda da transformação da alma além dos limites do corpo material.

Na poesia Zen, como a escrita pelos mestres do Zen Budismo no Japão, versos curtos e incisivos capturam a essência da experiência direta e imediata, revelando a verdadeira natureza da realidade e da alma além das formas convencionais de palavra e pensamento. Esses versos zen oferecem uma maneira de explorar a não dualidade e a vastidão da existência espiritual além das limitações da mente racional.

Juntos, esses versos de poesia oriental nos levam a uma jornada emocional e espiritual rumo à compreensão e à contemplação da vida, da morte e da vida após a morte, oferecendo uma maneira de experimentar a beleza, a sabedoria e a transformação que acompanham a passagem pelo véu da morte para uma realidade mais ampla e profunda do ser humano.

O poeta chinês do século VIII, Du Fu, explorou em seus poemas a fragilidade da vida humana e sua interconexão com o ciclo natural do universo. Suas palavras revelam uma profunda consciência da transitoriedade da existência e a busca de significado e consolo diante da morte e da passagem para o desconhecido.

Outros poetas chineses, como Li Qingzhao, abordaram o tema da perda, do amor e da esperança sob a perspectiva da transcendência e da continuidade da alma além dos limites da vida terrena. Seus poemas revelam uma fé inabalável na eternidade da essência espiritual e na beleza da vida que se manifesta além da morte.

Na cultura indiana, as letras bhakti de místicos como Mirabai, Tulsidas e Kabir celebram o amor divino e a união da alma individual com a divindade suprema, sugerindo que o fim da vida é um momento de reunificação e realização espiritual para a essência eterna. Esses versos exploram a dimensão do amor, da devoção e da transcendência que atravessa o véu da morte.

Em suma, por meio dos versos da poesia oriental, podemos mergulhar em um universo de beleza, sabedoria e transcendência que abre as portas para a reflexão, a compreensão e o crescimento espiritual diante do mistério do fim da vida e da vida além da morte. Essas obras poéticas nos guiam em uma jornada interior e universal em busca da verdade, da beleza e do consolo na eternidade da alma e na infinita maravilha do ser humano.

A vida após a morte como julgamento. Conceitos de punição e redenção nas crenças orientais.

Nas tradições e filosofias orientais, o conceito de vida após a morte como julgamento está profundamente entrelaçado com as crenças sobre punição e redenção, oferecendo uma estrutura interpretativa para entender o destino da alma após a morte e o papel da conduta moral e espiritual na eternidade da existência.

No budismo, por exemplo, a visão do carma como uma lei universal de causa e efeito informa a concepção da vida após a morte como uma continuação das ações e intenções realizadas durante a vida terrena. De acordo com essa perspectiva, a alma transita por planos de existência determinados por suas ações cármicas, experimentando as consequências do que semeou no ciclo eterno de renascimento e transformação.

No jainismo, uma das antigas tradições indianas, a vida após a morte é concebida como um lugar onde as almas são julgadas com base em suas ações e intenções, determinando seu destino subsequente no sistema de renascimento. A ética da *ahimsa* e da não-violência orienta o caminho espiritual dos crentes em direção à redenção e à libertação da ilusão do mundo material.

Na mitologia e cosmologia chinesas, o conceito de Yin e Yang expressa a dualidade das forças cósmicas e a complementaridade dos opostos no processo de julgamento e destino da alma após a morte. A vida após a morte é considerada um reino de equilíbrio e harmonia, onde as almas são avaliadas com base em sua integridade espiritual e em seu relacionamento com o universo.

Estudos realizados por antropólogos como Victor Turner e Clifford Geertz investigaram as práticas e crenças rituais das culturas orientais com relação ao julgamento e à redenção na vida após a morte, destacando a centralidade desses conceitos na construção da consciência moral e da vida espiritual das comunidades.

Eventos históricos, como a disseminação do confucionismo e do taoismo na China e em outras partes da Ásia, ajudaram a moldar as visões orientais sobre moralidade, justiça e redenção nas visões da vida após a morte, enfatizando a importância de equilibrar forças opostas e buscar a harmonia com a ordem cósmica.

Concluindo, os conceitos de punição e redenção na vida após a morte nas crenças orientais oferecem uma perspectiva complexa e matizada sobre a natureza da consciência moral e a responsabilidade espiritual dos seres humanos na eternidade da existência. Essas concepções incentivam uma vida de virtude, compaixão e sabedoria como forma de compreender e aceitar o destino da alma além da vida terrena e de embarcar no caminho da redenção e da libertação espiritual no mistério infinito da vida após a morte.

Existência de guias espirituais. Uma investigação sobre o papel dos seres espirituais na vida após a morte oriental.

Nas culturas orientais, a presença e o papel dos guias espirituais ocupam um lugar central na interpretação da existência após a morte, oferecendo apoio, orientação e proteção às almas em sua jornada para além dos limites da vida terrena. Esse conceito fascinante destaca a profunda conexão entre os mundos espiritual e material, abrindo a porta para uma compreensão mais ampla da vida após a morte nas tradições orientais.

No budismo tibetano, por exemplo, os Lamas e as divindades budistas são considerados seres espirituais elevados que guiam as almas que partiram através do Bardo, o período de transição entre a morte e o renascimento. Esses guias espirituais oferecem ensinamentos, proteção e apoio para facilitar a jornada da alma rumo a um renascimento iluminado e livre do ciclo do samsara, a roda dos renascimentos.

Nas tradições xamânicas e indígenas do Leste Asiático, como na Coreia e no Japão, os espíritos dos ancestrais e os guardiões da natureza desempenham um papel fundamental na vida após a morte, oferecendo proteção, cura e conselhos às almas que partiram. Esses guias espirituais são vistos como pontes entre os mundos terreno e espiritual, facilitando a comunicação e a transição entre as duas dimensões da existência.

Estudos realizados por psicólogos como Carl Jung e James Hillman analisaram o conceito de guias espirituais como arquétipos do inconsciente coletivo, símbolos da sabedoria interior e da orientação espiritual que podem surgir no processo de individuação e evolução pessoal. Esses estudiosos comparam as figuras dos guias espirituais a manifestações da alma e da psique humanas que acompanham o indivíduo em seu caminho de crescimento e transformação.

Eventos históricos, como as práticas de médiuns espíritas e o contato com o mundo espiritual que se desenvolveram em várias culturas orientais ao longo dos séculos, atestam a persistência e a importância do relacionamento entre os seres humanos e os guias espirituais na vida após a morte. Essas tradições refletem o desejo humano de se conectar com a essência espiritual e de receber assistência divina para navegar pela vida após a morte.

Em conclusão, a existência de guias espirituais nas culturas orientais é um testemunho da profunda crença na presença de entidades espirituais que acompanham e incentivam as almas em sua jornada além da vida terrena. Esses seres espirituais oferecem conforto, sabedoria e proteção, desempenhando um papel significativo no destino e na evolução das almas na vida após a morte, reforçando o vínculo indissolúvel entre o homem e o divino na visão oriental da vida após a passagem.

O carma coletivo e a vida após a morte. Como nossas ações também são refletidas após a passagem.

Nas tradições e filosofias orientais, o conceito de carma coletivo e sua relação com a vida após a morte representam uma perspectiva fascinante que enfatiza as consequências das ações humanas não apenas na vida terrena, mas também na existência além da morte. Essa abordagem filosófica e espiritual oferece uma estrutura interpretativa para a compreensão do vínculo indissolúvel entre as ações humanas e o destino da alma no ciclo eterno de renascimentos e transformações.

No budismo, o conceito de interconexão (ou "*anatman*") enfatiza o vínculo entre todas as formas de vida e sua influência mútua, criando um tecido invisível de relacionamentos que se refletem em todos os lugares. De acordo com essa perspectiva, as ações individuais contribuem para o carma coletivo da humanidade e do universo, determinando as condições sob as quais as almas reencarnarão e os destinos que encontrarão na vida após a morte.

O filósofo indiano Mahatma Gandhi, com sua prática de *ahimsa* (não violência) e compaixão por todas as formas de vida, incorpora o ideal do carma coletivo positivo e da transformação social por meio da conscientização e da ação moral. Seus ensinamentos refletem a crença na capacidade da humanidade de influenciar seu próprio destino e o de todo o cosmos por meio do poder de ações justas e compassivas.

Nas tradições hindus, o conceito de "loka-samgraha" enfatiza o dever moral do indivíduo de contribuir para o bem-estar da comunidade e de garantir um equilíbrio harmonioso das forças cósmicas por meio de suas ações. As práticas de *bhakti* (devoção) e *seva* (serviço altruísta) incorporam o ideal de carma coletivo positivo e a redenção de toda a humanidade no ciclo de renascimento.

Estudos realizados por psicólogos como Daniel Goleman e Richard Davidson exploraram os vínculos entre ações compassivas, empatia e bem-estar individual e coletivo, destacando o potencial transformador do comportamento altruísta e solidário na formação do carma coletivo e na orientação do destino das almas após a morte.

Eventos históricos, como as revoluções sociais e espirituais lideradas por líderes como Martin Luther King Jr., nos Estados Unidos, e Nelson Mandela, na África do Sul, atestam o poder do carma coletivo positivo para superar a injustiça e promover a transformação social e espiritual das comunidades. Esses exemplos incorporam a possibilidade de a humanidade reescrever seu próprio destino e criar um futuro mais brilhante por meio do poder de ações justas e compassivas.

Em conclusão, o conceito de carma coletivo e sua relação com a vida após a morte nas culturas orientais refletem a visão profunda da responsabilidade individual e coletiva na formação do presente e do futuro da humanidade e do universo. Essa perspectiva convida à autorreflexão, à consciência das consequências de nossas ações e à prática constante da virtude e da compaixão como ferramentas para influenciar positivamente o carma coletivo e guiar as almas para um renascimento iluminado, livre das amarras do passado.

O conceito de meritocracia.

Nas culturas orientais, o conceito de meritocracia na vida após a morte é um pilar fundamental para a compreensão da visão de justiça e recompensa no mundo espiritual. Essa perspectiva enfatiza a ligação entre as ações humanas, o mérito adquirido e as consequências refletidas na existência após a morte, fornecendo um sistema de valores e crenças que orientam o comportamento e as escolhas dos indivíduos durante sua vida terrena.

No budismo, a noção de "*karma-vipaka*" enfatiza o conceito de ação e consequência, em que o karma acumulado durante a vida determina as condições e experiências da alma na vida após a morte e nos renascimentos subsequentes. Ações virtuosas e compassivas levam a recompensas positivas, enquanto as negativas geram consequências dolorosas, criando um sistema meritocrático de justiça cósmica que reflete o mérito moral e espiritual do indivíduo.

Um dos princípios fundamentais do taoismo é o equilíbrio entre o yin e o yang, que lembra a importância de agir em harmonia com o fluxo natural do universo para obter benefícios e conquistar méritos na vida após a morte. A prática da virtude, da sabedoria e da humildade é vista como uma forma de acumular méritos e promover um destino positivo após a morte, de acordo com os princípios de equilíbrio e justiça da filosofia taoista.

Nas tradições hindus, o conceito de "*dharma*" representa o dever moral e a ação correta de acordo com a lei divina universal, levando ao acúmulo de mérito e recompensa na vida após a morte. As ações realizadas de acordo com o *dharma* levam ao crescimento espiritual e à realização do potencial divino do indivíduo, garantindo uma posição privilegiada na vida após a morte e nas encarnações subsequentes.

Estudos de filósofos como Alan Watts e Joseph Campbell examinaram o conceito de meritocracia na vida após a morte como um símbolo de justiça e recompensa imanentes com base no mérito moral e espiritual dos indivíduos no ciclo eterno de renascimentos e transformações. Esses pensadores enfatizaram a importância da integridade, da virtude e da compaixão como pilares para a construção de um destino positivo e da recompensa divina na vida após a morte.

Eventos históricos, como as fundações de instituições religiosas e espirituais nas civilizações orientais, como os mosteiros budistas e hindus e os santuários taoístas, atestam a importância do conceito de vida após a morte na estruturação de comunidades espirituais e na manutenção de uma ordem moral e espiritual.

Em conclusão, o conceito de meritocracia na vida após a morte nas culturas orientais representa uma essência fundamental das crenças e práticas espirituais que informam o comportamento, as escolhas e as aspirações dos indivíduos em seu caminho para uma vida após a morte iluminada e recompensada. Essa visão de justiça e recompensa baseada no mérito moral e espiritual constitui um baluarte contra a injustiça e o pecado, oferecendo um objetivo ético e transcendente para conquistar uma posição de honra e bênção na vida após a morte, de acordo com a regra e a lei do universo cósmico.

Sabedoria oriental sobre a impermanência.

Nas antigas filosofias e tradições espirituais orientais, o conceito de impermanência constitui uma pedra angular essencial para a compreensão do significado da morte e da busca pela paz interior no momento da morte. Essa sabedoria milenar oferece ensinamentos profundos sobre como lidar com a transitoriedade da vida e encontrar serenidade diante da morte, abrindo a porta para uma nova perspectiva sobre a existência e a eternidade da alma.

O conceito de impermanência no Oriente é uma doutrina fundamental encontrada em muitas tradições espirituais, incluindo o budismo, o hinduísmo e o taoismo. Esse conceito refere-se à natureza transitória e mutável de todas as coisas no universo.

No budismo, por exemplo, a impermanência é considerada uma das três características fundamentais da existência, juntamente com o conceito de sofrimento (*dukkha*) e a ausência de um eu permanente (*anatta*). Os ensinamentos budistas enfatizam que todas as coisas, inclusive nossos mundos interno e externo, estão sujeitas a mudanças e transformações constantes. Não há nada permanente ou imutável, e tentar se apegar a algo impermanente inevitavelmente leva ao sofrimento.

No hinduísmo, a impermanência é vista de forma semelhante como parte do ciclo eterno de criação, preservação e destruição do universo. Esse conceito se reflete no conceito de samsara, o ciclo de renascimentos e mortes pelo qual todo ser passa até alcançar a liberação (*moksha*) da roda do carma.

No taoismo, a impermanência é considerada parte do fluxo natural do universo, onde tudo está mudando constantemente de acordo com o princípio do Tao. Os ensinamentos taoístas indicam que fluir com a mudança em vez de se opor a ela leva à paz interior e à harmonia com o cosmos.

Em geral, o conceito de impermanência no Oriente convida a pessoa a refletir sobre a natureza efêmera da vida e a cultivar uma atitude de aceitação e não apego às coisas que mudam. Esse ensinamento busca trazer um senso de consciência, equanimidade e sabedoria para as experiências cotidianas, reconhecendo que nada permanece inalterado e que a verdadeira felicidade só pode ser encontrada na aceitação desse fluxo constante da vida.

O Zen Budismo, com sua ênfase na impermanência (*Anicca*) como um dos três sinais da condição humana, ensina a importância de aceitar o constante fluxo e refluxo da vida como parte integrante da existência. Mestres como Thich Nhat Hanh orientaram milhões de seguidores na prática da atenção plena e da meditação para abraçar a impermanência e encontrar a paz no presente, preparando assim a transição para outra forma de existência.

No taoismo, a filosofia de Wu Wei, ou "*agir sem agir*", exige que se siga o fluxo natural do universo e se adapte às mudanças sem resistência. Laozi, o lendário filósofo taoista, ensinou que aceitar a impermanência e confiar no curso da vida leva à quietude da alma e à reconciliação com o destino, preparando o indivíduo para uma passagem pacífica e harmoniosa para a vida após a morte.

Na cultura japonesa, a prática da arte do chá, Chanoyu, incorpora o ideal Zen da impermanência e a essência do momento presente. Cerimônias como a do chá, realizadas com cuidado e consciência, servem como rituais de meditação sobre a impermanência da vida e a ênfase na apreciação do momento presente, oferecendo orientações valiosas para enfrentar a passagem com graça e contemplação.

Estudos realizados por psicólogos como Jon Kabat-Zinn e Eckhart Tolle examinaram os benefícios da atenção plena e da prática meditativa no enfrentamento do medo da morte e na aceitação da impermanência como parte integrante da existência humana. Esses estudiosos enfatizaram a importância de viver no momento presente e cultivar uma mente aberta e acolhedora para encontrar paz interior diante da transição para a dimensão além do véu da vida terrena.

Eventos históricos, como a disseminação dos princípios budistas e taoístas no mundo ocidental, ajudaram a aumentar a conscientização sobre a importância da impermanência e da sabedoria oriental no processo de lidar com a morte e a transição para uma existência transitória. Esses ensinamentos sobre a impermanência oferecem uma visão renovada da vida e da morte como partes complementares de um grande ciclo cósmico, alimentando a esperança de transformação interior e paz duradoura além dos limites da mortalidade.

O conceito de Nirvana. Uma análise filosófica e espiritual da liberação.

No contexto das culturas orientais, o conceito de Nirvana representa o ápice da iluminação e da libertação espiritual, oferecendo uma perspectiva profunda sobre o além da vida e a busca pela paz e integridade definitivas. Esse conceito tem raízes antigas nas tradições religiosas e filosóficas da Índia e do Oriente, permeando as visões do destino da alma e o caminho para a transcendência.

O Buda Shakyamuni, fundador do budismo, é frequentemente associado à primeira e mais clara expressão do conceito de Nirvana como um estado de libertação definitiva do ciclo de renascimentos e da dor da existência condicionada. O Buda ensinou que para atingir o Nirvana é necessário compreender a natureza da ilusão e do desejo e praticar o "*caminho óctuplo*" para alcançar a completa extinção do desejo e da ignorância.

A prática do "*caminho óctuplo*".

O "*Caminho Óctuplo*" é um conceito fundamental no budismo, especialmente na tradição Theravada. Esse caminho, muitas vezes também chamado de "*Nobre Caminho Óctuplo*", é um dos principais ensinamentos do Buda Siddhartha Gautama para alcançar a completa extinção do desejo e da ignorância, que são vistos como as causas do sofrimento humano (*dukkha*). O *Nobre Caminho Óctuplo* é dividido em oito aspectos interconectados e complementares que servem como guias para uma vida ética, consciente e iluminada. Esses oito aspectos são:

Visualização correta.

Inclui a compreensão correta da realidade, em especial os conceitos de sofrimento, impermanência e não-eu.

Intenção correta.
Trata-se da busca de metas e motivações justas, como compaixão, bondade e desapego de desejos egoístas.

Palavra correta.
Indica o uso de palavras para expressar a verdade, a bondade e a harmonia.

Ação correta.
Refere-se à conduta ética e ao respeito à vida, à propriedade e à sexualidade.

Meio de vida correto.
Isso implica ganhar a vida de forma honesta e respeitosa, evitando profissões que prejudiquem os outros.

Esforço correto.
Inclui o esforço constante para cultivar o bem e reduzir o mal em suas ações, palavras e pensamentos.

Atenção correta.
Representa a consciência do momento presente, observando os estados mentais e as ações sem julgamento.

Concentração correta.
Indica o desenvolvimento de uma mente calma por meio da meditação, concentrando a atenção e liberando a mente de distrações.

Seguir *o Caminho Óctuplo* é considerado essencial para alcançar a plena realização e a liberação do ciclo do samsara, levando à cessação do desejo e da ignorância que estão na raiz do sofrimento humano. A prática desses oito aspectos ajuda a purificar a mente, desenvolver a sabedoria e atingir o estado de Nirvana, que representa a completa extinção do sofrimento e a obtenção da paz interior e da iluminação espiritual.

Nas escrituras budistas, como o *Sutra do Coração* e o Dhammapada, encontramos ensinamentos profundos sobre o Nirvana como um estado de perfeita paz, sabedoria e compaixão absoluta, além das dualidades e limitações da existência terrena. Essa visão do Nirvana como o objetivo supremo da busca humana inspira milhões de seguidores budistas a seguir o caminho da atenção plena e da compaixão para alcançar a libertação definitiva.

No Budismo Mahayana, o conceito de Bodhisattva representa aqueles que temporariamente abrem mão do Nirvana pessoal para permanecer no mundo e guiar os outros rumo à libertação. Esse ideal de compaixão e altruísmo incorporado pelos Bodhisattvas enfatiza a importância de estender o benefício da liberação a todos os seres sencientes, refletindo a profundidade do ensinamento budista sobre o Nirvana como uma manifestação do amor universal.

Estudos de filósofos e acadêmicos, como D.T. Suzuki e Thich Nhat Hanh, exploraram o conceito de Nirvana como uma realidade experiencial imediata e tangível, acessível por meio da prática da meditação, da atenção plena e da transformação interior. Esses autores enfatizaram o poder transformador da atenção plena na liberação do ciclo de desejo e sofrimento para alcançar o estado de Nirvana no aqui e agora.

Eventos históricos, como a disseminação do budismo na Ásia e no mundo ocidental, ajudaram a difundir a compreensão do conceito de Nirvana como o objetivo final da busca espiritual e a promessa de paz e felicidade duradouras além da vida terrena. Esses eventos moldaram culturas e mentalidades, inspirando milhões de pessoas a contemplar a possibilidade de alcançar a libertação e a serenidade por meio da prática dos princípios budistas.

Em conclusão, o conceito de Nirvana nas culturas orientais representa um farol de esperança e sabedoria para aqueles que buscam a liberação e a realização espiritual além da vida terrena. Essa visão de libertação como um estado de perfeita paz, sabedoria e compaixão oferece uma perspectiva única sobre a eternidade da alma e a transformação interior, convidando os indivíduos a explorar as profundezas de sua própria consciência e a trilhar o caminho para a libertação definitiva e a realização da essência divina que reside dentro de cada ser humano.

O poder das orações pelas almas dos mortos

Nas culturas orientais, o poder das orações pelas almas dos falecidos desempenha um papel significativo ao acompanhar os espíritos para a vida após a morte e oferecer apoio e conforto às almas em seu trânsito para além dos limites da vida terrena. Essa prática milenar está imbuída de profundos significados espirituais e culturais que moldam as crenças e as relações entre o mundo dos vivos e dos mortos nas tradições orientais.

No budismo, as orações e cerimônias para a paz e o bem-estar das almas dos falecidos são consideradas atos de compaixão e generosidade que podem influenciar positivamente o destino das almas na vida após a morte. O ritual do *Bardo Thodol*, ou *Livro Tibetano dos Mortos*, guia as almas pelo processo de transição e reencarnação, enquanto as orações dos monges e devotos oferecem consolo e esperança aos espíritos em trânsito para novas formas de existência.

Nas tradições hindus, as orações e os rituais para os ancestrais falecidos são parte integrante da prática religiosa e da devoção familiar. Pitri Paksha, o período anual dedicado à veneração dos antepassados, as famílias oferecem alimentos e recitam mantras para o bem-estar das almas de seus antecessores, criando um vínculo espiritual e uma continuidade entre as gerações por meio do poder das orações e das oferendas sagradas.

A prática do Jodo Shinshu no Japão, com a recitação do Nenbutsu em homenagem às almas dos falecidos, é um exemplo de como as orações podem ser um meio de manifestar compaixão e gratidão para com aqueles que se foram antes de nós, alimentando assim o ciclo de interconexão e benevolência no mundo espiritual e terreno.

Estudos realizados por antropólogos e estudiosos de religiões, como Mircea Eliade e Joseph Campbell, exploraram o significado e a eficácia das orações pelas almas dos mortos nas culturas orientais, destacando a centralidade do conceito de continuidade e conexão entre os vivos e os mortos por meio da intercessão de orações e cerimônias sagradas.

Eventos históricos, como as festividades dedicadas aos mortos em várias tradições orientais, como o *Festival Qingming* na China ou o *Obon* no Japão, atestam a importância das orações pelas almas dos mortos em homenagem e respeito àqueles que vieram antes de nós, celebrando assim a memória e a presença constante dos espíritos na esfera familiar e social.

Em conclusão, o poder das orações pelas almas dos falecidos nas culturas orientais representa um vínculo de compaixão e respeito entre os mundos visível e invisível, oferecendo uma ponte de comunicação e amor que conecta nossas vidas terrenas com as dos ancestrais e dos falecidos no reino do infinito. Essas práticas profundas e sagradas atestam a continuidade do amor e da devoção além das fronteiras da vida e da morte, nutrindo assim a fé e a esperança na unidade e na benevolência que permeiam o universo e o destino das almas além do véu da morte.

O paradoxo do vazio na vida após a morte.

No centro das tradições filosóficas orientais, o paradoxo do vazio na vida após a morte é um conceito profundo que desafia as concepções ocidentais sobre a morte e a vida após a morte. Essa reflexão filosófica oriental explora as implicações do conceito de vazio, ou *Sunyata* em sânscrito, no contexto da passagem e da vida além da morte, oferecendo uma perspectiva fascinante sobre a essência do ser e a própria ideia de existência no cosmos.

O filósofo indiano Nagarjuna, um dos mais eminentes pensadores budistas, enfatizou o conceito de *Sunyata* como a natureza fundamental da realidade, na qual todas as formas de existência e inexistência estão interconectadas e são interdependentes. Essa visão do vazio, não como ausência de significado, mas como totalidade incondicionada e além do dualismo, lança luz sobre o mistério da vida após a morte e a natureza ilusória da separação entre vida e morte.

No Zen Budismo, o conceito de *Sunyata* é fundamental para a prática da meditação e contemplação da natureza efêmera da vida e da identidade pessoal. A consciência do vazio como uma manifestação da interconexão e do vazio das formas materiais e espirituais abre a mente para a compreensão da vida após a morte como um estado de consciência sem limites ou definições, onde a alma encontra sua unidade com a essência universal.

O taoismo, com o conceito de Wu Wei e o Tao como o princípio gerador e transformador do universo, oferece outra perspectiva sobre o vazio na vida após a morte como a manifestação da natureza espontânea e harmoniosa da existência sem fim. A aceitação do fluxo natural do ser e a rendição ao Tao como a força vital universal apóiam a visão da morte como um retorno à fonte do vazio criativo e da totalidade cósmica.

Estudos conduzidos por filósofos e pesquisadores, como Alan Watts e Dasetsu Suzuki, exploraram o conceito de vazio na vida após a morte como o coração pulsante da realidade e como a base sobre a qual se ergue o mistério da vida e da morte. Esses estudiosos destacaram o poder transformador da consciência do vazio como um meio de superar os medos e as ilusões associados à morte e de abraçar a centralidade de tudo no universo infinito.

Eventos históricos, como cerimônias fúnebres e práticas rituais em culturas orientais, atestam a importância do conceito de vazio na vida após a morte como um símbolo da não dualidade e da unidade universal que permeia todos os aspectos da existência. Esses eventos celebram a transformação dos espíritos por meio da consciência do vazio como a chave para a compreensão do significado final da vida e da morte.

Concluindo, o paradoxo do vazio na vida após a morte nas culturas orientais representa um convite à profunda contemplação da essência do ser e da realidade definitiva da vida após a morte. Essa reflexão filosófica oriental postula que o vazio não é um estado de ausência, mas de presença total e interconexão universal que acolhe todas as formas de existência e inexistência no abraço eterno do infinito. Por meio do reconhecimento e da aceitação desse paradoxo, abre-se a porta para a compreensão do mistério da vida e da morte e para a paz que vem da consciência do vazio como a verdadeira essência e o fundamento de nossa existência no cosmos.

Testemunhos de retornos do além. Cruzamento entre ciência e espiritualidade no Oriente.

Nas culturas orientais, os relatos de retornos da vida após a morte constituem um elo valioso entre as dimensões científica e espiritual, oferecendo percepções únicas sobre a experiência da morte e o possível destino da alma após a morte. Esses relatos, ricos em sugestões e múltiplos significados, lançam luz sobre as profundas conexões entre ciência e espiritualidade no contexto das crenças orientais sobre a vida após a morte.

No budismo, histórias de retornos da vida após a morte são contadas em várias tradições, com o conceito de retorno à vida terrena após experiências de morte iminente ou transes profundos. Mestres iluminados, como Milarepa, relataram viagens à vida após a morte e encontros com divindades e espíritos que moldaram sua jornada espiritual e sua compreensão do universo. Esses testemunhos oferecem percepções para explorar a consciência além do véu da morte e para traçar as conexões entre os seres humanos e as dimensões sutis da existência.

O taoismo, com sua visão de harmonia entre os mundos visível e invisível, baseia-se em evidências de retornos da vida após a morte como confirmação da continuidade da alma e da capacidade de alcançar planos mais elevados de consciência e conhecimento espiritual. Rituais como o Festival Qingming e as práticas taoístas de comunicação com os espíritos representam pontes entre a vida terrena e a vida após a morte, em que os retornos da vida após a morte proporcionam um vislumbre da natureza mutável da realidade e do vínculo inquebrável entre os vivos e os mortos.

Pesquisadores da parapsicologia e da psicologia transpessoal, como Raymond Moody e Stanislav Grof, exploraram relatos de retornos da vida após a morte como fenômenos que desafiam as concepções convencionais de morte e vida após a morte. Por meio de experimentos de morte iminente e regressão hipnótica, esses estudiosos destacaram a presença de experiências de vida após a morte que revelam a existência de dimensões desconhecidas e realidades não materiais que interagem com o mundo físico.

Eventos históricos, como as narrativas de jornadas para a vida após a morte nos épicos e escritos sagrados das culturas orientais, fornecem uma estrutura para a compreensão de relatos de retornos da vida após a morte como contos de transformação e iluminação. Essas histórias míticas transmitem uma sensação de continuidade e renascimento que ultrapassa os limites da vida e da morte, inspirando assim a esperança de uma realidade mais ampla e complexa do que a que percebemos com nossos sentidos materiais.

Em conclusão, os relatos de retornos da vida após a morte nas culturas orientais são uma demonstração do poder da mente e da consciência em explorar os limites da realidade e cruzar o véu entre a vida e a morte. Esses relatos cruzam a ciência e a espiritualidade, abrindo um diálogo frutífero sobre a natureza da alma, a continuidade da existência e a possibilidade de conhecer e compreender as dimensões ocultas da consciência humana.

Os mestres espirituais orientais e seus ensinamentos sobre a vida após a morte.

Nos muitos caminhos espirituais das culturas orientais, os mestres espirituais ocupam um papel central ao oferecer ensinamentos profundos sobre a vida após a morte e as dimensões da vida após a morte. Esses sábios, iluminados pela sabedoria milenar e pelo conhecimento transmitido através dos tempos, oferecem uma perspectiva única sobre as aventuras e possibilidades que aguardam a alma além dos limites do mundo físico.

Um dos exemplos mais famosos de um professor espiritual oriental que abordou o tema da vida após a morte é Sri Ramana Maharshi, o luminoso santo indiano conhecido por sua prática de autoinvestigação e autorrealização. Ramana Maharshi ensinou que a morte não é o fim, mas uma transição para uma dimensão mais sutil da existência, onde a alma continua sua jornada evolutiva rumo à realização da unidade cósmica.

No budismo, mestres como Padmasambhava, o lendário guru indiano que levou o budismo ao Tibete, e Nagarjuna, o filósofo budista indiano, ofereceram ensinamentos sobre uma vida após a morte complexa e cheia de possibilidades. Padmasambhava, com suas práticas tântricas, guiou os discípulos pelos estágios da passagem para as terras da paz, enquanto Nagarjuna ensinou o conceito de Sunyata como o vazio e a não-dualidade que permeiam a realidade além do véu da morte.

No taoismo, mestres como Laozi e Zhuangzi ofereceram visões fascinantes da vida após a morte e das dimensões espirituais. Laozi, autor do *Tao Te Ching*, ensinou a importância de fluir com o Tao mesmo após a morte, abraçando a harmonia universal e retornando à fonte cósmica. Zhuangzi, com suas parábolas filosóficas, explorou a natureza ilusória da separação entre vida e morte, convidando à aceitação do eterno ciclo de transformação.

Estudos realizados sobre meditação e experiências de consciência alterada ofereceram mais percepções sobre as dimensões da vida após a morte sugeridas pelos mestres espirituais orientais. Experimentos em visão remota e exploração da consciência abriram novas perspectivas sobre o potencial da mente humana para viajar além do mundo físico e se conectar com realidades sutis e transcendentais.

Eventos históricos, como os relatos da vida e dos milagres dos mestres espirituais do Oriente, atestam a sabedoria e a profundidade das perspectivas sobre a vida após a morte oferecidas por esses iluministas. As experiências pessoais de iluminação, as visões místicas e as revelações transcendentais narradas pelos mestres orientais são uma fonte de inspiração e orientação para aqueles que buscam luz sobre as dimensões da vida após a morte e as aventuras que aguardam a alma após o falecimento.

Concluindo, a perspectiva dos sábios sobre as dimensões da vida após a morte nas culturas orientais incorpora um caminho para uma compreensão mais profunda da vida após a morte e das aventuras que aguardam a alma além do véu da fisicalidade. Por meio dos ensinamentos dos mestres espirituais, abre-se um espaço para a contemplação e a exploração das realidades não materiais e do potencial infinito que aguarda o ser além dos limites terrenos, oferecendo assim uma orientação valiosa para a compreensão da essência eterna e imortal do ser humano.

O conceito de Moksha. Liberação da roda do samsara no hinduísmo.

No contexto do hinduísmo, o conceito de Moksha representa o objetivo final para os indivíduos que buscam a libertação da natureza cíclica do renascimento (samsara) e a obtenção da realização espiritual suprema. Esse princípio essencial do hinduísmo oferece uma perspectiva profunda sobre a natureza da alma, o carma e o destino humano além da vida terrena.

Moksha é considerado o ponto culminante do caminho espiritual, onde a alma alcança a realização completa e se liberta dos grilhões do desejo e da ilusão. Por meio do conhecimento, da prática espiritual e da dedicação à busca da verdade, acredita-se que o indivíduo possa alcançar a libertação final e se unir à Essência divina universal (Brahman).

No hinduísmo, textos sagrados antigos, como os Vedas, os Upanishads e os Puranas, contêm ensinamentos que enfatizam a importância da busca de Moksha como o objetivo supremo da vida humana. Esses textos contam histórias de sabedoria, iluminação e sacrifício como meios de superar as ilusões do mundo material e alcançar a completa realização espiritual.

Os mestres espirituais indianos, como Ramana Maharshi, Swami Vivekananda e Sri Aurobindo, transmitiram ensinamentos sobre o caminho para Moksha por meio da meditação, do exame da alma e da prática da moralidade e da compaixão. Esses luminares guiaram gerações de seguidores no caminho da libertação espiritual, oferecendo sabedoria e iluminação sobre como superar o ciclo do samsara e compreender a verdadeira natureza do ser.

Estudos realizados sobre meditação, carma e o conceito de reencarnação no hinduísmo enriqueceram a compreensão da importância de Moksha como o objetivo final da existência humana. Pesquisas sobre a atenção plena e a integração de práticas espirituais na vida cotidiana confirmaram o papel fundamental da busca espiritual e da liberdade interior no caminho para a libertação.

Eventos tradicionais como o festival de Diwali, que celebra a vitória da luz sobre a escuridão, e as cerimônias de yagna e puja, que honram as divindades e invocam bênçãos para Moksha, são exemplos da prática do hinduísmo de elevar o espírito e preparar a alma para o caminho da libertação suprema.

Concluindo, o conceito de Moksha no hinduísmo representa a profunda busca pela libertação espiritual e a realização definitiva da verdade cósmica. Os mestres espirituais indianos transmitiram ensinamentos valiosos que orientam os indivíduos no caminho da libertação do ciclo de renascimento e sofrimento, convidando-os a buscar a realização de sua própria essência divina e a se unir ao infinito Brahman além dos limites da vida terrena.

Carma e reencarnação. O ciclo interminável da vida de acordo com a filosofia indiana.

No contexto da filosofia indiana, o conceito de carma e reencarnação representa um dos pilares fundamentais que orientam a compreensão da vida após a morte. Essa visão profunda do ciclo infinito da vida oferece uma perspectiva única sobre a continuidade da alma e sua evolução por meio de muitas existências, moldando assim as crenças e as práticas espirituais de inúmeras pessoas nas culturas orientais.

conceito de carma, derivado da palavra sânscrita que significa "ação", está intrinsecamente ligado à lei de causa e efeito e à responsabilidade individual na direção do destino da alma. De acordo com a filosofia indiana, cada ação realizada durante a vida terrena gera uma marca cármica que determina a qualidade das experiências futuras e o caminho evolutivo da alma por meio do ciclo de renascimentos.

Um dos mestres espirituais indianos mais conhecidos por seus ensinamentos sobre carma e reencarnação é Sri Aurobindo, um filósofo e místico indiano do século XX. Aurobindo desenvolveu um conceito evolutivo da alma que enfatiza a superação do carma negativo por meio da prática espiritual e do trabalho interior para alcançar a libertação definitiva da roda do renascimento.

A reencarnação, ou *samsara*, representa o ciclo contínuo de nascimentos e mortes por meio do qual a alma evolui e progride em direção à realização final de sua natureza divina. Mestres como Paramahansa Yogananda ensinaram que a meta da alma é alcançar a liberação do ciclo de reencarnação e realizar sua união com a Consciência Universal, superando assim as limitações do carma e dos renascimentos.

Os textos sagrados da Índia antiga, como os Vedas, Upanishads e Puranas, contêm ensinamentos detalhados sobre carma e reencarnação, oferecendo um mapa metafísico do universo e as leis que regem o destino da alma. Esses textos contam histórias de vidas passadas, ações e consequências cármicas e ensinamentos dados por sábios e mestres que iluminam o caminho da alma pelo cosmos.

Estudos de filósofos e acadêmicos como Deepak Chopra, Alan Watts e Fritjof Capra integraram as perspectivas filosóficas indianas sobre reencarnação e carma com as descobertas modernas da física quântica e da psicologia transpessoal. Esses autores destacaram a coerência entre a visão do universo como um campo de energia interconectado e a ideia da evolução da alma por meio de múltiplas existências baseadas em ação e causalidade.

Eventos históricos, como o ritual e as tradições espirituais da Índia e dos países orientais, atestam a profundidade e a amplitude do conceito de carma e reencarnação na vida das pessoas. Práticas como meditação, puja e karma yoga oferecem caminhos para equilibrar o karma, purificar a alma e progredir em direção a uma maior conscientização e realização espiritual nos ciclos de renascimento.

Em conclusão, o conceito de carma e reencarnação na filosofia indiana oferece uma visão abrangente e complexa da vida após a morte, revelando a ligação indissolúvel entre ação, consequência e evolução da alma no cosmos. Por meio dos ensinamentos dos mestres espirituais indianos e da sabedoria transmitida nos textos antigos, é traçado um caminho de compreensão e transformação. Esse caminho convida o indivíduo a explorar seu papel no grande projeto do universo e a progredir em direção à realização da essência divina que reside em cada um de nós.

Karma e o saldo de ações.

Nas culturas orientais, o conceito de carma representa o fundamento ético e espiritual que governa o equilíbrio das ações humanas e o destino da alma após a morte. Os mestres espirituais orientais transmitiram ensinamentos profundos sobre o carma e sua interação com a vida após a morte, oferecendo uma visão única sobre a justiça na vida após a morte e o destino das almas com base em suas ações.

Um dos professores mais influentes na definição da perspectiva oriental sobre carma e justiça na vida após a morte é Gautama Buda, o fundador do budismo. Buda ensinou que toda ação, palavra e pensamento gera a semeadura de carma que influenciará as vidas futuras do indivíduo. A lei do carma transmitida por Buda enfatiza a importância de realizar ações positivas e compassivas para se livrar do ciclo de dor e renascimento.

No contexto do hinduísmo, mestres como Krishna e Rama oferecem sabedoria sobre a importância do carma na determinação do destino das almas após a morte. No famoso texto épico "Bhagavad Gita", o Senhor Krishna orienta o príncipe Arjuna a compreender o dever e a responsabilidade de suas ações, enfatizando o conceito de carma como uma lei universal que rege a reciprocidade de ações e consequências.

A filosofia taoista, com mestres como Laozi e Zhuangzi, também enfatiza a importância do carma como uma lei cósmica que rege o equilíbrio e a harmonia do universo. Laozi, no "*Tao Te Ching*", pede a prática da não ação e o respeito pelo fluxo natural da vida, enfatizando que toda ação gera uma reação que retorna ao remetente como uma forma de carma na interconexão das coisas.

Estudos de acadêmicos como o filósofo e cosmólogo Brian Swimme integraram a visão do carma à estrutura da teoria do caos e da teoria dos sistemas complexos, destacando como as ações de cada indivíduo podem ter impactos ilimitados que se propagam por todo o universo. Essa perspectiva interdisciplinar esclarecedora oferece um novo olhar sobre a justiça na vida após a morte e o papel do carma na definição do destino das almas.

Eventos históricos, como cerimônias fúnebres e práticas rituais nas culturas orientais, atestam a importância do carma e da justiça na vida após a morte como aspectos centrais da espiritualidade e da prática religiosa. Oferendas de sacrifício, orações e ritos de purificação representam maneiras pelas quais as comunidades orientais buscam equilibrar ações e manter a harmonia e a ordem no mundo e na vida após a morte.

A perspectiva oriental sobre o carma e o equilíbrio das ações oferece uma visão de justiça na vida após a morte baseada no equilíbrio e na responsabilidade individual. Os mestres espirituais orientais transmitiram ensinamentos que enfatizam a importância de viver em harmonia com as leis universais do carma para garantir o equilíbrio e o crescimento espiritual tanto na vida terrena quanto na vida após a morte. Essa abordagem da justiça na vida após a morte reflete a profunda conexão entre as ações humanas e o destino das almas, oferecendo assim um caminho de conscientização e transformação que orienta o indivíduo para uma compreensão mais profunda de seu papel no universo.

Carma e renascimento. Interpretações contemporâneas da doutrina oriental.

No cenário contemporâneo, a doutrina oriental do carma e do renascimento continua a exercer um profundo impacto na consciência global, oferecendo percepções e pesquisas tanto no âmbito espiritual quanto no científico. Os mestres espirituais orientais transmitiram ensinamentos que inspiraram muitas interpretações e percepções contemporâneas sobre a natureza do carma e do renascimento, abrindo caminho para novas perspectivas sobre a experiência da vida após a morte.

Um dos mestres espirituais contemporâneos que contribuiu para a compreensão do carma e do renascimento é o Dalai Lama, líder espiritual do budismo tibetano e figura proeminente na promoção da paz e da compaixão no mundo. O Dalai Lama interpreta o carma como a lei das ações e suas consequências, incentivando a prática da bondade e da compaixão como meios de influenciar positivamente o destino presente e futuro de uma pessoa por meio do renascimento.

No campo da psicologia transpessoal, estudiosos como Stanislav Grof e Ken Wilber exploraram a dimensão do carma e do renascimento sob uma luz moderna, integrando as visões orientais aos conceitos ocidentais de psicologia e consciência. Grof analisou as experiências de nascimento e a passagem por narrativas de vidas passadas em seus estudos sobre a experiência de passagem e a evolução da alma, oferecendo uma perspectiva psicológica sobre o ciclo de renascimento.

No campo da física quântica, cientistas como Amit Goswami e Deepak Chopra exploraram as implicações da doutrina oriental do carma sobre a natureza da realidade e da consciência humana. Goswami, físico quântico e estudioso espiritual, destacou como a teoria quântica apoia a ideia de que a intenção e as ações humanas influenciam a criação da realidade, fornecendo assim uma base científica para a compreensão do conceito de carma como uma interação entre a mente e a matéria.

Os experimentos realizados no campo da parapsicologia e as pesquisas sobre experiências de quase-morte forneceram mais percepções para uma compreensão moderna da reencarnação e do carma. Estudos de casos documentados de crianças que se lembram de vidas passadas e pesquisas sobre a continuidade da consciência além da morte fizeram contribuições significativas para a compreensão dessa dinâmica...

A disseminação da prática da meditação e da *atenção plena* no mundo ocidental atesta o crescente interesse pelos conceitos de carma e renascimento na sociedade contemporânea. Essas práticas, também ensinadas por mestres espirituais orientais, oferecem ferramentas para explorar o próprio carma e cultivar uma consciência que nos orienta em direção a uma vida mais harmoniosa e significativa, com vistas a um possível renascimento futuro.

Em conclusão, as interpretações contemporâneas do carma e do renascimento na cultura oriental representam uma ponte entre a sabedoria antiga e as novas perspectivas sobre a natureza da vida e da morte. Os mestres espirituais orientais e os estudiosos contemporâneos estão ajudando a iluminar a complexidade e a riqueza desses conceitos, oferecendo ferramentas e percepções para explorar o significado mais profundo de nossa existência e cultivar uma consciência que transcende a passagem entre as vidas no ciclo eterno de carma e renascimento.

O conceito de equilíbrio cármico. Uma análise filosófica das leis orientais do destino.

No centro das antigas tradições espirituais orientais está o conceito de equilíbrio cármico, uma noção que enfatiza a interconexão entre as ações de um indivíduo e as consequências que elas geram ao longo de suas múltiplas existências.

O conceito de equilíbrio cármico é fundamental para as tradições espirituais hinduísta, budista e muitas outras tradições espirituais orientais. Ele se baseia na ideia de que as ações de um indivíduo influenciam seu destino presente e futuro por meio do carma, ou seja, a lei da ação e reação.

De acordo com o conceito de carma, toda ação realizada por um indivíduo, boa ou ruim, gera consequências que o afetam nesta vida ou na próxima. Assim, o equilíbrio cármico refere-se ao equilíbrio das ações positivas e negativas de uma pessoa e às consequências resultantes.

Quando uma pessoa realiza ações positivas e altruístas, diz-se que ela acumula carma positivo que levará a resultados positivos e benéficos no futuro. Por outro lado, ações negativas geram carma negativo que levará a sofrimento ou dificuldades no futuro.

A meta de muitos praticantes espirituais é agir de maneira nobre e compassiva para acumular bom carma e alcançar um equilíbrio cármico positivo que promova o crescimento espiritual e o bem-estar pessoal e coletivo.

O conceito de equilíbrio cármico, portanto, convida as pessoas a refletirem sobre suas ações, conscientes de que toda escolha tem consequências e que o carma é um mecanismo universal que regula o destino das pessoas com base em suas ações passadas e presentes.

Os mestres espirituais orientais transmitiram ensinamentos profundos sobre essas leis do carma e do destino, oferecendo uma perspectiva esclarecedora sobre a natureza do equilíbrio no universo e a responsabilidade individual em moldar o próprio destino.

Um dos mestres espirituais que investigou a fundo o conceito de equilíbrio cármico foi Paramahansa Yogananda, o famoso guru indiano que trouxe os ensinamentos da ioga e da meditação para o mundo ocidental. Yogananda ensinou que toda ação realizada por um indivíduo gera uma reação correspondente, influenciando assim o padrão de suas vidas passadas, presentes e futuras. Por meio da prática de ioga e meditação, pode-se buscar harmonizar o próprio carma para elevar a consciência e transformar o destino.

No contexto do Budismo Mahayana, mestres como Bodhidharma e Nagarjuna exploraram o conceito de equilíbrio cármico e seu impacto no ciclo de renascimento. Bodhidharma, o lendário fundador do Zen Budismo, ensinou que a consciência do próprio carma e a prática do despertar espiritual podem levar à libertação das correntes do destino condicionado. Nagarjuna, um filósofo budista indiano, enfatizou a importância da vacuidade e da interdependência na compreensão do equilíbrio cármico como parte do caminho para a libertação.

No taoismo, mestres como Chuang Tzu ofereceram perspectivas únicas sobre o equilíbrio cármico como parte integrante da harmonia universal. Chuang Tzu, com suas parábolas filosóficas, ilustrou a delicadeza do equilíbrio entre ação e reação, convidando à aceitação do fluxo natural da vida sem resistência. Para o taoismo, alcançar o equilíbrio cármico significa viver em harmonia com o Tao, o princípio cósmico que permeia todas as coisas.

Estudos nos campos da psicologia transpessoal e da neurociência exploraram o conceito de equilíbrio cármico à luz de nossa compreensão atual da mente e da consciência. Pesquisadores como Carl Jung e Stanislav Grof examinaram as conexões entre as experiências psicológicas individuais e o conceito de carma como um arquétipo universal que influencia o destino dos indivíduos. Experimentos sobre a mente, como os realizados por meio de meditação e regressão hipnótica, forneceram mais percepções sobre a compreensão do equilíbrio cármico e seu impacto em nossa realidade pessoal e coletiva.

Eventos históricos, como práticas rituais e cerimônias de purificação nas culturas orientais, atestam a importância atribuída à manutenção do equilíbrio cármico como parte integrante do caminho espiritual e da evolução da alma. Oferendas propiciatórias, orações e práticas de purificação representam maneiras pelas quais as comunidades orientais buscam equilibrar as ações e consequências cármicas a fim de construir um destino harmonioso e próspero para si e para os outros.

Em última análise, a análise filosófica das leis orientais do destino e o conceito de equilíbrio cármico revelam uma profunda compreensão da natureza do universo e de nosso papel nele. Os mestres espirituais orientais transmitiram ensinamentos que nos convidam a considerar o significado e a importância de nossas ações e suas consequências na economia cósmica. Por meio da consciência do carma e do equilíbrio cármico, podemos embarcar em um caminho de crescimento interior, transformação e elevação espiritual que nos aproxima da realização de nossa verdadeira natureza e da conquista da harmonia universal.

Reencarnação nas filosofias orientais.

A doutrina da reencarnação representa um dos conceitos fundamentais das filosofias orientais, oferecendo uma perspectiva profunda e complexa sobre o ciclo contínuo de morte e renascimento da alma. Os mestres espirituais orientais transmitiram ensinamentos que iluminam a natureza da reencarnação e sua importância no processo evolutivo do ser humano, abrindo assim uma janela de compreensão para as leis universais que governam o destino da alma.

Entre os mestres espirituais que deram voz à doutrina da reencarnação está Paramahansa Yogananda, o famoso guru indiano que difundiu os ensinamentos da ioga e da meditação para o mundo ocidental. Yogananda ensinou que a alma atravessa várias existências terrenas a fim de aprender as lições necessárias para seu progresso espiritual, até alcançar a libertação final da ilusão do ciclo de nascimento e morte.

No contexto do budismo, o Buda Sidarta Gautama é considerado o precursor das doutrinas sobre reencarnação no subcontinente indiano. Buda ensinou que todo ser passa por um processo de renascimento determinado pelo carma acumulado em vidas passadas. O conceito de *samsara*, o ciclo contínuo de nascimento e morte, forma o núcleo do budismo e enfatiza a necessidade de quebrar esse ciclo por meio da iluminação e da obtenção do Nirvana.

Um dos textos fundamentais que trata da reencarnação é o "Bhagavad Gita", um épico indiano que narra o diálogo entre o príncipe guerreiro Arjuna e o Senhor Krishna. Nesse texto sagrado, Krishna explica a Arjuna o conceito de reencarnação e a importância de cumprir o dever sem apego aos frutos de suas ações, pois a alma é eterna e passa por várias encarnações até alcançar a união com o Divino.

Estudos modernos realizados nos campos da psicologia, parapsicologia e física quântica ajudaram a explorar a reencarnação sob uma luz científica e interdisciplinar. O trabalho de estudiosos como Ian Stevenson, que estudou casos de supostas memórias de vidas passadas em crianças, e Brian Weiss, que conduziu terapias baseadas na regressão a vidas anteriores, oferecem percepções sobre o fenômeno da reencarnação e sua possível influência em vidas individuais.

Eventos históricos e relatos pessoais de pessoas que relataram experiências de vidas passadas fornecem uma estrutura tangível para a ideia de reencarnação nas filosofias orientais. Histórias de crianças que se lembram de detalhes precisos de existências anteriores ou de indivíduos que experimentam regressões hipnóticas a eventos passados acrescentam um elemento de concretude ao conceito da continuidade da alma no tempo e no espaço.

Em conclusão, a reencarnação nas filosofias orientais representa um pilar fundamental da visão cósmica e espiritual que permeia as culturas da Ásia. Por meio dos ensinamentos de mestres espirituais, da pesquisa científica e de testemunhos individuais, a concepção da reencarnação oferece uma visão ampla e profunda da natureza da alma, da vida e do destino, convidando o indivíduo a explorar as profundezas de sua própria existência e a contemplar o fluxo constante do ser através dos tempos e além dos limites da vida e da morte.

Ciência e reencarnação. O debate no contexto oriental.

O tema da reencarnação sempre esteve no centro do debate entre espiritualidade e ciência e, no contexto oriental, esse debate assume uma profundidade e complexidade especiais. Os mestres espirituais orientais ofereceram ensinamentos profundos sobre a reencarnação, uma crença enraizada nas filosofias orientais que é continuamente confrontada com os desafios e as investigações da ciência moderna.

Um dos estudiosos contemporâneos mais conhecidos que abordou o tema da reencarnação é o Dr. Ian Stevenson, psiquiatra e pesquisador americano que se dedicou ao estudo científico de casos de supostas lembranças de vidas passadas. Por meio de sua pesquisa, documentada em várias publicações científicas, Stevenson explorou casos de crianças que alegavam se lembrar de detalhes específicos de vidas anteriores, oferecendo uma perspectiva científica sobre a experiência da reencarnação.

No contexto oriental, a reencarnação tem sido o foco de pesquisas conduzidas por estudiosos como o Dr. Jim Tucker, da *Universidade da Virgínia*, que deu continuidade ao trabalho de Stevenson examinando casos de suposta reencarnação em países asiáticos. Suas investigações sugerem que os relatos de crianças que se lembram de detalhes específicos de vidas passadas podem indicar uma continuidade da alma entre gerações, oferecendo assim fortes evidências para apoiar a crença na reencarnação.

Eventos históricos e contos tradicionais de culturas orientais oferecem anedotas e evidências da presença generalizada da crença na reencarnação. Por exemplo, as tradições hinduísta, budista e taoista incluem histórias de mestres espirituais que narram experiências de vidas passadas e renascimentos, alimentando a fé e a compreensão da natureza cíclica dos destinos individuais na vida após a morte.

No campo da neurociência, os experimentos realizados sobre os fenômenos da consciência e da memória levaram a descobertas interessantes que podem ser interpretadas à luz da reencarnação. Estudos sobre a memória celular e os mecanismos de preservação de experiências pessoais abrem uma janela para a possibilidade de que as informações genéticas e as experiências individuais possam, de alguma forma, transcender a vida individual e influenciar experiências futuras, apoiando indiretamente a ideia de reencarnação.

O diálogo entre a ciência e a espiritualidade sobre a reencarnação continua a evoluir por meio de conferências, publicações acadêmicas e debates entre especialistas de ambas as disciplinas. A comparação dos dados empíricos coletados por pesquisadores como Stevenson e Tucker com as tradições milenares das culturas orientais oferece percepções e desafios fascinantes para a investigação desse fenômeno misterioso que continua a intrigar a humanidade.

Em conclusão, o debate sobre a reencarnação no contexto oriental representa uma encruzilhada entre a riqueza das tradições espirituais e a racionalidade da ciência moderna. Enquanto os mestres espirituais orientais oferecem ensinamentos profundos sobre esse ciclo de morte e renascimento, a pesquisa científica procura se concentrar nas evidências que apóiam ou desafiam essa crença. Esse diálogo interdisciplinar oferece um espaço fértil para investigação, exploração e reflexão sobre o significado mais profundo da vida e das experiências além do limite da morte.

A reencarnação como uma busca pela iluminação. Ensinamentos espirituais do hinduísmo.

Nas raízes profundas do hinduísmo, a reencarnação desempenha um papel central como um mecanismo para a evolução da alma em direção à realização da iluminação, transformando a morte em uma passagem significativa da vida. Os mestres espirituais do hinduísmo transmitiram ensinamentos que convidam as pessoas a entender o ciclo contínuo de nascimento e morte como uma oportunidade de progredir espiritualmente em direção à libertação final.

Um dos conceitos fundamentais do hinduísmo em relação à reencarnação é o de "*carma*", segundo o qual as ações de um indivíduo influenciam seu destino e determinam as condições de seu renascimento. Esse princípio enfatiza a importância de ações positivas, devoção e busca espiritual como formas de se libertar das amarras do carma negativo e progredir para estágios mais elevados de consciência.

O Bhagavad Gita, um dos textos sagrados mais importantes do hinduísmo, oferece ensinamentos profundos sobre a reencarnação e o caminho para a iluminação. Nesse diálogo entre o príncipe guerreiro Arjuna e o deus Krishna, são explorados os temas da responsabilidade pelas ações, do sacrifício pessoal e da natureza eterna da alma, delineando uma visão complexa da reencarnação como um veículo para o crescimento espiritual.

Mestres espirituais como Swami Vivekananda e Sri Aurobindo transmitiram ensinamentos perspicazes sobre a importância da reencarnação na busca da iluminação. Vivekananda, uma figura importante na difusão do hinduísmo no mundo ocidental, ensinou que a reencarnação oferece à alma a oportunidade de aprender, evoluir e progredir em direção à união com a divindade. Sri Aurobindo, um místico e filósofo indiano, aprofundou a perspectiva da reencarnação como parte de um processo evolutivo em direção à consciência divina.

Os ensinamentos do hinduísmo sobre reencarnação também revelam o conceito de "*moksha*", a libertação do ciclo de renascimentos e da dor da existência material. Essa libertação é considerada o objetivo final da busca espiritual, em que a alma se une à consciência cósmica e se dissolve no infinito, encerrando sua jornada pelas encarnações materiais.

Estudos conduzidos por acadêmicos como Brian Weiss e Jim Tucker investigaram casos de supostas memórias de vidas passadas e experiências de reencarnação, fornecendo evidências que apoiam a crença na eternidade da alma e sua evolução por meio de reencarnações. Esses estudos oferecem percepções interessantes sobre a compreensão da reencarnação e sua conexão com a ascensão espiritual.

Eventos históricos, como as antigas práticas rituais e cerimônias sagradas do hinduísmo, testemunham o profundo enraizamento da reencarnação como uma busca pela iluminação nas culturas orientais. Celebrações, mantras e práticas devocionais oferecem um caminho para purificar o carma, desenvolver a consciência e progredir em direção à realização da unidade com o divino, no caminho constante para a liberação.

Em conclusão, os mestres espirituais do hinduísmo transmitiram ensinamentos profundos sobre a reencarnação como uma ferramenta na busca da iluminação e da libertação final. Por meio da compreensão da natureza cíclica do renascimento, da ação do carma e da busca da verdade interior, os ensinamentos do hinduísmo convidam os indivíduos a explorar sua natureza espiritual mais profunda e a avançar em direção à realização da unidade com a consciência universal, além das múltiplas encarnações e dos desafios da vida material.

A raiz indiana do conceito de reencarnação na filosofia oriental.

Nas profundezas da filosofia oriental, a reencarnação é um conceito central enraizado no antigo conhecimento e na sabedoria da Índia. Ao longo dos séculos, os mestres espirituais indianos transmitiram ensinamentos profundos sobre a natureza cíclica da vida e a continuidade da alma por meio de múltiplas existências, moldando assim o pensamento filosófico e espiritual das culturas orientais.

Um dos pilares da filosofia indiana que contribuiu para a disseminação do conceito de reencarnação é o hinduísmo, uma das religiões mais antigas do mundo. Os textos sagrados hindus, como os Vedas e os Upanishads, contêm hinos e ensinamentos que exploram a natureza eterna da alma, a lei do carma e o ciclo de renascimento como parte integrante da jornada espiritual de um indivíduo.

Entre as principais figuras da expansão e do aprofundamento da doutrina da reencarnação está o filósofo indiano Kapila, considerado um dos pais do pensamento Samkhya, uma das seis escolas clássicas da filosofia indiana. Kapila explorou a natureza da alma, sua relação com a matéria e o processo de encarnação como parte do caminho da evolução individual rumo à libertação.

No contexto do budismo, Siddhartha Gautama Buda ofereceu uma perspectiva inovadora sobre a reencarnação por meio da teoria do carma, que descreve como as ações condicionam o destino da alma e seu caminho pelo ciclo de renascimentos.

Eventos históricos significativos, como a difusão do hinduísmo e do budismo na Ásia e em todo o mundo, contribuíram para a disseminação e a interpretação da reencarnação como parte integrante da visão cósmica e espiritual das culturas orientais. Práticas rituais, cerimônias sagradas e festivais religiosos celebram a natureza cíclica da vida e a continuidade da alma através do tempo e do espaço, nutrindo assim a crença e o entendimento da reencarnação como parte do desígnio divino.

Em conclusão, a raiz indiana do conceito de reencarnação na filosofia oriental está entrelaçada com séculos de sabedoria, tradições e ensinamentos dos mestres espirituais indianos. Essa visão profunda da vida e da morte, da causa e do efeito das ações e da evolução contínua da alma é um pilar fundamental das culturas orientais e um convite à reflexão e à pesquisa interior para entender o ciclo eterno de renascimento e o destino do ser além dos limites da existência única.

Evidência científica para fenômenos de reencarnação. Estudos de caso na Ásia.

No contexto do fenômeno da reencarnação, a Ásia tem sido um terreno fértil para estudos científicos que visam investigar e documentar supostas instâncias de memórias de vidas passadas e a continuidade da alma por meio de múltiplas existências. Esses estudos oferecem uma convergência interessante entre a tradição espiritual oriental e a abordagem racional da ciência, abrindo novas perspectivas sobre a vida após a morte e o eterno ciclo de renascimento.

Um dos primeiros estudiosos a investigar cientificamente o fenômeno da reencarnação na Ásia foi o Dr. Ian Stevenson, psiquiatra e pesquisador que realizou estudos minuciosos de casos de crianças que alegavam lembrar detalhes precisos de vidas passadas. Por meio de pesquisas extensas e entrevistas sistemáticas, Stevenson documentou centenas de casos com elementos sugestivos de veracidade e consistência nas narrativas das crianças.

Em seu livro "*Children Who Remember Other Lives*" (*Crianças que se lembram de outras vidas*), o Dr. Ian Stevenson descreve 12 estudos de caso de diferentes culturas e áreas geográficas. Resumirei aqui o caso de Bongkuch Promsin.

O caso de Bongkuch Promsin.

Bongkuch Promsin, natural de DonKha, na província de Pamo Sawan (Tailândia), nasceu de Pamorn Promsin, um modesto líder de escola respeitado por sua cultura, apesar de seus recursos financeiros limitados. Quando criança, Bongkuch manifestou lembranças detalhadas de uma suposta vida passada em Hua Tanon, a 9 km de DonKha. Ele forneceu o nome da pessoa cuja encarnação ele achava que era Chamrat e também lembrou os nomes de seus pais. Ele também descreveu objetos e detalhes específicos, como uma faca, uma bicicleta e duas vacas pertencentes à sua antiga família. Ele afirmou ter sido morto por dois homens durante uma festa na aldeia, roubado seu relógio e corrente e enterrado em um campo. Tudo isso foi contado quando ele ainda era uma criança de dois anos.

O pai de Bongkuch tinha alguma familiaridade com os professores de Hua Tanon por meio de seu trabalho, mas não tinha laços sociais significativos com aquele vilarejo. Embora a notícia do assassinato de Chamrat, ocorrido mais de uma década antes, pudesse ter se espalhado até DonKha, considerando a frequência de assassinatos na área, não era de se surpreender que os detalhes estivessem ocultos na memória das pessoas. Quando os rumores sobre as alegações de Bongkuch chegaram à família de Chamrat, alguns parentes viajaram para DonKha para encontrá-lo, confirmando grande parte de seu relato.

Posteriormente, Bongkuch e sua família visitaram Hua Tanon, onde muitos detalhes de sua suposta vida passada correspondiam à realidade, embora alguns aspectos não pudessem ser confirmados devido à falta de uma autópsia após o assassinato. Um dos supostos assassinos havia fugido e o outro, embora preso temporariamente, foi liberado por falta de provas. No entanto, surpreendentemente, alguns policiais confirmaram as informações fornecidas por Bongkuch, inclusive os nomes dos suspeitos.

Na Índia e no Sri Lanka, o Dr. Jim Tucker, psiquiatra e colaborador de Stevenson, deu continuidade a esse trabalho investigando novos casos de reencarnação com foco na Ásia. Seus estudos examinaram detalhes específicos relatados pelas crianças, como lugares, nomes e eventos relacionados a supostas vidas passadas, oferecendo assim uma análise precisa e científica desses fenômenos.

Outros pesquisadores e estudiosos, como o Dr. Erlendur Haraldsson e o Dr. Satwant Pasricha, contribuíram com investigações detalhadas e minuciosas de casos de reencarnação na Ásia e em outras partes do mundo. Seus estudos destacaram as memórias precoces e detalhadas de crianças em relação a vidas passadas, demonstrando a complexidade e a autenticidade de tais experiências além das explicações convencionais.

Os experimentos realizados por esses estudiosos forneceram documentação detalhada de casos de reencarnação, destacando a consistência dos relatos das crianças com lugares e eventos passados que não poderiam ser conhecidos por meios comuns. Essas evidências abriram novas perspectivas no debate entre a espiritualidade e a ciência sobre a natureza da consciência, a alma e a continuidade da experiência humana ao longo das vidas.

Eventos históricos e testemunhos pessoais de indivíduos que vivenciaram a reencarnação ou que tiveram contato com casos de memórias de vidas passadas confirmam a interconexão entre cultura, tradição e fenômenos de reencarnação na Ásia. Esses testemunhos contribuem para enriquecer o debate sobre a existência de uma realidade além da vida terrena e a possibilidade de persistência da alma além da morte.

Concluindo, os estudos científicos realizados sobre o fenômeno da reencarnação na Ásia oferecem uma abordagem rigorosa e analítica de um assunto profundamente enraizado na tradição e na espiritualidade orientais. A interação entre a ciência e os relatos de supostas reencarnações lança luz sobre a possibilidade de uma continuidade da alma entre as existências, levando a uma maior compreensão da natureza da vida após a morte e do destino do ser humano além da vida terrena.

Budismo e Nirvana. A aspiração a uma nova existência além da passagem.

No contexto do budismo, o conceito de Nirvana representa o auge da aspiração espiritual e a busca por uma nova existência além da passagem da vida terrena. Os mestres espirituais budistas transmitiram ensinamentos profundos sobre a natureza do Nirvana como um estado de realização final do ser, oferecendo assim uma perspectiva única sobre o significado da vida após a morte.

O fundador do budismo, Siddhartha Gautama Buda, ensinou que o Nirvana representa o estado de libertação total do ciclo de renascimentos e da dor da existência material. Por meio da superação do apego e do sofrimento, os indivíduos podem alcançar a iluminação e acessar a paz eterna do Nirvana, unindo assim sua consciência à consciência universal.

No Budismo Mahayana, mestres como Nagarjuna exploraram o conceito de Nirvana como a compreensão da interconexão de todas as coisas e a realização do vazio e da interdependência da realidade. O nirvana não é apenas uma meta pessoal, mas também uma consciência da unidade universal e da natureza ilusória do eu individual.

Estudos realizados por estudiosos budistas e pesquisadores modernos exploraram a neurociência e a psicologia para entender melhor o estado de consciência associado ao Nirvana. Pesquisas sobre meditação e experiências de iluminação revelaram mudanças significativas na atividade cerebral e na autopercepção durante estados de meditação profunda e realização espiritual, oferecendo insights sobre a investigação científica do Nirvana.

Eventos históricos e anedotas narrativas de mestres espirituais budistas oferecem relatos inspiradores sobre a aspiração ao Nirvana e a experiência da iluminação. Histórias de monges que alcançaram a realização espiritual, como o mestre zen Hakuin Ekaku ou o monge tibetano Milarepa, ilustram o caminho para o Nirvana como uma jornada de transformação interior e superação da ilusão da separação.

Na Índia, a tradição budista influenciou profundamente a cultura e a espiritualidade por meio de ensinamentos sobre o Nirvana e o caminho para a libertação. Eventos como as cerimônias do Kalachakra e as celebrações do Vesak, que comemoram o nascimento, a iluminação e a morte do Buda, representam momentos de reflexão e prática espiritual para aspirar à realização do Nirvana.

Concluindo, o budismo e o conceito de Nirvana oferecem um caminho de busca espiritual e realização pessoal dedicado à liberação da ilusão do ego e à conquista da paz interior e da unidade com o cosmos. Os mestres espirituais budistas continuam a inspirar milhões de seguidores a seguir o caminho para o Nirvana como a meta suprema da vida e como a chave para uma nova existência além da transição da vida terrena.

Reinos celestiais e infernais. As diferentes dimensões da vida após a morte no budismo tibetano.

O budismo tibetano, com sua rica cosmologia e visão da vida após a morte, oferece uma perspectiva complexa e detalhada sobre os reinos celestiais e infernais pelos quais uma alma pode passar em sua jornada além da passagem terrena. Os mestres espirituais tibetanos transmitiram ensinamentos profundos que descrevem as várias dimensões da vida após a morte e as experiências que podem acompanhar a alma em sua transição.

Nessa visão, o budismo tibetano reconhece diferentes reinos de existência nos quais os seres podem renascer de acordo com o carma acumulado durante sua vida terrena. Os reinos celestiais são caracterizados pela felicidade, alegria e abundância, refletindo as virtudes e ações positivas realizadas durante o último ciclo de vida. Ao mesmo tempo, os reinos "infernais" expressam sofrimento, tormento e punição extrema, resultantes das ações negativas e destrutivas do indivíduo.

Um dos aspectos mais característicos do budismo tibetano é a prática do *Bardo*, que se refere ao período de transição entre a morte e o renascimento de uma alma. Durante o Bardo, a alma fica suspensa em um estado de transitoriedade no qual pode ter visões e encontros com seres celestiais, demônios e outras entidades que influenciam seu destino futuro. Esse período é de importância crucial para guiar a alma rumo a um renascimento bem-sucedido.

Mestres espirituais como o Dalai Lama, o líder espiritual do budismo tibetano, ofereceram ensinamentos esclarecedores sobre as dimensões celestiais e infernais da vida após a morte. O Dalai Lama enfatiza a importância do equilíbrio cármico, da compaixão e da sabedoria na determinação do destino da alma após a morte, incentivando, assim, uma vida virtuosa e consciente para influenciar positivamente o futuro da pessoa além da passagem.

O estudo do Bardo e das experiências de outro mundo foi aprofundado por estudiosos como Robert Thurman, especialista em estudos tibetanos e budistas que explorou os textos antigos e as práticas espirituais do budismo tibetano. Thurman ajudou a disseminar o conhecimento e a compreensão dos reinos celestial e infernal entre o público ocidental, oferecendo uma perspectiva acadêmica sobre os conceitos complexos e simbólicos da vida após a morte.

Eventos históricos e contos tradicionais do budismo tibetano contam histórias de mestres espirituais que atravessaram os reinos celestiais e infernais para alcançar a sabedoria e a iluminação. A história do Mestre Milarepa, que superou as provações e tentações dos reinos sobrenaturais para alcançar o estado de Buda, atesta o poder da alma no caminho para a realização espiritual.

Em conclusão, o budismo tibetano oferece uma visão articulada e detalhada das diferentes dimensões da vida após a morte, dos reinos celestiais e infernais pelos quais uma alma pode passar em seu caminho para o renascimento. Os mestres espirituais tibetanos, por meio de seus ensinamentos e da prática do Bardo, orientam as pessoas a compreender as complexidades da vida após a morte e a cultivar as virtudes necessárias para influenciar positivamente o caminho de cada um além da passagem terrena.

O conceito de "Gaya" no budismo. Uma ponte entre o mundo físico e o espiritual.

No contexto do budismo, o conceito de "*Gaya*" representa um ponto de conexão entre o mundo físico e o mundo espiritual, oferecendo uma visão profunda e significativa da jornada da alma após a morte da vida terrena. Os mestres espirituais budistas transmitiram ensinamentos que levam à exploração desse conceito como uma ponte que orienta o indivíduo na transição para uma nova existência.

O Mestre Gautama Buda, fundador do budismo, explicou o conceito de "Gaya" como o ponto de conexão entre a realidade materialista e a espiritual, onde a alma transita após a morte para embarcar na jornada rumo ao renascimento. Gaya representa um período de transição e reflexão no qual a alma se liberta dos laços terrenos e se prepara para um novo destino cármico.

O Budismo Mahayana amplia o conceito de "Gaya" ao incluir elementos de compaixão, sabedoria e amor universal na transição da alma. Esses ensinamentos convidam o indivíduo a desenvolver consciência e compaixão durante a passagem pelo Gaya a fim de influenciar positivamente seu destino na vida após a morte.

Estudos realizados sobre práticas de meditação e visualização no budismo tibetano investigaram ainda mais o conceito de "Gaya" como um espaço para transformação e evolução espiritual. Pesquisas conduzidas por estudiosos como Lama Yeshe e Lama Zopa Rinpoche destacaram o papel do Gaya como um ponto de conexão com energias cósmicas e espirituais, guiando a alma em sua jornada rumo à liberação.

Eventos tradicionais, como o festival de Wesak, que comemora o nascimento, a iluminação e a morte de Buda, também são um momento importante para refletir sobre o conceito de "Gaya" no budismo. Durante esse festival, os fiéis se envolvem em meditação e oração para se conectar com a ponte espiritual que guia as almas através da transição entre a vida terrena e a vida após a morte.

Outros aspectos da prática espiritual no budismo, como a recitação de mantras e a prática da compaixão por todos os seres sencientes, ajudam a preparar a alma para a passagem por Gaya e o encontro com o destino cármico. Essas práticas oferecem orientação e proteção espiritual durante a fase de transição entre as existências.

Concluindo, o conceito de "Gaya" no budismo representa uma ponte simbólica e espiritual que conecta o mundo físico ao mundo espiritual, guiando a alma na transição entre a vida terrena e a vida após a morte. Os mestres espirituais budistas ensinam que, por meio da atenção plena, da compaixão e da prática espiritual, o indivíduo pode se preparar para a passagem pelo Gaya e para a continuação de sua jornada rumo a novas experiências e novas lições na vida após a morte.

A Hipótese Gaia de Lovelock.

O conceito de Gaya não deve ser confundido com a hipótese de Gaia, introduzida muito mais recentemente.

A hipótese Gaia, apresentada pela primeira vez pelo cientista britânico James Lovelock em 1979 no livro "*Gaia. A New Look at Life on Earth*", foi desenvolvida em conjunto com a microbiologista Lynn Margulis na década de 1970. De acordo com essa teoria, os organismos vivos interagem com os elementos não vivos que os cercam para criar um sistema sinérgico e autorregulador que ajuda a manter condições favoráveis à vida em nosso planeta.

Lovelock batizou essa hipótese em homenagem a Gaia, a antiga divindade grega que personificava a Terra. Os argumentos que apoiam essa teoria incluem a ideia de que a biosfera e a evolução dos organismos influenciam a estabilidade da temperatura global, a salinidade da água do mar, os níveis de oxigênio na atmosfera e a presença de água líquida na hidrosfera, entre outras variáveis ambientais que determinam as condições de vida na Terra.

Inicialmente, a hipótese Gaia foi criticada por ser considerada teleológica e estar em desacordo com os princípios da seleção natural. No entanto, refinamentos posteriores integraram a hipótese Gaia a conceitos de campos como a ciência do sistema terrestre, a biogeoquímica e a ecologia de sistemas. Apesar dos esforços para alinhar a teoria de Gaia a essas disciplinas científicas, a hipótese continua a provocar debates: muitos cientistas consideram que ela não é apoiada por evidências experimentais, ou até mesmo está em desacordo com elas.

A microbiologista Lynn Margulis, embora apoie a hipótese Gaia, expressou reservas sobre o pensamento de Lovelock, acreditando que ele é excessivamente influenciado pelo vitalismo.

Em 2006, a *Sociedade Geológica de Londres* também concedeu a Lovelock a Medalha Wollaston em reconhecimento ao seu trabalho sobre a hipótese Gaia.

Filosofia Zen. Princípios, ensinamentos e significado.

A filosofia Zen, nascida do encontro entre o Budismo Mahayana e a cultura chinesa, representa um caminho espiritual voltado para a percepção intuitiva e a compreensão profunda da realidade. Fundada nos princípios essenciais de consciência, simplicidade e presença no momento, o Zen oferece ensinamentos que vão além das palavras e convidam à experiência direta da verdade interior.

A palavra "*Zen*" é derivada da palavra chinesa "*Chan*", que, por sua vez, vem da palavra sânscrita "*Dhyana*", que significa meditação. A prática central do Zen se concentra na iluminação instantânea, na intuição direcionada à natureza fundamental da realidade e na consciência vigilante do momento presente.

Os princípios fundamentais da filosofia Zen incluem o conceito de não dualidade, a importância da prática meditativa (zazen) como meio de atingir a iluminação e a ênfase no ensino direto de mestre para aluno (transmissão do dharma). Esse é um ensinamento que vai além das formalidades e palavras para transmitir a verdade viva e imediata.

Os mestres icônicos da tradição Zen incluem Bodhidharma, o lendário monge que levou o Budismo Chan para a China, e Dogen, o fundador da escola Soto Zen no Japão. O mestre tibetano Chögyam Trungpa Rinpoche, conhecido por sua abordagem única e inovadora da prática zen no Ocidente, ajudou a difundir a sabedoria zen em um contexto contemporâneo.

Os ensinamentos fundamentais do Zen se concentram na importância da presença mental no momento presente, na aceitação total da realidade como ela é e na transformação interior por meio da iluminação. A prática meditativa zen como meio de acalmar a mente, desenvolver a consciência e contemplar a natureza da realidade sem preconceitos tem atraído interesse e adesão em todo o mundo.

Estudos científicos sobre as práticas meditativas Zen mostraram benefícios para a saúde física e mental, incluindo a redução do estresse, o aumento da concentração e da consciência e a promoção do bem-estar geral. Experimentos realizados com monges zen mostraram mudanças significativas na atividade cerebral relacionada à meditação, confirmando os efeitos positivos dessas práticas milenares sobre a mente e o corpo.

Eventos históricos, como a transmissão das doutrinas zen ao longo dos séculos, as histórias de iluminação pessoal dos mestres e as tradições de prática meditativa nos mosteiros zen fornecem evidências tangíveis da importância e da eficácia da filosofia zen no caminho do crescimento espiritual e da compreensão profunda da vida e da morte.

Para concluir, a filosofia Zen representa uma antiga tradição espiritual que continua a oferecer sabedoria e iluminação por meio de seus princípios de escuta profunda, presença consciente e aceitação do fluxo da vida. Os mestres espirituais zen nos guiam para uma compreensão mais profunda da realidade e de nossa natureza interior, estabelecendo assim a base para nossa busca de significado e conexão com o além da vida.

A morte como uma passagem para o Nirvana. Reflexões do Zen Budismo.

No Zen Budismo, a morte é vista como uma passagem crucial na jornada da alma rumo à realização do Nirvana, o estado de completa libertação e iluminação espiritual. Os mestres espirituais zen oferecem percepções profundas sobre a natureza da morte e o significado dessa passagem crucial na evolução do ser.

Da perspectiva do Zen Budismo, a morte é vista como uma oportunidade para a alma se libertar das amarras terrenas e embarcar em uma jornada transformadora rumo à consciência e à realização final. Os praticantes do Zen são incentivados a contemplar a morte como parte do ciclo natural da existência e a se preparar para ela por meio da prática da atenção plena, da meditação e da compaixão.

Mestres zen, como Thich Nhat Hanh, um monge vietnamita e autor renomado, transmitiram ensinamentos que convidam as pessoas a encarar o fim da vida como uma oportunidade de aprofundar sua compreensão da vida e se concentrar na importância da atenção plena no presente. A prática da presença mental durante o processo de transição é considerada crucial no Zen Budismo para facilitar a passagem da alma para um estado de paz e iluminação.

Estudos científicos sobre o impacto das práticas meditativas Zen na perspectiva do fim da vida e na aceitação da passagem final mostraram benefícios significativos para a saúde mental e espiritual. Experimentos conduzidos em praticantes de Zen mostraram uma maior capacidade de enfrentar o fim da vida com serenidade e compaixão, destacando assim a importância da preparação interior para esse momento crucial da vida.

Eventos históricos e rituais espirituais, como as cerimônias de passagem no Zen Budismo, atestam a profunda compreensão e aceitação do fim da vida como parte integrante da experiência humana. Anedotas de monges enfrentando a passagem com calma e sabedoria, transmitindo ensinamentos sobre a impermanência e a importância de abraçar a vida e a morte com igual serenidade, são exemplos tangíveis de como o Zen Budismo aborda essa questão.

Em resumo, a perspectiva do fim da vida no Zen Budismo é apresentada como um momento crucial de transformação e possibilidade de realização espiritual. Os mestres espirituais zen oferecem ensinamentos profundos sobre o processo de transição para a morte e a importância de abordar essa passagem com consciência e compaixão, preparando assim a alma para a jornada ao Nirvana, o estado final de paz e libertação.

A filosofia zen e o desafio de compreender o além das palavras.

No contexto da filosofia Zen, a ideia da vida após a morte apresenta um desafio profundo e fundamental para as pessoas que buscam entender a natureza da existência além da vida terrena. Os mestres espirituais zen ensinam que a verdade sobre a vida após a morte está além das palavras e das explicações racionais, convidando à experiência direta e à consciência do mistério da vida após a morte.

Na prática zen, a compreensão da vida após a morte não é alcançada por meio de conceitos ou teorias, mas sim por meio da iluminação pessoal e da experiência direta da realidade suprema. Mestres zen, como D.T. Suzuki, um influente pensador zen do século XX, enfatizaram a importância da meditação, da atenção plena e do exame da alma como meios de sondar os mistérios da vida após a morte e penetrar no véu da existência além da morte.

Histórias e anedotas transmitidas no contexto Zen oferecem percepções valiosas sobre o desafio de compreender a vida após a morte além das palavras. Contos de mestres zen que enfrentaram e aceitaram a morte com serenidade e sabedoria, como o Mestre Hakuin Ekaku, ilustram a prática da atenção plena e do desapego como chaves para entender a passagem para a vida após a morte.

Estudos científicos sobre a prática meditativa Zen confirmaram os benefícios dessa disciplina na preparação para a vida após a morte, fornecendo evidências da eficácia da meditação na promoção da serenidade interior, da consciência da morte e da preparação para a transição além da passagem terrena. Experimentos com praticantes do Zen mostraram mudanças positivas nas atitudes em relação à morte e na aceitação do desconhecido.

Eventos tradicionais, como a cerimônia do chá zen e o festival Vesak, que celebram o nascimento, a iluminação e a morte do Buda, são luzes orientadoras na prática da atenção plena da passagem da vida terrena. Essas celebrações oferecem momentos de reflexão e contemplação sobre a vida após a morte e a transformação espiritual que leva à libertação final.

Em conclusão, a filosofia zen desafia as pessoas a irem além das limitações das palavras e das explicações conceituais para penetrar na verdade da vida após a morte por meio da experiência direta e da consciência profunda. Os mestres espirituais zen nos orientam a olhar além do véu da morte e a confrontar o mistério da existência além da vida terrena, convidando-nos a abraçar o fluxo constante da realidade e a nos prepararmos interiormente para a passagem para o desconhecido com serenidade e consciência.

Migalhas da filosofia zen.

"O silêncio é uma fonte de grande força." - Laozi.

"Olhe profundamente para a natureza e você entenderá tudo melhor." - Albert Einstein.

"Se você conhece o inimigo e conhece a si mesmo, não precisa temer o resultado de cem batalhas." - Sun Tzu.

"A jornada de mil milhas começa com um passo." - Laozi.

"O coração humano é como um vaso de água. Se você colocar água sobre a mesa, ele assume a forma do vaso." - Zen.

"O passado já se foi e o futuro ainda não chegou. Existe apenas este momento." - Buda.

"Não busque a verdade, apenas pare de ter opiniões erradas." - Zen.

"A verdade resiste ao teste do tempo." - Zen.

"Diga uma mentira uma vez e todas as suas verdades serão questionadas." - Zen.

"O segredo de todo o Buda é saber que o Buda não tem segredos". - Zen Shin.

"Toda manhã é um novo começo. Respire um pouco de ar e comece de novo." - Buda.

"Perder a si mesmo é o caminho para encontrar a si mesmo." - Buda.

"Na mente do iniciante há muitas possibilidades, na mente do especialista há poucas." - Shunryu Suzuki.

"Quando você caminhar, caminhe. Quando você comer, coma. Quando você se sentar, sente-se." - Zen.

"A mudança é uma porta que só pode ser aberta por dentro." - Zen.

"Quando o dedo aponta para a lua, o tolo olha para o dedo." - Zen

"O sol brilha sem distinguir o fraco do forte". - Zen.

"O caminho do coração não conhece obstáculos". - Zen.

"Não busque a iluminação longe de você. A água não tem sede de si mesma." - Buda.

Confucionismo.

O confucionismo, uma filosofia e um sistema de pensamento ético que tem raízes profundas na China, oferece uma perspectiva única sobre a vida após a morte e a vida depois da morte. As doutrinas confucionistas enfatizam a importância da virtude, da moralidade e da busca da perfeição humana como fundamentos para lidar com o destino da alma após a morte física.

Fundado nos ensinamentos de Confúcio (551-479 a.C.), o filósofo e professor chinês cujas máximas e preceitos moldaram a cultura e a sociedade do Extremo Oriente por séculos, o confucionismo enfatiza a ética das relações humanas, a harmonia social e a busca da perfeição moral como formas de agir de acordo com o Céu e o caminho (*Dao*) que governa o universo.

No confucionismo, a vida após a morte é geralmente vista como uma continuação da existência terrena, em que as relações éticas e morais estabelecidas durante a vida têm uma influência significativa no destino da alma. Confúcio ensinou que o indivíduo deve viver em harmonia com os princípios éticos de humanidade, justiça, equidade e respeito para cultivar a alma e prepará-la para a passagem além da vida terrena.

As obras clássicas do confucionismo, como os "Quatro Livros" e os "Cinco Clássicos", contêm os preceitos morais, os ensinamentos filosóficos e as máximas de Confúcio e seus discípulos. Essas obras oferecem as chaves para a compreensão da visão confucionista da vida após a morte e do caminho espiritual da alma. Conceitos como a importância da devoção filial, o respeito pelos mais velhos e os deveres familiares são fundamentais para a doutrina confucionista da vida após a morte.

Estudos realizados sobre a disseminação e a influência do confucionismo ao longo da história chinesa destacam o impacto duradouro dessa filosofia e de seus ensinamentos sobre a vida após a morte na cultura oriental. Eventos históricos, como o nascimento de impérios e dinastias baseados nos princípios confucionistas, atestam a importância e a relevância dessa tradição de pensamento no mundo oriental.

Os mestres e estudiosos espirituais modernos, como Tu Weiming e Wing-tsit Chan, continuaram a explorar e interpretar os textos e conceitos confucionistas relacionados à vida após a morte, oferecendo novas perspectivas e percepções sobre a compreensão da vida após a morte de acordo com a visão confucionista.

Em conclusão, o confucionismo oferece uma visão única e profunda da vida após a morte, baseada na ética, na moralidade e na busca da perfeição humana como base para o destino da alma além da vida terrena. Os mestres espirituais e os textos clássicos confucionistas continuam a guiar gerações na busca da sabedoria e da virtude como preparação para a passagem para a desconhecida vida após a morte.

Confucionismo e o fim da vida.

O confucionismo, uma das filosofias mais antigas e influentes do Extremo Oriente, oferece uma visão articulada sobre a natureza da vida após a morte. Fundada com base nos ensinamentos do filósofo chinês Confúcio (551-479 a.C.), essa tradição espiritual dá ênfase especial à ética, à moralidade e aos relacionamentos humanos como pedras angulares para a compreensão do destino da alma após a morte física.

No confucionismo, o fim da vida é considerado um momento-chave de transição no qual o indivíduo confronta seu destino espiritual com base nas ações realizadas em vida. Confúcio ensinou que o respeito à autoridade, a virtude da lealdade e a observância de rituais eram elementos-chave que influenciavam o destino da alma após a morte.

Os clássicos confucionistas, como os "*Cinco Clássicos*" e os "*Quatro Livros*", contêm os ditames éticos e as máximas de Confúcio e seus seguidores, fornecendo assim uma estrutura ampla para a compreensão do conceito confucionista do fim da vida. Conceitos como a importância da retidão (*yi*) e da humanidade (*ren*) são considerados pilares para a atitude correta em relação à vida presente e futura.

Anedotas sobre a vida e o pensamento de Confúcio, como suas reflexões sobre a importância da filialidade e da devoção à família, demonstram a ênfase na continuidade das relações morais e sociais além da vida terrena. O culto aos ancestrais e os ritos funerários dentro da tradição confucionista são manifestações tangíveis de como o confucionismo aborda o assunto do fim da vida com respeito e reverência pelos mortos.

Estudiosos modernos, como Tu Weiming, Yu Dan e Jeffrey Riegel, aprofundaram a compreensão do confucionismo e sua abordagem da vida após passarem por análises textuais e interpretações filosóficas. Suas reflexões ajudaram a iluminar ainda mais a visão confucionista da morte como parte integrante de um ciclo contínuo de relacionamentos e obrigações morais.

Eventos históricos, como a influência do pensamento confucionista nas dinastias e instituições políticas chinesas, demonstram a relevância e a influência duradouras dessa tradição filosófica no Extremo Oriente. A prática constante dos valores confucionistas na vida cotidiana e o respeito pela continuidade das relações humanas e morais representam um vínculo significativo com a visão confucionista do fim da vida.

Em conclusão, o confucionismo oferece uma perspectiva única e substancial sobre a natureza do fim da vida por meio de seus princípios fundamentais de ética e moralidade. Os mestres espirituais confucionistas nos guiam para uma interpretação profunda e respeitosa da morte como parte integrante de uma ordem moral e social mais ampla, convidando-nos a viver uma vida que prepare adequadamente a alma para seu destino após a morte.

Experiências antes da morte e a vida após a morte no confucionismo.

No confucionismo, a abordagem das experiências de quase-morte e da vida após a morte baseia-se em uma perspectiva clara e respeitosa da continuidade da vida e das relações humanas além da passagem terrena. Nessa tradição filosófica, a morte é abordada com grande respeito pelos mortos e com ênfase em honrar a memória e as virtudes dos antepassados.

Confúcio ensinou a importância da lealdade àqueles que nos antecederam e da manutenção de bons relacionamentos interpessoais mesmo no período após a morte. Essa abordagem influencia profundamente a interpretação das experiências de quase-morte e pós-morte dentro da visão confucionista.

Estudiosos modernos do confucionismo, como Tu Weiming e Roger T. Ames, aprofundaram a compreensão de como essa tradição lida com a morte e as experiências de quase-morte. Por meio da análise de textos clássicos e da reflexão filosófica, eles ajudaram a iluminar as perspectivas confucionistas sobre a vida após a morte e a vida após a morte.

A prática de adoração aos antepassados, um rito central no confucionismo, é uma importante manifestação de respeito aos mortos e à continuidade dos relacionamentos além da morte. Esse rito enfatiza a importância de honrar a memória e as virtudes dos antepassados, mantendo viva a conexão entre as gerações passadas, presentes e futuras.

Anedotas sobre devoção filial e respeito pelos pais encontradas em histórias da tradição confucionista ilustram a importância de perpetuar os valores e as virtudes dos antepassados mesmo na vida após a morte.

Muitos textos confucionistas clássicos contêm reflexões e ensinamentos sobre a vida após a morte e as virtudes que guiam o destino da alma além da passagem terrena. Esses textos contêm preceitos éticos e morais que apontam para um caminho de continuidade e respeito à vida e à memória dos mortos.

Por fim, no confucionismo, encontramos uma visão respeitosa e compatível com a tradição sobre a vida após a morte, baseada na importância da continuidade das relações humanas e na preservação dos ensinamentos morais das gerações passadas.

A conexão entre os mundos visível e invisível no taoismo.

No vasto panorama de concepções sobre a vida após a morte, o taoismo se destaca por sua perspectiva única e fascinante sobre a conexão entre os mundos visível e invisível. Nessa perspectiva filosófica e espiritual oriental, o fim da vida é visto como uma transformação e não como o fim absoluto da existência.

O taoismo é uma antiga tradição chinesa que tem suas raízes no Tao Te Ching, atribuído a Laozi (que viveu por volta do século VI a.C.).

O taoismo propõe uma ideia de continuidade entre os mundos material e espiritual, com vistas ao respeito mútuo e à harmonia. De acordo com a visão taoista, há vários níveis interconectados de realidade, e a morte é apenas uma passagem de um plano para outro.

Mestres espirituais como Zhuangzi (que viveu no século IV a.C.) enfatizavam a fluidez da existência e a natureza cíclica da vida e da morte. Zhuangzi conta a história de um homem que sonhou que era uma borboleta e, ao acordar, se perguntou se ele era um homem que sonhou que era uma borboleta ou uma borboleta que sonhou que era um homem, enfatizando assim a natureza ilusória da distinção entre vida e morte.

No taoismo, falamos com frequência de Yin e Yang, duas forças complementares e interdependentes que constituem a própria essência do universo. A morte é vista como parte integrante do ciclo da vida, no qual a transição do visível para o invisível representa uma oportunidade de transformação e crescimento espiritual.

Estudos contemporâneos sobre o taoismo e o conceito da conexão entre os mundos visível e invisível trouxeram à tona correlações interessantes com as teorias quânticas modernas sobre a interconexão de todo o universo. Alguns cientistas teorizaram sobre a possibilidade de a consciência ser uma forma de energia que sobrevive à morte biológica, abrindo assim novas perspectivas sobre a vida após a morte.

Em conclusão, a concepção taoista da conexão entre os mundos visível e invisível oferece alimento para uma profunda reflexão sobre a natureza da existência e a continuidade da alma além da morte. Por meio das palavras e dos ensinamentos dos mestres espirituais orientais, podemos contemplar uma nova maneira de entender o mistério que envolve o fim da vida e as possibilidades que estão além dela.

Aprofundar a conexão entre os mundos visível e invisível no taoismo nos faz mergulhar em um universo de símbolos, metáforas e práticas que enfatizam a harmonia entre o ser humano e o cosmos. Um aspecto central dessa visão é a prática da meditação, que nos permite experimentar diretamente a profunda interconexão de todas as coisas e superar as barreiras entre os planos físico e espiritual.

Na tradição taoista, são contadas histórias de mestres espirituais como Laozi e Zhuangzi que, por meio da prática da meditação e da contemplação da natureza, atingiram níveis de consciência que lhes permitiram perceber os segredos do universo e se comunicar com os espíritos de seus ancestrais.

Vários estudiosos contemporâneos, como o filósofo chinês Chung-Ying Cheng, analisaram minuciosamente o conceito taoista da conexão entre os mundos visível e invisível à luz da filosofia ocidental e da ciência moderna. Cheng destacou como o taoismo oferece uma perspectiva única sobre a natureza da realidade e a relação entre os seres humanos e o universo, sugerindo que a morte pode ser vista como uma simples transformação da energia vital em vez de um fim definitivo.

Além disso, pesquisas científicas sobre a consciência e a experiência à beira da morte revelaram testemunhos de pessoas que afirmam ter tido experiências místicas durante eventos de quase morte, descrevendo sentimentos de paz, luz e conexão com uma realidade superior. Esses testemunhos encontram surpreendente ressonância com as descrições de estados elevados de consciência encontrados nas tradições espirituais orientais, incluindo o taoismo.

A conexão entre os mundos visível e invisível no taoismo representa, portanto, um ponto de convergência fascinante entre as visões de mundo antigas e as descobertas científicas modernas. Essa conexão oferece alimento para reflexão e contemplação sobre o significado final da vida e a possibilidade de uma existência que transcende os limites da matéria e do tempo.

Ao explorar o tema do fim da vida e o que acontece depois, as culturas orientais oferecem percepções fascinantes que estão entrelaçadas com visões filosóficas profundas e hipóteses científicas sugestivas. Entre essas visões, o taoismo se destaca por sua concepção da conexão entre os mundos visível e invisível, representando uma ponte entre a sabedoria antiga e a pesquisa científica moderna.

Uma figura proeminente que ajudou a destacar essa conexão é o físico teórico Fritjof Capra, mais conhecido por seu livro "*The Tao of Physics*" (*O Tao da Física*), publicado em 1975. Nessa obra, Capra explora os paralelos entre os princípios da física quântica e os conceitos fundamentais do taoismo, destacando como ambos investigam a natureza fundamental da realidade e o papel do observador em sua criação.

O taoismo, com suas raízes antigas perdidas nas brumas do tempo, propõe uma concepção dinâmica e interconectada do universo, na qual o equilíbrio entre Yin e Yang representa a própria base da existência. Nessa visão, a morte é vista como um estágio de transformação no qual a energia vital se perpetua em uma nova forma, mantendo um vínculo com o mundo visível.

Mestres espirituais como Zhuangzi e Laozi transmitiram ensinamentos que enfatizam a centralidade da harmonia entre o homem e o universo, convidando à contemplação do fluxo natural da vida e da morte como parte de um único processo cíclico. As práticas taoístas, como a meditação e a busca do equilíbrio interior, servem como uma ponte para a percepção da conexão entre os planos visível e invisível da realidade.

Além das tradições antigas, as pesquisas científicas modernas também lançaram luz sobre a complexidade da consciência e a possibilidade de uma dimensão além da materialidade. Estudos sobre a consciência após a morte e fenômenos como experiências no limite da vida trouxeram à tona testemunhos de indivíduos que afirmam ter percebido um estado distinto de consciência durante momentos extremos.

Em resumo, a conexão entre os mundos visível e invisível no taoismo representa uma ponte entre a sabedoria antiga e o conhecimento contemporâneo, oferecendo percepções sobre o mistério da vida após a morte e a natureza multidimensional da existência humana. Por meio da interseção de antigos ensinamentos taoístas, estudos científicos e obras de autores como Fritjof Capra, podemos nos aproximar de uma compreensão mais profunda da natureza da realidade e de nosso lugar nela.

Monges taoístas e suas jornadas para a vida após a morte. Uma pesquisa sobre experiências místicas.

Uma análise aprofundada das experiências místicas dos monges taoístas em viagens para a vida após a morte nos oferece uma visão fascinante dos supostos contatos com o divino e visões de mundos além da dimensão terrena.

Os monges taoístas, imersos na prática do ascetismo, da meditação e da pesquisa espiritual, são conhecidos por suas experiências de contato com a dimensão espiritual. Um dos relatos mais famosos é o do monge taoista Zhang Daoling, que viveu no século II d.C. e alegou ter se comunicado com os espíritos dos ancestrais e viajado para o além durante suas meditações profundas.

O monge taoista Zhang Daoling é uma figura importante na tradição taoista por suas supostas experiências místicas e viagens após a morte, que inspiraram gerações de praticantes espirituais. Zhang Daoling é considerado o fundador do "*Daoismo Religioso*", conhecido como "*Daoismo da Escola dos Mestres Celestiais*".

De acordo com relatos históricos e lendários, Zhang Daoling era conhecido por sua profunda espiritualidade e práticas ascéticas que visavam alcançar uma conexão mais profunda com o divino e os mundos além da dimensão terrena.

Um dos destaques das experiências de Zhang Daoling diz respeito às suas viagens à vida após a morte, onde se diz que ele obteve visões e revelações sobre assuntos espirituais e metafísicos. Por meio dessas experiências, Zhang Daoling teria adquirido conhecimento e sabedoria que moldariam sua prática espiritual e seus ensinamentos aos discípulos.

A narrativa de Zhang Daoling e suas jornadas para a vida após a morte está enraizada na tradição taoista que acredita na passagem da alma após a morte e na possibilidade de interação com os espíritos dos ancestrais e mundos não materiais. Essas experiências místicas são frequentemente interpretadas como evidência da vitalidade e da profundidade da espiritualidade taoista, oferecendo uma perspectiva intrigante sobre a natureza da alma e sua continuidade além da vida terrena.

As visões e experiências místicas de monges taoístas, como Zhang Daoling, representam um aspecto rico e evocativo da tradição espiritual chinesa, que continua a exercer uma ampla influência sobre aqueles que buscam conhecimento e conexão com dimensões mais amplas da realidade. Essas histórias nos convidam a explorar a fronteira entre o visível e o invisível, abrindo novas perspectivas sobre a vida, a morte e o mistério da existência humana.

Ao longo dos séculos, há inúmeros relatos de monges taoístas que afirmam ter tido experiências além da realidade cotidiana, entrando em estados de transe ou visões extáticas nas quais acessaram conhecimentos ocultos e dimensões não tangíveis. Esses relatos geralmente são permeados por elementos simbólicos e metafóricos que sugerem uma realidade diferente e mais profunda do que a visível.

Os estudos dessas experiências têm atraído grande interesse dos estudiosos contemporâneos de espiritualidade e psicologia, que buscam entender a natureza e a origem dessas visões místicas. Alguns estudiosos, como Carl Gustav Jung, teorizaram sobre a importância dessas experiências na individuação e integração das partes mais profundas do eu.

A investigação das experiências místicas dos monges taoístas oferece uma oportunidade de refletir sobre o conceito de realidade multidimensional e a possibilidade de explorar espaços além do conhecimento racional. Essas experiências, quando interpretadas à luz das tradições taoístas, podem revelar uma complexa rede de significados simbólicos e arquetípicos que se entrelaçam com nossa percepção da vida e da morte.

Em última análise, as experiências místicas dos monges taoístas em jornadas para a vida após a morte representam um capítulo fascinante e enigmático da espiritualidade oriental, oferecendo uma oportunidade de explorar as profundezas da alma humana e contemplar a possibilidade de mundos e realidades além do que percebemos com nossos sentidos materiais.

Xintoísmo.

O xintoísmo, uma antiga religião japonesa com raízes nas tradições espirituais indígenas do Japão, oferece uma perspectiva única sobre o assunto do fim da vida e o que acontece após a morte. Essa tradição religiosa, profundamente ligada à natureza e aos kami (espíritos ou divindades), moldou as crenças e práticas de milhões de pessoas ao longo dos séculos.

No xintoísmo, a morte não é vista como um fim definitivo, mas como parte de um ciclo contínuo de renascimento e transformação. Os praticantes do xintoísmo acreditam que, após a morte, a alma de uma pessoa pode se unir aos espíritos ancestrais e se tornar um "kami", continuando a influenciar a vida terrena e a proteger seus descendentes.

Um dos aspectos distintivos do xintoísmo é o conceito de pureza e harmonia com a natureza e os espíritos da terra. Essa profunda conexão com o mundo natural influencia profundamente o entendimento do xintoísmo sobre a vida após a passagem, indicando uma interconexão entre a vida após a morte e a vida terrena.

Figuras históricas e míticas da tradição xintoísta, como a deusa do sol Amaterasu e o deus do vento e da tempestade Susanoo, personificam as forças da natureza e representam a presença e a influência dos deuses no mundo material. As práticas e cerimônias rituais xintoístas visam honrar e venerar esses kami, criando um vínculo direto entre o divino e o humano.

Estudiosos como John Breen e Mark Teeuwen investigaram as crenças e práticas do xintoísmo em relação à morte e à vida após a morte, destacando como o conceito xintoísta da continuidade da alma após a morte está intimamente ligado à sua visão da interconexão entre os seres vivos e os espíritos etéreos.

John Breen e Mark Teeuwen são dois acadêmicos contemporâneos que se dedicaram a analisar as crenças e práticas do xintoísmo, concentrando sua atenção na visão da morte e da vida após a morte dentro dessa antiga tradição religiosa japonesa. Sua pesquisa lança luz sobre a concepção xintoísta da continuidade da alma após a morte, oferecendo uma interpretação mais profunda de como essa religião lida e entende a transição da vida terrena para a espiritual.

No xintoísmo, a morte é vista como parte do ciclo natural da existência, e não como um ponto final. As crenças xintoístas sugerem que a alma de uma pessoa pode continuar a existir depois de deixar a vida terrena, mantendo uma conexão com os espíritos dos ancestrais e com o mundo divino. Essa visão da continuidade da alma após a morte é fundamental no contexto do xintoísmo, que valoriza profundamente os laços com a história da família e o mundo espiritual.

Por meio de suas pesquisas e estudos, Breen e Teeuwen analisaram as práticas rituais e as formas de comunicação com os espíritos no contexto do xintoísmo, destacando como elas são um meio de manter uma conexão com os ancestrais e o mundo sobrenatural mesmo após a morte física. Essas práticas rituais são vistas como formas de honrar e manter viva a memória dos falecidos, permitindo que eles continuem a influenciar e proteger a vida dos vivos.

Além disso, Breen e Teeuwen investigaram os elementos simbólicos e mitológicos presentes nas crenças xintoístas sobre a morte e a vida após a morte, destacando como essas representações contribuem para moldar a concepção xintoísta da alma e seu destino após a morte. A pesquisa desses estudiosos contribuiu para uma melhor compreensão da visão xintoísta da continuidade da alma e enfatizou a importância dos vínculos entre os vivos e os mortos na prática religiosa e espiritual do xintoísmo.

Por fim, o trabalho de John Breen e Mark Teeuwen trouxe à tona uma perspectiva rica e articulada sobre a visão xintoísta da morte e da vida após a morte, destacando a profunda conexão entre passado, presente e futuro na concepção espiritual e cultural dessa antiga tradição religiosa japonesa.

O xintoísmo influenciou profundamente a cultura japonesa e sua visão da morte e da espiritualidade. Eventos como o Obon, um festival de verão que homenageia os espíritos dos mortos, e rituais de purificação em templos xintoístas são exemplos de práticas que mantêm viva a conexão entre os vivos e os mortos.

Em conclusão, o xintoísmo oferece uma visão rica e multifacetada sobre a vida após a morte, enfatizando a importância do relacionamento entre os seres humanos, os espíritos e a natureza. Por meio de suas crenças e práticas, o xintoísmo convida à reflexão sobre a continuidade da alma e a interconexão entre os reinos visível e invisível, oferecendo uma perspectiva única e profunda sobre a natureza da vida e da morte.

4 - EXPERIÊNCIAS DE FIM DE VIDA.

"Você não é seu corpo. Quase todas as pessoas que tiveram uma experiência de quase morte lhe dirão que tiveram uma percepção muito forte. Em sua percepção, a alma, o espírito, a personalidade, qualquer parte de si mesmo, estava completamente separada de seu corpo físico."

(Eben Alexander)

Capítulo 7 EQMs: Testemunhos de outra realidade.

"A experiência de quase morte me mostrou que o corpo é apenas um veículo temporário para nossa alma, que é eterna e está conectada ao universo infinito."

(Raymond Moody)

Neste capítulo, mergulhamos nas experiências de morte prematura e nos testemunhos daqueles que estão próximos da passagem e que relataram experiências além da realidade comum.

Durante essas experiências, as pessoas costumam dizer que percebem uma luz intensa, saem de seus corpos e observam cenas que parecem pertencer a outra dimensão. Muitos relatos incluem descrições de um túnel que leva a um lugar cheio de calma e paz. As experiências *de quase morte*, comumente chamadas de *experiências de quase morte* (EQMs), têm sido estudadas por vários pesquisadores ao longo dos anos.

Um estudo realizado pelo Dr. Raymond Moody, psiquiatra e filósofo, ajudou a disseminar o interesse pelas EQMs. Moody entrevistou várias pessoas que tiveram experiências de quase morte e descreveu suas histórias em seu livro *Life After Life*. Outros estudiosos, como a Dra. Elisabeth Kübler-Ross, abordaram o tema das experiências de quase morte como parte de seu trabalho sobre a morte e o morrer.

As experiências de fim de vida são um fenômeno que suscita debates e perguntas. Enquanto alguns céticos tentam explicar essas experiências por meio de causas biológicas ou processos neurais, outros argumentam que elas podem representar uma prévia da vida após a morte. Os relatos de experiências de fim de vida são sugestivos e podem fornecer percepções interessantes sobre a existência de uma realidade além do fim da vida terrena.

As experiências de fim de vida oferecem uma perspectiva única sobre a passagem e a sobrevivência da alma no contexto da metafísica quântica. Elas são um tópico intrigante que desafia as concepções tradicionais da realidade e nos convida a explorar a interconexão da mente, da consciência e do universo.

Experiências fora do corpo. O desapego do corpo como prova de sobrevivência

As experiências extracorpóreas, um fenômeno fascinante e controverso, têm despertado grande interesse nas ciências da mente, na filosofia e na espiritualidade há séculos. Os testemunhos de indivíduos que afirmam ter saído de seus corpos durante situações de quase morte ou em estados alterados de consciência abrem debates sobre a natureza da mente, da consciência e até mesmo da vida além da morte.

Explorando o filão das experiências fora do corpo, encontramos vários casos emblemáticos que fascinaram o público e a comunidade científica. Um caso famoso é o de Pam Reynolds, uma paciente que foi operada de um aneurisma cerebral em 1991. Durante a operação, Reynolds alegou ter saído de seu corpo e observado a cena de cima, descrevendo em detalhes os instrumentos usados pelos médicos e as conversas que ocorreram durante a operação. Esse testemunho alimentou o debate sobre a autenticidade das experiências fora do corpo.

Referências a experiências semelhantes também podem ser encontradas em contextos históricos. Platão, em sua obra "Phaedo", relata o mito de Er, segundo o qual um guerreiro voltou à vida depois de ser dado como morto, contando sobre uma viagem ao Hades, onde observou almas em transição.

No diálogo platônico, Er, um soldado que morreu em batalha, milagrosamente volta à vida depois de ser deixado como morto por doze dias. Durante esse período, Er conta que viajou para Hades, o reino dos mortos na mitologia grega, onde testemunhou um espetáculo curioso: as almas dos mortos aguardavam um julgamento divino que determinava seu destino futuro.

Platão, por meio do conto de Er, introduz conceitos como a transmigração da alma, a justiça cósmica e a possibilidade de que as escolhas morais influenciem o destino pós-morte do indivíduo. Esse mito, embora seja uma construção literária e filosófica, influenciou profundamente as concepções ocidentais sobre a vida após a morte e as dimensões transcendentais da existência.

O mito de Er não é o único conto que trata do tema da jornada para a vida após a morte e das experiências pós-morte. Em muitas tradições culturais e religiosas, encontramos narrativas semelhantes que descrevem um reino dos mortos, um julgamento final e um destino após a morte para as almas.

Por exemplo, no antigo Egito, o Livro dos Mortos e as crenças sobre a vida após a morte fornecem uma descrição fascinante de como os egípcios concebiam a passagem para a vida após a morte e a importância das práticas funerárias para garantir uma existência feliz e eterna após a morte.

O mito de Er e narrativas históricas semelhantes alimentam reflexões filosóficas e científicas sobre a sobrevivência da alma e a possibilidade de existência além da morte física. De Aristóteles a Kant, de Freud a Jung, filósofos e psicólogos abordaram o dilema da vida após a morte de diferentes perspectivas, fazendo perguntas sobre o significado da existência e a natureza do ser.

Nos tempos atuais, estudos sobre consciência, física quântica e parapsicologia oferecem percepções sobre o mistério da vida além da morte. Experiências antes da morte, como as realizadas pelo Dr. Sam Parnia, destacam a necessidade de uma abordagem científica rigorosa para investigar o fenômeno das experiências fora do corpo e visões terminais.

O mito de Er, de Platão, e outras mitologias semelhantes enfatizam a abrangência das reflexões e narrativas sobre a vida após a morte em várias culturas e tradições humanas. Essas narrativas agem como uma ponte entre o passado e o presente, entre o literário e o filosófico, abrindo novas perspectivas para a exploração do maior mistério que o homem já se propôs: o que acontece depois da morte.

Vários estudiosos modernos, como o Dr. Raymond Moody, autor do famoso livro "Life After Life" (Vida Após a Vida), e o Dr. Eben Alexander, neurocirurgião norte-americano, realizaram extensas pesquisas sobre experiências fora do corpo. Moody entrevistou milhares de pessoas que tiveram experiências de quase morte, apontando semelhanças nas narrativas e propondo hipóteses sobre a natureza da consciência.

Alexander, por sua vez, compartilhou sua própria experiência de quase morte após uma meningite bacteriana grave, durante a qual ele afirma ter viajado para um reino sobrenatural e vivenciado uma realidade além da vida terrena, embora em um estado de coma profundo.

De uma perspectiva filosófica e transcendental, as experiências fora do corpo levantam questões profundas sobre a natureza da realidade, a alma e a ligação entre a mente e o corpo. Filósofos como Descartes teorizaram a separação da mente e do corpo, abrindo reflexões sobre o dualismo que permeia nossa existência.

No âmbito espiritual, tradições como o xamanismo, o budismo e o hinduísmo contemplam a possibilidade de saídas da realidade comum e viagens da alma para mundos invisíveis.

As experiências fora do corpo representam um capítulo fascinante e complexo na exploração da relação entre mente, corpo e dimensões além de nossa compreensão racional. Enquanto a ciência tenta explicar esses fenômenos por meio de mecanismos neurológicos e psicológicos, os relatos pessoais e as reflexões filosóficas nos levam a considerar possibilidades além da nossa compreensão atual do cosmos.

EQMs e formas semelhantes.

As EQMs são geralmente descritas como experiências fora do corpo em que um indivíduo em situação crítica de vida está em um estado de morte clínica ou morte iminente. Durante essa experiência, as pessoas relatam uma série de sensações e percepções extraordinárias que parecem transcender a dimensão física. Elas falam de encontros com luz intensa, túneis, paisagens paradisíacas, encontros com seres espirituais e um sentimento de paz, amor e conexão universal.

Um dos primeiros estudiosos a investigar as EQMs foi o Dr. Raymond Moody, que em seu livro "*Life After Life*" (*Vida Após a Vida*), publicado em 1975, analisou os relatos de pacientes que haviam vivenciado a morte iminente. Moody encontrou semelhanças notáveis nos relatos, apontando elementos comuns, como a percepção de deixar o corpo, viajar por um túnel e encontros com seres espirituais. Esses testemunhos surpreenderam e intrigaram o mundo acadêmico, dando início a uma nova direção de pesquisa.

Outros estudos foram realizados por pesquisadores como o Dr. Pim van Lommel, cardiologista e autor do livro "*Consciousness Beyond Life*" (*Consciência além da vida*), publicado em 2010. Van Lommel examinou pacientes que haviam relatado experiências de morte iminente durante episódios de parada cardíaca. Seus estudos mostraram que uma porcentagem significativa de pacientes relatou maior intensidade de consciência e percepção durante o período em que seus cérebros deveriam estar inativos. Esses resultados indicam a possibilidade de que a consciência sobreviva mesmo quando as funções cerebrais parecem estar suspensas.

Também há exemplos de experiências semelhantes à EQM em outras culturas e tradições espirituais. Por exemplo, no budismo tibetano e no *Bardo Thodol,* conhecido como o *Livro Tibetano dos Mortos*, há descrições de experiências transcendentais e visões que ocorrem durante a transição da vida para a morte. Esses relatos, que datam de séculos atrás, enfatizam a presença de elementos semelhantes às EQMs atuais nas experiências humanas de enfrentamento da morte.

O termo "*Bardo*" denota um estado intermediário entre a morte e o renascimento, uma fase em que a alma transita por diferentes planos de existência. De acordo com a cosmologia budista tibetana, durante esse período, a alma experimenta visões e manifestações que refletem seu carma e condicionamento mental acumulados durante sua vida terrena. Esse estado de transição oferece a oportunidade de alcançar a libertação final, mas também pode ser marcado por ilusões e medos decorrentes das paixões e apegos do falecido.

O *Bardo Thodol* é um texto antigo e reverenciado que guia a alma em sua jornada pelos diferentes estados de consciência que se seguem à morte. Por meio de descrições detalhadas de experiências transcendentais, visões e encontros com figuras simbólicas, o livro oferece um mapa para guiar a alma pelo labirinto da vida após a morte, permitindo que ela supere as ilusões e tentações que ameaçam sua libertação espiritual.

As experiências descritas no bardo de Thodol apresentam paralelos interessantes com relatos de EQMs do Ocidente. Por exemplo, a percepção de uma luz brilhante, a sensação de se separar do corpo e os encontros com figuras angelicais ou guerreiras são elementos recorrentes tanto nas EQMs quanto nas visões narradas no Livro Tibetano dos Mortos. Essas descobertas semelhantes enfatizam a universalidade de certas experiências humanas além das diferenças culturais e religiosas.

A exploração de experiências semelhantes às EQMs em culturas espirituais como o budismo tibetano destaca a complexidade e a riqueza das visões sobre a vida após a morte e a natureza da transição da vida para a morte. Esses testemunhos nos convidam a refletir sobre conceitos como a continuidade da alma, a natureza da experiência após a morte e a possibilidade de transcendência sobre o ciclo de nascimento e morte. Eles nos confrontam com desafios e perguntas profundas sobre a natureza última da realidade e da consciência, lançando uma nova luz sobre o mistério da passagem além do limiar da vida terrena.

Estudiosos como o famoso psiquiatra suíço Carl Gustav Jung exploraram o conceito de arquétipos presentes nas experiências de quase morte, destacando sua ressonância com as tradições espirituais orientais.

Em um mundo cada vez mais orientado para a racionalidade científica, a análise de experiências semelhantes às EQMs em diferentes culturas e tradições espirituais lança uma nova luz sobre o mistério da vida e da morte. Por meio do entrelaçamento de histórias, visões, hipóteses científicas e filosóficas, surgem pontes que ligam o humano ao divino, o temporal ao eterno, abrindo caminho para uma compreensão mais profunda do fim da vida e do que pode acontecer após a passagem final.

Ao comparar as narrativas das EQMs com as visões transcendentais das tradições espirituais, como o budismo tibetano, nos deparamos com um universo de sugestões que desafiam as noções convencionais de vida e morte. Esse diálogo interdisciplinar entre ciência, espiritualidade e filosofia abre novas perspectivas sobre a natureza da existência e a continuidade da alma, convidando-nos a refletir sobre o que o misterioso além que aguarda o viajante além do limiar final da vida terrena pode conter.

A ciência tem tentado explicar as EQMs por meio de várias teorias. Alguns estudiosos sugerem que as experiências de morte iminente podem resultar de reações químicas no cérebro durante situações de estresse ou falta de oxigênio. Outros propõem que as EQMs resultam da ativação de circuitos cerebrais específicos que induzem a sentimentos de intimidade, bem-estar e conexão universal. Entretanto, ainda não há uma explicação definitiva que aborde totalmente a vastidão e a singularidade dessas experiências.

Eventos como o International Congress on Near Death Experiences (INES) proporcionaram uma oportunidade para que especialistas e pessoas que tiveram experiências semelhantes se reunissem. Nesses eventos, estudiosos, pesquisadores e testemunhas se reuniram para compartilhar suas histórias e teorias sobre EQMs, abrindo caminho para um estimulante diálogo interdisciplinar.

Em conclusão, as experiências de morte iminente e formas semelhantes continuam a desafiar nossa compreensão da realidade e da consciência. Graças aos estudos de cientistas como Moody e van Lommel, começamos a explorar esses fenômenos com mais profundidade, tentando encontrar explicações científicas e filosóficas. No entanto, as EQMs ainda permanecem um mistério inexplicável, e somente por meio de mais pesquisas e investigações poderemos chegar a um entendimento mais completo dessas experiências extraordinárias.

Pensadores e acadêmicos mais influentes sobre experiências post-mortem.

Há vários pensadores e acadêmicos que tiveram um impacto significativo no campo das experiências pós-morte e EQMs (*Experiências de Quase Morte*). Aqui estão alguns dos pensadores mais influentes sobre esse tópico:

Raymond Moody.

Autor do livro "*Life After Life*", publicado em 1975, Raymond Moody é considerado um dos principais pioneiros no estudo científico das experiências de quase-morte. Ele contribuiu significativamente para chamar a atenção do público e da comunidade científica para o tema das EQMs.

No livro mencionado acima, Moody analisou os testemunhos de pacientes que vivenciaram a morte iminente. Sua pesquisa revelou elementos comuns entre essas experiências, como a sensação de deixar o corpo, viajar por um túnel e encontros com seres espirituais. Moody propôs a hipótese de que essas experiências são a prova de que a alma sobrevive à morte do corpo e que existe outra dimensão da realidade além da física.

Elisabeth Kübler-Ross.

Conhecida principalmente por seu trabalho sobre os estágios do luto, Elisabeth Kübler-Ross também estudou experiências de morte iminente e contribuiu para uma maior compreensão da experiência da transição para a morte.

Kenneth Ring.

Outro acadêmico de destaque é o Dr. Kenneth Ring, autor do livro "*NDEs: Evidence of Life After Passing*", publicado em 1980. Ring realizou estudos extensivos com pessoas que vivenciaram a morte iminente e identificou uma série de efeitos transformadores que essas experiências podem ter na vida das pessoas. Ele introduziu o conceito de "efeito EQM", que descreve as mudanças positivas na perspectiva de vida, o senso de conexão universal e a perda do medo da morte que geralmente surgem após uma experiência desse tipo. As teorias de Ring forneceram uma base sólida para pesquisas adicionais sobre as implicações espirituais e psicológicas das EQMs.

Os cinco estágios de Kenneth Ring.

Os cinco estágios de Kenneth Ring referem-se a um padrão de experiências vivenciadas por indivíduos que tiveram experiências de quase morte, conforme descrito pelo psicólogo Kenneth Ring. Os estágios são os seguintes:

1-Sensações de paz e bem-estar.

Essa fase começa com uma sensação de paz profunda e ausência de dor. As pessoas que tiveram uma experiência de EQM geralmente descrevem uma sensação de calma e tranquilidade.

2 - Experiência em túneis ou percepção de túneis

Nesse estágio, as pessoas descrevem a sensação de passar por um túnel escuro. Esse túnel pode ser visto como uma passagem para outra dimensão ou realidade.

3- Encontros com seres espirituais ou guias.

Durante essa fase, as pessoas podem relatar o encontro com seres espirituais, guias ou entes queridos falecidos. Esses encontros são geralmente descritos como amorosos e reconfortantes.

4-Revisão de sua vida.

Nessa fase, as pessoas revivem os pontos altos de suas vidas e, muitas vezes, fazem uma análise imparcial de suas próprias ações e das consequências delas para os outros. Essa revisão pode levar a um maior entendimento e crescimento espiritual.

5 - O retorno.

Na última fase, as pessoas que tiveram uma experiência de EQM descrevem o retorno ao corpo físico e o despertar subsequente. Esse retorno pode ser acompanhado de sentimentos contraditórios, como a tristeza de ter que deixar a experiência espiritual e o desejo de compartilhar o que vivenciaram com outras pessoas.

Essas fases foram observadas em muitas experiências de EQM e contribuíram para um padrão comum do que as pessoas passam nessas experiências.

Michael Sabom e as três categorias de experiência.

Michael Sabom é um cardiologista e pesquisador que estudou as experiências de EQM. Sabom propôs uma divisão das experiências de EQM em três categorias principais, com base nas características comuns encontradas nos relatos de pessoas que tiveram essas experiências. As três categorias de EQMs, de acordo com Michael Sabom, são

Cognitivo.

As experiências cognitivas de EQM concentram-se no elemento de obtenção de conhecimento ou compreensão durante a experiência. As pessoas descrevem o recebimento de informações com uma clareza e profundidade que não são típicas de sua experiência cotidiana. Elas podem relatar que tiveram visões explicativas sobre eventos passados ou futuros, ou que adquiriram uma nova consciência e compreensão de sua própria existência e propósito.

Emocional.

As experiências emocionais de EQM concentram-se nas emoções e sentimentos intensos que as pessoas experimentam. Essas emoções geralmente incluem uma sensação de paz, amor incondicional, alegria e conexão com o universo ou entidades espirituais. As pessoas que passam por experiências emocionais de EQM geralmente relatam uma profunda transformação de suas emoções e da maneira como percebem a si mesmas e o mundo.

Percepções extrassensoriais.
As experiências de EQM com percepções extrassensoriais envolvem a capacidade de perceber informações além dos cinco sentidos convencionais. As pessoas que passam por essas experiências podem descrever que viram ou ouviram eventos fora de seu alcance visual ou auditivo, que se comunicaram telepaticamente com outras entidades ou que tiveram uma percepção intuitiva de conceitos inacessíveis de outra forma.

A categorização proposta por Michael Sabom oferece uma maneira de explorar as várias dimensões e tipos de experiências de EQM e de entender melhor a complexidade dessas experiências além das simples narrativas de encontros com a vida após a morte.

Bruce Greyson.

Outra figura proeminente no campo das EQMs é o Dr. Bruce Greyson, conhecido por sua pesquisa sobre a experiência de indivíduos diante da morte. Greyson realizou vários estudos com pacientes que passaram por EQMs e descobriu que essas experiências têm um impacto significativo na psicologia das pessoas. Ele notou um maior senso de propósito na vida, maior gratidão, uma conexão renovada com os outros e uma perspectiva mais compassiva. As teorias de Greyson sugerem que as EQMs podem indicar a presença de algo maior e mais misterioso que vai além da nossa compreensão da realidade física.

As quatro categorias de Bruce Greyson.

Bruce Greyson estudou as experiências de quase morte (EQMs) e propôs uma subdivisão das EQMs em quatro categorias principais, com base nas características comuns encontradas nos relatos de pessoas que tiveram tais experiências. As quatro categorias de EQMs, de acordo com Bruce Greyson, são

Experiências cognitivas.
Essa categoria diz respeito às experiências de EQM caracterizadas por um aumento do intelecto ou da consciência. As pessoas que passam por EQMs cognitivas podem descrever maior clareza mental, compreensão profunda, capacidade de resolver problemas complexos ou de adquirir conhecimentos que parecem estar além de sua experiência de vida comum.

Experiências afetivas.

Nas experiências afetivas das EQMs, as pessoas descrevem emoções intensas, sentimentos de paz, amor incondicional, alegria profunda ou conexão espiritual. Essas experiências podem levar a mudanças duradouras na maneira como as pessoas percebem a si mesmas e o mundo ao seu redor.

Experiências paranormais.

As experiências de EQM com elementos paranormais incluem fenômenos como percepções extra-sensoriais, visões precognitivas, experiências de viagem fora do corpo ou encontros com entidades espirituais. Essas experiências desafiam as explicações convencionais e abrem a porta para uma compreensão mais ampla da realidade.

Experiências transcendentais.

As experiências transcendentais das EQMs envolvem a percepção de realidades ou dimensões além das conhecidas. As pessoas que têm experiências transcendentais podem descrever sentimentos de união com o universo, momentos de êxtase místico ou a sensação de fusão com a essência divina ou cósmica.

A categorização proposta por Bruce Greyson oferece uma estrutura para examinar e compreender as várias facetas e tipos de experiências de EQM, mostrando como essas experiências podem envolver não apenas aspectos cognitivos e emocionais, mas também dimensões paranormais e transcendentais que desafiam nossas concepções normais da realidade.

Ian Stevenson.

O Dr. Ian Stevenson foi um eminente psiquiatra e pesquisador conhecido por seu trabalho pioneiro no campo das EQMs e, em particular, por sua pesquisa sobre memórias pré-nascimento e de vidas passadas.

Ian Stevenson ficou famoso por seu trabalho no estudo de casos de supostas reencarnações e memórias de vidas passadas em indivíduos de diferentes culturas e partes do mundo. Ele passou muitos anos coletando e analisando detalhadamente os relatos de crianças que afirmavam se lembrar de detalhes específicos de suas supostas vidas passadas, muitas vezes com uma precisão surpreendente.

Por meio de seu trabalho, Ian Stevenson procurou aplicar o rigor científico à investigação de fenômenos que desafiam nossas concepções normais de tempo, espaço e identidade pessoal. Sua pesquisa envolveu a comparação de detalhes fornecidos pelos sujeitos com fatos verificáveis e a comparação de possíveis explicações psicológicas, alternativas e sobrenaturais para esses fenômenos aparentemente inexplicáveis.

A metodologia e a abordagem científica de Stevenson fizeram com que seu trabalho fosse amplamente respeitado e discutido no campo da pesquisa sobre fenômenos paranormais e consciência. Ele publicou vários estudos e livros documentando os casos que examinou e suas observações sobre as implicações de tais fenômenos para nossa compreensão da natureza humana e da própria existência.

Ian Stevenson foi uma figura importante no campo da parapsicologia e da pesquisa sobre os fenômenos da vida após a morte, ajudando a levantar questões importantes sobre as possibilidades de uma continuação da consciência além da vida terrena. Suas investigações inspiraram mais pesquisas e discussões sobre os mistérios da consciência, da memória e da sobrevivência da alma, abrindo novas perspectivas e abordagens para explorar a vastidão da experiência humana.

Michael Newton.

Michael Newton é um psicólogo e autor famoso por seus estudos sobre regressões hipnóticas que revelaram memórias de vidas passadas e experiências após a morte. Seus livros mais conhecidos, Journey of Souls e *Destiny of Souls*, oferecem uma exploração aprofundada das experiências da alma entre as vidas, revelando detalhes surpreendentes sobre o processo de reencarnação e a evolução espiritual.

Por meio de suas sessões de hipnose de regressão realizadas com centenas de pessoas, Michael Newton obteve um quadro detalhado das experiências das almas após a morte física e antes da encarnação subsequente. Os testemunhos coletados delinearam uma jornada espiritual por diferentes estágios e cenários, revelando uma organização e uma estrutura aparentemente coerentes por trás do véu de nossa experiência terrena.

A perspectiva da "*alma em evolução*" proposta por Newton baseia-se em seus estudos e nos testemunhos de indivíduos em estado hipnótico, que falam de encontros com guias espirituais, sessões de revisão de vidas passadas, ambientes de aprendizado e crescimento espiritual, bem como a seleção de novas experiências terrenas para o avanço da alma.

A pesquisa de Michael Newton contribuiu para uma visão mais ampla e detalhada do ciclo de vida e morte, integrando conceitos de reencarnação, evolução espiritual e a continuidade da alma em várias existências. Suas obras inspiraram muitas pessoas a considerar a experiência terrena em um contexto mais amplo e a explorar as profundezas de sua própria espiritualidade e consciência.

Por meio de seu trabalho, Michael Newton forneceu uma estrutura rica e envolvente para compreender a complexidade de nossa existência e o significado oculto por trás das transições da vida. Sua pesquisa alimentou importantes discursos sobre o mistério da alma e abriu as portas para uma contemplação mais profunda de nosso propósito e conexão com o universo divino da existência.

Pim van Lommel.

Pim van Lommel é um renomado cardiologista holandês conhecido por seu trabalho sobre experiências de quase morte e EQMs. Ele é autor do livro "*Consciousness beyond life: The near-death experience*" (*Consciência além da vida: A experiência de quase morte*), no qual apresenta os resultados de sua pesquisa e observações clínicas sobre as experiências de quase morte de pacientes que sobreviveram a uma parada cardíaca.

Van Lommel realizou um estudo longo e aprofundado envolvendo pacientes que tiveram experiências de quase morte durante uma parada cardíaca. Em seus estudos, ele examinou as experiências subjetivas relatadas pelos pacientes, incluindo detalhes como deixar o corpo, ver uma luz brilhante, encontros com seres espirituais, rever a própria vida e sentir paz e bem-estar.

Uma das principais conclusões de van Lommel é que as experiências de quase morte oferecem evidências da existência da consciência independente do cérebro físico e sugerem a possibilidade de uma continuidade da consciência mesmo após a morte do corpo. Essa perspectiva tem implicações importantes para nossa compreensão da natureza da consciência, da morte e da vida após a morte.

O trabalho de Pim van Lommel fez uma contribuição significativa para a literatura científica sobre experiências de quase morte e despertou interesse e debate nos círculos científicos e espirituais. Sua pesquisa apoia a ideia de que as experiências de EQM podem oferecer uma janela para uma realidade mais ampla e complexa do que estamos acostumados a perceber, levantando questões importantes sobre a natureza da consciência e da existência além da vida terrena.

Eben Alexander.

Eben Alexander é neurocirurgião e autor do livro "Proof of Heaven" (Prova do Céu), no qual relata sua experiência pessoal de EQMs. A história de Alexander ficou famosa por sua singularidade, pois ele é um médico cético em relação às experiências de EQMs. No entanto, ele mesmo teve uma experiência extraordinária durante uma encefalite viral que o deixou próximo da morte em 2008.

No livro mencionado acima, Eben Alexander detalha sua experiência durante o coma induzido por encefalite, no qual ele afirma ter sido catapultado para um reino paradisíaco cheio de luz, beleza e amor incondicional. Durante essa experiência, Alexander afirma ter tido encontros com seres espirituais, ter sido cercado por um sentimento de paz e ter experimentado uma profunda conexão com o universo.

A perspectiva de Eben Alexander é única, pois, sendo médico, ele trouxe seu treinamento científico e racional para avaliar e interpretar sua própria experiência de EQMs. Isso tornou seu testemunho particularmente intrigante para muitos, pois ele procurou integrar sua experiência pessoal com sua compreensão científica do mundo.

A história de Eben Alexander provocou debates e reflexões no campo das experiências de quase morte, trazendo à tona a questão da compatibilidade entre a ciência e as experiências espirituais. Apesar das opiniões conflitantes sobre sua experiência, o relato de Alexander ajudou a aumentar a conscientização sobre o tema das EQMs e inspirou muitos especialistas a estudar experiências além da vida terrena...

Melvin Morse.

Melvin Morse é um pediatra conhecido por seu trabalho sobre EQMs e experiências de quase morte envolvendo crianças, explorando como essas experiências podem afetar sua visão de mundo e seu bem-estar emocional e espiritual. Por meio de sua pesquisa, Morse procurou entender melhor o impacto dessas experiências sobre as crianças e suas famílias, oferecendo perspectivas únicas sobre as dimensões espirituais e transcendentais da vida.

Um dos aspectos mais importantes do trabalho de Melvin Morse tem sido seu envolvimento em ouvir e documentar os relatos em primeira mão de crianças que tiveram experiências de quase morte. Por meio de entrevistas e estudos aprofundados, Morse procurou entender melhor a natureza dessas experiências e seu significado para aqueles que as vivenciaram.

Os livros escritos por Melvin Morse ajudaram a disseminar a conscientização e a compreensão das experiências de quase morte em crianças, oferecendo perspectivas únicas e inspiradoras sobre um assunto delicado, mas importante. Seu trabalho forneceu informações valiosas para qualquer pessoa interessada em explorar as experiências de quase morte pelos olhos dos mais jovens.

Janice Miner Holden.

Janice Miner Holden é uma professora universitária e pesquisadora que fez contribuições significativas para o estudo científico das experiências de quase morte e EQMs. Ela publicou vários artigos acadêmicos sobre o assunto, aprofundando nossa compreensão dessas experiências extraordinárias e suas implicações para a ciência e a psicologia.

Holden dedicou grande parte de sua carreira acadêmica ao estudo das EQMs, realizando pesquisas empíricas e colaborando com outros especialistas da área para explorar os vários aspectos dessas experiências, incluindo os elementos comuns, as transformações pessoais resultantes e as implicações para nossa compreensão da consciência e da realidade.

Como pesquisadora no campo das EQMs, Janice Miner Holden ajudou a promover uma visão científica e acadêmica de um tópico geralmente considerado mais no âmbito da espiritualidade e da metafísica. Seu trabalho ajudou a trazer maior rigor metodológico ao estudo dessas experiências, contribuindo para uma maior aceitação e reconhecimento da importância das abordagens científicas na compreensão de fenômenos aparentemente inexplicáveis.

Por meio de seus ensinamentos, pesquisas e publicações, Janice Miner Holden desempenhou um papel fundamental no aprofundamento do conhecimento das experiências de quase morte e na promoção de uma maior conscientização e compreensão dessas experiências extraordinárias que têm implicações profundas para nossa percepção da consciência, da vida e da morte.

Os sentidos experimentados na vida após a morte:

As experiências de quase morte (EQMs) geralmente são caracterizadas por uma experiência sensorial intensa e única que desafia nossa compreensão convencional do mundo. Neste parágrafo, relato os testemunhos coletados por estudiosos do assunto. Esses são os relatos de pessoas que tiveram uma experiência de quase morte. O objetivo é entender os sentidos experimentados na vida após a morte, a fim de esclarecer como essas experiências podem revelar uma outra realidade.

Diversos relatos de EQMs relatam uma expansão dos sentidos e a percepção de um mundo além do físico. O famoso caso de Pam Reynolds, uma cantora e compositora americana, é frequentemente citado como exemplo de uma experiência sensorial extraordinária. Em 1991, Reynolds foi submetida a uma delicada cirurgia no cérebro, durante a qual seu corpo foi resfriado e a circulação sanguínea foi cortada. Embora estivesse clinicamente morta por alguns minutos, Reynolds relatou ter tido uma experiência de EQM na qual teve uma visão de 360 graus, ouviu vozes e sons extraordinariamente claros e profundos e experimentou sensações táteis intensas.

A ciência tem procurado entender esses sentidos aguçados na vida após a morte. Um estudo realizado em 2018 por cientistas da Universidade de Southampton, no Reino Unido, envolveu mais de 2.000 pacientes que vivenciaram a morte iminente. Os resultados mostraram que muitos deles relataram ter percebido sensações táteis mais intensas, como o toque de uma luz divina ou a sensação de serem envolvidos por uma presença amorosa. Esses testemunhos sugerem que os sentidos na vida após a morte podem ir além dos limites do nosso mundo físico e permitir uma experiência sensorial mais completa e profunda.

Estudos sobre EQMs também revelaram a possibilidade de percepções extrassensoriais durante a experiência de quase morte. O Dr. Ian Stevenson, psiquiatra e pesquisador pioneiro no campo das experiências de quase-morte e no estudo de casos de supostas reencarnações, coletou relatos em que as pessoas alegavam ter a capacidade de "ver" através das paredes, "ouvir" os pensamentos dos outros ou "comunicar-se" telepaticamente com seres espirituais. Esses relatos sugerem uma possível abertura dos sentidos para uma dimensão além de nossa realidade física.

Entretanto, alguns estudiosos questionam a interpretação dessas experiências como evidência de uma vida após a morte. O Dr. Steven Novella, neurologista e professor da Universidade de Yale, ressalta que as experiências de morte iminente podem ser explicadas por processos neurológicos e não indicam necessariamente uma experiência de vida após a morte. Novella argumenta que a manipulação dos receptores sensoriais durante um estado alterado de consciência pode levar a percepções distorcidas e incomuns.

Entretanto, para muitos que passaram pela experiência de enfrentar a morte, esses sentidos aguçados são considerados reais e significativos.

As sensações físicas nas EQMs: do êxtase ao terror.

As experiências de morte iminente geralmente são caracterizadas por um amplo espectro de sensações físicas, que vão do êxtase ao terror. As sensações físicas nas EQMs podem variar muito de pessoa para pessoa. Alguns indivíduos relatam um estado de tranquilidade e extrema felicidade, como se estivessem envolvidos em uma cálida luz de amor. Um dos exemplos mais citados é a experiência de Anita Moorjani, autora de "Dying to Be Me" (Morrendo para ser eu), publicado em 2012. Moorjani, que passou por uma EQM devido a um câncer terminal, descreve a sensação de estar cercada por alegria e amor imensuráveis, deixando de lado qualquer medo ou dor.

Apesar desses sentimentos positivos, algumas pessoas também relatam experiências horríveis e assustadoras durante as EQMs. O professor Karl Jansen, psiquiatra britânico, destacou que algumas pessoas experimentam uma sensação de aniquilação ou desintegração do corpo, acompanhada de profundo terror. Essas experiências podem ser muito intensas e deixar uma marca indelével na psique de quem as vivencia.

Para entender melhor essas sensações físicas nas EQMs, os estudiosos realizaram vários experimentos. O Dr. Pim van Lommel realizou um estudo pioneiro no campo das EQMs, levando em conta a experiência de mais de 300 pacientes que sofreram parada cardíaca. Os resultados mostraram que muitas pessoas tiveram sensações físicas intensas, como uma sensação de flutuação fora do corpo e a capacidade de perceber eventos que ocorriam ao seu redor enquanto estavam clinicamente mortas.

Outro experimento digno de nota foi realizado pelo Dr. Michael Persinger, um neurocientista canadense. Persinger usou um capacete magnético para estimular o cérebro das pessoas de forma semelhante às sensações encontradas nas EQMs. Os participantes relataram ter experimentado sensações semelhantes às de uma experiência de morte iminente, confirmando a hipótese de que essas sensações físicas podem ser criadas por estimulação cerebral específica.

Em termos de eventos e momentos dedicados ao tema, a conferência internacional *'Beyond the Edge: Exploring Near-Death Experiences'* é uma ocasião importante em que especialistas e sobreviventes ajudam a esclarecer a ampla gama de sensações físicas das EQMs.

A conferência é um grande evento realizado anualmente desde 2010 em várias cidades do mundo. Essa conferência reúne especialistas no campo das experiências de EQM e sobreviventes que compartilham seus testemunhos e conhecimentos sobre esse tópico fascinante e misterioso.

Os tópicos abordados durante a conferência incluem sensações físicas durante EQMs, percepções extrassensoriais, os efeitos psicológicos e espirituais das experiências de quase morte, o efeito sobre as crenças pessoais e muito mais.

A conferência *Beyond the Edge* é uma oportunidade única para aprofundar nossa compreensão desses fenômenos e criar um diálogo entre aqueles que estudam as EQMs de uma perspectiva científica e aqueles que as vivenciaram em primeira mão.

Informações atualizadas sobre a próxima edição e seu local específico podem ser encontradas no site oficial do evento.

Em conclusão, as experiências de morte iminente podem provocar uma gama incrivelmente ampla de sensações físicas. Enquanto alguns indivíduos relatam paz e êxtase extraordinários, outros podem experimentar sensações terríveis e assustadoras.

Os estudos realizados por van Lommel e Persinger nos dão uma perspectiva científica sobre a experiência sensorial das EQMs, mas muitas perguntas permanecem sem resposta.

Visões e símbolos da vida após a morte em experiências de EQM: uma linguagem universal?

Os relatos de EQMs geralmente relatam a presença de símbolos e visões significativas que parecem transcender as limitações de espaço e tempo. Um exemplo bem conhecido é a experiência de Betty Eadie, autora do livro "Embraced by the Light", publicado em 1992. Durante sua EQM, Eadie descreveu uma paisagem brilhante e serena na qual as cores eram vivas e as formas se manifestavam de forma mais real do que na realidade terrena. Essa descrição é semelhante aos relatos de muitas outras pessoas que tiveram uma experiência semelhante.

A presença de símbolos recorrentes durante experiências de morte iminente tem atraído a atenção de estudiosos. O Dr. Raymond Moody identificou vários símbolos comuns entre os relatos dos sobreviventes. Entre eles estão a passagem por um túnel, o encontro com uma luz divina, o encontro com seres espirituais ou falecidos e a visão de uma revisão da própria vida. Moody argumenta que esses símbolos muitas vezes podem ser interpretações pessoais de uma experiência comum, sugerindo a existência de uma linguagem universal na vida após a morte.

Os experimentos realizados no campo das EQMs podem fornecer mais evidências de uma linguagem universal no testemunho. O Dr. Kenneth Ring criou um livro de imagens com símbolos abstratos, que ele apresentou a participantes que haviam vivenciado a morte iminente. A maioria dos participantes identificou as imagens como representações simbólicas de suas experiências de enfrentamento da morte, confirmando a ideia de uma linguagem simbólica compartilhada.

Todas as sensações típicas de uma EQM.

Em 1975, o primeiro texto de Raymond Moody sobre experiências de quase morte (EQMs) apresentou 12 elementos exclusivos dessas experiências. Moody ressaltou que a maioria dos indivíduos vivencia apenas alguns desses elementos durante uma EQM; é raro que todos eles sejam vivenciados juntos. Cada experiência de EQM é única e é vivenciada como um evento coerente, e não como uma série de elementos distintos. A ordem em que esses elementos são vivenciados pode variar ligeiramente de um indivíduo para outro.

Em seu livro "Consciousness Beyond Life" (Consciência além da vida), Pin Van Lommel lista 12 elementos característicos das experiências de quase morte:

1. A inefabilidade da experiência.
2. As pessoas experimentam uma sensação de paz e tranquilidade, a dor desaparece.
3. As pessoas têm a sensação de estarem mortas, geralmente acompanhada de um ruído.

4. As pessoas têm uma experiência fora do corpo (EFC), ou seja, elas testemunham sua ressuscitação ou cirurgia observando a cena de um ponto fora e acima de seu corpo.
5. As pessoas percebem um espaço escuro. Esse espaço é percebido como temeroso em 15% dos casos.
Em outras ocasiões (cerca de 1-2% dos casos), a experiência é descrita como assustadora ou infernal. As pessoas são atraídas por uma pequena luz com um brilho semelhante a um alfinete em um espaço escuro. Às vezes, essa atração é descrita como uma experiência em um túnel que leva rapidamente à luz.
6. As pessoas percebem um ambiente de outro mundo, uma paisagem incrível com belas cores, flores fantásticas e, às vezes, até música.
7. As pessoas podem se encontrar e se comunicar com pessoas falecidas, principalmente parentes
8. as pessoas veem uma luz brilhante ou um Ser de luz. As pessoas experimentam uma sensação de aceitação completa e amor incondicional. As pessoas sentem que têm acesso a conhecimento e sabedoria mais profundos.
9. As pessoas têm uma visão panorâmica de si mesmas ou uma revisão da vida desde o nascimento. As pessoas veem sua vida fluindo rapidamente à sua frente. Parece que não há tempo nem distância, tudo acontece ao mesmo tempo. Depois disso, as pessoas podem falar durante dias sobre uma revisão de sua vida que durou apenas alguns minutos.
10. As pessoas têm presciência ou visões relâmpago do futuro. As pessoas têm a impressão de que estão testemunhando parte da vida que ainda está por vir.
11. As pessoas têm a percepção de um limite e estão cientes de que, se o cruzarem, nunca mais poderão retornar ao seu corpo.
12. Há um retorno consciente ao corpo da pessoa, acompanhado de uma grande decepção por ter que abrir mão de algo muito bonito.

EQMs e o medo da morte.

As EQMs têm sido um tópico de grande interesse e debate nas últimas décadas. Mas como essas experiências influenciam nossa percepção da passagem e nosso medo dela?

Uma das primeiras psicólogas a se aprofundar nesse tópico foi Elisabeth Kübler-Ross. Em seu *livro "Death: Last Stages of Growth"* (*Morte: Últimos Estágios de Crescimento*), publicado em 1969, Kübler-Ross realizou uma extensa pesquisa sobre as experiências de pacientes terminais. Ela descobriu que muitos deles relataram experiências de EQM, que incluíam visões de luz, sentimentos de paz e calma e encontros com seres espirituais. Kübler-Ross argumentou que essas experiências podem ajudar as pessoas a superar o medo e a ansiedade associados à morte, oferecendo uma perspectiva tranquilizadora sobre a continuidade da existência.

Outra contribuição notável foi feita por Kenneth Ring, psicólogo e estudioso de EQMs. Em sua obra "*NDEs: Evidence of Life After Death*" (*EQMs: Evidências de Vida Após a Morte*), publicada em 1980, Ring analisou entrevistas com mais de 100 pessoas que haviam vivenciado a morte iminente. Os depoimentos coletados mostraram que as EQMs tiveram um impacto significativo sobre as pessoas, diminuindo o medo da morte e levando a uma visão mais positiva da vida. Ring cunhou o termo "*efeito EQM*" para indicar a mudança positiva que essas experiências podem provocar na visão que as pessoas têm da passagem e da própria vida.

A comunidade científica também realizou estudos sobre as implicações psicológicas das EQMs. O psicólogo Bruce Greyson, conhecido por sua pesquisa no campo das experiências de quase-morte, realizou estudos extensos sobre pacientes que passaram por EQMs. Uma de suas descobertas mais interessantes foi a presença de um maior senso de propósito e mudanças positivas nas prioridades da vida de pessoas que tiveram uma experiência de quase-morte. Essas mudanças podem incluir maior gratidão pela vida, uma conexão renovada com os outros e uma atitude mais compassiva.

O túnel de luz nas experiências de EQM.

Desde os primeiros relatos de EQMs, muitas pessoas descreveram a experiência de entrar em um túnel de luz depois de deixar o corpo. Um dos casos mais conhecidos é o testemunho do Dr. Eben Alexander. Alexander relatou ter sido envolvido por uma intensa sensação de paz e ter sido puxado por um túnel de cores vivas iluminado por uma luz divina.

Estudos realizados sobre a experiência do túnel de luz sugerem que ela pode estar relacionada a processos neurológicos e psicológicos. O Dr. Pim van Lommel sugere que o túnel de luz pode ser o resultado de uma percepção alterada de tempo e espaço durante uma experiência de morte iminente. De acordo com sua teoria, quando o cérebro está em um estado de estresse extremo ou falta de oxigênio, ele pode ativar uma resposta neurológica que causa uma sensação de movimento através de um túnel.

Outro aspecto interessante é o efeito que o túnel de luz pode ter na percepção das pessoas sobre a morte. O Dr. Raymond Moody sugere que o túnel pode servir como um portal simbólico entre a vida terrena e a próxima. Para aqueles que vivenciam a morte iminente, o túnel representa uma passagem para outra dimensão, uma espécie de portal para a realidade divina.

Muitos relatos de túneis de luz também podem ser encontrados nas experiências de EQM daqueles que tiveram encontros com seres espirituais em sua jornada. Por exemplo, no livro "*Encounters with Angels*" (*Encontros com Anjos*), publicado em 1995, a autora Doreen Virtue relata vários relatos de pessoas que vivenciaram a morte iminente e passaram por um túnel de luz guiadas por presenças angelicais. Esses relatos oferecem outros elementos a serem considerados na compreensão do significado simbólico e espiritual do túnel de luz nas EQMs.

Os eventos de EQM e os EMCs, que são realizados regularmente em diferentes partes do mundo, oferecem uma oportunidade única para acadêmicos, especialistas e testemunhas compartilharem suas experiências e discutirem suas teorias sobre o túnel de luz nas EQMs. Durante esses eventos, testemunhos diretos são analisados, pesquisas científicas são apresentadas e o significado e a interpretação desse fenômeno são investigados.

Em conclusão, o túnel de luz nas EQMs é um elemento recorrente nos depoimentos dos sobreviventes. As histórias de pessoas como o Dr. Alexander e os testemunhos coletados por estudiosos como Van Lommel e Moody nos dão o que pensar sobre a natureza da realidade e da consciência. As teorias apresentadas por esses estudiosos, que envolvem aspectos neurológicos, psicológicos e espirituais, nos incentivam ainda mais a explorar a complexidade dessas experiências e a questionar suas implicações para nossa compreensão da vida e da morte.

O túnel de luz é frequentemente descrito como uma passagem para outra dimensão ou um lugar divino. Vários pacientes compartilharam experiências semelhantes, como falta de ar, sensação de flutuação e uma luz brilhante que atrai. Um dos casos mais famosos é o testemunho de Betty Eadie, autora de "Embraced by the Light" (Abraçado pela Luz), publicado em 1992.

Nesse livro, Eadie descreve seu encontro com um túnel de luz durante sua EQM e o descreve como um evento que mudou radicalmente sua percepção da vida e da passagem.

Os estudiosos que investigaram a experiência do túnel de luz propuseram várias teorias para explicar esse fenômeno. O Dr. Kenneth Ring, um dos maiores especialistas em EQMs, levantou a hipótese de que o túnel poderia ser o resultado de um processo de transição entre o corpo físico e o espiritual. De acordo com sua teoria, a alma está se separando do corpo e entrando em uma dimensão energética mais elevada, representada pelo túnel luminoso.

Os estudiosos que investigaram a experiência do túnel de luz propuseram várias teorias para explicar esse fenômeno. O Dr. Kenneth Ring, um dos maiores especialistas em EQMs, levantou a hipótese de que o túnel poderia ser o resultado de um processo de transição entre o corpo físico e o espiritual. De acordo com sua teoria, a alma está se desprendendo do corpo e entrando em uma dimensão energética mais elevada, representada pelo túnel de luz.

Outros estudiosos, como o Dr. Raymond Moody e o Dr. Bruce Greyson, sugeriram que o túnel de luz poderia ser uma manifestação da consciência em transição para outra realidade. A luz brilhante representaria uma energia espiritual que atrai e guia o indivíduo para a vida após a morte. Essas teorias baseiam-se na análise sistemática dos testemunhos de sobreviventes de EQMs, reforçando a ideia de que o túnel luminoso é significativo e pode oferecer uma visão sobre a natureza da existência após a transição.

Nas últimas décadas, os cientistas realizaram experimentos para tentar entender melhor as experiências com túneis de luz. O Dr. Olaf Blanke, um neurologista suíço, estudou pacientes que tiveram experiências semelhantes a túneis de luz durante ataques epiléticos. Sua pesquisa sugeriu que essas sensações poderiam ser causadas pela estimulação dos lobos parietais do cérebro, que são responsáveis pela percepção do espaço e do corpo. Entretanto, essas explicações científicas ainda não são capazes de explicar totalmente a profundidade e a espiritualidade associadas à experiência do túnel de luz nas EQMs.

Semelhanças entre o túnel das experiências de EQM e o parto.

O túnel das experiências de EQM e o parto são dois momentos significativos e profundos que representam uma transição entre dois estados de consciência. As semelhanças entre eles podem ser vistas em vários aspectos:

Transformação e transição.
Tanto o túnel das experiências de EQM quanto o parto são momentos de transição e profunda transformação. No túnel das experiências de EQM, aqueles que passam por ele geralmente descrevem sentimentos de paz, luz e serenidade, semelhantes aos associados ao parto. Ambos representam uma passagem de uma realidade para outra, de uma dimensão para outra.

Mistério e incerteza.
Tanto o túnel das experiências de EQM quanto o parto estão envoltos em um senso de mistério e incerteza. Durante ambos os processos, há um elemento de desconhecido, de passagem para algo desconhecido e além da compreensão humana.

Conflito e dor.
Em ambos os casos, geralmente há uma fase de conflito e sofrimento. No túnel das experiências de EQM, algumas pessoas relatam sentimentos de angústia ou medo antes de alcançar a luz; no parto, a mãe passa por um processo doloroso antes de dar à luz uma nova vida.

Nova vida e renascimento.
No fim do túnel das experiências de EQM, muitas vezes se fala de um sentimento de renascimento, de uma nova consciência e compreensão da vida; semelhante ao nascimento de uma criança no parto, representando o início de uma nova vida, de novas possibilidades e esperanças.

Conexão com a vida após a morte e com o divino.
Ambos os momentos são frequentemente associados a experiências espirituais e transcendentes, com sentimentos de conexão com o além ou com uma dimensão divina. No túnel das experiências de EQM, fala-se de encontros com seres espirituais ou parentes falecidos, enquanto o parto é geralmente considerado um momento sagrado e espiritual.

Em conclusão, o túnel das experiências de EQM e o parto compartilham muitas semelhanças profundas que destacam a natureza transformadora e misteriosa da vida e da morte, a passagem de uma existência para outra e a centralidade da espiritualidade e do renascimento em ambos os processos.

Experiências antes da morte. Testemunhos de outra realidade.

As experiências pré-morte são um fenômeno que suscita debates e questionamentos. Enquanto alguns céticos tentam explicar essas experiências por meio de causas biológicas ou processos neurais, outros argumentam que elas podem representar uma prévia da vida após a passagem. Os relatos de experiências de quase-morte são sugestivos e podem fornecer percepções interessantes sobre a existência de uma realidade além da passagem.

As experiências pré-morte oferecem uma perspectiva única sobre a morte e a sobrevivência da alma no contexto da metafísica quântica. Elas são um tópico intrigante que desafia as concepções tradicionais da realidade e nos convida a explorar a interconexão da mente, da consciência e do universo.

Os testemunhos de EQMs estão repletos de descrições de uma luz radiante e envolvente que transmite uma sensação de paz, amor e total aceitação. Um dos casos mais conhecidos é o de Anita Moorjani, autora do livro "Dying to Be Me" (Morrendo para ser eu), publicado em 2012. Moorjani compartilhou sua experiência de EQM, na qual vivenciou uma intensa conexão com uma luz divina e recebeu uma mensagem de amor incondicional. Essa experiência mudou radicalmente sua perspectiva de vida, levando-a a se recuperar de uma doença grave e a inspirar outras pessoas com sua história de transformação espiritual.

Estudos sobre EQMs realizados nas últimas décadas reforçaram a ideia de que essas experiências são uma fonte de inspiração espiritual. O Dr. Jeffrey Long, fundador da *Near Death Experience Research Foundation*, analisou centenas de testemunhos de EQM e descobriu que a grande maioria das pessoas envolvidas relatou uma profunda mudança em sua espiritualidade. Muitas vezes, essas pessoas manifestam maior compaixão, um senso de conexão universal e uma abertura para o amor incondicional.

Experimentos conduzidos pelo Dr. Bruce Greyson, professor de psiquiatria da Universidade da Virgínia, revelaram que as EQMs podem influenciar positivamente a vida das pessoas, levando a uma maior apreciação da própria vida e a um senso mais profundo de propósito.

Em conclusão, as experiências de quase morte nos revelam uma realidade de luz e amor que pode se tornar uma fonte de inspiração espiritual. Os testemunhos de pessoas como Anita Moorjani nos mostram como essas experiências podem levar a uma transformação profunda e a uma conexão mais profunda com o divino. Estudos científicos, experimentos e eventos dedicados às EQMs confirmam a importância e o impacto que essas experiências podem ter no desenvolvimento espiritual das pessoas. A vida após a morte, conforme descrita nas EQMs, transmite uma mensagem de esperança, cura e amor incondicional que pode iluminar nosso caminho e enriquecer nossa compreensão da própria vida.

Crise de fé. Como as EQMs influenciaram as visões religiosas sobre a morte.

As experiências de quase morte tiveram um impacto significativo nas visões religiosas sobre a morte. Uma figura importante no debate sobre a influência das EQMs na religião é o Dr. Raymond Moody. Em seus estudos pioneiros sobre encontros de quase-morte, Moody apontou que muitos dos testemunhos de EQM compartilham características comuns, como a experiência de uma luz radiante, a sensação de separação do corpo e a conexão com uma realidade espiritual. Esses testemunhos desafiaram algumas concepções religiosas sobre a vida após a morte, abrindo novos horizontes de compreensão.

As experiências de quase-morte muitas vezes levam as pessoas a vivenciar um estado de felicidade, paz e profunda conexão, o que às vezes contrasta com as visões mais sinistras da vida após a morte encontradas em algumas tradições religiosas.

Por exemplo, o testemunho de Eben Alexander oferece uma perspectiva totalmente diferente do paradigma tradicional.

Alexander, que teve uma experiência de quase morte após uma doença muito grave, descreve um encontro com uma figura espiritual que o levou a um reino de amor e beleza inimagináveis, desafiando assim sua visão limitada anterior da vida após a morte.

Eventos como a conferência "Science and Nonduality" abriram espaço para o diálogo entre ciência e espiritualidade, destacando como as EQMs podem influenciar a compreensão religiosa da morte. Nesse contexto, estudiosos como o Dr. Sam Parnia e o Dr. Bruce Greyson compartilharam suas pesquisas sobre a experiência da morte iminente, destacando como muitas pessoas relatam encontros com seres espirituais, sentimentos de unidade e revelações divinas que muitas vezes contradizem as doutrinas religiosas tradicionais.

Entretanto, nem todas as religiões tiveram sua credibilidade afetada pelas EQMs. Por exemplo, algumas tradições religiosas orientais, como o budismo e o hinduísmo, integraram as experiências de quase morte em seus sistemas de crenças. Os testemunhos de pessoas que vivenciaram EQMs influenciadas pelo budismo ou pelo hinduísmo apontam para uma continuidade entre suas experiências e os princípios espirituais de suas respectivas tradições religiosas, consolidando assim as crenças existentes e ampliando a compreensão coletiva da vida após a morte.

Em conclusão, as experiências de quase morte desencadearam uma crise de fé nas tradições religiosas que consideram a vida após a morte como um lugar de expiação, puro sofrimento ou alegria limitada.

Experiências pré-mortais nos relatos de viajantes astrais. Uma simbiose de ciência e espiritualidade.

As experiências pré-morte, geralmente associadas aos eventos dos viajantes astrais, tornaram-se objeto de uma interessante sinergia entre ciência e espiritualidade.

As viagens astrais, também conhecidas como projeção astral ou experiências fora do corpo, são fenômenos em que uma pessoa tem a sensação de separar sua consciência do corpo físico e viajar para um espaço alternativo, geralmente chamado de "*plano astral*". Durante essas experiências, diz-se que a pessoa percebe ambientes e realidades diferentes do mundo físico, interage com seres ou entidades não físicas e tem experiências incomuns ou espirituais.

Os praticantes e defensores da experiência astral acreditam que é possível atingir esse estado por meio de técnicas de relaxamento profundo, meditação, visualização ou outros métodos que induzem estados alterados de consciência. Algumas pessoas afirmam ter experiências fora do corpo espontâneas durante o sono ou em situações de perigo ou estresse.

Deve-se enfatizar que as experiências astrais são amplamente consideradas dentro do reino das crenças espirituais, esotéricas ou paranormais e geralmente não são aceitas ou apoiadas pela comunidade científica como fenômenos demonstráveis ou empiricamente validados. Muitos estudiosos apontam que as experiências astrais podem resultar de processos neurológicos, sugestões, estados de sonho ou alucinações, e não de uma separação real da consciência do corpo físico.

Os viajantes astrais são pessoas que acreditam ser capazes de separar sua consciência do corpo físico e explorar outros planos de existência ou dimensões por meio da chamada "projeção astral". Essa prática é baseada em crenças espirituais e metafísicas de que a alma ou a consciência pode explorar livremente o universo fora do corpo durante o sono, em um estado de meditação profunda ou por meio de técnicas específicas de indução de estados alterados de consciência. Os viajantes astrais afirmam que podem conhecer lugares reais ou astrais e interagir com seres ou entidades espirituais durante essas experiências fora do corpo.

O fenômeno da viagem astral, ou experiências fora do corpo (EFCs), chamou a atenção de vários estudiosos. Um pioneiro nesse campo foi o famoso psicólogo e filósofo William Buhlman. Por meio de suas pesquisas e escritos, como "*Adventures Beyond the Body*" (*Aventuras além do corpo*) e "*Experiences with the Spirit World*" (*Experiências com o mundo espiritual*), Buhlman documentou as experiências de quase morte de viajantes astrais. Ele explorou sensações de flutuação e leveza, encontros com entidades espirituais e a experiência de outra dimensão de consciência. Esses relatos foram um trampolim para um novo diálogo entre a ciência e a espiritualidade.

Outra figura proeminente no campo das viagens astrais é Robert Monroe, que fundou o *Monroe Institute for Research on States of Consciousness*. Em seus inúmeros livros, como "Journeys Out of the Body" (Viagens fora do corpo) e "Far Journeys" (Viagens distantes), Monroe compartilhou suas experiências de quase morte no contexto da viagem astral. Seus testemunhos e experimentos apoiaram a ideia de que a consciência pode se separar do corpo e explorar realidades alternativas, abrindo assim uma nova perspectiva sobre o que pode acontecer durante a experiência da morte.

As anedotas dos viajantes astrais são frequentemente entrelaçadas com estudos científicos. Uma de nossas referências científicas nesse campo é o psicólogo escocês

Dr. David Fontana, professor emérito da *Universidade do País de Gales*. Fontana realizou uma extensa pesquisa sobre o fenômeno da viagem astral e documentou a experiência de quase morte como uma extensão natural dessas experiências. Seu trabalho lançou uma nova luz sobre como a ciência e a espiritualidade podem coexistir e se enriquecer mutuamente.

Em conclusão, as experiências de quase morte nos relatos de viajantes astrais representam uma simbiose fascinante entre ciência e espiritualidade. Os testemunhos de figuras como Buhlman, Monroe, Campbell e Nicholls oferecem uma perspectiva única sobre as experiências de quase morte, ligando a experiência fora do corpo a realidades alternativas e abrindo novos horizontes para a compreensão da consciência. Os eventos dedicados à viagem astral ajudaram a promover um diálogo entre a ciência e a espiritualidade, dando voz às experiências dos viajantes astrais e enriquecendo a compreensão coletiva de realidades desconhecidas. Por meio dessa simbiose, nossa perspectiva sobre a vida após a passagem é enriquecida com novas dimensões, abrindo caminho para novas investigações e descobertas sobre a natureza da consciência e da existência humana.

Campos de energia e EQMs. O mistério da alma após a passagem.

As experiências de EQM despertam intenso interesse entre cientistas, filósofos e espiritualistas devido à possibilidade que oferecem de sondar o mistério da alma após a passagem. Nesta seção, exploraremos o papel dos campos de energia nas EQMs e como isso pode proporcionar uma compreensão mais profunda do que acontece além do véu da passagem.

Um dos pontos centrais da pesquisa de EQM diz respeito ao conceito de campo de energia que envolve e permeia nossos corpos. O Dr. Gary Schwartz, professor de psicologia da Universidade do Arizona, estudou os campos de energia e sua relação com as experiências de quase-morte. Em seu livro "*The Energy Healing Experiments*" (2007), Schwartz apresenta suas descobertas de pesquisas de laboratório sobre os efeitos das energias sutis no corpo e na mente. Ele também tentou entender como os campos de energia poderiam estar envolvidos nas experiências fora do corpo relatadas nas EQMs.

Vários testemunhos de pacientes que tiveram uma experiência de quase morte foram objeto de análise por pesquisadores no campo das energias sutis. Um dos casos mais conhecidos é a história de Pam Reynolds, contada por Michael Talbot em seu livro de 1992, "*The Holographic Universe*" (*O Universo Holográfico*). Reynolds foi submetida a uma delicada operação no cérebro, que exigiu a redução de sua temperatura corporal a níveis perigosos. Durante a operação, ela teve uma EQM descrita em detalhes, apesar de estar clinicamente morta. Esse caso levantou questões sobre se os campos de energia podem preservar as experiências e a consciência durante a cirurgia.

Os experimentos conduzidos pelo Dr. Melvin Morse, neurocientista e autor de "*Closer to the Light*" (1990), são outro exemplo relevante. Morse examinou a relação entre os campos de energia e as EQMs por meio de sua pesquisa com crianças que tiveram uma experiência de quase morte. Ele descobriu que muitas dessas experiências estavam associadas a uma maior sensibilidade aos campos de energia e a uma percepção do espírito que transcendia o corpo físico. Essas descobertas levaram Morse a levantar a hipótese de que os campos de energia são cruciais para a compreensão da sobrevivência da alma após a morte.

Concluindo, o estudo dos campos de energia em experiências de quase morte pode oferecer uma perspectiva fascinante sobre o mistério da vida após a morte. As pesquisas de estudiosos como Gary Schwartz e Melvin Morse, juntamente com os testemunhos detalhados de pacientes como Pam Reynolds, oferecem pistas sobre a presença e a importância dos campos de energia durante as experiências de quase morte. As conferências internacionais sobre EQMs também proporcionam um ambiente para a troca de ideias e o aprofundamento do conhecimento nesse campo.

Apesar dos desafios e das questões em aberto sobre a natureza e a validade científica das EQMs, os estudos de campo de energia oferecem uma perspectiva fascinante sobre a possibilidade de a experiência humana sobreviver além do fim corpóreo.

A exploração da ligação entre os campos de energia e as EQMs abre uma ampla gama de perguntas e possibilidades no exame científico da alma após a transição.

Larry Dossey argumentou que os campos de energia, especialmente o campo de coerência, poderiam estar relacionados à natureza da alma e à continuidade da consciência além da passagem. Seu trabalho chamou a atenção para terapias energéticas alternativas, como o *Reiki* e *a cura prânica*, que se baseiam na manipulação e no equilíbrio dos campos de energia para promover o bem-estar e influenciar a saúde.

Outra autora importante é a Dra. Elisabeth Kübler-Ross, que dedicou grande parte de sua carreira à pesquisa de experiências de quase-morte e ao acompanhamento de pessoas com doenças terminais. Por meio de seu trabalho, Kübler-Ross destacou a importância das experiências de quase-morte para lidar com o medo e a transformação pessoal. Ela forneceu testemunhos detalhados de pessoas que afirmaram fazer contato com campos de energia vital e serem guiadas a outro estado de consciência durante as EQMs.

Apesar dos testemunhos e das pesquisas sobre o assunto, os céticos argumentam que as EQMs podem ser simplesmente o resultado de um funcionamento cerebral alterado devido ao efeito de substâncias químicas liberadas durante um estado de estresse ou perigo iminente. Entretanto, os testemunhos detalhados e consistentes de algumas pessoas levantam dúvidas sobre as explicações convencionais...

O futuro da pesquisa de EQMs e campos de energia baseia-se em uma combinação de abordagens científicas e espirituais, com uma mente aberta para a possibilidade de uma realidade maior além daquela que podemos experimentar diretamente com nossos sentidos. A integração de diferentes disciplinas - da física quântica à neurociência e à psicologia transpessoal - poderia fornecer um quadro mais completo da experiência humana e de sua existência contínua além da passagem.

Por fim, o mistério das experiências de quase morte e sua relação com os campos de energia levantam questões fundamentais sobre a natureza da alma e da consciência após a morte.

NDES, OBES, CMES. As diferenças.

No vasto panorama das experiências de fim de vida, *as Experiências* de Quase Morte (EQMs) e *as Experiências Fora do Corpo* (EFCs) representam um dos tópicos mais fascinantes e controversos, lançando luz sobre o que pode aguardar o indivíduo além do limiar da morte. São experiências que desafiam nossas concepções convencionais de realidade, consciência e existência, levando a uma reflexão mais profunda sobre a natureza do eu e o significado da própria vida.

As experiências de *quase morte*, um fenômeno que tem sido amplamente estudado e documentado nas últimas décadas, são experiências vivenciadas por indivíduos que estiveram próximos da morte e relataram sensações extraordinárias, como a percepção de deixar o corpo, encontrar seres espirituais ou falecidos, viajar por um túnel de luz e rever a própria vida. Um dos pioneiros no estudo das EQMs é o médico Raymond Moody, autor do famoso livro "Life After Life" (Vida Após a Vida), publicado em 1975, que ajudou a trazer à luz essas experiências e a despertar um interesse generalizado pelo assunto.

Por outro lado, *as Experiências Fora do Corpo* envolvem a sensação de deixar o corpo físico e flutuar ou viajar para fora dele, muitas vezes com lucidez e consciência surpreendentes. Pioneiros como Robert Monroe, fundador do Monroe Institute, que realizou pesquisas sobre EFCs e experiências semelhantes, ajudaram a explorar esses fenômenos e a desenvolver um corpo de conhecimento sobre experiências fora do corpo.

A linha tênue entre EQMs e EFCs é um tema de debate entre os estudiosos do assunto. Embora as EQMs sejam geralmente associadas à morte e, portanto, a experiências de quase morte, as EFCs podem ocorrer em diferentes contextos e sem necessariamente envolver uma situação de risco de vida. No entanto, ambas as experiências compartilham elementos comuns de separação entre a consciência e o corpo físico, abrindo questões profundas sobre a natureza da alma e da realidade.

Estudos científicos, como os realizados por Pim van Lommel, autor de "*Consciousness Beyond Life*" (*Consciência Além da Vida*), tentaram fornecer uma análise racional das EQMs, sugerindo que essas experiências podem resultar de uma atividade cerebral peculiar sob determinadas condições fisiológicas. Entretanto, as interpretações científicas não excluem a possibilidade de uma dimensão transcendente ou espiritual subjacente a essas experiências.

Em meio a essas reflexões filosóficas e científicas, nos encontramos em uma encruzilhada sugestiva que nos leva a questionar não apenas o que acontece após a morte, mas, acima de tudo, quem somos, qual é o nosso verdadeiro propósito e qual é a nossa conexão com o universo ao nosso redor. As EQMs e EFCs, com sua linha tênue entre a vida e a morte, lançam um feixe de luz sobre esse mistério milenar, convidando-nos a explorar as profundezas de nossa existência com novos olhos e uma mente aberta.

Em um mundo repleto de experiências extraordinárias e perguntas sem respostas, as EQMs e EFCs nos levam a reconsiderar nossa compreensão tradicional da realidade e da própria vida, abrindo as portas para uma nova visão que abrange a complexidade infinita do universo e da nossa consciência.

As EMCs (*Experiências na Fronteira da Passagem*), também conhecidas como MBEs *(Experiências na Fronteira Mortal*) ou ADCs (*Comunicação Após a Morte*), são experiências que algumas pessoas relatam ter perto da morte ou após um evento traumático. Essas experiências podem incluir sensações de saída do corpo, visões de luz intensa, encontros com seres espirituais ou falecidos, uma revisão da própria vida ou sensações de paz e profundo bem-estar.

As EMCs são frequentemente associadas às EQMs, mas diferem dessas últimas por não implicarem necessariamente uma situação de perigo iminente ou de risco de vida. As pessoas que passaram por EMCs podem descrever sentimentos de serenidade, conexão com uma energia superior ou compreensão profunda de sua própria existência.

Essas experiências podem ter um impacto significativo na vida das pessoas que as vivenciam, geralmente levando a uma maior abertura espiritual, à redução do medo da morte e a uma perspectiva renovada sobre a vida e o significado da existência.

As EMCs são objeto de estudo e interesse de vários pesquisadores e acadêmicos, tanto nas áreas de psicologia quanto de espiritualidade e religião. A exploração dessas experiências pode proporcionar percepções interessantes sobre a natureza do ser humano, a percepção da morte e a possibilidade de uma dimensão além da realidade física que conhecemos.

O papel do amor na experiência da vida após a morte. Uma análise dos testemunhos de EQM.

Os relatos de EQMs são permeados por histórias de amor incondicional e penetrante que envolve o indivíduo durante a experiência da travessia. Um dos exemplos mais conhecidos são os testemunhos coletados pelo Dr. Kenneth Ring, em seus estudos na Universidade de Connecticut. As histórias daqueles que vivenciaram a morte iminente, coletadas por Ring nas décadas de 1970 e 1980, relatam um sentimento de amor intenso e uma conexão profunda que vai além dos indivíduos e se estende a todo o universo. Esse amor é descrito como uma força que permeia tudo, capaz de curar, sustentar e conectar todos os seres vivos.

Eventos como congressos internacionais sobre EQMs e a International Association for Near-Death Studies (Associação Internacional para Estudos de Quase Morte) oferecem um palco para a discussão do papel do amor nas EQMs. Nessas ocasiões, especialistas e pessoas que vivenciaram uma morte iminente compartilham seus testemunhos, oferecendo percepções sobre o poder do amor no contexto da experiência da vida após a morte.

Uma anedota interessante que destaca a importância do amor nas EQMs é a de Howard Storm, um ex-professor de arte que escreveu o livro "My Descent into Death" (Minha Descida para a Morte) depois de vivenciar a morte iminente em 1985. Storm descreve a ausência de amor no reino da passagem, seu desespero e a transformação subsequente que experimentou quando aceitou a ajuda e o amor de seres espirituais que o guiaram em direção à luz e ao amor incondicional.

Em conclusão, o amor desempenha um papel fundamental nos relatos de EQMs. As experiências de quase-morte, descritas por autores como Kenneth Ring, Pim van

Lommel e Howard Storm, nos oferecem uma perspectiva única sobre o poder curativo e transformador do amor incondicional. Estudos científicos e eventos dedicados às EQMs oferecem uma oportunidade de explorar as ligações entre as EQMs e o amor, promovendo uma compreensão mais profunda do papel vital que o amor desempenha em nossas vidas. Esses testemunhos nos incentivam a refletir sobre a importância de cultivar o amor, a bondade e a compaixão nos relacionamentos humanos, criando assim um mundo no qual o amor é o principal impulsionador da cura, da conexão e da transformação.

Em seu livro "*Consciousness beyond life*" (*Consciência além da vida*), Pin Lommel escreve o seguinte:

> *Uma EQM é tanto uma crise existencial quanto uma experiência intensa e instrutiva. As pessoas são transformadas ao se encontrarem, mesmo que fugazmente, em uma dimensão em que o tempo e o espaço não desempenham nenhum papel, em que podem ver o passado e o futuro, em que se sentem completas e curadas e em que podem experimentar a sabedoria infinita e o amor incondicional. Essas transformações são alimentadas principalmente pela visão de que o amor e a compaixão por si mesmo, pelos outros e pela natureza são essenciais. Depois de uma EQM, as pessoas percebem que tudo e todos estão conectados, que cada pensamento tem um impacto sobre elas mesmas e sobre os outros e que nossa consciência sobrevive à morte física. Quando as pessoas pensam que a morte é o fim de tudo, elas optam por investir no efêmero, no material, nas coisas externas e ficam menos inclinadas a respeitar o meio ambiente, ou seja, o mundo futuro de nossos filhos e netos. Nossa mente molda nossa percepção do mundo. Quando estamos apaixonados, o mundo é lindo, quando estamos deprimidos, o mundo é terrível e quando estamos assustados com os jornais dos políticos, nosso mundo se torna um lugar assustador. Temos de mudar nossa mente para mudar a maneira como vivemos e nosso mundo. Todas as mudanças no mundo começam em nós mesmos. Como uma mulher americana que teve uma EQM me escreveu: "Quando o poder do amor se torna mais forte do que nosso amor pelo poder, o mundo muda".*

Capítulo 8. Diálogo com os mortos.

"A consciência de um ente querido sobrevive no diálogo entre afetos e memórias."
(Jean-Paul Sartre).

Encontros com os mortos. Comunicações do além.

A ideia de poder se comunicar com os mortos e estabelecer uma conexão com a vida após a morte tem fascinado a humanidade há séculos.

Um ponto importante na pesquisa sobre a comunicação com os mortos diz respeito à ciência da parapsicologia. O Dr. Raymond Moody é considerado um dos pioneiros no estudo das experiências de quase morte e da comunicação com os mortos. Moody coletou inúmeros testemunhos nos quais as pessoas alegavam ter tido contato com seus entes queridos falecidos por meio de visões, sonhos e outras formas de percepção extrassensorial. Moody ajudou a criar uma base para a compreensão dessas experiências, embora elas sejam frequentemente objeto de ceticismo por parte da comunidade científica convencional.

Uma figura de destaque no campo da comunicação com os mortos é o médium britânico Derek Acorah. Sua carreira de radialista concentrou-se na transmissão de mensagens dos falecidos para seus entes queridos, conquistando um público internacional. No entanto, Acorah também tem sido alvo de críticas e acusações de fraude por parte dos céticos, que afirmam que suas habilidades se baseiam em truques de ilusionismo ou artifícios psicológicos.

Nas últimas décadas, a tecnologia abriu novas possibilidades de pesquisa sobre a comunicação com os mortos. Um exemplo disso é o uso de ferramentas eletrônicas, como o circuito de comunicação Frank's Box, desenvolvido pelo cientista Frank Sumption. Esse dispositivo foi projetado para amplificar e trazer à tona vozes ou mensagens do falecido por meio do ruído de fundo gerado por ondas de rádio e outras frequências. No entanto, a validade científica e a confiabilidade de tais instrumentos ainda estão sujeitas a debate e análise.

Ao longo das décadas, foram organizadas várias conferências e feiras dedicadas à comunicação com os mortos, incluindo a Lily Dale's *Psychic Fair*, nos Estados Unidos.

A Lily Dale *Psychic Fair* é um evento popular realizado na comunidade espiritual de Lily Dale, no Estado de Nova York, nos Estados Unidos. Lily Dale é famosa por ser um dos centros espirituais mais antigos e renomados dos Estados Unidos, com uma longa história de médiuns, videntes e pessoas interessadas em espiritualidade.

A Psychic Fair oferece aos visitantes a oportunidade de consultar médiuns, videntes, cartas do destino e outros especialistas do mundo espiritual para leituras e conselhos. É um lugar onde muitos acreditam que podem entrar em contato com entes queridos falecidos ou receber mensagens do além.

Durante a Psychic Fair, você poderá participar de workshops, palestras e outras atividades relacionadas ao crescimento pessoal, à espiritualidade e ao bem-estar. É um evento que atrai muitas pessoas interessadas em buscar respostas, conforto e orientação em um ambiente que promove a consciência espiritual e o bem-estar.

Esses eventos oferecem uma oportunidade para médiuns, videntes e estudiosos compartilharem suas experiências e métodos de comunicação com o mundo espiritual. Entretanto, é importante observar que, em muitos casos, essas experiências podem ser consideradas subjetivas e abertas a diferentes interpretações.

Apesar dos desafios científicos e das controvérsias em torno da comunicação com os mortos, muitas pessoas afirmam ter tido experiências pessoais significativas de contato com seus entes queridos falecidos. Esses testemunhos contribuem para uma discussão aberta sobre a existência de outra realidade e a possibilidade de se comunicar com aqueles que já faleceram.

Em conclusão, os esforços para se comunicar com os mortos exigem uma combinação delicada de ciência, espiritualidade e mente aberta. Por meio do trabalho de pessoas como Raymond Moody, Derek Acorah e outros, começamos a explorar a vida após a morte e a buscar conexões com aqueles que deixaram este mundo. Embora persistam desafios e controvérsias óbvias, o desejo de se conectar com outra realidade continua a alimentar a pesquisa e o estudo nesse campo fascinante.

Visões das almas dos mortos. Certeza ou ilusão?

Um dos aspectos mais controversos diz respeito às visões das almas dos mortos. Alguns as consideram provas concretas de uma existência posterior, enquanto outros as descartam como meras ilusões ou efeitos subconscientes.

Entretanto, as visões das almas dos mortos não são aceitas sem contestação pela comunidade científica. Um dos críticos mais veementes é o neurologista Oliver Sacks, autor de "*The Honest Soul*" (2015), que afirmou que essas experiências representam um produto do cérebro sob estresse ou alterado, sem conexão com uma realidade metafísica. De acordo com Sacks, a ideia de ver as almas dos mortos é o resultado de ilusões e da intensa atividade cerebral em momentos de crise.

Os esforços científicos para provar ou refutar as visões das almas dos mortos concentraram-se em estudos de experiências de quase morte e fenômenos relacionados. Por exemplo, o estudo AWARE (*AWAreness during REsuscitation*) conduzido pelo Dr. Sam Parnia procurou registrar experiências de quase morte durante procedimentos de ressuscitação cardíaca. Os resultados preliminares do estudo parecem sugerir que alguns pacientes podem ter experiências conscientes mesmo quando seus cérebros estão clinicamente inativos, mas são necessárias mais pesquisas para chegar a conclusões definitivas.

Em conclusão, o debate sobre as visões das almas dos mortos permanece aberto e complexo. Enquanto alguns testemunhos pessoais e pesquisas apontam para a possibilidade de uma experiência além da passagem, outros céticos atribuem essas visões a ilusões ou processos neurológicos. Estudos científicos continuam tentando entender melhor esses fenômenos e suas implicações para nossa compreensão da existência humana. Até lá, as visões das almas dos mortos continuarão sendo um mistério fascinante sujeito a diferentes interpretações.

Comunicação com a vida após a morte na cultura ocidental-

Durante séculos, a ideia de se comunicar com os mortos fascinou a imaginação coletiva. Na cultura ocidental, há inúmeros testemunhos e crenças que sustentam a possibilidade de estabelecer contato com aqueles que já faleceram. Nesta seção, exploraremos a suposta comunicação com a vida após a morte na cultura ocidental, examinando figuras históricas, experimentos e eventos significativos que ajudaram a moldar essa crença.

Um exemplo notável de comunicação com os mortos na cultura ocidental é a técnica dos praticantes de "arte mediúnica".

No século XIX, vários médiuns famosos surgiram na Europa e nos Estados Unidos, alegando serem capazes de se comunicar com os mortos por meio de escrita ou desenho automático. Um dos casos mais famosos é o de Leonora Piper, uma médium americana que se tornou amplamente conhecida por suas sessões e por sua capacidade de fornecer informações detalhadas sobre os mortos e as famílias de seus clientes.

A popularidade dos médiuns se espalhou ainda mais com o fenômeno do espiritualismo, que atingiu seu auge no final do século XIX e início do século XX. O movimento espírita promoveu a comunicação direta com os espíritos dos mortos por meio de médiuns e do "tabuleiro Ouija".

O "tabuleiro Ouija" é um jogo de tabuleiro conhecido por ser usado em sessões espíritas para se comunicar com supostas entidades paranormais. Ele consiste em um tabuleiro marcado com letras do alfabeto, números e outras palavras, juntamente com um pequeno objeto de sinalização (geralmente chamado de "prancheta") que se move ao redor do tabuleiro para compor mensagens.

É importante observar que o tabuleiro Ouija é considerado por muitas pessoas apenas um jogo e não tem base ou apoio científico para suas alegações de comunicação com espíritos ou entidades paranormais.

Além das práticas mediúnicas, o espiritualismo também incluía a filosofia da reencarnação e a busca científica por provas da existência da alma e da vida após a morte.

Ao longo dos anos, estudiosos e pesquisadores tentaram investigar cientificamente a comunicação com os mortos. Um dos principais nomes nesse campo foi o professor Gary Schwartz, que realizou vários experimentos com médiuns para provar que as informações obtidas durante as sessões não poderiam ter vindo de fontes humanas. Entretanto, as conclusões de Schwartz foram amplamente contestadas, com os céticos afirmando que os médiuns poderiam usar truques psicológicos ou técnicas de leitura fria para simular a comunicação com os mortos.

Não podemos excluir a cultura popular quando se trata de comunicação com os mortos na cultura ocidental. Filmes, livros e séries de televisão sempre trataram do assunto da suposta comunicação com os espíritos dos mortos. Entre os filmes mais famosos está "*Ghost*" (1990), no qual um homem falecido tenta se comunicar com sua amada por meio de um médium, enquanto na série de TV "*Medium*" (2005-2011), o personagem principal possui a capacidade de se comunicar com os mortos e usa essas habilidades para solucionar crimes.

Por fim, é importante mencionar a contribuição dos céticos no campo das comunicações com os mortos. Pessoas como o mágico e ilusionista James Randi dedicaram suas vidas a expor os truques e fraudes associados às comunicações com os mortos. Por meio de experimentos controlados e métodos científicos, eles mostraram que muitos médiuns usam truques e ilusões para enganar o público.

Em conclusão, a suposta comunicação com a vida após a morte na cultura ocidental teve um impacto significativo na sociedade e na imaginação coletiva. Da arte mediúnica ao movimento espírita, dos experimentos científicos à cultura popular, essa crença tem fascinado e dividido a opinião das pessoas ao longo dos séculos. Enquanto alguns acreditam firmemente na comunicação com os mortos, outros céticos contestam a validade científica de tais experiências. O debate continua à medida que novas formas de comunicação com a vida após a morte surgem na sociedade contemporânea.

Existence of the afterlife: Investigações sobre supostas evidências e fenômenos paranormais.

A ideia de uma vida após a morte, de uma existência além da passagem, tem fascinado a humanidade há milênios. Embora a ciência convencional sempre tenha tentado explicá-la por meio de explicações racionais, há um grande número de supostas evidências e fenômenos paranormais que alimentaram essa esperança de outra realidade. Nesta seção, exploraremos algumas dessas investigações que levantaram questões e ofereceram percepções sobre a possível existência da vida após a morte.

Um exemplo famoso de investigações sobre a existência da vida após a morte pode ser encontrado no trabalho do ilustre investigador de fenômenos paranormais, Sir Arthur Conan Doyle. Conhecido como o criador do famoso detetive Sherlock Holmes, Doyle dedicou grande parte de sua vida à busca pela vida após a morte. Em seu livro de 1918, "*The New Revelation*", ele coletou testemunhos e supostas evidências de comunicações com os espíritos dos mortos por meio de várias formas de mediunidade. Esses eventos e suas crenças provocaram debates e discussões, estabelecendo uma ligação entre os mundos racional e oculto.

Fenômenos paranormais intrigantes, como materializações, experiências de regressão hipnótica e visões post-mortem, estimularam a discussão sobre a existência da vida após a morte. Por exemplo, estudos realizados sobre a mediunidade de Helen Duncan nas décadas de 1930 e 1940 levantaram questões sobre sua capacidade de fazer contato com os falecidos e fornecer detalhes precisos sobre suas vidas passadas. Embora a mediunidade seja frequentemente objeto de controvérsia, essas experiências levaram muitos a considerar a possibilidade de que é possível estabelecer uma conexão com outra dimensão após a morte.

As "Experiências Vardøger".

As "experiências Vardøger" são um fenômeno interessante e misterioso relacionado à percepção extrassensorial que ocorre em algumas culturas nórdicas, especialmente na Noruega. A palavra "*Vardøger*" é derivada do nórdico "*vardøgr*", que significa "*pré-caminhantes*" ou "*presenças antecipadas*".

Essas experiências envolvem situações em que a pessoa tem a sensação de perceber antecipadamente a presença ou as ações de alguém, mesmo que ninguém ainda esteja fisicamente presente. Por exemplo, uma pessoa pode ouvir passos, ver sombras ou ter a sensação de uma presença pouco antes de alguém realmente entrar no cômodo.

As experiências de Vardøger podem ser interpretadas como uma espécie de antecipação psíquica ou precognição de eventos futuros, principalmente no que se refere à presença de uma pessoa em um determinado lugar. Esse fenômeno tem sido objeto de folclore e lendas nas tradições norueguesas e em outras culturas nórdicas, despertando interesse e fascínio devido à sua natureza enigmática.

As "*experiências Vardøger*" constituem um fenômeno intrigante encontrado em várias culturas orientais, onde ocorrem encontros premonitórios com as almas dos falecidos ou com presenças espirituais após a passagem para a dimensão além da vida terrena. Esses eventos, carregados de mistério e significado, oferecem uma visão única da interação entre os vivos e os mortos nas tradições espirituais do Oriente, provocando profundas reflexões sobre a vida após a morte e a continuidade da alma.

No budismo tibetano, as experiências Vardøger são frequentemente associadas à manifestação de espíritos ou almas dos falecidos como sinais de presença ou aviso para aqueles que permanecem no mundo material. O lamaísmo, com suas práticas de comunicação com os espíritos e os mortos, oferece espaços para esses encontros premonitórios, nos quais a alma do falecido pode se manifestar em formas sutis para proteger, guiar ou advertir os vivos.

Nas tradições espirituais japonesas, como o xintoísmo e o zen budismo, as experiências Vardøger são interpretadas como sinais de outra dimensão da realidade que se manifesta no cotidiano para aqueles que são sensíveis às presenças espirituais. Cerimônias como o Bon-Odori e rituais funerários oferecem oportunidades de perceber a presença das almas dos falecidos no mundo terreno, criando uma ponte entre os dois planos de existência.

A filosofia indiana, com suas antigas concepções de carma e reencarnação, oferece um contexto espiritual para a compreensão das experiências Vardøger como sinais da interconexão e interdependência dos indivíduos mesmo após a morte. As práticas iogues e meditativas da Índia antiga estimulam a sensibilidade e a clarividência para perceber as manifestações sutis das almas desencarnadas e receber as mensagens que elas podem transmitir.

Estudos realizados por pesquisadores da parapsicologia e da fenomenologia das experiências de quase morte, como Raymond Moody e Elisabeth Kübler-Ross, exploraram relatos de encontros premonitórios com as almas dos falecidos como fenômenos que desafiam as concepções tradicionais da morte e da vida após a morte. Esses estudiosos destacaram a importância de ver as experiências de Vardøger como uma janela para a complexidade da vida e da morte e como um convite para explorar as dimensões mais profundas da existência.

Eventos históricos, como as narrativas de encontros com as almas dos mortos nos épicos e lendas mitológicas das culturas orientais, atestam a presença profundamente enraizada das experiências Vardøger nas crenças populares e práticas espirituais das sociedades orientais. Esses contos oferecem uma visão da complexidade da interação entre os mundos visível e invisível, iluminando a presença e a influência contínuas dos espíritos além do véu da morte.

Em conclusão, as experiências Vardøger nas culturas orientais são um testemunho vívido da continuidade da alma e da comunicação entre o mundo terreno e a vida após a morte. Esses encontros premonitórios com as almas dos mortos oferecem uma oportunidade única de refletir sobre a natureza da vida e da morte, a essência da existência e o complexo entrelaçamento das realidades materiais e espirituais que definem nosso relacionamento com o mistério da vida após a morte nas culturas orientais.

5 - INFORMAÇÕES QUÂNTICAS.

A preocupação profunda com a informação quântica é que ela refina e unifica nossa compreensão das leis e dos princípios físicos de uma forma que a teoria da informação clássica não conseguiu fazer.

(David Deutsch)

Capítulo 9 O papel da informação no cosmos .

O universo não é composto de átomos, é composto de histórias."
(Muriel Rukeyser)

O papel da informação no cosmos quântico: uma perspectiva revolucionária.

Na realidade do cosmo quântico, em que as regras da física clássica parecem não ter mais controle, está surgindo um conceito revolucionário que está chamando a atenção de cientistas e pesquisadores: o papel da informação. Este capítulo se propõe a explorar em profundidade como a informação se encaixa na própria estrutura da realidade cósmica, oferecendo uma perspectiva que vai além da mera matéria e energia.

A realidade cósmica, como nos ensinam as teorias quânticas, não se reduz simplesmente a matéria e energia. A matéria é responsável pela formação das coisas, enquanto a energia as agrega por meio de forças fundamentais.

O que é matéria?

O conceito de matéria na física refere-se a todas as substâncias que compõem nosso universo e que têm massa e ocupam espaço. A matéria é composta de partículas elementares, como quarks, léptons, bósons e outras partículas subatômicas que interagem por meio de forças fundamentais, como a força eletromagnética, a força nuclear forte, a força nuclear fraca e a força gravitacional.

As partículas elementares que constituem a matéria interagem entre si por meio da troca de outras partículas (bósons que medeiam as forças fundamentais) e por meio de fenômenos quânticos que determinam o comportamento das partículas no nível subatômico. A matéria pode existir em diferentes estados de agregação, como sólido, líquido, gás ou plasma, dependendo das condições de temperatura e pressão.

Além disso, a matéria é caracterizada por propriedades físicas, como massa, carga e spin, que influenciam as interações e transformações pelas quais ela passa. Por meio de estudos aprofundados em física de partículas e física quântica, os pesquisadores têm procurado entender melhor a estrutura da matéria e as leis que regem seu comportamento.

No contexto da relatividade geral de Einstein, a matéria é vista como responsável pela curvatura do espaço-tempo, influenciando diretamente a geometria do universo e as trajetórias dos objetos em movimento. A matéria é, portanto, essencial para a constituição do universo que observamos, contribuindo significativamente para sua estrutura e evolução ao longo do tempo.

O conceito de matéria representa um dos elementos fundamentais da física moderna e de nossa compreensão do universo, enfatizando a importância de estudos aprofundados para penetrar em suas complexidades e mecanismos subjacentes à realidade que nos cerca.

O que é energia?

Na física, a energia é uma quantidade fundamental que representa a capacidade de um sistema de realizar trabalho ou transferir calor. A energia pode assumir muitas formas e manifestações, mas, no âmbito físico, ela representa a capacidade de um sistema de fazer alterações ou produzir ações.

As várias formas de energia incluem:

Energia cinética: está associada ao movimento de um objeto. A energia cinética depende da massa e da velocidade do objeto.

Energia potencial: é devida à posição ou à configuração de um objeto em um campo de força. As várias formas de energia potencial incluem, por exemplo, energia gravitacional e energia elástica.

Energia térmica: está relacionada à temperatura de um sistema. A energia térmica representa a energia associada aos movimentos térmicos das partículas em um sistema.

Energia luminosa: está associada à emissão e à absorção de luz e radiação eletromagnética.

Energia química: está presente nas ligações entre átomos e moléculas em uma substância química.

Energia nuclear: relacionada a processos nucleares que envolvem o núcleo dos átomos.

De acordo com o princípio da conservação da energia, também conhecido como a primeira lei da termodinâmica, a energia total em um sistema isolado permanece constante ao longo do tempo; ela pode mudar de forma, mas não pode ser criada ou destruída. Esse princípio é de fundamental importância na análise dos processos energéticos e na interpretação das transformações que envolvem energia.

A energia desempenha um papel essencial em muitos fenômenos naturais e processos tecnológicos, influenciando diretamente o funcionamento de máquinas, veículos, organismos vivos e muito mais. Sua compreensão e manipulação são fundamentais para o desenvolvimento de novas tecnologias sustentáveis, a geração de energia, a operação de dispositivos eletrônicos e muitos outros aspectos da vida moderna.

Em resumo, a energia é um conceito fundamental na física e na ciência em geral, essencial para a compreensão do funcionamento do universo e para o desenvolvimento de novas descobertas e aplicações tecnológicas.

A pergunta que devemos nos fazer é a seguinte: a energia é uma força inteligente? Ou seja, a influência que a energia exerce sobre a matéria, por exemplo, agregando-a em suas várias formas, responde a um projeto da própria energia ou o projeto vem de uma fonte externa?

A influência da energia na matéria e o mistério das instruções celulares.

No cenário do universo, a interação entre energia e matéria representa um enigma intrigante que mantém estudiosos, filósofos e pesquisadores em suspense há séculos.

Uma das principais questões que surgem nesse contexto é se a própria energia, manifestada nos processos que agregam a matéria em formas complexas, como as células, opera de acordo com um projeto intrínseco ou se recebe diretrizes de fontes externas.

O que ajuda nessa reflexão é a questão da natureza das instruções que orientam as funções celulares. Essas instruções vêm da energia que anima a própria célula ou de uma causa primordial externa? A raiz desse mistério está nas profundezas do tempo, em uma época primordial, quando as primeiras formas de vida surgiram na Terra.

O renomado biólogo e filósofo Rupert Sheldrake levantou hipóteses interessantes sobre conceitos como o "*campo morfogenético*", que sugere a existência de uma memória não local que orienta o desenvolvimento e o funcionamento dos sistemas biológicos. De acordo com Sheldrake, as instruções intrinsecamente contidas na matéria não podem ser totalmente explicadas pelas leis físicas conhecidas.

No fascinante cruzamento entre ciência, filosofia e espiritualidade, o debate sobre o "fim da vida" se expande em horizontes misteriosos e, às vezes, insondáveis. Nesse contexto, o renomado biólogo e filósofo Rupert Sheldrake se destaca por suas hipóteses ousadas sobre o conceito de "*campo morfogenético*", lançando uma nova luz sobre as dimensões potenciais da existência além de nossa compreensão comum.

As raízes dessas reflexões estão nas teorias de Sheldrake sobre "*memórias da natureza*" e campos morfogenéticos, um tipo de arquivo não físico capaz de influenciar formas e processos biológicos. Esses conceitos, propostos pelo autor em seu trabalho pioneiro "*A New Science of Life*" (*Uma nova ciência da vida*) em 1981, estabelecem a base para explorar a ideia de que a vida e a consciência têm uma extensão além dos limites de nossa breve passagem pela Terra.

Intrigantes são os paralelos que surgem entre as teorias de Sheldrake e as tradições espirituais e filosóficas de várias culturas ao redor do mundo. Por exemplo, visões semelhantes são encontradas nas crenças hindus sobre o Jiva, a essência individual em constante evolução, ou nas interpretações celtas das energias que permeiam a realidade. Essa interseção da ciência e da espiritualidade sugere a possibilidade de uma integração de abordagens racionais e metafísicas na exploração do mistério da vida e da morte.

Entre os estudiosos que contribuíram para essa discussão estão pensadores como Carl Jung, cujo conceito de "*inconsciente coletivo*" tem afinidades com a ideia de campos morfogenéticos. Jung indicou uma espécie de herança psíquica compartilhada, uma rede de experiências e simbolismo que moldam nossa percepção do mundo. Em outra linha, o psicólogo William James explorou as experiências místicas e paranormais como fenômenos dignos de estudo, abrindo um debate que continua a despertar interesse e discussão até hoje.

Além das dimensões filosóficas e culturais, pesquisas científicas recentes parecem abrir novos caminhos de exploração sobre o tema da vida após a morte. Estudos sobre a consciência além da morte, como os realizados pela *Universidade do Arizona* ou pelo *Life Research Institute da Universidade da Virgínia*, sugerem a persistência de fenômenos inexplicáveis e enigmáticos que desafiam as explicações convencionais.

Apesar da complexidade desse tópico, as hipóteses de Sheldrake permanecem no centro de um debate animado e estimulante. Suas teorias oferecem um vislumbre ousado de uma realidade multifacetada e multifacetada, em que a vida e a morte estão entrelaçadas em um padrão intrincado que continua a desvendar novos segredos e mistérios.

O paradoxo inerente é que a matéria, por si só desprovida de inteligência, opera de maneira extraordinariamente organizada e complexa. Se a energia que anima as células não contém as informações operacionais necessárias para seu funcionamento, então quem ou o que deu as instruções para a primeira célula que deu início à vida na Terra?

Isso abre a sugestiva hipótese de uma energia primordial, uma força cósmica dotada de uma sabedoria intrínseca que moldou o curso da vida em nosso universo. Esse conceito evoca visões metafísicas e estimula a reflexão sobre os mistérios mais profundos da natureza e da existência.

Em conclusão, o enigma da energia que influencia a matéria e as instruções celulares permanece no centro de uma discussão que transcende os limites da ciência convencional, convidando-nos a explorar novos horizontes de conhecimento e a fazer perguntas fundamentais sobre a própria natureza do universo e da vida.

O debate sobre a origem das instruções celulares representa um cruzamento fascinante entre ciência, filosofia e espiritualidade, alimentando o insaciável desejo humano de entender o mistério da existência.

A ligação entre energia e instruções celulares.

Para explorar melhor essa questão intrincada, é importante considerar o conceito de *emergência*, que se refere à complexidade e à ordem que emergem espontaneamente de sistemas aparentemente desordenados. Esse fenômeno, amplamente estudado na teoria de sistemas complexos, oferece percepções interessantes sobre como as instruções celulares podem evoluir e se manifestar por meio da interação dinâmica entre energia e matéria.

Além de Sheldrake, outros estudiosos, como Stuart Kauffman e James A. Shapiro, contribuíram com ideias inovadoras para a discussão sobre a origem das instruções celulares e a evolução dos sistemas biológicos. Kauffman, por exemplo, propôs o conceito de "auto-organização" de sistemas vivos, enfatizando como estruturas complexas podem emergir espontaneamente de sistemas dinâmicos em interação.

O conceito de "auto-organização" de sistemas vivos proposto por Stuart Kauffman descreve uma ponte fascinante entre a complexidade da vida e sua possível continuação após a morte.

Kauffman, biólogo teórico e um dos pioneiros da ciência da complexidade, revolucionou a maneira como entendemos a evolução biológica e a formação de estruturas complexas na natureza. Em seu trabalho seminal "*The Origins of Order*" (*As origens da ordem*), em 1993, Kauffman apresentou a ideia de que estruturas complexas e ordenadas podem surgir espontaneamente de sistemas dinâmicos em interação, sem a necessidade de orientação externa.

Esse conceito de "auto-organização" lança uma nova luz sobre a dinâmica da vida e sua possível persistência além da morte física. Se as estruturas biológicas podem surgir espontaneamente e se auto-organizar em padrões complexos, podemos especular que o mesmo princípio se aplica a níveis mais altos de organização, como a consciência ou formas de vida desconhecidas para nós.

A pesquisa de Kauffman, apoiada por experimentos e modelos matemáticos, mostrou como a complexidade pode surgir de interações simples entre os componentes de um sistema, sem a necessidade de supervisão externa. Tudo a ser demonstrado.

Os experimentos realizados no campo da biologia evolutiva, especialmente aqueles relacionados à evolução dos mecanismos genéticos e à plasticidade dos sistemas biológicos, oferecem percepções relevantes sobre como as instruções celulares podem ter sido geradas e transmitidas no decorrer da evolução.

Em um contexto mais amplo, a reflexão sobre uma suposta "*energia primordial*" que forneceu as instruções para a primeira célula levanta questões profundas sobre a natureza do universo e as forças que o governam. Esse insight teórico se encaixa no debate mais amplo sobre a consciência, a origem da vida e a interconexão de todos os seres vivos.

Independentemente das perspectivas científicas, filosóficas ou espirituais adotadas, o mistério da energia que influencia a matéria e as instruções celulares permanece no centro de um enigma que leva a humanidade a buscar novas fronteiras de conhecimento e compreensão.

Em um diálogo constante entre ciência e consciência, entre matéria e energia, o questionamento das origens das instruções celulares é um convite para explorar as profundezas da natureza e contemplar o milagre da vida em todas as suas facetas.

Quais são as forças fundamentais e seu papel.

As forças fundamentais da física são as interações fundamentais que governam o comportamento da matéria e das partículas no universo. Elas desempenham um papel crucial na estrutura e na evolução do próprio universo. Há quatro forças fundamentais principais.

Força gravitacional.

Ela é responsável pela atração entre corpos com massa e determina a estrutura dos astros, como planetas, estrelas e galáxias. É sempre uma força atrativa e sua intensidade depende da massa e da distância entre os corpos.

A força gravitacional, descrita pela lei da gravitação universal de Newton e desenvolvida pela relatividade geral de Einstein, é responsável pela formação dos corpos celestes, pela órbita dos planetas ao redor do Sol e pelas interações em escala cósmica que moldam a estrutura do próprio universo.

Força eletromagnética.

Ela ocorre entre cargas elétricas e produz tanto atração quanto repulsão. É responsável pelas interações entre as partículas carregadas, a estrutura atômica e as propriedades dos materiais condutores.

A força eletromagnética governa uma ampla gama de fenômenos, desde as ligações químicas que sustentam a vida na Terra até a radiação eletromagnética que permeia o espaço. Sem ela, a luz, a eletricidade, o magnetismo e muitas outras interações fundamentais que caracterizam nosso mundo não existiriam.

Força nuclear forte.

Essa força opera no nível do núcleo atômico e é responsável por manter as partículas subatômicas, como prótons e nêutrons, unidas por meio de trocas de partículas chamadas píons. Sem essa força, o núcleo não poderia existir, pois os prótons com carga semelhante (positiva) se repeliriam, fazendo com que o núcleo explodisse.

Força nuclear fraca.

Essa força regula a desintegração de partículas subatômicas e certos tipos de decaimentos radioativos. Ela é responsável por fenômenos como a transformação de nêutrons em prótons e vice-versa.

Cada uma dessas forças desempenha um papel específico na natureza e no universo, contribuindo para a estabilidade das estruturas atômicas, a formação e a evolução das estrelas, a interação entre as partículas subatômicas e o funcionamento dos processos físicos que observamos no mundo ao nosso redor. Compreender essas forças e os mecanismos que as governam é essencial para aprofundar nosso entendimento da física e do próprio universo.

Estudar as forças fundamentais da física significa explorar as profundezas do universo, perscrutar os limites de nossa compreensão e tentar decifrar os segredos que regem a matéria, a energia e a própria estrutura da realidade ao nosso redor.

Intrinsecamente ligadas à textura do universo, essas forças fundamentais são as chaves para abrir a porta para um conhecimento mais profundo da natureza e para contemplar a beleza e a complexidade do universo em toda a sua magnificência.

Harmonia cósmica. O papel inestimável das forças fundamentais.

A interação sinérgica das forças fundamentais da física resulta em um equilíbrio intrincado que molda o universo em que vivemos, desde o infinitamente pequeno até o infinitamente grande. Essas forças, cada uma com suas próprias características e peculiaridades, trabalham juntas para regular a complexa dança cósmica que constitui o próprio tecido da realidade.

No microcosmo subatômico, as forças nucleares fortes e fracas se combinam para manter a integridade dos núcleos atômicos e impulsionam as interações que dão origem a novas partículas e formas de matéria. Esses processos meticulosamente orquestrados têm um impacto crucial sobre o nosso mundo e a evolução do universo como um todo.

Ao mesmo tempo, a força gravitacional permeia o espaço interestelar, dobrando o tecido do espaço-tempo e criando as condições necessárias para a formação de galáxias, estrelas e planetas. É essa força que mantém as estruturas cósmicas unidas e impulsiona o movimento das massas celestes em um balé cósmico sem fim.

A força eletromagnética, com sua dualidade de atração e repulsão, é a base de fenômenos tão diversos quanto a propagação da luz, a interação de átomos em reações químicas e a condução de eletricidade. Sem ela, o mundo que conhecemos não poderia existir em toda a sua variedade e complexidade.

Juntas, essas forças primordiais criam um universo de extraordinária riqueza e diversidade, no qual matéria e energia se entrelaçam em uma harmonia cósmica que desafia nossa imaginação e nos leva a questionar o mais profundo mistério da criação.

O balé cósmico das forças fundamentais.

Na própria estrutura do universo, forças fundamentais dançam em harmonia, tecendo os destinos de partículas, estrelas e galáxias em um intrincado mosaico cósmico. Esse balé cósmico, regido por leis precisas e interações sutis, representa a quintessência da física e da própria natureza.

Cada força, com sua assinatura única e seu papel distinto, ajuda a moldar o universo em que vivemos, criando as condições para a vida, para a formação de estruturas celestiais e para a maravilhosa beleza da realidade que nos cerca. A todo momento, em cada canto do universo, essas forças operam de forma imperceptível, mas poderosa, dando vida às maravilhas da existência.

Por meio da busca constante de conhecimento e compreensão das forças fundamentais, a humanidade se aproxima cada vez mais da revelação dos segredos mais profundos do universo. A investigação científica, a reflexão filosófica e a contemplação cósmica se combinam em um único esforço para desvendar as leis ocultas que moldam a realidade.

Observando as estrelas no céu noturno, as delicadas interseções dos átomos e as reações energéticas à radiação eletromagnética, podemos perceber a imensa complexidade e beleza do universo, uma manifestação tangível das forças fundamentais que o dominam.

Nessa jornada atemporal rumo à compreensão do universo e das forças que o mantêm em equilíbrio, nós nos aventuramos cada vez mais profundamente no reino sombrio da física teórica e experimental, deixando que a luz do conhecimento ilumine nosso caminho.

Cada descoberta, cada insight e cada pergunta nos aproxima da revelação das leis supremas da natureza, levando-nos a refletir sobre nosso lugar na paisagem infinita do universo e nossa conexão com as forças primordiais que moldam a própria realidade.

No fluxo perpétuo de energia e matéria, nos meandros das partículas e ondas, no silêncio estrondoso do espaço cósmico, podemos perceber o eco dos segredos guardados pelas forças fundamentais, um convite para nos maravilharmos e contemplarmos a harmonia que permeia o universo.

Em busca da verdade suprema. O intrigante entrelaçamento de forças cósmicas.

Cada descoberta científica, cada experimento e cada teoria avançada representa um passo à frente em nossa compreensão das forças que governam o universo. De teorias unificadas a novas descobertas nas fronteiras da astronomia e da física de partículas, a humanidade está gradualmente se aproximando da verdade suprema por trás da aparente complexidade do cosmos.

Cada galáxia, cada estrela, cada partícula subatômica está intimamente ligada a forças fundamentais, que agem como fios invisíveis tecendo o manto da própria existência. Essas forças, com seu poder e delicadeza, criam a ordem e a estrutura que admiramos no universo, revelando uma beleza e perfeição além da imaginação.

Na busca pela verdade suprema sobre as forças cósmicas, mergulhamos em uma jornada sem fim rumo a uma compreensão mais profunda da realidade e de nossa própria existência. Cada pergunta feita, cada mistério investigado, nos leva um passo mais perto do coração pulsante do universo, de sua essência suprema que está por trás do véu do mistério.

Nesse esforço constante para desvendar os segredos do universo, a humanidade abraça a beleza do desconhecido e mergulha no oceano infinito do conhecimento, buscando decifrar as leis que regem o cosmos e compreender a harmonia que permeia todos os aspectos da existência.

Em busca de inteligência.

Em um universo tão complexo e fascinante como o nosso, uma pergunta surge espontaneamente na mente dos interessados na natureza fundamental da realidade que nos cerca: as forças fundamentais são inteligentes? Elas contêm o projeto da realidade que ajudam a moldar e construir? Por meio de uma jornada pela física moderna e de uma reflexão mais ampla sobre o universo, tentamos lançar luz sobre essa questão fascinante.

As forças fundamentais, quatro pilares da física conhecidos como a força gravitacional, a força eletromagnética, a força nuclear forte e a força nuclear fraca, governam todas as interações que ocorrem no universo observável. Essas forças, estudadas por meio de teorias físicas complexas, como a relatividade geral e o Modelo Padrão de partículas elementares, são responsáveis pela estrutura e pela evolução do cosmos em escala cosmológica e subatômica.

Mas o que significa atribuir inteligência a essas forças? Na física tradicional, as forças fundamentais são descritas por leis matemáticas precisas que definem sua ação e interação com partículas e corpos. No entanto, paradoxalmente, o funcionamento da natureza é extraordinariamente coerente e harmônico, levando alguns estudiosos a levantar a hipótese de um tipo de "*inteligência*" inerente às leis que regem o universo.

Inteligência e livre-arbítrio.

No cruzamento da ciência, da filosofia e da espiritualidade está o debate sobre a relação entre o livre-arbítrio e a inteligência das forças fundamentais da natureza. A inteligência pode prescindir do livre-arbítrio para desenvolver todo o seu potencial ou o livre-arbítrio é um pré-requisito para a expressão plena da inteligência? Fazemos então a seguinte pergunta: as forças fundamentais da natureza, como a gravidade, o eletromagnetismo, a interação forte e a interação fraca, podem ser consideradas inteligentes ou operam de acordo com leis deterministas desprovidas de livre-arbítrio?

Para explorar esse tópico complexo e intrigante, mergulhamos no magma de culturas, histórias e reflexões filosóficas e científicas que moldaram nossa compreensão da inteligência e do livre-arbítrio.

Em um excurso histórico, podemos nos referir a filósofos antigos, como Aristóteles e Epicteto, que discutiram a causalidade e a liberdade humana. Na modernidade, as reflexões de filósofos como Kant e Schopenhauer sobre o livre-arbítrio e o determinismo ajudaram a moldar o pensamento ocidental sobre o assunto.

Na ciência, experimentos como os realizados pela neurociência moderna nos confrontam com questões sobre a relação entre atos de pensamento e ações determinadas por processos biológicos. Estudiosos contemporâneos, como Daniel Dennett e Sam Harris, ofereceram perspectivas divergentes sobre a ilusão do livre-arbítrio e as implicações que esse conceito tem para a inteligência e a ação humanas.

Entretanto, se voltarmos nosso olhar para as forças fundamentais da natureza, surge um desafio conceitual intrigante. A gravidade, que mantém o universo unido, ou o eletromagnetismo, que governa as interações entre as partículas, agem de acordo com leis físicas que parecem predeterminadas e sem espaço para o livre arbítrio intencional.

Entretanto, alguns estudiosos, como Rupert Sheldrake, apresentaram hipóteses sobre o conceito de "*mente estendida*", que propõe uma interconexão mental entre todos os seres vivos e até mesmo entre as próprias forças naturais. Essa perspectiva abre espaço para a reflexão sobre a inteligência espalhada pelo universo, superando o rígido binômio entre determinismo e livre-arbítrio.

Em conclusão, a inteligência pressupõe o livre-arbítrio para expressar plenamente seu potencial humano, mas quando se trata das forças fundamentais da natureza, a questão se torna mais complexa. As forças físicas operam de acordo com leis precisas que parecem excluir o livre-arbítrio intencional, mas as portas permanecem abertas para a reflexão filosófica e científica sobre possíveis inteligências subjacentes a essas leis, que estão além de nossa compreensão atual.

Um dos principais conceitos que sustentam um tipo de "*inteligência*" inerente às leis que regem o universo é o conceito de "*ordem implícita*", cunhado pelo físico teórico David Bohm. De acordo com essa perspectiva, o universo contém uma ordem oculta e implícita, uma inteligência intrínseca que molda a realidade que observamos. As forças fundamentais poderiam ser parte integrante dessa ordem, manifestando um projeto subjacente que sustenta a própria existência do universo.

Dentro das múltiplas interpretações da realidade fornecidas pela física quântica, surgem percepções interessantes. Alguns estudiosos acreditam que as propriedades "inteligentes" das forças fundamentais surgem de forma não linear, manifestando-se em padrões complexos que podem ser interpretados como informações subjacentes ou códigos da realidade.

Em última análise, a ideia de que as forças fundamentais são inteligentes e contêm o projeto da realidade que ajudam a construir representa uma perspectiva sugestiva que abre novos horizontes para a compreensão do universo. Mesmo que continue sendo uma hipótese especulativa no momento, o debate em torno desse tópico leva a comunidade científica a explorar os limites e as possibilidades do conhecimento humano.

Em um universo tão intrincado e misterioso como o nosso, a análise das forças fundamentais, não apenas do ponto de vista matemático e experimental, mas também de uma perspectiva mais filosófica e epistemológica, pode enriquecer nossa compreensão da natureza profunda da realidade que nos cerca. A busca pela verdade sobre essa questão fascinante permanece aberta, convidando-nos a explorar os limites de nossa compreensão do universo e de nós mesmos.

Informação, uma força inteligente fundamental.

Para entender completamente o funcionamento desse universo complexo, é preciso introduzir um terceiro elemento além da matéria e da energia: a informação. As instruções que impulsionam a energia e moldam a matéria só podem ser compreendidas e os projetos executados por meio de informações.

Mas como definir esse conceito de informação no contexto do cosmos? É nesse ponto que o desafio se torna ainda mais fascinante. A informação não pode ser simplesmente associada a um valor físico, como matéria ou energia, mas se apresenta como uma entidade imaterial ou psíquica, desafiando nossas concepções tradicionais de realidade determinista. A informação não tem corpo físico, do que emerge claramente uma afirmação: se ela não tem corpo físico, não está sujeita à corrupção, transformação e decadência da passagem.

Um dos pilares em que essa visão se baseia é a famosa expressão cunhada pelo fundador da ciência da computação, John Archibald Wheeler:

"Informação é informação, não é matéria nem energia

Esse conceito é ecoado no trabalho de teóricos como David Bohm, que propôs que a informação é um elemento fundamental que regula o comportamento da realidade em nível quântico.

Experimentos recentes em mecânica quântica revelaram fenômenos que parecem confirmar a importância crucial da informação na determinação do comportamento das partículas subatômicas. Um exemplo impressionante é o experimento de reflexão de Wheeler, que mostra como a intervenção tardia do observador pode influenciar retroativamente o passado, enfatizando o papel central da informação na criação da própria estrutura da realidade.

Teorias fascinantes, como a hipótese da simulação cósmica apresentada por estudiosos como Nick Bostrom, abrem novos cenários para a reflexão sobre a natureza da informação e seu impacto no cosmo quântico. Se considerarmos nosso universo como uma espécie de simulação impulsionada por grandes quantidades de informações, os limites entre o que é real e o que é simulado se tornam cada vez mais tênues.

A "hipótese da simulação cósmica" é uma teoria fascinante que desafia os próprios fundamentos da realidade que percebemos. Proposta por estudiosos de alto calibre, como o filósofo Nick Bostrom, essa hipótese levanta questões profundas sobre a natureza da informação, da consciência e da própria estrutura do cosmo quântico...

A simulação cósmica sugere que o universo em que vivemos pode ser uma espécie de simulação de computador, criada por uma civilização avançada com capacidades tecnológicas extraordinárias. Essa perspectiva abre cenários para a reflexão sobre como as informações sustentam a realidade que percebemos e como a manipulação dessas informações pode influenciar nosso mundo e nossas próprias vidas. É uma hipótese que, embora pareça ficção científica, baseia-se em conceitos profundos da física quântica e da teoria da informação.

Para entender completamente o encanto dessa teoria, é necessário dar um salto no tempo e no espaço das ideias. O filósofo sueco Nick Bostrom formulou seu famoso "*trilema da simulação*" em 2003, no qual argumentou que uma das três hipóteses a seguir deve ser verdadeira:

- As civilizações avançadas não querem criar simulações, caso contrário, nosso mundo seria uma simulação;
- As civilizações avançadas não têm a capacidade tecnológica para fazer isso;
- na verdade, fazemos parte de uma simulação.

Esse conceito, embora especulativo, se insere no debate filosófico e científico sobre a origem e a natureza da realidade. O suporte teórico para a simulação cósmica também está enraizado em experimentos de física quântica, como os do paradoxo de Bell e o princípio da não-localidade, que sugerem que há uma conexão misteriosa e instantânea entre partículas distantes, aparentemente superando as leis da física clássica.

Além das implicações científicas, essa teoria levanta questões profundas sobre a natureza da consciência, identidade e o próprio significado da existência. Se vivêssemos em uma simulação, quem realmente seríamos? Seríamos uma monstruosidade. Quais seriam as consequências éticas, existenciais e espirituais dessa revelação?

Abordar o assunto do fim da vida a partir dessa perspectiva leva a uma dimensão ainda mais elusiva: o que aconteceria após nossa "morte" se vivêssemos em uma simulação? Será que nossas consciências sobreviveriam à desconexão da matriz? Cada cultura, com suas histórias, mitos e crenças, oferece uma perspectiva única sobre essa questão universal.

Em conclusão, as teorias de simulação cósmica nos convidam a explorar territórios desconhecidos de nossa compreensão do universo e de nós mesmos. Talvez, na busca incessante do eterno, encontremos respostas que desafiem nossas concepções mais arraigadas da realidade e de nossas existências. Afinal de contas, como disse certa vez o magnífico Alan Watts,

"Somos o nosso próprio sonho".

O mistério do fim da vida é, portanto, desvendado em um caleidoscópio de culturas, histórias, hipóteses científicas e filosóficas, oferecendo um espetáculo fascinante e inesgotável de perguntas e reflexões que nos instigam a olhar para além do horizonte na esperança de descobrir a verdade suprema da existência humana.

Assim, o papel da informação no cosmos quântico apresenta um desafio fascinante para nossa compreensão da realidade. Por meio de uma abordagem interdisciplinar que envolve física, ciência da computação, filosofia e muito mais, podemos esperar lançar uma nova luz sobre um dos mistérios mais profundos do universo.

Nessa aventura rumo a uma compreensão mais profunda do cosmos quântico, também é importante considerar as contribuições de mentes brilhantes do passado e do presente que estabeleceram as bases para nossa compreensão atual das informações no universo.

Alan Turing e sua "máquina".

Alan Turing foi um pioneiro da ciência da computação e fez importantes contribuições à teoria da informação e à computação, abrindo novas perspectivas sobre a natureza da própria informação. Suas ideias influenciaram profundamente a maneira como entendemos os conceitos de informação e computação, estabelecendo as bases para a era digital em que vivemos hoje.

Alan Turing é mais conhecido por desenvolver o conceito de *máquina de Turing*, um modelo teórico abstrato de um dispositivo que realiza cálculos seguindo instruções armazenadas. Esse conceito é a base de tudo o que entendemos por "*computador*" hoje em dia e lançou as bases da teoria da computação.

As máquinas de Turing são modelos teóricos abstratos de um dispositivo que manipula símbolos em uma tira de fita de acordo com um conjunto de regras definidas. Esse conceito foi introduzido por Alan Turing na década de 1930 e se tornou fundamental para a teoria da computação. Aqui estão alguns pontos-chave. Uma máquina de Turing consiste em:

- uma fita infinita dividida em células,
- um cabeçote de leitura/gravação que lê e grava os símbolos na fita,
- uma unidade de controle que interpreta instruções e determina as ações a serem executadas.

A máquina de Turing opera seguindo um conjunto de regras ou *instruções* definidas. Dependendo do estado atual e do símbolo lido na fita, a máquina pode escrever, ler, mover-se para a esquerda ou para a direita e mudar de estado.

Como continuação, Turing introduziu o conceito de "máquina *de Turing universal*", que é capaz de simular a operação de qualquer outra máquina de Turing. Esse recurso tornou possível demonstrar a computabilidade de determinados problemas e conceitos teóricos.

Turing mostrou que há problemas que não podem ser resolvidos por uma entidade computacional, como o "*problema da parada".* Esse problema indica que não existe um algoritmo geral para determinar se um programa terminará sua execução ou não.

As máquinas de Turing abriram as portas para a moderna teoria da computação e para a compreensão do que pode ser "*calculado por algoritmos",* ou seja, o que é computável.

Um problema ou função matemática é considerado "*computável*" se houver um algoritmo que possa resolvê-lo ou computá-lo de forma determinística. Na ciência da computação, esse conceito é frequentemente usado para se referir ao que pode ser resolvido por um computador seguindo uma sequência bem definida de etapas.

Valor filosófico associado à máquina de Turing.

O valor filosófico associado à *Máquina de Turing* é diverso. Um dos principais pontos é a capacidade de computação e os limites da inteligência artificial. A máquina de Turing ajudou a delinear os limites da computabilidade e da inteligência artificial. Ela ajudou a definir o que pode ser computado algoritmicamente e destacou problemas que não são inerentemente solucionáveis por uma entidade computacional.

Além disso, a noção de máquina de Turing e os conceitos de computação simbólica estimularam profundas discussões filosóficas sobre a natureza da mente e da inteligência. A questão de saber se as máquinas podem pensar, levantada por Turing em seu artigo de 1950, teve um impacto duradouro nas reflexões sobre consciência e IA.

A Máquina de Turing também levantou importantes questões éticas relacionadas à IA e à responsabilidade humana na implementação e no uso de sistemas baseados em inteligência artificial.

A Máquina de Turing também levantou importantes questões éticas relacionadas à IA e à responsabilidade humana na implementação e no uso de sistemas baseados em inteligência artificial. Ele promove a reflexão sobre a ética da automação e da tomada de decisões computacionais.

A ideia de uma máquina universal que pode simular qualquer outra máquina tem sido uma fonte de reflexão sobre a liberdade e a autonomia humanas, levando a uma discussão mais ampla sobre a importância do controle humano no design e no uso da tecnologia.

De modo geral, a Máquina de Turing tem um valor filosófico significativo, pois estimula o discurso sobre conceitos-chave como inteligência, mente, autonomia, ética e a relação entre homem e máquina. Ela influenciou profundamente a filosofia da tecnologia, a filosofia da mente e a ética aplicada, levando a uma compreensão mais rica das implicações filosóficas das inovações tecnológicas.

Por meio do conceito da máquina de Turing, Turing provou que há problemas que não podem ser resolvidos por um computador, como o problema da parada. Esse conceito contribuiu significativamente para a compreensão das limitações da computação e abriu caminho para a lógica matemática computacional.

Embora a teoria da informação seja geralmente associada a Claude Shannon, Turing fez importantes contribuições conceituais. Sua ideia de uma máquina universal influenciou a definição de complexidade algorítmica e compressão de dados, aspectos fundamentais da teoria da informação.

Em resumo, Alan Turing foi um gigante nos campos da ciência da computação, teoria da informação e lógica matemática. Suas contribuições revolucionárias moldaram o mundo da computação e continuam a influenciar vários campos até hoje.

Informações quânticas.

A informação quântica é um campo da física que estuda o processamento, a transmissão e a manipulação de informações usando os princípios da mecânica quântica. Diferentemente das informações clássicas, que se baseiam em bits que só podem assumir valores 0 ou 1, as informações quânticas se baseiam em qubits, que podem estar simultaneamente em um estado 0, 1 ou em uma superposição de ambos devido aos princípios de superposição e interferência quântica.

Entre os conceitos fundamentais da informação quântica estão a superposição quântica, o emaranhamento quântico e a medição quântica. O entrelaçamento quântico permite a correlação instantânea entre partículas quânticas, independentemente da distância entre elas, possibilitando a transmissão de informações de forma segura e eficiente por meio do fenômeno do teletransporte quântico.

As informações quânticas atraíram grande interesse por seu potencial nos campos de criptografia quântica, computação quântica e comunicação quântica, nos quais a segurança e a eficiência dos sistemas são bastante aprimoradas em comparação com os métodos clássicos.

Relaciono alguns pioneiros dos estudos de informação quântica.

Por meio das contribuições desses e de muitos outros luminares do pensamento científico e filosófico, estamos testemunhando uma revolução conceitual que desafia nossas crenças mais profundas sobre a natureza do universo.

Richard Feynman.

Richard Feynman, o famoso físico teórico e ganhador do Prêmio Nobel, fez contribuições importantes para a mecânica quântica, mas também se concentrou na importância da informação no contexto da física. O conceito de "informação quântica" introduzido por Feynman abriu novas perspectivas sobre a teoria da informação e as conexões entre a informação e a realidade física em nível quântico.

O conceito de "informação quântica" é um conceito fundamental no campo da física quântica e da informação. Feynman foi um dos pioneiros no reconhecimento da importância de considerar a informação a partir de uma perspectiva quântica.

Na visão de Feynman, a informação quântica se baseia nas leis da mecânica quântica e se concentra na manipulação e transmissão de informações por meio de sistemas quânticos em vez de objetos clássicos. Esse conceito levou à evolução da teoria da informação quântica, que tem aplicações em áreas como criptografia quântica, computação quântica e comunicações seguras.

Uma das principais contribuições de Feynman foi apontar que os computadores quânticos poderiam realizar cálculos muito mais rapidamente do que os computadores convencionais, graças à capacidade dos qubits (unidades de informação quântica) de estarem em vários estados simultaneamente.

Esse conceito abriu novas perspectivas no campo da computação e da transmissão segura de informações.

Em resumo, a informação quântica representa um campo interdisciplinar que revolucionou nossa compreensão da própria informação e das possibilidades computacionais.

Roger Penrose.

Roger Penrose é um eminente físico matemático e filósofo britânico conhecido por suas contribuições significativas para a física teórica, a cosmologia e a teoria da mente. Ele explorou em profundidade as interseções entre a física quântica, a teoria da relatividade e a informação, oferecendo novas abordagens e perspectivas para a compreensão do universo e da mente.

Suas teorias sobre a interpretação da informação no cosmos quântico provocaram intensa discussão e reflexão sobre a natureza da própria realidade. Aqui estão alguns dos principais conceitos e contribuições de Penrose:

Conjecturas sobre a analogia cérebro-consciência-quântica.

Penrose propôs a ideia de que a consciência poderia derivar de processos quânticos no cérebro, abrindo uma porta de entrada para uma nova compreensão da relação entre a física quântica e a consciência humana.

Teoria da gravidade quântica.

Penrose contribuiu significativamente para a compreensão da gravidade quântica ao tentar integrar a relatividade geral e a mecânica quântica em uma estrutura mais completa e coerente.

Teoria do colapso da onda objetiva.

Penrose trabalhou em modelos de mecanismos objetivos de colapso de ondas, tentando fornecer explicações plausíveis para a transição do mundo quântico para o mundo clássico e as chamadas implicações "macroscópicas" da mecânica quântica.

A pesquisa científica e filosófica de Penrose abriu novos caminhos na exploração da física fundamental, da natureza da mente e da relação entre informação, realidade e consciência. Suas teorias certamente estimularam intensa reflexão e discussão na comunidade científica e filosófica, influenciando nossa compreensão do universo e de nossa própria existência.

Discutiremos Penrose extensivamente nos próximos capítulos em relação à sua teoria da consciência quântica imortal.

Max Tegmark.

O cosmólogo sueco Max Tegmark propôs hipóteses ousadas sobre o universo matemático e a importância da informação como a base da própria realidade. Sua visão do universo como uma estrutura matemática autônoma coloca a informação no centro de uma interpretação cósmica quântica que é radicalmente diferente da visão clássica.

Lothar Schäfer. Informação quântica imortal.

O físico quântico Lothar Schaefer sugeriu que as informações quânticas não são destruídas com a morte, mas podem ser preservadas em um campo quântico intrínseco ao universo, um conceito que ressoa com a noção religiosa de uma alma eterna.

Lothar Schaefer é um dos pioneiros dessa ideia provocativa, sugerindo que a informação quântica, ao contrário da informação clássica, pode sobreviver à morte física e ser preservada em um campo quântico universal. Essa proposta não é apenas uma revelação científica, mas está profundamente entrelaçada com antigas noções religiosas de uma alma eterna.

A informação quântica é um conceito muito diferente da informação clássica. Enquanto a última é baseada em estados definidos e claramente interpretáveis, a informação quântica existe em uma superposição de estados até o momento da observação. De acordo com Schäfer, após a morte física, a informação que constitui nossa consciência não seria destruída, mas sim transferida para um campo quântico intrínseco ao universo. Essas informações seriam armazenadas de uma forma que ecoa a ideia de um depósito cósmico de conhecimento e consciência, uma espécie de "*campo da alma*".

Essa teoria tem implicações profundas, não apenas para o campo da física, mas também para a filosofia e a teologia. De fato, a ideia de que a consciência pode sobreviver à morte ecoa em muitas tradições religiosas que postulam a eternidade da alma. No cristianismo, por exemplo, fala-se da imortalidade da alma e da vida eterna. Em outras religiões, como o hinduísmo e o budismo, acredita-se na reencarnação e na continuação do ciclo de vida, morte e renascimento, em que a alma ou a consciência transmigra para um novo corpo.

Schäfer imagina que essa mudança ocorreria não em um reino sobrenatural, mas dentro das estruturas profundas do universo quântico. Aqui, a consciência seria preservada como uma forma de informação quântica, interagindo com o universo de maneiras que ainda são misteriosas e não compreendidas. Essa teoria, portanto, não apenas ecoa a maneira como muitas religiões descrevem a alma eterna, mas também sugere um possível mecanismo científico subjacente a essas crenças.

Apesar do fascínio e das implicações poderosas dessa teoria, ela continua sendo altamente especulativa. A ciência moderna exige que as hipóteses sejam apoiadas por evidências empíricas e reproduzíveis. Atualmente, a teoria de Schaefer não possui essas evidências concretas. A comunidade científica, portanto, mantém uma atitude de ceticismo cauteloso, mantendo a porta aberta para mais pesquisas e verificações experimentais, mas não aceitando cegamente a ideia sem análise.

A investigação da sobrevivência post-mortem da consciência pelo prisma da física quântica está apenas começando. Pesquisas futuras podem se concentrar em vários aspectos:

Experimentos quânticos.

Desenvolva experimentos que possam testar a presença e o armazenamento de informações quânticas relacionadas à consciência.

Modelos teóricos.

Desenvolver modelos matemáticos e teóricos que expliquem como as informações quânticas podem ser traduzidas e preservadas após a morte física.

Interdisciplinaridade.

Colaborações entre físicos, neurocientistas, filósofos e teólogos para explorar as implicações dessas descobertas a partir de perspectivas empíricas e humanísticas.

A teoria da consciência quântica como uma entidade imortal oferece uma ponte intrigante entre a ciência e a espiritualidade, levantando questões fundamentais sobre o significado da vida, da morte e da própria existência. Enquanto aguardamos ansiosamente evidências empíricas que possam apoiar ou refutar essa teoria, ela nos convida a considerar nossa realidade a partir de uma perspectiva radicalmente nova, em que a física e a filosofia se encontram em um campo quântico que pode conter os segredos de nossa existência eterna.

Informações clássicas e quânticas.

No cenário atual da informação, dois paradigmas se destacam como pilares do conhecimento: a informação clássica e a informação quântica. Essas duas perspectivas não apenas moldam a maneira como entendemos o mundo, mas também o futuro das tecnologias e de uma sociedade digital cada vez mais interconectada.

Informações clássicas. Dos papiros sumérios ao código de Shannon.

As informações clássicas têm suas raízes nas antigas civilizações sumérias, que transmitiam o conhecimento por meio de papiros e tábuas. Entretanto, é com o advento da teoria da informação no século XX que a informação clássica encontra seu apogeu.

Claude Shannon, o pai da teoria da informação, lançou as bases para nossa compreensão da informação como um fluxo de bits. Essa teoria, nascida da comunicação de massa e da revolução digital, moldou a sociedade moderna, dando origem à era da informação.

Claude Shannon foi o gênio que lançou as bases para a compreensão da natureza da própria informação. Em 1948, Shannon revolucionou o cenário científico com sua obra histórica "*A Mathematical Theory of Communication*", que abriu as portas para uma nova maneira de conceber e manipular os fluxos de informações.

A teoria da informação de Shannon está enraizada na visão da informação como um fluxo de bits, transmitindo uma mensagem ou ideia por meio de um canal com ruído e interferência. Essa ideia fundamental teve um impacto transformador não apenas na ciência, mas também na sociedade moderna, moldando a era da informação em que vivemos hoje.

Para entender completamente o escopo da teoria de Shannon, precisamos analisar seus principais conceitos. Os conceitos centrais são os de fonte de informação, canal de comunicação e destino ou receptor. Shannon estabeleceu o conceito de entropia como uma medida da incerteza associada a uma fonte de informação, introduzindo os conceitos de informação média e capacidade de transmissão do canal.

Um excelente exemplo da aplicação prática da teoria de Shannon são as modernas tecnologias de comunicação, como a transmissão de dados e a compactação de informações. Graças à sua teoria, podemos enviar mensagens por meio de redes digitais com uma precisão e velocidade impensáveis antes de seu trabalho pioneiro.

O trabalho de Claude Shannon não se limitou ao meio acadêmico, mas permeou a cultura popular e inspirou gerações de cientistas da computação, engenheiros e cientistas da informação. Sua influência também se estende à filosofia, com profundas implicações sobre a natureza da informação e do próprio conhecimento.

Além disso, Shannon desempenhou um papel crucial no desenvolvimento da cibernética e da inteligência artificial, antecipando os desafios e as oportunidades da era digital em que vivemos. Sua teoria da informação continua sendo um pilar fundamental para a compreensão de nossa sociedade hiperconectada, na qual o fluxo de informações influencia todos os aspectos de nossas vidas.

Por meio do gênio visionário de Claude Shannon, o mundo foi apresentado a uma nova maneira de perceber e gerenciar informações. Seu legado continua vivo em cada bit que passa pelo digital, reforçando a noção de que a informação é a moeda do nosso tempo, moldada pelos fundamentos que Shannon estabeleceu com sua teoria revolucionária.

Informações quânticas e o princípio da incerteza de Heisenberg.

A informação quântica, por outro lado, surgiu das mentes inquietas dos pioneiros da mecânica quântica. No início dos anos 1900, Werner Heisenberg lançou as bases da incerteza, sugerindo que a medição de uma partícula inevitavelmente influenciava seu estado.

O princípio da incerteza de Heisenberg representa um dos conceitos fundamentais da física quântica que revolucionou nossa compreensão do mundo em nível microscópico. Formulado por Werner Heisenberg em 1927, esse princípio afirma que é impossível saber com precisão e simultaneamente a posição e o momento de uma partícula subatômica.

Esse princípio deriva da natureza dual da luz e da matéria, segundo a qual partículas como os elétrons podem se comportar tanto como ondas quanto como partículas pontuais. Quando se tenta medir a posição de uma partícula com maior precisão, uma perturbação é inevitavelmente introduzida em seu impulso e vice-versa. Isso significa que a medição de uma variável (posição ou impulso) influenciará a medição da outra variável de forma imprevisível.

O princípio da incerteza de Heisenberg tem profundas implicações filosóficas e práticas. Ele implica um limite para a precisão com a qual podemos medir as propriedades de uma partícula e destaca a importância do conceito de probabilidade na física quântica. Além disso, esse princípio levou ao surgimento de conceitos como a incerteza fundamental no universo microscópico, trazendo uma nova perspectiva sobre a própria natureza da realidade.

Um dos experimentos que confirmou o princípio da incerteza de Heisenberg foi o experimento de duas fendas de Young. Nesse experimento, um feixe de partículas é passado por duas fendas, gerando um padrão de interferência que demonstra a natureza ondulatória da matéria. Esse fenômeno mostra que as partículas subatômicas não têm uma trajetória definida até serem observadas.

Concluindo, o princípio da incerteza de Heisenberg representa um elemento fundamental na construção da teoria quântica, desafiando nossas intuições clássicas sobre a natureza da realidade e abrindo caminho para uma nova era de descobertas e inovações na física e na ciência em geral.

Mas foi com o experimento de pensamento de Schrödinger, o famoso "gato" na caixa, que a informação quântica ganhou notoriedade. As partículas suspensas em um estado superposto de morte e vida levaram a comunidade científica a refletir sobre o significado da própria informação.

A teoria da informação quântica, desenvolvida nas décadas seguintes por personalidades como John Bell e David Deutsch, revelou as conexões fantasmagóricas que unem as partículas em um estado quântico. O entrelaçamento quântico, definido por Einstein como "*ação assustadora à distância*", sugere que as informações podem viajar instantaneamente entre partículas distantes, quebrando toda a lógica clássica.

Atualmente, o cenário da informação está na encruzilhada entre essas duas perspectivas. Os bits clássicos, transportados por ondas eletrônicas em circuitos integrados, continuam a dominar nossas comunicações digitais. Entretanto, os qubits quânticos, suspensos em um estado de superposição, prometem velocidade e poder computacional inimagináveis.

Características distintivas.

No contexto da informação, dois mundos se chocam e se entrelaçam em uma dança intrigante de bits e qubits: a informação clássica e a informação quântica. Esses dois paradigmas não apenas representam abordagens diferentes para a transmissão e o processamento de dados, mas também refletem as diferentes visões de mundo que moldaram nossa compreensão da realidade. Vamos examiná-los de perto.

A informação clássica, filha da era digital e da teoria da informação de Claude Shannon, é baseada em bits, a unidade fundamental de informação que pode assumir dois estados distintos: 0 e 1. Nesse universo de bits, a informação é transportada por sinais elétricos que viajam por circuitos integrados em velocidades incríveis.

Um dos exemplos mais clássicos de informação clássica é o telefone, um dispositivo que transmite sinais de voz por meio de impulsos elétricos ao longo das linhas telefônicas. Esse sistema é baseado nas regras da lógica binária, em que cada bit de informação é representado por um sinal que pode ser ligado (1) ou desligado (0), criando assim sequências de bits que constituem as mensagens transmitidas.

As informações quânticas, por outro lado, são caracterizadas por suas propriedades surpreendentes e contraintuitivas, que se originam da mecânica quântica. No mundo dos qubits, a unidade fundamental da informação quântica, uma partícula pode estar em um estado de superposição, ou seja, ao mesmo tempo, ela pode ser 0 e 1, graças ao princípio da superposição quântica.

Um exemplo emblemático de informação quântica são os experimentos de teletransporte quântico, como o realizado em 1997 por uma equipe de cientistas liderada por Anton Zeilinger. Nesse experimento, as informações quânticas foram transferidas de uma partícula para outra instantaneamente, explorando a superposição quântica e o fenômeno do emaranhamento...

As diferenças entre as informações clássicas e as informações quânticas são radicais. Enquanto a primeira é baseada em bits clássicos que seguem as leis da lógica clássica, a segunda é baseada em qubits quânticos que desafiam as leis da lógica convencional. Enquanto as informações clássicas se deslocam de forma linear e determinística, as informações quânticas se deslocam de forma não local e probabilística.

No entanto, apesar dessas diferenças aparentemente irreconciliáveis, as informações clássicas e quânticas acabam sendo complementares e interconectadas. Tecnologias emergentes, como a criptografia quântica e os computadores quânticos, estão abrindo novas perspectivas na maneira como concebemos e usamos as informações, combinando o melhor dos dois mundos para criar um futuro no qual a comunicação e a computação serão revolucionadas de maneiras inimagináveis.

A diferença fundamental.

No domínio das informações clássicas, a solidez e a tangibilidade da mídia física desempenham um papel central. Pense em livros, jornais, discos rígidos: instrumentos que armazenam e transmitem informações por meio de esquemas eletrônicos ou mecânicos. No entanto, a fragilidade dessas mídias fica evidente quando o tempo marca sua inexorável passagem.

Um exemplo emblemático é a decadência de um livro ao longo dos séculos. O acúmulo de poeira, o desgaste das páginas, o desgaste do material: todos sinais tangíveis da transitoriedade das informações clássicas. Mesmo no mundo digital, a mídia física pode falhar, os discos rígidos podem ser corrompidos, os servidores podem travar, levando à perda irreparável de dados.

Em contrapartida, as informações quânticas desafiam as convenções da materialidade, demonstrando sua não localidade inerente. Nesse reino, os qubits se entrelaçam em um estado de emaranhamento que supera as barreiras espaço-temporais, tornando as informações resistentes à deterioração da mídia física. Um exemplo eloquente é o experimento de Alain Aspect, que revelou a realidade do entrelaçamento, ou seja, a existência de conexões quânticas que superam as distâncias físicas.

O emaranhamento quântico, a capacidade das partículas de interagir instantaneamente a uma distância, é a pedra angular da informação quântica. Esse fenômeno fantástico sugere que as informações quânticas, devido à sua característica de não-localidade, podem sobreviver à transitoriedade dos corpos físicos, irradiando uma nova luz sobre a própria natureza da existência e da comunicação.

Em virtude dessas características diametralmente opostas, as informações clássicas e quânticas se apresentam como polos de uma única visão mais ampla. Enquanto a primeira se alimenta da concretude da mídia material, a segunda se eleva na rede impalpável do entrelaçamento quântico. Esse dualismo nos leva a refletir sobre o significado da própria informação, revelando sua natureza mutável e mutante.

À medida que nos aventuramos nos significados da informação, a sinergia entre esses dois mundos pode moldar uma realidade ainda mais complexa e interconectada do que podemos imaginar. A jornada da informação clássica para a quântica é um caminho sinuoso, mas cheio de promessas e surpresas que podem redefinir a maneira como percebemos o mundo.

Concluo com as palavras de Arthur Clarke:

Qualquer tecnologia suficientemente avançada é indistinguível da magia".

E em um mundo que se aproxima cada vez mais dessa magia, a informação, tanto clássica quanto quântica, pode ser a chave para abrir portas para mundos ainda inexplorados.

Informações no cosmos quântico.

No coração do cosmo quântico, a informação é um pilar invisível, porém onipresente, que molda a própria realidade com uma maestria que desafia nossa compreensão. Esta seção tem o objetivo de abrir as portas para novas reflexões, estimulando uma visão mais ampla e integrada de nossa existência no vasto cenário do universo.

Ao examinarmos o céu estrelado em busca de respostas para nossas perguntas mais profundas, não podemos ignorar o papel crucial da informação no intrincado mosaico do cosmos quântico. Seja uma ilusão, uma simulação ou a própria realidade, a informação se apresenta como o fio que une os fios da criação, convidando-nos a explorar o grande mistério da existência com novos olhos.

Esses segredos escondidos no coração do cosmos esperam pacientemente para serem revelados, enquanto nós, humanos, continuamos a levantar o véu da ignorância, guiados pela luz da informação em nossa eterna jornada rumo ao conhecimento e à compreensão.

E, à medida que nos aprofundamos cada vez mais nos mistérios do cosmo quântico, é inevitável considerar as implicações filosóficas e metafísicas que surgem da análise do papel da informação.

As perguntas que surgem são múltiplas e complexas: qual é a natureza definitiva da informação? De onde vem esse substrato universal de códigos que regula a estrutura da realidade? E como o observador humano se encaixa nesse intrincado padrão de informações que molda o cosmos?

A informação no cosmos quântico é transformada de um mero instrumento de medição e comunicação em um protagonista ativo da própria existência. Toda interação, todo fenômeno, toda entidade parece estar permeada de traços desse elemento intangível, mas poderoso.

Por meio da análise da informação no cosmo quântico, estamos diante de um ponto de inflexão histórico que nos convida a reconsiderar os próprios fundamentos da realidade. A ideia de que a informação é o "tecido" fundamental do universo nos força a olhar além das manifestações materiais e energéticas, abrindo caminho para uma nova compreensão da existência.

Os desafios que esse conceito impõe à nossa visão de mundo são imensos e estimulantes. Precisamos abandonar nossas convenções conceituais para abraçar um paradigma no qual as informações estão constantemente sendo fragmentadas e recompostas, moldando as realidades que percebemos e aquelas que talvez ainda sejam desconhecidas para nós.

Nessa busca pela verdade e pelo significado, continuaremos a explorar o papel da informação no cosmo quântico com a mente aberta e o coração curioso, cientes de que as respostas que buscamos podem nos levar não apenas à descoberta de novas leis da natureza, mas também à revelação de verdades mais profundas sobre nossa própria existência.

Uma jornada pelos desafios do conhecimento.

Abordar a questão das instruções celulares e a influência da energia na matéria nos faz mergulhar em uma investigação tão fascinante quanto complexa, transcendendo os limites da ciência convencional para abraçar uma perspectiva multidisciplinar que está profundamente imersa na própria essência da existência.

Ao longo da história, várias teorias tentaram explicar a origem das instruções que conduzem as maravilhas do reino biológico. Da evolução darwiniana à hipótese de uma inteligência divina, os pontos de vista sobre os mecanismos que moldam a vida têm sido muitos e, às vezes, conflitantes, mas todos convergem para um ponto focal: a busca pela compreensão definitiva dos processos vitais que animam nosso mundo.

O convite para contemplar uma possível "energia primordial" que forneceu as primeiras instruções para a célula original nos leva a refletir não apenas sobre a natureza da vida, mas também sobre os limites de nossa própria capacidade de compreender o universo e seu mistério inerente.

Nessa fascinante jornada em busca das origens, é fundamental reconhecer a importância de manter todas as perspectivas abertas e abraçar a complexidade e a diversidade de pontos de vista ao nosso redor. A interdisciplinaridade e o diálogo entre as várias disciplinas científicas e filosóficas são cruciais para o avanço de nossa compreensão de um enigma tão intrincado e fascinante.

Em uma época em que o conhecimento está evoluindo em ritmo acelerado e em que as fronteiras da ciência estão em constante expansão, a questão das instruções celulares e da origem da energia que anima a matéria representa um dos desafios mais estimulantes e significativos de nosso tempo.

Qualquer pessoa que abrace o espírito de investigação e esteja aberta ao maravilhoso mistério da existência pode embarcar nessa jornada rumo a uma compreensão mais profunda do que está por trás da rede entrelaçada de energia e matéria que forma a própria base da vida.

Buracos negros, paradigma cósmico da morte.

Os buracos negros são regiões do espaço onde a força da gravidade é tão intensa que nada, nem mesmo a luz, pode escapar deles. Eles são o resultado do colapso de uma massa extremamente densa em um espaço tão pequeno que gera um campo gravitacional incrivelmente poderoso.

No contexto cósmico, os buracos negros desempenham um papel importante. Eles são considerados o paradigma da morte cósmica, pois representam o destino final de muitas estrelas maciças que esgotam seu combustível nuclear e entram em colapso sobre si mesmas. Além disso, a teoria da relatividade geral de Einstein prevê que objetos como os buracos negros também podem influenciar significativamente o espaço e o tempo ao seu redor, moldando assim o universo em um nível macroscópico.

Os misteriosos e fascinantes buracos negros: as portas para o desconhecido do universo.

Desde sua descoberta, os buracos negros capturaram a imaginação e a curiosidade da humanidade como nenhuma outra entidade cósmica. Mas o que exatamente são esses fenômenos enigmáticos? Descobertos há relativamente pouco tempo, os buracos negros são regiões do espaço onde a gravidade é tão intensa que absorve tudo o que se aproxima, até mesmo a luz.

A história dos buracos negros começa com o gênio teórico Albert Einstein, que apresentou sua teoria da relatividade geral em 1915. Foi somente em 1916, quando o físico alemão Karl Schwarzschild resolveu as equações de Einstein para um corpo maciço e denso, que a ideia de uma entidade tão compacta que captura a luz começou a tomar forma.

No entanto, foi somente em 1967 que o termo "*buraco negro*" foi cunhado pelo astrônomo John Archibald Wheeler para descrever essa peculiaridade da física cósmica. Nossa compreensão dos buracos negros cresceu consideravelmente graças a pioneiros como Stephen Hawking, cujo trabalho sobre a radiação emitida pelos buracos negros redefiniu nossa visão dessas estrelas.

Um momento crucial em nossa compreensão dos buracos negros ocorreu em 2019, quando o Telescópio EHT capturou uma imagem de um buraco negro no centro da galáxia M87, confirmando assim a presença dessas entidades extraordinárias e fornecendo evidências visuais sem precedentes de sua existência.

Os cientistas continuam a estudar os buracos negros com instrumentos cada vez mais sofisticados, como o satélite LIGO, que observou ondas gravitacionais produzidas pela fusão de dois buracos negros separados por bilhões de anos-luz. Esses esforços são apenas o começo do que promete ser uma era de ouro na exploração dos mistérios do universo.

Os buracos negros ainda são um dos fenômenos mais fascinantes e misteriosos do universo. Sua descoberta e a evolução do conhecimento associado a eles representam um capítulo extraordinário na história da ciência cosmológica e continuam a inspirar gerações de pesquisadores e entusiastas da astronomia em todo o mundo.

Como funciona um buraco negro.

Os buracos negros operam de acordo com as leis da física, conforme definido pela relatividade geral de Einstein. Ao se aproximar de um buraco negro, a gravidade se torna cada vez mais intensa. Se um objeto cruzar o chamado "*horizonte de eventos*" de um buraco negro (o ponto sem retorno além do qual nada pode escapar de sua gravidade), ele será irremediavelmente atraído para o seu centro.

Se uma pessoa caísse em um buraco negro, ela passaria por um fenômeno conhecido como "espaguetificação". Devido ao forte gradiente gravitacional, as forças de maré se tornam tão intensas que esticam e rasgam o objeto em forma de espaguete antes que ele seja esmagado no núcleo do buraco negro, um local de extrema densidade e pressão.

Os efeitos em um objeto espacial que cai em um buraco negro incluem aceleração extrema devido ao aumento da gravidade, aquecimento devido à compressão na região de acreção e possivelmente a emissão de radiação antes de ser engolido.

A comparação de um buraco negro com um "agente da morte cósmica" decorre do fato de que qualquer coisa que caia em um buraco negro não pode escapar dele, nem mesmo a própria luz. Portanto, de certa forma, os buracos negros representam o destino final de qualquer objeto. Qualquer objeto que caia em um buraco negro deixa de existir. Esse conceito evoca a ideia de um tipo de "morte cósmica", já que, uma vez preso em um buraco negro, qualquer coisa é inexoravelmente impulsionada para um destino desconhecido e irrecuperável.

A escuridão e o mistério que cercam os buracos negros os tornam objetos fascinantes para a pesquisa científica e a especulação cosmológica, pois levantam questões profundas sobre a própria natureza do espaço, do tempo e da matéria no universo.

A descoberta fundamental de Jacob Bekenstein e Stephen Hawking.

Na década de 1970, Jacob Bekenstein realizou uma pesquisa pioneira no campo dos buracos negros, propondo a ideia revolucionária de que *os horizontes de eventos* (a boca) desses objetos cósmicos têm uma superfície associada a uma quantidade específica de informações. Essa superfície, que mais tarde ficou conhecida como *superfície Bekenstein-Hawking*, atua como uma espécie de "*memória*" que armazena todos os detalhes das partículas e objetos que caem no buraco negro.

Posteriormente, Stephen Hawking desenvolveu ainda mais a ideia de Bekenstein, demonstrando que os buracos negros não são simplesmente "vórtices" de matéria. O conceito de *radiação de Hawking* selou uma importante conexão entre a termodinâmica e a gravidade dos buracos negros, levando a comunidade científica a reconsiderar as características especiais desses objetos.

Posteriormente, Stephen Hawking desenvolveu ainda mais essa ideia, demonstrando o que ele havia imaginado, ou seja, que os buracos negros não são simples "devoradores" de matéria que engolem tudo, mas sim entidades termodinâmicas que emitem radiação e, portanto, perdem energia com o tempo. Esse conceito representa uma importante conexão entre a termodinâmica e a gravidade dos buracos negros.

Mas... um buraco negro engole e aniquila tudo?

A imagem de um buraco negro como um "*devorador de tudo*", uma força sombria e insaciável que mata e engole impiedosamente tudo em seu caminho, tem fascinado gerações de entusiastas da astronomia. Mas até que ponto essa representação mítica corresponde à realidade? Nossa compreensão dos buracos negros foi revolucionada por mentes brilhantes como Stephen Hawking, cujo trabalho pioneiro ampliou nossos horizontes sobre essas maravilhas cosmicamente bizarras.

As teorias clássicas sugerem que nada pode escapar da atração gravitacional de um buraco negro depois que ele ultrapassa seu horizonte de eventos. Entretanto, a visão de Hawking trouxe um avanço em nossa compreensão dessas entidades cósmicas. Em 1974, Hawking propôs que os buracos negros emitem radiação, conhecida como radiação Hawking, que acaba fazendo com que eles "*evaporem*" no tempo cósmico.

Esse conceito radicalmente inovador abriu novas perspectivas sobre a ideia tradicional dos buracos negros como túmulos cósmicos sem retorno. Em vez de serem apenas "devoradores de estrelas", os buracos negros também poderiam passar por processos de emissão de energia e redução de sua massa ao longo do tempo.

Experimentos como os realizados no Telescópio EHT, que capturou a imagem sem precedentes de um buraco negro em 2019, contribuíram significativamente para a nossa compreensão desses fenômenos. A imagem do M87 proporcionou a verificação visual da presença de buracos negros e alimentou mais pesquisas sobre sua natureza e comportamento.

Embora os buracos negros sejam fantásticos por sua força gravitacional extrema, sua interação com a entropia e a radiação Hawking sugere uma realidade mais complexa do que a simples ideia de "*morte cósmica*" que os marcou por décadas. Esses enigmáticos gigantes cósmicos continuam a inspirar e desafiar nossa compreensão do universo, provando que, tanto na ciência quanto na vida, a verdade pode ser muito mais complexa do que imaginamos.

O conceito de radiação de Hawking lança uma nova luz sobre o destino final dos buracos negros e levanta questões importantes sobre a conservação da informação e o futuro da energia contida neles. Hawking, ousado e audacioso como poucos cientistas conseguem ser, abriu portas para novas fronteiras na física teórica, desafiando nosso conhecimento e forçando-nos a reconsiderar os fundamentos de nossa compreensão do universo.

Mentes brilhantes como Hawking, que desafiaram nossas concepções do cosmos com ousadia e engenhosidade, ficarão para sempre gravadas na história da ciência como guias e inspirações para as gerações futuras. Por meio de seu trabalho e de sua paixão por explorar o universo, adquirimos uma compreensão mais profunda e diferenciada dos buracos negros, abrindo caminho para novas pesquisas e descobertas que continuam a moldar nosso conhecimento.

O buraco negro mata "o corpo", mas não "a alma"!

A radiação Hawking, teorizada por Stephen Hawking em 1974, representa um fenômeno extraordinário que abalou nossas concepções sobre os buracos negros. Essa radiação, emitida por buracos negros devido a efeitos quânticos próximos ao horizonte de eventos, traz implicações profundas para a conservação de informações e a evolução de corpos negros no tempo cósmico.

Radiação Hawking e o Paradoxo da Informação do Buraco Negro.

Uma das questões mais polêmicas associadas à radiação Hawking é o *Paradoxo da Informação do Buraco Negro*. De acordo com as leis da mecânica quântica, as informações que caracterizam o estado de um objeto que cai em um buraco negro devem ser preservadas e não perdidas no abismo gravitacional. Entretanto, se os buracos negros emitem radiação e eventualmente "evaporam", conforme proposto por Hawking, isso poderia implicar a perda irreversível dessas informações, violando assim um dos princípios fundamentais da física.

Muitos estudiosos, incluindo o astrofísico teórico Leonard Susskind e o próprio Hawking, entraram em conflito sobre essa questão provocativa. Susskind e Gerard 't Hooft levantaram a hipótese de que as informações podem ser armazenadas por meio da radiação quântica emitida pelos buracos negros, sugerindo que as informações do objeto "engolido" podem ser codificadas nas mudanças quânticas da radiação do próprio Hawking.

Nesse contexto, experimentos conceituais como o *Paradoxo da Informação dos Buracos Negros* de Thorne-Hawking-Preskill alimentaram o debate e levantaram outras questões sobre a natureza da informação em um universo governado por buracos negros e a radiação que eles emanam.

Portanto, embora a radiação de Hawking ofereça uma janela fascinante para a física dos buracos negros, o destino das informações de um objeto "comido" desafia os cientistas a conciliar as leis da mecânica quântica com os mistérios do universo gravitacional e cosmológico.

No panorama da física teórica, a radiação de Hawking se destaca como uma das descobertas mais revolucionárias do século XX, abrindo uma porta para um mundo de conexões profundas entre a mecânica quântica e a gravidade.

Entretanto, a questão da informação adequada de um objeto "comido" por um buraco negro intrigou e dividiu os cientistas com um desafio importante. Esse dilema envolve o conceito de perda de informações no contexto da mecânica quântica, que preserva a integridade unitária da evolução quântica. Em resumo, o que acontece com as informações contidas em um objeto que cai em um buraco negro?

A comunidade científica está dividida. Por um lado, há aqueles que acreditam que a informação é destruída (um conceito materialista que desafia o princípio da reversibilidade do tempo na física) e, por outro lado, aqueles que acreditam que a informação é de alguma forma preservada. Os últimos acreditam que as informações são levadas de volta para o exterior do buraco negro, juntamente com a radiação Hawking.

Uma das vozes mais influentes a favor da conservação de informações é, sem dúvida, a de Leonard Susskind, um notável físico teórico americano. Ele, em oposição à ideia original de Hawking, posteriormente corrigida, de perda de informações, defendeu a teoria da equivalência.

Na busca por respostas sobre a natureza do fim da vida e o destino que nos aguarda além da morte, temos uma ampla gama de disciplinas e teorias que se entrelaçam em uma intrincada rede de conhecimento científico, filosófico e cultural. Nesse contexto de profunda especulação, surge a figura de Leonard Susskind, um dos físicos teóricos mais influentes de nosso tempo, mais conhecido por sua concepção da teoria da equivalência e sua contribuição para a formulação da teoria das cordas.

Leonard Susskind, nascido em 1940, teve um impacto significativo no campo da física teórica, fazendo contribuições fundamentais para a compreensão da relatividade geral e para a busca de uma teoria unificada que possa explicar as forças fundamentais do universo. Sua teoria da equivalência, em particular, concentra-se na ideia de que forças aparentemente diferentes podem, na verdade, ser manifestações diferentes da mesma força fundamental, levando a uma visão unificada dos fenômenos físicos.

No contexto do fim da vida e do que acontece depois, a teoria da equivalência de Susskind pode oferecer percepções interessantes. Se considerarmos a morte como a transição de uma forma de existência para outra, poderíamos interpretar essa transição à luz da equivalência de Susskind, em que o fim da vida não representa necessariamente o fim absoluto, mas sim uma mudança de estado, uma transformação que leva de um nível de realidade para outro.

Esse conceito é ecoado em muitas tradições culturais e filosóficas que propuseram visões da vida após a morte como uma espécie de transição para outra dimensão da existência. Por exemplo, a filosofia hindu e budista considera a morte como parte de um ciclo contínuo de renascimento e reconhecimento da natureza impermanente da vida. Da mesma forma, algumas correntes da filosofia ocidental, como o pensamento platônico, contemplam a ideia de uma alma imortal que sobrevive à morte do corpo.

Concluindo, Leonard Susskind e sua teoria da equivalência oferecem um valioso alimento para a reflexão sobre o fim da vida e as suposições sobre o destino que nos aguarda após a morte. Combinando sua rigorosa visão científica com perspectivas culturais e filosóficas milenares, podemos embarcar em uma jornada de exploração e questionamento sobre a natureza definitiva de nossa existência e a intrincada relação entre a vida, a morte e o além.

Outra contribuição importante para o debate veio em 2012 com o experimento conduzido por Juan Maldacena, um conhecido físico teórico da Argentina. O experimento forneceu indicações experimentais a favor da teoria da equivalência e da conservação da informação, lançando mais luz sobre essa intrincada questão.

As informações de um corpo sempre sobrevivem à sua destruição.

Essa frase enfatiza um princípio fundamental da física que envolve o conceito de conservação de informações. Essa afirmação é um princípio central no debate sobre a teoria da perda de informações, especialmente ao considerar fenômenos como o colapso de um corpo em um buraco negro.

Na física quântica, a conservação de informações é um princípio básico que postula que as informações referentes ao estado quântico de um sistema isolado devem ser conservadas no tempo e não devem ser perdidas em nenhum processo dinâmico ou evolução do próprio sistema. É evidente que o princípio também se aplica ao processo de morte física de um indivíduo. Esse conceito está intimamente relacionado à reversibilidade temporal da mecânica quântica e enfatiza a importância de manter a consistência e a integridade nas descrições dos fenômenos físicos.

No contexto dos buracos negros e da radiação Hawking, a questão das informações perdidas dentro deles gerou um debate animado entre os físicos teóricos. A hipótese inicial, apresentada pelo próprio Stephen Hawking, sugeria que um corpo que caísse em um buraco negro também "levaria consigo" as informações desse objeto. Dessa forma, o objeto perderia irreversivelmente suas características peculiares.

Inicialmente, Hawking apresentou a hipótese de que os buracos negros poderiam causar a perda irreversível de informações de um objeto que caísse dentro deles, defendendo essencialmente o chamado "Paradoxo da Informação do Buraco Negro".

Esse conceito, embora revolucionário, causou considerável controvérsia na comunidade científica, pois entrava em conflito com o princípio geral de conservação de informações da física quântica. Nos anos seguintes, Hawking se envolveu ativamente na busca de uma solução para o paradoxo da informação e sua hipótese inicial sobre a perda total de informações dentro de um buraco negro.

É importante ressaltar que, no decorrer de sua carreira, Hawking, juntamente com outras personalidades, como Leonard Susskind, percebeu as profundas implicações desse enigma e a importância de reconsiderar suas posições. Posteriormente, Hawking revisou sua posição sobre a perda de informações de um buraco negro.

Ao longo das décadas de 1980 e 1990, Hawking desenvolveu sua visão sobre o assunto, sugerindo novas linhas de pesquisa e hipóteses que visavam encontrar uma solução mais afinada com os princípios da mecânica quântica, especialmente o conceito de conservação de informações. Hawking se juntou ao debate intelectual sobre o assunto, ajudando a moldar uma compreensão mais ponderada e completa da dinâmica dos buracos negros e do destino das informações que eles contêm.

Assim, embora a posição inicial de Hawking sobre informações em buracos negros apresentasse contradições conceituais com os princípios fundamentais da física, seu pensamento evoluiu com o tempo, levando-o a explorar novas perspectivas e a adotar uma visão mais harmoniosa com as leis da mecânica quântica.

Assim, a afirmação de que "*a informação de um corpo sempre sobrevive à sua destruição*" reflete a luta para manter intactos os fundamentos da física quântica, mesmo diante de fenômenos extremos como os buracos negros. Por meio desse princípio, muitos físicos aceitam as novas teorias e conceitos relacionados à conservação das informações inerentes aos objetos que caíram em buracos negros, avançando na pesquisa para uma compreensão mais profunda do universo e das leis que o regem.

O conceito de alma e o conceito de informação.

Agora sabemos que nada, nem mesmo um buraco negro, pode destruir informações sobre qualquer objeto físico ou ser biológico que tenha existido no cosmos.

Na complexa teia do pensamento humano, dois conceitos aparentemente distantes encontram convergência: o conceito milenar de alma e o conceito moderno de informação. Enquanto, por um lado, a alma evoca sugestões espirituais e místicas, por outro, a informação se configura como a matéria-prima do conhecimento e da comunicação digital na era contemporânea. Mas como esses dois mundos conceituais se entrelaçam?

A ideia da alma, enraizada nas tradições e crenças religiosas de muitas culturas, concebe a existência de uma parte imaterial e eterna do ser humano. De acordo com essa perspectiva, a alma é considerada um tipo de entidade divina transmitida aos indivíduos no momento do nascimento e destinada a um julgamento superior no momento da passagem. Essa visão filosófica reflete a ideia de uma essência intrínseca e imutável que dá significado e valor à vida humana.

Do outro lado do espectro conceitual está a informação, um conceito que representa a base fundamental da civilização digital. A informação é onipresente: desde os bits que fluem nos circuitos eletrônicos até a complexidade dos sistemas biológicos, toda entidade carrega consigo um conjunto de dados, configurações e significados. No contexto dos seres vivos, a informação assume a forma de consciência, ou seja, a soma de escolhas, experiências e interações que moldam a identidade e a percepção de si mesmo e do mundo ao redor.

Nessa perspectiva de conjunção entre o antigo e o moderno, surge a sugestão de uma "*alma informacional*", um conceito híbrido que abrange tanto o aspecto espiritual e imaterial da alma quanto a essência digital e dinâmica da informação. Essa nova abordagem conceitual nos convida a considerar o ser humano como um nó em evolução de dados e significados, uma síntese harmoniosa do transcendente e do contingente, do metafísico e do empírico.

Embora as raízes do conceito de alma estejam imersas na sacralidade do mistério e da transcendência, e o conceito de informação esteja projetado na concretude da tecnologia e da ciência, ambos convergem na definição da essência existencial do indivíduo. A alma informacional é, portanto, configurada como o ponto de encontro entre a sabedoria dos séculos e o frenesi do presente, entre o imutável e o mutável, entre o divino e o terreno.

Em uma época em que a busca por sentido e significado está entrelaçada com a proliferação descontrolada de dados e informações, refletir sobre a interconexão entre alma e informação nos convida a explorar as profundezas do ser humano e a nos inspirar em um diálogo frutífero entre a sabedoria antiga e o conhecimento moderno. Em busca da essência humana, então, nos aventuramos no território inexplorado da alma informacional, onde o divino e o digital se fundem em uma melodia cósmica.

Nessa sinfonia conceitual, surgem questões profundas que convidam à reflexão e ao debate. Como a alma informacional se manifesta na era da informação global e da inteligência artificial? Como as novas tecnologias e as descobertas científicas influenciam nossa concepção de alma e identidade? Quais são as implicações éticas e filosóficas dessa fusão entre o antigo e o moderno, o espiritual e o tecnológico?

A evolução da sociedade e da cultura nos obriga a redefinir continuamente os limites e as nuances de conceitos fundamentais, como alma e informação. À medida que a tecnologia nos aproxima cada vez mais do ideal do conhecimento onisciente e da comunicação global, o apelo das antigas questões existenciais persiste, chamando-nos a explorar as profundezas do ser humano e a enfrentar os desafios éticos e espirituais de nosso tempo.

Ao buscar essa narrativa que entrelaça passado e presente, tradição e inovação, a busca informativa da alma se revela como uma jornada de descoberta das múltiplas dimensões do ser humano, um convite para contemplar a complexidade e a beleza do universo interno e externo que nos cerca.

Assim, enquanto nos esforçamos para decifrar os segredos do universo material e imaterial, enquanto tentamos entender nossa existência e nosso destino, a alma informativa nos questiona, nos desafia, nos fascina, levando-nos a explorar os horizontes nunca imaginados de nossa natureza e de nosso ser no mundo.

Nesse diálogo constante entre o antigo e o moderno, entre a fé e a ciência, entre a espiritualidade e a tecnologia, descobrimos que a alma informacional não é apenas um conceito teórico ou filosófico, mas uma realidade viva e palpitante que permeia o próprio tecido de nossa existência.

A alma informacional e a consciência.

A diferença entre os conceitos de "alma informacional" e "consciência" está em sua natureza e escopo de significado, embora compartilhem certas nuances de conexão.

A alma informacional refere-se a um conceito hipotético que combina as dimensões espirituais e imateriais da alma com o aspecto dinâmico e fluido da informação. Esse conceito sugere que os indivíduos são essencialmente um conjunto de dados, significados e configurações em constante evolução. A alma informacional concentra-se na ideia de que o que constitui um indivíduo vai além do puramente físico e biológico, incluindo as experiências, os relacionamentos e as interações que moldam a consciência e a identidade.

A consciência, por outro lado, refere-se à percepção subjetiva que o indivíduo tem de si mesmo e de seu ambiente. É um estado mental que nos permite perceber, pensar, sentir e estar cientes de nossas próprias experiências. A consciência está associada à capacidade de refletir, racionalizar e interpretar o mundo ao nosso redor, juntamente com nossas emoções, pensamentos e ações.

Natureza.

A alma informacional concentra-se na ideia de que a essência do indivíduo é formada por dados e informações em evolução, enquanto a consciência diz respeito à percepção subjetiva e à experiência interna do indivíduo.

Temporariedade e permanência.

A alma informacional sugere um conceito mais dinâmico e mutável, em constante evolução ao longo do tempo, enquanto a consciência é uma experiência imediata e individual que se manifesta no presente.

Profundidade conceitual.

Enquanto a consciência se concentra na experiência subjetiva e na autoconsciência, a alma informacional faz alusão a um conceito mais amplo que abrange as dimensões espiritual e informacional/relacional dos seres humanos.

Em resumo, enquanto a consciência representa um aspecto mais imediato e pessoal do ser humano, a alma informacional amplia o campo conceitual para incluir a ideia de informações, dados e significados que moldam a identidade e a percepção do mundo.

Assim, à medida que o sol se põe no horizonte do conhecimento humano, saímos dessa reflexão enriquecidos com novas perspectivas, prontos para continuar nossa jornada em busca da harmonia entre a alma e a informação, entre a quietude do eterno e o encanto do momento presente. Nesse emaranhado de conceitos e significados, a alma informacional é um farol que guia no mar tempestuoso da compreensão humana, iluminando o caminho para a descoberta de nós mesmos e do mundo ao nosso redor.

6 - CONSCIÊNCIA QUÂNTICA.

"Acredito que todo o universo é informativo e que a consciência é como o universo conhece a si mesmo."

(Ervin Laszlo)

Capítulo 10. Nasce o conceito de consciência.

"O universo é movido por informações e consciência. Todo pensamento cria uma vibração, toda consciência gera um impacto."

(Federico Faggin).

Conceitos tradicionais da alma.

A alma é um conceito profundamente enraizado na história humana, presente em várias culturas e tradições religiosas. O conceito de alma tem provocado debates e discussões acaloradas ao longo dos séculos, à medida que tentamos entender sua verdadeira natureza e seu papel na vida humana.

As raízes do conceito de alma remontam à Grécia antiga, onde filósofos como Platão e Aristóteles desenvolveram ideias divergentes sobre a alma humana. Platão considerava a alma como uma realidade distinta do corpo, uma entidade imortal que possuímos antes de nascer e que continuamos a vivenciar após a morte. De acordo com Platão, a alma é etérea e divina, enquanto o corpo é apenas uma prisão para ela. Por outro lado, Aristóteles acreditava que a alma e o corpo estão inextricavelmente ligados e que a alma é a forma de organização de um organismo vivo.

A influência do pensamento grego também se estendeu às tradições religiosas, como o cristianismo. No cristianismo, a alma é considerada a parte imortal do indivíduo, dotada de livre arbítrio e destinada a uma vida eterna após a morte. O conceito de alma está ligado às ideias de salvação e julgamento final, em que a alma será recompensada ou condenada de acordo com suas ações na Terra. Figuras importantes, como São Tomás de Aquino, fizeram uma contribuição importante para a definição teológica da alma, combinando as principais ideias filosóficas com a doutrina religiosa.

As tradições hinduísta e budista também oferecem uma interpretação única da alma. No hinduísmo, o conceito de alma é designado como "*atman*" e representa a essência individual e imortal do indivíduo, conectando-se ao princípio universal chamado "*Brahman*". Essa conexão entre atman e Brahman desempenha um papel fundamental na compreensão da alma no contexto hindu. No budismo, entretanto, é proposta uma visão mais complexa: a alma ou "*anatta*" é vista como a ausência de uma entidade individual permanente. De acordo com a doutrina budista, a ideia de uma alma separada é uma ilusão, o que leva à busca da libertação de todos os laços e apegos.

Além das fontes filosóficas e religiosas, estudos científicos recentes ofereceram diferentes perspectivas sobre a alma. O proeminente psicólogo suíço Carl Gustav Jung desenvolveu sua teoria da "*alma*" como uma representação simbólica do inconsciente, uma parte integral do indivíduo. De acordo com Jung, a alma representa o aspecto emocional e espiritual do ser humano.

Em conclusão, as origens e os conceitos tradicionais da alma têm suas raízes na filosofia antiga e em diferentes tradições religiosas. Do platonismo ao hinduísmo, do cristianismo à psicologia de Jung, o conceito de alma foi interpretado e estudado de forma diferente ao longo dos séculos. Isso levou a uma variedade de opiniões e debates sobre sua verdadeira natureza e função. A compreensão da alma continua sendo um assunto rico em interpretações pessoais, filosóficas e culturais, que continua a estimular a reflexão humana sobre nossa existência e o significado mais profundo da vida.

Referências históricas e religiosas sobre a alma como uma entidade imaterial.

A alma tem sido objeto de debate e especulação ao longo dos séculos, tanto na esfera filosófica quanto na religiosa.

Os primeiros vestígios da concepção da alma como uma entidade imaterial são encontrados em civilizações antigas, como a egípcia, onde a crença na imortalidade da alma era amplamente difundida. O antigo livro dos egípcios, "*O Livro dos Mortos*", atesta a crença de que a alma (conhecida como "*ka*" ou "*ba*") sobrevivia ao corpo físico após a morte e embarcava em uma jornada para a vida após a morte. Essas referências históricas revelam o antigo entendimento da alma como uma realidade distinta do nosso invólucro físico.

A filosofia grega clássica também abordou a ideia da alma como algo imaterial. Platão, por exemplo, descreveu a alma como uma parte divina do ser humano, distinta e separada do corpo. De acordo com sua teoria, a alma presidia as faculdades racionais e espirituais do indivíduo. Esses conceitos também influenciaram a tradição filosófica posterior, particularmente o neoplatonismo, que se baseava na interpretação de Platão da alma como uma entidade imaterial.

As tradições religiosas têm desempenhado um papel fundamental na definição da alma como uma entidade imaterial. No cristianismo, por exemplo, a alma é concebida como eterna e imaterial, criada por Deus e destinada a se unir a ele após a morte. As tradições religiosas têm desempenhado um papel fundamental na definição da alma como uma entidade imaterial. No cristianismo, por exemplo, a alma é concebida como eterna e imaterial, criada por Deus e destinada a se unir a ele após a passagem. Essa ideia está intimamente ligada aos conceitos de "salvação eterna" e "redenção da alma" por meio da fé e da prática religiosa. Figuras teológicas importantes, como Agostinho de Hipona e Tomás de Aquino, elaboraram o conceito da alma como uma entidade imaterial e o incorporaram à teologia cristã... Importantes figuras teológicas, como Agostinho de Hipona e Tomás de Aquino, elaboraram o conceito da alma como uma entidade imaterial, incorporando-o à teologia cristã.

Graças aos avanços da ciência moderna, surgiram perspectivas alternativas sobre a natureza da alma. No campo da neurociência, por exemplo, estudos sobre a atividade cerebral e a consciência estão abrindo novas possibilidades de compreensão. Essas descobertas científicas oferecem uma perspectiva adicional sobre a compreensão da alma como uma entidade imaterial.

Para concluir, a pesquisa histórica e religiosa sobre a alma como entidade imaterial nos dá uma visão geral das diferentes concepções dessa realidade suprassensível. Desde os antigos egípcios até a filosofia grega e tradições religiosas como o cristianismo e o hinduísmo, a alma tem sido interpretada como uma parte eterna e imaterial do ser humano. Entretanto, a ciência moderna continua a desafiar essas visões tradicionais, fazendo novas perguntas sobre a natureza da alma e abrindo novas perspectivas de compreensão. Cada indivíduo é livre para interpretar a alma de acordo com suas próprias perspectivas culturais, filosóficas e pessoais.

De Platão aos dias atuais. A influência do conceito de alma na definição de consciência.

O conceito de alma, conforme entendido por filósofos antigos como Platão, deixou uma marca indelével na definição de consciência e em nossa compreensão da vida após a morte. Ao longo do caminho desde Platão até os dias atuais, o legado dessa concepção da alma como um princípio imaterial e imortal continuou a moldar a maneira como concebemos a consciência e seu papel no universo.

Platão, no "Phaedo", delineou uma visão articulada da alma como uma entidade eterna e divina que sobrevive ao corpo e viaja para mundos superiores após a morte. Essa visão influenciou profundamente a filosofia e a teologia ocidentais, canalizando o pensamento para a ideia de um princípio imaterial e transcendente que anima os seres humanos e os conecta a dimensões metafísicas.

Ao longo dos séculos, o conceito de alma passou por reinterpretações e críticas de pensadores como Aristóteles, que propôs uma visão mais racional e terrena da alma como uma forma do corpo, integrando o elemento espiritual ao material. Essas discussões influenciaram o pensamento medieval e levaram a diferentes concepções da alma entre os vários filósofos e teólogos do período.

Com o advento da era moderna e do Iluminismo, o conceito de alma começou a ser questionado por pensadores como Descartes, que introduziu o conceito de dualismo mente-corpo, separando a alma imaterial do corpo material. Essa visão dualista influenciou o debate filosófico sobre o conceito de consciência e levou a uma concepção da mente como uma entidade separada e autônoma do corpo.

No século XIX, com o desenvolvimento da psicologia e da biologia científicas, as teorias da evolução e do instinto levaram a uma visão da alma e da consciência como produtos de processos biológicos e adaptativos. Freud e outros psicólogos aprofundaram sua análise dos processos inconscientes e mentais, sugerindo uma visão do eu como sujeito a influências biológicas e psicológicas.

Nas últimas décadas, o conceito de consciência foi ainda mais transformado, influenciado por descobertas e teorias da neurociência e da filosofia da mente. Estudos sobre a atividade cerebral durante estados alterados de consciência, experimentos de neuroimagem e pesquisas sobre consciência fenomenal levaram a uma visão da consciência como um fenômeno emergente do cérebro, conectado a estruturas neurais complexas e interconexões bioquímicas.

Hoje, o legado do conceito de alma se reflete na riqueza e na complexidade das discussões atuais sobre a natureza da consciência e do eu. Autores contemporâneos, como Antonio Damasio, Daniel Dennett, David Chalmers e outros, continuam a explorar as raízes e as implicações desse legado. Esses estudiosos procuram integrar visões do passado com percepções científicas e filosóficas modernas para entender melhor a natureza da consciência e sua conexão com a própria essência do ser humano.

A evolução do conceito de alma em direção à consciência.

Ao longo da história humana, o conceito de alma passou por uma profunda transformação, evoluindo para o de consciência e abrindo novos horizontes na investigação da natureza dos seres humanos, sua existência além da morte e o funcionamento da mente. Essa jornada através dos séculos revela uma narrativa complexa e fascinante, pontuada por momentos cruciais e protagonistas que ajudaram a moldar nossa compreensão da consciência como um fenômeno universal e individual.

As raízes da ideia da alma remontam às civilizações antigas e suas visões de mundo, nas quais a alma era vista como a essência imaterial e eterna que permeava os seres humanos e os conectava aos reinos divinos ou espirituais. Exemplos dessas concepções são encontrados em culturas antigas, como a egípcia, a grega e a hindu, em que a alma era vista como o princípio vital e imortal que governava a vida e a vida após a morte.

Com o avanço da filosofia antiga, pensadores como Platão e Aristóteles desenvolveram teorias sofisticadas sobre a alma, concebendo-a como uma realidade separada do corpo e capaz de sobreviver à morte física. Platão expôs a visão de uma alma aprisionada no corpo, esperando para se libertar e ascender ao reino das ideias. Essas concepções influenciaram o pensamento ocidental por séculos, ajudando a moldar as visões religiosas e filosóficas da vida e da morte.

Com o advento da era moderna e da Revolução Científica, o conceito de alma começou a ser questionado e reinterpretado. O dualismo cartesiano de Descartes separou claramente mente e corpo, abrindo uma nova visão da consciência como uma entidade separada e autônoma. Esse dualismo afetou profundamente a definição da consciência como objeto de estudo e pesquisa, levando a uma maior racionalização e interpretação científica do conceito.

No século XIX, o pensamento evolucionista de Darwin e a psicologia emergente como disciplina científica contribuíram para uma visão da mente e da consciência como produtos da natureza e da evolução. Freud e Jung, no século XX, aprofundaram sua análise do inconsciente e da dinâmica da psique, destacando as complexidades do eu e da consciência como resultado de processos inconscientes e relações sociais.

Nas últimas décadas, a pesquisa em neurociência e consciência levou a novos avanços na compreensão da transição da alma para a consciência. Estudos sobre a base neural da consciência, experimentos com consciência alterada e teorias sobre a natureza fenomenal da consciência estão lançando uma nova luz sobre a complexidade desse fenômeno e suas conexões com a experiência individual e coletiva.

Essa jornada histórica, desde a ideia da alma até o entendimento moderno da consciência, representa uma jornada diferenciada de mudança conceitual, marcada por visões dualistas, materialistas, espirituais e científicas. Explorar essa evolução nos permite apreciar a complexidade e a vastidão de nossa concepção de nós mesmos, abrindo novas perguntas e perspectivas sobre a natureza do ser e da vida.

Between myth and reality: the evolution of the concept of soul and consciousness (Entre o mito e a realidade: a evolução do conceito de alma e consciência).

As raízes do conceito de alma remontam às civilizações antigas e suas concepções mitológicas sobre a vida após a morte. No Egito, a alma era vista como uma entidade imortal que sobrevivia à morte física e seguia para o além, influenciando o pensamento posterior sobre o destino pós-morte. Na Grécia, as reflexões de filósofos como Platão e Aristóteles ajudaram a delinear uma ideia mais articulada da alma, concebida como uma realidade transcendente e distinta capaz de sobreviver à morte do corpo.

Com o advento das grandes religiões monoteístas, como o cristianismo e o islamismo, o conceito de alma assumiu um significado mais teológico, ligado à redenção, à salvação e ao julgamento divino. A ideia de uma alma imortal como entidade moral e espiritual permeia o pensamento religioso há séculos, influenciando as crenças e práticas das comunidades religiosas em todo o mundo.

Ao longo da história moderna, a pesquisa científica e filosófica levou a uma transformação gradual do conceito de alma para o de consciência como um fenômeno psicológico e biológico. Desde o dualismo cartesiano de René Descartes, que separava claramente alma e corpo, até a psicologia analítica de Carl Gustav Jung, que se aprofundou na dinâmica profunda da psique, o conceito de consciência assumiu um papel central na interpretação do eu e da realidade.

No século XX, com o desenvolvimento da neurociência, a pesquisa sobre a consciência levou a uma nova compreensão de sua natureza e base neural. Estudos sobre consciência alterada, experiências de consciência fora do corpo e correlações entre atividade cerebral e estados de consciência lançaram uma nova luz sobre a complexidade desse fenômeno, enfatizando sua conexão com as funções cerebrais e a biologia humana.

Hoje, do mito à realidade, a pesquisa sobre a consciência continua a ser um campo interdisciplinar de investigação que envolve filosofia, ciência cognitiva, psicologia e neurociência. Estudiosos como Antonio Damasio, Daniel Dennett, Christof Koch e outros estão ajudando a unificar as diferentes perspectivas sobre a consciência, abrindo novas fronteiras de conhecimento e compreensão sobre a natureza do ser e seu destino além da vida terrena.

Em conclusão, a evolução do conceito de alma e consciência ao longo dos séculos reflete a busca humana para desvendar o mistério da existência e sua continuidade além da morte. Navegando entre o mito e a realidade, entre a fé e a razão, nossa compreensão da consciência como o fundamento de nossa identidade e do próprio universo é enriquecida com novas perspectivas e desafios, abrindo um caminho para a descoberta da verdade e do significado da existência humana.

A mudança de foco da alma para a consciência no debate filosófico.

Ao longo da história do pensamento filosófico, houve uma mudança significativa no foco da ideia tradicional da alma para uma concepção mais contemporânea e complexa da consciência. Essa mudança permeou o debate filosófico sobre o que acontece depois da vida e a própria essência do ser humano, levando a um maior foco no papel e na natureza da consciência na interpretação desses enigmas existenciais.

Na antiguidade, filósofos como Platão e Aristóteles desenvolveram ideias fundamentais sobre a alma, considerando-a como a essência imaterial e transcendente que animava o corpo e persistia além da morte. Platão, no "Fédon", delineou a imortalidade da alma e sua separação do corpo, propondo um dualismo entre o mundo material e o mundo das ideias. Aristóteles, ao contrário, concebeu a alma como a forma do corpo, unida a ele em uma relação de dependência mútua.

Com o advento das religiões monoteístas, a ideia da alma assumiu significados cada vez mais teológicos e morais, ligados à redenção e ao destino eterno do indivíduo. O pensamento cristão deu uma interpretação peculiar da alma como uma entidade imortal, dotada de livre arbítrio e destinada à salvação espiritual. Essas concepções influenciaram profundamente o pensamento ocidental durante séculos, direcionando a reflexão sobre a existência humana e seu destino transcendente.

Na modernidade, com o advento do racionalismo e do empirismo, o conceito de alma começou a ser questionado. O renascimento e o Iluminismo levaram a uma mudança progressiva da atenção para a natureza e o funcionamento da mente e da consciência. René Descartes, com seu dualismo mente-corpo, enfatizou a distinção entre alma e corpo como duas substâncias separadas, abrindo caminho para uma nova visão do ser humano como uma combinação de uma entidade racional imaterial e um corpo material estendido.

No século XIX, com o desenvolvimento da psicologia e da ciência cognitiva, o conceito de alma foi cada vez mais substituído pelo conceito de consciência como objeto de estudo científico e filosófico. Figuras de autoridade como William James e Wilhelm Wundt contribuíram para investigar a natureza da consciência, levando ao surgimento da psicologia como uma disciplina autônoma e introduzindo novas perspectivas sobre a fenomenologia da mente.

Hoje, graças à pesquisa interdisciplinar em neurociência, filosofia da mente e ciência cognitiva, o foco na consciência tornou-se proeminente no debate filosófico sobre a essência dos seres humanos e seu destino após a vida terrena. Estudiosos contemporâneos, como David Chalmers, Daniel Dennett e Antonio Damasio, estão desenvolvendo teorias revolucionárias sobre a origem, a natureza e o significado da consciência, abrindo novas perspectivas e questões sobre o que nos torna seres conscientes e o que acontece após nossa existência terrena.

Concluindo, a mudança de foco da ideia tradicional de alma para a concepção moderna de consciência no debate filosófico reflete uma evolução significativa na maneira como entendemos a nós mesmos e o mundo ao nosso redor. Essa mudança de paradigma levou a um maior foco na experiência subjetiva, na mente e na consciência como a chave para entender nossa existência e o mistério que está além da vida terrena.

A evolução do conceito de consciência: de um fenômeno espiritual a um objeto de estudo científico.

A história humana foi marcada por uma profunda mudança na interpretação da consciência, de um fenômeno espiritual misterioso para um objeto de estudo científico.

Na antiguidade, a consciência era frequentemente considerada uma dádiva divina, uma manifestação do espírito ou da alma que permeava o ser humano. As filosofias e religiões antigas viam a consciência como um elo entre o homem e o divino, como uma ferramenta para entender o mundo e explorar o mistério da existência. Essa perspectiva espiritual caracterizou grande parte da visão de mundo clássica, influenciando o pensamento filosófico e religioso por séculos.

Com o florescimento da era moderna, especialmente a partir do Renascimento, a observação de eventos naturais e o desenvolvimento da ciência levaram a uma nova visão da consciência. Pensadores como René Descartes introduziram uma abordagem racionalista e dualista, distinguindo claramente entre mente e corpo. Esse dualismo estabeleceu a base para uma visão da consciência como uma entidade separada e autônoma que precisava ser estudada com métodos mais empíricos e científicos.

Nos séculos seguintes, a consciência começou a se tornar um objeto de estudo sistemático. O trabalho de filósofos como John Locke, David Hume e Immanuel Kant contribuiu para uma análise mais detalhada da mente e da consciência, levando ao surgimento da psicologia como disciplina científica. Com o tempo, a psicologia experimental e a neurociência surgiram como campos de pesquisa dedicados ao estudo da consciência humana e seus mecanismos.

No século XIX, experimentos pioneiros como a introspecção de Wilhelm Wundt e a pesquisa de Ivan Pavlov e Ivan Sechenov sobre a atividade cerebral contribuíram para uma maior compreensão dos processos mentais e da consciência.

O século XX assistiu ao desenvolvimento da psicanálise por Sigmund Freud, juntamente com as teorias do behaviorismo de B.F. Skinner e da psicologia cognitiva de Ulric Neisser. Essas teorias tiveram o efeito de enfatizar a importância do estudo da consciência e sua conexão com a mente e o cérebro.

Hoje, graças aos avanços da tecnologia e da pesquisa interdisciplinar, a consciência tornou-se um objeto de estudo cada vez mais complexo e fascinante. Acadêmicos como Daniel Dennett, Steven Pinker, Christof Koch e outros continuam a sondar os limites da mente e da consciência, usando métodos científicos e filosóficos para explorar sua base neural, seus mecanismos e suas implicações para a natureza humana.

A evolução do conceito de consciência de um fenômeno espiritual para um objeto de estudo científico representa uma grande transformação na forma como a humanidade aborda o mistério do ser e da mente. Essa mudança reflete uma conscientização crescente da complexidade da consciência e de seu papel na definição da identidade humana, abrindo novas perspectivas para nossa compreensão da natureza e do destino da mente humana.

Uma das etapas cruciais dessa evolução é a substituição do conceito de alma pelo de consciência. Essa mudança foi necessária para tornar o objeto de estudo mais acessível à experimentação clássica e às metodologias científicas, que exigem uma forma de mensurabilidade e reprodutibilidade.

Um pioneiro no estudo científico da consciência foi o neurocientista Benjamin Libet, que, com seus experimentos sobre os impulsos cerebrais e o tempo da consciência, abriu caminho para uma maior compreensão dos processos mentais associados à consciência. Por meio de medições precisas, Libet demonstrou que a consciência pode ser correlacionada com atividades cerebrais específicas, fazendo assim uma contribuição fundamental para a pesquisa nesse campo.

Entretanto, essas tentativas de restringir o estudo da consciência ao plano racionalista logo se depararam com uma realidade diferente.

Outros estudiosos de destaque que contribuíram para redefinir o conceito de consciência no contexto científico são David Chalmers, com sua teoria do "problema difícil" da consciência, e Christof Koch, com sua pesquisa sobre a interação entre mente e cérebro. Esses e outros especialistas alimentaram um debate diferenciado sobre a natureza da consciência como uma entidade capaz de se relacionar com o cérebro, mas independente dele.

A física quântica, com suas leis que desafiam o senso comum, acrescentou mais um elemento de complexidade ao discurso sobre a consciência. Vários cientistas, incluindo Roger Penrose e Stuart Hameroff, teorizaram a existência de ligações entre fenômenos quânticos e processos neurais, sugerindo que a consciência pode ser influenciada por mecanismos quânticos ainda desconhecidos.

A transição da alma para a consciência. Implicações filosóficas e científicas.

A jornada da concepção tradicional da alma até o entendimento moderno da consciência está na encruzilhada das reflexões filosóficas e dos estudos científicos sobre a essência do ser humano e seu destino além da vida terrena.

Nas culturas antigas, a alma era vista como a essência imaterial e transcendente que dava vida e consciência ao ser humano. Filósofos como Platão e Aristóteles desenvolveram conceitos elaborados da alma como uma entidade separada e imortal, distinta do corpo e do mundo material. Essas visões influenciaram o pensamento ocidental por séculos, estabelecendo as bases para uma interpretação dualista das dimensões humanas.

O dualismo cartesiano de René Descartes, no século XVII, lançou as bases para a distinção entre alma e corpo, introduzindo uma concepção que separava a mente da matéria. Esse dualismo influenciou a filosofia e a ciência, enfatizando a centralidade da consciência como uma entidade separada e distinta do corpo físico.

Nos séculos seguintes, a ciência e a filosofia começaram a investigar a natureza e a base biológica da consciência. Os experimentos em neurociência, psicologia e filosofia da mente contribuíram para uma maior compreensão dos processos neurais relacionados à consciência e ao eu. Estudos recentes sobre consciência fenomenal, experiências de consciência alterada e funcionamento do cérebro ofereceram novas percepções sobre a relação entre alma e consciência.

Estudiosos contemporâneos, como Christof Koch, Giulio Tononi e Daniel Dennett, estão realizando pesquisas inovadoras sobre a natureza da consciência e sua base neural. As teorias de integração informacional, consciência global e materialismo emergente estão contribuindo para uma compreensão mais profunda da consciência como um produto complexo da atividade cerebral.

As implicações filosóficas e científicas da transição da alma para a consciência representam desafios fundamentais para a visão tradicional do ser humano. O confronto entre os conceitos espirituais e materialistas da mente humana, entre o dualismo e o monismo, entre a subjetividade e a objetividade, fornece um terreno fértil para uma compreensão mais profunda da natureza da consciência e do papel que ela desempenha em nossa existência.

A transição da alma para a consciência envolve uma jornada pela história do conhecimento humano, desde a antiga concepção de uma entidade transcendente até a moderna compreensão científica da mente e da consciência. Essa evolução continua a levantar questões fundamentais sobre a natureza do ser e seu destino após a vida, oferecendo percepções sobre a identidade humana e o significado da existência.

Consciousness and soul: a comparative analysis of the metaphysical and scientific perspective (Consciência e alma: uma análise comparativa da perspectiva metafísica e científica).

Entre as questões existenciais que afligem a humanidade, poucas são tão antigas e convincentes quanto a natureza da consciência e da alma, e seu destino após a morte. Esse tópico, que fascina filósofos, cientistas e teólogos há séculos, revela-se uma encruzilhada entre a metafísica e a ciência, entre crenças milenares e aquisições recentes no campo da neurociência e da física quântica.

No entanto, a ciência moderna impôs um desafio adicional a essas concepções tradicionais com suas pesquisas sobre a natureza da consciência e do cérebro. Estudos neurocientíficos realizados por pesquisadores como Christof Koch e Giulio Tononi tentaram identificar a base biológica da consciência, sugerindo que ela pode surgir de processos neurais complexos que envolvem redes cerebrais interconectadas.

Nesse contexto, experimentos como os realizados por Michael Graziano sobre a atenção consciente e a autoconsciência em primatas destacaram a correlação entre a atividade cerebral e a consciência, sugerindo que essa última pode ser uma propriedade emergente do cérebro organizado de forma complexa.

A teoria da informação integrada de Tononi, em particular, propõe que a consciência pode ser medida pela complexidade e integração das informações processadas pelo cérebro, acrescentando uma dimensão científica adicional a esse antigo debate.

Essa convergência entre a ciência e a metafísica se manifesta no conceito da transição da alma para a consciência, em que a alma, entendida como uma entidade imaterial e transcendente, se funde com a consciência, considerada como uma manifestação orgânica e funcional do cérebro. Embora essa transição abra novas possibilidades para a compreensão do fenômeno da consciência por meio de instrumentos científicos, ela também levanta questões profundas sobre a própria natureza da realidade e da vida.

Em conclusão, a análise comparativa das perspectivas metafísicas e científicas sobre a consciência e a alma revela um terreno fértil para o debate filosófico e a pesquisa empírica. Enquanto a metafísica nos incita a explorar as profundezas do ser humano e seu destino transcendente, a ciência nos convida a examinar os segredos da mente e do cérebro. Talvez nesse diálogo frutífero entre o antigo e o moderno, entre a espiritualidade e a biologia, esteja a chave para desvendar o mistério definitivo de nossa existência.

Entre a alma e a consciência. Uma ponte entre os mundos metafísico e científico.

O destino de nosso ser após a morte, a passagem de uma dimensão terrena para outra desconhecida, é uma das perguntas mais antigas e fascinantes que a humanidade tem feito a si mesma desde os tempos mais remotos. No centro dessa reflexão milenar estão as noções de alma e consciência, entidades imateriais que sempre alimentaram nossa curiosidade e esperanças ao enfrentar o mistério da morte.

Na visão tradicional, a alma foi concebida como a essência espiritual e imortal do ser humano, um princípio eterno que sobrevive ao corpo e se eleva a mundos mais sublimes. Filósofos como Platão e Aristóteles moldaram esse conceito milenar com ideias que permearam o pensamento ocidental por séculos.

Entretanto, o advento da ciência moderna abriu cenários inesperados nesse debate ancestral. A neurociência, com seus avanços na compreensão do cérebro e da mente, lançou uma nova luz sobre a natureza da consciência, levando-nos a explorar os limites entre o material e o imaterial, entre o que podemos observar e medir e o que escapa à nossa percepção.

Antonio Damasio resumiu a complexidade dessa questão com sua teoria do eu e da origem da consciência, que propõe uma perspectiva unificada entre os processos biológicos e os fenômenos mentais complexos. Nessa visão, a consciência emerge de uma intrincada interação entre cérebro, corpo e ambiente, oferecendo uma visão menos dualista e mais integradora do que as concepções tradicionais da alma.

Dentro dessa estrutura de convergência entre os mundos metafísico e científico, surgem experimentos e estudos que tentam construir pontes entre essas perspectivas complementares. Pesquisas sobre o efeito placebo e o poder da mente sobre a saúde, como as realizadas por Ted Kaptchuk e outros, destacam o papel crucial da consciência na modulação do bem-estar físico e psicológico.

Experiências como as Experiências de Quase Morte (EQMs), narradas por pessoas que cruzaram a fronteira da morte e voltaram à vida, também oferecem percepções sobre a natureza da consciência além do corpo físico, abrindo questões que desafiam as atuais fronteiras da ciência.

Nessa intrincada rede de teorias, experimentos e percepções, enfrentamos o desafio de integrar as perspectivas espiritual e científica sem negar uma em favor da outra. A busca pela verdade sobre a natureza da consciência e sua possível continuidade após a morte exige um compromisso constante com a exploração de territórios desconhecidos, desafiando nossas crenças e permanecendo abertos às surpresas que a realidade nos reserva.

No confronto entre a alma e a consciência, entre os mundos visível e invisível, surge a consciência de que a ponte entre a metafísica e a ciência não é uma lacuna intransponível, mas sim um caminho de conexão que nos convida a explorar a complexidade da existência humana em toda a sua profundidade e maravilha.

No debate sobre a existência da alma e a influência da consciência em nosso mundo material, surge um ponto de convergência interessante envolvendo a teoria quântica e as reflexões sobre o fim da vida. A noção de consciência quântica, frequentemente citada no contexto da física quântica, é proposta como uma chave para a compreensão de aspectos profundos da realidade que vão além da concepção tradicional da alma.

Durante muito tempo, as questões relacionadas à alma foram abordadas principalmente a partir de uma perspectiva religiosa, com conceitos metafísicos e espirituais sendo o foco de debates filosóficos e teológicos. Entretanto, a ciência moderna, especialmente a física quântica, oferece uma perspectiva mais tangível e mensurável para explorar o papel da consciência no universo.

Um dos conceitos fundamentais da teoria quântica é a ideia de que a realidade é influenciada pelo observador, ou seja, que a consciência do observador tem um impacto direto sobre os eventos que ocorrem no nível subatômico. Esse conceito, expresso de forma eloquente pelo famoso experimento da dupla fenda, destaca como a consciência é parte integrante da própria realidade.

Um dos pioneiros na ligação da consciência com a física quântica foi o físico alemão Werner Heisenberg, que teorizou que a consciência poderia desempenhar um papel fundamental no colapso da função de onda, determinando a manifestação de uma realidade específica entre muitas possíveis. Essa ideia sugere que a consciência influencia diretamente a própria estrutura da realidade, abrindo caminho para uma visão mais holística e interconectada do universo.

Outros estudiosos contemporâneos, como o físico teórico Amit Goswami, aprofundaram essa perspectiva, propondo modelos que integram a consciência à descrição da realidade quântica. Goswami apresentou a hipótese de que a consciência é a própria raiz da existência, argumentando que a matéria deriva da consciência e não o contrário, como se acredita comumente.

No campo da medicina, a questão da consciência e sua relação com o cérebro torna-se particularmente sensível quando se considera o assunto do fim da vida. Estudos e casos documentados de pessoas que tiveram experiências de quase morte ou entraram em estados de consciência alterada levantaram questões profundas sobre o espaço da consciência além das funções físicas do cérebro.

Pesquisas conduzidas por neurocientistas como Christof Koch e Giulio Tononi abordaram o problema da consciência em relação ao cérebro, propondo modelos que integram elementos da física quântica para explicar fenômenos como a consciência não local e a consciência em estados alterados.

Concluindo, o debate sobre a consciência quântica no contexto do fim da vida oferece alimento para uma reflexão profunda sobre a natureza da realidade e da própria consciência. À medida que a ciência tenta desvincular os conceitos tradicionais das novas fronteiras da física quântica, o desafio de compreender plenamente a ligação entre consciência, cérebro e realidade permanece em aberto, abrindo caminho para uma visão mais inclusiva e integrada do universo e de nossas experiências de vida e morte.

Da fé à razão: a mudança de paradigma da alma para a consciência.

A evolução das concepções sobre o além da vida, a natureza do ser e nossa existência além da morte passou por uma longa transformação, passando da fé aos argumentos racionais, da noção de alma à descoberta da consciência como objeto de estudo e reflexão. Essa mudança de paradigma, de crenças antigas enraizadas na tradição religiosa para novas perspectivas baseadas na ciência e na filosofia, representa um passo fundamental na jornada da humanidade rumo a uma compreensão mais profunda e articulada de sua própria natureza e destino.

As concepções tradicionais da alma como uma entidade imortal e transcendente, encontradas em muitas tradições religiosas e filosóficas, formaram durante séculos a base da visão do ser humano como composto de um corpo material e um princípio espiritual imaterial. Esse conceito de alma, encontrado, por exemplo, nas obras de Platão, Aristóteles e nos escritos sagrados das principais religiões, moldou a perspectiva cósmica das sociedades antigas e medievais e influenciou profundamente a arte, a cultura e a moralidade.

Entretanto, com o advento da era da razão e o progresso da ciência, o paradigma da alma como entidade independente e imortal começou a ser questionado. As principais figuras do Iluminismo, como Voltaire, Kant e Descartes, introduziram novas perspectivas crítico-racionais sobre a natureza do ser e a validade das crenças tradicionais, abrindo caminho para uma visão mais empírica e científica do mundo.

O conceito de consciência, entendido como uma manifestação da mente em relação aos processos neurais no cérebro, gradualmente tomou o lugar da alma como objeto de estudo e pesquisa na psicologia moderna, na neurociência e na filosofia da mente. Estudos sobre a atividade cerebral durante estados alterados de consciência, experimentos de neuroimagem e teorias sobre a natureza subjetiva da experiência contribuíram para uma nova compreensão da consciência como um fenômeno emergente e dinâmico, e não como uma entidade separada e imutável.

A mudança de paradigma da alma para a consciência também se reflete no desafio lançado pela filosofia contemporânea às antigas concepções dualistas, com autores como Dennett, Churchland e Blackmore. Esses estudiosos desafiam a ideia de uma entidade imaterial e propõem uma visão materialista e neurocientífica da mente e da consciência.

Nesse processo de transição, no qual a fé confronta a razão, a essência do ser humano é redefinida pelo prisma da ciência e da filosofia secular. A transição de uma imagem do homem como uma alma imortal para uma visão mais complexa e interconectada da consciência como um produto emergente do cérebro e de sua dinâmica implica uma profunda reconsideração de nosso relacionamento com o cosmos que nos cerca.

Substituições paradigmáticas

No vasto panorama de reflexões sobre a existência humana, o conceito de consciência se destaca como um elemento fundamental que abrange séculos de pensamento e conhecimento. O nascimento e a evolução do conceito de consciência representaram uma transformação cultural e científica de considerável importância, especialmente em relação ao conceito tradicional de "alma".

O caminho que levou à substituição do conceito de alma pelo de consciência na ciência tem raízes antigas que remontam à filosofia e à cultura ocidentais. Já na Grécia antiga, pensadores como Platão e Aristóteles tratavam da natureza da alma, que representava a essência imaterial e eterna do ser humano.

Com o advento do pensamento racionalista na era moderna, o conceito de alma começou a ser questionado, pois não podia ser encontrado por meio dos métodos empíricos típicos da ciência. Foi assim que, durante os séculos XVIII e XIX, como o conceito de alma não podia ser apagado, a psicologia e a ciência cognitiva começaram a preferir o conceito de consciência como um fenômeno que podia ser observado e estudado.

Um dos momentos cruciais na substituição da alma pela consciência foi a contribuição do filósofo e psicólogo alemão Wilhelm Wundt, considerado o fundador da psicologia experimental. Por meio de seus estudos pioneiros sobre o estudo da consciência como objeto de investigação científica, Wundt ajudou a promover uma visão da mente humana baseada na observabilidade e mensurabilidade.

Durante o século XX, figuras proeminentes como Sigmund Freud e Carl Gustav Jung fizeram outras contribuições para a compreensão da consciência na psicologia e na psicanálise, enfatizando a importância das experiências pessoais e da consciência na formação da identidade e do comportamento humanos.

O advento da neurociência deu mais impulso para substituir o conceito de alma pelo de consciência, oferecendo evidências concretas da interconexão entre os processos cerebrais e as manifestações da consciência. Estudos sobre o cérebro conduzidos por cientistas como Antonio Damasio, V.S. Ramachandran e Christof Koch ajudaram a consolidar a visão da consciência como resultado de processos neurais complexos.

Atualmente, a consciência está no centro dos debates científicos e filosóficos que visam a explorar os limites e o potencial da mente humana. O progresso tecnológico e a colaboração multidisciplinar permitem uma compreensão cada vez mais profunda da consciência, abrindo novas perspectivas sobre a natureza da existência e da identidade humanas.

Nessa evolução da ciência e da cultura, a substituição do conceito de alma pelo de consciência é um passo significativo em direção a uma visão mais integrada e cientificamente fundamentada do ser humano e de sua experiência de vida e morte.

Consciousness and soul: a critical investigation into their relationships and differences (Consciência e alma: uma investigação crítica sobre suas relações e diferenças).

O tema da consciência e da alma, com suas intrincadas relações e diferenças, sempre foi um dos pontos cruciais de reflexão para a humanidade em relação ao destino final do ser humano. Por um lado, a alma foi concebida como a essência imaterial e eterna que anima o corpo e sobrevive à morte, enquanto a consciência representa o núcleo de nossa experiência subjetiva e autoconsciência.

A ideia de uma alma imortal remonta aos tempos antigos, com as civilizações do antigo Egito, da Grécia e da Índia desenvolvendo concepções complexas e articuladas sobre ela. Platão, em seu diálogo "Phaedo", explora o conceito da imortalidade da alma e sua separação do corpo na morte, introduzindo o conceito de metempsicose e reencarnação. Essa visão contaminou as visões de mundo ocidentais por séculos, influenciando também crenças religiosas e filosóficas posteriores.

Em contrapartida, a ciência moderna adotou uma abordagem diferente para compreender a consciência, buscando analisá-la por meio do estudo do cérebro e dos processos neurais. Experimentos realizados por neurocientistas como Marcus Raichle e Giulio Tononi destacaram correlações entre a atividade cerebral e os estados de consciência, sugerindo que a consciência pode surgir de interações neurais complexas e não de uma entidade incorpórea como a alma.

Outra divergência entre alma e consciência surge no conceito de identidade subjetiva e continuidade. Enquanto a alma é frequentemente associada a uma identidade individual persistente que transcende o tempo e o espaço, a consciência se manifesta em fluxos únicos de experiências e percepções que são vulneráveis à mutabilidade e à contingência da experiência humana. Esse contraste entre a imortalidade da alma e a fluidez da consciência levanta questões profundas sobre a natureza do eu e suas conexões com o cosmos.

Uma abordagem crítica a essas questões requer uma exploração completa das teorias e evidências que sustentam cada perspectiva. A pesquisa sobre Experiências de Quase Morte (EQMs) conduzida por Pim van Lommel e outros, por exemplo, oferece relatos sugestivos da experiência além da morte e da relação entre a consciência individual e a realidade transcendente.

Além disso, as hipóteses de uma inteligência cósmica proposta por pensadores como Rupert Sheldrake ou de uma consciência estendida para além dos limites do cérebro, proposta por David Chalmers, ampliam o quadro de referência na compreensão da consciência e sua relação com a alma.

Concluindo, a investigação crítica sobre as relações e diferenças entre a consciência e a alma nos convida a uma abordagem dialética e inclusiva, capaz de acomodar as muitas facetas desse antigo debate. Ao entrelaçar as visões tradicionais com as aquisições científicas mais recentes, podemos ter a esperança de nos aproximarmos da compreensão de um dos mistérios mais profundos da existência humana.

O caminho da dualidade para a complexidade. Alma, consciência e sua relação ao longo do tempo.

Em uma tentativa de ver além do véu da morte e entender o destino do ser humano, mergulhamos em uma jornada da dualidade à complexidade, explorando as noções de alma e consciência e sua evolução ao longo do tempo. De crenças antigas a teorias científicas, nossa percepção nos guia pelos estágios cruciais dessa jornada repleta de mistério e significado.

A ideia de uma alma imortal, distinta do corpo e destinada a continuar sua jornada além da vida terrena, tem caracterizado as visões de mundo de muitas culturas e tradições religiosas. O conceito da alma como um princípio vital e transcendente tem suas raízes nos tempos antigos, povoando o pensamento de filósofos como Platão e Aristóteles com visões mais ou menos articuladas de sua natureza e destino.

Ao longo dos séculos, o surgimento da ciência moderna trouxe novas perguntas e desafios a essas concepções antigas. As pesquisas sobre a consciência, a base neural do pensamento e a natureza da mente ofereceram uma perspectiva diferente e mais complexa sobre a própria essência do ser. Estudos de cientistas como Daniel Dennett sobre a natureza da consciência como emergente de processos neurais levantaram questões sobre a natureza da alma e sua relação com a complexidade da mente humana.

O caminho da dualidade para a complexidade também se manifesta no debate filosófico contemporâneo, no qual teóricos como Thomas Nagel e Susan Blackmore exploram as nuances da consciência e suas implicações para nossa compreensão do universo. Por um lado, a ideia da alma como uma entidade separada e imutável é desafiada pela visão da consciência como um fenômeno fluido que depende do contexto e da experiência.

Essa mudança contínua da dualidade para a complexidade, do conceito de uma alma imutável para a compreensão da consciência como um fenômeno dinâmico e multifacetado, nos leva a refletir sobre a própria natureza do eu e sua conexão com todo o universo.

Reflexões sobre a natureza do ser humano: o papel da alma e da consciência.

A antiga questão da natureza dos seres humanos, seu destino e sua essência estão inextricavelmente entrelaçados com as noções de alma e consciência, desafiando o intelecto humano a explorar os limites entre o que é tangível e o que é intangível. Nesta reflexão aprofundada, nosso objetivo é esclarecer o papel essencial que a alma e a consciência desempenham na formação de nossa identidade e em nossa experiência do mundo, investigando profundamente as raízes e as perspectivas desses conceitos fundamentais.

A ideia de uma alma imortal, uma centelha divina que habita o corpo e persiste além da morte, tem suas raízes na filosofia antiga e nas tradições espirituais de todo o mundo. Platão pinta um quadro fascinante da morte como a libertação da alma do corpo, preparada para embarcar em uma jornada para mundos superiores. Essa concepção, com diferentes nuances, permeia o pensamento ocidental ao longo dos séculos, influenciando o pensamento teológico e a visão da vida após a morte.

A complexidade da consciência, por outro lado, tem sido objeto de inúmeros estudos e especulações ao longo da história, dando origem a uma multiplicidade de teorias e abordagens diferentes. Desde Descartes, com sua distinção entre *res cogitans* e *res extensa*, até o debate contemporâneo entre o reducionismo materialista e o dualismo mente-corpo, a consciência continua a escapar de uma definição definitiva, oferecendo um campo fértil para reflexão e pesquisa.

A comparação entre alma e consciência nos leva ao ápice de um debate milenar, no qual a dualidade entre um princípio imaterial e um fenômeno neurofisiológico (se é que essa é uma forma correta de definir a consciência) se torna um terreno fértil para profundas questões existenciais. Filósofos como David Chalmers, com sua teoria da experiência subjetiva, e neurocientistas como Christof Koch, com sua pesquisa sobre a base neural da consciência, tentam construir pontes entre essas perspectivas aparentemente antitéticas, oferecendo novas chaves interpretativas e novos cenários de conhecimento.

Nesse intrincado enigma da existência humana, em que a alma e a consciência se entrelaçam e se sobrepõem, surgem novos desafios e oportunidades de compreensão. Por meio da reflexão crítica e da abertura para a multidimensionalidade da realidade, podemos embarcar em uma jornada interior que nos leva a abraçar a totalidade do ser humano, explorando as profundezas da alma e as alturas da consciência em uma harmonia que espelha a complexidade e a beleza do próprio universo.

A transição para a consciência. Teorias do eu.

Na busca da humanidade por respostas sobre o destino do ser após a morte e a natureza da identidade individual, a transição de conceitos como alma para o conceito mais "moderno" de consciência marcou uma etapa crucial na compreensão do eu e de seu papel na estrutura da existência. Por meio de uma análise histórica das teorias do eu, podemos discernir os caminhos evolutivos que moldaram nossa compreensão de nós mesmos como seres conscientes e únicos.

As teorias do eu têm raízes antigas, que remontam aos pensamentos dos filósofos gregos e dos estudiosos das tradições espirituais orientais. Platão e Aristóteles, com suas concepções de alma e substância, lançaram as bases para as primeiras ideias de uma entidade imaterial e transcendente que caracteriza a essência do ser humano. Essas visões foram posteriormente incorporadas ao pensamento cristão, judaico, hindu e budista, influenciando as visões do eu como uma entidade espiritual, eterna e distinta.

Com o avanço do pensamento científico e filosófico, o conceito de consciência começou a surgir como objeto de estudo e reflexão entre os séculos 18 e 19. Filósofos como Descartes, Locke e Hume lançaram as bases para uma visão do eu como resultado de experiências sensoriais, processos mentais e interações sociais, reduzindo a entidade da alma a uma construção psicológica e cognitiva.

O início do século XX viu o crescimento do interesse pela psicologia e pela psicanálise, levando teóricos como Freud e Jung a explorar as profundezas do inconsciente e a dinâmica do eu. Freud, com sua teoria da estrutura da personalidade dividida em "Eu", "Superego" e "Id", ofereceu uma visão complexa e em camadas do eu como um produto de conflitos internos e interações sociais.

No campo da neurociência, a pesquisa sobre a origem e a natureza da consciência levou estudiosos como Antonio Damasio e Stanislas Dehaene a investigar a base neural da identidade e da subjetividade. A ideia emergente é a de um eu dinâmico, flexível e em constante evolução, moldado por redes neurais, processos emocionais e experiências sensoriais que moldam nossa percepção de nós mesmos e do mundo.

A análise histórica das teorias do eu nos mostra como o conceito de identidade evoluiu de visões dualistas e estáticas para visões mais dinâmicas influenciadas pela complexidade dos relacionamentos com o ambiente e com os outros. Essa evolução continua a desafiar e a enriquecer nossa compreensão do eu e da consciência, abrindo novas fronteiras de investigação e descoberta à medida que tentamos delinear os limites borrados e mutáveis de quem somos e de quem podemos nos tornar.

Em conclusão, a transição para a consciência reflete a mudança de perspectivas sobre o eu e seus componentes, desde visões míticas e teológicas até investigações empíricas e científicas. Por meio da análise histórica das teorias do eu, podemos apreciar a jornada de autodescoberta da humanidade, repleta de contradições, desafios e oportunidades para expandir a consciência da natureza do ser humano.

A evolução das teorias do eu reflete não apenas o progresso do pensamento humano, mas também as complexas interseções entre diferentes disciplinas, como filosofia, psicologia, neurociência e espiritualidade. O estudo do eu foi enriquecido por contribuições de várias abordagens e metodologias, oferecendo perspectivas cada vez mais amplas e multifacetadas sobre a natureza humana e nossa percepção de nós mesmos.

No cenário contemporâneo, o debate sobre o eu está sendo enriquecido por novos desafios e perguntas estimulantes. Conceitos como autoconsciência, identidade de gênero, o eu digital e a consciência ampliada surgem como nós cruciais nessa complexa rede de significados e interpretações. Estudos sobre consciência social, empatia e percepção das relações humanas ampliam ainda mais nosso entendimento da complexidade do eu e da consciência.

Eventos como a crise ecológica, a globalização e o desenvolvimento tecnológico apresentam novos desafios éticos e filosóficos em relação ao nosso relacionamento com o mundo e com outros seres humanos, questionando os próprios fundamentos de nossa identidade e nosso papel no universo. Assim, a reflexão sobre o eu se torna não apenas um exercício de conhecimento individual, mas também uma prática política, social e espiritual que nos convida a explorar as conexões profundas que nos unem à Terra e à humanidade como um todo.

Nesse contexto em constante mudança, as teorias do eu se apresentam como um viaticum para entender melhor quem somos, de onde viemos e para onde podemos ir. A análise histórica das concepções do eu e da consciência não apenas nos ajuda a sondar as raízes de nosso conhecimento, mas também nos mostra as possíveis direções de nosso futuro, em uma jornada de exploração e descoberta que nos leva a ir além dos limites de nosso conhecimento e a abraçar a complexidade e a diversidade dos seres humanos.

Nesse cenário em que fé e razão, tradição e inovação se entrelaçam de maneira cada vez mais intrincada, a reflexão sobre o eu e a consciência continua sendo um dos desafios mais significativos e frutíferos para a humanidade, engajada na busca de significado, identidade e conexão com o mistério da vida e do universo.

Da alma à consciência: a transição do plano metafísico para o científico.

A mudança conceitual da ideia tradicional de alma para o conceito moderno de consciência marcou uma profunda transformação na maneira como a humanidade interpreta sua natureza e seu destino além da vida terrena.

Na antiguidade, a alma era um conceito fundamental para muitas civilizações, geralmente associada a uma entidade espiritual imortal que permeava o corpo humano. Filósofos como Platão e Aristóteles desenvolveram concepções sofisticadas da alma como um princípio vital e transcendente. Na Idade Média, o pensamento teológico cristão influenciou a visão da alma como uma entidade divina, ligada à salvação eterna do indivíduo.

Com o advento da Renascença e do Iluminismo, a visão dualista da mente e do corpo, apresentada por filósofos como René Descartes, tornou mais evidente a distinção entre alma e matéria. Esse dualismo estabeleceu a base para uma concepção científica da mente e da consciência, abrindo caminho para a separação entre metafísica e ciência.

Ao longo dos séculos, a consciência tornou-se objeto de crescente investigação científica. Estudos sobre a atividade cerebral, como os realizados por Giovanni Aldini no século XVIII e por neurocientistas contemporâneos como Antonio Damasio e V.S. Ramachandran, forneceram evidências empíricas sobre a ligação entre as funções cerebrais e os estados de consciência.

Na filosofia contemporânea, o conceito de consciência tem sido o foco de amplas discussões e reflexões. Filósofos como Thomas Metzinger, David Chalmers e Daniel Dennett ampliaram o debate sobre a consciência, propondo novas teorias e modelos baseados em abordagens científicas e filosóficas integradas.

As ciências cognitivas contribuíram significativamente para a compreensão da consciência como um processo cognitivo complexo. Estudos das funções cerebrais durante a experiência consciente, como os realizados com técnicas de neuroimagem e neurociência cognitiva, forneceram novas percepções sobre a relação entre a atividade cerebral e a fenomenologia da consciência.

A mudança da abordagem metafísica para a científica na concepção da consciência tem profundas implicações para a hermenêutica filosófica e a prática científica. A integração de teorias filosóficas com descobertas empíricas na neurociência oferece novas perspectivas sobre a natureza da mente e da consciência, desafiando o dualismo tradicional e abrindo novas interpretações do ser humano.

Concluindo, a transição da alma para a consciência representa um ponto de virada na maneira como a humanidade aborda a compreensão de si mesma e de seu lugar no universo. Essa jornada da abordagem metafísica para a científica nos convida a explorar as nuances da consciência humana a partir de uma perspectiva interdisciplinar que abrange a filosofia, a ciência e a prática empírica, abrindo novas perspectivas sobre o significado e a natureza da vida e da morte.

Referências às contribuições de cientistas e filósofos sobre a consciência e a alma.

A distinção entre consciência e alma é uma questão de enorme importância filosófica e científica. Ao longo dos séculos, filósofos e cientistas ilustres têm se esforçado para tentar delinear as diferenças entre esses conceitos fundamentais. Nesta seção, exploraremos brevemente as contribuições de dois grandes pensadores: René Descartes e Immanuel Kant, que ofereceram percepções significativas sobre a consciência e a alma.

René Descartes, um dos mais importantes filósofos do século XVII, teorizou uma visão dualista da existência, distinguindo entre substância mental (res cogitans) e substância material (res extensa). De acordo com Descartes, a consciência pertence à esfera da mente e constitui um aspecto independente e essencial do ser humano. Em sua famosa obra "*As Meditações Metafísicas*", Descartes afirmou que a consciência era uma realidade inata, inalienável e irredutível. De acordo com Descartes, nem mesmo a morte poderia apagar a consciência.

Em contrapartida, Immanuel Kant, considerado um dos filósofos mais influentes do Iluminismo, trouxe uma perspectiva diferente sobre a consciência e a alma. De acordo com Kant, a consciência é uma faculdade cognitiva que nos permite adquirir conhecimento e compreensão do mundo ao nosso redor. A alma, por outro lado, representa um conceito metafísico que não pode ser verificado empiricamente. Kant argumenta que a alma pertence ao reino das ideias transcendentais e que sua existência não pode ser estabelecida por meio de observações ou experimentos científicos.

É interessante notar que as posições de Descartes e Kant tiveram um impacto significativo no desenvolvimento do pensamento científico. Enquanto Descartes separou claramente a consciência da matéria, abrindo caminho para o dualismo mente-corpo, Kant pressionou por uma visão mais empírica e racional da consciência.

No entanto, o tema da distinção entre consciência e alma ainda é objeto de debate e reflexão. Filósofos contemporâneos, como Daniel Dennett e John Searle, iniciaram discussões aprofundadas sobre o assunto. Dennett argumenta que a consciência é um produto da atividade cerebral e que não há necessidade de recorrer a conceitos como a alma para explicar essa fenomenologia. Por outro lado, Searle, em sua teoria conhecida como "*o quarto chinês*", enfatiza a importância da experiência subjetiva para a compreensão da consciência e a irredutibilidade dessa experiência a processos neurais simples.

A teoria da "sala chinesa" é um argumento proposto pelo filósofo John Searle para criticar a ideia de que uma máquina poderia realmente pensar e entender como um ser humano, mesmo que pudesse passar no Teste de Turing.

O argumento baseia-se na ideia de um experimento hipotético no qual uma pessoa está em uma sala chamada "sala chinesa" com um livro contendo instruções sobre como manipular símbolos chineses sem entender o idioma chinês. Fora da sala, as pessoas entregam à pessoa trancada na sala tiras de papel com perguntas em chinês, e a pessoa compara os ideogramas do livro e copia as respostas correspondentes. Dessa forma, a pessoa parece fornecer respostas em chinês que parecem consistentes.

Searle afirma que, embora as respostas possam parecer inteligentes para observadores externos, a pessoa dentro da sala não entenderia o idioma chinês, apenas agiria seguindo as instruções sem ter uma compreensão real do significado das palavras ou das respostas dadas.

Essa analogia tem o objetivo de mostrar que, embora uma máquina possa ser programada para processar informações de forma a imitar a inteligência humana, isso não implica que ela tenha uma compreensão ou consciência verdadeira do que está fazendo, como a mente humana. A teoria do quarto chinês é frequentemente usada para criticar posições fortes de inteligência artificial que afirmam que as máquinas podem alcançar uma forma de consciência e compreensão semelhante à humana.

O interesse pela consciência e pela alma não se limita apenas ao campo filosófico, mas também envolve a ciência. Os neurocientistas, por exemplo, estudam a atividade neural e tentam entender como a atividade cerebral se correlaciona com a experiência subjetiva da consciência. As pesquisas no campo da inteligência artificial também se concentram em imitar a consciência humana, tentando entender o que significa estar consciente e se é possível replicar esse fenômeno em uma máquina ou outra forma de inteligência artificial.

Em conclusão, o debate sobre a diferença entre consciência e alma é complexo e envolve uma ampla gama de filósofos e cientistas. O dualismo de Descartes, o racionalismo de Kant e as reflexões contemporâneas de Dennett e Searle ajudaram a moldar nossa compreensão desses conceitos. Entretanto, o mistério da consciência e a interação entre mente e matéria continuam sendo tópicos abertos a novas pesquisas e reflexões. Os avanços científicos e filosóficos continuarão a lançar novas luzes sobre a complexidade desses fenômenos, levando-nos a desenterrar mais fundamentos inestimáveis de nossa compreensão do ser humano.

As raízes metafísicas da consciência na evolução do pensamento.

A busca pelas raízes metafísicas da consciência representa uma jornada por séculos de percepções, reflexões e especulações sobre o mistério da mente humana e sua consciência. Nesta seção, exploraremos as origens metafísicas da consciência e como o pensamento filosófico moldou e influenciou nossa compreensão desse fenômeno fundamental para a existência humana.

Antiguidade grega: Platão e Aristóteles.

As raízes metafísicas da consciência podem ser rastreadas até a antiguidade grega, com as elaborações de filósofos como Platão e Aristóteles. Platão, no "Phaedo", explorou a imortalidade da alma e sua separação do corpo como o fundamento da consciência individual. Aristóteles, por outro lado, concebeu a alma como um princípio vital inseparável do corpo, enfatizando sua unidade com a matéria corpórea.

Filosofia medieval: Agostinho e Tomás de Aquino.

Na Idade Média, a reflexão metafísica sobre a consciência foi enriquecida pelas obras de pensadores como Agostinho de Hipona e Tomás de Aquino. Agostinho explorou a natureza imortal e espiritual da alma como o fundamento da consciência individual, enquanto Tomás de Aquino integrou as perspectivas aristotélica e cristã, afirmando que a alma era a forma do corpo e o princípio do intelecto.

Renascimento e Iluminismo: Descartes e Leibniz.

Com a Renascença e o Iluminismo, figuras como René Descartes e Gottfried Wilhelm Leibniz fizeram contribuições significativas para a metafísica da consciência. Descartes introduziu o dualismo entre *res cogitans* e *res extensa*, enfatizando a distinção entre mente e corpo. Leibniz, com sua teoria das mônadas, explorou a natureza indivisível da unidade da consciência a partir de uma perspectiva metafísica e racional.

Confluências com a filosofia e a espiritualidade orientais.

As raízes metafísicas da consciência não se limitam ao pensamento ocidental, mas também são encontradas nas tradições filosóficas e práticas espirituais orientais. Conceitos como a iluminação budista, o Atman vedantino e o Tao chinês acrescentam novas nuances à compreensão da consciência como o fundamento da experiência e da existência humana.

Filosofia moderna e contemporânea: Husserl e fenomenologia

Na filosofia moderna e contemporânea, Edmund Husserl e a fenomenologia exploraram as raízes fenomenológicas da consciência. Husserl aprofundou a noção de consciência como intencionalidade, ou seja, a capacidade de direcionar a atenção para objetos mentais e fenômenos internos, estabelecendo a base para uma compreensão mais rica e detalhada da consciência subjetiva.

A fenomenologia é uma corrente filosófica que teve origem na Europa do século XIX, especialmente com o filósofo alemão Edmund Husserl. O termo "fenomenologia" é derivado do grego "*phainomenon*", que significa "aquilo que aparece", e "*logos*", que significa "estudo" ou "discurso". A fenomenologia se concentra na análise e na descrição dos objetos conforme eles aparecem na consciência, buscando compreender sua essência e seus significados conforme eles emergem da experiência direta.

Alguns conceitos-chave da fenomenologia incluem:

Era fenomenológica: Husserl introduz o conceito de redução fenomenológica, um método pelo qual os objetos de investigação são tomados como se apresentam na consciência, suspensos de todos os preconceitos e julgamentos.

Intencionalidade: A fenomenologia enfatiza que a consciência é sempre consciência de algo; a intencionalidade indica o fato de que há sempre um objeto ou significado em nossa consciência para o qual a consciência é direcionada.

Eidética: a fenomenologia lida com a essência dos objetos, buscando identificar suas estruturas e significados universais que emergem da experiência.

Fenômeno e noúmeno: Ao contrário da distinção kantiana entre *fenômeno* (aquilo que aparece aos sentidos) e *noúmeno* (o mundo em si), a fenomenologia enfatiza o fenômeno como o objeto privilegiado de estudo, considerando que o mundo se revela exclusivamente por meio de fenômenos.

A fenomenologia influenciou várias áreas do pensamento filosófico, incluindo o existencialismo, a filosofia da mente e a filosofia da percepção. Filósofos como Martin Heidegger, Jean-Paul Sartre e Maurice Merleau-Ponty desenvolveram e expandiram o pensamento fenomenológico em diferentes direções, contribuindo para torná-lo uma das correntes mais influentes e debatidas da filosofia contemporânea.

Em conclusão, a exploração das raízes metafísicas da consciência nos mergulha em um questionamento multidimensional da natureza e do significado de nossa existência. Ao longo de séculos de pensamento, especulação e contemplação, a consciência é revelada como um dos mistérios fundamentais dos seres humanos, um ponto de convergência entre filosofia, ciência e espiritualidade que continua a desafiar e inspirar a humanidade na busca pelo significado final da vida e do universo.

From theology to neuroscience: the path of consciousness from religion to science (Da teologia à neurociência: o caminho da consciência da religião à ciência).

A jornada da consciência, da teologia à neurociência, representa uma passagem histórica que reflete a evolução do pensamento humano na busca de respostas para as profundas questões existenciais relacionadas ao fim da vida e ao destino do ser humano. Nesta seção, exploraremos como o conceito de consciência transitou da esfera religiosa para a científica, destacando as transformações conceituais que marcaram essa transição crucial na jornada da humanidade.

Teologia e concepção religiosa da consciência.

Durante séculos, a concepção da consciência foi abordada pelas lentes da teologia e da religião. As várias tradições religiosas viam a consciência como uma dádiva divina, um sinal da intervenção divina na vida humana. No contexto cristão, por exemplo, a alma era vista como a essência imortal e transcendente que anima o homem, conferindo-lhe a consciência e a capacidade de autorreflexão.

Na perspectiva teológica, a consciência sempre foi vista como um dom divino, um reflexo da imagem de Deus no homem. Essa visão é particularmente evidente na tradição cristã, onde a alma é vista há muito tempo como a essência imortal e transcendente que confere ao homem a capacidade de autorreflexão e percepção moral. No contexto do fim da vida, a questão da consciência se torna ainda mais delicada e complexa, pois envolve não apenas a dimensão biológica e psicológica do ser humano, mas também a dimensão espiritual e metafísica.

Um exemplo significativo de como a teologia abordou a questão da consciência no fim da vida é a doutrina da redenção no cristianismo. De acordo com essa doutrina, a morte não é o fim absoluto, mas sim uma passagem para outra forma de existência na qual a consciência individual permanece presente e confronta seu próprio destino eterno. Essa visão oferece conforto e esperança àqueles que enfrentam a morte iminente, proporcionando um significado mais profundo ao sofrimento e à dor que geralmente acompanham esse momento crucial da vida.

Alguns estudiosos contemporâneos integraram as perspectivas teológicas sobre a consciência com as recentes descobertas da física quântica, buscando lançar uma nova luz sobre o mistério da consciência e sua relação com o universo. O físico teórico Amit Goswami, por exemplo, propõe uma visão da consciência como a essência fundamental do universo, que se manifesta de diferentes formas por meio do princípio da não-localidade e da interconexão quântica.

Em um experimento realizado por uma equipe de pesquisadores da Universidade de Princeton em 1982, conhecido como "*Global Consciousness Experiment*", descobriu-se que a consciência humana poderia influenciar o comportamento de dispositivos aleatórios, sugerindo uma possível interação entre a mente humana e a estrutura fundamental da realidade.

O Experimento de *Consciência Global* realizado pela Universidade de Princeton em 1982 é um estudo notável que despertou interesse e debate nos campos da psicologia, parapsicologia e física quântica. Esse experimento se propôs a explorar a possível influência da consciência humana em eventos aleatórios, desafiando as concepções atuais de realidade e causalidade. No contexto desse experimento, os pesquisadores usaram um *gerador de números* aleatórios (*RNG*) como ferramenta para medir a aleatoriedade de uma série de eventos. O RNG é um dispositivo capaz de produzir sequências de números aleatórios, que devem ser distribuídos de maneira uniforme e imprevisível na ausência de influências externas.

Os participantes do experimento foram solicitados a concentrar sua intenção em uma possível mudança nos números gerados aleatoriamente pelo dispositivo. Surpreendentemente, os resultados mostraram desvios significativos da aleatoriedade esperada quando os participantes concentraram sua atenção em determinadas sequências ou resultados.

Esses resultados sugeriram a possibilidade de que a consciência humana possa interagir de forma sutil com o mundo exterior, influenciando o comportamento de dispositivos quânticos sensíveis, como o RNG. Esse fenômeno foi interpretado por alguns como uma indicação da capacidade da mente humana de influenciar diretamente a realidade física por meio da intenção e da concentração.

Já descrevi esse experimento em minha página do Facebook (em italiano) "Cenacolo Jung Pauli". O experimento é chamado de "Consciência Global".

Essa é uma pesquisa em andamento que está sendo realizada como parte do projeto criado na década de 1980 pelos professores Robert Jahn e Brenda Dunne na Universidade de Princeton, o *Princeton Engineering Anomalies Researh.*

Esse projeto nasceu quando os vários experimentos sugeriram que uma consciência global coletiva poderia realmente existir.

Os estudos consistiram em testar os efeitos psicocinéticos em algumas pequenas máquinas, geradores eletrônicos de números aleatórios, em termos técnicos RNG (Random *Number Generator*)

Os números podem ser pares ou ímpares, portanto, como em um lançamento de moeda, depois de um número razoável de lançamentos, o resultado se torna fixo (50-50). Pediu-se às pessoas do experimento que tentassem influenciar o resultado dos números, e descobriu-se que, de fato, os voluntários podiam gerar variações interessantes na estatística.

Posteriormente, verificou-se que, mesmo sem ninguém tentar influenciar os geradores de RNGi, os resultados eram diferentes daqueles que poderiam ser estatisticamente previstos; portanto, passou-se a imaginar que havia uma consciência coletiva que poderia influenciar os geradores independentemente da vontade dos indivíduos.

Nos anos que se seguiram, os resultados interessantes e o aumento da sofisticação das tecnologias permitiram que muitos outros institutos se juntassem ao projeto (que recebeu o nome de Global Consciousness Project). Geradores de números aleatórios foram instalados em praticamente todo o mundo, da Europa aos EUA e à Rússia, e também no Japão, Brasil, China, América do Sul, Austrália e África. Esses geradores, que ainda hoje estão em operação, realizam a tarefa dos voluntários, gerando números aleatórios (uns ou zeros) centenas de vezes por segundo e, ao mesmo tempo, fazendo uma previsão e verificando se acertaram.

Foi possível verificar que, antes da ocorrência de eventos coletivos de importância significativa, os geradores acertaram suas previsões com muito mais frequência do que a média, como se seu funcionamento normal fosse influenciado pelos eventos que ocorreriam logo em seguida.

Na prática, os RNGs são capazes de registrar uma mudança significativa na consciência coletiva das comunidades dentro de seu raio de influência, o que se expressa em previsões mais precisas.

Se o evento puder afetar um continente inteiro, todos os geradores desse continente registrarão as mesmas variações. Para confirmar isso, foram observados picos enormes nas previsões exatas algumas horas antes do ataque às Torres Gêmeas em Nova York, em 11 de setembro de 2001.

Em seu livro "*Interconnected Minds*", Dean Radin, que está participando do projeto, descreve o comportamento dos dispositivos RNG da seguinte forma:

> *"Percebemos que algo incomum aconteceu naquele dia. Em 11 de setembro de 2001, a curva do gráfico se desviou drasticamente em comparação com os outros dias examinados. Descobrimos que essa curva atingiu o pico cerca de duas horas antes de o avião sequestrado colidir com a primeira das Torres Gêmeas, em Nova York, às 8h46, horário local, e caiu para seu nível mais baixo por volta das 14h, cerca de oito horas depois."*

Como sempre, os resultados do experimento "Consciência Global" foram objeto de debates e críticas na comunidade científica, com algumas vozes levantando dúvidas sobre a validade dos resultados e a robustez da metodologia utilizada.

Apesar das contestações e incertezas, o experimento contribuiu para uma reflexão mais aprofundada sobre a interação entre a consciência humana e a realidade quântica, abrindo novas perspectivas de pesquisa sobre o papel potencial da mente na interpretação e criação da realidade que nos cerca.

No contexto do fim da vida, a presença da consciência quântica poderia oferecer novas perspectivas sobre o significado e o destino da alma, abrindo caminho para uma visão mais inclusiva e holística da vida e da morte. A concepção da consciência como uma realidade fundamental do universo poderia enriquecer o debate ético e espiritual sobre o fim da vida, oferecendo novos recursos para lidar com os desafios e dilemas que ela impõe à humanidade.

Concluindo, a questão da consciência em relação ao fim da vida representa uma encruzilhada entre a teologia, a filosofia, a ciência e a espiritualidade, oferecendo percepções sobre o que significa ser humano diante do mistério da existência e da morte. Por meio de um diálogo aberto e inclusivo entre diferentes disciplinas e perspectivas, podemos enriquecer a maneira como entendemos e lidamos com o fim da vida, abrindo caminho para novas formas de conscientização e compaixão diante do mistério supremo da vida humana...

Do dualismo ao materialismo. A contribuição da filosofia.

Na longa e intrincada história da humanidade, o debate sobre a natureza da consciência sempre fascinou filósofos, cientistas e pensadores de todas as épocas. A evolução do pensamento filosófico sobre a relação entre mente e corpo marcou uma transição significativa de uma perspectiva dualista para uma materialista, abrindo caminho para novas interpretações e abordagens científicas do mistério da consciência humana.

Um dos pontos de partida dessa jornada conceitual pode ser encontrado no pensamento de René Descartes, um filósofo do século XVII, que propôs uma clara distinção entre mente e corpo. Descartes, em seu famoso "*Cogito, ergo sum*", enfatizou a natureza incorpórea e pensante da mente, distinta e separada do corpo físico. Esse dualismo cartesiano dominou por muito tempo o cenário filosófico ocidental, ajudando a moldar a visão ocidental da consciência e da realidade.

Entretanto, com o avanço da ciência e do conhecimento, o dualismo cartesiano começou a mostrar sinais de fraqueza. Gradualmente, filósofos materialistas, como Thomas Hobbes, propuseram uma visão oposta, argumentando que a realidade consiste exclusivamente de matéria e que a própria consciência é o produto de processos materiais no organismo.

Essa mudança crucial da concepção dualista para a materialista teve implicações importantes para o estudo da consciência e para a pesquisa científica em geral. Filósofos como Hobbes lançaram as bases para uma abordagem científica da mente e da consciência, abrindo caminho para pensadores posteriores, como os materialistas franceses do século XIX, incluindo Auguste Comte e Émile Durkheim, que argumentaram que a consciência é um fenômeno social determinado por condições materiais.

Paralelamente a esses desenvolvimentos filosóficos, o mundo científico tem prestado cada vez mais atenção à base biológica da consciência. Estudos recentes no campo da neurociência destacaram como os processos cerebrais e a atividade neuronal estão intimamente relacionados à experiência consciente, oferecendo suporte empírico para a perspectiva materialista sobre a natureza da consciência.

Além disso, a física quântica introduziu um elemento adicional de reflexão sobre a consciência humana. Alguns estudiosos, como o físico britânico Roger Penrose, especularam que os fenômenos quânticos na atividade cerebral podem estar envolvidos na geração da consciência, abrindo novas perspectivas sobre a relação entre a física quântica e a experiência subjetiva.

Concluindo, a jornada da visão dualista para a visão materialista da consciência foi longa e complexa, marcada por significativas contribuições filosóficas, científicas e físicas. Por meio da comparação de diferentes visões e abordagens, chegamos a uma compreensão mais articulada e interdisciplinar da consciência humana, que continua a desafiar e estimular nossas mentes em uma fascinante busca por significado e verdade.

Experimentos e estudos em neurociência.

O advento da neurociência representou um marco crucial em nossa compreensão da consciência humana. Por meio de experimentos pioneiros e ferramentas de investigação cada vez mais sofisticadas, os cientistas começaram a lançar uma nova luz sobre a complexa relação entre a atividade cerebral e os estados de consciência, abrindo cenários fascinantes na pesquisa sobre a própria essência de nossa experiência subjetiva.

Uma contribuição fundamental para esse campo de estudo foi feita por Wilder Penfield, um conhecido neurocirurgião canadense, que realizou experimentos revolucionários sobre estimulação cerebral em pacientes epiléticos na década de 1950. Penfield, ao estimular áreas específicas do cérebro durante a cirurgia, conseguiu provocar memórias e sentimentos nos pacientes, demonstrando a estreita correlação entre a atividade cerebral e a experiência subjetiva. Esses experimentos contribuíram significativamente para a nossa compreensão da localização das funções cerebrais e da ligação entre a atividade neuronal e os fenômenos conscientes.

Atualmente, as modernas técnicas de imagem cerebral, como a ressonância magnética funcional (fMRI) e a eletroencefalografia (EEG), permitem que os cientistas estudem a atividade cerebral relacionada aos estados de consciência em tempo real. Estudos recentes mostraram, por exemplo, como padrões específicos de atividade neuronal estão associados a estados alterados de consciência, como durante o sono ou sob a influência de determinadas substâncias psicoativas.

Além disso, pesquisas realizadas em pacientes em estados alterados de consciência, como coma ou estados vegetativos, revelaram padrões distintos de atividade cerebral que podem fornecer pistas valiosas sobre o estado de consciência do indivíduo. Esses estudos abriram novas perspectivas para o diagnóstico e o tratamento de distúrbios relacionados à consciência, bem como para uma compreensão mais profunda dos mecanismos neurais subjacentes à experiência consciente.

Os principais estudiosos do campo da neurociência, como Antonio Damasio e Christof Koch, enfatizaram a importância de integrar abordagens neurocientíficas e teorias da consciência para chegar a uma visão holística e abrangente do fenômeno. Por meio de uma combinação de experimentação empírica e reflexão teórica, a pesquisa em neurociência continua a avançar em seu desafio de desvendar o mistério da consciência e seus vínculos inseparáveis com a atividade cerebral.

Os experimentos e estudos em neurociência representam um marco importante no caminho para a compreensão da consciência humana. Por meio da análise detalhada da atividade cerebral e sua relação com os estados de consciência, os cientistas estão abrindo caminho para novas descobertas e uma visão cada vez mais profunda da própria essência do que nos torna conscientes.

Principais contribuições da pesquisa contemporânea.

Na pesquisa contemporânea sobre consciência quântica, estudiosos de grande estatura, como Christof Koch, Giulio Tononi, Susan Greenfield e outros, fizeram contribuições significativas para o debate científico. Por meio de abordagens multidisciplinares e técnicas de ponta, esses pesquisadores exploraram a intrincada dinâmica neural subjacente ao fenômeno da consciência, abrindo novas perspectivas para a compreensão das conexões entre mente, cérebro e consciência.

Um nome de destaque nesse campo é Christof Koch, neurocientista e pesquisador pioneiro no estudo da consciência. Seu trabalho se concentra na função das redes neuronais na geração da experiência consciente. Por meio de experimentos sofisticados e modelos computacionais complexos, Koch ajudou a desvendar os mecanismos neurais subjacentes aos processos de percepção e consciência, lançando uma nova luz sobre o funcionamento da mente e do cérebro.

Giulio Tononi, outro acadêmico de destaque no campo da neurociência da consciência, desenvolveu a Teoria *da Informação Integrada* (IIT), que propõe uma perspectiva inovadora sobre a consciência como resultado da integração e das informações dinâmicas entre diferentes partes do cérebro. Por meio de estudos empíricos e simulações computacionais, Tononi forneceu uma sólida estrutura teórica para entender como as redes neuronais podem gerar estados complexos e integrados de consciência.

Susan Greenfield, neurocientista e divulgadora da ciência, também fez contribuições importantes para o campo da consciência. Seus estudos se concentraram na plasticidade cerebral e no impacto das tecnologias digitais modernas sobre a experiência consciente. Por meio de abordagens interdisciplinares que combinam neurociência, psicologia e filosofia, Greenfield destacou a importância da dinâmica cerebral na modulação da consciência, trazendo novas perspectivas sobre o papel do ambiente externo na formação de nossa experiência subjetiva.

Graças aos avanços nas tecnologias de imagens cerebrais e às sofisticadas técnicas de análise de dados, os pesquisadores contemporâneos estão explorando correlações neurais, assinaturas neuronais e dinâmicas cerebrais associadas à consciência de maneiras nunca antes vistas. Experimentos com *ressonância magnética funcional* (fMRI), *eletroencefalografia* (EEG) e outras metodologias avançadas estão ajudando a consolidar nossa compreensão da complexidade e da diversidade dos processos neurais subjacentes aos nossos estados de consciência.

Implicações éticas e filosóficas.

A transição da concepção de consciência do domínio da religião para o da ciência abriu caminho para profundas reflexões e debates sobre questões éticas e filosóficas fundamentais relativas à própria essência do ser humano. Essa mudança abalou os alicerces de nossas crenças, gerando novas perspectivas sobre o livre-arbítrio, a identidade pessoal e a natureza intrínseca da consciência.

Um dos aspectos mais debatidos nesse contexto é o conceito de livre arbítrio. Embora a visão religiosa tradicional atribuísse à consciência um papel central na tomada de decisões humanas, a ciência introduziu elementos de determinismo e causalidade na equação. Estudos neurocientíficos mostraram que muitas de nossas escolhas e ações são predeterminadas por processos neurais inconscientes, levantando dúvidas sobre a existência real do livre-arbítrio independente do funcionamento do cérebro.

Nesse contexto, as reflexões filosóficas sobre a identidade pessoal assumem um papel de destaque. A compreensão científica da consciência e da mente gera perguntas sobre a continuidade da identidade pessoal ao longo do tempo e a relação entre corpo e mente. Filósofos como Derek Parfit enfatizaram como a identidade pessoal pode ser mais fluida e complexa do que tradicionalmente concebida, abrindo novas interpretações sobre a natureza do indivíduo e sua experiência subjetiva.

As implicações éticas dessa transição são igualmente significativas. A maneira como entendemos a consciência e sua relação com o cérebro afeta diretamente questões morais cruciais, como a responsabilidade individual, a dignidade humana e o tratamento de doentes terminais ou de pacientes com alterações de consciência. Estudos e experimentos sobre os correlatos neurais da consciência levantam questões éticas sobre os limites da manipulação cerebral, a autodeterminação individual e a ética do tratamento de pacientes com distúrbios da consciência.

Do ponto de vista filosófico, a nova perspectiva científica sobre a consciência une as tradições racionalistas e empíricas, proporcionando um terreno comum para uma discussão interdisciplinar sobre a natureza do ser humano. Estudiosos como Thomas Metzinger exploraram as implicações filosóficas de uma visão neurocientífica da consciência, sugerindo novas maneiras de integrar as descobertas científicas às tradições filosóficas e espirituais.

A transição da consciência da religião para a ciência gerou profundas implicações éticas e filosóficas que convidam a uma reflexão profunda e crítica sobre o significado da identidade humana, do livre arbítrio e da responsabilidade moral. Esse terreno fértil para o confronto entre diferentes abordagens e disciplinas promete enriquecer nossa formação cultural e abrir novas perspectivas sobre a complexa relação entre ciência, ética e filosofia em nossa compreensão da consciência humana.

Diferenças substanciais entre alma e consciência.

A compreensão da consciência e da alma tem fascinado filósofos, teólogos e cientistas há séculos. Embora muitas vezes sejam usados como conceitos intercambiáveis, é importante distinguir entre consciência e alma para entender melhor a natureza e a essência do ser humano.

A alma é um conceito que se baseia em várias tradições religiosas e filosóficas. Geralmente considerada como a essência espiritual ou a parte imortal do indivíduo, a alma tem sido objeto de especulação desde os tempos antigos. Por exemplo, na filosofia platônica, a alma é vista como algo separado do corpo físico, uma entidade que vive além da passagem. Conceitos semelhantes também são encontrados em muitas religiões, como na concepção cristã da alma como uma parte do indivíduo que se comunica com Deus.

Por outro lado, consciência é um termo que reflete a experiência subjetiva do indivíduo, sua percepção de si mesmo e do mundo ao seu redor. A consciência é um fenômeno que se manifesta em todas as formas de vida com um sistema nervoso complexo, como os seres humanos e todos os organismos biológicos. A consciência possibilita a percepção, o pensamento, a emoção e a reflexão. É por meio da consciência que vivemos, interagimos com o mundo e tomamos decisões.

No emaranhado mundo das teorias sobre a consciência, surge um debate fascinante sobre sua natureza universal. Alguns especialistas argumentam que a consciência não é exclusiva dos seres humanos, mas algo compartilhado por todas as formas de vida biológica dotadas de autoconsciência. Outros, indo ainda mais longe, argumentam que até mesmo as entidades mais básicas, como os átomos e as partículas subatômicas, podem possuir uma forma de consciência baseada em sua capacidade de agregação.

Essa visão radical sugere a ideia de uma entidade universal de consciência que permeia toda a criação, um conceito que desafia nossas concepções tradicionais de identidade e individualidade. Para entender completamente as implicações dessas teorias, é necessário explorar diferentes áreas do conhecimento humano.

Um dos pioneiros dessa perspectiva é o filósofo David Chalmers, conhecido por seu trabalho sobre consciência e mente. Chalmers teorizou sobre a existência de uma "*consciência fundamental*" que poderia estar presente em todos os aspectos do universo. Suas reflexões desafiam os limites entre matéria e consciência, abrindo caminho para novas visões da realidade.

Na ciência, pesquisadores como o físico teórico Roger Penrose levantaram a hipótese da existência de processos quânticos na consciência, sugerindo que fenômenos ainda não compreendidos pela física clássica poderiam desempenhar um papel fundamental em nossa experiência consciente.

O mundo espiritual também oferece percepções valiosas sobre esse mistério. Tradições milenares, como o budismo e o hinduísmo, contemplam a ideia de uma consciência universal, uma essência imutável que conecta todas as formas de vida em todo o universo.

Um experimento que se tornou famoso por explorar a interconexão entre a consciência humana e o mundo exterior é o experimento da dupla fenda. Esse teste, realizado por físicos quânticos, mostrou como o próprio ato de observar uma partícula pode influenciar seu comportamento, sugerindo uma ligação íntima entre o observador e o observado que vai além da mera matéria.

Em última análise, o conceito de uma consciência universal abre um leque de possibilidades e reflexões que transcendem nossas concepções usuais do eu e do mundo. A ideia de uma inteligência cósmica que permeia toda a criação nos convida a refletir sobre nosso papel no universo e o significado final de nossa existência.

Em um cenário tão multifacetado, é fundamental manter a mente aberta e pronta para explorar novos horizontes de pensamento. Talvez um dia, por meio de uma fusão harmoniosa de ciência, filosofia e espiritualidade, possamos lançar uma nova luz sobre o maior mistério de todos: a natureza da consciência universal.

Ao longo da história, muitas culturas e tradições ofereceram diferentes perspectivas sobre a natureza da consciência e sua suposta universalidade. Por exemplo, a tradição hindu considera o Atman, a alma individual, como parte integrante de uma essência cósmica chamada Brahman, que permeia todo o universo. Essa visão de unidade e interconexão entre todas as formas de vida reflete, de alguma forma, a ideia de uma consciência universal que brilha nas várias manifestações da existência.

No contexto da filosofia moderna, pensadores como Rupert Spira e Eckhart Tolle também exploraram conceitos semelhantes, sugerindo que nossa percepção individual pode ser apenas uma manifestação temporária de uma consciência maior e unificada. Por meio da prática da atenção plena e da meditação, eles nos convidam a explorar as profundezas de nossa própria consciência e a descobrir uma dimensão de unidade com o todo.

Ao mesmo tempo, a neurociência cognitiva busca esclarecer os mecanismos físicos subjacentes à consciência humana. Estudos recentes destacaram a complexidade e a multiplicidade dos processos neurais que sustentam nossa experiência consciente, mas ainda há muitas questões em aberto sobre as origens finais desse fenômeno fundamental.

Em uma perspectiva mais ampla, algumas teorias da física quântica sugerem uma visão do universo como um campo de possibilidades e interconexões, em que a consciência poderia desempenhar um papel crucial na formação da realidade. Essas especulações abrem cenários surpreendentes sobre a própria natureza da realidade e sua relação com a consciência, avançando a ideia de uma inteligência universal que permeia todos os aspectos da existência.

Em um mundo que passa por mudanças rápidas e debates constantes sobre essas questões profundas, estamos diante de um desafio fascinante e complexo. A busca pela verdade sobre a natureza da consciência universal nos leva a explorar os limites do conhecimento humano e a adotar novas perspectivas que podem enriquecer nossa compreensão do mundo e de nós mesmos.

Por fim, a questão da natureza real da consciência e de sua presença universal permanece em aberto, despertando um interesse cada vez maior entre acadêmicos, filósofos, cientistas e místicos. Talvez, por meio de um diálogo interdisciplinar rico em confrontos e mente aberta, possamos um dia nos aproximar de uma compreensão mais profunda desse enigma milenar que permeia a própria essência de nossa existência.

Estudiosos como René Descartes investigaram a relação entre alma e consciência. Descartes considerava a alma como uma entidade separada do corpo, enquanto a consciência era a essência do ser humano manifestada por meio do intelecto. Entretanto, essa divisão clara entre alma e consciência foi contestada por outros pensadores, como John Locke, que argumentou que a consciência é parte integrante do indivíduo e deriva da experiência sensorial.

Outras contribuições para o estudo da consciência e da alma vêm do avanço da neurociência. Estudos sobre o cérebro e a mente levaram a descobertas interessantes sobre a ligação entre a consciência e o funcionamento do cérebro. Por exemplo, em 2010, um estudo realizado pelo neurocientista Christof Koch mostrou que a consciência está intimamente relacionada à atividade e às interações dos neurônios no cérebro. Essas descobertas levantam outras questões sobre a natureza da consciência e sua relação com a alma.

É importante ressaltar que, apesar das várias interpretações e debates, a diferença entre consciência e alma continua sendo uma questão de interpretação pessoal e filosófica. Muitos acreditam que a alma e a consciência são entidades separadas e distintas, enquanto outros veem a consciência como parte integrante da alma ou vice-versa. A compreensão desses conceitos complexos permanece um mistério em grande parte e continua a ser um assunto de debate e especulação.

A diferença fundamental.

A alma, de acordo com muitas tradições espirituais e religiosas, é frequentemente concebida como a essência imortal e transcendente do ser humano, uma entidade de uma dimensão superior que anima o corpo durante a vida terrena e, no momento da morte, separa-se dele para embarcar em uma jornada para outra forma de existência. Essa concepção remonta a civilizações antigas, como o antigo Egito, onde se acreditava que a alma era acompanhada pelo corpo até o túmulo para enfrentar o julgamento divino e a passagem para a vida após a morte.

Pense também nas reflexões de Platão sobre a alma como uma entidade eterna e imutável, distintamente separada do corpo temporal e material. O conceito de transmigração das almas, encontrado em várias tradições espirituais da Índia e do Oriente, enfatiza essa continuidade da alma por meio de ciclos de nascimento, morte e renascimento.

Em resumo, a alma é um "objeto-presente" religioso que é dado no nascimento e deve ser devolvido na morte para ser submetido a julgamento.

Por outro lado, a consciência, entendida como a capacidade de perceber, de estar ciente de si mesmo e do mundo ao nosso redor, revelou-se um enigma ainda mais complexo. Estudiosos contemporâneos, como Christof Koch, neurocientista e teórico da consciência, propõem que a consciência é um fenômeno emergente da função cerebral, um produto da complexidade das redes neurais e da atividade sináptica.

Os experimentos de neuroimagem e os estudos do cérebro nos forneceram pistas importantes sobre a localização e os mecanismos da consciência, mas o dilema de sua natureza essencial continua sem solução. O renomado filósofo da mente David Chalmers cunhou o conceito de "problema difícil" da consciência para enfatizar o desafio de explicar como e por que as experiências subjetivas e os qualia se manifestam em nossa experiência consciente.

Essa dicotomia entre alma e consciência abre a porta para questões intrigantes sobre o destino do ser humano após a morte. Enquanto a alma pode ser vista como uma dádiva divina que deve ser valorizada e considerada, a consciência aparece como algo intrínseco à existência da matéria, conectada à matéria, mas distinta dela. A distinção está no fato de que, enquanto a matéria é corruptível, a consciência, entendida como informação quântica, não é. Enquanto a alma é um conceito metafísico, a consciência é um conceito científico. Um aspecto unificador da alma e da consciência é sua imortalidade.

Em conclusão, a diferença entre consciência e alma é um tópico de profunda importância filosófica e teológica. Enquanto a alma é frequentemente associada a conceitos espirituais e religiosos, a consciência reflete a experiência subjetiva e a percepção do indivíduo. Estudos científicos também ajudaram a investigar a base neuropsicológica da consciência. Entretanto, é importante reconhecer que a definição e a interpretação desses conceitos permanecem subjetivas e continuam a estimular a reflexão e a exploração de nossa natureza humana.

Ilustração de estudos científicos sobre a consciência.

A consciência, um dos mistérios mais fascinantes dos seres humanos, sempre estimulou a curiosidade e o interesse de filósofos, teólogos e cientistas. Na era moderna, o progresso da ciência nos permitiu estudar a consciência sob uma luz completamente nova, usando ferramentas e metodologias avançadas. Nesta seção, exploraremos os estudos científicos sobre a consciência, concentrando-nos em duas ferramentas importantes: eletroencefalografia (EEG) e imagem funcional do cérebro (fMRI), que nos permitem folhear as páginas do mistério da mente humana.

A eletroencefalografia (EEG) foi uma das primeiras técnicas a ser usada para estudar a atividade cerebral relacionada à consciência. Datado da década de 1920, o EEG registra as ondas cerebrais por meio de eletrodos colocados no couro cabeludo. Usando essa técnica, os cientistas conseguiram identificar diferentes estágios do sono e diferentes formas de atividade neural associadas a diferentes condições de consciência. Por exemplo, o EEG mostrou que as ondas cerebrais de baixa frequência predominam durante o sono profundo, enquanto as ondas de alta frequência estão relacionadas ao estado de vigília.

A imagem funcional do cérebro (fMRI) é outra técnica poderosa que nos permite explorar a consciência. Usando imagens de ressonância magnética, a fMRI mapeia as alterações no fluxo sanguíneo do cérebro que ocorrem durante a atividade cerebral. Essa técnica nos permite identificar quais áreas do cérebro estão envolvidas em processos mentais e estados de consciência específicos. Por exemplo, um estudo realizado em 2008 por um grupo de pesquisadores da Universidade de Harvard usou a fMRI para identificar uma área do cérebro associada à autoconsciência, que é ativada quando as pessoas refletem sobre seu estado mental.

Alguns estudos científicos também têm o objetivo de analisar a experiência subjetiva da consciência. Um exemplo notável é o experimento da "câmara de Ganzfeld". Na década de 1970, o parapsicólogo Charles Honorton usou essa técnica para investigar a percepção extrassensorial e descobriu que as pessoas envolvidas no experimento relataram sensações ampliadas de presença e consciência. Apesar disso, os resultados desse experimento não foram amplamente aceitos pela comunidade científica, mas abriram uma discussão sobre a ligação entre a percepção subjetiva e a consciência.

Não podemos ignorar as teorias e os estudos dos principais neurocientistas que contribuíram para nossa compreensão da consciência. Susan Greenfield, uma neurocientista e acadêmica britânica, indicou que a consciência poderia ser o resultado da complexa interação entre os neurônios. Christof Koch, um dos pioneiros na área, desenvolveu uma teoria segundo a qual os fenômenos relacionados à consciência podem ser explicados por meio do estudo dos mecanismos cerebrais. Esses estudiosos abriram novos caminhos na pesquisa da consciência e ajudaram a moldar nossa compreensão dos processos neurais associados à consciência.

Em conclusão, os estudos científicos sobre a consciência nos forneceram novas ferramentas e abordagens para mergulhar no coração desse mistério humano. Graças à eletroencefalografia (EEG) e à imagem funcional do cérebro (fMRI), podemos explorar a atividade cerebral relacionada à consciência e identificar diferentes estágios e estados de consciência. Por meio de teorias e estudos de neurocientistas renomados, avançamos em nossa compreensão dos mecanismos neurais relacionados à consciência. Apesar do progresso alcançado, ainda há muito a ser descoberto e compreendido sobre esse aspecto fascinante da mente humana, que continua a fascinar cientistas e filósofos em todo o mundo.

Comentário sobre estudos científicos sobre a consciência.

Nas últimas décadas, os estudos científicos sobre a consciência enfrentaram o desafio de penetrar nos mistérios mais profundos de nossa mente e do universo ao nosso redor. A busca pela consciência não está mais limitada à mera compreensão dos processos neurais no cérebro, mas vai além, em busca de uma dimensão quântica que poderia lançar uma nova luz sobre o que realmente somos e nosso papel no universo.

Em um contexto em que a visão materialista domina o pensamento científico, a física quântica surge como um farol que ilumina novos caminhos a serem explorados. A visão reducionista segundo a qual a consciência é meramente o produto de processos cerebrais complexos está lentamente dando lugar a uma perspectiva mais ampla e interconectada que contempla a ideia de uma consciência que vai além dos limites do cérebro e está entrelaçada com as leis fundamentais da física quântica.

Um dos exemplos mais esclarecedores dessa nova perspectiva são os estudos realizados sobre o fenômeno do entrelaçamento quântico, que destaca a presença de conexões não locais que desafiam a concepção tradicional de espaço e tempo.

A lição da física quântica não é apenas um quebra-cabeça abstrato a ser resolvido em laboratórios, mas traz consigo implicações profundas e radicais para nossa visão do mundo e de nós mesmos. Como observou o físico ganhador do Prêmio Nobel Niels Bohr:

"Quem não se surpreende com a mecânica quântica é porque não a entende.

É exatamente nessa admiração pela complexidade do universo que podemos encontrar as chaves para uma maior compreensão da consciência e de seu papel na teia da realidade.

Pergunta sem resposta.

Mas a questão principal continua sem resposta científica: a consciência surge dos circuitos cerebrais ou é um "condutor" externo que se senta no console e usa esses circuitos?

Vale a pena refletir sobre o que surgiu dos estudos da consciência no campo da física quântica e considerar como isso pode influenciar não apenas o mundo da ciência, mas também nossa percepção do fim da vida e da natureza da própria realidade. Talvez, ao olharmos além dos limites do material, encontremos respostas inesperadas e revolucionárias que nos ajudarão a explorar as profundezas da consciência e a descobrir novos horizontes de entendimento e percepção no universo ao nosso redor.

Os estudos científicos sobre a consciência continuam com uma obstinação admirável em querer encontrar as raízes da consciência onde elas não estão, ou seja, no cérebro. Isso não é obstinação, é a defesa de uma concepção secular segundo a qual não há nada além da matéria. A lição da física quântica, que desmantelou todas as certezas da física newtoniana, não ajudou.

Portanto, a lição de Copérnico, que desmantelou o conceito ptolemaico do universo, não foi necessária.

Agora é certo que a física quântica também desmantelará todas as certezas do materialismo e os preconceitos sobre a existência de um componente psíquico do universo.

Capítulo 11. Introdução à teoria quântica.

"A física quântica representa uma revolução na maneira como pensamos sobre a realidade; ela nos mostra que o universo é muito mais estranho, maravilhoso e fascinante do que jamais imaginamos."

(Stephen Hawking).

Esta introdução à teoria quântica nos leva a um território fascinante e complexo, onde a realidade dominante da ordem dá lugar a uma visão mais sutil e profunda da natureza do universo.

Essa incursão em um campo puramente científico nos permite entender melhor o conceito discutido no próximo capítulo, a consciência quântica, que está no centro dos estudos atuais sobre a sobrevivência no fim da vida.

A metafísica quântica, nascida na interseção da metafísica e da física quântica, nos convida a explorar novos paradigmas que desafiam os conceitos estabelecidos.

Um dos pilares fundamentais da teoria quântica é a dualidade onda-partícula, segundo a qual todas as partículas subatômicas podem existir tanto como ondas quanto como partículas. É como se a mesma quantidade de água pudesse existir simultaneamente no estado líquido fervente e no estado de gelo. Uma noção absurda que desafia nosso senso comum. Essa característica única da matéria nos leva a reconsiderar a própria natureza da realidade.

Um evento crucial na história da teoria quântica foi o experimento da dupla fenda. Em 1909, o experimento conduzido por Robert A. Millikan demonstrou que os resultados das observações no nível subatômico dependiam da presença de um observador consciente, estabelecendo assim a base para a interpretação subjetiva da realidade quântica.

A compreensão dos conceitos quânticos foi ampliada nos anos posteriores por meio do trabalho de físicos como Werner Heisenberg, Erwin Schrödinger, Max Planck e Albert Einstein. Esses pioneiros visionários ajudaram a desenvolver a abordagem quântica do universo, revelando uma realidade intrincada e intrigante que vai além da simples visão determinística do mundo.

Os conceitos fundamentais da teoria quântica.

Os pilares da teoria quântica: uma visão geral.

No fascinante mundo da física quântica, os conceitos fundamentais que formam a base dessa disciplina são como pilares sobre os quais se ergue o edifício de nosso conhecimento sobre a realidade mais profunda do universo. Por meio de estudos, experimentos e percepções de cientistas engenhosos, foram formuladas teorias que desafiam nosso senso comum e nos abrem para novas perspectivas sobre a natureza da própria realidade.

Um dos primeiros pilares da teoria quântica é, sem dúvida, o conceito de dualidade onda-partícula, formulado por Albert Einstein em 1905 e refinado por outros grandes nomes, como Niels Bohr e Max Planck. De acordo com essa teoria, as partículas subatômicas podem se manifestar como partículas discretas ou como ondas, dependendo das condições experimentais. Esse fenômeno foi confirmado pelo experimento de dupla fenda realizado por Thomas Young em 1801, um resultado que ainda hoje desperta admiração e perplexidade entre os estudiosos.

Outra pedra fundamental da teoria quântica é a superposição quântica, introduzida por Erwin Schrödinger em 1925 com o famoso experimento do gato de Schrödinger. Esse conceito afirma que uma partícula subatômica pode existir simultaneamente em vários estados quânticos, uma superposição de possibilidades que só se manifesta quando medida. A superposição quântica tem profundas implicações filosóficas sobre a natureza da realidade e o próprio conceito de existência.

Novamente, não podemos deixar de mencionar o princípio da incerteza de Heisenberg, enunciado em 1927 por Werner Heisenberg. Esse princípio afirma que é impossível saber simultaneamente e com precisão a posição e o momento de uma partícula subatômica; quanto mais sabemos sobre uma dessas quantidades, menos precisamente podemos saber sobre a outra. Esse princípio impõe limites à nossa capacidade de observar o mundo em nível quântico, desafiando o próprio conceito de determinismo.

Por fim, um último pilar da teoria quântica é a decoerência quântica, uma teoria desenvolvida na década de 1980 por Wojciech Zurek e outros pesquisadores. A decoerência quântica explica como os sistemas quânticos perdem sua coerência e se comportam de forma clássica ao interagir com seu ambiente, fornecendo uma explicação para a transição da descrição quântica para a clássica do mundo.

Teoria quântica: consciência e realidade.

No confronto entre a física quântica e nossa percepção da realidade, um dos temas centrais é a consciência e o papel que ela desempenha na formação de nossa compreensão do mundo. A teoria quântica nos convida a renunciar às certezas adquiridas, explorar territórios desconhecidos e reconsiderar nossas crenças arraigadas sobre a natureza da realidade e da consciência.

Um dos principais conceitos que emergem da teoria quântica é a centralização da consciência na construção da realidade. De acordo com essa perspectiva, a realidade não existe independentemente do observador, mas é cocriada por meio da interação entre o observador e o que é observado. Esse conceito, expresso no paradoxo do gato de Schrödinger, desafia a visão tradicional de um mundo objetivo e independente, levando-nos a reconsiderar o papel ativo que nós mesmos desempenhamos na determinação da realidade.

Alguns estudiosos, como o físico David Bohm, sugeriram que a realidade quântica pode estar interconectada por meio de uma "ordem implícita" subjacente, um nível de realidade mais profundo e unificado do que nossa percepção superficial. Essa ideia nos leva a refletir sobre o fato de que a realidade pode ser mais complexa e interconectada do que comumente acreditamos, e que nossa consciência pode desempenhar um papel fundamental na interpretação e percepção dessa realidade.

Além disso, a teoria quântica nos convida a renunciar às certezas adquiridas e a abraçar a natureza probabilística da realidade quântica. O princípio da superposição quântica nos mostra que as partículas subatômicas podem existir em vários estados simultaneamente até serem observadas. Nesse ponto, o sistema entra em colapso em um estado definido. Essa incerteza fundamental aponta para a necessidade de aceitar a natureza elusiva e não determinística da realidade, abrindo-nos para uma visão de mundo em que a certeza dá lugar à fluidez e à indeterminação.

Por fim, a teoria quântica nos desafia a explorar a interface entre a consciência e a realidade, sugerindo que nossa percepção do mundo pode influenciar sua manifestação subjacente. Essa perspectiva abre novas interpretações sobre a natureza da consciência e seu relacionamento com a realidade externa, sugerindo que a consciência pode ser um elemento-chave na construção e interpretação de nossa experiência do mundo.

Além do senso comum.

No campo da física quântica, somos confrontados com conceitos que escapam à nossa racionalidade e intuição cotidianas. Nada na física quântica é imediatamente intuitivo, e isso levou cientistas eminentes, como Richard Feynman, a descrever a disciplina como "absurda". Explorar os fundamentos da teoria quântica significa se aventurar em um território desconhecido, onde as regras familiares da física clássica não se aplicam e onde nossa percepção da realidade é desafiada.

Um dos conceitos mais contrários ao senso comum é a dualidade onda-partícula, que afirma que as partículas subatômicas podem se manifestar como ondas ou como partículas, dependendo das condições experimentais. Esse fenômeno, proposto por Louis de Broglie na década de 1920 e confirmado por vários experimentos, desafia nossa concepção tradicional do que pode ser uma partícula e abre as portas para uma visão mais complexa e matizada da realidade quântica.

Outro princípio fundamental da teoria quântica que entra em conflito com o senso comum é o conceito de superposição quântica, introduzido por Schrödinger na década de 1920. De acordo com esse princípio, uma partícula subatômica pode existir em vários estados quânticos ao mesmo tempo, criando um tipo de superposição de possibilidades que só se torna aparente no momento da medição. Essa ideia, que entra em conflito com nossa visão linear e determinista do mundo, questiona a própria natureza da realidade e nos convida a considerar a complexidade e a incerteza que caracterizam o mundo no nível quântico.

O princípio da incerteza de Heisenberg, enunciado em 1927, representa outro marco na teoria quântica que desafia nosso senso comum. Esse princípio afirma que é impossível conhecer simultaneamente e com precisão a posição e o momento de uma partícula subatômica, introduzindo um elemento fundamental de incerteza no mundo quântico. Essa limitação na precisão das medições nos força a reconsiderar o próprio conceito de causalidade e determinismo no mundo subatômico.

De fato, os fundamentos da teoria quântica nos levam muito além do senso comum, desafiando nossas intuições mais profundas sobre a natureza da realidade e da própria física. Por meio de conceitos como a dualidade onda-partícula, a superposição quântica e o princípio da incerteza, entramos em um território de estranheza e admiração, onde regras familiares são subvertidas e onde nossa compreensão da realidade é constantemente questionada. Somente abraçando essa estranheza e aceitando o absurdo do que a teoria quântica propõe é que podemos esperar compreender as nuances mais profundas e significativas da própria estrutura do universo.

Mecânica quântica: chaves conceituais para a compreensão.

A mecânica quântica, um dos pilares da física moderna, representa um terreno denso de conceitos complexos e paradoxais que desafiam nossa compreensão intuitiva da realidade. Para abordar essa disciplina de forma eficaz, é fundamental adotar uma abordagem humilde e sem preconceitos que esteja aberta ao desafio de reconsiderar nossas visões de mundo de forma radical.

Um dos principais conceitos da mecânica quântica é certamente o princípio da superposição quântica, introduzido por Erwin Schrödinger em 1925 como parte da equação que leva seu nome. Esse princípio afirma que uma partícula subatômica pode existir simultaneamente em vários estados quânticos, até que seja medida e o sistema entre em colapso em um estado definido. Esse conceito, expresso de forma paradigmática pelo experimento do gato de Schrödinger, nos leva a reconsiderar a natureza da própria realidade e a entender como nossa observação influencia a manifestação do mundo.

Outro conceito fundamental é o princípio da incerteza de Heisenberg, formulado por Werner Heisenberg em 1927. Esse princípio afirma que é impossível conhecer simultaneamente e com precisão a posição e o momento de uma partícula subatômica, introduzindo um elemento fundamental de incerteza no mundo quântico. Essa incerteza não é simplesmente uma limitação tecnológica, mas reflete uma característica intrínseca do mundo no nível subatômico.

Além disso, a dualidade onda-partícula representa outro aspecto crucial da mecânica quântica. Esse conceito, que ficou famoso com o experimento de dupla fenda realizado por Thomas Young no final do século 18, enfatiza que as partículas subatômicas podem se manifestar como ondas ou como partículas discretas, dependendo das circunstâncias experimentais. Essa dualidade nos força a reconsiderar nossas noções de matéria e luz, abrindo caminho para uma compreensão mais profunda da realidade quântica.

Para entender completamente a mecânica quântica, é essencial adotar uma abordagem humilde e sem preconceitos que esteja pronta para questionar nossas crenças mais profundas sobre a natureza da realidade. Em um contexto em que o senso comum muitas vezes cai inesperadamente sob o feitiço de fenômenos surpreendentes, a humildade se torna uma virtude crucial para lidar com a complexidade e o mistério que envolvem o mundo no nível quântico.

Concluindo, as chaves conceituais da mecânica quântica nos levam a um território de maravilhas e desafios, onde as regras comuns da física clássica não se aplicam e a realidade se manifesta de maneiras surpreendentes e muitas vezes contrárias à nossa intuição. Somente com humildade e mente aberta podemos ter a esperança de chegar a uma compreensão mais profunda e significativa dessa disciplina extraordinária que revela as profundezas ocultas da natureza.

Teoria quântica: fundamentos da realidade em nível microscópico.

Os fundamentos da realidade em nível microscópico são revelados por meio do estudo do átomo, considerado a base definitiva da matéria. Mas o que é o átomo e quais são as representações mais atuais e aderentes da realidade quântica? Por meio de uma visão geral histórica e conceitual, podemos explorar essa unidade fundamental da matéria e sua interpretação no contexto da física quântica.

O átomo, como o conhecemos hoje, tem sido objeto de inúmeras teorias e representações ao longo da história da física. Um dos primeiros modelos significativos foi o modelo atômico de Bohr, proposto por Niels Bohr em 1913. Esse modelo postulava que os elétrons orbitavam o núcleo atômico em órbitas discretas, cada uma associada a níveis de energia específicos. O modelo de Bohr contribuiu significativamente para a compreensão do átomo e para os fundamentos da mecânica quântica.

No entanto, foi o modelo atômico de Schrödinger, derivado da equação de Schrödinger em 1926, que ofereceu uma visão mais avançada e abrangente do átomo com base na mecânica das ondas. Esse modelo descreve os elétrons não como partículas pontuais orbitando o núcleo, mas como ondas de probabilidade distribuídas no espaço ao redor do núcleo. De acordo com essa visão, a posição dos elétrons não é definida com precisão, mas é dada por uma nuvem de elétrons que representa a probabilidade de encontrar o elétron em uma determinada posição.

Um dos principais experimentos que ajudaram a moldar nossa compreensão do átomo e a confirmar os princípios da mecânica quântica é o experimento de dupla fenda, realizado pela primeira vez por Thomas Young no final do século XVIII. Nesse experimento, um feixe de partículas subatômicas é passado por duas fendas, mostrando um padrão de interferência típico das ondas. Esse fenômeno enfatizou a natureza ondulatória das partículas subatômicas e ajudou a consolidar a visão quântica do átomo.

Atualmente, a representação mais próxima da realidade quântica do átomo é aquela dada pela mecânica quântica e pelo modelo atômico quântico, que se baseia no princípio da superposição de estados quânticos e no conceito de nuvens de elétrons como regiões de maior probabilidade de encontrar elétrons.

Assim, o átomo não é mais um pequeno planeta com elétrons girando ao seu redor como minúsculos satélites, mas uma coleção de vibrações que não são definidas, exceto de forma probabilística. É realmente difícil entender como a matéria sólida pode ser composta por essas "entidades" que não são mais definíveis como "objetos minúsculos", como eram na tradição que remonta a Demócrito.

Essa descrição avançada do átomo nos convida a considerar a natureza probabilística e fluida da realidade no nível microscópico, enfatizando a importância da mecânica quântica na compreensão das unidades fundamentais da matéria.

Em última análise, o átomo, no contexto da física quântica, é revelado como uma entidade complexa e multifacetada, cujas representações mais atuais e aderentes da realidade quântica nos levam a um mundo de probabilidade, incerteza e maravilha. Por meio do estudo e da compreensão dos detalhes intrincados do átomo em nível microscópico, podemos acessar uma visão mais profunda e significativa dos fundamentos da própria realidade.

Quantização, a primeira descoberta básica.

No vasto e enigmático mundo da mecânica quântica, um dos conceitos mais fascinantes e misteriosos é, sem dúvida, o da quantificação de quantidades físicas. Esse fenômeno inquietante vai contra a intuição comum de que o que nos rodeia pode ser medido continuamente, revelando, em vez disso, um tecido mais sutil e intrincado de valores discretos e descontínuos. Mas o que realmente significa o fato de as quantidades físicas serem quantificadas e qual é a diferença fundamental entre valores discretos e contínuos?

Para entender completamente essa distinção, é preciso primeiro explorar o conceito de continuidade no contexto físico. Na física clássica, as quantidades físicas, como a posição de uma partícula ou sua energia, podem assumir um número infinito de valores intermediários entre dois pontos quaisquer. Por exemplo, se considerarmos a posição de uma partícula em um espaço tridimensional, podemos imaginar que ela pode estar em qualquer ponto dentro desse espaço, sem limitações específicas para os deslocamentos entre um ponto e outro. Nesse cenário, toda posição é potencialmente acessível e mensurável, tornando a escala de valores envolvida contínua e ilimitada.

Em contraste com essa visão, a quantificação de quantidades físicas na mecânica quântica introduz a característica peculiar de que essas quantidades só podem assumir valores discretos e bem definidos. Isso significa que, por exemplo, a posição de uma partícula não pode estar em todos os pontos do espaço, mas está vinculada a valores específicos determinados pelas propriedades quânticas do sistema em consideração. Em outras palavras, a posição de uma partícula só poderia estar em determinadas posições discretas no espaço, criando um tipo de grade invisível que limita as possíveis localizações da partícula.

Para entender melhor essa distinção, vamos considerar um exemplo simples relacionado à quantificação da energia em um sistema vinculado, como um oscilador harmônico quântico. No caso de um oscilador clássico, a energia associada ao movimento oscila continuamente entre valores infinitesimalmente próximos, sem restrições específicas quanto aos valores que pode assumir. Entretanto, em um oscilador harmônico quântico, a energia do sistema é quantificada e só pode ser um múltiplo inteiro de um valor base, conhecido como a energia do fóton associado a uma determinada frequência de oscilação. Assim, enquanto em um sistema clássico a energia pode variar de forma fluida entre valores contínuos, em um sistema quântico a energia é confinada a níveis discretos determinados pela natureza quântica do próprio sistema.

Esses exemplos ilustram claramente a distinção fundamental entre quantidades físicas quantificadas e não quantificadas, destacando como a física quântica desafia nossas intuições clássicas e nos leva a explorar um mundo no qual a realidade se revela em formas surpreendentes e enigmáticas. A natureza discreta das quantidades físicas na mecânica quântica não apenas destaca a profundidade de nossa ignorância sobre como o mundo funciona no nível mais básico, mas também abre as portas para novas e fascinantes perspectivas sobre as leis que regem o universo.

Paradoxo de Zeno.

No mundo da teoria quântica, onde as regras do jogo parecem abalar a lógica clássica e levar nosso pensamento a territórios inexplorados, um antigo enigma filosófico reaparece com uma nova roupagem: o Paradoxo de Aquiles e da Tartaruga. Esse fascinante embaralhamento das cartas nos força a reconsiderar nossas concepções de espaço, tempo e movimento, lançando uma luz inesperada sobre as implicações da quantificação das quantidades físicas.

No centro desse paradoxo está um desafio aparentemente intransponível, um curto-circuito conceitual que testa nossa intuição mais básica em relação ao conceito de infinitesimal e continuidade. A história conta a história de Aquiles, rápido e veloz como o vento, o majestoso herói dos antigos mitos gregos, que decide desafiar a lenta e pesada tartaruga em uma corrida. Devido à disparidade inata de velocidade entre os dois competidores, Aquiles concorda em dar uma vantagem à tartaruga. Portanto, Aquiles começa a correr atrás da tartaruga. Poderíamos imaginar que ele a ultrapassaria em poucos passos. Em vez disso, o herói nunca consegue ultrapassar a tartaruga.

Em um sistema clássico, em que o espaço e o tempo são considerados contínuos e ilimitados, esse desafio parece destinado a ter um resultado paradoxal: Aquiles pareceria condenado a perseguir a tartaruga eternamente sem nunca conseguir alcançá-la completamente. Toda vez que Aquiles chegar ao ponto onde a tartaruga estava inicialmente, ela terá se movido um pouco mais à frente, gerando uma série infinita de distâncias a serem superadas, arrastando Aquiles para um impasse aparentemente sem saída.

Em um sistema clássico, em que o espaço e o tempo são considerados contínuos e ilimitados, esse desafio parece destinado a ter um resultado paradoxal: Aquiles pareceria condenado a perseguir a tartaruga eternamente sem nunca conseguir alcançá-la completamente. Toda vez que Aquiles chegar ao ponto onde a tartaruga estava inicialmente, ela terá se movido um pouco mais à frente, gerando uma série interminável de distâncias a serem superadas, arrastando Aquiles para um impasse aparentemente sem saída.

Entretanto, a revolução conceitual introduzida pela teoria quântica lança uma nova luz sobre esse antigo paradoxo e abre a porta para uma solução surpreendente. No contexto de um sistema discreto, no qual o espaço e o tempo são quantificados e assumem valores discretos em vez de contínuos, Aquiles pode, de fato, ser capaz de ultrapassar a Tartaruga. Nesse contexto quântico, os movimentos de Aquiles e da Tartaruga poderiam ser definidos por etapas discretas, permitindo que Aquiles reduzisse progressivamente a distância que o separa da Tartaruga sem realizar uma façanha infinita. De fato, em um sistema quantizado, as posições intermediárias entre dois pontos não são infinitas, mas são dadas por: distância entre os dois pontos dividida pelo valor de "um quantum de distância". O "quantum de distância", por menor que seja, determina um sistema discreto no qual os valores não são infinitos.

O cerne do paradoxo em Achilles and the Turtle está na transição da continuidade para a discrição, do infinitesimal para o discreto, uma transição que revela as profundas complexidades da realidade quântica. A solução quântica para o paradoxo nos convida a reconsiderar nossa percepção do espaço e do tempo, sugerindo que, em um mundo de valores discretos e saltos quânticos, até mesmo um desafio tão enigmático como o de Aquiles e a tartaruga pode encontrar uma conclusão surpreendentemente contrária à lógica sutil de Zeno.

Assim, no labirinto de histórias antigas e enigmas modernos, o Paradoxo de Aquiles e a Tartaruga se torna um exemplo emblemático da interseção da filosofia e da física quântica, oferecendo-nos um vislumbre fascinante de um universo em que a realidade se desdobra de maneiras inesperadas e surpreendentes. Em última análise, a quantificação de quantidades físicas na mecânica quântica representa um dos pilares sobre os quais repousa nossa compreensão do mundo subatômico, ressaltando a importância de adotar uma abordagem radical e inovadora para desvendar os mistérios mais profundos da natureza. Essa singularidade da teoria quântica nos convida a explorar as fronteiras do conhecimento científico e a desafiar nossas concepções tradicionais da realidade, abrindo caminho para uma visão mais completa e aprofundada do universo ao nosso redor.

A descoberta da quantização. Nascimento do conceito e confirmações.

O nascimento do conceito de quantificação pode ser rastreado até a hipótese revolucionária formulada por Max Planck em 1900. O físico alemão, ao abordar o problema da radiação do corpo negro, propôs que a energia dos osciladores dentro de um corpo negro só poderia assumir valores discretos, múltiplos inteiros de uma quantidade mínima que mais tarde recebeu o nome de energia "quântica". Esse insight esclarecedor preparou o caminho para o nascimento da mecânica quântica e lançou as bases para a formulação de uma nova visão da natureza em nível microscópico.

Um dos principais experimentos que confirmam a natureza quântica da realidade é o efeito fotoelétrico, estudado por Albert Einstein em 1905. Sua observação de que a luz incidente em uma superfície metálica produzia elétrons somente se sua energia excedesse um determinado limite, independentemente da intensidade da própria luz, foi um marco na compreensão da natureza quântica da luz e dos elétrons, confirmando assim a ideia de quantificação de energia proposta por Max Planck.

Outra confirmação substancial da quantificação é encontrada na espectroscopia atômica, em que os espectros de emissão e absorção de átomos revelam a presença de linhas espectrais discretas que correspondem aos níveis de energia quantificados dos elétrons dentro dos átomos. Esse fenômeno, estudado por pioneiros como Niels Bohr, Ernest Rutherford e outros, ajudou a consolidar a ideia de que as quantidades físicas, como energia e momento angular, são quantificadas e assumem valores discretos no mundo subatômico.

A descoberta da quantização tem implicações profundas não apenas na física, mas também em nossa compreensão da própria realidade. Esse conceito ultrapassa os limites da nossa compreensão da natureza, revelando um tecido profundo e misterioso onde as regras do mundo clássico não se aplicam mais e onde a descontinuidade e a discrição guiam o destino das partículas elementares e dos fenômenos microscópicos.

Em conclusão, a descoberta da quantização representa um capítulo fundamental na história da física, um marco que transformou radicalmente a maneira como vemos a realidade. Por meio das percepções de mentes brilhantes como Planck, Einstein, Bohr e outros, fomos levados em uma jornada extraordinária para as profundezas do universo quântico, onde a quantização revela um universo de potencial e mistério que continua a estimular nossa curiosidade e imaginação.

Definição e valor de "how much" (quanto).

Na física, o conceito de "quantum" representa a menor unidade discreta e indivisível de uma determinada quantidade, derivada da palavra latina "quantum", que significa quantidade. Às vezes, o termo também é usado para se referir a partículas elementares ligadas a um campo de força.

Posteriormente, essa ideia foi ampliada para a teoria do campo quântico, em que o "quantum" representa a partícula elementar associada a um campo de força. Por exemplo, na teoria quântica da eletrodinâmica, os fótons são considerados os quanta do campo eletromagnético, facilitando a interação entre partículas carregadas.

A constante de Planck, simbolizada por h, é uma constante física básica da mecânica quântica, introduzida pela primeira vez por Max Planck e Albert Einstein no início do século XX em seu estudo da radiação do corpo negro e do efeito fotoelétrico. Ela é a base do conceito de dualismo onda-partícula e permite a quantização de quantidades como energia, momento e momento angular. Não informarei aqui o valor matemático do quantum de Planck porque é um número com uma representação absolutamente complexa e não é útil para a economia deste livro. Entretanto, como se pode imaginar, a Constante de Planck é um valor extremamente pequeno.

A constante de Planck também é conhecida como o "quantum de ação", tendo as dimensões de "energia multiplicada pelo tempo".

O valor do quantum não se refere apenas à energia, mas se estende a todas as quantidades físicas, como momento angular, carga elétrica e muitos outros parâmetros que governam o comportamento das partículas subatômicas. A quantificação dessas quantidades se manifesta de forma surpreendente, revelando um universo no qual a continuidade deixa espaço para a discrição, onde as medições assumem valores bem definidos no nível quântico.

A determinação do valor desse quantum teve um impacto profundo em nossa compreensão da própria natureza. Por meio das mentes luminosas de físicos como Niels Bohr, Werner Heisenberg, Erwin Schrödinger e outros, o conceito de quantum foi refinado e integrado em uma teoria coerente que fornece uma descrição precisa do mundo microscópico. Essa escala sutil de magnitude, que permeia o tecido da realidade no nível quântico, nos mostra a própria essência da física quântica: um universo de quantidades discretas e fenômenos surpreendentes que desafiam nossa imaginação.

Em conclusão, o "quantum" representa o alicerce sobre o qual repousa o edifício conceitual da física quântica, uma quantidade crucial que revela a estrutura íntima do universo em nível microscópico. Por meio de sua definição e valor, temos acesso a um mundo de possibilidades e maravilhas que nos levam a explorar os limites do conhecimento e a contemplar a beleza e a complexidade da realidade quântica.

Entre a continuidade e a discrição. O coração quantificado das quantidades físicas.

Na física quântica, onde as estruturas microscópicas se entrelaçam em um intrincado mosaico de probabilidades e ondas, surge um enigma que fascina e desafia nossa maneira tradicional de perceber a realidade: a natureza discreta das quantidades físicas. Esse conceito, fundamental para a compreensão da teoria quântica, traz à tona um universo de possibilidades no qual a continuidade do mundo clássico se desfaz diante da natureza quantificada da matéria e da energia.

Para penetrar nas profundezas dessa dicotomia entre continuidade e descontinuidade, temos que começar pelos fundamentos da própria teoria quântica. Entre os pioneiros dessa revolução científica, o físico alemão Max Planck se destacou por sua intuição revolucionária ao introduzir o conceito de quantificação da energia nos sistemas físicos. Sua percepção abriria as portas para uma nova compreensão do universo em nível microscópico.

Outro gigante da física quântica, Niels Bohr, contribuiu significativamente para o desenvolvimento da teoria quântica ao introduzir o conceito de quantificação dos níveis de energia dos átomos, abrindo caminho para o nascimento da mecânica quântica. Por meio de seus experimentos e percepções, Bohr demonstrou que certas quantidades físicas, como a energia dos elétrons em um átomo, só podiam assumir valores discretos, revelando assim um aspecto fundamental da natureza quântica da realidade.

Um dos principais experimentos que destacam a natureza discreta das quantidades físicas é o experimento de dupla fenda. Desde a época de Young, em 1801, observou-se que os fótons e outras partículas subatômicas agem tanto como partículas quanto como ondas, e a distribuição dos fótons na tela após a passagem por duas fendas cria um padrão de interferência que sugere a natureza ondulatória da matéria. No entanto, a observação direta de fótons individuais também demonstra a natureza discreta de sua distribuição nas telas, ressaltando a ambiguidade fundamental da natureza das partículas elementares.

A abordagem quantificada da descrição das quantidades físicas oferece uma nova perspectiva sobre a estrutura íntima do universo, revelando um universo em que a continuidade coexiste com a discrição, em que as medições são quantificadas e os fenômenos se manifestam por meio de um complexo entrelaçamento de probabilidade e determinismo. Nesse cenário fascinante e misterioso, a consciência humana se depara com um profundo enigma: será que nós, os observadores conscientes, estamos moldando a realidade quântica por meio do ato de observação?

Dos átomos às estrelas. O mundo quantificado das quantidades físicas.

Na fascinante estrutura em que se entrelaçam o fim da vida, a consciência quântica e os conceitos essenciais da teoria quântica, é oferecida uma profunda reflexão sobre o mundo quantificado das quantidades físicas, abrangendo tudo, desde átomos cintilantes até estrelas distantes no universo infinito.

Para nos aprofundarmos nesse tópico, precisamos nos situar no cenário da física quântica, que nos apresenta um reino de estranheza e surpresas em que as leis da física clássica parecem se anular. No centro desse paradigma está o conceito de quantização, que nos mostra que as quantidades físicas são discretas, pois são expressas em quantidades discretas de energia, momento e outras propriedades fundamentais da matéria e da luz.

A quantização, que reina suprema no universo microscópico dos átomos e das partículas elementares, também se estende elegantemente ao macrocosmo das estrelas e dos corpos celestes. Essa visão unificadora nos mostra como os mesmos princípios quânticos que governam o comportamento das partículas subatômicas estão em ação nas estrelas que adornam o céu noturno, dando origem a um tecido intrínseco de interconexões que abrange todo o cosmos.

Por meio do estudo de quantidades físicas quantificadas, nos aproximamos de uma compreensão profunda da própria natureza da realidade. Na dança harmoniosa entre as leis da mecânica quântica e os fenômenos observados no reino celestial, descobrimos o fio vermelho que liga o infinitamente pequeno ao infinitamente grande, mostrando-nos a beleza e a complexidade da criação.

Refletir sobre o mundo quantificado das quantidades físicas nos convida a contemplar nossa existência e nosso lugar no universo em uma perspectiva totalmente nova. A ideia de que nós também somos feitos de átomos quantificados, de que estrelas distantes emitem sua luz em quantidades discretas de energia, nos leva a uma visão mais profunda e poética do mundo ao nosso redor.

Pequenos passos, grandes saltos. Como a quantificação revoluciona nossa visão de mundo.

No entrelaçamento entre o fim da vida, a consciência quântica e os conceitos básicos da teoria quântica, um tema emergente crucial é como a quantificação revoluciona nossa visão de mundo. Por meio de pequenos passos e grandes saltos na física quântica, estamos testemunhando uma profunda transformação em nossa compreensão da realidade ao nosso redor.

Para penetrar nesse território fascinante, precisamos nos aprofundar na história da física moderna, que culminou com o nascimento da teoria quântica no início do século XX. Um exemplo fundamental dessa revolução conceitual é o experimento de raios X realizado por Max Planck em 1900. Sua observação da radiação eletromagnética emitida por um corpo aquecido levou-o a formular a hipótese de que a energia eletromagnética não poderia ser emitida continuamente, mas somente em pacotes discretos de energia, chamados quanta.

Esse conceito marcou o início de uma nova era na física, que culminou com a formulação da equação de Schrödinger em 1925 por Erwin Schrödinger e a definição das regras do jogo quântico com a teoria quântica de Max Born, Werner Heisenberg e Niels Bohr. O princípio da incerteza de Heisenberg, que estabelece limites para a precisão com a qual certos pares de quantidades físicas complementares podem ser medidos, estabeleceu a base para a compreensão da natureza ondulatória da matéria e suas implicações quânticas.

Outro marco crucial na história da quantização foi o trabalho de Paul Dirac, que cunhou a teoria do campo quântico em seu esforço para unificar a física quântica com a relatividade especial de Einstein. Sua abordagem matemática revolucionária levou à descoberta da antimatéria e abriu as portas para novas fronteiras do conhecimento científico.

Atualmente, a quantificação continua a perturbar nossas concepções tradicionais da realidade, influenciando campos que vão desde a física de partículas até a computação quântica. A existência de números quantificados em nível atômico e subatômico se reflete em nossas tecnologias modernas, como os computadores quânticos que prometem resolver problemas que, de outra forma, seriam insolúveis com algoritmos clássicos.

Concluindo, por meio dos pequenos passos dados por pioneiros como Planck e Dirac até os grandes saltos conceituais da teoria quântica moderna, percebemos como a quantização revolucionou e continua revolucionando nossa visão do mundo. Essa jornada nos leva a explorar os limites da realidade e a descobrir a beleza e a complexidade de um universo quantificado que se revela passo a passo diante de nossos olhos.

Dualidade onda-partícula.

No campo da física quântica, a observação de objetos quânticos, como elétrons e fótons, revelou um enigma fascinante: a dualidade onda-partícula. Esse fenômeno intrigante, que caracteriza a natureza dos pequenos blocos de construção da matéria e da luz, faz com que eles oscilem entre o comportamento de onda e de corpúsculo, oferecendo-nos um espetáculo de flexibilidade conceitual que desafia nossas intuições fundamentais sobre a realidade física.

Um dos exemplos mais emblemáticos dessa dualidade é o experimento de dupla fenda, um pilar da física quântica que remonta aos experimentos realizados por Thomas Young no final do século XVIII. Aqui, um feixe de luz ou uma partícula subatômica passa por duas fendas adjacentes, gerando um padrão de interferência típico das ondas. Esse comportamento de onda foi observado não apenas com a luz, mas também com elétrons, nêutrons e outras partículas, revelando a natureza dualística dos objetos quânticos.

O aprofundamento da dualidade onda-partícula foi ainda mais influenciado pela formulação da equação de onda por Erwin Schrödinger em 1925. Essa equação forneceu uma descrição matemática da mecânica de ondas da matéria, possibilitando prever a probabilidade de encontrar uma partícula em uma determinada posição ou estado. A formulação de Schrödinger contribuiu significativamente para a compreensão da dualidade e a interpretação da realidade física em nível quântico.

Outro exemplo emblemático da dualidade onda-partícula são os experimentos de difração e interferência de elétrons realizados por Clinton Joseph Davisson e Lester Germer em 1927, que confirmaram inequivocamente o comportamento ondulatório das partículas carregadas. Essa demonstração experimental consolidou a concepção de uma realidade quântica em que a natureza dual dos objetos elementares é uma característica intrínseca e fundamental.

A compreensão da dualidade onda-partícula alimentou debates acalorados e reflexões filosóficas sobre a natureza da realidade e o papel do observador na determinação do comportamento das partículas. A teoria quântica mostrou que os objetos quânticos podem exibir tanto o comportamento de onda quanto o de corpúsculo, dependendo das condições experimentais, enfatizando a importância da abordagem quântica para descrever com precisão os fenômenos físicos no nível microscópico.

Em conclusão, a dança da dualidade onda-partícula em objetos quânticos, como elétrons e fótons, constitui um dos enigmas mais fascinantes da física moderna. Por meio de experimentos e teorias desenvolvidos por mentes brilhantes, como Young, Schrödinger, Davisson e Germer, mergulhamos em um universo de possibilidades e complexidade que desafia e enriquece nossa visão da realidade e da natureza do próprio universo.

A magia da dualidade quântica.

No centro da física quântica está uma dualidade enigmática que desafia as concepções tradicionais da realidade e da matéria: a dualidade onda-partícula. Esse aspecto fundamental do mundo quântico tem capturado a imaginação de cientistas e filósofos há décadas, levando a reflexões profundas sobre a própria natureza do universo e da consciência humana.

essência dessa dualidade é encapsulada no experimento de dupla fenda, um pilar da física quântica que destaca a extraordinária versatilidade da realidade em nível quântico. Quando uma onda ou partícula passa por duas fendas e se dissolve na tela de detecção, o comportamento observado pode variar dependendo de como o experimento é realizado.

Por um lado, observando a luz como uma onda, vemos um padrão de interferência típico das ondas, com franjas claras e barras escuras caracteristicamente sobrepostas. Por outro lado, ao observar a luz como uma partícula, vemos um padrão diferente de distribuição na tela, com partículas discretas que parecem atingir pontos precisos como balas.

Essa dualidade onda-partícula se estende além da luz e envolve todas as entidades quânticas, abrindo as portas para um universo de possibilidades e paradoxos. A magia da dualidade quântica está justamente na capacidade das partículas de manifestar tanto o comportamento de onda quanto o de corpúsculo, dependendo das condições experimentais e do contexto da observação.

Nesse contexto, também surge o papel da consciência humana e do processo de observação na interpretação dos fenômenos quânticos. A teoria quântica coloca o observador no centro da ação, enfatizando como a presença e a interação com o sistema observado podem influenciar diretamente seu comportamento e suas propriedades.

Assim, a consciência quântica se insinua na própria estrutura do universo, oferecendo percepções sobre a natureza da realidade e as interconexões entre a mente e a matéria. Através das lentes da dualidade onda-partícula, somos confrontados com um universo de potencialidades e incertezas, onde a magia da física quântica se entrelaça com os limites de nossa compreensão.

Quando a realidade é dividida entre ondas e partículas.

No microcosmo do mundo quântico, a dualidade onda-partícula lança uma sombra enigmática sobre a própria natureza da realidade. É um conceito que desafia nossas intuições mais profundas, levando-nos ao limite da compreensão e revelando um universo de maravilhosa complexidade. Por meio de experimentos e observações sofisticados, os cientistas tentaram romper o véu desse mistério e desvendar a estranheza que a física quântica nos oferece.

Um dos principais experimentos que destacam a dualidade onda-partícula é o icônico experimento da dupla fenda. Esse experimento, que remonta ao final do século XVIII e foi realizado com grande cuidado e exatidão nas décadas seguintes, demonstrou de forma clara e inequívoca que a luz e a matéria podem se comportar tanto como partículas distintas quanto como ondas interferentes.

Desde então, a dualidade onda-partícula tem sido o foco de vários estudos e experimentos que ampliaram nossa compreensão da física quântica. Estudiosos como Niels Bohr, Erwin Schrödinger e Werner Heisenberg contribuíram significativamente para a interpretação e a formulação teórica da dualidade, avançando em seu estudo e compreensão.

Um fato intrigante diz respeito ao paradoxo do gato de Schrödinger, um experimento de pensamento proposto pelo próprio Schrödinger para ilustrar as estranhezas da mecânica quântica. Nesse cenário, um gato é colocado em uma caixa fechada junto com uma fonte radioativa e um dispositivo que libera um veneno se a fonte for ativada. De acordo com a teoria quântica, o gato está em um estado sobreposto, tanto vivo quanto morto, até ser observado, demonstrando a estranheza da realidade em nível quântico.

Assim, quando a realidade se divide entre ondas e partículas, entramos em um reino de infinitas possibilidades e aparentes contradições que desafiam nossa compreensão do mundo. A dualidade onda-partícula representa a fronteira entre a física clássica e a física quântica, onde a própria realidade se manifesta de maneiras enigmáticas e surpreendentes, convidando-nos a explorar as profundezas da consciência e a abraçar a complexidade do cosmos.

Elétrons e fótons. Viajando entre dois mundos com a dualidade onda-partícula.

No domínio da física quântica, a dualidade onda-partícula se manifesta em toda a sua majestade por meio da exploração de entidades fundamentais, como elétrons e fótons. Essas partículas, que formam o próprio tecido da realidade em nível quântico, mostram-se ambíguas e evasivas, viajando entre dois mundos distintos devido à sua natureza dualística.

Um dos principais experimentos que destacam essa extraordinária dualidade é o experimento da dupla fenda, que fascinou gerações de cientistas e filósofos com seus incríveis resultados. Os elétrons, partículas fundamentais dotadas de massa e carga negativa, quando lançados através de duas fendas, apresentam um comportamento que desafia as concepções tradicionais da matéria.

A luz, representada pelos fótons, apresenta comportamento semelhante quando submetida ao mesmo experimento, revelando sua natureza dual de partícula e onda. Esses pequenos quanta de luz têm sido o foco dos estudos de luminares da física, como Max Planck e Albert Einstein, que contribuíram significativamente para nossa compreensão da natureza da luz e da dualidade onda-partícula.

Outro experimento fundamental envolvendo elétrons é o experimento de difração de elétrons, que demonstrou claramente que os elétrons podem apresentar comportamento semelhante ao de ondas quando interagem com estruturas apropriadas. Esse fenômeno enfatiza ainda mais a natureza ambígua e multidimensional das partículas subatômicas, que podem cruzar a linha tênue entre ondas e partículas com uma facilidade surpreendente.

Nas últimas décadas, a dualidade onda-partícula tem sido objeto de extensa pesquisa por parte de estudiosos como Richard Feynman, que contribuiu significativamente para a formulação da teoria quântica e para nossa compreensão dos fenômenos quânticos. As implicações dessa dualidade vão além da simples física e se estendem à filosofia, à consciência e à natureza do próprio universo.

À medida que os elétrons e os fótons viajam entre dois mundos com a dualidade onda-partícula, somos confrontados com um enigma fascinante que nos convida a explorar os limites da realidade e a contemplar as maravilhas do mundo quântico. Nessa jornada pela dualidade, descobrimos a beleza e a complexidade do universo, onde as partículas se tornam ondas e as ondas se transformam em partículas, revelando um cosmos repleto de mistério e magia.

Através do espelho quântico.

Um dos aspectos mais fascinantes da dualidade onda-partícula é a ideia de que as partículas subatômicas podem apresentar comportamento de onda e de corpúsculo, dependendo das circunstâncias experimentais e de observação. Essa dualidade foi demonstrada em experimentos icônicos, como a fenda dupla, que destacam a flexibilidade e a complexidade das entidades quânticas, como elétrons e fótons.

Um dos pilares da física quântica, Niels Bohr, enfatizou a importância da complementaridade na compreensão da dualidade onda-partícula. De acordo com Bohr, não se pode considerar uma partícula apenas como uma onda ou apenas como uma partícula, mas deve-se aceitar ambas as representações como válidas e complementares, criando assim uma visão mais rica e multifacetada da realidade quântica.

O experimento do gato de Schrödinger, proposto pelo próprio físico Erwin Schrödinger, levanta profundas questões filosóficas sobre a natureza da realidade e da observação. Nesse cenário, um gato é colocado em um estado sobreposto de vida e morte até ser observado, ilustrando de forma provocativa os paradoxos da mecânica quântica e sua relação com a consciência.

Richard Feynman, um dos pais da teoria quântica, enfatizou o papel crucial de nossa percepção e observação na determinação do comportamento das partículas. Sua famosa frase:

> *"Ninguém jamais viu uma partícula: nós só vimos os rastros que elas deixam para trás."*

enfatiza a necessidade de considerar o papel do observador na definição da realidade quântica.

Nesse intrincado labirinto de dualidade e complexidade, surge a questão fundamental da natureza da realidade e da própria consciência. A dualidade onda-partícula nos leva a refletir sobre nosso papel no universo, o significado de nossa existência e a relação entre mente e matéria em um contexto quântico, abrindo caminho para uma nova forma de consciência filosófica.

Por meio do espelho quântico da dualidade onda-partícula, mergulhamos em uma jornada que desafia nossas crenças e nos convida a explorar os limites do conhecimento humano. Nesse mundo além da aparência, as reflexões filosóficas se entrelaçam com a pesquisa científica, criando um espaço fértil para a contemplação e a descoberta de novas verdades sobre a natureza do universo e de nós mesmos.

O experimento de dupla fenda.

Nos anais da física quântica, poucas experiências catalisaram o interesse e a descrença como o experimento da dupla fenda. Esse teste enigmático, que traz à tona a estranheza do mundo quântico, deixou cientistas e filósofos atônitos por gerações, lançando uma sombra de incerteza sobre a própria natureza da realidade.

O experimento de dupla fenda, criado por Thomas Young no final do século XVIII, é um clássico da história da física quântica. Nele, um fluxo de partículas subatômicas, como elétrons, é disparado através de uma barreira com duas fendas, criando assim dois padrões distintos na tela além da barreira. O que torna esse experimento tão extraordinário é o comportamento das partículas. Quando as partículas não são observadas, elas se comportam como ondas, gerando um padrão de interferência; mas quando são observadas ou medidas, elas se comportam como partículas distintas, exibindo um comportamento não ondulatório.

Essa extraordinária dualidade, na qual a realidade pode ser tanto partícula quanto onda, dependendo do fato de ser observada, está no centro do enigma da consciência quântica. Físicos famosos, como Niels Bohr, Werner Heisenberg e Erwin Schrödinger, ajudaram a moldar as interpretações desse fenômeno, enfatizando a importância do papel do observador na determinação do estado da realidade quântica. Como Bohr afirmou:

Não existe fenômeno quântico até que ele seja observado".

O experimento da dupla fenda abriu as portas para profundos debates filosóficos sobre a natureza da realidade, o livre arbítrio e o papel da consciência na criação da própria realidade. Estudos mais recentes complicaram ainda mais a questão. Alguns experimentos demonstraram a influência retroativa da observação no comportamento das partículas subatômicas, desafiando as concepções tradicionais de causa e efeito.

Em uma época em que a ciência e a espiritualidade estão se tocando cada vez mais, o experimento da dupla fenda é um farol de luz nas profundezas escuras da realidade, convidando-nos a refletir sobre o que realmente significa estar consciente em um universo quântico. Conforme exemplificado de forma eloquente pelo paradoxo de Schrödinger e pela Interpretação de Copenhague, a consciência humana parece desempenhar um papel fundamental na determinação da natureza final da matéria, lançando um véu de mistério sobre o que poderíamos realmente saber.

Concluindo, o experimento de dupla fenda continua sendo um dos pilares fundamentais da física quântica e da nossa compreensão da própria realidade. Sua celebridade está em sua simplicidade e elegância conceitual e em sua capacidade de desafiar nossas compreensões convencionais da física, convencendo-nos de que talvez o mundo não seja tão linear e determinista como poderíamos pensar.

Nascimento do experimento de dupla fenda.

O experimento da dupla fenda é um marco na história da física quântica, que fascinou gerações de cientistas e deixou os filósofos perplexos com suas profundas implicações sobre a natureza da realidade. Esse teste fascinante, que despertou curiosidade e debate acalorado, tem raízes antigas e uma história incrível por trás.

O criador original desse experimento revolucionário foi o luminar científico Thomas Young, uma figura importante do século XIX. Young, nascido em 1773, foi um estudioso multifacetado que contribuiu significativamente para os campos da física, fisiologia e linguística. Sua mente eclética e inquisitiva o levou a explorar os caminhos menos percorridos na ciência, levando-o à descoberta de fenômenos extraordinários, como a interferência de ondas de luz.

Em 1801, Young projetou um experimento inovador para demonstrar a natureza ondulatória da luz, que mais tarde se tornaria o experimento da fenda dupla. Sua ideia engenhosa envolvia a passagem da luz por duas fendas estreitas, criando um padrão de interferência em uma tela sensível colocada além das fendas. Esse teste revelou de forma clara e inequívoca que a luz se comportava como uma onda, refutando assim as teorias predominantes da época que a consideravam um fluxo de partículas.

A motivação por trás da concepção de Young do experimento de dupla fenda era dupla. Em primeiro lugar, ele queria refutar a teoria corpuscular da luz proposta por Isaac Newton, que afirmava que a luz consistia em partículas. Em segundo lugar, Young queria provar que a luz possuía uma natureza ondulatória, abrindo assim o caminho para a nova física ondulatória que revolucionaria o pensamento científico.

Em essência, o experimento inicial de Young confirmou uma hipótese previsível, portanto, nada de extraordinário.

No entanto, o legado de Young na física é inegável, pois seu experimento não apenas estabeleceu a base para a teoria ondulatória da luz, mas também para a compreensão da natureza quântica da realidade. Ao longo dos séculos, sua percepção e determinação em explorar os limites do conhecimento científico inspiraram e orientaram gerações inteiras de físicos, ajudando a moldar a maneira como vemos o mundo.

Em última análise, o experimento da fenda dupla não só representa um momento crucial na história da ciência, mas também incorpora a perseverança e o gênio de um homem cuja visão ousada iluminou os cantos mais escuros do universo. Young, com sua busca inabalável pela verdade e pelo conhecimento, deu à humanidade uma ferramenta poderosa para investigar os mistérios da consciência quântica e da própria realidade, deixando uma marca indelével na história da ciência moderna.

O experimento de Young foi repetido de maneira cada vez mais avançada ao longo do tempo, acompanhando a evolução da técnica, até que os resultados foram absolutamente surpreendentes.

A execução do experimento de dupla fenda nos tempos modernos.

Os primeiros estudos sobre fendas duplas datam do século XVIII, quando o físico Thomas Young realizou um experimento para demonstrar a natureza ondulatória da luz. Young passou a luz por duas fendas e observou um padrão de interferência na tela além da própria fenda. Esse fenômeno sugeriu que a luz se comportava como uma onda, curvando-se e interferindo em si mesma.

O avanço na compreensão da dualidade onda-partícula ocorreu no século XX com o advento da física quântica. Em 1927, o experimento de dupla fenda foi realizado com elétrons por Clinton Davisson e Lester Germer, confirmando que as partículas subatômicas também apresentavam comportamento de onda. Esse resultado chocante abriu caminho para uma nova visão da realidade, na qual as partículas não podiam mais ser consideradas como entidades distintas e separadas, mas como entidades que se comportam tanto como ondas quanto como partículas, dependendo das condições experimentais e dos atos de medição.

As partículas foram lançadas em direção a uma barreira com uma única fenda aberta. Depois de atravessá-la, as partículas cortariam um ponto na tela traseira, demonstrando um comportamento de partícula, semelhante ao de um projétil. Mas se as partículas fossem lançadas em uma barreira com duas fendas abertas, as partículas atravessariam ambas as fendas, desenhando padrões de interferência na tela traseira, demonstrando que ambas as barreiras haviam sido atravessadas.

Nas últimas décadas, o experimento de dupla fenda foi mais refinado e ampliado. Graças à tecnologia moderna, os físicos realizaram estudos cada vez mais sofisticados para explorar os limites da teoria quântica. Um experimento significativo foi realizado em 1998 por Anton Zeilinger e sua equipe, que demonstraram a natureza probabilística do comportamento das partículas em um experimento de interferência quântica com fótons únicos.

Na próxima evolução do experimento, um único fóton foi lançado em direção à barreira. Bem, esse *único* fóton provou ser capaz de passar pelas *duas* fendas simultaneamente, desenhando o padrão de interferência na tela traseira. Isso acontece normalmente em experimentos semelhantes. Ou seja, um único fóton é capaz de estar em dois lugares ao mesmo tempo, ou seja, nas duas fendas. Depois de passar pelas fendas, o fóton interfere em si mesmo e grava o padrão de interferência na tela.

Desenvolvimentos incríveis no experimento de dupla fenda.

A revelação da capacidade do fóton de passar por ambas as fendas levou os pesquisadores a investigar o experimento mais a fundo.

Decidiu-se colocar um detector em uma fenda para verificar se o fóton realmente passou por ela.

Ao lançar um único fóton novamente em direção às duas fendas (uma monitorada e a outra não), o fóton passou apenas pela fenda monitorada. Isso foi comprovado pelo fato de que o fóton atingiu um ponto na tela traseira naquela fenda, como uma bala teria feito. .

Ao mover o detector para a outra fenda, o fóton só passaria por essa fenda.

Ao eliminar o detector, o fóton voltou a passar por ambas as fendas, gerando ondas de interferência.

Esse é certamente um dos experimentos mais realizados e mais intrigantes no campo da física quântica.

Alguém poderia dizer que a partícula única possui propriedades milagrosas e é capaz de prever com antecedência:

- quantas rachaduras ele encontrará em seu caminho,
- se as rachaduras são monitoradas,
- quais rachaduras serão monitoradas.

Mas a observação mais surpreendente é outra: o observador, ao colocar, mover ou remover o detector, pode determinar o comportamento da partícula. Esse aspecto, descrito abaixo, é chamado de "função do observador" e implica que a vontade, ou melhor, a consciência do observador pode influenciar o comportamento da matéria.

Compreensivelmente, a fenda dupla continua a representar uma encruzilhada entre a ciência e a filosofia, pois levanta questões fundamentais sobre a natureza da realidade e o papel do observador em sua criação. Há estudiosos, como o físico teórico John Wheeler, que argumentam que, sem o observador consciente, não haveria uma realidade definida, apenas um mar de possibilidades quânticas.

Concluindo, o experimento da dupla fenda continua sendo um pilar da física quântica, uma janela enigmática para a natureza da realidade. Por meio de seu desempenho e interpretação nos tempos modernos, o que surge é um mundo de incerteza e potencial, no qual as distinções entre matéria e onda, entre observador e observado, se confundem em uma intrincada rede de possibilidades.

Os dogmas da física clássica sendo desafiados pelo experimento de dupla fenda.

No campo da física quântica, o experimento de dupla fenda surgiu como um pilar fundamental capaz de desafiar os dogmas da física clássica. Esse experimento, que envolve o comportamento de fótons ou outras partículas subatômicas quando passam por duas fendas separadas, abriu as portas para um novo mundo de compreensão científica que desafia as noções tradicionais da realidade.

Um dos conceitos mais intrigantes que surgiram do experimento de dupla fenda é a dualidade onda-partícula. Esse princípio sustenta que as entidades quânticas, como os fótons, podem se comportar como ondas ou como partículas, dependendo das condições experimentais.

Outra consequência do experimento de dupla fenda é o paradoxo da medição. De acordo com a física quântica, a mera observação de uma partícula pode influenciar seu estado, levando à superposição quântica. Esse conceito, enfatizado por Schrödinger em seu famoso Pensamento do Gato, destaca o papel crucial do observador na determinação da realidade.

O efeito fundamental observado no experimento de dupla fenda é a formação de padrões de interferência quando os fótons passam pelas duas fendas. Esse fenômeno, descrito pela primeira vez por Thomas Young e posteriormente estudado em detalhes por Feynman, indica que as partículas se comportam como se estivessem passando pelas duas fendas ao mesmo tempo, mostrando um comportamento que não é intuitivo em comparação com a física clássica.

Concluindo, o experimento da dupla fenda abala os fundamentos da física clássica, destacando a necessidade de um novo paradigma para entender completamente o mundo quântico. Estudiosos como Max Planck, Niels Bohr, Werner Heisenberg e Richard Feynman contribuíram significativamente para a nossa compreensão desses fenômenos aparentemente contraditórios.

O experimento da dupla fenda continua a intrigar e desafiar a comunidade científica, apresentando questões fundamentais sobre a natureza da realidade e nossa percepção dela. Por meio de sua complexidade e ambiguidade, esse experimento estabelece as bases para uma nova era de conhecimento, na qual os limites entre matéria e consciência, entre a física clássica e a quântica, tornam-se cada vez mais tênues.

Por fim, o experimentador de um fenômeno quântico nunca pode se considerar "externo" ao fenômeno, como pode fazer um agente de trânsito que mede a velocidade de um veículo. É óbvio que esse medidor não tem influência sobre a velocidade que está medindo. Por outro lado, qualquer medidor (observador) de um fenômeno quântico afeta o próprio fenômeno: isso significa que o observador é sempre uma parte indivisível do fenômeno que ele observa.

Implicações científicas do experimento de dupla fenda.

O experimento de dupla fenda é um marco na física quântica que tem implicações científicas profundas e revolucionárias. Esse experimento, que examina o comportamento de partículas subatômicas através de duas fendas, destaca várias consequências que desafiam os fundamentos da nossa compreensão da realidade quântica.

Uma implicação imediata do experimento da dupla fenda é a falta de determinismo no mundo quântico. A incerteza introduzida pela mecânica quântica, claramente ilustrada por esse experimento, desafia nossa concepção tradicional de uma realidade predeterminada. A famosa frase de Einstein, "*Deus não joga dados com o universo*", reflete sua resistência a essa interpretação probabilística da física quântica.

Outra implicação importante é a função do observador na determinação da realidade. O experimento da dupla fenda mostra que o ato de observar um fenômeno quântico pode influenciar seu comportamento, levando ao desaparecimento da superposição quântica, ou seja, ao "colapso quântico". Esse conceito, enfatizado por pensadores como Schrödinger e von Neumann, levanta questões profundas sobre a natureza da consciência e sua relação com a realidade física.

O experimento de dupla fenda leva a ciência a uma compreensão mais profunda da realidade, exigindo uma nova abordagem da física que possa integrar esses fenômenos aparentemente contraditórios. Acadêmicos como John Wheeler, Eugene Wigner e David Bohm contribuíram para a discussão sobre a consciência quântica e suas diversas implicações.

Por meio do experimento da dupla fenda, somos forçados a reconsiderar a própria natureza da realidade. A ideia de que as partículas podem existir em vários estados simultaneamente e que o ato de observação pode influenciar seu comportamento levanta questões epistemológicas fundamentais sobre a natureza do conhecimento e da percepção humana.

Em conclusão, o experimento da dupla fenda tem implicações científicas que vão além da própria física, tocando o cerne de nossa compreensão da realidade e da consciência. Por meio da exploração de conceitos como a dualidade onda-partícula, o papel do observador e a falta de determinismo, surgem novas perspectivas que desafiam nossos entendimentos estabelecidos.

Subjacente à dualidade onda-partícula está uma profunda questão filosófica: o que significa ser ao mesmo tempo onda e partícula? Esse enigma inspirou pensadores como Niels Bohr e Werner Heisenberg a refletir sobre a natureza fundamental da realidade e a relação entre o mundo subatômico e o nosso mundo macroscópico. Niels Bohr declarou:

> *"Qualquer pessoa que não fique chocada com a física quântica não a entendeu."*

Essa frase enfatiza a necessidade de aceitar a incerteza e a ambiguidade em nossa compreensão do mundo.

Outro aspecto crucial da dualidade onda-partícula é a função do observador na determinação do comportamento da partícula. A interpretação de Copenhague de Bohr e Heisenberg enfatiza como a escolha do observador de medir uma partícula como uma onda ou como uma partícula influencia diretamente seu estado. Isso questiona a natureza objetiva da realidade e levanta questões sobre a própria base do conhecimento.

Ao enfrentar o mistério da dualidade onda-partícula, somos confrontados com os limites da racionalidade humana e o inevitável confronto com a irracionalidade da matéria quântica. Isso nos leva a reconsiderar nossa relação com o mundo natural e a questionar a própria natureza da realidade e da existência.

A dualidade onda-partícula, fundamentada no experimento da dupla fenda, nos convida a explorar as profundezas do mistério quântico e a superar as limitações de nossa compreensão convencional do mundo. Por meio da integração de perspectivas científicas, filosóficas e espirituais, podemos nos aproximar de uma visão mais holística da realidade que abrange a interconexão da mente, da matéria e da consciência.

Há muitas interpretações da física quântica.

As interpretações da física quântica são diferentes perspectivas ou modelos conceituais que tentam explicar o significado e as implicações dos resultados experimentais da física quântica. Embora a teoria quântica seja extremamente poderosa e precisa na descrição do mundo no nível subatômico, sua interpretação continua sendo um tópico de discussão e debate entre físicos e filósofos da ciência.

Há muitas razões pelas quais existem várias interpretações da física quântica:

Complexidade do fenômeno quântico.
A física quântica apresenta conceitos e fenômenos, como a dualidade onda-partícula, a superposição quântica e o emaranhamento quântico, que desafiam nossa intuição e compreensão da realidade. Essa complexidade leva a diferentes interpretações para tentar dar sentido a esses fenômenos.

Diferentes interpretações filosóficas.
As interpretações da física quântica geralmente refletem as crenças filosóficas de físicos e filósofos da ciência. As diferenças nas abordagens epistemológicas e ontológicas podem levar a divergências nas interpretações da teoria quântica.

Debates sobre a função do observador.
A função do observador na interpretação dos resultados quânticos é um ponto importante de controvérsia. Algumas interpretações atribuem uma função ativa à consciência na evolução do sistema quântico, enquanto outras preferem uma abordagem mais objetiva.

Inúmeros paradoxos.
A física quântica é repleta de paradoxos e situações aparentemente contraditórias. Interpretações diferentes geralmente tentam resolver esses paradoxos de maneiras diferentes, o que leva à coexistência de vários pontos de vista.

Algumas das interpretações mais conhecidas da física quântica incluem a interpretação de Copenhague, a teoria dos muitos mundos, a interpretação da onda piloto, a interpretação da decoerência e outras. Cada uma dessas interpretações oferece uma maneira única de ver o mundo quântico e aprofundar nossa compreensão da realidade em um nível mais profundo.

Em última análise, a presença de múltiplas interpretações na física quântica atesta a complexidade e a profundidade da teoria e alimenta uma rica discussão que continua a impulsionar a pesquisa científica e filosófica em busca de respostas mais completas sobre a natureza do mundo. Neste livro, refiro-me à interpretação mais popular, a interpretação de Copenhague.

A interpretação de Copenhague

A Interpretação de Copenhague, desenvolvida principalmente por Niels Bohr e Werner Heisenberg, é um dos pilares da física quântica em sua tentativa de explicar o comportamento das partículas subatômicas, especialmente por meio do experimento de dupla fenda. Essa interpretação oferece uma perspectiva única sobre a natureza fundamental da realidade e suas interações com o observador.

A interpretação de Copenhague baseia-se em vários conceitos importantes, incluindo o princípio da complementaridade de Bohr e o princípio da incerteza de Heisenberg. Esses princípios enfatizam a ideia de que certas quantidades físicas, como a posição e o momento de uma partícula, não podem ser medidas simultaneamente com precisão infinita, o que leva à necessidade de uma compreensão não determinística da realidade quântica.

Um aspecto central da interpretação de Copenhague é a função crucial do observador na determinação do estado de uma partícula. De acordo com essa abordagem, uma partícula existe em um estado de superposição de possíveis estados físicos até ser observada, momento em que o potencial é reduzido a uma única configuração. Esse conceito, reiterado por Bohr em vários escritos e discussões com outros estudiosos, enfatiza a importância da consciência na interpretação da realidade quântica.

Um dos pontos mais debatidos da interpretação de Copenhague é o paradoxo do ato de medir. De acordo com Heisenberg, o simples ato de medir uma quantidade quântica afeta a própria quantidade, introduzindo uma incerteza que é intrínseca à natureza quântica das partículas. Esse conceito, expresso na famosa relação de incerteza de Heisenberg, tem implicações profundas para a nossa compreensão da precisão e da causalidade no mundo subatômico.

A interpretação de Copenhague influenciou significativamente o desenvolvimento da física quântica e gerou debates frutíferos sobre a natureza da realidade e a validade de uma abordagem probabilística da ciência. Alguns estudiosos, como Einstein, Podolsky e Rosen, levantaram objeções à visão probabilística proposta pela Escola de Copenhague, enfatizando a necessidade de uma compreensão mais completa e determinística da realidade quântica.

A Interpretação de Copenhague representa uma peça fundamental no mosaico da física quântica, oferecendo uma lente por meio da qual é possível explorar o mundo subatômico e as interações entre a matéria e o observador. Por meio de uma compreensão mais profunda dessa abordagem, podemos refinar nossa visão da realidade e o papel crucial da consciência na formulação da verdade científica.

A função do observador.

Na física quântica, um dos aspectos mais debatidos é a função central do observador na determinação da realidade quântica. Esse conceito, fundamental para a nossa compreensão da natureza da consciência e do mundo subatômico, levanta questões profundas sobre a relação entre o processo de observação e a manifestação da realidade. Vamos descobrir juntos o intrincado vínculo que existe entre o observador e a realidade quântica.

Um dos aspectos mais significativos da influência do observador na física quântica é destacado pela dualidade onda-partícula. O comportamento das partículas subatômicas como ondas ou partículas depende do ato de observação, destacando o papel decisivo que a consciência desempenha na definição da natureza de uma partícula. Esse fenômeno, explorado por físicos como Niels Bohr e Werner Heisenberg, enfatiza a interação íntima entre o observador e a realidade quântica.

O observador, com sua consciência e sua capacidade de perceber e medir, torna-se um elemento fundamental na criação da realidade quântica. O paradoxo do observador consciente se manifesta quando se considera o fato de que o ato de observar uma partícula pode determinar seu estado e localização, sugerindo uma profunda interconexão entre sujeito e objeto, entre mente e matéria. Essa interação complexa destaca o poder transformador da consciência na realidade quântica.

Na teoria quântica, as partículas podem existir em um estado de superposição de vários estados até serem observadas, momento em que o sistema entra em colapso em um estado definido. Esse fenômeno, conhecido como a "evanescência da função de onda" ou "colapso quântico", destaca a delicadeza do vínculo entre o observador e a realidade quântica, em que o ato de observar determina a manifestação de um único resultado de uma infinidade de possibilidades.

A intrincada ligação entre o observador e a realidade quântica levanta profundas questões filosóficas sobre a natureza da consciência, da percepção e do livre arbítrio. Refletir sobre a interação entre a mente humana e a própria estrutura da realidade quântica nos leva a uma compreensão mais ampla de nosso papel no universo e da importância da consciência na formação de nossa experiência do mundo.

Concluindo, o intrincado vínculo entre o observador e a realidade quântica nos convida a explorar as profundezas da consciência e da criação da realidade. Por meio da consciência de nossa influência sobre a natureza da realidade quântica, podemos assumir um papel ativo na exploração e compreensão dos mistérios que se encontram nas profundezas do universo quântico.

Por meio de uma síntese de ciência e filosofia, podemos abraçar a interconexão da consciência, da observação e da realidade quântica, abrindo-nos para as maravilhas e os desafios de um universo cada vez mais complexo e fascinante.

O observador como o arquiteto da realidade quântica.

Afirmar que o observador atua como um criador da realidade pode parecer audacioso, mas os fundamentos da teoria quântica levam a essa conclusão surpreendente. Vamos explorar juntos essa perspectiva convincente que coloca a consciência no centro da criação da realidade quântica.

Um dos pilares da teoria quântica é a dualidade onda-partícula, que enfatiza o comportamento ambíguo das partículas subatômicas na presença de observação. O ato de observar uma partícula pode fazer com que ela se comporte como uma onda ou como uma partícula, enfatizando o papel crucial do observador na definição do estado da partícula. Estudiosos como Niels Bohr e Max Planck contribuíram para a formulação dessa perspectiva revolucionária.

Em nenhum outro lugar a importância do observador na física quântica é mais evidente do que no experimento de dupla fenda. Quando um único fóton se comporta tanto como uma onda quanto como uma partícula, dependendo da observação, surge a pergunta fundamental: que realidade se manifesta sem um observador? Esse enigma destaca o efeito determinante da observação no resultado experimental, sugerindo que o observador contribui ativamente para a criação da realidade quântica.

A teoria dos muitos mundos, proposta por Hugh Everett, sugere que cada decisão ou observação divergente cria uma ramificação do universo, gerando uma multiplicidade de realidades alternativas. Esse conceito amplia a noção de que o observador não apenas interpreta a realidade, mas a cocria por meio de suas ações e escolhas, expandindo a própria definição da realidade em que vive.

A noção de que o observador é um arquiteto da realidade quântica levanta questões fundamentais sobre a natureza da consciência, do livre arbítrio e de nossa relação com o universo. Se a consciência humana pode influenciar diretamente a manifestação da realidade, que implicações isso tem sobre o significado de nossa existência e nossa capacidade de moldar o mundo ao nosso redor?

A ideia de que o observador é um arquiteto da realidade quântica nos leva a uma nova compreensão da relação entre a mente e a matéria, entre a consciência e o universo. Por meio da consciência de nossa capacidade de influenciar e moldar a dinâmica sutil do mundo quântico, podemos assumir um papel ativo na cocriação da realidade ao nosso redor, abrindo a porta para uma visão mais ampla e profunda de nosso lugar no universo.

Os limites indistintos entre o observador e o observado na física quântica.

No labirinto conceitual da física quântica, a fronteira entre o observador e o observado se dissolve em uma dança intrigante que desafia os fundamentos de nossa compreensão da realidade. Nessa exploração dos limites indistintos entre o observador e o que é observado, mergulhamos em um universo rico em implicações filosóficas e científicas que revelam a profundidade da conexão entre a consciência e o mundo quântico.

A superposição quântica, um fenômeno fundamental da física quântica, enfatiza que as partículas podem existir simultaneamente em vários estados até serem observadas, momento em que um único resultado se manifesta. Isso implica que o ato de observação não apenas revela a realidade, mas contribui ativamente para sua definição, sugerindo que o limite entre o observador e o observado é permeável e interconectado. Estudiosos como Erwin Schrödinger e John Bell contribuíram para a compreensão desse fenômeno surpreendente.

Nenhum experimento incorpora melhor o entrelaçamento entre o observador e o observado do que a fenda dupla. Quando um único fóton passa por duas fendas separadas, ele se comporta tanto como uma onda quanto como uma partícula, dependendo da observação. Esse paradoxo desafia a própria realidade, revelando que o ato de observar não é neutro, mas ativo, pois molda o destino das partículas subatômicas. Os estudos de Niels Bohr e Richard Feynman ajudaram a esclarecer essa intrincada interação.

O paradoxo do observador consciente destaca o papel crucial da consciência na determinação da realidade. O observador não é apenas um espectador passivo, mas um participante ativo na criação e interpretação da realidade quântica. Isso leva a uma reflexão sobre a natureza da própria consciência e seu impacto na percepção do mundo. Os trabalhos de Werner Heisenberg e Eugene Wigner influenciaram a compreensão desse enigma.

Ao contemplar os limites indistintos entre observador e observado na física quântica, surgem questões filosóficas fundamentais sobre a natureza da realidade, do conhecimento e da existência. A conexão entre consciência e matéria é revelada como uma ponte entre mundos aparentemente separados, oferecendo percepções sobre uma visão mais ampla de nosso relacionamento com o universo e com nós mesmos.

Nessa jornada além do olhar, abordamos os limites indistintos entre observador e observado na física quântica, reconhecendo a profundidade de nossa conexão com o mundo quântico. Por meio do filtro da consciência, a realidade se manifesta e evolui, revelando um universo de maravilhas e mistérios que nos leva a explorar as interações íntimas entre a mente, a matéria e o universo.

Reflexões sobre o papel da consciência no ato de observar.

Por meio de uma lente filosófica, exploramos as implicações da existência e da consciência no ato de observar e a natureza da realidade que emerge desse entrelaçamento entre observador e observado.

A dualidade onda-partícula, um dos pilares da física quântica, demonstra que as partículas podem se comportar como ondas ou como partículas, dependendo da observação. Esse fenômeno intrigante lança luz sobre a relação íntima entre o ato de observação e a manifestação da realidade.

O experimento de dupla fenda revela como o comportamento das partículas subatômicas muda radicalmente na presença do observador. A capacidade da observação de influenciar a realidade quântica levanta questões profundas sobre a natureza da consciência e seu impacto na criação da realidade. O papel fundamental do observador na determinação do resultado experimental envolveu mentes brilhantes como Werner Heisenberg e Richard Feynman.

A física quântica desafia as distinções tradicionais entre sujeito e objeto, mente e matéria. As implicações filosóficas dessa teoria nos levam a refletir sobre a natureza da realidade e do próprio conhecimento. A noção de que o observador pode moldar ativamente a realidade revela o potencial transcendental da consciência na criação do universo.

A ideia de que o observador tem um papel transcendental na física quântica nos convida a reconsiderar nossa percepção da realidade e nossa própria existência. A consciência não é mais vista como um espectador passivo, mas como uma força criativa que participa ativamente da construção da realidade. Esse novo paradigma nos incita a explorar as profundezas da consciência e a adotar uma visão mais ampla e integrada da natureza da realidade.

Nesta exploração das implicações filosóficas da física quântica e do papel transcendental do observador, nos aproximamos do limiar de uma compreensão mais profunda da consciência e da realidade. Pelo prisma da física quântica, descobrimos um universo fascinante no qual a consciência não apenas observa, mas constrói ativamente a própria estrutura da existência.

Ondas potenciais e realidade fixa. O conflito entre mente e matéria na física quântica.

A superposição quântica, um conceito fundamental da física quântica, sugere que as partículas subatômicas podem existir simultaneamente em vários estados até serem observadas. Esse estado de superposição representa uma onda de potencial, uma flutuação entre várias realidades possíveis, destacando a natureza fluida e probabilística da realidade quântica. Físicos como Erwin Schrödinger e Hugh Everett III contribuíram para a compreensão desse fenômeno revolucionário.

O colapso da função de onda representa a transição da superposição quântica para uma realidade coerente e definida. Esse evento marca o momento em que a onda potencial (onda probabilística) se transforma em realidade física, criando uma realidade fixa e observável. O conflito entre a natureza indefinida da onda potencial e a concretude da realidade física levanta questões fundamentais sobre a transição da possibilidade para a certeza.

O famoso experimento do gato de Schrödinger representa de forma tangível o paradoxo entre as ondas potenciais e a realidade fixa. Nesse experimento hipotético, um gato está em um estado superposto de vida e morte até ser observado, momento em que a onda potencial entra em colapso em uma realidade fixa. Esse paradigma provoca uma profunda reflexão sobre o papel do observador e a dualidade entre possibilidade e certeza.

O conflito entre ondas de potencial e realidade fixa nos leva a explorar a complexa relação entre mente e matéria. Essa dicotomia questiona a natureza da experiência humana e a percepção da realidade, trazendo à tona o papel central da consciência no processo de observação e criação da realidade. Esse debate envolveu pensadores como

Werner Heisenberg e David Bohm, que contribuíram para uma visão mais ampla do universo quântico.

Nessa exploração das ondas de potencial e realidade estabelecidas na física quântica, somos confrontados com o coração pulsante de um universo incerto e mutável. O conflito entre mente e matéria, entre possibilidade e certeza, nos convida a refletir sobre o poder e a complexidade da consciência no entrelaçamento dos mundos sutis e manifestos. Por meio dessa busca, podemos nos aproximar da própria essência do cosmos, entre as ondas de potencial que nos cercam e as realidades que tomam forma sob nosso olhar atento.

Princípio da superposição (superposição).

O princípio da superposição, um dos conceitos mais surpreendentes da física quântica, desafia nossa compreensão tradicional da realidade. De acordo com esse princípio, um sistema quântico pode existir simultaneamente em vários estados, desde que nenhuma medição seja feita para determinar um estado específico. Esse recurso peculiar abre as portas para um mundo de possibilidades e complexidade que nos leva a examinar mais de perto a natureza da consciência e da própria realidade.

Erwin Schrödinger, um dos fundadores da física quântica, ilustrou o conceito de superposição com o famoso experimento do "gato de Schrödinger". Nesse cenário hipotético, um gato está em um estado superposto de vida e morte simultaneamente até ser observado. Esse experimento fictício simboliza de forma clara e provocativa a natureza extraordinária da superposição quântica.

De acordo com a interpretação de Copenhague de Niels Bohr, é o ato de observação que determina qual estado do sistema quântico é manifestado. Até que seja observado, o sistema existe em um estado de possibilidade sobreposto. Esse conceito enfatiza a função crucial do observador na definição da realidade quântica, destacando o vínculo íntimo entre consciência e manifestação.

O princípio da superposição levanta questões filosóficas profundas sobre a natureza da realidade, a percepção do conhecimento e a natureza da própria existência. A possibilidade de que um sistema possa existir simultaneamente em vários estados abre as portas para uma visão mais ampla e complexa da realidade que desafia nossas intuições convencionais sobre concretude e definição.

Em conclusão, o princípio da superposição na consciência quântica nos catapulta para um universo de maravilha e mistério, onde a realidade se manifesta como uma rede de possibilidades e potencialidades. Esse princípio revela o poder transformador da consciência na evolução e na criação da realidade, abrindo a porta para uma visão mais profunda da complexidade e da incerteza que permeiam o mundo quântico.

No coração do desconhecido. A dança da probabilidade na mecânica quântica.

A mecânica quântica, um campo fascinante e complexo da física, nos apresenta um mundo em que as partículas elementares, como elétrons e fótons, se comportam de maneiras que desafiam nossas intuições clássicas. Um dos aspectos mais intrigantes e debatidos dessa teoria é o princípio da superposição, que traz consigo a ideia sugestiva de que uma partícula pode existir em vários estados simultaneamente até que seja medida.

O conceito de superposição foi introduzido por um dos fundadores da mecânica quântica, Erwin Schrödinger, em 1935, por meio do famoso experimento do gato de Schrödinger. De acordo com a mecânica quântica, até que a caixa seja aberta, o gato existe simultaneamente vivo e morto. Essa é uma superposição de estados, uma verdadeira peculiaridade do mundo quântico....

Um dos pilares em que se baseia nossa compreensão da superposição e da dança das probabilidades na mecânica quântica é o experimento de dupla fenda. Esse experimento clássico envolve a passagem de partículas por duas fendas para criar um padrão de interferência, que só pode ser explicado considerando-se a superposição dos estados das partículas envolvidas.

A interpretação do significado da superposição tem sido objeto de debates acalorados entre os físicos quânticos ao longo dos anos. Por um lado, encontramos a escola de pensamento de Copenhague, na qual Werner Heisenberg e Niels Bohr argumentaram que a superposição simplesmente representa nossa ignorância dos verdadeiros estados quânticos antes da medição. Por outro lado, temos a visão de interpretações mais alternativas, como a decoerência quântica, proposta por Wojciech Zurek e Hans Dieter Zeh, que sugere que a interação com o ambiente leva à rápida perda da superposição.

Um exemplo eloquente da sutileza da superposição pode ser encontrado no experimento do interferômetro Fabry-Pérot realizado em 1899, que demonstrou a complexidade dos fenômenos relacionados à interação de partículas com instrumentos de medição.

Em última análise, a consciência quântica nos oferece um vislumbre privilegiado de um universo de probabilidades, superposições e incertezas, que desafia nossas concepções clássicas da realidade. Esse mundo incerto e vibrante, no qual as partículas dançam em um espaço de possibilidades, permanece no centro de um dos maiores desafios intelectuais e filosóficos da ciência contemporânea.

Além da realidade objetiva. A revolução da probabilidade quântica.

A mecânica quântica representa um campo fascinante da física que revolucionou nossa concepção da realidade, apresentando-nos conceitos surpreendentes, como a superposição quântica. Esse princípio, que afirma que uma partícula pode existir simultaneamente em vários estados até que seja observada, desafia nossas crenças mais profundas sobre a natureza fundamental do mundo ao nosso redor.

A revolução da probabilidade quântica levantou profundas questões filosóficas sobre a natureza da realidade e a relação entre o observador e o mundo observado. Na escola de pensamento de Copenhague, defendida por físicos como Werner Heisenberg e Niels Bohr, argumenta-se que a superposição simplesmente representa nossa incerteza e ignorância sobre os verdadeiros estados quânticos antes da medição, derrubando assim o conceito de realidade objetiva no qual a física clássica se baseava.

Outras contribuições para a compreensão da superposição e da probabilidade quântica vieram de estudiosos como Hugh Everett III, que, em 1957, propôs a interpretação de muitos mundos, argumentando que todos os resultados possíveis de uma medição quântica ocorrem em um universo paralelo. Essa visão radical da realidade ampliou ainda mais o debate sobre a natureza da existência e da consciência dentro do contexto quântico.

Navegar além da realidade objetiva e mergulhar na revolução da probabilidade quântica é abraçar um universo de flutuações, incertezas e possibilidades que transcendem os limites de nossa concepção tradicional da realidade. É uma jornada que nos impulsiona a explorar não apenas o mundo físico, mas também o papel intrínseco da consciência na formação de nossa compreensão da verdade fundamental subjacente ao universo ao nosso redor.

Funções de onda e destino incerto. A natureza probabilística da realidade quântica.

A função de onda é uma entidade matemática que descreve o estado quântico de um sistema e carrega consigo a natureza incerta e probabilística da realidade que nos cerca.

Uma função de onda representa a probabilidade de encontrar uma partícula em uma determinada posição no espaço e no tempo. Essa representação matemática foi introduzida por Erwin Schrödinger em 1926 por meio da equação que leva seu nome e, desde então, tornou-se uma ferramenta essencial para a descrição de sistemas quânticos.

Um dos fenômenos mais conhecidos que destacam a natureza probabilística da realidade quântica é o experimento da dupla fenda. Outro experimento crucial que confirma a importância das funções de onda na descrição quântica é o experimento do átomo de Bohm. Proposto por David Bohm em 1952, esse experimento mostrou que a função de onda de uma partícula pode influenciar significativamente seu comportamento, confirmando assim a profunda conexão entre a descrição matemática e a realidade física.

Esse experimento representa uma importante contribuição para nossa compreensão da natureza quântica da realidade. David Bohm, um físico teórico nascido nos Estados Unidos, é conhecido por seu trabalho no campo da física quântica e por suas ideias sobre a natureza do universo e da consciência.

O experimento do átomo de Bohm foi projetado para demonstrar o efeito da função de onda quântica na dinâmica dos átomos. Bohm propôs um experimento mental no qual observadores independentes são colocados em dois caminhos diferentes: um observa a trajetória dos átomos, enquanto o outro monitora a função de onda dos átomos.

A ideia central de Bohm era que a presença de observadores independentes poderia demonstrar como a função de onda dos átomos realmente influenciava seu comportamento.

Embora o experimento do átomo de Bohm seja um experimento mental, ele tem o mérito de destacar a importância das funções de onda na mecânica quântica e sugerir que elas não são apenas ferramentas matemáticas, mas elementos que têm um impacto real nos fenômenos físicos observados.

A abordagem de Bohm em relação à física quântica foi muitas vezes vista como uma contraproposta à visão predominante da interpretação de Copenhague, pois ele defendia a ideia de que existe uma realidade objetiva que é independente do observador e que o papel das funções de onda seria crucial para se chegar a uma descrição precisa dos fenômenos quânticos.

Em suma, o experimento com o átomo de Bohm representa um marco significativo na busca pela natureza probabilística da realidade quântica, incitando profundas reflexões sobre a relação entre a matemática e a física e sobre a própria natureza do universo que nos cerca.

A natureza probabilística da realidade quântica representa um desafio fundamental para nossa visão determinística do mundo. O princípio da superposição, combinado com a presença de funções de onda, nos incita a abraçar uma visão em que o destino incerto e as múltiplas possibilidades se entrelaçam em um balé de probabilidades e potencialidades ilimitadas.

Estudos recentes no campo da consciência quântica e das funções de onda levaram a teorias e hipóteses cada vez mais fascinantes, como a interpretação de muitos mundos proposta por Hugh Everett III, que sugere a existência de universos paralelos nos quais todos os resultados quânticos possíveis se manifestam. Essas percepções levam a humanidade a explorar os limites do conhecimento e a confrontar a vastidão e a complexidade da realidade quântica.

As fronteiras da existência vistas através da superposição de estados...

A mecânica quântica, com seu princípio fundamental de superposição, abre as portas para uma visão da realidade que vai além da mera existência, introduzindo-nos em um campo de investigação que atinge as próprias fronteiras dos seres humanos e do universo ao nosso redor. Por meio da superposição de estados, entramos em um reino de potencialidades e probabilidades que desafiam nossos entendimentos convencionais sobre a natureza das coisas e da consciência.

Um dos aspectos mais intrigantes da superposição de estados é sua capacidade de oferecer uma visão privilegiada da própria natureza da realidade. Na física quântica, uma partícula pode existir simultaneamente em vários estados, uma superposição que nos convida a refletir sobre a natureza multidimensional do universo e de nossa própria existência.

O experimento de dupla fenda é uma ilustração eloquente de como a superposição de estados abre a porta para novos entendimentos sobre a natureza da realidade. Quando as partículas atravessam duas fendas e ocorre um padrão de interferência, somos confrontados com um fenômeno que revela a complexidade e a riqueza das situações que regem o reino quântico.

Além da mera existência física, a superposição de estados nos leva a explorar as profundezas da consciência humana. Estudiosos como Max Planck e Albert Einstein sugeriram que a própria realidade poderia ser, de alguma forma, moldada pela consciência, abrindo caminho para uma perspectiva na qual nossa percepção e consciência desempenham um papel fundamental na formação do mundo ao nosso redor.

A visão da realidade oferecida pela superposição de estados nos convida a considerar o ser humano não apenas como um observador passivo do mundo, mas como um participante ativo na criação da própria realidade. Essa perspectiva radical nos leva a explorar as fronteiras do ser e a questionar nossas certezas sobre o significado da existência e da consciência.

Mas então o que é uma partícula antes de ser medida?

O que é uma partícula antes de ser medida? Essa pergunta nos leva a explorar as profundezas da realidade quântica e a confrontar conceitos fundamentais, como o princípio da superposição, que desafia nossas concepções mais arraigadas sobre a própria natureza do universo.

Antes de uma partícula ser medida, ela existe em um estado de superposição, ou seja, em uma combinação linear de diferentes estados quânticos. Esse conceito fundamental, introduzido por pioneiros como Erwin Schrödinger e Werner Heisenberg, significa que a partícula pode estar simultaneamente em várias posições, em vários estados de spin ou em diferentes configurações de propriedades físicas, até que seja observada ou medida.

Uma das implicações mais revolucionárias da superposição de estados é que, até que uma partícula seja observada ou interaja com seus arredores, ela não existe em um estado definido, mas pode abranger uma multiplicidade de possibilidades. Esse cenário sugestivo traz à mente a antiga questão filosófica: se uma árvore cai em uma floresta e ninguém está lá para ouvi-la, ela faz algum som?

Experimentos icônicos, como o experimento de dupla fenda, oferecem uma janela privilegiada para a realidade quântica antes da observação. Nesse experimento, quando uma partícula passa por duas fendas, seu comportamento é governado pela superposição de seus estados. Esse fenômeno leva a um padrão de interferência que é revelado na placa de detecção, demonstrando a natureza probabilística e ondulatória das partículas antes que uma medição seja feita.

Estudos extensivos realizados por físicos e filósofos levaram a diferentes teorias e interpretações sobre a natureza da realidade quântica não observada. Alguns teóricos afirmam que uma partícula existe em uma superposição de estados até que seja medida, enquanto outros postulam a existência de realidades latentes subjacentes que determinam o comportamento da partícula mesmo antes da observação.

Em última análise, a pergunta sobre o que é uma partícula antes de ser medida não tem resposta, ou melhor, a resposta é: não sabemos. Isso nos leva a refletir sobre a relação entre observador e observado, o papel da consciência na criação da realidade e o significado mais profundo da natureza da matéria e do universo.

O conceito de localidade e não-localidade.

No centro da teoria quântica, a comparação entre o conceito de localidade, conforme definido pela física clássica, e a não-localidade quântica lança luz sobre um enigma intrigante que revela as profundas diferenças entre duas visões de mundo aparentemente irreconciliáveis. Esse debate é de importância crucial no contexto do fim da vida e da consciência quântica, pois destaca as nuances sutis do universo que escapam à nossa percepção comum.

A localidade é um princípio fundamental da física clássica, formulado de forma eloquente por Albert Einstein. De acordo com essa concepção, todo evento físico só é influenciado por causas que "agem diretamente sobre ele" no mesmo ponto no espaço e no tempo. Esse princípio de separação espacial e temporal das interações físicas formou a base de nossa compreensão do mundo durante séculos.

Entretanto, a física quântica desafia radicalmente esse princípio ao introduzir o conceito de não-localidade. A não-localidade quântica sugere que as partículas subatômicas, como os elétrons, podem ser instantaneamente correlacionadas, independentemente da distância espacial entre elas. Esse fenômeno, conhecido como "emaranhamento quântico", tem sido objeto de intensa pesquisa e experimentação no campo da física quântica.

Um dos experimentos que contribuiu significativamente para a compreensão da não-localidade foi o experimento Aspect, realizado por Alain Aspect em 1982. Nesse experimento, um par de fótons correlacionados foi enviado a distâncias consideráveis um do outro. A observação do estado de um fóton influenciou instantaneamente o estado do outro, confirmando a presença de correlações não locais entre as partículas.

A não-localidade quântica representa uma ruptura radical com a visão determinística e local da realidade oferecida pela física clássica. Essa característica do mundo quântico desafia nossas intuições mais profundas sobre a natureza da realidade e levanta questões fundamentais sobre o conceito de espaço e tempo e a natureza da própria consciência.

A comparação entre a localidade de Einstein e a não-localidade quântica oferece um vislumbre privilegiado das contradições e maravilhas que permeiam a própria estrutura do universo. Por meio das mentes brilhantes de pioneiros como Einstein, Aspect e outros estudiosos que exploraram os limites da física quântica, somos confrontados com uma encruzilhada conceitual que convida a uma reflexão profunda sobre as dimensões ocultas da existência.

Nessa jornada pela complexidade do conceito de localidade e não-localidade, nós nos aventuramos no reino da física quântica, onde as regras da realidade comum são desafiadas e reescritas. Esse diálogo entre duas visões de mundo aparentemente opostas nos leva a explorar a conexão entre o fim da vida, a consciência e os profundos mistérios que permeiam a própria estrutura do universo.

O conceito de localidade na física clássica.

O campo da física clássica, que é a base de nossa compreensão do mundo físico há séculos, tem se baseado firmemente no princípio do localismo. Esse princípio afirma que os eventos e as interações em nosso universo são limitados por fronteiras espaciais definidas e que as ações de um objeto só têm impacto em seu entorno imediato, sem influência em distâncias consideráveis.

Um dos pilares da física clássica que apóia o conceito de localismo é a teoria da relatividade de Albert Einstein. Einstein, com suas equações de campo revolucionárias, como as equações de Maxwell, forneceu uma estrutura matemática sólida para descrever as forças e interações entre objetos em nosso universo. A teoria da relatividade reforça o conceito de localismo ao estabelecer limites para a velocidade da luz, que atuam como "fronteiras" além das quais as influências de um evento não podem se propagar instantaneamente.

Outro exemplo importante que enfatiza o localismo na física clássica é o experimento da dupla fenda. Esse experimento, realizado por Thomas Young no século XIX, demonstrou de forma convincente o comportamento ondulatório da luz, mas o resultado pode ser interpretado no contexto do localismo. A observação de fótons individuais passando pelas duas fendas era compatível com a ideia de que cada fóton agia como uma partícula localizada com um caminho bem definido.

Entretanto, com o avanço da física quântica no século XX, a visão localista da física clássica foi posta à prova. O fenômeno do entrelaçamento quântico, descrito por Erwin Schrödinger em 1935, é um dos principais conceitos que lançam luz sobre a não localidade no mundo das partículas subatômicas. O entrelaçamento implica uma correlação instantânea entre as propriedades de duas partículas, independentemente da distância que as separa, desafiando assim o princípio do localismo.

O famoso debate entre Einstein e Niels Bohr sobre a natureza probabilística da mecânica quântica aprofundou ainda mais a questão da localidade versus não-localidade. Einstein, com sua famosa declaração "*Deus não joga dados*", procurou defender uma interpretação determinista e localista do mundo físico, enquanto Bohr defendeu a validade de uma visão não localista do universo em nível quântico.

Em conclusão, o conceito de localismo na física clássica forneceu uma base sólida para a compreensão do nosso mundo físico, mas com o advento da física quântica e seus fenômenos aparentemente não locais, tornou-se necessário reconsiderar e desafiar essa base. A pesquisa e a discussão sobre localidade e não-localidade continuam a ser uma área de grande interesse e debate na comunidade científica, lançando luz sobre um dos enigmas mais fascinantes da natureza do nosso universo.

"Localidade": o pilar da física clássica. "Não-localidade": o mistério quântico.

A comparação entre localidade e não-localidade é um tópico de debate que está enraizado nos próprios fundamentos de nossa compreensão do mundo físico. A física clássica sempre defendeu o conceito de localismo, com suas leis determinísticas e a ideia de que os eventos são limitados no espaço. Em contrapartida, a física quântica trouxe à tona fenômenos misteriosos que desafiam essa visão, abrindo novas perspectivas sobre a natureza da realidade.

O conceito de localidade tem sido o pilar sobre o qual a física clássica tem se baseado há séculos. Galileu Galilei, no século XVII, com seus estudos sobre aceleração gravitacional, ajudou a definir as leis do movimento que regem o comportamento dos objetos no espaço tridimensional, confirmando a ideia de que as ações de um objeto são limitadas por sua posição no espaço e que a interação só ocorre com os objetos ao redor.

O trabalho de Isaac Newton, com sua imortal lei da gravitação universal, solidificou ainda mais o conceito de localidade na física clássica. As equações de Newton, que descrevem com precisão o movimento de corpos celestes e terrestres, são um exemplo eloquente de como a visão localista tornou possível prever e explicar fenômenos físicos com grande precisão em um contexto determinístico.

Entretanto, com o advento da física quântica no século XX, o cenário científico foi abalado por revelações sobre a não-localidade, trazendo à tona um mistério que desafia os fundamentos de nossa compreensão do mundo. O experimento de Bell, realizado por John Bell em 1964, demonstrou inequivocamente que as partículas subatômicas podem ser correlacionadas de forma não local, ou seja, com uma interconexão instantânea que transcende as distâncias espaciais.

As contribuições de físicos quânticos como Niels Bohr, Werner Heisenberg e Erwin Schrödinger ampliaram ainda mais nossa compreensão da não-localidade e do dualismo onda-partícula que caracterizam o mundo quântico. O princípio da incerteza de Heisenberg e o princípio da superposição quântica enfatizam a natureza probabilística e não determinística dos fenômenos no nível subatômico, desafiando a concepção localista da realidade.

Em conclusão, o confronto entre localidade e não-localidade representa um dos desafios mais profundos e estimulantes para a física contemporânea. Enquanto a física clássica abordava o mundo a partir de uma perspectiva estritamente localista e determinista, a física quântica abriu as portas para uma arena de fenômenos aparentemente paradoxais e misteriosos que nos convidam a reinterpretar nossa visão do mundo e da própria realidade. Esse debate em evolução continua a inspirar e intrigar as mentes de pesquisadores e curiosos que questionam a natureza definitiva da consciência e do universo ao nosso redor.

Emaranhamento e paradoxos. O cerne da divergência entre os mundos clássico e quântico.

Para entender completamente o entrelaçamento, precisamos voltar no tempo até o início da física quântica. Foi em 1935 que Albert Einstein, juntamente com Boris Podolsky e Nathan Rosen, publicou um artigo questionando os pilares da mecânica quântica. No artigo, é apresentado um experimento mental que mostra uma incrível correlação entre duas partículas que, depois de interagirem, parecem manter uma conexão instantânea que desafia o conceito de localidade espaço-temporal. O objetivo do artigo é demonstrar a impossibilidade dessa teoria e, consequentemente, da teoria quântica. O experimento proposto ficou conhecido como o "Paradoxo EPR" como um acrônimo para os nomes dos proponentes.

Em vez disso, um experimento icônico que provou o entrelaçamento foi o proposto em 1964 por John Bell e realizado por Alain Aspect em 1982. O famoso teorema de Bell estabeleceu a base para a verificação experimental da não-localidade dos fenômenos quânticos. Por meio de uma série de medições em pares de partículas emaranhadas, foi possível mostrar que as correlações quânticas não podem ser explicadas por nenhuma teoria local, revelando assim um dos aspectos mais intrigantes da realidade quântica.

Entretanto, o conceito de emaranhamento não se limita ao mundo das partículas elementares: ele também se estendeu à biologia quântica, levantando questões profundas sobre a natureza da consciência. O biólogo teórico Stuart Hameroff, em colaboração com o físico Sir Roger Penrose, levantou a hipótese de que os microtúbulos dentro das células cerebrais podem desempenhar um papel fundamental no surgimento da consciência por meio de fenômenos de emaranhamento quântico.

Nesse cenário visionário, a consciência humana torna-se uma intrincada rede de conexões quânticas que se estendem até o nível subatômico, desafiando as concepções tradicionais de separação e distância. O filósofo alemão Arthur Schopenhauer, se estivesse vivo hoje, encontraria no labirinto quântico uma confirmação de sua visão do universo como uma manifestação de uma única e mesma realidade indivisível.

Em conclusão, o emaranhamento quântico e os paradoxos da não-localidade representam uma fronteira fascinante na ciência e na filosofia. Por meio de experimentos surpreendentes, pioneiros como Niels Bohr, Erwin Schrödinger e Werner Heisenberg lançaram as bases para a compreensão de um universo no qual a separação entre entidades se dissolve em um emaranhamento quântico que abrange toda a realidade.

Separados, mas unidos: não-localidade quântica.

No labirinto da física quântica, a não-localidade surge como uma das perguntas mais desafiadoras e contraintuitivas que questionam o próprio conceito de espaço e separação. A não-localidade quântica, juntamente com o conceito de emaranhamento, constitui um pilar fundamental que desafia nossas intuições mais arraigadas sobre a realidade e a consciência.

Para entender completamente a não-localidade quântica, precisamos dar um salto no tempo até os experimentos pioneiros realizados no século XX. Um dos principais experimentos que destacaram a não-localidade foram os estudos realizados por Alain Aspect na década de 1980. Usando sistemas de pares de partículas emaranhadas, Aspect demonstrou que as correlações quânticas entre as partículas não podiam ser explicadas por teorias locais, confirmando assim a presença de uma conexão íntima além do espaço e do tempo.

A contribuição de físicos teóricos, como David Bohm, não pode ser subestimada nessa discussão. Bohm propôs uma visão do universo em que a não-localidade é intrínseca ao próprio tecido da realidade, sugerindo que cada parte do universo está conectada a todas as outras partes de uma forma profunda e misteriosa que transcende a distância espacial.

As teorias da Interpretação de Copenhague de Niels Bohr e Werner Heisenberg também levantaram questões cruciais sobre a natureza da não-localidade. A ideia de que uma partícula pode influenciar instantaneamente outra, mesmo quando colocada a distâncias enormes, levou as mentes mais brilhantes da área a reconsiderar os próprios fundamentos da física moderna.

Em um mundo onde a separação aparece como uma ilusão traçada por nossa percepção limitada, a não-localidade quântica confronta o olhar humano com um enigma que escapa à compreensão racional. Por meio de "conexões" quânticas que atravessam o universo, somos confrontados com a percepção de uma realidade na qual estamos separados, mas, ao mesmo tempo, unidos em uma rede inquebrável de conexões invisíveis.

Nesse contexto extraordinário, a não-localidade quântica nos convida a reconsiderar a própria natureza da realidade, abrindo as portas para novas fronteiras de conhecimento e consciência. Por meio do véu escuro da não-localidade, a física quântica nos lembra que, embora possamos estar distantes no espaço, nossas existências estão interligadas em um padrão maior e mais misterioso, unificando tudo o que existe em uma dança íntima de interconexão.

Localidade e não-localidade. O confronto histórico entre Einstein e a física quântica.

Na física do século XX, um confronto importante animou o debate entre o gênio incontestável Albert Einstein e as novas teorias da física quântica: o confronto entre localidade e não-localidade. Esse duelo intelectual acendeu as chamas de uma controvérsia que testemunhou a ruptura entre as visões de mundo clássica e quântica, dando origem a um dos capítulos mais fascinantes da história da ciência.

O campo de batalha nesse confronto era a natureza do próprio universo: Einstein, com sua teoria da relatividade, defendia a ideia de uma realidade determinística governada por leis físicas que respeitavam a noção de localidade espaço-temporal. Por outro lado, a física quântica, com seus enigmas intrigantes e a não-localidade quântica, oferecia um retrato de um universo governado por leis probabilísticas e conexões intrínsecas além do espaço e do tempo.

Um dos principais experimentos que trouxeram à tona a questão da não-localidade foi o proposto por Einstein, Podolsky e Rosen no famoso artigo de 1935 conhecido como "Paradoxo EPR". Nesse artigo, os três cientistas destacaram uma aparente conexão instantânea entre partículas emaranhadas, apontando como isso desafiava a noção de separação espaço-tempo e questionava os fundamentos da física clássica.

Outros experimentos cruciais que exploraram a questão da não localidade incluem a pesquisa realizada por John Bell na década de 1960, que culminou em seu teorema que testou a validade das teorias locais em relação aos fenômenos quânticos. A violação das desigualdades de Bell por experimentos reais confirmou que os fenômenos quânticos não podem ser explicados por teorias que respeitam a localidade, abrindo caminho para um panorama de conexões insuspeitadas no espaço e no tempo.

O debate entre Einstein e os fundadores da física quântica, como Niels Bohr, Werner Heisenberg e Erwin Schrödinger, catalisou uma intensa reflexão sobre a natureza da realidade física e nossa percepção dela. As ideias contrastantes de Einstein e dos físicos quânticos delinearam uma linha tênue entre dois mundos conceituais, destacando o profundo abismo que separa a visão determinística e local de Einstein da visão probabilística e não local da mecânica quântica.

Nesse fascinante duelo de ideias e conceitos, o desafio entre a localidade e a não-localidade provou ser um marco na história do pensamento científico, levando-nos a reconsiderar nossas crenças mais arraigadas sobre a natureza da realidade e da consciência humana. Enquanto Einstein e a física quântica continuam conversando ao longo dos séculos, o confronto entre localidade e não-localidade continua sendo um dos maiores enigmas da humanidade a ser resolvido, prometendo revelar novas percepções sobre a natureza essencial do universo ao nosso redor.

Indeterminação de Heisenberg.

Esse princípio, formulado pelo famoso físico alemão Werner Heisenberg em 1927, é um dos pilares fundamentais da teoria quântica e revela uma realidade surpreendente: não podemos conhecer simultaneamente e com precisão a posição e o momento de uma partícula.

Heisenberg, uma das principais figuras da física do século XX, realizou essa pesquisa revolucionária em mecânica quântica, lançando as bases para uma visão de mundo em que a ambiguidade e a incerteza reinam supremas em nível microscópico. Por meio do uso de formalismos matemáticos complexos e da análise detalhada de experimentos, Heisenberg demonstrou que há um limite intrínseco para a precisão com a qual podemos medir as quantidades físicas de uma partícula elementar.

Em um famoso experimento mental envolvendo a medição simultânea da posição e do momento de um elétron, Heisenberg apontou que qualquer tentativa de precisão na medição de uma dessas quantidades leva inevitavelmente a um aumento da incerteza na outra. Esse fenômeno, conhecido como princípio da incerteza, desafia nosso senso comum que espera um conhecimento preciso e definitivo da realidade física ao nosso redor.

Os paradoxos e as implicações filosóficas da indeterminação de Heisenberg alimentaram debates acalorados entre cientistas e filósofos durante décadas. Alguns estudiosos, como Niels Bohr e Max Born, argumentam que a indeterminação é uma característica intrínseca da natureza quântica da realidade e que devemos aceitá-la como parte da estrutura da física moderna.

Outros, como Albert Einstein, ficaram profundamente perturbados com a aparente aleatoriedade e incerteza inerentes à mecânica quântica, chegando ao ponto de exclamar a famosa frase "*Deus não joga dados com o universo*".

No entanto, as inúmeras confirmações experimentais da indeterminação de Heisenberg por meio de experimentos como a difração de elétrons e a espectroscopia atômica consolidaram seu status como um dos princípios fundamentais da natureza...

Atualmente, a indeterminação de Heisenberg continua a estimular a pesquisa científica e a abrir novas perspectivas sobre a natureza da realidade. Suas implicações vão muito além da própria física, lançando luz sobre questões mais profundas relacionadas ao papel do observador na determinação da realidade e à natureza da própria consciência.

Em uma época em que as fronteiras entre a ciência e a espiritualidade parecem cada vez mais tênues, a consciência quântica e a indeterminação de Heisenberg nos apresentam um enigma convincente. Podemos nos perguntar: até que ponto nosso mundo é determinado pelas leis da física clássica e até que ponto ele é moldado por nossa própria percepção e consciência?

Assim, ao explorarmos as profundezas do universo quântico, devemos reconhecer que a indeterminação de Heisenberg não é apenas um enigma científico a ser resolvido, mas também um convite à reflexão sobre a própria natureza da realidade e de nossa existência.

Concluindo, a indeterminação de Heisenberg representa um dos estágios mais significativos da jornada humana rumo à compreensão do mundo quântico, uma jornada que nos leva a reconsiderar nossas concepções mais arraigadas sobre a natureza da realidade e da própria consciência. Nesse diálogo constante entre mente e matéria, entre observador e observado, somos chamados a explorar novas fronteiras do conhecimento e a abraçar a incerteza como parte integrante da beleza e da complexidade do universo ao nosso redor.

Dançando na indeterminação. O mistério do princípio de Heisenberg.

Esse pilar fundamental da teoria quântica, enunciado por Werner Heisenberg em 1927, nos oferece uma visão fascinante e profunda da própria natureza da realidade, uma jornada que nos convida a dançar entre as nuances da incerteza.

Heisenberg, uma das principais figuras da física do século XX, abordou o mistério da natureza em nível microscópico com um espírito de exploração ousado. Em seus estudos de mecânica quântica, ele percebeu que, ao contrário da previsão da física clássica, não podemos saber simultaneamente com precisão absoluta a posição e o momento de uma partícula elementar. Esse conceito, manifestado como o princípio da incerteza, revela um mundo vibrante de ambiguidade e interconexão sutil entre as quantidades físicas.

Examinando as implicações desse princípio, nos deparamos com uma intrincada dança entre partículas subatômicas, em que nossa própria observação afeta o comportamento das menores entidades do universo. A história conta que, em uma famosa reunião entre Heisenberg e seu colega Niels Bohr em Copenhague, em 1927, as mentes brilhantes dos dois físicos entraram em conflito sobre esses conceitos aparentemente paradoxais. Bohr, um ardente defensor da interpretação quântica probabilística, argumentou que a indeterminação é inerente à própria natureza das partículas, enquanto Heisenberg, com sua precisão alemã, tentou minar os fundamentos dessa visão com sua matemática afiada.

O inesquecível experimento de pensamento da colisão entre uma partícula e um fóton, que Heisenberg usou para ilustrar o princípio da incerteza, nos leva a questionar o limite entre o que podemos saber e o que permanece não resolvido no universo quântico. A difração de elétrons por uma fenda dupla, o experimento que lançou luz sobre a natureza ondulatória da matéria, é outro marco que confirma a essência elusiva das partículas elementares.

Mas o mistério da indeterminação de Heisenberg vai além das páginas dos livros didáticos de física e dos laboratórios dos cientistas. O contexto mais amplo da consciência humana e da própria realidade está entrelaçado com esse princípio, apresentando profundas questões existenciais sobre a natureza de nossa percepção e nosso papel no universo.

Em uma época em que a física quântica e a espiritualidade estão se fundindo em um diálogo frutífero, 'Dance in Indeterminacy' nos convida a reconsiderar o próprio conceito de realidade e conhecimento. Talvez, nesse vasto cenário de incerteza, esteja a beleza e a profundidade do universo, um convite para contemplar o mistério com humildade e admiração.

Então, enquanto dançamos na indeterminação de Heisenberg, vamos nos encantar com a música misteriosa do universo quântico, onde a realidade se revela e se esconde em um jogo intrincado de ambiguidade e maravilha.

Entre posição e velocidade. A impossibilidade de conhecimento absoluto.

No fascinante domínio da física quântica, um dos conceitos mais relevantes e intrigantes é a impossibilidade de conhecer a posição absoluta e o momento (velocidade) de uma partícula ao mesmo tempo, conforme estabelecido pelo famoso princípio da incerteza de Heisenberg. Esse pilar fundamental da teoria quântica revela um universo de nuances e desafios à nossa compreensão tradicional da realidade.

O princípio da incerteza afirma que, quanto mais preciso for nosso conhecimento da posição de uma partícula, mais incertas se tornam as informações sobre seu momento, e vice-versa. Esse conceito abala os fundamentos da física clássica, que se baseia em uma visão determinística e precisa da realidade.

Para entender completamente essa dicotomia entre posição e momento, podemos refletir sobre um experimento emblemático, como a fenda dupla, que destaca a natureza ondulatória da matéria. Nesse contexto, a incerteza de Heisenberg se manifesta com todo o seu poder, forçando-nos a reconsiderar nosso senso intuitivo de precisão e determinismo.

O debate em torno dessas questões envolveu mentes brilhantes da física quântica, como Niels Bohr, que argumentou que a indeterminação é parte integrante da realidade quântica e que devemos aceitá-la como parte da própria estrutura do universo. Por outro lado, cientistas ilustres, como Albert Einstein, entraram em conflito com a aparente aleatoriedade e imprevisibilidade do princípio de Heisenberg, destacando as tensões entre a mecânica quântica e o senso comum.

Além disso, o papel do observador na determinação da realidade assumiu uma importância crucial nesse contexto. Os experimentos sobre a ação do observador e sua influência no comportamento das partículas enfatizam a complexidade da relação entre o observado e o observador, abrindo novas portas para a natureza da própria consciência.

O observador torna-se parte integrante do experimento, influenciando o próprio resultado com seu ato de observação. Essa combinação de sujeito e objeto abre as portas para uma nova maneira de entender a relação entre a mente e o mundo exterior.

À luz de tudo isso, entramos no reino da incerteza com humildade e admiração, cientes de que a própria física revela seus limites quando se trata de explorar as profundezas do universo quântico. O salto da incerteza nos convida a explorar novas perspectivas sobre a natureza da realidade, o papel da consciência e a dança encantada das partículas elementares, suspensas entre a posição e o momento, entre o conhecido e o desconhecido.

Probabilidade quântica. A função de onda.

Imagine procurar um amigo e perguntar onde encontrá-lo. A física clássica responderia: ele está na praça Mazzini, no Sports Bar, sentado do lado de fora, na terceira mesa à direita, na cadeira mais ao norte. A física clássica responderia: ele está na Piazza Mazzini, no Sports Bar, sentado do lado de fora, na terceira mesa à direita, a cadeira mais ao norte. A física quântica, por outro lado, responderia: ele provavelmente está na Piazza Mazzini.

Como a indeterminação de Heisenberg nos impede de fixar a partícula em um local preciso, podemos apenas imaginar onde é mais provável que a partícula esteja. É nesse ponto que a função de onda vem em nosso auxílio. Essa é uma ferramenta matemática que descreve a probabilidade de encontrar uma partícula em uma determinada posição ou estado.

No reino mágico da física quântica, surge um conceito fundamental que forma a força vital dessa disciplina fascinante: a função de onda. Essa ferramenta matemática revolucionária, usada na mecânica quântica, nos dá uma visão profunda e penetrante da probabilidade de encontrar uma partícula em uma determinada posição ou estado, revelando os segredos mais íntimos do universo subatômico.

A função de onda é a pedra angular da mecânica quântica, um formalismo matemático que descreve o comportamento das partículas em nível microscópico de forma probabilística. Introduzida em 1925 por Erwin Schrödinger com a famosa equação que leva seu nome, ela representa um salto ousado além das concepções clássicas da física, em que a realidade não é determinada com precisão, mas por meio de uma superposição de estados possíveis.

Por meio da função de onda, não podemos mais descrever a trajetória definida de uma partícula, mas sim a probabilidade de encontrá-la em uma determinada posição ou estado. Esse conceito revolucionário foi desenvolvido por personalidades como Niels Bohr e Werner Heisenberg na interpretação de Copenhague da mecânica quântica, que enfatizava o caráter probabilístico e indeterminista do mundo subatômico.

Um experimento paradigmático que destaca a importância da função de onda é o experimento de duas fendas. Quando um feixe de partículas passa por duas fendas, observa-se um padrão de interferência que só pode ser totalmente explicado pela descrição probabilística fornecida pela função de onda. Esse fenômeno intrigante destaca a natureza ondulatória das partículas e a complexidade da realidade quântica.

O papel da função de onda como ferramenta de previsão foi confirmado por vários experimentos durante o século XX, incluindo espectroscopia atômica e difração de elétrons, que produziram resultados experimentais de acordo com as previsões da mecânica quântica. Esses sucessos experimentais reforçaram a validade e a importância da função de onda como a base de nossa compreensão da realidade quântica.

Em última análise, a função de onda se apresenta como a ponte entre a realidade observada e a probabilidade oculta da física quântica, oferecendo-nos um vislumbre privilegiado do mundo sutil das partículas elementares.

Ondas de probabilidade, ou seja, universo de possibilidades...

A função de onda é uma entidade matemática incrível, fundamental para a descrição probabilística da realidade quântica, abrindo a porta para um universo de possibilidades e probabilidades, tecendo o próprio tecido da consciência quântica.

A função de onda representa o coração pulsante da mecânica quântica, uma teoria que desafia os cânones da física clássica ao introduzir conceitos que revelam uma realidade misteriosa e vibrante. Em 1925, Erwin Schrödinger formulou a equação que leva seu nome, uma equação que descreve a evolução temporal de uma partícula por meio de sua função de onda, abrindo uma janela para a delicadeza e a complexidade da realidade quântica.

Por meio da função de onda, entramos em um universo de probabilidade e superposição de estados, onde a posição e o estado das partículas são definidos não com certeza, mas com uma sombra de incerteza que revela a própria natureza da realidade subatômica. Esse conceito revolucionário moldou os fundamentos da interpretação de Copenhague da mecânica quântica, levando estudiosos como Niels Bohr e Werner Heisenberg a reconsiderar radicalmente a natureza do universo.

As aplicações práticas da função de onda foram confirmadas por uma série de experimentos e observações ao longo do século XX, que demonstraram a validade e a eficácia dessa ferramenta de previsão na descrição de fenômenos em nível atômico e subatômico. O experimento de difração de elétrons e a espectroscopia atômica são apenas dois dos exemplos que consolidaram a função de onda como fundamental para nossa compreensão da realidade quântica.

Em conclusão, ao mergulharmos nas ondas de probabilidade e no universo de possibilidades oferecido pela função de onda, nos deparamos com um mundo extraordinário de maravilha e complexidade, onde a realidade é revelada em sua forma mais íntima e misteriosa. Explorar a teoria quântica por meio das lentes da função de onda significa confrontar a variedade infinita de possibilidades que o universo oferece, abrindo horizontes novos e inexplorados sobre a natureza da própria existência.

Entre sonhos e realidade. A perspectiva probabilística da mecânica quântica.

Na fascinante dança entre sonhos e realidade, a física quântica e a física clássica se confrontam com perspectivas divergentes que revelam a complexidade intrínseca do universo. No centro desse conflito conceitual está a oposição entre a perspectiva probabilística da mecânica quântica, baseada na função de onda, e a perspectiva localista da física clássica, baseada em leis determinísticas e definidas.

A função de onda, um bastião da mecânica quântica, é apresentada como uma ferramenta matemática que descreve a probabilidade de encontrar uma partícula em uma determinada posição ou estado. Essa forma de descrição probabilística do mundo subatômico contrasta com a visão localista da física clássica, que propõe que a posição e o estado de uma partícula podem ser previstos com certeza a qualquer momento, de acordo com as concepções deterministas do mundo físico.

A equação de Schrödinger, formulada em 1925 por Erwin Schrödinger, é a base da descrição probabilística da realidade quântica. Por meio dessa equação, a função de onda evolui ao longo do tempo de acordo com regras precisas que delineiam um mapa de probabilidade que só se manifesta no momento da observação. Essa abordagem probabilística abre a porta para universos de possibilidades nos quais a determinação absoluta se dissolve no reino da probabilidade.

De outra perspectiva, a física clássica, com suas leis determinísticas e localistas, há muito tempo domina o cenário científico, oferecendo uma visão de mundo baseada em uma certeza aparentemente inatacável. No entanto, o advento da mecânica quântica desafiou essa base, revelando um fino tecido de probabilidade e incerteza que permeia a realidade subatômica.

O experimento de duas fendas, no qual as partículas subatômicas exibem um comportamento de interferência que somente a descrição probabilística da função de onda pode explicar, demonstra claramente a divergência entre as duas perspectivas. Enquanto a física clássica se esforça para entender o mundo por meio de uma visão de determinismo absoluto, a mecânica quântica nos convida a contemplar a realidade em um caos indeterminável de possibilidades em constante mudança.

Nesse cenário de conflito conceitual entre sonhos e realidade, entre probabilidade e determinismo, nos encontramos em uma encruzilhada epistemológica que nos leva a explorar as profundezas do universo e da própria consciência. Enquanto a função de onda nos leva ao labirinto da incerteza, a perspectiva localista nos oferece uma ancoragem na certeza ilusória da física clássica.

Assim, em meio a sonhos de probabilidade e realidade determinística, mergulhamos em uma jornada sem fim pelos limites da compreensão humana, explorando os paradoxos e as contradições que definem o coração pulsante da física quântica e nossa percepção do universo.

A alquimia do improvável. Funções de onda e destino incerto na consciência quântica.

Na intrincada textura da física quântica, vislumbramos uma característica distintiva que revela a beleza e a complexidade do universo: o uso de funções de onda para descrever o mundo sutil da probabilidade quântica. Esse elemento fundamental da mecânica quântica nos apresenta a um reino em que o improvável dança em uníssono com o incerto, revelando a alquimia da imprevisibilidade que caracteriza a realidade quântica.

As funções de onda, ferramentas matemáticas usadas para explorar a probabilidade de encontrar uma partícula em uma determinada posição ou estado, são as chaves mágicas para abrir as portas do reino quântico. Introduzidas com maestria por figuras ilustres como Erwin Schrödinger em 1925, essas funções de onda representam a base sobre a qual repousa nossa compreensão da realidade subatômica, um mundo no qual a imprevisibilidade e a incerteza dançam ao lado do improvável.

Por meio do uso de funções de onda, entramos em um território intrincado no qual o destino de uma partícula não é predeterminado, mas evolui em uma orquestração probabilística de estados possíveis. Essa perspectiva contrasta fortemente com a visão determinista da física clássica, na qual cada evento é a causa de um efeito preciso, delineando um quadro no qual a alquimia do improvável está entrelaçada com a dança incerta do cosmos.

O experimento de duas fendas, um excelente exemplo da interferência de partículas subatômicas, ilustra claramente o efeito das funções de onda na realidade quântica. Somente por meio da abordagem probabilística fornecida pelas funções de onda é que podemos explicar o complexo padrão de interferência que surge quando as partículas atravessam as fendas, enfatizando a natureza elusiva e mutável da realidade quântica.

A divergência entre a perspectiva probabilística oferecida pelas funções de onda e a visão determinística da física clássica alimentou discussões acaloradas entre cientistas de renome mundial, como Niels Bohr e Albert Einstein, durante o século XX. Enquanto Bohr defendia a validade da abordagem probabilística da mecânica quântica, Einstein permanecia cético em relação à visão indeterminista oferecida pelas funções de onda, resultando em um confronto epistemológico de rara intensidade.

Nessa dança tumultuada entre a alquimia do improvável e o destino incerto, somos confrontados com uma encruzilhada de possibilidades e maravilhas que desafiam os próprios fundamentos de nossa compreensão do universo. Por meio das funções de onda, entramos em um labirinto de probabilidade e incerteza, onde o destino se revela em seu inefável esplendor, oferecendo-nos um vislumbre privilegiado da infinita variedade de possibilidades que permeiam a realidade quântica.

Experimento do gato de Schrödinger

No campo da física quântica, poucos conceitos despertam tanto fascínio e perplexidade quanto o experimento do gato de Schrödinger. Esse cenário enigmático, concebido pelo brilhante físico austríaco Erwin Schrödinger em 1935, é um ícone da estranheza e da complexidade do mundo subatômico.

Mas do que se trata exatamente esse famoso experimento? Imagine colocar um gato em uma caixa junto com uma fonte de radiação e um recipiente com veneno. Se ocorrer um decaimento na fonte de radiação, como é provável que aconteça, isso fará com que o veneno se espalhe e o gato morra. De acordo com a teoria quântica, até que a caixa seja aberta para olhar, o gato existe em um estado sobreposto, simultaneamente vivo e morto, criando assim uma situação paradoxal.

Esse enigma conceitual levanta questões importantes sobre a natureza da realidade e o papel do observador na determinação do resultado de um experimento quântico. Na verdade, a física quântica nos mostra como as partículas subatômicas podem estar em estados de superposição até serem observadas, revelando um mundo no qual as leis da lógica comum parecem vacilar.

Um dos aspectos mais interessantes desse paradoxo é seu impacto sobre a compreensão da interpretação da mecânica quântica. Entre os diferentes pontos de vista apresentados ao longo dos anos, o debate entre os proponentes da interpretação de Copenhague de Niels Bohr e os críticos, como o próprio Schrödinger, alimentou uma fervorosa reflexão sobre a natureza da realidade quântica.

É importante observar que o experimento do gato de Schrödinger, embora tenha sido proposto como um argumento teórico para ilustrar as ambiguidades da mecânica quântica, nunca foi realmente realizado na prática por motivos éticos óbvios. Schrödinger provavelmente pensou em um gato porque tinha um em casa. No entanto, seu impacto filosófico e conceitual foi enorme, influenciando gerações de cientistas e pensadores.

Entre os estudiosos mais ilustres que lidaram com esse paradoxo estão não apenas Schrödinger e Bohr, mas também Albert Einstein e Werner Heisenberg, que foram os protagonistas de discussões acaloradas sobre o significado e as implicações da física quântica. As diferentes visões e interpretações desses gigantes da ciência enriqueceram o debate e estimularam novas perspectivas sobre a nossa compreensão do mundo no nível subatômico.

Em conclusão, o experimento do gato de Schrödinger representa o ápice da complexidade e da incerteza que caracterizam a física quântica. Por meio desse cenário enigmático, somos levados a questionar os fundamentos da realidade, o papel do observador e a natureza do próprio cosmos. Em um universo em que a lógica clássica dá lugar à ambiguidade quântica, o gato de Schrödinger continua sendo um símbolo indelével de nossa busca contínua por significado no intrigante mundo das partículas elementares.

História e contextos do experimento do gato de Schrödinger.

O experimento do gato de Schrödinger representa um dos exemplos mais conhecidos e fascinantes de paradoxos e contradições que desafiam nossa compreensão do mundo subatômico. Esse experimento, proposto em 1935 pelo físico austríaco Erwin Schrödinger, provocou debates acalorados e reflexões filosóficas sobre a natureza da realidade e da própria consciência.

Para entender completamente a importância e a complexidade desse experimento, é necessário traçar sua história e analisar os contextos científico e filosófico em que ele surgiu. Schrödinger formulou esse experimento mental como uma crítica às interpretações da mecânica quântica que pareciam implicar a coexistência de estados contraditórios.

Em resumo, o experimento do gato de Schrödinger envolve um gato imaginário trancado em uma caixa junto com uma fonte radioativa, um contador Geiger e um frasco de veneno. Se o átomo radioativo se desintegrar, o contador Geiger detecta a radiação, desencadeando a liberação do veneno que mata o gato. Entretanto, de acordo com a teoria quântica, até que seja observado diretamente, o estado do gato é descrito por uma superposição de estados, "gato vivo" e "gato morto".

Esse cenário aparentemente absurdo levantou questões profundas sobre a natureza da realidade e a importância do observador na determinação do resultado de um experimento quântico. O próprio Schrödinger ficou intrigado com essa implicação de sua teoria, usando o experimento do gato para destacar as aparentes contradições da mecânica quântica.

No contexto histórico da época, o experimento do gato de Schrödinger refletia as controvérsias e os desafios conceituais que a física quântica enfrentava. Na década de 1930, a comunidade científica estava dividida entre os defensores de diferentes interpretações da teoria quântica, como a interpretação de Niels Bohr (Escola de Copenhague) e a interpretação de muitos mundos de Hugh Everett III.

O debate sobre o experimento do gato de Schrödinger não se limitou ao meio acadêmico, mas também envolveu a cultura popular e a filosofia. Filósofos como Ludwig Wittgenstein e Karl Popper debateram o significado e a interpretação da mecânica quântica, alimentando um interesse generalizado nas implicações mais profundas dessa teoria.

Apesar das críticas e controvérsias, o experimento do gato de Schrödinger continua sendo um pilar da física quântica, estimulando reflexões contínuas sobre a natureza da realidade e da consciência humana. Sua história e seus contextos representam um capítulo importante na pesquisa científica e na filosofia da ciência, destacando os desafios intelectuais que acompanham a descoberta das leis fundamentais do universo.

Em conclusão, o experimento do gato de Schrödinger levanta questões sem resposta e leva a humanidade a explorar os limites do conhecimento e da compreensão. Acima de tudo, esse experimento é um convite para uma reflexão mais aprofundada sobre a relação entre mente e matéria, abrindo novas perspectivas para a ciência e a filosofia.

Diário de um experimento mental. Execução imaginária do Gato de Schrödinger.

Dia 1.
Com fervor científico e uma pitada de curiosidade misturada com uma pitada de admiração, estou prestes a iniciar um experimento que desafia o senso comum e a lógica convencional. Hoje, em meu laboratório, começo a execução do ousado experimento do gato de Schrödinger. Os preparativos foram meticulosos e os dispositivos estão prontos: a caixa com o gato, a fonte radioativa, o contador Geiger e o frasco de veneno.

Dia 2.
O experimento está agora em pleno andamento. A caixa está lacrada e a fonte radioativa foi preparada para decair. O destino do gato, tanto morto quanto vivo, está suspenso no limbo quântico. Eu me refiro às teorias de Schrödinger, forjando minha compreensão da superposição de estados e do papel crucial do observador.

Dia 3.
A tensão no laboratório aumenta. O tempo se dilata à medida que o gato, em sua condição dupla, torna-se o ponto focal de minha investigação. Questiono a natureza da consciência e seu impacto na interpretação dos resultados desse experimento. As teorias de pensadores como Eugene Wigner e John Archibald Wheeler me guiam nessa profunda contemplação.

Dia 4.
O veredicto está se aproximando. Hoje é o momento crítico em que devo decidir se abro a caixa e observo o destino do gato. A tensão é palpável quando confronto a natureza da observação quântica e o paradoxo da superposição de estados. As ideias de Hugh Everett III sobre o multiverso e suas implicações ampliam meu horizonte de pensamento. De fato, de acordo com Hugh Everett III, a abertura da caixa causaria o nascimento de outro universo. Se o gato estivesse vivo neste universo, ele certamente morreria em outro, e vice-versa.

Dia 5
O grande final do experimento chegou. Com um misto de empolgação e ansiedade, abro a caixa e olho para o gato. Ele está vivo? Ele está morto? Minha observação determina o resultado final em um momento crucial de interação entre matéria e consciência. O significado e as implicações desse experimento ecoam em minhas reflexões.

Nesse "experimento mental" do gato de Schrödinger, é claro, nenhum gato estava envolvido. Vivenciamos uma viagem ao abismo da física quântica e da consciência humana. Por meio dessa narrativa, tentamos captar a essência do desafio intelectual e filosófico que esse experimento representa, aproximando-se da fronteira entre a ciência e a metafísica. Independentemente de o gato estar vivo ou morto, a verdadeira descoberta está na pergunta que seu destino faz à nossa compreensão do mundo.

As intenções de Schrödinger por trás do gato quântico.

Mas qual era a intenção de Schrödinger por trás da concepção desse cenário extraordinário?

Erwin Schrödinger, que recebeu o Prêmio Nobel de Física em 1933 por sua formulação da equação de onda na mecânica quântica, demonstrou um profundo interesse nas implicações filosóficas e conceituais da nova teoria. O experimento do gato representou a tentativa de Schrödinger de questionar a interpretação convencional da mecânica quântica, em especial a visão de Niels Bohr sobre a indeterminação e o papel do observador.

Schrödinger acreditava que a interpretação de Copenhague de Bohr, segundo a qual um sistema quântico está em um estado sobreposto até ser medido, levava a impasses lógicos e conceituais difíceis de conciliar com o senso comum. O experimento do gato de Schrödinger, com sua representação extrema de uma superposição de estados, tinha a intenção de mostrar o absurdo de uma abordagem puramente fenomenológica da mecânica quântica.

Muitos estudiosos interpretaram a intenção de Schrödinger como uma crítica à falta de uma explicação completa e coerente da realidade em nível quântico. Alguns, como David Bohm, tentaram desenvolver interpretações alternativas da teoria que evitariam as ambiguidades e os paradoxos que surgiram com o experimento do gato. Outros, como Max Planck e Albert Einstein, compartilhavam as dúvidas de Schrödinger sobre a interpretação convencional da mecânica quântica.

O legado do experimento do gato de Schrödinger se estende muito além de seu contexto original, continuando a inspirar novas reflexões e debates nos campos da física teórica e da filosofia da ciência. O enigma do gato quântico continua sendo um símbolo da complexidade e dos desafios conceituais que caracterizam nossa compreensão do mundo no nível subatômico, convidando-nos a explorar as fronteiras do conhecimento e da própria consciência.

Em última análise, as intenções de Schrödinger por trás do gato quântico eram levantar questões profundas sobre a natureza da realidade e a necessidade de uma compreensão mais profunda e completa da mecânica quântica. O experimento do gato representa, portanto, uma ponte entre a ciência e a filosofia, um enigma que continua a desafiar as mentes mais brilhantes e a estimular a busca por uma visão unificada do mundo quântico.

O experimento do gato de Schrödinger é um exemplo paradigmático de como a física quântica desafia nossas intuições sobre a natureza da realidade. Entretanto, por trás do fascínio e da complexidade desse experimento, há um equívoco inevitável: a tentativa de traduzir conceitos e fenômenos do mundo subatômico para o macroscópico.

A mecânica quântica, nascida para descrever o comportamento da matéria no nível microscópico, provou ser um terreno fértil para fenômenos paradoxais e contraditórios. Conceitos como a superposição de estados e a indeterminação quântica, que reinam supremos no reino dos átomos e das partículas, tornam-se desconcertantes quando aplicados a objetos e sistemas em escala macroscópica.

O experimento do gato de Schrödinger incorpora esse desafio conceitual, trazendo à tona a ambiguidade inerente à extensão dos princípios da física quântica para o mundo real ao nosso redor.

A superposição de estados (gato vivo e morto ao mesmo tempo) é um recurso peculiar da mecânica quântica que entra em conflito com nossa percepção comum da realidade. Embora no nível subatômico essa superposição seja comumente observada e aceita, aplicá-la a um objeto macroscópico, como um gato, leva a uma contradição óbvia com a experiência cotidiana. Esse conflito entre a teoria e a experiência direta do mundo físico destaca o mal-entendido implícito no experimento do gato de Schrödinger.

Há muito tempo, estudiosos e filósofos se debatem com essa questão, tentando entender como conciliar a coerência interna da mecânica quântica com a realidade tangível ao nosso redor. As interpretações do experimento do gato variam, desde propostas para reduzir o colapso da função de onda até teorias de muitos mundos, mas todas reconhecem a complexidade e a ambiguidade inerentes à tentativa de estender os princípios quânticos ao macroscópico.

Por fim, o equívoco implícito no experimento do gato de Schrödinger nos lembra da necessidade de cautela epistemológica na transposição de conceitos subatômicos para contextos macroscópicos. Como a física quântica continua a nos surpreender e a nos desafiar com suas peculiaridades, é importante reconhecer os limites entre as diferentes camadas da realidade e manter uma abordagem crítica e consciente em nossa interrogação sobre o mundo quântico e a consciência que o observa.

O paradoxo da lua que não existe a menos que você olhe para ela.

No labirinto de paradoxos e esquisitices que caracterizam a física quântica, há um enigma fascinante conhecido como o "paradoxo da lua". De acordo com esse paradoxo, a lua não existe a menos que você olhe para ela. Esse conceito enigmático destaca a natureza ambígua e intrigante da realidade no nível quântico, desafiando nossas concepções tradicionais de espaço, tempo e matéria.

O paradoxo é ilustrado por um experimento mental no qual se imagina lançar um feixe de luz na superfície da lua. De acordo com a teoria quântica, a luz envolve uma onda e uma partícula chamada fóton. Quando o fóton atinge a superfície da lua, cria-se uma interferência típica da natureza ondulatória da luz. Entretanto, se não houver um observador para registrar a interferência, a lua praticamente não existe em um determinado momento.

Esse paradoxo destaca o conceito fundamental de "coerência quântica", segundo o qual a realidade não existe em um estado definido até que seja observada ou medida. O fato de a lua poder desaparecer quando não é observada desafia profundamente nosso senso comum de realidade e a continuidade da existência além da observação humana.

Esse paradoxo e outros semelhantes foram objeto de estudo e debate por eminentes físicos quânticos, como Niels Bohr, Werner Heisenberg e Erwin Schrödinger, durante o século XX. Esses pioneiros da física quântica ajudaram a moldar nossas concepções da realidade no nível microscópico, destacando a extraordinária complexidade e ambiguidade que caracteriza o mundo subatômico.

O uso de paradoxos, como o da lua invisível fora da observação, desempenhou um papel crucial no desenvolvimento da teoria quântica, estimulando a reflexão e a inovação no campo da física teórica. Esses paradoxos atuam como catalisadores para nossa compreensão da realidade quântica e levam os cientistas a reconsiderar nossas intuições mais profundas sobre a natureza da matéria e do universo.

Em sua complexidade e natureza contraditória, os paradoxos quânticos, como o da lua invisível, nos convidam a explorar as profundezas do universo quântico e a questionar os próprios fundamentos da realidade.

Emaranhamento quântico.

No centro da física quântica está um fenômeno extraordinário que desafia nossas intuições mais profundas sobre a natureza da realidade: o entrelaçamento quântico. Esse conceito revolucionário lança luz sobre uma conexão íntima e misteriosa entre partículas quânticas, de modo que o estado de uma partícula afeta instantaneamente o estado de outra, mesmo a distâncias enormes. Por meio de experimentos e reflexões, a comunidade científica tem explorado as implicações extraordinárias desse fenômeno que lança uma nova luz sobre os fundamentos do universo.

Um dos experimentos mais famosos que demonstram o entrelaçamento quântico é o experimento de Bell, proposto em 1964 por John Stewart Bell e realizado em 1982 por Alain Aspect. Esse experimento, projetado para testar as previsões da mecânica quântica em relação à correlação entre partículas emaranhadas, levou a resultados que desafiam as previsões da física clássica. As partículas emaranhadas parecem se comunicar umas com as outras instantaneamente, ultrapassando a velocidade da luz e desafiando o próprio conceito de localidade e causalidade.

Todos os experimentos subsequentes de emaranhamento quântico confirmaram a realidade dessa correlação não local entre partículas. O experimento de Alain Aspect forneceu a prova experimental da não-localidade quântica e estabeleceu o entrelaçamento como um dos pilares da física quântica.

O entrelaçamento quântico tem sido objeto de intenso debate e interpretação filosófica por estudiosos como Niels Bohr, Albert Einstein, Erwin Schrödinger e muitos outros. Esses pensadores ajudaram a moldar nossa compreensão do entrelaçamento e suas implicações, oferecendo diferentes perspectivas sobre a natureza da realidade e a estrutura do universo.

O conceito de emaranhamento quântico representa uma ponte entre a física clássica e a física quântica, desafiando nossas concepções tradicionais de causalidade e determinismo. As implicações desse fenômeno sobre a natureza da realidade e nossa percepção do mundo são imensas, abrindo caminho para novas descobertas e uma compreensão mais profunda da natureza fundamental do universo.

Por meio do emaranhamento quântico, as partículas demonstram uma conexão íntima que vai além do espaço e do tempo, revelando as sutis maravilhas e contradições do reino quântico. Esse fenômeno extraordinário nos convida a explorar os limites de nossa compreensão, sugerindo que a realidade pode ser muito mais misteriosa e interconectada do que jamais imaginamos.

Além do espaço e do tempo. Mistérios e maravilhas do entrelaçamento quântico.

Um dos conceitos mais fascinantes e enigmáticos da física moderna é, sem dúvida, o do entrelaçamento quântico, que nos leva à vertigem de um mundo além do espaço e do tempo como os concebemos. Esse fenômeno, que envolve uma conexão instantânea entre partículas distantes, desafiou os fundamentos da nossa compreensão da realidade, lançando luz sobre aspectos de uma natureza muito além da nossa percepção comum.

Um dos primeiros a perceber a extensão dessa extraordinária peculiaridade da física quântica foi Albert Einstein, juntamente com Boris Podolsky e Nathan Rosen, que formularam o famoso paradoxo EPR (Einstein-Podolsky-Rosen) em 1935. Esse paradoxo destacou o conceito de correlações quânticas de longo alcance, enfatizando o absurdo do próprio conceito de não localidade.

Entretanto, foi somente com experimentos realizados posteriormente que o entrelaçamento quântico revelou toda a sua surpreendente realidade. Um dos experimentos mais famosos, realizado em 1982 por Alain Aspect e sua equipe, confirmou inequivocamente a não-localidade das partículas quânticas. Esse experimento, muitas vezes chamado de "teste de Aspect", foi um marco na confirmação experimental do entrelaçamento quântico.

Paralelamente, os desenvolvimentos teóricos no campo da mecânica quântica, com contribuições de personalidades como Niels Bohr, Erwin Schrödinger e John Bell, enriqueceram a estrutura conceitual por trás do entrelaçamento quântico. Conceitos como superposição quântica e medições quânticas ajudaram a lançar uma nova luz sobre questões fundamentais a respeito da realidade definitiva da natureza.

Um dos aspectos mais extraordinários do entrelaçamento quântico é sua capacidade de transcender as limitações de espaço-tempo que definiram nossa relação com o mundo físico durante séculos. A conexão instantânea entre partículas emaranhadas sugere um profundo grau de interconexão e unidade subjacente à realidade, desafiando as noções convencionais de causa e efeito.

Além disso, o emaranhamento quântico encontrou aplicações práticas revolucionárias nos campos da criptografia quântica e da computação quântica, abrindo caminho para novas fronteiras tecnológicas que podem transformar radicalmente a maneira como entendemos a informação e a comunicação.

Em conclusão, o emaranhamento quântico representa um enigma fascinante que nos leva a reconsiderar os próprios fundamentos da realidade. Por meio de experimentos, teorias e percepções engenhosas, o mundo da física quântica nos convida a explorar territórios inexplorados do universo, onde o espaço e o tempo se curvam diante da misteriosa dança das partículas emaranhadas, revelando uma harmonia oculta que sustenta a própria essência da existência.

Histórico e execução prática do experimento de Alain Aspect.

Poucos experimentos capturaram a imaginação e a curiosidade do público como o realizado por Alain Aspect e sua equipe em 1982. Foi o experimento que confirmou inequivocamente a não-localidade das partículas quânticas por meio do entrelaçamento. Esse experimento, conhecido como o "teste de Aspect", representou um avanço fundamental na compreensão da natureza da realidade quântica e lançou uma nova luz sobre os mistérios da consciência e do entrelaçamento quântico.

O contexto no qual esse experimento foi realizado é rico em desafios e descobertas anteriores. Desde os dias de Einstein, Podolsky e Rosen e seu famoso paradoxo, o tema do entrelaçamento quântico fascinava os físicos teóricos. No entanto, foi somente com o advento da tecnologia e de metodologias experimentais mais sofisticadas que Alain Aspect conseguiu colocar em prática o experimento sugerido por John Stewart Bell e inspirado no paradoxo EPR. A realização de Aspect possibilitou a demonstração conclusiva da realidade desse fenômeno.

O experimento de Aspect envolveu pares de partículas correlacionadas que foram separadas a distâncias consideráveis. Ao medir as correlações entre as propriedades das partículas à distância, o experimento mostrou que, independentemente da distância em que fossem colocadas, essas partículas mantinham uma conexão quântica instantânea, superando as previsões da física clássica.

O resultado desse experimento confirmou de forma esmagadora a não-localidade da realidade quântica, sugerindo uma forma de interconexão além do espaço e do tempo como os conhecemos normalmente. Isso abriu um novo capítulo em nossa compreensão da consciência e sua relação com a realidade física, abrindo possibilidades intrigantes e desafios conceituais que ainda hoje estimulam a pesquisa e o debate científico.

Alain Aspect, com sua visão pioneira e conhecimento técnico, contribuiu significativamente para nossa compreensão do entrelaçamento quântico e sua relação com a consciência. Seu experimento influenciou gerações de físicos e pesquisadores, inspirando novas linhas de pesquisa e abrindo novas perspectivas sobre a própria natureza da realidade.

Concluindo, o experimento de Alain Aspect representa um capítulo fundamental na história da física quântica, enfatizando a necessidade de adotar conceitos radicais e imaginar um universo em que as leis da física convencional possam ser desafiadas. Por meio de sua execução prática e resultados surpreendentes, ele nos convida a explorar os limites da consciência e a questionar o mistério de nossa existência em um universo quântico em constante mudança.

Emaranhados quânticos. A dança íntima das partículas no reino da não-localidade.

O entrelaçamento quântico revela a dança íntima das partículas, que se movem em concordância instantânea mesmo a distâncias enormes. Assim, esse emaranhamento revela a profunda interconexão que permeia o próprio tecido da realidade, abrindo cenários inimagináveis que desafiam nossas concepções convencionais de causalidade e localidade.

O experimento da Aspect, que envolveu medições do estado de partículas emaranhadas separadas por distâncias de até centenas de quilômetros, demonstrou inequivocamente que essas partículas estavam em um estado de correlação instantânea, sem nenhuma comunicação entre elas no sentido tradicional. Essa descoberta surpreendente enfatizou o conceito de não-localidade na física quântica, destacando a presença de uma conexão profunda e misteriosa que transcende as barreiras do espaço-tempo.

Estudos mais recentes no campo do entrelaçamento quântico trouxeram à tona outras facetas desse fenômeno intrigante. Desde a aplicação do emaranhamento quântico à criptografia quântica até as perspectivas da computação quântica, essa área de pesquisa provou ser um terreno fértil para novas descobertas e inovações tecnológicas.

Em um universo tecido com emaranhados quânticos, as partículas parecem agir em perfeita harmonia, onde a troca de informações ocorre instantaneamente e sem barreiras de tempo ou espaço. Isso sugere uma unidade fundamental na vastidão do cosmos, onde cada elemento está intimamente ligado aos outros em uma rede invisível de conexões que desafia os limites de nossa compreensão.

Em conclusão, o entrelaçamento quântico é um convite para explorar os mistérios mais profundos da natureza e da consciência, abrindo novas perspectivas sobre a relação entre o observador e o observado, entre o espaço e o tempo. Por meio de sua dança íntima e enigmática, as partículas nos revelam um universo de maravilhas e incógnitas, em que a não-localidade e a interconectividade formam a tela sobre a qual se desenrola o quadro geral da realidade quântica.

Dogmas científicos da física clássica derrotados pelo entrelaçamento quântico.

O entrelaçamento quântico, com sua capacidade de revelar uma realidade além de nossas intuições mais profundas, abalou os alicerces da física clássica, desafiando e rejeitando certos dogmas que dominaram nossa maneira de interpretar o mundo durante séculos. Esse fenômeno misterioso evidenciou as contradições entre a visão clássica da realidade e a natureza quântica do universo, chamando a atenção das mentes mais brilhantes da ciência moderna para a necessidade de reconsiderar os pilares sobre os quais se assenta nossa compreensão da natureza.

Um dos dogmas científicos mais profundamente refutados pelo entrelaçamento quântico é a noção de localidade, segundo a qual as influências físicas devem se propagar de maneira limitada no espaço e no tempo.

De fato, essas influências precisariam de um "meio físico" para se propagar e só poderiam fazê-lo na velocidade máxima da luz.

O entrelaçamento, com sua correlação instantânea entre partículas distantes, mostrou que os fenômenos quânticos podem desafiar essa ideia convencional, abrindo caminho para uma nova perspectiva sobre a natureza da realidade.

Outra concepção clássica da física desafiada pelo entrelaçamento é o determinismo, segundo o qual a evolução de um sistema físico é previsível com base em suas condições iniciais. O entrelaçamento, com sua aleatoriedade e imprevisibilidade inerentes, enfatizou o papel fundamental do acaso e da aleatoriedade no universo quântico, desafiando as expectativas de uma realidade predeterminada.

Alguns dogmas da física clássica baseavam-se na ideia de uma separação clara entre o observador e o observado, sugerindo que o próprio ato de observação não afetava o sistema de forma significativa. No entanto, o emaranhamento quântico revelou como é intrincada e íntima a relação entre o observador e o sistema observado, pois a medição de uma partícula em um estado emaranhado pode influenciar instantaneamente o estado de sua contraparte, independentemente da distância.

Graças aos experimentos pioneiros realizados por cientistas como Alain Aspect, John Bell e outros, o entrelaçamento quântico invalidou muitas das crenças mais arraigadas da física clássica, abrindo caminho para uma nova compreensão da realidade. Esse fenômeno, com sua capacidade de refutar dogmas estabelecidos e expor as contradições de nossa visão de mundo convencional, nos convida a explorar novos horizontes de conhecimento e a abraçar a complexidade e a incerteza que permeiam a própria estrutura do universo.

Conexões invisíveis e efeitos instantâneos. Emaranhamento de partículas.

No campo da física quântica, um dos fenômenos mais misteriosos e fascinantes é, sem dúvida, o entrelaçamento quântico. O próprio Albert Einstein o descreveu como "ação assustadora à distância". Essa descrição dá uma boa ideia da intriga e das profundas implicações que o entrelaçamento acarreta. Mas o que é exatamente o entrelaçamento quântico? E como ele revolucionou nossa compreensão da realidade?

O entrelaçamento foi formalmente introduzido no início do século XX, graças ao trabalho pioneiro de físicos como Niels Bohr e Erwin Schrödinger. No entanto, o conceito não foi testado experimentalmente até décadas mais tarde. No centro de sua formulação está o Princípio da Superposição, que sustenta que uma partícula quântica pode existir em uma combinação de vários estados até que seja medida. Quando duas partículas são emaranhadas, seus estados quânticos tornam-se interdependentes, independentemente da distância que as separa. O destino de uma partícula está, de fato, inseparavelmente ligado ao da outra.

Um dos principais experimentos que demonstrou de forma incontestável o emaranhamento foi realizado em 1981 pelo físico francês Alain Aspect. Aspect e sua equipe no Institut d'Optique em Orsay mediram as correlações entre pares de fótons emaranhados e confirmaram que essas correlações violavam as desigualdades de Bell, propostas pelo físico John Bell em 1964. As desigualdades de Bell eram um critério matemático criado para distinguir entre as previsões da mecânica quântica e as das teorias clássicas locais baseadas no realismo local.

Os resultados dos experimentos de Aspect foram extraordinários: as correlações observadas entre as partículas não podiam ser explicadas sem aceitar a presença de efeitos não locais. Em outras palavras, o emaranhamento mostrou que as partículas emaranhadas estavam ligadas por uma conexão invisível que permitia que elas influenciassem umas às outras instantaneamente, mesmo que estivessem separadas por milhares de quilômetros.

No século XXI, as implicações do entrelaçamento quântico vão muito além do campo da física teórica. Empresas e institutos de pesquisa estão explorando esse fenômeno para desenvolver tecnologias revolucionárias. Por exemplo, os computadores quânticos exploram o entrelaçamento para realizar cálculos em uma velocidade incomparável à dos computadores clássicos. Outra área promissora é a de comunicações quânticas, que poderia proporcionar um nível sem precedentes de segurança de dados graças às propriedades do entrelaçamento.

A ideia de canais de comunicação instantâneos não é mais pura fantasia. Os cientistas estão trabalhando no teletransporte quântico, que se baseia no entrelaçamento para transferir estados de partículas de um lugar para outro sem transmitir fisicamente a partícula.

Reflexões filosóficas e implicações metafísicas.

As implicações do entrelaçamento também se estendem à filosofia e à metafísica. Os conceitos clássicos de causalidade e separabilidade são desafiados. O físico austríaco Anton Zeilinger, conhecido por seus experimentos pioneiros sobre entrelaçamento, falou muitas vezes sobre as implicações mais amplas desses fenômenos. Zeilinger, por meio de seu trabalho na Universidade de Viena e em outros institutos, contribuiu muito para a compreensão do teletransporte quântico e para os fundamentos da mecânica quântica.

Um dos aspectos mais fascinantes do emaranhamento é que ele sugere uma profunda unidade na natureza. A separação espacial entre as partículas não nega sua conexão, indicando que a estrutura do universo pode estar mais interconectada do que jamais imaginamos.

O entrelaçamento nos mostra que há conexões invisíveis que unem os elementos constituintes da matéria de maneiras que desafiam nossa percepção clássica e linear do mundo. De certa forma, ele nos convida a repensar o próprio conceito de separação e independência, recomendando uma visão mais holística da realidade.

Concluindo, o emaranhamento quântico representa uma das conquistas mais extraordinárias da física moderna, tanto por suas implicações tecnológicas quanto por suas implicações filosóficas. As conexões invisíveis e os efeitos instantâneos entre as partículas emaranhadas nos oferecem um vislumbre de uma realidade profunda e surpreendentemente unificada, levando-nos a explorar novos horizontes científicos e a refletir mais profundamente sobre os princípios fundamentais que governam o universo.

Laços indissolúveis. Emaranhamento quântico e a estrutura invisível do universo.

O universo que conhecemos é uma intrincada tapeçaria de partículas, energias e forças. Entre essas forças, uma das mais enigmáticas é o emaranhamento quântico, um fenômeno que sugere que as partículas não são simplesmente elementos isolados, mas peças de um mosaico universal interconectado.

O conceito de emaranhamento foi introduzido por Erwin Schrödinger em 1935, em resposta a um paradoxo criado para destacar as estranhas consequências da mecânica quântica. Schrödinger definiu esse fenômeno como uma situação em que duas ou mais partículas se tornam tão profundamente interconectadas que seu estado quântico geral só pode ser descrito como um todo, apesar de estarem separadas no espaço. O conceito foi reiterado no Paradoxo EPR de Einstein Podolski e Rosen.

John Bell forneceu mais suporte teórico com seu teorema em 1964. Bell propôs desigualdades matemáticas, as chamadas "desigualdades de Bell", que poderiam ser usadas para testar experimentalmente se a realidade quântica era local (e, portanto, respeitava o limite da velocidade da luz) ou não. Suas previsões abriram caminho para uma série de experimentos cruciais.

O primeiro grande teste foi realizado por Alain Aspect em 1981 no Institut d'Optique em Orsay, na França. Aspect e sua equipe usaram pares de fótons criados pela decomposição de um átomo de cálcio. Ao medir as propriedades dos fótons emaranhados, Aspect conseguiu demonstrar que as correlações observadas violavam as desigualdades de Bell, confirmando que o emaranhamento cria uma conexão não local entre as partículas.

Ao longo dos anos, a tecnologia e a precisão dos experimentos evoluíram significativamente. O trabalho de Anton Zeilinger, conhecido por seus experimentos de teletransporte quântico, levou a uma compreensão mais profunda do potencial prático do entrelaçamento. O próprio Zeilinger teletransportou estados quânticos de partículas a distâncias de centenas de quilômetros, abrindo caminho para novas formas de comunicação e criptografia quântica.

O entrelaçamento quântico sugere que o universo é mantido unido por um tear invisível de conexões instantâneas. Essa noção fascinou não apenas os físicos, mas também os filósofos e metafísicos. David Bohm, um físico teórico, propôs a ideia de uma ordem emaranhada, uma ordem oculta na qual cada parte do universo está conectada de forma não local com todas as outras partes. De acordo com Bohm, o emaranhamento é uma manifestação dessa ordem implícita, o que implica que o universo possui uma unidade subjacente que transcende as divisões e as distâncias aparentes.

As implicações filosóficas do entrelaçamento são profundas. Se as partículas podem ser emaranhadas em distâncias cósmicas, isso implica uma interconexão profunda e onipresente no universo. Esse conceito ecoa em muitas tradições culturais e religiosas que falam de uma unidade fundamental da realidade.

O entrelaçamento continua a ser um campo de pesquisa vibrante e empolgante. Os cientistas estão explorando como usar o entrelaçamento para criar redes de comunicação impossíveis de serem interceptadas e para desenvolver computadores quânticos extraordinariamente poderosos. A missão Micius, uma colaboração entre a China e a Áustria, recentemente estabeleceu recordes para a distância do entrelaçamento, que foi documentada além dos limites da nossa atmosfera.

O emaranhamento quântico deixa claro que nosso universo é muito mais complexo e interconectado do que sugerem nossas intuições cotidianas. As partículas emaranhadas operam de forma sincronizada de maneiras que desafiam as leis clássicas da física, sugerindo a existência de um tear invisível que une toda a realidade. Essa descoberta não apenas reforça a importância da mecânica quântica, mas também convida a uma reflexão profunda sobre a natureza definitiva do nosso universo.

O emaranhamento quântico deixa claro que nosso universo é muito mais complexo e interconectado do que sugerem nossas intuições cotidianas. As partículas emaranhadas operam de forma sincronizada de maneiras que desafiam as leis clássicas da física, sugerindo a existência de um tear invisível que une toda a realidade. Essa descoberta não apenas reforça a importância da mecânica quântica, mas também convida a uma reflexão profunda sobre a natureza definitiva do nosso universo.

Emaranhado além do tempo. Reflexões sobre o entrelaçamento quântico e suas maravilhas.

O emaranhamento quântico é, sem dúvida, um dos fenômenos mais fascinantes e misteriosos que a física moderna nos proporcionou. Essa estranha propriedade, na qual duas ou mais partículas ficam intimamente conectadas independentemente da distância entre elas, desafia nossas intuições mais arraigadas sobre a natureza da realidade. Mas quais são as maravilhas desse fenômeno? E como podemos entender suas implicações mais profundas? Para responder a isso, precisamos fazer uma viagem por décadas de descobertas científicas e reflexões filosóficas, desde a época de Erwin Schrödinger até os experimentos modernos de Anton Zeilinger.

O termo "emaranhamento" foi introduzido pela primeira vez por Erwin Schrödinger em 1935. Em um artigo famoso, Schrödinger descreveu como as partículas podem se tornar tão profundamente inter-relacionadas que o comportamento de uma influencia imediatamente a outra, mesmo quando separadas por distâncias astronômicas. Essa característica quebrou claramente as leis clássicas da física, segundo as quais nenhuma informação pode viajar mais rápido que a luz.

Foi John Bell, em 1964, quem deu o passo crucial para testar o entrelaçamento por meio de suas famosas desigualdades. As desigualdades de Bell estabeleceram uma maneira de determinar se as correlações quânticas poderiam ser explicadas por variáveis ocultas locais ou se, ao contrário, elas exigiam um tipo de interconexão não local e imediata. Bell mostrou que, se as medições violassem suas desigualdades, a realidade deveria ser não local, um conceito que, até então, parecia inconcebível.

Um marco importante foi adicionado em 1981 por Alain Aspect. Com uma série de experimentos brilhantes, Aspect conseguiu violar as desigualdades de Bell, fornecendo assim a primeira confirmação experimental da não-localidade quântica. Usando pares de fótons correlacionados (originários do mesmo evento), Aspect mostrou que as medições dessas partículas correlacionadas produziam resultados imediatamente compatíveis, apesar da distância que as separava. As partículas usadas por Aspect eram "correlacionadas", pois resultavam de um salto quântico duplo no mesmo átomo.

Essa descoberta marcou um ponto de virada histórico, consolidando o conceito de emaranhamento como uma realidade experimental, e não apenas teórica.

Mais recentemente, Anton Zeilinger e sua equipe em Viena levaram o entrelaçamento a novos patamares. Zeilinger é famoso por seus experimentos de teletransporte quântico, por meio dos quais ele transmitiu o estado quântico de uma partícula para outra a distâncias consideráveis. Em 2017, ele obteve um resultado pioneiro ao demonstrar o emaranhamento quântico entre satélites em órbita da Terra e estações terrestres, confirmando que o emaranhamento pode ser mantido mesmo em dimensões espaciais cósmicas.

Paralelamente aos desenvolvimentos experimentais, houve contribuições filosóficas significativas. Entre elas, a visão de David Bohm merece menção especial. Bohm propôs o conceito de "ordem implícita", segundo o qual todas as coisas no universo estão intimamente conectadas em uma ordem oculta que não é imediatamente perceptível. O entrelaçamento, de acordo com Bohm, seria uma manifestação dessa ordem profunda, revelando uma rede de interconexões que transcende as limitações de espaço e tempo.

O entrelaçamento quântico levanta questões profundas não apenas para a física, mas para nossa compreensão da própria realidade. Isso implica que o universo está muito mais interconectado e intrinsecamente relacionado do que suspeitávamos. Essa conexão além do tempo e do espaço inspira novas perguntas sobre como vemos a nós mesmos e nosso lugar no cosmos. Se todas as partículas estão de alguma forma conectadas em uma gigantesca teia cósmica, poderia haver uma base científica para entender a consciência como um fenômeno interconectado e universal?

A pesquisa de entrelaçamento não é apenas uma jornada pelo mundo da física quântica, mas também uma aventura contínua para entender as profundezas da nossa existência. À medida que os cientistas continuam a explorar as maravilhas desse fenômeno, é difícil não ficar fascinado com a ideia de que tudo no universo, inclusive nós mesmos, está intimamente emaranhado além do tempo e do espaço. Nesse contexto, o entrelaçamento torna-se não apenas um conceito científico, mas uma janela poética para toda a estrutura da realidade.

Conexões conceituais entre a realidade física do entrelaçamento e as possibilidades holísticas da consciência quântica.

Em um mundo cada vez mais fascinado pelos mistérios da mecânica quântica, o conceito de consciência quântica surge como um dos tópicos mais intrigantes. Subjacente a esse campo fascinante está a ideia de que o entrelaçamento quântico, um fenômeno que Albert Einstein descreveu como "*ação assustadora à distância*", pode fornecer uma conexão conceitual entre a realidade física e as possibilidades holísticas da consciência.

Esses fenômenos não são apenas assuntos de interesse teórico para os físicos, mas também trazem implicações profundas para nossa compreensão da consciência. David Bohm, outro pioneiro do pensamento quântico, propôs o conceito de "ordem implícita", sugerindo que todas as coisas no universo estão interconectadas em uma ordem oculta, sendo o emaranhamento uma manifestação dessa conexão mais profunda. De acordo com Bohm, a consciência pode não ser um produto separado da atividade neural, mas um aspecto intrinsecamente conectado do universo.

Essa visão holística é refletida no trabalho de acadêmicos contemporâneos, como Stuart Hameroff e Sir Roger Penrose. Juntos, eles desenvolveram a teoria da "redução objetiva orquestrada" (Orch-OR), que argumenta que os processos quânticos nos microtúbulos das células cerebrais poderiam desempenhar um papel fundamental na geração da consciência. De acordo com essa teoria, o emaranhamento quântico poderia fornecer o mecanismo para a coerência da consciência, permitindo que os processos mentais tenham conexões instantâneas em grande escala.

Uma anedota interessante diz respeito ao neurobiólogo italiano Giuseppe Vitiello, que explorou as implicações quânticas na física da mente. Ele propôs que a estrutura cerebral e a consciência não apenas refletem processos físicos, mas também são influenciadas por fenômenos quânticos, estabelecendo um paralelo com estados emaranhados.

O entrelaçamento quântico, antes relegado ao reino das esquisitices teóricas, está surgindo como um conceito crucial para a compreensão da consciência. Seja nas equações de Bell, nos experimentos de Aspect ou nas teorias de Bohm e Penrose, a ideia de que existe uma conexão invisível e indissolúvel que une tudo no universo desafia nossas concepções tradicionais de separação e dualismo. A realidade física, conforme revelada pela mecânica quântica, parece ser uma intrincada rede de conexões, na qual a própria consciência poderia ser um nó central.

Em conclusão, à medida que a pesquisa continua a explorar e confirmar as possibilidades da consciência quântica, esperamos descobrir como essas conexões invisíveis entre partículas podem desvendar os segredos mais profundos da mente humana. O entrelaçamento não é mais apenas um termo técnico; é uma janela aberta para uma compreensão mais holística e interconectada da realidade e de nossa própria existência.

Princípio da decoerência quântica.

A conexão entre a mecânica quântica e a consciência é um dos tópicos mais fascinantes e controversos da ciência moderna. Um ponto crucial nessa discussão é o princípio da decoerência quântica, que desempenha um papel fundamental em nossa tentativa de entender por que os fenômenos quânticos são tão difíceis de observar no nível macroscópico.

O princípio da decoerência quântica aborda o problema de como e por que os sistemas quânticos, sujeitos à superposição e ao emaranhamento, perdem essas propriedades ao interagir com o ambiente. Para entender melhor esse fenômeno, é útil começar com os fundamentos da teoria quântica desenvolvida nas primeiras décadas do século XX.

Em 1935, Erwin Schrödinger propôs o famoso experimento mental do "gato de Schrödinger" para ilustrar o aparente absurdo da mecânica quântica aplicada a objetos macroscópicos. O gato, trancado em uma caixa com um mecanismo letal dependente do decaimento de uma partícula quântica, está simultaneamente vivo e morto até que a caixa seja aberta. Esse estado de superposição quântica, no entanto, é algo que não observamos na realidade cotidiana.

A decoerência quântica nos fornece uma explicação para a pergunta de Schrödinger. Quando um sistema quântico interage com seu ambiente, as propriedades quânticas, como a superposição e o emaranhamento, decaem rapidamente, levando ao surgimento de um comportamento que, em vez disso, é clássico. Essa transição é fundamental para entender por que não observamos superposições de estados macroscópicos na vida cotidiana.

Um exemplo claro de decoerência pode ser visto nos computadores quânticos. Esses dispositivos exploram a superposição e o emaranhamento para realizar cálculos que seriam inacessíveis aos computadores clássicos, mas o processo deve ser extremamente isolado para evitar que a interação com o ambiente cause perda de coerência, destruindo as informações quânticas.

Várias figuras fundamentais ajudaram a desenvolver e verificar essas ideias. John Bell, com seu teorema de 1964, demonstrou que nenhuma teoria baseada em variáveis ocultas locais pode reproduzir todas as previsões da mecânica quântica. Posteriormente, os experimentos de Alain Aspect em 1982 confirmaram as previsões de Bell, mostrando que o emaranhamento é uma propriedade real das partículas.

David Bohm, outro grande pensador, propôs uma reinterpretação da mecânica quântica por meio da teoria das variáveis ocultas não locais, tentando conciliar a mecânica quântica com uma ideia mais clássica da realidade. Embora controversa, essa teoria estimulou debates profundos sobre a natureza da realidade quântica e como a decoerência poderia explicar a transição para o comportamento clássico.

Além de suas implicações experimentais e teóricas, a decoerência quântica levanta questões filosóficas relevantes. O conceito de consciência quântica, por exemplo, propõe que a maneira como percebemos o mundo é fundamental para o colapso das funções de onda. Richard Feynman e outros físicos discutiram a ideia de que o observador desempenha um papel fundamental na determinação do estado do sistema quântico.

Entretanto, é importante observar que o conceito de decoerência sugere que é o ambiente físico, e não a consciência, que causa o colapso das superposições quânticas. Isso não elimina a possibilidade de que a consciência desempenhe algum papel, mas complica o quadro e exige um estudo mais aprofundado.

O princípio da decoerência quântica é um componente essencial para nossa compreensão da mecânica quântica aplicada a sistemas macroscópicos. Embora os fenômenos quânticos, como a superposição e o emaranhamento, sejam difíceis de observar no mundo visível devido às interações com o ambiente, a decoerência quântica oferece uma explicação convincente dessa transição.

Entre a luz e a sombra: o princípio da decoerência quântica e o colapso dos estados.

O princípio da decoerência representa um tema que oscila entre os limites do visível e do invisível, entre a ordem e o caos. Esse conceito é fundamental para entender como o microcosmo das partículas subatômicas se alinha com o mundo macroscópico que percebemos diariamente. Na dança efêmera das partículas, o fenômeno da decoerência transpõe a delicadeza de um estado quântico para uma realidade que é mais compreensível para nós.

Talvez a física nunca tenha conhecido um paradoxo mais chocante do que o imaginado por Erwin Schrödinger em 1935. Em seu experimento mental, um gato em uma caixa fechada pode estar vivo e morto, uma superposição de estados que desafia a lógica comum. Mas como passamos da indeterminação quântica para a realidade concreta de um gato que está definitivamente vivo ou morto? A resposta está no princípio da decoerência, um fenômeno que surge quando um sistema quântico interage com seu ambiente, perdendo suas propriedades de superposição e emaranhamento.

O conceito de decoerência foi amplamente articulado por físicos como H. Dieter Zeh, na década de 1970, e Wojciech Zurek, na década de 1980. A decoerência revela como um sistema isolado em superposição de estados entra em colapso em um único estado devido a interações com seus arredores. Esse processo faz com que as interferências quânticas originais, que caracterizam as superposições, se dissipem, tornando o sistema indiscernível de um estado clássico.

Um dos experimentos que esclareceu a complexidade da decoerência é atribuído à equipe do francês Alain Aspect. No início da década de 1980, Aspect e seus colaboradores realizaram experimentos que confirmaram as previsões da mecânica quântica em relação ao emaranhamento e à não-localidade. Eles demonstraram, com precisão quase poética, como duas partículas emaranhadas, mesmo que separadas por grandes distâncias, mantêm uma conexão instantânea e misteriosa.

No entanto, a decoerência nos diz que quando essas partículas emaranhadas interagem com seu ambiente, esses vínculos quase telepáticos são rompidos, colapsando suas múltiplas possibilidades em um estado preciso e determinado. Um sistema quântico, em seu isolamento, pode exibir um comportamento que é verdadeiramente estranho à nossa intuição, mas assim que entra em contato com a inevitável influência ambiental, ele se torna "mais normal", em conformidade com as leis da física clássica.

David Bohm, com sua teoria da ordem implícita, sugeriu que a decoerência nada mais é do que a manifestação de uma ordem oculta, um tecido secreto que conecta todas as coisas. A ideia de que um fóton ou elétron pode perder sua natureza indeterminada quando colide com o caos do ambiente sugere uma realidade profundamente interconectada, em que cada partícula é um reflexo do todo.

Outra contribuição moderna para a compreensão da decoerência vem dos experimentos da equipe de Markus Arndt, que, em 1999, conseguiu mostrar efeitos de interferência quântica em moléculas de fulereno, demonstrando o tamanho que um sistema pode ter enquanto mantém o comportamento quântico, antes que a decoerência assuma o controle.

Concluindo, o princípio da decoerência nos guia por uma jornada fascinante do reino quântico de possibilidades infinitas ao reino clássico da realidade definida. É uma sombra que revela a luz, um princípio que nos permite perceber como o infinitamente pequeno se torna o infinitamente grande e compreensível. É aqui, em meio à luz e às sombras da decoerência, que se encontra o mistério do colapso dos estados quânticos, oferecendo-nos uma visão profunda da natureza do universo e, talvez, de nossa própria consciência.

Teorema da não clonagem.

No mundo da física quântica, há um princípio que desafia não apenas nossa compreensão da realidade, mas também nossa imaginação: o teorema da não clonagem. Esse conceito, embora possa parecer abstrato para os não iniciados, desempenha um papel crucial nos debates contemporâneos sobre a chamada consciência quântica.

O teorema da não clonagem, comprovado formalmente por William Wootters e Wojciech Zurek em 1982, afirma que é impossível criar uma cópia exata de um estado quântico desconhecido. Esse resultado fundamental tem implicações profundas não apenas para a própria física quântica, mas também para campos emergentes, como a computação quântica e a criptografia quântica.

Para entender o escopo dessa afirmação, vamos considerar como funciona a mecânica quântica. Os estados quânticos são descritos por funções de onda, que podem representar uma superposição de diferentes possibilidades. Por exemplo, o elétron em um átomo não está em um ponto preciso, mas existe em um estado de probabilidade distribuída. Para clonar perfeitamente um desses estados, seria necessário duplicar exatamente essas probabilidades, um desafio impossível devido à estrutura matemática da própria teoria quântica.

O trabalho de Wootters e Zurek faz uma importante contribuição para nossa compreensão dos limites do conhecimento e da medição no mundo quântico. Se fosse possível duplicar perfeitamente um estado quântico, estaríamos violando o princípio da superposição que está no centro da mecânica quântica. Esse princípio, originalmente formulado por Erwin Schrödinger na década de 1930, afirma que um sistema quântico pode existir simultaneamente em vários estados até que seja observado.

Um dos exemplos mais conhecidos que ilustram a impossibilidade da clonagem quântica é o experimento mental do "gato de Schrödinger". Imaginemos que pudéssemos clonar o estado do gato, que está simultaneamente vivo e morto até ser observado. Se fosse possível fazer uma cópia exata desse estado sobreposto, teríamos dois gatos, ambos em um estado incerto de vida ou morte. Mas a não clonagem nos diz que essa duplicação perfeita não pode ser obtida sem a introdução de erros ou perturbações.

A incapacidade de clonar exatamente um estado quântico desconhecido também tem implicações práticas significativas. Na criptografia quântica, por exemplo, esse princípio garante a segurança das comunicações. A criptografia quântica explora o emaranhamento e outros fenômenos quânticos para criar chaves criptográficas que, graças ao teorema da não clonagem, não podem ser copiadas ou interceptadas sem serem detectadas.

No campo emergente da consciência quântica, estudiosos como Roger Penrose e Stuart Hameroff exploraram a ideia de que os processos quânticos no cérebro poderiam contribuir para experiências conscientes. Embora essa teoria seja altamente especulativa e controversa, a impossibilidade de clonar estados quânticos introduz uma dimensão interessante na questão da subjetividade e da singularidade da consciência.

Os campos de pesquisa, como a computação quântica e a criptografia quântica, estão repletos de experimentos que apoiam esses conceitos. Por exemplo, o uso recente do protocolo BB84, desenvolvido por Charles Bennett e Gilles Brassard em 1984, demonstra como as chaves criptográficas quânticas podem ser transmitidas com segurança, explorando o teorema da não clonagem.

Refletindo sobre a complexidade e a beleza da mecânica quântica, o teorema da não clonagem nos lembra que há limites fundamentais para nossa capacidade de conhecer e replicar a realidade. Em um universo em que as partículas podem estar simultaneamente em vários lugares e estados, nossa compreensão é inerentemente limitada pelos princípios da própria física quântica. E, à medida que continuamos a explorar as profundezas desses mistérios, o teorema da não clonagem continua sendo um dos pilares essenciais que nos orientam na navegação por esse intrincado tecido da realidade.

Consciência quântica, "qualia" e não clonabilidade.

No intrincado reino da física quântica, os limites de nossa compreensão do cosmos estão sendo constantemente desafiados e expandidos. Entre os conceitos mais fascinantes e debatidos está o da "consciência quântica", uma proposta ousada que busca explicar a natureza misteriosa da consciência usando os princípios fundamentais da mecânica quântica. Em apoio a essa teoria, o livro examina os "qualia", as experiências subjetivas que colorem nossa consciência, e o "teorema da não clonagem", um princípio que enfatiza a singularidade e a não replicabilidade dos estados quânticos.

A ideia de que os processos quânticos podem contribuir para nossa experiência consciente não é nova. Erwin Schrödinger, um dos fundadores da mecânica quântica, já se perguntava na década de 1930 como os fenômenos subatômicos poderiam influenciar o mundo macroscópico e, por extensão, a mente humana. Entretanto, as teorias modernas da consciência quântica foram desenvolvidas principalmente nas últimas décadas, graças ao trabalho de cientistas como Roger Penrose e Stuart Hameroff.

Penrose, um brilhante físico e matemático britânico, propôs que os fenômenos quânticos poderiam oferecer uma explicação para os processos cognitivos que parecem escapar de meras operações algorítmicas. Em colaboração com o anestesista Stuart Hameroff, ele apresentou a teoria da Redução Objetiva Orquestrada (Orch-OR), sugerindo que a consciência poderia emergir dos microtúbulos, estruturas dentro dos neurônios que operam no nível quântico.

Um aspecto crucial da discussão sobre a consciência quântica diz respeito aos "qualia!", as experiências subjetivas que acompanham nossa vida consciente. Essas experiências, como o sabor do chocolate ou a sensação do vermelho, são extremamente pessoais e difíceis de descrever com precisão objetiva. A questão subjacente é: como processos neurais aparentemente materiais e tangíveis podem dar origem a experiências tão intimamente vividas?

É nesse ponto que as teorias quânticas recebem uma onda de interesse. Se a mente operasse em uma dimensão quântica, as características exclusivas dos estados quânticos poderiam explicar por que os qualia são tão singulares e evasivos. O conceito de "superposição", em que uma partícula pode existir em vários estados simultaneamente até ser observada, poderia teoricamente estar relacionado às várias possibilidades de percepção em nossas mentes.

Em apoio às propriedades exclusivas da consciência, vem o "teorema da não clonagem". Esse princípio fundamental, formulado em 1982 por William Wootters e Wojciech Zurek, afirma a impossibilidade de criar uma cópia exata e perfeita de um estado quântico desconhecido. Essa impossibilidade tem implicações profundas para a consciência humana, caso se presuma que ela seja, em parte, quântica.

A não clonabilidade dos estados quânticos enfatiza a singularidade de cada experiência consciente. Mesmo que fosse possível mapear completamente o cérebro humano e replicar todos os seus estados neuronais, o teorema da não clonagem sugere que a cópia resultante nunca seria uma duplicata perfeita do original, especialmente se os estados conscientes forem influenciados por processos quânticos. Isso reforça a ideia de que cada consciência humana é única e irrepetível.

A fusão do conceito de consciência quântica com os qualia e o teorema da não clonagem abre novos caminhos para a reflexão sobre o mistério da mente humana. Embora ainda não haja evidências conclusivas que comprovem o papel dos processos quânticos na consciência, as hipóteses e teorias apresentadas por Penrose e Hameroff fornecem percepções fascinantes para pesquisas futuras. A não replicabilidade dos estados quânticos, combinada com a subjetividade única dos qualia, sugere que nossa consciência pode ser tão enigmática e irrepetível quanto os fenômenos subjacentes à própria mecânica quântica.

Capítulo 12. A inter-relação entre a mente e a realidade.

"A vida não é como ela é, mas como a percebemos.
(Carl Jung).

A consciência, a força vital que dá significado e profundidade à nossa existência, sempre foi um enigma que fascina filósofos, cientistas e pensadores. A física quântica, com suas implicações radicalmente novas, abriu perspectivas sem precedentes para a compreensão da inter-relação entre a mente e a realidade. Nesse contexto, a possibilidade de que a consciência possa sobreviver à morte física surge como uma das hipóteses mais ousadas e intrigantes.

Um dos pioneiros na ligação entre a física quântica e a consciência foi Eugene Wigner, que ganhou o Prêmio Nobel de Física em 1963. Wigner argumentou que o estado de um sistema quântico só poderia entrar em colapso em um estado definido por meio da interação com uma consciência observadora. Essa hipótese levou à reflexão sobre a possibilidade de que a consciência não apenas interage com a realidade física, mas pode existir de alguma forma além da dimensão material.

Em uma tentativa de fornecer uma explicação científica mais robusta, o físico Roger Penrose e o anestesista Stuart Hameroff propuseram o modelo Orch-OR (*Orchestrated Objective Reduction*). De acordo com esse modelo, a consciência resultaria de processos quânticos que ocorrem nos microtúbulos dos neurônios do cérebro. Penrose e Hameroff sugerem que os fenômenos quânticos, como a superposição e o emaranhamento quântico, podem explicar a natureza complexa da consciência e que ela poderia, de alguma forma, existir independentemente do corpo físico.

Um experimento icônico da física quântica que levanta questões sobre a natureza da realidade e da consciência é o da fenda dupla. Conhecido por demonstrar a dualidade onda-partícula, esse experimento assume uma implicação filosófica quando se considera que é o ato de observação que determina o comportamento das partículas. Alguns intérpretes radicais, como os proponentes da interpretação de muitos mundos, propõem que cada ato de observação cria novas ramificações do universo; no entanto, outros acreditam que o observador é fundamental.

O físico John Archibald Wheeler, por meio de sua teoria do "*princípio antrópico participativo*", sugeriu que o universo existe porque é observado. Isso leva à conclusão de que a consciência poderia ser um fenômeno intrinsecamente ligado à estruturação do próprio universo, e não um mero epifenômeno de processos físico-químicos.

A noção de que a consciência pode sobreviver à morte física está intimamente relacionada a essas reflexões quânticas. A física quântica sugere que a separação entre o observador e o observado é menos nítida do que se pensava anteriormente. Isso abre a possibilidade de que a consciência possa existir em uma forma não limitada pelas restrições materiais do corpo humano. Poderíamos imaginar a consciência como um campo quântico, talvez semelhante ao "campo unificado" em algumas teorias avançadas da física, que continua a existir após a desintegração do corpo físico.

A hipótese das Experiências de Quase Morte (EQM), estudada por médicos e neurocientistas como Pim van Lommel, poderia encontrar uma explicação nesse contexto. Van Lommel, um cardiologista holandês, realizou estudos detalhados de pacientes que relataram experiências fora do corpo durante paradas cardíacas. Os relatos dessas experiências, que parecem ocorrer quando o cérebro é clinicamente declarado não funcional, desafiam as explicações puramente neurológicas e se prestam a uma leitura quântica. Van Lommel sugere que essas experiências podem indicar um aspecto não local da consciência, consistente com as teorias quânticas.

A física quântica, com suas descobertas revolucionárias, nos convida a reconsiderar a natureza da realidade e da consciência de maneiras que podem parecer quase místicas em comparação com o pensamento científico tradicional. Se a consciência é, de alguma forma, um fenômeno quântico que transcende a existência física, então nossa compreensão da vida, da morte e da possibilidade de uma forma de existência além da morte pode mudar radicalmente.

O famoso físico Erwin Schrödinger, filósofo e também cientista, argumentou que a consciência é una e sintonizada por meio de vários indivíduos. Essa visão monista do universo ressoa surpreendentemente com as possibilidades oferecidas pela física quântica, propondo um continuum no qual a essência consciente não é limitada pela transitoriedade material.

Em conclusão, a consciência quântica sugere que talvez, na vasta e misteriosa rede da existência, nossa mente possa não apenas moldar nossa realidade, mas também continuar em uma nova forma, livre das limitações da mortalidade. As implicações são imensas e nos aproximam de um entendimento que poderia fundir a ciência rigorosa com os domínios exploratórios da espiritualidade.

Mente e realidade: implicações quânticas na vida e na morte.

Durante décadas, a física quântica e a filosofia se entrelaçaram em uma dança complexa e fascinante que busca explorar a natureza da consciência e sua relação com a realidade. Enquanto os físicos tentam entender o universo em níveis subatômicos, os filósofos e neurocientistas investigam a natureza do pensamento e do ser. Mas o que acontece quando esses caminhos se encontram e as implicações se tornam incrivelmente profundas? Examinamos como a mente e a realidade se inter-relacionam por meio das lentes da física quântica e as possíveis implicações para a vida e a morte.

Eugene Wigner, um dos pioneiros da mecânica quântica, propôs uma teoria que considera a consciência como um fator fundamental no colapso da função de onda. De acordo com Wigner, a consciência humana não é simplesmente um epifenômeno do cérebro, mas desempenha um papel central na definição da realidade física. Isso levanta uma questão perturbadora: se a mente é tão crucial para a existência da realidade, ela pode sobreviver à morte do corpo?

O físico Sir Roger Penrose e o anestesista Stuart Hameroff desenvolveram o modelo Orchestrated *Objective Reduction* (Orch-OR), que propõe que a consciência emerge de processos quânticos nos microtúbulos, estruturas dos neurônios do cérebro. De acordo com essa teoria, esses processos quânticos poderiam resolver o mistério da consciência, dando origem à experiência consciente. A natureza quântica de tais processos sugere que a consciência pode não estar rigidamente ligada ao corpo físico. Isso poderia oferecer uma explicação científica válida para fenômenos como as experiências de quase morte.

O experimento da fenda dupla é uma das demonstrações mais profundas da natureza bizarra da realidade quântica. Quando partículas, como os elétrons, passam por uma fenda dupla, elas se comportam como ondas, criando um padrão de interferência. Entretanto, quando observadas, elas se comportam como partículas discretas. Esse experimento sugere que o ato de observação influencia a própria realidade, enfatizando o vínculo inextricável entre o observador e o fenômeno.

O cardiologista Pim van Lommel realizou estudos extensos sobre experiências de quase morte (EQMs). Esses fenômenos, relatados por pessoas que sofreram paradas cardíacas e foram ressuscitadas, geralmente descrevem sensações de consciência lúcida, saída do corpo e encontros com entidades imateriais. Van Lommel levantou a hipótese de que essas experiências poderiam ser explicadas pela física quântica, sugerindo um aspecto não local da consciência que não é limitado pelo corpo físico ou pela estrutura cerebral tradicional. Seu trabalho se cruza com as hipóteses de Penrose e Hameroff, sugerindo que a consciência quântica poderia sobreviver em uma forma independente da matéria cerebral.

A perspectiva da consciência quântica nos convida a reconsiderar muitas de nossas crenças tradicionais sobre a vida e a morte. A mente pode, de fato, ser uma entidade quântica imortal, e as implicações dessa conclusão são surpreendentes: a morte física pode não ser o fim da consciência como a entendemos. Isso muda fundamentalmente nossos entendimentos filosóficos sobre identidade, mortalidade e até mesmo ética.

Surge um quadro complexo e fascinante, no qual a mente humana e a realidade física não são entidades separadas, mas interconectadas em uma dança quântica atemporal. A ciência está em uma encruzilhada, onde futuras descobertas podem revelar novas verdades fundamentais sobre a própria essência da existência.

Consciência imortal. A ciência quântica e o mistério da existência contínua.

No vasto cenário da ciência moderna, um tópico fascinante e debatido é o da consciência e sua possível natureza imortal. Esse conceito, conhecido como "consciência quântica", está na interseção da física quântica, da neurobiologia e da filosofia, e oferece perspectivas convincentes sobre a natureza da realidade e a possibilidade de vida além da morte física.

Em 1963, Eugene Wigner propôs uma ideia revolucionária: o papel fundamental da consciência no colapso da função de onda. Em termos mais simples, Wigner sugeriu que o ato de observar um sistema quântico é o que realmente determina seu estado final. Isso implica uma conexão profunda entre a mente e a realidade material: a consciência não é apenas um produto emergente dos processos físicos, mas pode ser um componente essencial deles.

O enigmático experimento da dupla fenda, que tem fascinado e confundido os físicos há mais de um século, apoia essa teoria. Esse experimento mostra que partículas, como fótons e elétrons, comportam-se tanto como ondas quanto como partículas, dependendo de sua observação. Quando um observador está presente, as partículas "escolhem" um estado definido. Esse comportamento levanta questões sobre a influência do observador na própria realidade, sugerindo que a consciência pode desempenhar um papel fundamental no universo quântico.

Tudo isso nos leva a considerar a possibilidade de que a consciência possa ser uma propriedade fundamental do universo, e não apenas um epifenômeno da massa cinzenta. Se o colapso da função de onda requer um observador consciente, e se a consciência pode existir independentemente do cérebro, então a morte física pode não ser o fim de nossa consciência.

Podemos fazer uma analogia com a teoria de campo da física: assim como os campos eletromagnéticos existem independentemente dos objetos que os geram, a consciência poderia ser um campo fundamental do universo, gerado, mas não limitado, por nossa biologia. Essa ideia abre novos caminhos de pesquisa sobre a natureza da vida e da morte e sobre como entendemos nossa existência.

Em conclusão, a ciência quântica agora oferece paradigmas que desafiam nossas crenças mais profundas sobre a vida e sua continuidade. O que a consciência realmente é e se ela pode, de alguma forma, sobreviver à morte física, ainda permanece um mistério. Entretanto, as teorias científicas de Wigner, Penrose, Hameroff e os estudos de van Lommel nos aproximam de uma compreensão mais profunda e positiva desse mistério

Consciência quadridimensional. Realidade, quantum e imortalidade.

A natureza da consciência é uma das questões mais fascinantes e misteriosas da ciência moderna. Sua relação com a realidade e a imortalidade inspirou muitas teorias ousadas, que vão da filosofia à física quântica. Nesse contexto, a ideia de uma consciência quadridimensional surge como uma perspectiva intrigante, capaz de redefinir nossa compreensão da mente e sua existência além da morte física.

Em um contexto teórico, as quatro dimensões da consciência quadridimensional poderiam ser concebidas como:

Dimensão Temporal.
A capacidade da consciência de perceber e vivenciar o tempo de forma não linear, permitindo a existência contínua além da vida física.

Dimensão espacial.
A capacidade de perceber e interagir com o espaço tridimensional, mas com uma consciência que transcende os limites físicos.

Dimensão Quântica.
Uma conexão direta com fenômenos no nível quântico, sugerindo uma profunda integração com os estados quânticos e as flutuações do universo.

Dimensão da energia.
A percepção e a manipulação das energias fundamentais do universo, o que implica uma forma de existência baseada em energia além da matéria.

Uma questão central nesse debate é o papel da consciência no processo quântico. O físico e ganhador do Prêmio Nobel Eugene Wigner sugeriu que a consciência desempenha um papel crucial no chamado "colapso da função de onda". Em outras palavras, seria o observador consciente que determinaria a manifestação concreta da realidade entre as várias possibilidades quânticas. Esse postulado introduz a ideia de que a mente não é apenas um registrador passivo de eventos, mas um criador ativo da própria realidade.

A hipótese apresentada por Roger Penrose e Stuart Hameroff sugere que a mente humana está enraizada em fenômenos quânticos e, portanto, pode sobreviver à morte biológica. O modelo de Penrose e Hameroff representa um ponto de partida importante para explorar a ideia da imortalidade da consciência.

Além disso, a teoria do campo quântico sugere a possibilidade de que a consciência possa ser um campo fundamental do universo, análogo aos campos eletromagnéticos ou gravitacionais. Se assim for, a consciência poderia existir sem o apoio do corpo biológico, assim como os fótons podem surgir e desaparecer sem precisar de um meio material.

No cenário contemporâneo, essas ideias não estão mais enraizadas apenas em laboratórios ou debates acadêmicos, mas entraram em discussões filosóficas e espirituais sobre o futuro da humanidade. A perspectiva de uma consciência quadridimensional nos convida a considerar a ideia de que nossa existência poderia se estender além dos limites do tempo e do espaço, transformando profundamente nossa concepção de nós mesmos e da realidade.

Está claro que as implicações desses estudos são extraordinárias. Se a consciência é de fato uma entidade independente do meio físico, a imortalidade da mente não é mais apenas um sonho religioso ou místico, mas uma possibilidade científica a ser explorada. Estudos futuros talvez possam desvendar ainda mais essa dinâmica, abrindo novos horizontes para a compreensão de nossa existência e da própria realidade.

Concluindo, a visão de uma consciência quadridimensional, atada à rede quântica do universo, oferece perspectivas fascinantes e misteriosas. Conforme sugerido por pioneiros como Wigner, Penrose, Hameroff e pesquisadores como van Lommel, a mente humana poderia ser mais do que apenas um produto do cérebro. Ela pode ser a chave para desvendar a profunda ligação entre a realidade e a imortalidade.

Mente, quantum e eternidade. Uma nova visão da sobrevivência à morte.

As experiências descritas até agora encontram uma possível estrutura de apoio no enorme complexo da teoria quântica de campos. De acordo com essa visão, poderia existir um campo fundamental de consciência, análogo aos campos de força bem conhecidos na física, como os campos eletromagnéticos, que existiria independentemente da matéria física. Essa hipótese revolucionária sugere que a consciência poderia ser uma propriedade intrínseca do universo, assim como a gravidade e o eletromagnetismo.

Dessa perspectiva surge a conceituação de uma consciência quadridimensional, que vai além das três dimensões espaciais para incluir uma dimensão não física que não pode ser medida com as tecnologias disponíveis atualmente. Essa visão reformula radicalmente nosso conceito de existência e apaga os limites tradicionais entre vida e morte. Se a consciência pode existir em uma dimensão fora do tempo e do espaço comuns, então ela poderia de fato ser imortal, um presente eterno não afetado pela decadência física.

Essa nova visão apresenta vários desafios, tanto conceituais quanto experimentais. Entretanto, as convergências entre a física quântica e os estudos neurobiológicos abrem novos e empolgantes horizontes. O temido fim de tudo, representado pela morte, poderia ser, em vez disso, uma transição para uma forma diferente de existência, na qual a consciência continua sua jornada em um universo misterioso e parcialmente inexplorado.

Em uma época em que a ciência frequentemente se depara com os limites da compreensão, ideias como as de Wigner, Penrose, Hameroff e van Lommel nos convidam a considerar a possibilidade de que nossas mentes não apenas moldam a realidade que percebemos, mas também podem perdurar muito além dos limites de nossa existência física. Uma nova visão de sobrevivência após a morte, enraizada nas profundezas da teoria quântica, está surgindo no horizonte, convidando-nos a repensar nosso lugar no universo.

O principal aspecto que emerge dessas teorias é a inevitabilidade da interconexão entre diferentes dimensões na construção da realidade. A mente não é uma entidade isolada, mas sim uma parte integrante da própria estrutura do universo. Isso leva à possibilidade de que a consciência poderia atuar como uma ponte entre o mundo físico tangível e um substrato quântico mais profundo, que poderia ser a fonte do que percebemos como realidade.

A discussão sobre a consciência quântica não é apenas uma questão acadêmica. Ela tem implicações filosóficas, científicas e até mesmo existenciais potencialmente extraordinárias. Se a consciência for realmente uma entidade imortal, enraizada nas leis fundamentais do universo quântico, nossas percepções da vida, da morte e da própria realidade poderão sofrer uma transformação radical. Esse campo de estudo promete não apenas desvendar os profundos mistérios da mente humana, mas também abrir novas fronteiras em nossa compreensão do universo.

Capítulo 13. A consciência quântica na visão metafísica.

"A consciência é fundamental para o processo quântico; ela determina o observado e o observador."
(David Bohm).

A consciência quântica como uma entidade imortal.

A questão da consciência é uma das questões mais antigas e fascinantes que sempre esteve no centro da especulação filosófica, científica e metafísica. Nas últimas décadas, um novo termo começou a influenciar esse debate: "consciência quântica". Para entender completamente essa noção, é necessário explorar e esclarecer o que queremos dizer com "consciência" e como ela pode ser interpretada pelo prisma da física quântica.

O conceito de consciência tem fascinado pensadores de todas as épocas. Aristóteles a definiu como "a alma", o princípio vital do ser humano. Décadas mais tarde, René Descartes adotou essa noção, escrevendo o famoso "*Cogito, ergo sum*" (Penso, logo existo), colocando a consciência no centro de sua filosofia.

Em tempos mais recentes, a consciência tem sido objeto de estudo da psicologia e da neurociência. William James, um dos pais da psicologia moderna, descreveu a consciência como um fluxo contínuo de pensamentos. Entretanto, ninguém ainda forneceu uma explicação definitiva sobre o que é exatamente a consciência e como ela surge.

Nos últimos anos, vários cientistas e filósofos começaram a explorar a ideia de que a consciência pode ter uma origem quântica. Uma das principais figuras dessa pesquisa é o físico Roger Penrose, ganhador do Prêmio Nobel de Física em 2020. Penrose, juntamente com o neurocirurgião Stuart Hameroff, propôs a teoria da *Redução Objetiva Orquestrada* (Orch-OR), segundo a qual a consciência emerge de processos quânticos nos microtúbulos dos neurônios do cérebro.

De acordo com essa visão, os microtúbulos funcionam como minúsculos processadores quânticos que produzem consciência por meio do colapso da função de onda quântica. Os autores afirmam que esse modelo poderia explicar fenômenos misteriosos, como sonhos, experiências de quase morte e criatividade.

Na visão metafísica, a consciência quântica não é simplesmente uma função emergente do cérebro, mas uma entidade imortal que transcende a matéria. Essa ideia ecoa as percepções de muitas tradições espirituais e filosóficas. De acordo com o filósofo indiano Sri Aurobindo, o universo é permeado por uma consciência única que se manifesta por meio de todas as formas de vida.

Da mesma forma, o físico David Bohm, conhecido por sua teoria do universo como uma "ordem implícita" e uma "ordem explícita", sugeriu que a realidade é um todo indivisível e que a consciência poderia ser uma manifestação de uma ordem mais profunda e oculta do universo.

Uma anedota interessante diz respeito a Erwin Schrödinger, um dos arquitetos da mecânica quântica. Schrödinger foi profundamente influenciado pelas filosofias orientais e considerava a consciência como um fenômeno unitário e universal, em vez de fragmentário e individual.

Vários estudos e experimentos tentam explorar a ligação entre a consciência e a mecânica quântica. Um dos experimentos mais citados é o famoso "experimento da dupla fenda", que mostra como as partículas quânticas podem existir em estados sobrepostos e parecem "escolher" uma determinada posição somente quando são observadas. Esse fenômeno levou alguns a especular que o próprio observador pode desempenhar um papel na criação da realidade.

Além disso, estudos conduzidos por Dean Radin no Institute of Noetic Sciences tentaram testar se a mente humana pode influenciar o comportamento das partículas quânticas, com resultados intrigantes, mas não conclusivos.

A questão da consciência quântica e sua possível imortalidade permanece em aberto e estimula continuamente nossa imaginação e sede de conhecimento. A fusão da metafísica e da física quântica abre novas perspectivas e nos convida a reconsiderar a natureza da consciência, não como um mero produto do cérebro, mas como uma realidade mais profunda e fundamental.

Em um mundo em que a ciência e a espiritualidade muitas vezes parecem se mover em trilhas paralelas, a teoria da consciência quântica representa uma ponte fascinante que pode nos levar a uma compreensão mais integrada e completa do nosso lugar no universo. Continuar a explorar essas ideias, por meio de experimentos, estudos e reflexões, pode revelar novas verdades sobre o que realmente significa estar consciente e, talvez, o que nos espera além da vida material.

As possíveis uniões da física quântica e da consciência.

A tentativa de combinar a física quântica com a consciência levou ao surgimento de um campo de estudo fascinante e inovador que desafia os fundamentos do pensamento científico e filosófico. Esta seção tem o objetivo de explorar as possíveis interseções entre essas disciplinas, examinando como a visão metafísica pode enriquecer nossa compreensão da consciência como uma entidade potencialmente imortal.

A física quântica revolucionou a maneira como vemos o mundo desde sua concepção no início do século XX, com figuras lendárias como Niels Bohr, Werner Heisenberg e Erwin Schrödinger lançando as bases. O mundo quântico é caracterizado por paradoxos e incertezas que escapam à lógica newtoniana, introduzindo conceitos como superposição, emaranhamento e colapso da função de onda.

O astrofísico e matemático de renome mundial Roger Penrose provocou um debate acalorado com sua teoria Orch-OR, desenvolvida em colaboração com Stuart Hameroff. De acordo com Penrose e Hameroff, os microtúbulos neuronais no cérebro poderiam desempenhar o papel de processadores quânticos, com a consciência emergindo de processos quânticos fundamentais.

Essa teoria busca responder a perguntas que, de outra forma, permaneceriam nas sombras, como a origem da intuição ou da experiência subjetiva. Desafiando a abordagem clássica da neurociência, a Orch-OR propõe que a consciência não é apenas uma sequência de processos químicos e elétricos, mas sim uma manifestação da dinâmica quântica.

A visão metafísica da consciência como uma entidade imortal se encaixa perfeitamente em algumas das implicações mais profundas da física quântica. A mente humana não seria simplesmente o produto de reações bioquímicas, mas um fenômeno que transcende a realidade física.

O físico David Bohm, com sua teoria de ordem implícita e explícita, sugeriu que o universo poderia ser visto como um todo inseparável, em que cada parte reflete a unidade do todo. A consciência, de acordo com Bohm, poderia ser uma manifestação dessa ordem implícita, um campo universal que permeia tudo o que existe.

Um dos aspectos mais discutidos da mecânica quântica é o chamado "*efeito do observador*". Experimentos como o de dupla fenda mostram que as partículas quânticas existem em um estado de superposição até serem observadas, sugerindo que o ato de observar pode influenciar a própria realidade.

Isso levou alguns estudiosos a especular que a consciência humana pode desempenhar um papel ativo na criação da realidade. Um exemplo notável é o estudo conduzido por Dean Radin no Institute of Noetic Sciences, que tentou medir a influência da consciência no resultado de experimentos quânticos, com resultados que, embora controversos, convidam a mais pesquisas.

A ideia de que a consciência poderia ser imortal baseia-se na premissa de que a realidade quântica transcende o tempo e o espaço convencionais. No contexto da teoria Orch-OR, a consciência poderia sobreviver à morte cerebral, continuando a existir em um plano quântico.

Erwin Schrödinger, além de suas contribuições fundamentais para a física, foi profundamente influenciado pelas filosofias orientais. Em seu ensaio "*What Is Life?*" (1944), Schrödinger explora a possibilidade de a consciência ser um fenômeno unitário e indivisível, existindo além dos limites do tempo e do espaço, uma visão que encontra ressonâncias nas teorias quânticas modernas.

As possíveis uniões entre a física quântica e a consciência representam uma fronteira ainda amplamente inexplorada, mas incrivelmente promissora. A visão metafísica sugere que a consciência não está confinada à dimensão material, mas que ela pode se tornar imortal por meio dos processos quânticos fundamentais que governam o universo.

Uma abordagem da consciência quântica.

Reflexões sobre a natureza quântica da mente.

A consciência humana sempre foi um enigma fascinante para filósofos, cientistas e pensadores. Recentemente, o advento da física quântica proporcionou novas perspectivas e ferramentas teóricas para explorar um dos mistérios mais profundos da existência: a natureza da mente.

A abordagem de Roger Penrose e Stuart Hameroff, conhecida como teoria Orch-OR, sugere que a consciência não é simplesmente o produto de processos clássicos no cérebro, mas sim um fenômeno que emerge de processos quânticos que ocorrem nos microtúbulos neuronais. Penrose, matemático e físico de renome mundial, e Hameroff, anestesista e pesquisador de neurociência, propõem que essas estruturas subcelulares funcionam como "computadores quânticos" naturais, em que o estado de superposição permite uma forma de processamento de informações que transcende o tempo e o espaço.

Penrose, em seus trabalhos seminais, como *"The Emperor's New Mind"* (1989), discutiu a inadequação dos modelos clássicos de computação para explicar a consciência. Ele levantou a hipótese de que uma nova física, ancorada em princípios quânticos, seria necessária para entender a consciência. Hameroff, por outro lado, argumentou que os fenômenos de nível quântico nos microtúbulos poderiam ser a chave para desvendar esse mistério, enfatizando o papel "metaestável" das ondas quânticas no cérebro.

Indo além do domínio da ciência empírica, a metafísica da consciência quântica evoca reflexões profundas sobre o significado do ser e do tempo. David Bohm, outro gigante do pensamento em física, com seu conceito de ordem implícita, enfatizou que o universo é um todo indivisível no qual a consciência poderia ser a manifestação de uma ordem oculta, transcendendo a realidade percebida superficialmente. Bohm, em seu trabalho *"Wholeness and Implied Order"* (1980), explora como a unidade fundamental do universo poderia implicar uma profunda interconexão das mentes humanas com o cosmos.

Essa visão sugere que a consciência não é um fenômeno isolado, mas parte integrante de uma matriz universal, um campo de percepção que se estende além dos limites do tempo e do espaço. Erwin Schrödinger antecipou conceitos que evocam a unicidade da consciência. Schrödinger não falava estritamente de física quântica aplicada à mente, mas postulava uma continuidade da vida além da morte física, uma posição que encontra ressonância nas especulações modernas sobre a consciência quântica.

Uma anedota interessante que ilustra o escopo da consciência quântica está relacionada ao famoso experimento da dupla fenda. Esse experimento, que data do início do século XX, mostrou como uma simples observação pode influenciar os resultados dos fenômenos quânticos. Albert Einstein, Max Planck e Niels Bohr foram os protagonistas de debates acalorados sobre a importância desses resultados. Bohr, em particular, argumentou que a concepção clássica da realidade era insuficiente e que o observador desempenhava um papel crucial na determinação da natureza dos eventos quânticos.

As implicações do efeito observador levaram alguns a especular que a própria mente pode ser um componente fundamental na construção da realidade. Isso abre a porta para fascinantes especulações metafísicas sobre um universo no qual a consciência não apenas percebe, mas também cria.

A teoria da consciência quântica não é apenas uma vanguarda científica, mas um convite para reimaginar nosso lugar no universo. A visão metafísica de uma mente eterna, conectada a uma ordem universal mais profunda, nos leva a reconsiderar as noções convencionais de nascimento, vida e morte. No cenário multidimensional sugerido pela física quântica, a consciência pode muito bem ser uma entidade imortal, entrelaçada com o próprio tecido da realidade, tornando-nos participantes de um mistério que remonta às origens do próprio cosmos.

O universo como uma expressão da consciência quântica.

Nas últimas décadas, o diálogo entre a ciência e a filosofia se intensificou, levando a novas visões sobre a natureza da consciência e sua relação com o universo. Uma das posições mais fascinantes é a da consciência quântica, segundo a qual a consciência não está apenas conectada ao mundo quântico, mas também representa uma entidade imortal que é instrumental na estrutura e na experiência do próprio universo. Esta seção explorará como, por meio de uma lente metafísica, o universo pode ser concebido como uma expressão da consciência quântica.

Em seu livro "*Consciousness in the Universe: Quantum Theory, Evolution, and the Brain*" (2010), Hameroff e Penrose propõem que a consciência pode emergir de fenômenos quânticos que ocorrem nos microtúbulos das células neuronais. Essa concepção sugere que a consciência não é simplesmente o produto de interações neuronais, mas inclui processos quânticos que preencheriam a lacuna entre a física clássica e a física quântica.

A ideia central é que a consciência quântica opera em níveis subatômicos de interação, sugerindo que nossa experiência consciente é apenas parte de um fenômeno muito mais amplo e profundo. Penrose, em seu trabalho de 1989, "*The Emperor's New Mind*" (*A nova mente do imperador*), já expôs a hipótese de que a mente humana não pode ser totalmente explicada por meio de algoritmos computacionais, defendendo a integração da física quântica nesse contexto.

Mas que implicações essa visão tem para a concepção do universo? De acordo com a teoria da consciência quântica, o próprio universo pode ser considerado uma expressão de uma consciência quântica universal. Essa ideia está relacionada à filosofia oriental, particularmente ao pensamento vedantino, no qual se argumenta que o universo é a expansão de uma consciência única e universal, identificada como *Brahman*.

O cosmólogo e físico David Bohm, conhecido por seu trabalho sobre a teoria das variáveis ocultas, também argumentou que o universo representa uma "ordem implícita" e que a consciência humana poderia fazer parte de uma ordem maior e mais profunda. Nesse sentido, Bohm propôs considerar o universo como um continuum em que a separação entre observador e observado não é nítida, mas sim uma ilusão.

Nos experimentos de física quântica, o famoso experimento de dupla fenda revelou que a observação parece influenciar os resultados. Quando as partículas, como elétrons e fótons, são observadas, seu comportamento muda de um modelo de onda para um modelo de partícula. Esse resultado leva à questão de saber se a própria consciência pode influenciar a realidade física: a consciência não é apenas uma percepção passiva, mas uma interação ativa com a estrutura do universo.

O físico quântico Amit Goswami, em seu livro "*The Self-Aware Universe*" (1993), explora a possibilidade de que a consciência não seja apenas um produto do cérebro humano, mas a própria base da realidade. A consciência é vista como um fenômeno primário, a partir do qual o universo é gerado. Assim, cada observador, em seu ato de observar, contribui para a manifestação da própria realidade.

De uma perspectiva metafísica, essa visão é ampliada ainda mais, sugerindo que o universo não é apenas uma máquina fria, mas uma manifestação de uma inteligência ou consciência universal. Isso implica uma profunda identificação entre a consciência humana e a do universo, em que o indivíduo é visto como uma manifestação temporária da consciência universal eterna.

A filosofia de Henri Bergson, que enfatiza o fluxo da vida e a consciência como uma entidade dinâmica, alinha-se bem com essas ideias. Bergson criticou o método científico tradicional por sua abordagem mecanicista, sugerindo, em vez disso, que a consciência se expande e evolui em um continuum de tempo.

Se a consciência é vista como intrinsecamente conectada ao universo, isso significa que ela não pode ser considerada um fenômeno limitado exclusivamente à vida humana. Passando dos pensadores quânticos para os metafísicos, podemos considerar a ideia da imortalidade da consciência. No pensamento oriental, por exemplo, a reencarnação e o ciclo de vida e morte são expressos como ciclos de consciência, sugerindo que isso transcende a mera existência física.

O próprio Einstein, embora mantivesse uma abordagem científica, escreveu que:

"A morte não é nada. Ela nunca foi nada. A consciência é imortal".

Essa citação confirma a ideia de que a consciência, como parte de um universo quântico, desafia os limites do tempo e do espaço.

A questão da consciência quântica como uma entidade imortal oferece uma visão de mundo que transcende o reducionismo mecanicista e abrange uma compreensão mais profunda da conexão entre toda a vida e o universo. Se considerarmos a consciência como a essência do universo, poderemos reconhecer nossa responsabilidade pela realidade que co-criamos. Nessa visão, a consciência não é apenas uma parte da realidade, mas o fio que conecta todos os elementos da existência, trazendo à tona o incrível potencial de uma vida consciente e interconectada. A ciência quântica, abraçada pela filosofia, nos convida a explorar não apenas o cosmos externo, mas também o cosmos interno e nossa eterna conexão com ele.

Dançando nas ondas da consciência quântica.

A humanidade sempre olhou com admiração e espanto para o fenômeno da consciência. Durante milênios, filósofos e cientistas questionaram sua natureza, tentando discernir se ela é um mero produto do cérebro físico ou se existe uma dimensão mais profunda. No contexto contemporâneo, um campo emergente de pesquisa que funde física quântica e metafísica está reescrevendo as regras dessa antiga questão: a consciência quântica.

O conceito de consciência quântica faz parte de um debate já realizado por alguns dos maiores pensadores do século XX. Erwin Schrödinger, um dos pais da mecânica quântica, declarou de forma convincente em 1944 que:

"A consciência é uma entidade única compartilhada por todos os seres vivos".

Schrödinger sugeriu que nossa consciência não estava fragmentada em singularidades individuais, mas representava uma continuidade perceptual quântica.

Os experimentos que apoiam essa visão abalaram os fundamentos do materialismo científico. Entre eles está o famoso experimento da dupla fenda. Realizado pela primeira vez por Thomas Young em 1801 e depois aperfeiçoado com tecnologia mais avançada no século XX, ele demonstra como as partículas elementares, como os elétrons, comportam-se tanto como partículas quanto como ondas, dependendo da observação do observador. Niels Bohr, com seu princípio de complementaridade, argumentou que o ato de observar uma partícula determina seu estado, o que implica uma ligação bizarra, mas fascinante, entre a consciência e a realidade física.

A consciência quântica e a visão metafísica

A perspectiva metafísica sobre a consciência quântica é articulada em torno da ideia de que a consciência não é um mero subproduto da atividade neuronal, mas uma constante universal presente em todos os lugares e em todos os lugares. Entre os defensores dessa visão, destaca-se o físico austríaco Fritz-Albert Popp, conhecido por sua teoria do biofóton. Popp levantou a hipótese de que as células vivas emitem luz ultrafraca composta de "*biofótons*", que podem ser uma forma de comunicação em nível quântico entre as células. Esses biofótons poderiam ser a linguagem comum da interconexão das células e, por extensão, de toda a vida.

Outro nome pioneiro é o de David Bohm. Em 1980, Bohm publicou "*Wholeness and the Implicit* Order", onde introduziu o conceito de ordem implícita, uma realidade oculta e acausal da qual emerge nosso universo explícito sensível. De acordo com Bohm, todas as coisas estão interconectadas por meio de uma rede invisível de energia quântica, e a própria consciência poderia ser parte desse substrato implícito. Essa visão holográfica poderia explicar como todas as informações do universo estão contidas em cada parte do cosmos.

As confirmações do entrelaçamento, outro pilar da física quântica, pintam a imagem de um universo no qual as partículas permanecem conectadas a grandes distâncias, com mudanças em uma delas desencadeando reações instantâneas em outra. Esse conceito incrível foi demonstrado de forma vívida no teorema de John Bell de 1964, que estabeleceu a base para a compreensão das evidências experimentais do entrelaçamento. O trabalho de Alain Aspect de 1982, que mostrou a realidade do entrelaçamento por meio de seus experimentos que marcaram época, implica que a natureza do universo é tal que a localidade é realmente uma ilusão sobre a qual prevalece a não-localidade.

É interessante notar que o conceito de consciência cósmica, uma percepção que abrange tudo, reflete as tradições filosóficas orientais. A perspectiva não dualista do Advaita Vedanta, adotada por sábios como Adi Shankaracharya, ressoa com as noções de unidade e interconexão propostas pelas teorias quânticas. O ilustre físico e místico indiano Amit Goswami vincula vividamente esses princípios filosóficos à mecânica quântica, enfatizando que a consciência, e não a matéria, é a base de toda a existência.

Ao unificar a fisiologia, a neurobiologia e a física quântica em um campo harmonioso, o conceito de consciência quântica nos leva a reconsiderar os limites do eu e do universo. A dança nas ondas da consciência quântica nos ensina que todas as coisas estão intimamente conectadas, que nossas formas de perceber e compreender o mundo podem ser muito mais sutis e complexas do que jamais imaginamos. Nessa visão metafísica, não somos meros habitantes de um planeta isolado em um imenso vácuo do espaço, mas sim fragmentos conscientes de um holograma quântico universal, participantes ativos de uma dança atemporal que transcende todos os limites conhecidos.

As pesquisas continuam, os experimentos se sucedem, e nossa compreensão do universo pode evoluir ainda mais, dando-nos novas e extraordinárias percepções sobre a natureza da consciência e da própria realidade. Até lá, podemos apenas contemplar essas teorias, inspirados pela capacidade infinita dos seres humanos de explorar o desconhecido, subverter paradigmas e, talvez, realmente dançar nas ondas da consciência quântica.

Os limites da consciência e a circularidade da teoria quântica.

Na vasta teia do universo, entre as enigmáticas partículas subatômicas e os intrincados meandros do pensamento humano, surge uma questão fascinante e perturbadora: nossa consciência poderia ser uma entidade quântica imortal? Essa hipótese, que combina as profundezas da física quântica e as abstrações da metafísica, está ganhando espaço entre os filósofos modernos e alguns físicos teóricos.

A física quântica, nascida no início do século XX com as contribuições de pioneiros como Max Planck, Niels Bohr e Albert Einstein, derrubou as convenções da física clássica. A famosa equação de Schrödinger de 1926, introduzida pelo físico austríaco Erwin Schrödinger, forneceu a primeira ferramenta matemática para descrever as probabilidades dos estados quânticos. O conceito de superposição, que implica que uma partícula pode existir em vários estados simultaneamente, e a incerteza intrínseca representada pelo princípio da incerteza de Heisenberg, tornaram-se os pilares fundamentais dessa teoria.

A consciência humana, por sua vez, é um fenômeno igualmente complexo e misterioso. Em 1989, o físico Roger Penrose apresentou a hipótese de que a consciência poderia se basear em princípios quânticos em seu livro "*The Emperor's New Mind*". Penrose sugeriu que os processos quânticos no cérebro humano poderiam estar por trás dos estados de consciência, uma ideia que encontrou mais apoio por meio da colaboração com o médico e pesquisador Stuart Hameroff. A dupla propôs a teoria Orch-OR, segundo a qual os microtúbulos neuronais são os locais dos processos quânticos relevantes para a consciência.

O círculo da teoria quântica.

Uma das características mais intrigantes da física quântica é sua circularidade. As partículas que compõem a matéria e a energia do universo parecem se mover em um ciclo contínuo de criação e aniquilação, um balé cósmico que não tem início nem fim reais. Esse princípio de eterna recorrência pode ser visto por meio da interpretação de muitos mundos de Hugh Everett, postulada em 1957, que sugere que qualquer evento que possa ocorrer envolve a divisão do universo em ramos distintos e paralelos.

De um ponto de vista metafísico, essas ideias abrem perspectivas interessantes sobre as possíveis naturezas da consciência. Se os processos quânticos que sustentam a consciência também fazem parte desse ciclo quântico eterno, então a consciência pode não ser limitada pelo confinamento temporal tradicional de nascimento e morte. Em algumas tradições filosóficas e religiosas, como nos conceitos do hinduísmo e do budismo, postula-se a existência de uma alma eterna que transmigra de um corpo para outro, um conceito que pode ser visto sob uma nova luz à luz da física quântica.

Um exemplo prático da interseção entre a consciência e a mecânica quântica é o experimento mental do "gato de Schrödinger", no qual um gato pode estar simultaneamente vivo e morto até que ocorra uma observação. Esse paradoxo, criado para criticar a interpretação de Copenhague da mecânica quântica, levanta questões sobre a influência do observador consciente na realidade.

Outro ponto de interesse é o entrelaçamento quântico, um fenômeno demonstrado experimentalmente pelo físico Alain Aspect em 1982. Os experimentos de Aspect provaram que as partículas emaranhadas permanecem conectadas instantaneamente, independentemente da distância que as separa. Isso sugere que a separação espacial é uma ilusão e que todo o universo está interconectado, uma ideia que ressoa com muitas filosofias holísticas.

Enquanto a física tenta unificar as teorias da gravitação e da quântica em uma teoria de tudo, a mente humana continua tentando entender a si mesma. As noções de superposição, emaranhamento e dualidade onda-partícula podem oferecer pistas sobre como a consciência não apenas surge, mas interage continuamente com o cosmos. Penrose escreveu:

"O universo não é apenas mais estranho do que pensamos, mas mais estranho do que podemos pensar".

Nesse vasto labirinto de pensamentos e partículas, estamos todos, talvez, em uma dança indissolúvel com o tecido quântico do cosmos, eternamente interconectados e imortais.

Beyond the mystery: searching for the key to quantum consciousness (Além do mistério: em busca da chave para a consciência quântica).

Diante das grandes questões sobre as origens e a natureza da consciência, a humanidade tem se voltado com frequência para a ciência e a filosofia. Nas últimas décadas, uma nova fronteira se abriu graças aos desenvolvimentos da física quântica, oferecendo perspectivas sem precedentes que apontam para uma entidade consciente imortal. Esta seção explora essas ideias fascinantes e complexas, usando uma visão metafísica para tentar fornecer uma resposta ao desafio do mistério da consciência.

A consciência, definida como a capacidade de perceber a si mesmo e seu ambiente, há muito tempo é um enigma para cientistas e filósofos. Entretanto, com o advento da física quântica no início do século XX, um novo conjunto de ferramentas conceituais tornou-se disponível. Os pais da mecânica quântica - incluindo Max Planck, Werner Heisenberg e Albert Einstein - começaram a descobrir que o mundo subatômico operava de forma imprevisível e paradoxal, desafiando as leis clássicas da física.

Roger Penrose, matemático e físico britânico conhecido por seu trabalho sobre relatividade e buracos negros, apresentou a ideia de que o cérebro poderia funcionar em níveis quânticos em seu livro de 1989, "*The Emperor's New Mind*". Penrose, juntamente com o anestesista Stuart Hameroff, desenvolveu a teoria Orch-OR, propondo que a consciência emerge de processos quânticos nos microtúbulos das células cerebrais.

O emaranhamento quântico, batizado por Albert Einstein como "*ação fantasma à distância*", é outro fenômeno relevante. Estudos conduzidos por Alain Aspect na década de 1980 mostraram que as partículas emaranhadas permanecem conectadas de maneiras que excedem a velocidade da luz. Essa interconexão instantânea sugere uma rede de conexões universais que poderia se estender à consciência humana. A metáfora usada com frequência é a de uma "*teia cósmica*", em que cada ser consciente é um nó interconectado com todo o universo.

Em um contexto metafísico, a física quântica oferece uma base para explorações além do mundo material. As filosofias orientais, como o budismo e o hinduísmo, há milênios contemplam a ideia de uma energia universal que permeia todos os seres vivos, com o conceito de "*Atman*" (alma individual) e "*Brahman*" (alma universal) oferecendo um paralelo impressionante com o entrelaçamento quântico.

Ao longo do tempo, muitas tradições esotéricas sugeriram que a consciência poderia sobreviver à morte física. O físico David Bohm, um firme defensor da interpretação holográfica do universo, propôs que a realidade é uma projeção de uma ordem implícita mais profunda. Bohm via a consciência como parte integrante desse holograma cósmico, em que cada pequena parte contém o todo.

A ideia de uma consciência quântica imortal é ainda mais enriquecida por estudos recentes em física teórica e cosmologia. Um dos conceitos cruciais é o papel do observador na teoria quântica. A física quântica sugere que a realidade observada não existe independentemente do observador. O princípio de complementaridade de Niels Bohr implica que o comportamento das partículas depende do ato de medição, indicando uma conexão fundamental entre o observador e o universo.

De um ponto de vista metafísico, essa observação pode ser interpretada como prova de que a consciência e o universo estão inextricavelmente interligados. Aqui, o conceito de uma entidade consciente imortal encontra apoio plausível. Se a consciência é um fenômeno quântico, então ela poderia existir além dos limites do tempo e do espaço, semelhante à eternidade postulada nas tradições espirituais.

A busca pela chave da consciência quântica nos leva além do mistério para o território interseccional entre a ciência e a metafísica. As teorias quânticas não apenas levantam questões sobre a natureza do cosmos, mas também nos levam a reconsiderar nossa compreensão da mente e da própria realidade. Figuras como Roger Penrose, Stuart Hameroff e David Bohm abriram as portas para uma consciência que poderia transcender a matéria e o tempo, ressoando com antigos conceitos espirituais e dando um novo significado à nossa existência.

William James, um dos pais da psicologia moderna, afirmou:

> *"O mundo vivido pode ser analisado em termos quânticos, e nossas experiências de consciência podem ser a chave para entender a verdadeira estrutura da realidade."*

Nessa fascinante exploração, a ciência e a metafísica se encontram, oferecendo uma imagem que pode revelar significados novos e profundos sobre a natureza da consciência e nossa essência como seres humanos.

A noção de tempo na física quântica e na experiência subjetiva.

A relação entre a consciência e a física quântica é um campo de pesquisa que tem atraído tanto interesse quanto críticas. Entre as teorias mais sugestivas está a da "consciência quântica", que explora o conceito de consciência como uma entidade capaz de evitar a morte do corpo. Embora essa ideia permaneça especulativa, ela está enraizada em discussões científicas e filosóficas complexas que envolvem noções de tempo, realidade e percepção.

O tempo é um conceito central na física quântica, mas é tratado de forma muito diferente da física clássica. No início do século XX, físicos como Albert Einstein e Niels Bohr lançaram as bases para uma compreensão do tempo que transcende a linearidade intuitiva de "*passado, presente e futuro*". A relatividade geral de Einstein (1915) mudou radicalmente nossa compreensão do tempo, mostrando-nos que ele está inextricavelmente entrelaçado com o espaço em uma estrutura chamada espaço-tempo.

De acordo com a física quântica, os eventos não são definidos por um conjunto rígido de causas e efeitos, mas sim por uma matriz de probabilidades. O tempo, portanto, é visto mais como uma dimensão na qual as probabilidades dos eventos "colapsam" em momentos específicos quando são observados. Essa visão tem implicações sugestivas para o conceito de consciência e sua possível eternidade.

A teoria da "consciência quântica" afirma que os processos mentais estão relacionados a fenômenos quânticos, como a superação da dualidade onda-corpúsculo e o colapso das funções de onda.

Hameroff sugere que a consciência pode existir de uma forma que não esteja ligada ao plano físico, explorando a natureza não local e atemporal dos estados quânticos. Essa ideia abre a possibilidade de que a consciência possa sobreviver à morte física, transmitindo-se em alguma forma imaterial ou, de outra forma, invadindo a estrutura do universo.

As experiências de EQM representam um campo de estudo particularmente intrigante no contexto da consciência quântica. Muitas pessoas relatam a sensação de transcender o tempo e o espaço, vivenciando um tipo de universalidade eterna durante essas experiências.

O tempo subjetivo, portanto, nem sempre está de acordo com as medidas objetivas. O filósofo Henri Bergson explorou essas dimensões subjetivas do tempo em sua obra "*Time and Free Will*" (1889), sugerindo que a percepção do tempo pode ser dilatada ou contraída de acordo com a consciência individual. Essa ideia é ainda mais apoiada pela psicologia moderna, com estudos que mostram como a percepção do tempo pode variar amplamente em estados alterados de consciência.

Vários experimentos tentaram explorar a natureza da consciência pelo prisma da física quântica. Um dos experimentos mais conhecidos e mais controversos é o de Benjamin Libet, que na década de 1980 estudou o tempo de reação do cérebro em relação à consciência das decisões motoras. Seus resultados sugeriram que as decisões são preparadas no cérebro antes de nos darmos conta delas, levantando questões sobre a natureza do livre arbítrio e a temporalidade da consciência.

Da mesma forma, experimentos de "emaranhamento" quântico mostram que duas partículas podem permanecer conectadas instantaneamente a grandes distâncias, um fenômeno que desafia nossa compreensão tradicional de tempo e espaço. Se a consciência puder de alguma forma se conectar a esse fenômeno, isso implica um tipo de existência não localizada e não temporária.

A ideia da consciência quântica como uma entidade imortal é uma exploração fascinante na fronteira entre ciência, filosofia e espiritualidade. Muitas dessas reflexões inauguram um diálogo essencial sobre o que significa estar consciente e como nosso lugar no universo pode se estender além dos limites de nossos corpos finitos.

A física quântica já revolucionou nossa compreensão da realidade material; não é totalmente implausível pensar que ela poderia fazer o mesmo com a realidade da consciência. O futuro da pesquisa nesse campo promete continuar a desafiar e expandir a maneira como vemos a nós mesmos e a nossa existência. Afinal de contas, como disse o físico Richard Feynman:

"Se você acha que entendeu a mecânica quântica, você não entendeu a mecânica quântica".

Talvez o mesmo se aplique à nossa compreensão da consciência.

Reflexões sobre causalidade e consciência no contexto da física quântica.

A questão da sobrevivência da consciência após a morte sempre fascinou a humanidade, entrelaçando-se com a estrutura das crenças religiosas, filosóficas e científicas. Nas últimas décadas, uma nova estrutura teórica começou a tomar forma, a da "consciência quântica". Esse conceito está profundamente ligado à própria natureza da realidade descrita pela física quântica, abrindo uma janela para discussões fascinantes sobre causalidade e consciência.

A física quântica mudou nossa compreensão da causalidade, desafiando o paradigma determinista que domina a ciência desde a época de Newton. Em especial, o princípio da superposição e o conceito de emaranhamento tornaram o quadro muito mais complexo. Os experimentos de Alain Aspect (1982), por exemplo, demonstraram que as partículas emaranhadas podem influenciar umas às outras instantaneamente, independentemente da distância entre elas, desafiando a noção clássica de causalidade linear.

O físico quântico John Bell, com seu famoso teorema (1964), complicou ainda mais o quadro, mostrando que nenhuma teoria local de variáveis ocultas pode reproduzir todas as previsões da mecânica quântica. Isso tem implicações profundas para o conceito de causalidade, sugerindo que a realidade pode ser não local e estar entrelaçada de maneiras que desafiam nossa compreensão intuitiva.

A consciência, ou consciousness, ainda é um fenômeno bastante misterioso, mesmo na neurociência. Entretanto, alguns estudiosos tentaram conectar a física quântica com a consciência, abrindo novos horizontes de pesquisa. Entre eles estão o matemático Roger Penrose e o neurofisiologista Stuart

O próprio Penrose argumentou em seu livro "*The Emperor's New Mind*" que os cálculos da mente humana não podem ser reproduzidos por um algoritmo e que os processos quânticos devem estar por trás da consciência. De acordo com Hameroff e Penrose, a consciência pode não estar estritamente ligada ao corpo físico, mas pode representar um tipo de fenômeno não local que pode sobreviver à morte.

A ideia de que a consciência pode sobreviver à morte física também tem sido repetida em culturas e crenças antigas. Entretanto, a abordagem quântica oferece uma nova lente para examinar essa possibilidade. A não-localidade da física quântica, por exemplo, implica que alguns fenômenos podem estar conectados globalmente, independentemente da distância. Isso poderia sugerir uma estrutura da realidade na qual a consciência não está confinada a um único ponto no espaço-tempo.

Além disso, a interpretação de Hugh Everett de 1957, conhecida como a "*interpretação de muitos mundos*", sugere que todos os estados quânticos possíveis são realizados em universos paralelos. A consciência poderia "*pular*" de um universo para outro, conforme sugerido por alguns teóricos radicais? Essa ideia, embora altamente especulativa, foi levada a sério por vários pesquisadores, abrindo novos cenários sobre a possível imortalidade da consciência.

Vários experimentos tentaram sondar a conexão entre a física quântica e a consciência. Os experimentos de dupla fenda, em que a própria observação parece influenciar o resultado dos fenômenos quânticos, apoiam a ideia de que a consciência pode desempenhar um papel fundamental na distorção da própria realidade.

A noção de consciência quântica e sua possível imortalidade representam um campo de pesquisa tão controverso quanto fascinante. A física quântica, com suas peculiaridades e inversões da física clássica, nos leva a reconsiderar a relação entre mente e matéria, causa e efeito e o significado final de nossa existência.

As teorias da consciência quântica nos convidam a repensar profundamente nossas crenças fundamentais. Como disse Carl Sagan:

> *"A ciência não é apenas compatível com a espiritualidade; ela é uma fonte profunda de espiritualidade."*

Talvez, no futuro, a ciência quântica possa revelar novas verdades sobre nossa consciência e a misteriosa permanência de nossa essência além das fronteiras da vida e da morte.

A natureza do eu e a teoria quântica.

Nas últimas décadas, a fronteira da ciência tem explorado territórios que, até recentemente, eram considerados de domínio exclusivo da filosofia e da metafísica. Um deles é a natureza do eu e sua relação com o universo físico. Em particular, a consciência quântica provocou um debate ardente sobre uma questão que fascina os seres humanos há séculos: a imortalidade da alma. Por meio de uma lente científica e metafísica, podemos ver como a teoria quântica está redefinindo os limites de nosso conceito de consciência e, talvez, de nossa própria existência.

A teoria quântica, que se originou nas primeiras décadas do século XX, revolucionou nossa compreensão da realidade física. No centro dessa revolução está o princípio da superposição quântica, que sustenta que partículas como os elétrons podem existir em vários estados simultaneamente até serem observadas.

Essa teoria tem implicações profundas para a natureza do eu. A consciência quântica sugere que o eu, ou a consciência humana, pode operar no nível microscópico por meio da interação de partículas subatômicas no cérebro. Penrose e Hameroff, com a teoria Orch-OR, propuseram que a consciência emerge de processos quânticos nos microtúbulos dos neurônios do cérebro. Essa teoria, embora controversa, abriu novos caminhos de pesquisa sobre a interação entre a mente e a matéria.

O conceito de um eu quântico e imortal não é novo no cenário das ideias humanas, mas a teoria quântica fornece uma estrutura científica para antigas crenças metafísicas. A visão de um universo interconectado e holístico tem raízes profundas nas filosofias orientais. Por exemplo, o conceito hindu de "*Atman*", que representa a alma universal, e a teoria budista do "*Não-Eu*", que enfatiza a interconexão de todas as coisas, parecem ecoar a ideia do entrelaçamento quântico, em que partículas deslocadas a milhares de quilômetros de distância podem permanecer intimamente conectadas.

Erwin Schrödinger, um dos pais da mecânica quântica, tinha um profundo interesse nessas filosofias. Ele escreveu em seu livro "*My View of the World*" (1961):

> *"A consciência é uma unidade. É claro que existem muitos corpos e muitas mentes, mas apenas uma consciência".*

Schrödinger reconheceu uma profunda conexão entre os ensinamentos filosóficos orientais e a realidade descrita pela física quântica.

Outra contribuição significativa para o debate sobre a consciência quântica veio de David Bohm, com sua teoria da "*Ordem Implícita*". Bohm propôs que o universo inteiro era uma vasta rede de relacionamentos em que cada parte está contida no todo e o todo está presente em cada parte, uma ideia que surpreendentemente se alinha com a noção de emaranhamento quântico. Bohm escreveu em seu livro "*Wholeness and the Implicate Order*" (1980):

> *"A realidade é indivisível e interconectada".*

No campo experimental, a pesquisa de John Wheeler sobre o "*Delayed Choice Experiment*" complicou ainda mais a relação entre o observador e o observado, sugerindo que o nosso futuro pode influenciar o presente e, portanto, colocando questões profundas sobre a natureza do tempo e da realidade.

A questão subjacente é se a consciência, como um fenômeno quântico, pode sobreviver à morte física. A visão de uma entidade quântica imortal postula que nosso eu, como uma superposição de estados quânticos, pode de alguma forma persistir além da destruição do corpo físico. Isso abre cenários sugestivos e, para alguns, reconfortantes sobre a possibilidade de a consciência ter uma dimensão eterna.

O debate sobre a consciência quântica e sua possível imortalidade nos leva a revisitar antigas questões sob uma nova luz científica. A teoria quântica, com sua capacidade de descrever a intrincada interconexão da realidade, oferece uma linguagem moderna para falar sobre antigas aspirações humanas, como a sobrevivência da alma e a natureza do eu. Como escreveu o físico John von Neumann:

> *"Quando contemplamos os fundamentos da ciência moderna, descobrimos que a mente entra em nossa compreensão do mundo de uma forma inesperada e misteriosa".*

Ainda não se sabe se a ciência será capaz de fornecer respostas definitivas sobre esses tópicos profundamente filosóficos. No entanto, a combinação da física quântica e da metafísica representa um terreno fértil para a exploração, capaz de aproximar cada vez mais o pensamento científico das questões fundamentais sobre a existência humana que nos acompanham há milênios.

A realidade quântica por trás da percepção humana.

Ao longo da história, as questões sobre a natureza da consciência e sua relação com a realidade física têm fascinado filósofos, cientistas e pensadores de todas as épocas. Com o advento da mecânica quântica no século XX, as barreiras entre a ciência e a filosofia começaram a se diluir, oferecendo perspectivas novas e inesperadas. A mecânica quântica, com suas peculiaridades e paradoxos, lança uma luz nova e intrigante sobre a natureza do eu e sua percepção do mundo.

Heisenberg, em 1927, introduziu o paradoxo da indeterminação, afirmando que não é possível conhecer simultaneamente a posição e o momento de uma partícula com precisão absoluta. Esse princípio levantou questões fundamentais sobre a estreiteza de nossa percepção e a natureza da própria realidade. É como se a realidade estivesse escondida atrás de um véu de probabilidade que somente o ato de observação pode levantar parcialmente.

A superposição quântica, introduzida por Schrödinger em 1935 com o famoso experimento do gato, sugere que um sistema quântico pode existir em vários estados simultaneamente até que seja observado. Isso implica que o observador, ou a consciência, desempenha um papel fundamental na determinação da realidade física, com profundas implicações para nossa compreensão do eu e do mundo.

No campo da metafísica, a teoria quântica oferece uma estrutura conceitual para explorar a natureza do eu e sua possível imortalidade. A visão de que a consciência humana pode ser ligada a fenômenos quânticos abre caminho para hipóteses de um "eu" independente do corpo físico.

O fenômeno do entrelaçamento quântico demonstra que duas partículas podem permanecer conectadas independentemente da distância entre elas. Esse princípio de interconexão poderia sugerir que todas as consciências fazem parte de uma realidade maior e interconectada.

John Wheeler, outro pioneiro da física quântica, propôs o conceito de um "*universo participativo*", sugerindo que o universo existe como uma série de possibilidades que só se materializam com a participação dos observadores. Ele escreveu:

"'Nenhum fenômeno é um fenômeno até que seja um fenômeno observado'.

Essa visão participativa do universo aproxima a ciência quântica das antigas filosofias metafísicas que consideram a consciência como fundamental para a criação da realidade.

Stuart Hameroff e Roger Penrose propuseram a teoria Orch-OR. Essa teoria implica que a informação quântica pode sobreviver à morte física do corpo, sugerindo a imortalidade da consciência.

No contexto da metafísica, essa teoria poderia interpretar o "eu" como uma entidade que transcende o tempo e o espaço, continuando a existir em uma forma diferente após a morte física. Hameroff, em várias entrevistas e publicações, enfatizou a possibilidade de a consciência ser parte de uma estrutura fundamental do universo, propondo cenários fascinantes nos quais o "eu" é eterno e indestrutível.

A união da mecânica quântica com a metafísica propõe um quadro intrigante no qual a consciência desempenha um papel fundamental na criação da realidade. A percepção humana, por meio dos princípios quânticos de indeterminação, superposição e emaranhamento, torna-se um elemento central em um universo interconectado e, talvez, participativo.

Se a teoria quântica pode equipar a ciência com uma linguagem para investigar as antigas questões da filosofia, ela também nos convida a refletir sobre a possibilidade de que a consciência e, consequentemente, o "eu", seja mais do que um mero epifenômeno químico no cérebro. Como disse David Bohm:

"Toda a história do universo aparece como um processo indivisível, que inclui a consciência como um aspecto intrínseco e inseparável".

A ciência quântica, embora ainda seja misteriosa e controversa em muitos aspectos, oferece-nos a chance de explorar nossa realidade interior por meio de lentes novas e poderosas, aproximando-nos da compreensão da natureza do eu e de seu eterno mistério.

Reflections of the 'I': consciousness as a mirror of the quantum universe (Reflexões do 'eu': a consciência como um espelho do universo quântico).

Em uma época em que as fronteiras da ciência estão cada vez mais entrelaçadas com as questões mais profundas da filosofia, o conceito de "consciência quântica" surge como um espelho pelo qual podemos observar não apenas a mente humana, mas todo o universo. O debate sobre a natureza do "eu", embora tão antigo quanto a própria filosofia, assume uma nova dimensão quando examinado à luz da física quântica.

O papel do observador na mecânica quântica alterou a forma como entendemos a realidade. "Werner Heisenberg, um dos pais da teoria quântica, nos lembra que:

> *"Antes de ser observada, a partícula não existe em um lugar definido, mas em um estado de superposição".*

Esses princípios de indeterminação e superposição sugerem que o ato de observar está intrinsecamente ligado à manifestação da realidade.

O físico John Wheeler, com sua teoria do universo participativo formulada na década de 1970, propôs que a realidade era maleável e dependia da observação:

> *"O universo não está apenas lá fora, mas deve ser visto como a autorrealização de sua existência por meio da participação do observador".*

De acordo com essa visão, o "eu" se torna um agente ativo na criação da realidade, uma espécie de cúmplice quântico no universo.

Essa perspectiva abre as portas para visões metafísicas antigas e novas. O filósofo Platão acreditava em uma realidade além daquela perceptível pelos sentidos, uma dimensão de ideias e formas perfeitas que sobreviviam além da morte física. De certa forma, a teoria quântica moderna ressoou com essa visão, ecoando a noção de que a consciência pode ser mais do que um produto do cérebro físico, mas sim uma janela para uma realidade mais profunda e interconectada.

Bohm considerava a mente e a matéria como aspectos diferentes da mesma realidade subjacente:

> *"A consciência é uma imagem espelhada do mundo quântico, e o mundo quântico é um reflexo da consciência".*

O conceito de consciência como um espelho do universo quântico não apenas desafia o materialismo reducionista, mas também oferece uma síntese esclarecedora da ciência e da espiritualidade. À medida que nos aventuramos mais profundamente no reino da mecânica quântica, podemos nos encontrar redefinindo o "eu" não apenas como uma entidade confinada em nosso cérebro, mas como um participante ativo e contínuo no mistério cósmico, um espelho no qual o universo se vê e se entende.

Beyond becoming: exploring the constellation of the self in the universe of quantum possibilities (Além do devir: explorando a constelação do eu no universo de possibilidades quânticas).

As pesquisas sobre a natureza da consciência sempre levantaram questões fascinantes, desafiando os limites da filosofia, da psicologia e, mais recentemente, da física. Um dos conceitos mais intrigantes que surgiram da interseção da ciência e da metafísica é a consciência quântica, uma dimensão que sugere a existência de um "eu" imortal, capaz de transcender o tempo e o espaço. Usando a teoria quântica como chave de interpretação, esta seção explorará a constelação do eu e sua evolução além do devir.

Nesse contexto, a consciência quântica sugere a ideia de que nosso "eu" é mais do que uma mera sucessão de estados mentais; ele representa uma rede interconectada de possibilidades e potencialidades. A citação da escritora e filósofa contemporânea Marilynne Robinson é pertinente:

> *"Nossa vida não é simplesmente seu devir, mas também a celebração de infinitas possibilidades que se concretizam com o tempo".*

Quando falamos de "eu" no contexto da consciência quântica, estamos nos referindo a uma subjetividade que não é limitada pelo tempo ou pelo espaço. Carl Jung, o célebre psicanalista, explorou a ideia do inconsciente coletivo, sugerindo que há uma dimensão da experiência humana que vai além do indivíduo, abrangendo arquétipos e símbolos universais que todos nós compartilhamos.

O campo da meditação e das práticas contemplativas encontra uma surpreendente afinidade com as ideias da consciência quântica. Jon Kabat-Zinn, famoso por seu programa de redução do estresse com base na atenção plena (MBSR), demonstrou como a meditação pode influenciar nossa percepção do tempo e do "eu", promovendo um sentimento de unidade e interconexão. Essas experiências podem levar a uma sensação de imersão na possibilidade, emergindo de um ciclo de identificação com o "eu" diurno para explorar a dimensão quântica da existência.

A consciência quântica implica que o ser humano não é um mero produto da matéria, mas uma entidade intrinsecamente interconectada com o universo. Essa visão nos convida a refletir sobre três aspectos fundamentais:

Imortalidade do ego

Se o eu for visto como uma constelação de possibilidades em vez de uma entidade estática, abre-se a porta para uma nova concepção de imortalidade. A visão quântica sugere que o eu pode persistir além da morte física, manifestando-se em novas formas e estados de existência. Eugene Wigner, ganhador do Prêmio Nobel de Física, argumentou que a consciência desempenha um papel fundamental na observação e na criação da realidade, destacando como nossa percepção pode transcender os limites temporais.

Interconexão com o universo.

A ideia de um "eu" quântico promove a conscientização da interconexão entre todos os seres vivos e o próprio universo. Os movimentos espirituais, como as filosofias orientais, como o budismo e o taoismo, há muito tempo exploram essa dinâmica, reconhecendo a ilusão do ego e a importância da conexão. A famosa citação de Alan Watt resume bem essa visão:

"Você não é uma gota no mar, você é o mar em uma gota".

Reflexões éticas.
As implicações éticas da consciência quântica são imensas. Se estamos todos interconectados, como as ações de um indivíduo afetam toda a estrutura da realidade? Fritjof Capra, em seu livro "*The Tao of Physics*" (*O Tao da Física*), explorou como as tradições espirituais podem iluminar a ciência, enfatizando a responsabilidade individual em harmonizar as ações de cada um com o bem-estar coletivo.

Experimentos e pesquisas atuais.

Embora a consciência quântica seja, em grande parte, um campo especulativo, houve experimentos significativos na tentativa de entender sua base. Um experimento famoso é o experimento da dupla fenda, que demonstra como a mera observação de uma partícula pode influenciar seu comportamento. Esse fenômeno provocou reflexões profundas sobre a natureza do observador e sua conexão com a realidade.

A consciência quântica, vista pelas lentes da metafísica, oferece uma perspectiva fascinante sobre a essência do eu e seu papel no universo. Com sua proposta de um "eu" imortal e interconectado, ela nos convida a refletir sobre a importância de nossa existência, nossas ações e nossa conexão com o mundo ao nosso redor. À medida que a ciência continua a explorar o mistério da consciência, uma jornada além do devir nos aguarda, em busca de uma compreensão mais profunda da natureza da realidade e do nosso lugar nela.

Essa jornada exige não apenas curiosidade intelectual, mas também uma abertura para o mistério que envolve a experiência humana: um convite para olhar além do devir e descobrir as infinitas possibilidades que se encontram na constelação de nosso ser.

A natureza da intencionalidade humana à luz da física quântica.

A questão da consciência e sua natureza tem fascinado filósofos, cientistas e pensadores ao longo dos séculos. Nos tempos modernos, o advento da física quântica levantou questões sem precedentes sobre a essência do ser humano e sua possível imortalidade. Um dos aspectos mais intrigantes dessa discussão é a relação entre consciência e intencionalidade, analisada à luz dos princípios da física quântica.

O termo "intencionalidade" foi introduzido pelo filósofo alemão Franz Brentano no século XIX, referindo-se à capacidade da mente humana de direcionar seus pensamentos para um objeto, real ou imaginário. Essa característica é o que distingue a consciência dos simples estados fisiológicos. A pergunta que surge é: como essa faculdade se encaixa nas descobertas da física quântica?

Na década de 1970, o físico Eugene Wigner, ganhador do Prêmio Nobel em 1963, propôs que a consciência desempenha um papel fundamental na observação quântica. Em seu famoso artigo "*Remarks on the mind-body problem*" (1961), Wigner argumentou que o ato de observar uma partícula quântica leva à sua "definição" em um estado específico, sugerindo que a consciência humana contribui para o ato de medição no mundo quântico. Isso implica que a intencionalidade humana poderia ter um impacto direto sobre a realidade física, um conceito que desafia as intuições tradicionais.

Para entender a interação entre a consciência e a realidade, é fundamental considerar os princípios da física quântica. Um experimento fundamental é o experimento da "Fenda Dupla", que demonstra o fenômeno da superposição quântica. Quando uma partícula, como um elétron, passa por duas fendas, ela se comporta como uma onda, assumindo vários estados simultaneamente. Entretanto, a observação dessa partícula a força a "escolher" um estado específico. Isso leva a uma questão crucial: a observação não é apenas um ato passivo, mas uma interação ativa que influencia o comportamento da realidade.

Uma contribuição importante para essa discussão é fornecida pelas teorias do físico David Bohm, que sugere que o universo pode ser visto como um todo indivisível e interconectado, onde "*tudo está conectado a tudo*". Bohm explorou essa ideia em seu livro "*Wholeness and the Implicate Order*" (1980), formulando uma visão metafísica do universo que implica uma dimensão interna e subjetiva da realidade. Nesse contexto, a intencionalidade humana pode ser vista como uma forma pela qual a consciência interage e contribui para nossa compreensão interconectada da realidade.

Consciência e imortalidade: The search for meaning.

Se aceitarmos que a consciência tem um papel ativo na criação da realidade, surge a questão de sua imortalidade. Alguns cientistas e filósofos, como o famoso neurofisiologista Sir John Eccles, argumentaram que a mente e o cérebro operam de forma integrada, mas que o "Um" não pode ser reduzido ao "Outro". Eccles, em colaboração com o ganhador do prêmio Nobel Albert Einstein, propôs um modelo que implica uma dimensão imaterial para a manifestação do eu, sugerindo que a consciência não está confinada ao cérebro, mas emerge de uma interação complexa com o mundo quântico.

Essa ideia encontra eco na teoria dos "*universos paralelos*" defendida pelo físico Hugh Everett III em 1957 com sua interpretação de "*muitos mundos*" da mecânica quântica. De acordo com essa interpretação, cada escolha feita pela intencionalidade humana poderia dar origem a um universo paralelo, sugerindo que cada decisão poderia multiplicar nossa existência em infinitas esferas de realidade. Isso levanta questões tão fascinantes quanto perturbadoras sobre a natureza do eu e sua possível imortalidade.

Analisando a consciência pelo prisma da física quântica, as fronteiras entre ciência e espiritualidade tornam-se cada vez mais tênues. A ideia de uma entidade imortal que transcende a mera fisicalidade encontra ressonância em muitas tradições espirituais, que postulam que o eu não é limitado pelo corpo material. O filósofo indiano Jiddu Krishnamurti, por exemplo, enfatizou a importância da intencionalidade na compreensão da existência. Em seu livro *The First and Last Freedom* (1954), Krishnamurti enfatizou que a verdadeira liberdade é alcançada por meio do reconhecimento do eu como uma entidade sem limites.

A fusão da ciência e da espiritualidade na questão da imortalidade da consciência apresenta desafios e oportunidades para uma nova compreensão da realidade. À medida que a física quântica continua a evoluir e a expandir nossa visão de mundo, é fundamental não perder de vista o elemento subjetivo e intencional da experiência humana.

De modo geral, a exploração da intencionalidade humana à luz da física quântica leva a novas reflexões sobre as questões fundamentais da existência, da consciência e da possibilidade de uma entidade imortal. Hoje, mais do que nunca, é evidente que a consciência não pode ser relegada a uma mera função biológica, mas representa um fenômeno complexo e poderosamente interconectado com o tecido da própria realidade.

Nessa busca por significado, a física quântica não apenas oferece novas oportunidades para explorar a natureza do eu, mas também convida a reflexões mais profundas sobre nossa posição no universo. E assim, ao nos aventurarmos no misterioso reino da consciência, nos deparamos com uma pergunta fundamental: a intencionalidade humana é uma porta de entrada para a imortalidade?

A experiência subjetiva como uma junção entre a física quântica e a filosofia.

A consciência humana, com todas as suas complexidades e nuances, continua sendo uma das questões mais enigmáticas da ciência e da filosofia. Nas últimas décadas, o surgimento da física quântica abriu novos caminhos de exploração, sugerindo que nossa compreensão da realidade pode estar intimamente ligada às nossas experiências subjetivas. Nesta seção, exploraremos como a experiência subjetiva pode atuar como uma junção entre a física quântica e a filosofia, levando a uma visão metafísica da consciência e do eu.

A experiência subjetiva é a maneira como percebemos e interpretamos o mundo, a partir de nosso ponto de vista único e pessoal. Na filosofia, esse conceito foi analisado em profundidade por pensadores como Edmund Husserl, o fundador da fenomenologia, e mais recentemente por Daniel Dennett e David Chalmers. Suas teorias enfatizam que a consciência e a experiência pessoal são fundamentais para a compreensão da essência do eu e da própria realidade.

A física quântica, por outro lado, oferece uma compreensão radicalmente diferente da realidade física. Por meio de experimentos como o experimento das duas fendas, os físicos demonstraram que o comportamento das partículas subatômicas muda dependendo se elas são observadas ou não. Esse fenômeno, conhecido como "colapso da função de onda", implica que o ato de observação - tão intimamente ligado à consciência - desempenha um papel crucial na definição da realidade.

Voltando ao experimento de dupla fenda, o comportamento das partículas sugere que elas existem em um estado de superposição até serem medidas. Essa evidência levou a perguntas fundamentais: qual é o papel do observador? E qual o impacto que a consciência tem sobre a experiência da observação? Físicos quânticos, como Eugene Wigner e Wolfgang Pauli, exploraram a ideia de que a consciência é necessária para "fixar" um estado quântico. Wigner afirmou:

"É o ato de consciência que, em última análise, define a realidade."

Isso sugere que a intencionalidade humana, ou seja, a capacidade de direcionar nossa atenção e percepção, pode influenciar o mundo em um nível fundamental.

As implicações dessa conexão entre a intencionalidade e a física quântica se estendem à metafísica. Alguns estudiosos, como o físico David Bohm, sugeriram que a separação entre sujeito e objeto é ilusória e que tudo o que percebemos fora de nós está de alguma forma interconectado com nossa interioridade. Bohm desenvolveu essa filosofia em seu livro "*Wholeness and the Implicate Order*" (1980), no qual propôs uma visão holística do universo em que a consciência desempenha um papel fundamental na manifestação da realidade.

A consciência, do ponto de vista fenomenológico, não é simplesmente um produto da fisiologia, mas uma experiência complexa que integra percepção, emoção e intuição. De acordo com o filósofo americano Thomas Nagel,

"A experiência subjetiva é o que faz a vida valer a pena."

Essa roupagem enciclopédica e inerentemente pessoal da experiência humana permeia não apenas a filosofia, mas também a ciência, sugerindo que a consciência é uma entidade autônoma que se manifesta por meio de nossa subjetividade.

Refletindo sobre isso, podemos considerar como as práticas meditativas ou experiências transcendentes podem alterar nossa percepção da realidade. Em 1970, o neurofisiologista Richard Davidson, usando exames cerebrais, mostrou como a meditação pode gerar estados de consciência que vão além do funcionamento normal do cérebro, alterando nossa experiência subjetiva e sugerindo uma conexão profunda entre o que percebemos e a estrutura quântica do universo.

Ao ver a experiência subjetiva pelo prisma da física quântica, podemos começar a vislumbrar a possibilidade de uma consciência imortal. A teoria quântica oferece um contexto no qual a consciência não é mais vista como uma mera atividade do cérebro, mas sim como um fenômeno que transcende a fisicalidade. O neurocientista e filósofo Giulio Tononi, com sua "*Teoria da Integração da Informação*", sugeriu que a consciência pode ser de natureza informacional e não fisiológica, o que leva a questões radicais sobre o que é a vida e o que significa existir

Embora a ciência moderna ainda não tenha fornecido provas conclusivas sobre a imortalidade da consciência, a fusão da física quântica e da experiência subjetiva convida a uma reflexão mais ampla. Muitas tradições espirituais, desde as orientais, como o budismo e o hinduísmo, até as filosofias ocidentais, descreveram um eu que transcende a vida física, reconhecendo que a experiência subjetiva pode ser uma janela para realidades mais profundas - uma possibilidade que a ciência quântica poderia, até certo ponto, corroborar.

A combinação de física quântica e filosofia por meio da experiência subjetiva não apenas amplia nosso horizonte cognitivo, mas convida a uma profunda reflexão sobre a natureza da consciência. Nossa experiência, com suas emoções e percepções únicas, parece desempenhar um papel central na definição do que consideramos real. Em uma escala mais ampla, isso sugere que a consciência pode não ser apenas um produto de fenômenos cerebrais, mas sim um aspecto fundamental e interconectado do próprio universo.

Assim, ao mergulharmos no mistério do ser e da existência, a física quântica nos oferece ferramentas e perspectivas para explorarmos o significado mais profundo da intencionalidade humana e a potencial imortalidade da consciência. A maravilha e o aroma do mistério permanecem inestimáveis e, em nossa busca pela verdade, podemos descobrir que o poder de nossa experiência subjetiva não é apenas uma representação do mundo, mas parte de um projeto cósmico maior, mais poderoso e, em última análise, eterno.

O universo como uma criação coletiva da consciência.

Na era contemporânea, a combinação de filosofia e física quântica deu origem a várias hipóteses revolucionárias que desafiam nossa compreensão tradicional da realidade. Um tópico de interesse crescente é o da consciência quântica como uma entidade imortal e o universo como uma criação coletiva da consciência.

A noção de que o universo pode, de alguma forma, ser uma criação coletiva da consciência humana tem suas raízes na metafísica. Essa visão implica que a consciência não é apenas um epifenômeno do cérebro, mas um elemento fundamental e ativo na formação da realidade. Uma das primeiras vozes a propor uma realidade interativa entre a consciência e o universo foi a de John Archibald Wheeler, físico teórico americano, que cunhou o termo "*universo participativo*". Wheeler sugeriu que o observador não é apenas um espectador passivo, mas desempenha um papel fundamental na criação da própria realidade. Como Wheeler disse:

> *Sem o ato da medição, o estado de uma partícula quântica não pode ser definitivamente estabelecido".*

Corroborando essa teoria, o experimento de dupla fenda já mostrava como as partículas de luz (fótons) podiam se comportar como ondas ou como partículas, dependendo da presença ou não de um observador. A presença do observador altera o resultado do experimento, sugerindo que a consciência humana pode desempenhar um papel ativo na determinação de eventos quânticos.

A ideia de que a consciência pode ser quântica, imortal e capaz de influenciar a realidade faz parte de uma tradição filosófica que começa com Platão e chega até os dias atuais, passando pelas obras de Descartes, Kant e Schopenhauer*. Entretanto, é a ligação com a física quântica que torna essa teoria particularmente intrigante.

O neurofisiologista Sir John Eccles e o físico-filósofo Karl Popper levantaram a hipótese de que a mente consciente pode influenciar a matéria por meio de fenômenos quânticos. Eccles propôs que a mente age sobre o cérebro por meio de "*eventos sinápticos*", que envolvem processos quânticos em nível neural. Isso sugere que os processos mentais podem ser capazes de superar as limitações físicas, abrindo caminho para uma forma de imortalidade quântica.

Penrose e Hameroff sugerem que as escolhas e decisões da mente consciente não são determinadas por processos computacionais rigorosos, mas por colapsos da função de onda quântica que ocorrem nos microtúbulos. Isso implica que a consciência pode ter uma natureza quântica fundamental e não ser simplesmente um produto emergente da complexidade neural.

De um ponto de vista metafísico, essas teorias sugerem que o universo não é apenas influenciado por nossa consciência, mas que a própria realidade poderia ser uma projeção coletiva de consciências interconectadas. Ervin Laszlo, filósofo e teórico de sistemas, fala do "Campo *Akáshico*", um campo cósmico de informações que poderia representar a memória coletiva do universo. De acordo com Laszlo, a consciência individual é capaz de se conectar e influenciar esse campo, contribuindo para a cocriação da realidade.

Paralelamente, David Bohm, um físico teórico, em sua abordagem holística do universo, introduz a ideia de uma "*ordem implícita*", em que tudo está em um estado de profunda interconexão. Bohm postula que a realidade visível (ordem explícita) emerge da interação da consciência com esse nível mais profundo e oculto da realidade.

Na visão metafísica do universo como uma criação coletiva da consciência, surgem novas perspectivas sobre questões antigas: Quem somos nós? Qual é a natureza da realidade? A consciência quântica como uma entidade imortal nos convida a repensar nossa existência em termos de interconexão e cocriação, e envolve uma narrativa na qual a mente humana e o universo não são separados, mas partes de um grande tecido interativo que pinta a realidade a cada momento.

À medida que as leis quânticas continuam a executar sua dança de incerteza e possibilidade, o papel da consciência parece estar se tornando cada vez mais central para esse trabalho cósmico. Como Wheeler nos ensinou, somos participantes ativos deste universo e, com cada ato de observação e intenção, contribuímos para a grande sinfonia da realidade.

Além da onda e da partícula. A dualidade da consciência no universo quântico.

O mundo da física quântica sempre fascinou por sua capacidade de desafiar nossas ideias mais estabelecidas sobre a realidade. Um dos conceitos mais enigmáticos é o da dualidade onda-partícula, que levou a perguntas sobre a natureza da matéria e da energia e, em tempos mais recentes, estendeu suas interrogações ao próprio campo da consciência. Esta seção explora a visão metafísica da consciência quântica como uma entidade imortal, examinando sua natureza dual no universo quântico.

O fenômeno da dualidade onda-partícula foi um dos pilares da mecânica quântica, introduzido pelos experimentos fundamentais de Thomas Young com seu experimento de fenda dupla em 1801 e posteriormente formalizado no contexto da física quântica por pioneiros como Niels Bohr e Werner Heisenberg nas primeiras décadas do século XX.

No famoso experimento de dupla fenda, os fótons, ou partículas de luz, quando não observados, passam por duas fendas e interferem como ondas, criando um padrão de interferência característico na tela de detecção. Entretanto, quando um dispositivo de medição é introduzido para observar por qual fenda o fóton passa, ele se comporta como uma partícula, eliminando o padrão de interferência. Esse comportamento sugere que a natureza do fóton muda dependendo do ato de observação.

Niels Bohr, com seu princípio de complementaridade, declarou que as propriedades de onda e corpúsculo dos quanta são aspectos complementares de uma realidade maior, que não pode ser totalmente compreendida por meio da lógica clássica. Mas o que acontece se aplicarmos esse princípio à própria consciência?

Se considerarmos a consciência como um fenômeno que pode ter uma natureza quântica, nos deparamos com uma dualidade semelhante. Roger Penrose e Stuart Hameroff, com sua teoria Orch-OR, levantaram a hipótese de que os processos quânticos nos microtúbulos dos neurônios poderiam formar a base física da autoconsciência. De acordo com Hameroff:

> *"A consciência não é uma propriedade emergente do cérebro, mas sim uma propriedade fundamental da natureza".*

Nessa perspectiva, a consciência poderia existir em um estado de dualidade, semelhante à luz e aos elétrons, capaz de se manifestar na forma de experiência subjetiva quando observada (onda) ou como processos físicos mensuráveis no cérebro (partícula). Essa ideia abre uma possibilidade fascinante: a consciência poderia existir além de nossa compreensão temporal e espacial, operando em um nível quântico que transcende a morte física.

No contexto da dualidade da consciência, surgem vários estudos e hipóteses que desafiam o paradigma atual. O físico David Bohm, com o conceito de "*ordem implícita e explícita*", sugeriu que a realidade visível é uma manifestação de uma ordem mais profunda e oculta, com todos os seus elementos intimamente conectados. Bohm via o universo como um grande holograma, em que cada parte contém as informações do todo, um paralelo interessante no que diz respeito ao funcionamento da consciência.

Outra contribuição notável veio do neurologista Karl Pribram, que propôs a teoria do cérebro holográfico. Pribram levantou a hipótese de que os processos cerebrais não estavam localizados em pontos específicos do cérebro, mas distribuídos como em um holograma. Essa distribuição poderia refletir a natureza quântica e não local da consciência, ligando a luz e a matéria por meio de um espaço de informações complexo.

Na esfera filosófica, Erwin Schrödinger explorou a ideia de uma consciência unitária. Em seu ensaio "*Mind and Matter*" (1958), Schrödinger faz observações sobre a natureza indivisível da consciência, introduzindo outras dimensões de discussão sobre o papel do observador no universo quântico:

> *"A pluralidade é apenas aparente. Na verdade, existe apenas uma mente".*

Os experimentos contemporâneos em neurociência quântica buscam estabelecer uma ponte entre a teoria e a realidade tangível. O estudo de Anton Zeilinger sobre sistemas quânticos emaranhados demonstrou como partículas separadas por enormes distâncias podem refletir instantaneamente as ações de outras partículas, sugerindo que a não-localidade pode desempenhar um papel na transmissão de informações quânticas do cérebro.

Um relatório de 2017 na revista Nature informou que uma equipe de cientistas da *Universidade da Califórnia, em Santa Bárbara*, sob a liderança do físico Matthew Fisher, está explorando os processos cerebrais. O objetivo da pesquisa seria explicar os processos cerebrais por meio de mecanismos quânticos, como o "spin nuclear" dos fosfatos no DNA. Fisher afirma que::

> *"Se os núcleos de spin dos nossos átomos de fósforo estiverem realmente emaranhados, teremos identificado um mecanismo quântico no nível da química do nosso cérebro".*

A visão metafísica da dualidade da consciência no universo quântico nos leva a refletir sobre questões fundamentais relativas à nossa própria existência e à natureza da realidade. Se a consciência possui uma dualidade semelhante à das partículas quânticas, então todo ato de percepção não é apenas um evento isolado, mas uma dança conectada e harmoniosa entre o observador e o universo, entre a matéria e a experiência.

Essa visão pode revolucionar nossa compreensão da morte, da sobrevivência da consciência e do potencial humano. Pierre Teilhard de Chardin, filósofo e paleontólogo, falou sobre a "*Noosfera*", uma camada de pensamento coletivo que interconecta todas as consciências. Segundo ele, a evolução não é apenas um fato biológico, mas um fenômeno espiritual que leva a uma unificação total da consciência humana.

A ideia de um "eu quântico", dual e imortal, abre cenários em que a espiritualidade e a ciência não são mais campos separados, mas convergem em uma exploração comum das possibilidades da mente e do universo.

A "Noosfera" de Pierre Teilhard de Chardin. União da ciência e da espiritualidade.

Pierre Teilhard de Chardin, eminente filósofo e paleontólogo francês do século XX, deixou uma marca indelével no cenário cultural e científico com sua teoria da "Noosfera". Essa conceitualização representa uma camada de pensamento e consciência coletivos, uma entidade metafórica que conecta e unifica as mentes humanas em uma evolução espiritual contínua. De acordo com Teilhard, a evolução não é simplesmente um processo biológico delineado pela seleção natural, mas uma progressão teleológica que impulsiona a humanidade para níveis mais elevados de consciência e unidade.

A noosfera, termo cunhado por Teilhard juntamente com o matemático Édouard Le Roy, é vista como o terceiro estágio no desenvolvimento da Terra, sucedendo a geosfera (matéria inanimada) e a biosfera (vida biológica). Ela representa uma espécie de "*mente global*", uma inteligência comum que emerge da interconexão das consciências individuais. Teilhard de Chardin imaginou que a noosfera estava destinada a evoluir para um ponto de convergência chamado "*Ponto Ômega*", uma unidade final de consciência universal e uma realização completa do espírito humano.

No contexto da ciência moderna, essa ideia encontra ressonância em certas especulações avançadas pela física quântica, em que a mente e a consciência são examinadas sob uma nova luz. Estudiosos contemporâneos interpretaram a noosfera de Teilhard como uma antecipação das teorias sobre a mente quântica e o papel da informação quântica na consciência.

A teoria da consciência quântica é um campo ainda incipiente que tenta explicar o fenômeno da mente e da consciência usando os princípios da mecânica quântica. Entre os defensores mais conhecidos está Roger Penrose, um físico e matemático britânico que, juntamente com o neurocirurgião Stuart Hameroff, desenvolveu a teoria Orch-OR.

Essa visão sugere que a consciência tem uma dimensão quântica fundamental, um aspecto do eu que transcende a biologia neuronal pura. Consequentemente, a noosfera proposta por Teilhard poderia ser interpretada como uma rede quântica de consciências interconectadas, em que a informação e a consciência se propagam por meio de canais de correlações quânticas.

A ideia de consciência imortal tem suas raízes em muitas tradições filosóficas e religiosas, mas com o advento da teoria quântica, ela ganha uma nova roupagem científica. A física quântica, com seus conceitos de não-localidade e emaranhamento, oferece a possibilidade de que a informação quântica não seja restringida pelas limitações do espaço-tempo clássico.

Teilhard de Chardin pode não ter imaginado os detalhes da teoria quântica, mas sua intuição de uma consciência universal que transcende a temporalidade e a fisicalidade encontra um eco surpreendente nas propostas modernas sobre a mente quântica. A noosfera, nessa visão, torna-se uma metáfora ambiciosa para um sistema de informações interconectado em que o eu pessoal e coletivo pode potencialmente perdurar além do ciclo de vida físico.

A Noosfera de Teilhard de Chardin nos convida a considerar a evolução não apenas como um fato biológico, mas como um fenômeno teleológico e espiritual. Ele estabelece a base para um diálogo entre a filosofia, a espiritualidade e a ciência moderna. A física quântica, com suas implicações radicais para a natureza da informação e da consciência, não apenas expande o horizonte de nosso conhecimento científico, mas também ressoa com as percepções metafísicas de Teilhard.

O futuro dessa exploração conjunta ainda está por ser escrito, mas uma coisa é certa: a noosfera continua a ser uma imagem poderosa de nossa aspiração coletiva em direção a uma unidade de consciência e de ser. Independentemente de essa unificação ser realizada por meio dos caminhos abertos pela mecânica quântica ou por outras descobertas emergentes, o pensamento de Teilhard continua sendo um farol que ilumina nossa busca por significado e compreensão na complexidade do universo.

Capítulo 14. A evolução da metafísica e o desafio da passagem.

"Toda investigação humana completa leva inevitavelmente a problemas metafísicos e mistérios que o intelecto não consegue resolver."
(Immanuel Kant).

Os fundamentos da metafísica. Uma definição.

A metafísica é uma disciplina milenar, enraizada no coração da filosofia, que explora os conceitos fundamentais da existência e da realidade. A própria palavra deriva do grego "meio" (além) e "physiká" (aquilo que pertence à natureza), sugerindo um olhar que vai além do mundo físico para investigar o que está "além" da matéria e do sensível.

As origens da metafísica como uma disciplina autônoma remontam a Aristóteles (384-322 a.C.), o filósofo grego que usou o termo sistematicamente pela primeira vez. Em sua obra "*Metafísica*", Aristóteles investiga os primeiros princípios e as causas fundamentais da existência. Ele introduz o conceito de "substância" (*ousia*), a essência do que existe independentemente de suas propriedades acidentais. Para Aristóteles, a substância é o que permanece idêntico através da mudança, o núcleo fundamental da realidade.

Embora Aristóteles seja geralmente considerado o pai da metafísica, não podemos nos esquecer de seu mestre, Platão (427-347 a.C.). Platão introduziu a ideia de um mundo de Ideias ou Formas, entidades imateriais e perfeitas das quais o mundo sensível é apenas uma cópia imperfeita. Esse dualismo platônico entre o mundo aparente e o mundo real influenciou profundamente a tradição metafísica subsequente.

Com René Descartes (1596-1650), a metafísica assume uma nova face. Descartes, em suas famosas "*Meditações Metafísicas*", busca um fundamento indubitável para todo o conhecimento. Ele chega à famosa conclusão "*Cogito, ergo sum*" (Penso, logo existo), identificando a mente como a essência da existência humana, em oposição à realidade externa que percebemos com nossos sentidos, muitas vezes enganosos.

A metafísica de Gottfried Wilhelm Leibniz (1646-1716) introduz o conceito de "*mônadas*", entidades simples e indivisíveis que constituem a realidade. Leibniz também propôs a ideia de mundos possíveis, uma série infinita de universos alternativos, cada um dos quais poderia existir, mas apenas um - o nosso - é escolhido por Deus como o "*melhor de todos os mundos possíveis*".

Georg Wilhelm Friedrich Hegel (1770-1831) estende a metafísica ao campo do espírito. Hegel vê a história como um processo dialético, no qual a realidade se desenvolve por meio de uma série de contradições e superações (*Aufhebung*), culminando na realização do *Absoluto*. Para Hegel, o real é racional, e a racionalidade é imanente à história.

Nos séculos XIX e XX, a metafísica enfrentou novos desafios. O positivismo lógico e o neopositivismo, representados por figuras como Auguste Comte e membros do Círculo de Viena, rejeitaram as especulações metafísicas em favor de uma análise científica e linguística da realidade. Entretanto, pensadores como Martin Heidegger e Ludwig Wittgenstein continuam a explorar as questões fundamentais do ser e do conhecimento, embora com novas ferramentas e perspectivas.

A metafísica, com sua longa tradição de perguntas e respostas, nos convida a refletir sobre o que significa existir e quais são os princípios fundamentais da realidade. Desde os dias de Aristóteles e Platão até os debates contemporâneos, essa disciplina tem procurado desvendar os mistérios mais profundos do universo, permanecendo uma fonte inesgotável de admiração e especulação.

O fine vitae como um enigma universal.

A morte sempre foi um grande enigma para a humanidade, mas, na era moderna, a ciência pode estar finalmente chegando perto de decifrar esse antigo mistério. A interseção da física quântica e dos estudos da consciência oferece perspectivas surpreendentes e provocativas sobre as questões existenciais definitivas.

Eugene Wigner, um dos pais da mecânica quântica, sugeriu que a consciência poderia ser um fator determinante no colapso da função de onda, um processo fundamental na física quântica. Essa teoria implica que nossa mente não é simplesmente um produto do cérebro, mas pode influenciar diretamente a realidade física. Wigner abriu as portas para uma nova maneira de pensar sobre a consciência, sugerindo que ela pode transcender o corpo físico e, assim, sobreviver à morte.

Um desenvolvimento adicional dessa teoria vem de Roger Penrose e Stuart Hameroff com o modelo Orch-OR (*Orchestrated Objective Reduction, redução objetiva orquestrada*). De acordo com Penrose e Hameroff, a consciência surge de processos quânticos nos microtúbulos dos neurônios do cérebro. Essa ideia revolucionária propõe que os processos quânticos não se limitam às partículas subatômicas, mas também podem operar em um nível biológico. Se a consciência estiver de fato enraizada em fenômenos quânticos, ela poderia continuar a existir mesmo após a morte do corpo físico, operando em um plano de realidade que ainda é amplamente desconhecido.

A ideia de que a consciência pode sobreviver à morte também encontra apoio no trabalho de Pim van Lommel, um cardiologista holandês que realizou estudos extensos sobre experiências de quase morte (EQMs). As experiências relatadas por seus pacientes - encontros com entidades, visões de túneis de luz e a sensação de estar separado do corpo - sugerem que a consciência pode operar independentemente do cérebro. Van Lommel documentou vários casos de EQMs e seus relatos fornecem evidências empáticas de que a consciência pode continuar a existir em uma dimensão não local do espaço-tempo.

Também confirmando essas suposições está a noção de "*consciência quadridimensional*". Essa teoria propõe que a consciência pode existir em um reino além das três dimensões espaciais conhecidas, possivelmente incorporando o tempo e uma dimensão quântica como parte de sua verdadeira natureza. Isso poderia explicar por que as EQMs incluem percepções de tempo dilatado ou ausente e acesso a conhecimentos além da capacidade normal do cérebro humano.

Um exemplo esclarecedor de como esses conceitos podem tomar forma em nossa compreensão é o famoso experimento de "*atraso de escolha*" de John Wheeler, que mostra que as escolhas feitas hoje podem influenciar eventos passados em uma escala quântica. Se nossa consciência puder desempenhar um papel nessas transações quânticas, poderemos estar literalmente conectados de maneiras que estão além de nossa compreensão tradicional de tempo e espaço.

A morte, portanto, não aparece mais como o fim definitivo, mas sim como uma transição ou transposição da consciência para uma nova forma ou dimensão. A visão de nossa existência como confinada puramente à dimensão física está lentamente dando lugar a um entendimento multidimensional mais integrado e, talvez, imortal.

Diante dessas descobertas, fica claro que estamos vivendo em uma era em que a metafísica e a física quântica se unem para enfrentar o desafio do fim da vida. Embora a morte continue sendo um enigma, ela acaba não sendo o fim escondido atrás do véu do tempo, mas uma nova fronteira de exploração para a ciência e a filosofia. E por meio dos esforços de pioneiros como Wigner, Penrose, Hameroff e van Lommel, estamos lentamente iluminando a escuridão da continuação da consciência, abrindo novas e fascinantes perspectivas sobre o destino e a essência do ser humano.

A compreensão da consciência humana tem desafiado filósofos, cientistas e pensadores ao longo dos séculos. Recentemente, uma perspectiva revolucionária surgiu das conexões entre a consciência e a mecânica quântica, um ramo da física que estuda fenômenos em escala subatômica. Essa abordagem, conhecida como metafísica quântica, propõe ideias fascinantes e potencialmente transformadoras sobre a natureza da consciência e sua possível imortalidade.

A evolução de nossa compreensão da consciência por meio das lentes da metafísica quântica representa um profundo desafio aos paradigmas científicos e filosóficos tradicionais. A ideia de que a consciência pode ser imortal e operar em um nível quântico não apenas abre novos caminhos para a pesquisa científica, mas também levanta questões éticas e existenciais cruciais.

Em conclusão, embora a investigação da consciência quântica ainda esteja em sua infância, as implicações dessas teorias são imensas. A interseção da física quântica e da consciência nos força a reconsiderar não apenas a natureza da realidade, mas também o significado final da existência humana. O desafio do fim da vida, visto por essa perspectiva, torna-se uma jornada de descoberta contínua, prometendo uma compreensão mais profunda do nosso lugar no universo.

Capítulo 15. Estudos mais avançados sobre consciência quântica.

"Por meio da consciência quântica, o universo é observado e toma forma."
(Fred Alan Wolf).

Em um mundo em que a ciência e a espiritualidade estão cada vez mais interligadas, a ideia de que a consciência pode ter uma natureza quântica está ganhando terreno. Este capítulo tem como objetivo explorar os estudos mais avançados sobre a possibilidade de a consciência não ser apenas um fenômeno quântico, mas também uma entidade imortal. Por meio das contribuições e teorias de acadêmicos ilustres como Eugene Wigner, Roger Penrose, Stuart Hameroff e muitos outros sobre a existência de uma consciência imortal, mergulharemos nas teorias que sustentam essa hipótese fascinante.

Pim van Lommel e experiências de quase morte.

O cardiologista holandês Pim van Lommel realizou um dos estudos mais extensos sobre experiências de quase morte (EQMs). Sua pesquisa indica que muitas pessoas relatam experiências vívidas e consistentes de consciência durante períodos em que as funções cerebrais deveriam ter cessado completamente. Van Lommel sugere que essas experiências podem oferecer evidências da consciência como uma entidade que opera independentemente do cérebro físico, existindo em uma forma não local de espaço-tempo. Essa visão abre a porta para a possibilidade de que a consciência possa existir após a morte física, em uma dimensão não limitada pelas limitações do corpo. Suas experiências são descritas no capítulo sobre EQMs.

Van Lommel dedicou grande parte de sua carreira ao estudo de fenômenos que parecem sugerir a existência de uma consciência capaz de transcender os limites físicos do corpo humano.

Um dos pilares da pesquisa de Van Lommel é a documentação de inúmeros casos de EQMs, nos quais as pessoas relatam experiências intensas e consistentes de consciência durante períodos em que a atividade cerebral deveria estar ausente. Por exemplo, em seus estudos, publicados em 2001 na revista The *Lancet*, Van Lommel apresenta casos de pacientes que vivenciaram experiências fora do corpo, percepções de luz, visões de parentes falecidos e uma profunda sensação de paz, tudo isso durante momentos de parada cardíaca e ondas cerebrais planas.

Esses relatos revelam que, mesmo na ausência de atividade cerebral mensurável, a consciência continua a existir e a operar, sugerindo que ela pode não estar totalmente ligada à atividade neuronal. Isso levou Van Lommel a levantar a hipótese da existência da consciência não local, um conceito que também encontra terreno fértil nas suposições da física quântica.

A ideia da consciência como um fenômeno não local está em sintonia com algumas das teorias mais avançadas da física quântica. Estudiosos como Roger Penrose e Stuart Hameroff propuseram a teoria da *redução objetiva orquestrada* (Orch-OR), que argumenta que os fenômenos da consciência podem ser o resultado de processos quânticos nos microtúbulos dos neurônios do cérebro. Isso implica que a consciência não é limitada pelo tempo e pelo espaço, podendo, portanto, existir independentemente do corpo físico.

Van Lommel, embora não esteja diretamente alinhado com a Orch-OR, usa essa estrutura para sugerir que a consciência, em uma forma não local de espaço-tempo, pode sobreviver à morte do corpo físico. Essa teoria oferece uma explicação científica coerente para as muitas experiências relatadas por seus pacientes e registradas na literatura sobre EQMs, pintando um quadro no qual a consciência pode ter um tipo de "imortalidade quântica".

A coleção de testemunhos de Van Lommel é extensa e detalhada. Ele descreve o caso de um homem que, após um ataque cardíaco e um longo período de ressuscitação, relatou detalhes precisos do que estava acontecendo durante sua inconsciência - detalhes que ele não poderia saber se sua consciência tivesse sido completamente "desligada". Esses tipos de experiências foram corroborados em estudos posteriores e por outros pesquisadores, como Kenneth Ring e Bruce Greyson, que encontraram achados semelhantes em seus trabalhos sobre fenômenos de EQM.

Se aceitarmos a possibilidade de que a consciência possa existir independentemente do corpo físico e do cérebro, isso abrirá enormes questões filosóficas e científicas sobre a natureza da existência, da morte e da continuidade da consciência. A visão de Van Lommel nos convida a ver a morte não como um fim definitivo, mas como uma transição para uma nova forma de existência.

Em suma, a pesquisa avançada de Pim van Lommel sobre experiências de quase morte desafia a percepção tradicional da consciência como um produto exclusivamente biológico. Seus estudos propõem uma visão na qual a consciência pode ser um fenômeno não local, capaz de persistir além da cessação das funções corporais, oferecendo uma perspectiva radicalmente nova e potencialmente mais abrangente sobre a natureza da vida e da morte.

Teoria de Eugene Wigner: a consciência colapsando a função de onda.

Eugene Wigner foi um físico e ganhador do Prêmio Nobel, nascido em 17 de novembro de 1902 em Budapeste, Hungria, e falecido em 1° de janeiro de 1995 em Princeton, EUA. Estudou engenharia química na *Tecchisce Hochschule em Berlim* e depois se dedicou à física teórica. Em 1963, recebeu o Prêmio Nobel de Física por suas contribuições à teoria do núcleo atômico e das partículas elementares, em especial por sua descoberta e aplicação dos princípios fundamentais da simetria. Na década de 1960, Wigner formulou a teoria de que a consciência humana desempenha um papel crucial no colapso da função de onda na mecânica quântica, sugerindo que a consciência não é apenas um observador passivo, mas um participante ativo na formação da realidade física.

Eugene Wigner propôs, na década de 1960, a ousada ideia de que a consciência humana desempenha um papel fundamental no colapso da função de onda quântica. Em outras palavras, de acordo com Wigner, a mente não é um mero observador passivo do universo, mas uma entidade capaz de influenciar diretamente a realidade física. Esse princípio sugere que a consciência poderia existir como uma entidade separada do espaço-tempo clássico, tornando-a potencialmente imortal. A capacidade da mente de influenciar o mundo quântico pode significar que os aspectos fundamentais da consciência não estão confinados ao reino da matéria física.

Nos fascinantes mistérios da física quântica, o conceito de realidade se fragmenta em uma série de possibilidades até que um observador consciente intervenha para "colapsar" essas possibilidades em um único evento definido. Esse modelo, antes relegado a discussões filosóficas e especulativas, encontrou um defensor excepcional em meados do século XX: Eugene Wigner, ganhador do Prêmio Nobel de Física, que propôs uma teoria que abalou os fundamentos de nossa compreensão do cosmos.

Na década de 1960, Eugene Wigner desafiou a visão mecanicista do universo com uma proposta decididamente revolucionária: a mente humana não é simplesmente um observador passivo, mas um participante ativo da realidade física. De acordo com Wigner, é a consciência que causa o colapso da função de onda quântica, um processo fundamental na física quântica que transforma o "mar de possibilidades" da função de onda em uma realidade concreta específica.

Essa ideia radical baseia-se na interpretação ortodoxa da mecânica quântica, que afirma que as partículas subatômicas, como os elétrons, não têm posições definidas até serem observadas. O famoso experimento de dupla fenda mostra como um fóton pode passar por duas fendas simultaneamente como uma onda, mas no momento em que é observado, ele se comporta como uma partícula. Wigner levou esse experimento mental um passo adiante. Ele propôs que o destino do gato era decidido pela consciência do observador humano no momento da observação.

O trabalho de Wigner abriu um debate acadêmico que abrangeu não apenas a física, mas também a filosofia e a teologia. Se a consciência pode influenciar diretamente a realidade física, então ela pode ser vista como uma força fundamental no universo, independente da matéria física e do espaço-tempo. Essa visão implica que a mente e, portanto, a consciência, poderiam existir fora das restrições físicas, sugerindo um tipo de "imortalidade" quântica.

O pensamento de Wigner não se limitou à década de 1960. Estudiosos como Roger Penrose exploraram ainda mais as conexões entre a consciência e a física quântica ao longo do último meio século. Penrose, juntamente com o anestesista Stuart Hameroff, propôs a teoria da *Redução Objetiva Orquestrada* (Orch-OR), que levanta a hipótese de que os processos quânticos nos microtúbulos das células neuronais poderiam estar por trás da consciência. A Orch-OR representa uma das tentativas mais conhecidas de integrar a consciência à física quântica.

Em seus escritos e discursos, Eugene Wigner sempre refletia sobre um conhecido paradoxo da mecânica quântica: o paradoxo do gato de Schrödinger. Imagine um gato trancado em uma caixa com um mecanismo mortal que depende do decaimento de uma partícula radioativa. Enquanto a caixa não for aberta e o estado do gato for observado, de acordo com a física quântica, o gato estará vivo e morto ao mesmo tempo. Wigner levou esse experimento mental um passo adiante, sugerindo que era a consciência do observador humano que decidia o destino do gato no momento da observação.

Eugene Wigner deixou um legado de pensamento que desafia os limites tradicionais entre as ciências físicas e mentais. Sua hipótese de que a consciência pode colapsar a função de onda quântica abre possibilidades fascinantes para a compreensão da natureza da experiência humana e seu lugar no universo. À medida que a física quântica moderna continua em sua jornada de exploração, as ideias de Wigner continuam a levantar questões fundamentais sobre o que significa estar consciente e como essa consciência pode transcender os limites de nossa existência material.

Em última análise, se a consciência realmente possui a capacidade de moldar a realidade, então é evidente que desempenhamos um papel mais ativo no universo do que jamais imaginamos. Assim, podemos vislumbrar um reflexo de nossa própria eternidade em cada ato de observação consciente.

Consciência quadridimensional: além do espaço e do tempo.

Outra linha de pesquisa fascinante diz respeito à concepção da consciência como uma entidade quadridimensional, integrando não apenas as três dimensões espaciais, mas também a dimensão temporal e talvez outras dimensões quânticas ainda não totalmente compreendidas. Se a consciência realmente existe em uma forma que transcende o mundo tridimensional, então ela poderia existir perpetuamente, não estando sujeita à passagem do tempo como a conhecemos.

Essa teoria não apenas desafia nossas concepções tridimensionais de espaço e tempo, mas também sugere que a consciência pode transcender a linearidade temporal, existindo em uma forma perpétua imunizada dos efeitos do tempo como o conhecemos.

A ideia de uma consciência quadridimensional implica que a mente humana não está confinada às três dimensões espaciais e à progressão linear do tempo. Em vez disso, sugere que a consciência opera em uma quarta dimensão, na qual o passado, o presente e o futuro coexistem simultaneamente. Essa concepção está alinhada com algumas interpretações da física moderna, como a teoria da relatividade de Einstein, que já estabeleceu que o espaço e o tempo estão entrelaçados em um continuum espaço-tempo quadridimensional.

Um pilar fundamental dessa teoria é o conhecido "experimento de escolha atrasada" de John Wheeler. Esse experimento, realizado pela primeira vez no contexto da mecânica quântica, mostra que as decisões atuais podem influenciar eventos passados.

O experimento mental gostaria de demonstrar que a realidade passada não existe em uma forma fixa e imutável, mas muda e se consolida de acordo com as observações e medições que fazemos posteriormente.

Se nossa consciência puder influenciar eventos passados, isso pode indicar que ela opera em um nível que transcende a seta linear convencional do tempo.

Essa noção é apoiada ainda pelo princípio de complementaridade de Niels Bohr, segundo o qual as partículas quânticas podem apresentar comportamentos diferentes dependendo das condições de observação. Em outras palavras, a realidade quântica é influenciada pelo ato de observação. Se a consciência for capaz de interagir com a realidade quântica dessa forma, ela poderia existir além dos limites das três dimensões do espaço-tempo.

Implicações da consciência quadridimensional.

Se a consciência opera em uma quarta dimensão, as implicações são extraordinárias. Por um lado, isso poderia significar que nossa percepção do tempo é apenas uma projeção limitada e que, em um nível mais profundo, todos os momentos do tempo coexistem. Isso poderia explicar fenômenos como *déjà vu* ou premonições, sugerindo que a consciência pode perceber eventos fora da sequência linear de tempo.

Além disso, uma consciência quadridimensional reforçaria a ideia da imortalidade da mente. Se a consciência não é limitada pela passagem do tempo, ela poderia continuar a existir mesmo após a morte biológica do corpo, em um contínuo espaço-tempo não limitado pelos limites da vida física.

A teoria da consciência quadridimensional representa uma fronteira atraente em nossa compreensão da mente e da realidade. Enquanto a ciência convencional continua a explorar as profundezas do espaço-tempo e da mecânica quântica, a noção de que a consciência pode operar além de nossas dimensões familiares abre novas e empolgantes possibilidades. Se comprovada, essa teoria não apenas revolucionaria nossa compreensão da consciência, mas também poderia oferecer uma nova perspectiva sobre a imortalidade e a natureza da própria realidade.

Fred Alan Wolf.

Conhecido por sua capacidade de navegar entre a vanguarda científica e as profundezas do pensamento filosófico, Wolf abriu novos caminhos para a compreensão da natureza da consciência e suas possíveis implicações além da vida terrena.

Fred Alan Wolf, nascido em 3 de dezembro de 1934 em Chicago, Illinois, é um físico teórico estadunidense e divulgador da ciência. Recebeu seu PhD em física teórica pela UCLA em 1963 e lecionou em várias universidades de prestígio, incluindo a San Diego State University e o California Institute of Integral Studies.

Wolf tem uma queda por questões existenciais e espirituais desde o início de sua carreira. Isso o levou a se concentrar em como as leis da física quântica podem influenciar nossa compreensão da consciência. Em particular, sua teoria mais revolucionária diz respeito à ideia da "consciência quântica" como uma entidade imortal.

No centro das teorias de Wolf está a ideia de que a consciência não é apenas um produto do cérebro físico, mas existe como uma entidade que pode interagir com a realidade quântica. Essa teoria está enraizada nos conceitos de superposição quântica e decoerência, sugerindo que a consciência pode existir em um estado semelhante a uma onda até ser observada, momento em que ela "colapsa" em uma determinada realidade.

Wolf desenvolveu essas ideias em vários trabalhos, incluindo seu famoso livro "*Taking the Quantum Leap*" (1981), que recebeu o *National Book Award*. Nesse texto, Wolf explora não apenas os fundamentos da física quântica, mas também as implicações religiosas e filosóficas de uma concepção quântica da consciência.

De acordo com Wolf, a consciência não estaria confinada ao tempo e ao espaço como normalmente os entendemos, abrindo a possibilidade de que ela poderia existir em um estado quântico mesmo após a morte do corpo físico.

Imortalidade da consciência no pensamento de Wolf.

Uma das implicações mais relevantes das teorias de Wolf é a da imortalidade da consciência. Com base em interpretações da teoria quântica, Wolf sugere que nossa consciência pode transcender o corpo físico e continuar a existir em uma dimensão quântica, semelhante a uma entidade de informação. Essa ideia também foi influenciada pelos estudos do físico Sir Roger Penrose e do médico Stuart Hameroff, que levantaram a hipótese de que os microtúbulos nos neurônios do cérebro poderiam suportar processos quânticos relacionados à consciência. Wolf ressaltou:

> *"Se uma partícula pode existir em vários estados ao mesmo tempo, por que a consciência não poderia fazer o mesmo?"*

Essa referência ao experimento da dupla fenda é emblemática dos argumentos de Wolf. No experimento, uma partícula como um fóton exibe um comportamento semelhante a uma onda quando não é observada, mas se comporta como uma partícula quando é medida, sugerindo que a própria observação influencia a realidade física.

Um experimento crucial que inspirou Wolf foi o *Wheeler's Razor* (1980), conduzido pelo físico John Archibald Wheeler. O experimento mostrou que a decisão sobre como medir uma partícula pode, na verdade, influenciar seu comportamento passado, lançando luz sobre a ideia de que o tempo linear não é tão rígido como se pensava anteriormente.

Esse experimento é uma variação do experimento de dupla fenda da mecânica quântica e tem implicações profundas para nossa compreensão da natureza da realidade e do tempo.

A ideia central do experimento de escolha atrasada é explorar se a decisão de observar uma partícula afeta seu comportamento retroativamente, ou seja, se a maneira como uma partícula é medida pode influenciar seu estado passado.

Experimento de escolha tardia de Wheeler. Conceitos básicos.

1. O experimento de dupla fenda. Esse experimento clássico demonstra a dualidade onda-partícula. Se você disparar elétrons individuais em direção a uma barreira com duas fendas e não observar por qual fenda eles passam, quando atingem a tela, os elétrons mostram um padrão de interferência típico de ondas. Isso sugere que os elétrons passaram pelas duas fendas como ondas. Por outro lado, se você observar os elétrons para ver por qual fenda eles passam, cada elétron passa por apenas uma fenda e o padrão de interferência desaparece.

2. Escolha atrasada. Wheeler propôs uma versão em que a decisão de observar os elétrons é tomada *depois que* eles passam pelas fendas, mas *antes de* atingirem a tela. Em alguns testes, o dispositivo de detecção pode até ser alterado após a partícula ter passado pelas fendas, mas antes de tocar o detector. Isso é feito para testar se a escolha do modo de medição pode influenciar de alguma forma o comportamento da partícula.

3. *influência retroativa.* O experimento parece sugerir que a decisão de observar as partículas tardiamente pode influenciar seu comportamento "passado". Adiar a verificação até depois de a partícula ter passado pelas fendas induz ao comportamento de partícula ou de onda, dependendo de sua escolha, mesmo que ela tenha ocorrido após a passagem. Esse incrível experimento confirma que o comportamento da partícula pode ser determinado retroativamente.

4. Temporalidade e causalidade. Isso levanta grandes problemas conceituais em relação à natureza do tempo e da causalidade na mecânica quântica. *A causalidade linear* (em que o passado influencia o futuro, mas não vice-versa) parece ser desafiada por esses resultados.

5. Interpretação de Copenhague. A função de onda de uma partícula representa uma superposição de todos os estados possíveis até que ela seja medida. Quando uma medição é feita, a função de onda entra em colapso em um estado definido. No experimento de Wheeler, a medição determinaria retroativamente o caminho que a partícula tomou.

O experimento de escolha retardada de Wheeler continua a estimular o debate e a reflexão sobre o papel do observador, a natureza da realidade e a essência do tempo na mecânica quântica.

Wolf expandiu essa interpretação, sugerindo que, se os observadores (ou seja, seres conscientes) podem influenciar a realidade em um nível quântico, pode-se argumentar que a consciência tem uma dimensão independente, não limitada pelo tempo e pelo espaço. Consequentemente, a consciência poderia continuar a existir em alguma forma quântica mesmo após a dissolução física.

As obras de Wolf conseguiram unir ciência e filosofia, tornando-as acessíveis a um público mais amplo. Além de "*Taking the Quantum Leap*", obras como "*The Dreaming Universe*" (1994) e "*Mind into Matter*" (2000) exploram ainda mais essas ideias, discutindo sonhos, tempo e realidade sob a perspectiva da física quântica.

Em "*The Dreaming Universe*", Wolf propõe que os sonhos são uma janela para a complexidade quântica da consciência, um conceito inspirado no trabalho de Carl Jung e sua teoria dos arquétipos. Wolf sugere que o inconsciente coletivo poderia ser interpretado como "*um estado quântico interconectado*".

A teoria de Wolf sobre a consciência quântica como uma entidade imortal estimulou novos caminhos de pesquisa e reflexão. Embora ainda seja uma questão em aberto no cenário científico, ela já teve um impacto significativo na maneira como pensamos sobre a consciência e sua possível sobrevivência além da vida física.

Se essas ideias serão ou não validadas dependerá do progresso da ciência, mas a contribuição de Fred Alan Wolf derrubou convenções e desafiou os limites de nossa compreensão. Como o próprio Wolf disse:

> *"A capacidade de imaginar novas possibilidades é o que impulsiona a ciência, e não há nada mais misterioso do que a jornada da consciência."*

Fred Alan Wolf continua sendo uma figura multifacetada que ousou combinar os mistérios da física quântica com os enigmas da consciência humana. Sua teoria da consciência quântica como uma entidade imortal representa uma das tentativas mais ousadas de abordar as questões fundamentais da existência, oferecendo uma visão que nos convida a refletir sobre o potencial infinito de nossa mente e de nosso ser.

À medida que a ciência continua a explorar essas fronteiras, as ideias de Wolf persistem como uma fonte de inspiração para aqueles que buscam entender a verdadeira natureza da consciência e seu possível destino além dos limites físicos do corpo.

Wolf também colaborou com outros pensadores de destaque em seu campo. Sua amizade com o chamado "*Quantum Mystic*" Amit Goswami levou a profundas conferências sobre o papel da consciência na mecânica quântica. Além disso, Wolf foi influenciado pelo trabalho de David Bohm, cuja teoria da ordem vinculada forneceu um modelo no qual cada elemento do universo está interconectado em um nível profundo, uma ideia essencial para a hipótese de uma consciência quântica universal.

Fred Alan Wolf foi capaz de buscar uma visão científica que não tem medo de tocar em questões de espiritualidade e existência além da morte. Sua vida e seu trabalho testemunham uma curiosidade intelectual inesgotável e uma disposição para explorar o mistério da consciência até suas fronteiras mais distantes. Embora a comunidade científica continue a debater suas teorias, o impacto das ideias de Wolf abriu novos caminhos de pensamento e pesquisa, influenciando nossa visão da realidade e do potencial humano.

Em última análise, a consciência quântica como uma entidade imortal, conforme proposta por Fred Alan Wolf, continua sendo uma das ideias mais provocativas e fascinantes do pensamento contemporâneo, convidando-nos a considerar o potencial infinito de nossa existência, muito além dos limites do corpo material.

Bernard Haisch.

Bernard Haisch nasceu em 21 de dezembro de 1947 em Stuttgart, Alemanha. Depois de se mudar para os Estados Unidos, Haisch seguiu uma carreira de sucesso em astrofísica. Ele obteve seu doutorado na Universidade de Wisconsin-Madison, com especialização em astrofísica. Em sua carreira, ocupou vários cargos de pesquisa e ensino, incluindo posições na *Universidade de Stanford* e no *Max-Planck-Institut für extraterrestrische Physik*, na Alemanha.

Haisch é conhecido não apenas por suas contribuições para a compreensão dos fenômenos astrofísicos, mas também por seu interesse na física quântica e na natureza da consciência. Sua carreira abrangeu vários campos científicos, mas foi sua teoria sobre a consciência quântica que o tornou uma figura proeminente no debate contemporâneo sobre a natureza da existência.

No panorama das teorias científicas e filosóficas da existência, poucas ideias são tão fascinantes quanto a possibilidade da imortalidade da consciência. Bernard Haisch, astrofísico de renome mundial, conhecido por suas teorias inovadoras sobre a origem do universo e a consciência como fundamento da existência, está à frente dessas questões. Esta seção explora os desenvolvimentos mais avançados no estudo da consciência quântica como uma entidade imortal, concentrando-se nas teorias de Haisch e nas contribuições relevantes de outros estudiosos da área.

A ideia de que a consciência pode existir além da vida biológica tem raízes profundas em várias tradições filosóficas e espirituais. Em tempos mais recentes, ela foi enriquecida pelos desenvolvimentos da física quântica. Bernard Haisch, em particular, propôs que a consciência não apenas sobrevive à morte física, mas pode ser um componente fundamental do próprio universo.

Haisch desempenhou um papel fundamental na ligação entre a física quântica e a natureza da consciência. Em seu livro *The Purpose-Guided Universe* (2010), Haisch apresenta a ideia de que a consciência não é apenas um epifenômeno do cérebro, mas um princípio fundamental da realidade. De acordo com Haisch, o próprio universo poderia ser configurado de forma a facilitar a manifestação e a evolução da consciência.

A especulação de Haisch é amplamente baseada na física do vácuo quântico, um campo de estudo que explora o estado mínimo de energia que permeia todo o espaço. Haisch e seu colaborador Alfonso Rueda propuseram que o vácuo quântico pode ter propriedades que permitem a preservação da consciência. A ideia central é que o vácuo quântico poderia fornecer um "substrato" por meio do qual a consciência continua a existir após a dissolução do corpo físico.

Nos últimos anos, vários estudiosos e pesquisadores ampliaram as teorias de Haisch, tentando dar a essas afirmações uma base científica.

A noção de uma consciência quântica imortal tem não apenas profundas implicações científicas, mas também filosóficas e existenciais significativas. Se a consciência puder realmente existir independentemente do corpo físico, conforme proposto por Haisch e outros, isso abrirá uma nova dimensão de discussão sobre o significado da vida, da morte e da própria natureza da realidade.

As ideias de Bernard Haisch sobre a consciência quântica como uma entidade imortal estão entre as mais provocativas e desafiadoras das ciências modernas. Juntamente com as contribuições de figuras como Roger Penrose e Stuart Hameroff, essas teorias estão moldando uma nova compreensão da consciência que pode revolucionar a maneira como percebemos a existência.

Bernard Haisch. A consciência quântica como uma entidade imortal.

Entre as obras mais significativas de Bernard Haisch está "*The Purpose-Guided Universe: Believing In Einstein, Darwin, and God*" (2010), um livro que explora a possibilidade de o universo ser estruturado de acordo com a consciência. Nesse texto, Haisch combina conceitos científicos com especulações filosóficas, defendendo a ideia de que a consciência poderia ser um componente central do universo, capaz de influenciar e moldar a realidade.

Outro trabalho seminal é "*Brilliant Disguise: Light, Matter, and the Zero-Point Field*" (2008), escrito em parceria com Alfonso Rueda. Esse livro examina o papel do campo de ponto zero, um conceito da física quântica, na formação da realidade que percebemos. Haisch e Rueda argumentam que esse campo pode ser a chave para a compreensão da natureza profunda da consciência.

A base das teorias de Haisch é o conceito de vácuo quântico. O vácuo quântico é o estado de energia mais baixo que um campo quântico pode ter, um mar de flutuações no nível subatômico que, embora "vazio", está repleto de atividade. Haisch, juntamente com Rueda, propôs que esse campo poderia estar envolvido na geração e manutenção da consciência.

Uma das principais teorias de Haisch é que a consciência não é simplesmente um produto do cérebro biológico, mas um componente fundamental do próprio universo. Em outras palavras, a consciência está integrada à estrutura do universo por meio do campo de ponto zero. Isso implica que a consciência poderia persistir além da morte física do corpo, encontrando um tipo de "imortalidade" no vácuo quântico.

O campo de ponto zero.

O conceito de "campo de ponto zero" (ZPF) representa uma das ideias mais fascinantes e revolucionárias da física moderna. Ele deriva da teoria do campo quântico e traz implicações profundas não apenas para a física teórica, mas também para tecnologias futuras e para nossa compreensão da realidade.

O termo "ponto zero" refere-se ao fato de que, mesmo no vácuo, a uma temperatura de zero grau Kelvin - o ponto teórico em que todo o movimento térmico cessaria -, ainda existe uma forma de energia. Esse fenômeno é chamado de energia de ponto zero. Sua existência foi postulada pela primeira vez no início do século XX, quando os cientistas tentaram entender as discrepâncias entre a física clássica e o comportamento observado no mundo subatômico.

Subjacente ao campo de ponto zero está a teoria do campo quântico, que descreve as partículas não como entidades isoladas, mas como excitações de campos quânticos abrangentes. Nessa estrutura, cada tipo de partícula tem um campo quântico correspondente, e esses campos estão sujeitos a flutuações quânticas mesmo no vácuo mais perfeito.

A energia de ponto zero representa a energia residual que persiste em um sistema quando todas as formas de energia foram removidas. É o nível de energia mais baixo que um sistema quântico pode ter e não pode ser reduzido ainda mais a zero porque, mesmo a zero Kelvin, sempre há pequenas flutuações devido à natureza quântica do vácuo.

Implicações do campo de ponto zero.

Flutuações no vácuo.

As flutuações quânticas do vácuo criam e aniquilam pares de partículas virtuais, um fenômeno que foi confirmado experimentalmente e tem implicações para vários fenômenos físicos, como o efeito Casimir.

Efeito Casimir.

Um fenômeno observado entre duas superfícies condutoras vizinhas colocadas no vácuo, que se atraem mutuamente devido a flutuações no campo de ponto zero entre elas. Esse efeito é considerado uma das principais confirmações experimentais da realidade física da energia de ponto zero.

Implicações cosmológicas.

O campo de ponto zero pode desempenhar um papel crucial na compreensão da energia escura e da expansão acelerada do universo. Alguns teóricos especulam que a densidade de energia vazia contribui para o comportamento do cosmos em grande escala.

Tecnologias futuristas.

A pesquisa no campo de ponto zero promoveu especulações sobre tecnologias futurísticas, como geradores de energia a vácuo e sistemas avançados de propulsão para viagens espaciais. No entanto, essas ideias ainda são amplamente teóricas e não foram verificadas experimentalmente.

Influência na física de partículas.

Esse campo influencia o comportamento das partículas subatômicas de maneiras sutis, mas significativas, contribuindo para a atribuição de massas de partículas por meio de interações de Higgs e outros mecanismos aparentemente exóticos.

Sustentabilidade do campo teórico.

Embora o conceito de energia de ponto zero esteja bem estabelecido na física quântica, a interpretação e o uso prático do campo de ponto zero continuam sendo um tópico de grande debate e pesquisa. Os pesquisadores continuam a explorar maneiras de medir e potencialmente aproveitar essa energia, mas sem resultados práticos definitivos até o momento.

O campo de ponto zero representa uma das fronteiras mais empolgantes da física moderna. Ele nos desafia a revisitar nossa compreensão do vácuo, da energia e das leis fundamentais da natureza. Embora muitas de suas aplicações práticas permaneçam especulativas, o estudo contínuo desse fenômeno pode revolucionar nosso universo de maneiras ainda não imaginadas. A pesquisa no campo do ponto zero não apenas expande as fronteiras da ciência teórica, mas pode abrir caminho para inovações que hoje parecem ficção científica, mas que podem se tornar realidade amanhã.

O acampamento Akasha.

As ideias de Haisch não foram desenvolvidas isoladamente. Ele colaborou com vários acadêmicos e se inspirou em diferentes campos do conhecimento. Por exemplo, suas teorias são fortemente influenciadas pelos estudos de David Bohm, um físico quântico conhecido por seu trabalho sobre a ordem implícita e a interconexão da realidade. Além disso, Haisch citou o trabalho de Ervin Laszlo, filósofo e teórico de sistemas, que propôs a ideia de um "*campo Akasha*" que atua como uma memória universal onde todas as informações são armazenadas.

O termo "Akasha" tem suas raízes na filosofia védica e refere-se a um tipo de éter ou espaço cósmico no qual todas as informações do universo são registradas. Para colocá-lo em uma perspectiva contemporânea, podemos pensar nele como uma espécie de internet cósmica, um campo de memória universal que armazena todas as experiências, todos os pensamentos e todos os eventos que ocorrem no universo.

Ervin Laszlo, filósofo e teórico de sistemas, desenvolveu a ideia do campo Akasha não apenas como um conceito filosófico, mas também como um princípio científico. De acordo com Laszlo, o Akasha é um campo de informações que permeia todo o universo, conectando cada elemento como parte de um grande holograma cósmico. Laszlo vê esse campo como a base de todas as leis físicas conhecidas, desde a gravidade até as interações quânticas, propondo que a própria realidade é uma interconexão de informações universais registradas nesse campo.

A analogia óbvia entre o campo Akasha e o inconsciente coletivo de Jung está em sua função de conectar e armazenar informações em um nível universal. O campo Akasha, conforme descrito por Ervin Laszlo, atua como uma "internet cósmica" em que todas as informações do universo são armazenadas e interconectadas, enquanto o inconsciente coletivo de Jung representa uma mente universal inconsciente que conecta todos os seres humanos por meio de arquétipos e experiências compartilhadas. Ambos os conceitos sugerem um nível de consciência ou informação que transcende as mentes individuais e abrange o conhecimento coletivo.

Bernard Haisch integrou as ideias de Laszlo em seu trabalho sobre consciência quântica. Haisch propõe que a consciência não é simplesmente um produto do cérebro, mas um fenômeno que interage com um campo quântico informacional.

De acordo com Haisch, a consciência poderia ser uma espécie de "*emaranhamento*" com esse campo Akasha, uma interconexão profunda e indissolúvel. Em outras palavras, nossas experiências e percepções poderiam ser influenciadas por esse campo de informações universal e vice-versa. Isso nos permite especular que a consciência, dada sua natureza quântica, poderia ser imortal, continuando a existir mesmo após a morte física do corpo.

Na física clássica, o princípio da conservação da energia implica que nada se perde, mas se transforma. Haisch e Laszlo estendem esse princípio às informações: toda experiência e conhecimento adquiridos poderiam ser armazenados permanentemente no Akasha.

A interconexão proposta pelo Akasha reflete um princípio holográfico no qual cada parte do todo contém as informações do todo. Isso sugere que cada consciência individual pode ter acesso a um tipo de memória universal, apoiando a ideia de uma unidade fundamental entre todas as consciências.

Embora as teorias de Bernard Haisch e Ervin Laszlo sobre o campo Akasha possam parecer especulativas, elas representam um desafio intelectual significativo para a ciência convencional. Elas sugerem que a consciência humana pode não apenas transcender o corpo físico, mas ter um componente imortal que interage com um campo quântico universal.

O campo Akasha, conforme proposto por Laszlo e usado por Haisch, expande nossa compreensão do universo e da natureza da consciência, oferecendo uma visão fascinante que poderia, com o progresso da pesquisa científica e tecnológica, levar a avanços revolucionários na compreensão da possibilidade da imortalidade da consciência.

Embora muitas perguntas permaneçam sem resposta, a importância do campo Akasha na teoria da consciência quântica continua sendo um tópico fascinante que merece ser explorado mais a fundo. Por enquanto, ele nos convida a pensar profundamente sobre a natureza da consciência e seu lugar no universo.

O trabalho de Haisch com Alfonso Rueda resultou em importantes artigos científicos que exploram as implicações do vácuo quântico. Um dos artigos mais citados é '*The Zero-Point Field and Inevitability of a Self-Regenerating Universe*' (2001), no qual Haisch e Rueda discutem como as flutuações do vácuo podem fornecer um mecanismo por meio do qual o universo se regenera continuamente, um processo que poderia permitir a persistência da consciência.

Haisch sempre expressava suas ideias de forma clara e envolvente, tentando tornar conceitos complexos acessíveis. Uma de suas citações mais famosas diz o seguinte

> *"Acredito que a consciência é uma característica fundamental do universo, tão importante quanto o espaço, o tempo, a matéria e a energia.*

Essa abordagem ajudou a disseminar suas ideias não apenas entre os cientistas, mas também entre o público em geral.

Bernard Haisch surge como uma figura pioneira no campo dos estudos da consciência e da física quântica. Suas teorias oferecem uma visão fascinante e radical da consciência como uma entidade imortal. Por meio de suas obras e colaborações, Haisch continua a estimular o debate científico e filosófico, convidando-nos a explorar mais profundamente os mistérios do universo e de nossa própria existência.

Concluindo, as especulações de Haisch abrem novas perspectivas sobre o papel da consciência no universo, desafiando nossos entendimentos convencionais sobre a vida, a morte e a realidade. Como a ciência continua avançando, ainda não se sabe se suas ideias encontrarão confirmação empírica, mas o impacto de seu trabalho é inegável: um convite para olhar além dos limites do conhecido e considerar possibilidades que, até recentemente, eram consideradas pura fantasia.

William Tiller.

William A. Tiller é um nome que ressoa tanto no mundo da física convencional quanto na pesquisa sobre os limites da consciência humana. Com uma carreira que abrange desde sólidos fundamentos científicos até ousadas explorações do poder da intenção humana, Tiller dedicou grande parte de sua vida a investigar como a mente pode influenciar a matéria.

Nascido em 18 de junho de 1929, William Tiller obteve seu PhD em Ciência dos Materiais pela Universidade de Stanford em 1954. Depois de trabalhar como professor e pesquisador por várias décadas, principalmente na Universidade de Stanford, ele se voltou para um campo de estudo que poucos cientistas ousam explorar: a interação entre a mente humana e o mundo físico.

As contribuições científicas de Tiller são muitas, mas uma de suas obras mais famosas é "*Science and Human Transformation: Subtle Energies, Intentionality and Consciousness*" (1997). Nesse livro, Tiller apresenta seu modelo teórico sobre como a intencionalidade humana pode influenciar as propriedades físicas da matéria.

O ponto central das teorias de Tiller é a ideia de que a consciência humana não é apenas um epifenômeno do cérebro, mas uma força ativa que pode interagir com a realidade física. Esse modelo de "*psicoenergética*" sugere que a intenção humana pode modificar campos eletromagnéticos e outras formas de energia sutil para produzir mudanças mensuráveis no mundo físico.

A parte empírica de suas teorias é apoiada por vários experimentos. Tiller desenvolveu um dispositivo que ficou conhecido como "*Dispositivo Tiller*", projetado para amplificar e concentrar a intenção humana. Um dos experimentos mais conhecidos envolveu o uso desse dispositivo para aumentar ou diminuir o pH da água, dependendo da intenção focada nela. Os resultados mostraram variações significativas, sugerindo que a intenção humana poderia ter um impacto mensurável.

Tiller também colaborou com vários pesquisadores e experimentadores, incluindo Lynne McTaggart, jornalista e autora que explorou o poder da intenção em seu livro "*The Intention Experiment*" (2007).

Tiller frequentemente usava as palavras de Albert Einstein para reforçar sua visão:

> *"Não podemos resolver problemas com o mesmo tipo de pensamento que usamos quando os criamos".*

Essa citação resume a essência de sua pesquisa: para entender a verdadeira natureza da consciência humana e seu potencial, precisamos pensar além dos limites de nossos atuais entendimentos científicos.

As teorias de Tiller, embora apoiadas por experimentos rigorosos, foram alvo de uma quantidade considerável de ceticismo, mas esse é o destino das mentes originais. A comunidade científica convencional geralmente vê suas conclusões com reservas, pois a psicoenergética desafia as leis físicas comumente aceitas. No entanto, Tiller reuniu um grande número de seguidores entre aqueles que estão mais abertos às interconexões entre mente e matéria, e encontrou neles verdadeiros aliados na busca de uma compreensão mais ampla de nossa realidade.

William Tiller continua sendo uma figura fascinante e controversa no cenário científico contemporâneo. Seu compromisso em provar que a intenção consciente pode influenciar o mundo físico ultrapassa os limites de nossa compreensão da realidade e da própria consciência. Nessa jornada complexa e ousada, Tiller nos convida a olhar além do óbvio, explorando as profundezas da mente humana e seu potencial oculto.

Mario Beauregard.

No cenário da neurociência contemporânea, poucos estudiosos ousaram explorar as fronteiras entre ciência e espiritualidade como Mario Beauregard. Com uma carreira repleta de estudos ousados e inovadores, Beauregard investigou as experiências espirituais e a consciência, aventurando-se além dos paradigmas tradicionais que confinam essas experiências ao mero funcionamento do cérebro.

Mario Beauregard, nascido em 19 de abril de 1962 em Montreal, Canadá, é uma figura importante no campo da neurociência. Depois de obter seu doutorado em neuropsicologia pela Université de Montréal, ele fez estudos de pós-doutorado na *Unité de Neurosciences Cognitives* em Aix-Marseille, na França. Essas bases sólidas em neurociência cognitiva permitiram que ele abordasse a questão da consciência com o rigor metodológico necessário para tratar de um assunto que é tão complexo quanto controverso.

Beauregard se destacou por uma série de publicações que desafiam a visão materialista da consciência. Entre seus trabalhos mais relevantes está "*The Spiritual Brain: A Neuroscientist's Case for the Existence of the Soul*" (*O Cérebro Espiritual: A Defesa da Existência da Alma por um Neurocientista*), escrito em parceria com Denyse O'Leary. Esse livro é uma referência para qualquer pessoa interessada na relação entre cérebro e consciência, pois propõe a ideia de que a consciência pode existir independentemente do cérebro físico.

A teoria central de Beauregard é que a consciência não é um epifenômeno do cérebro, mas sim uma entidade independente que pode existir sem o suporte material da massa cinzenta. Essa perspectiva o coloca na corrente do dualismo moderno, que dialoga com o legado de filósofos como René Descartes, mas com ferramentas e metodologias neurocientíficas atualizadas.

Entre as contribuições notáveis de Beauregard está o estudo das experiências de quase morte (EQMs), que desafiou a suposição de que tais fenômenos são simplesmente consequências de processos neuroquímicos. Em uma série de experimentos conduzidos na Université de Montréal, Beauregard usou a ressonância magnética funcional (fMRI) para monitorar a atividade cerebral durante estados de meditação profunda e oração, situações que são frequentemente relatadas como tendo componentes espirituais ou transcendentes.

Uma investigação sobre o misticismo e o cérebro.

Um dos experimentos mais famosos e controversos de Mario Beauregard ocorreu em 2006, quando ele e sua equipe decidiram investigar cientificamente a experiência mística por meio da observação de freiras carmelitas durante um estado de "*união mística com Deus*".

O principal objetivo desse estudo era entender como o cérebro se comporta durante experiências místicas profundas. As freiras carmelitas, conhecidas por suas práticas profundas de oração e meditação, foram escolhidas como sujeitos ideais para esse tipo de pesquisa. Esse estudo visava observar se havia padrões distintos de atividade cerebral associados a estados de união espiritual.

Beauregard e sua equipe usaram uma das mais avançadas técnicas de neuroimagem disponíveis na época: a ressonância magnética funcional (fMRI). Essa tecnologia permite que as alterações no fluxo sanguíneo do cérebro sejam monitoradas em tempo real, fornecendo um "mapa" detalhado das áreas ativas durante atividades mentais específicas.

Para o processo de medição, as irmãs foram convidadas a atingir um estado de união mística enquanto estavam dentro do scanner de fMRI. Isso exigiu condições muito especiais, pois essas experiências não podem ser evocadas por comando de forma replicável e mensurável como outras funções cognitivas.

Os resultados do estudo foram fascinantes e reveladores. Durante os estados de união mística, os exames de fMRI mostraram uma ativação significativa em várias regiões do cérebro.

Em particular, esses resultados indicaram uma integração complexa entre diferentes redes neurais envolvidas em emoções, autoconsciência e percepção espiritual. Isso sugere que as experiências de união mística podem não ser simplesmente um produto de uma única região cerebral, mas sim o resultado de diferentes áreas trabalhando em sinergia.

As implicações desse estudo foram vastas e provocativas. Como o próprio Beauregard apontou, esses resultados desafiam a ideia de que a experiência mística é meramente uma construção artificial da mente, resultante de processos neuroquímicos aleatórios. Em vez disso, eles parecem apoiar a hipótese de que essas experiências podem refletir uma realidade transcendente ou, pelo menos, um estado diferente de consciência que não pode ser completamente reduzido a fenômenos neuronais.

O estudo foi publicado na *Neuroscience Letters*, atraindo a atenção e o interesse de acadêmicos de diversas disciplinas. Ele provocou um exuberante debate acadêmico, levando alguns a reconsiderar suas suposições materialistas, enquanto outros permaneceram céticos, pedindo mais evidências e investigações.

Como era de se esperar, o experimento também atraiu críticas e ceticismo. Alguns neurocientistas que defendiam o materialismo acreditavam que as experiências místicas poderiam ser explicadas inteiramente por meio de alterações neuroquímicas e fisiológicas, sem recorrer a interpretações transcendentes.

Beauregard respondeu a essa crítica enfatizando a necessidade de manter a mente aberta na ciência e de não rejeitar hipóteses a priori que não coincidam com os modelos tradicionais. Ele ressaltou que os dados empíricos coletados mereciam consideração e investigação adicional.

O experimento de 2006 com as freiras carmelitas representa um capítulo significativo na carreira de Mario Beauregard e na neuroteologia. Demonstrando rigor científico em sua abordagem de questões espirituais, Beauregard abriu novas perspectivas para a compreensão da consciência e da mente humanas e pediu um diálogo integrado entre ciência e espiritualidade.

Usando imagens de ressonância magnética funcional (fMRI), Beauregard observou que, durante essas experiências místicas, regiões do cérebro associadas a emoções positivas e consciência eram ativadas, mas também áreas que não são facilmente explicadas apenas pela atividade neural. Essas descobertas, publicadas na *Neuroscience Letters*, provocaram um debate acalorado sobre a natureza da consciência e das experiências espirituais.

Citações e referências.

Para entender o escopo do trabalho de Beauregard, é útil considerar as opiniões de outros acadêmicos. Por exemplo, o filósofo David Chalmers, famoso pelo conceito do "*difícil problema da consciência*", citou o trabalho de Beauregard em seus discursos sobre a ideia de que a consciência pode existir independentemente do corpo físico. Até mesmo o físico Roger Penrose, conhecido por suas teorias sobre consciência quântica, reconheceu que os dados de Beauregard oferecem percepções interessantes sobre a integração da neurobiologia com a física teórica.

Uma anedota importante da carreira de Beauregard diz respeito a uma palestra em 2010 na Universidade do Arizona, durante a qual ele apresentou os resultados de sua pesquisa sobre EQMs. Durante sua palestra, alguns cientistas na plateia expressaram ceticismo sobre suas conclusões, acreditando que elas estavam em conflito com o paradigma materialista dominante. Beauregard, com sua calma habitual, respondeu convidando os presentes a considerar as evidências sem preconceitos, lembrando-os de que "*a ciência não deve temer o mistério*".

O trabalho de Mario Beauregard se destaca como um lembrete da necessidade de maior abertura de espírito na pesquisa científica sobre a consciência. Ao questionar suposições de longa data e propor novos caminhos de investigação, Beauregard fez uma contribuição significativa não apenas para a neurociência, mas também para a filosofia da mente e da espiritualidade.

A exploração de territórios onde a consciência e a matéria se entrelaçam continua sendo um campo fascinante e controverso. O trabalho de Beauregard continuará a ser um ponto de referência para quem busca entender se e como a consciência pode se estender além do cérebro, um fenômeno que pode ser a chave para a compreensão da imortalidade do eu.

Diane Hennacy Powell.

Diane Hennacy Powell surge como uma figura de destaque, combinando o rigor científico da psiquiatria e da neurociência com um profundo interesse pelo paranormal e por habilidades cognitivas extraordinárias. Seu trabalho nos convida a reconsiderar as visões tradicionais da consciência e a explorar novos horizontes que incluem a possibilidade da consciência quântica e imortal.

Diane Hennacy Powell é uma psiquiatra e neurocientista americana cuja carreira abrangeu algumas das instituições acadêmicas mais prestigiadas do mundo. Formada pela *Faculdade de Medicina da Universidade Johns Hopkins*, ela continuou sua formação fazendo residência e estudos avançados em neurociência. Powell também lecionou na *Harvard Medical School*, uma das principais formadoras de mentes brilhantes em medicina e pesquisa científica.

Além de sua carreira acadêmica, Powell é conhecida por seus estudos aprofundados sobre o paranormal e habilidades cognitivas extraordinárias. Sua paixão por esses tópicos a levou a colaborar com vários pesquisadores e a publicar inúmeros artigos e livros que desafiam as crenças convencionais sobre o funcionamento da mente humana.

Principais trabalhos e estudos.

Ao longo dos anos, Diane Hennacy Powell publicou várias obras que exploram a multidimensionalidade da consciência. Um de seus livros mais conhecidos é *The *ESP Enigma: The Scientific Case for Psychic Phenomena** (2008), no qual ela examina rigorosamente as evidências científicas a favor dos fenômenos psíquicos. Nesse texto, Powell analisa casos de telepatia, clarividência e premonição, propondo que esses fenômenos podem ter uma explicação quântica.

No livro, é feita uma pergunta: apesar de nosso amplo conhecimento sobre como o cérebro funciona, a questão da origem da consciência permanece em grande parte sem solução: de onde vem o senso de "eu" que caracteriza nosso diálogo interior? Como um fenômeno imaterial como a consciência pode surgir de uma estrutura material como o cérebro? Diane Powell reconsiderou de forma inovadora o significado e a natureza da consciência, concentrando-se na pesquisa de fenômenos psíquicos. Nos últimos anos, uma série de experimentos cuidadosamente projetados e monitorados de perto documentou fenômenos como interconexões telepáticas, clarividência, precognição, psicocinese e experiências fora do corpo. A ciência convencional tem ignorado amplamente essas evidências, pois elas desafiam o modelo convencional que vê a consciência exclusivamente como um produto da química cerebral. Com base nesses experimentos, Diane Powell elabora uma nova teoria da consciência. Usando conceitos da física, da neurociência e de outras disciplinas, ela oferece uma explicação profunda e desafiadora dos fenômenos de PES, argumentando de forma provocativa que a existência de capacidades psíquicas amplia nossa compreensão da consciência. Essas habilidades psíquicas também se refletem nas descobertas da física moderna: a psicocinese, por exemplo, sugere que a consciência pode ser vista como um campo de força, enquanto a precognição implica que o passado, o presente e o futuro existem simultaneamente. Iluminador em suas conclusões e estimulante em suas implicações, '*The ESP Enigma*' desafia suas noções preconcebidas e amplia seus horizontes mentais.

Teorias da consciência quântica.

Diane Powell está particularmente interessada na sobrevivência da consciência após a morte. Em vários artigos e palestras, ela discutiu a possibilidade de que a consciência possa existir independentemente do corpo físico, uma ideia que encontra ressonância em muitos estudos contemporâneos da física quântica.

As teorias de Diane Hennacy Powell sobre a consciência quântica fazem parte de um campo emergente que busca explicar a mente humana por meio dos princípios da mecânica quântica. De acordo com Powell, a consciência não é simplesmente um fenômeno emergente do cérebro físico, mas pode ser uma entidade mais fundamental e potencialmente imortal.

Powell também se inspira no trabalho de outros pesquisadores pioneiros, como Roger Penrose e Stuart Hameroff, que propõem a teoria "Orch-OR".

Diane Hennacy Powell cita vários testemunhos que apóiam suas teorias. Um exemplo significativo é o caso de Matilda O'Donnell MacElroy, uma enfermeira que alegou ter se comunicado telepaticamente com um extraterrestre durante o incidente de Roswell. Powell usa esse e outros casos para destacar a possibilidade de comunicação telepática, sugerindo que esses fenômenos não podem ser totalmente explicados pelos modelos tradicionais da neurociência.

Em seu laboratório, Powell realizou experimentos rigorosos com o objetivo de testar fenômenos como telepatia e visão remota. Um dos estudos mais intrigantes envolveu indivíduos que alegavam ser capazes de "ver" objetos escondidos em salas fechadas, um fenômeno conhecido como *visão remota*. Em um ambiente controlado, os participantes foram solicitados a descrever objetos ocultos em detalhes, com resultados que, embora controversos, mostraram um nível surpreendente de precisão.

Esse experimento específico levantou muitas questões. Se realmente existe uma forma de comunicação que transcende os cinco sentidos tradicionais, como podemos explicá-la? Powell especula que as respostas podem estar na física quântica, onde as leis normais da física clássica não se aplicam. A teoria da consciência quântica sugere que a mente pode operar em um nível de existência que desafia o tempo e o espaço como os conhecemos.

Os resultados da pesquisa de Powell estão longe de ser conclusivos e foram recebidos com ceticismo pela parte usual da comunidade científica. Entretanto, a precisão das descrições fornecidas pelos participantes em suas sessões de visão remota é difícil de ser explicada pelos métodos tradicionais. Isso poderia indicar uma conexão mais profunda e íntima entre a consciência e o universo, uma conexão que poderia até implicar uma forma de imortalidade da consciência.

Essa linha de pesquisa abre cenários fascinantes e, ao mesmo tempo, perturbadores. Se a consciência estiver de fato interconectada no nível quântico, isso poderia significar que ela é capaz de sobreviver à morte do corpo físico, projetando uma existência contínua em outra dimensão ou forma de realidade. O desafio está em traduzir esses fenômenos elusivos em uma linguagem científica rigorosa que possa ser universalmente aceita e reproduzida.

Enquanto Diane Hennacy Powell e seus colegas continuam a ampliar os limites de nossa compreensão, a pesquisa sobre a consciência quântica como uma entidade imortal continua sendo um campo em crescimento, cheio de promessas. Podemos estar no limiar de uma descoberta revolucionária que redefinirá nosso conceito de vida e morte. De qualquer forma, a audácia e a curiosidade de acadêmicos como Powell nos lembram que o conhecimento humano é uma aventura sem fim, sempre pronta para explorar novos territórios.

Diane Hennacy Powell continua a ser uma figura de destaque na pesquisa da consciência, combinando profundo conhecimento científico com uma abertura de espírito rara no meio acadêmico. Suas teorias sobre a consciência quântica como uma entidade imortal nos desafiam a reconsiderar nossas crenças mais profundas sobre a natureza da mente e da realidade.

Henry Stapp, o físico que apóia a existência da alma.

No cenário científico contemporâneo, poucos nomes ressoam com o eco de paradigmas revolucionários como o de Henry Stapp. Físico teórico de renome internacional, Stapp agitou a comunidade científica por suas teorias ousadas que ligam a mecânica quântica à natureza da consciência e, em última análise, à existência da alma. Esta seção tem como objetivo explorar a vida, as obras e as teorias de Stapp, iluminando a originalidade de seu pensamento que busca fundir ciência e filosofia em um diálogo ousado e atemporal.

Henry Stapp nasceu em 23 de junho de 1928. Após receber seu doutorado em física pela Universidade da Califórnia, Berkeley, em 1957, sob a direção de Owen Chamberlain, ganhador do Prêmio Nobel de Física, Stapp embarcou em uma carreira acadêmica e de pesquisa que o levou a colaborar com algumas das mentes mais brilhantes do século XX, incluindo Werner Heisenberg e Wolfgang Pauli.

Stapp trabalhou no *Laboratório Nacional Lawrence Berkeley* (LBL), contribuindo para importantes desenvolvimentos na teoria quântica. No entanto, sua carreira tomou um rumo único quando ele começou a explorar as implicações da física quântica para a filosofia da mente. Esse interesse o levou a formular ideias radicais sobre a natureza da consciência e a existência da alma.

Entre as obras mais influentes de Stapp estão "*Mind, Matter, and Quantum Mechanics*" (1993) e "*Mindful Universe: Quantum Mechanics and the Participating Observer*" (2007). Nesses textos, Stapp analisa as implicações da mecânica quântica, propondo que a mente e a matéria não são entidades separadas, mas interconectadas de forma fundamental.

Um dos conceitos centrais de seu trabalho é o "colapso da função de onda", um fenômeno que, na física quântica, descreve a transição de um sistema quântico de um estado de superposição para um estado definido após a observação. Stapp levanta a hipótese de que a mente consciente tem um papel direto nesse processo, sugerindo que a consciência pode influenciar a realidade física.

Stapp apresentou uma teoria que vincula a mecânica quântica à filosofia da mente, argumentando que a mente consciente desempenha um papel fundamental no colapso da função de onda. Essa visão implica que a consciência não é apenas um epifenômeno do cérebro, mas sim um componente essencial e ativo do universo.

De acordo com Stapp, o observador consciente pode influenciar os eventos quânticos. Essa ideia tem suas raízes no princípio da incerteza de Heisenberg e no experimento da dupla fenda, em que o comportamento das partículas muda dependendo da presença de um observador. Stapp amplia essa noção para argumentar que a consciência e a observação humana não apenas registram eventos quânticos, mas são parte integrante de sua ocorrência.

Outro ponto crucial nas teorias de Stapp é o conceito de "*causalidade mental*". Esse conceito argumenta que os processos mentais podem causar mudanças nos processos físicos por meio do mecanismo quântico. Esta tese desafia a visão tradicional do dualismo cartesiano, promovendo, em vez disso, um tipo de dualismo interativo em que a mente e a matéria se influenciam mutuamente.

Uma das passagens mais famosas de Henry Stapp diz:

> *"A consciência não é um acidente do cérebro; ela é um aspecto fundamental da realidade quântica".*

Essa declaração resume o cerne de sua filosofia, que vê a consciência como uma entidade essencial que não pode ser reduzida apenas a reações químicas no cérebro.

Henry Stapp ultrapassou os limites da ciência convencional e convidou o meio acadêmico a considerar seriamente a possibilidade de a consciência ser uma entidade imortal e um ator fundamental no universo quântico. Suas teorias provocativas, sustentadas por uma base científica sólida e uma visão filosófica penetrante, continuam a estimular debates acalorados e a inspirar novas pesquisas no campo da consciência e da mecânica quântica.

Em uma época em que a ciência e a espiritualidade muitas vezes parecem mundos separados, Henry Stapp representa uma figura que tenta construir uma ponte entre as duas, buscando uma compreensão mais completa e profunda da natureza da existência. Seu legado intelectual nos convida a refletir sobre o mistério da consciência e a explorar suas implicações para nossa compreensão do universo e de nosso lugar nele.

No imaginário contemporâneo, a ciência muitas vezes transmite uma visão mecanicista e determinista do universo, uma visão na qual o ser humano é reduzido a um autômato cujos pensamentos e ações são estritamente o resultado de interações físicas predeterminadas.

No entanto, Henry Stapp, um teórico de renome internacional no campo da física quântica, desafiou essa percepção ultrapassada de várias maneiras e ocasiões, propondo uma concepção na qual a consciência desempenha um papel fundamental e, para alguns, pode ser considerada uma entidade imortal. Resumo seus pensamentos expressos durante uma conferência fascinante e esclarecedora realizada em Paris em 2023.

O fim do determinismo clássico.

A reflexão de Stapp começou com uma crítica à mecânica clássica, uma teoria que dominou o pensamento científico por séculos e foi profundamente invalidada pelas descobertas da mecânica quântica (QM). Especificamente, ele apontou que a mecânica clássica se baseava em uma visão determinista do mundo, na qual cada evento era a consequência inevitável de causas físicas anteriores. Esse modelo, embora poderoso e útil, foi empiricamente desafiado e superado pelos desenvolvimentos da mecânica quântica. Stapp explicou claramente como a QM, por meio de experimentos e verificações, demonstrou que os eventos subatômicos não são completamente determinados por fatos anteriores, mas são descritos em termos de probabilidades.

O ponto central do pensamento de Stapp é a nova visão do homem como um ser psicofísico. Por meio da mecânica quântica, Stapp argumenta que o ser humano não é um autômato mecânico, mas sim uma entidade cuja consciência pode influenciar o curso dos eventos físicos. Essa inversão de perspectiva é revolucionária: enquanto na mecânica clássica as intenções conscientes eram insignificantes em comparação com o domínio das leis físicas, na mecânica quântica, as mesmas intenções se tornam componentes ativos e influentes.

Durante a palestra, Stapp ilustrou como as decisões conscientes podem causar "colapsos da função de onda", um fenômeno quântico por meio do qual uma possibilidade entre muitas é concretizada. Em outras palavras, a consciência humana pode escolher entre diferentes evoluções possíveis de um evento físico, inserindo a dimensão mental na cadeia causal da realidade física. Isso confere à consciência um papel muito mais significativo e autônomo do que o concebido pelo determinismo clássico.

Indo além em seu discurso, Stapp levantou a possibilidade de a consciência ser uma entidade imortal. Se a consciência desempenha um papel na evolução dos eventos físicos, isso poderia significar que ela não está ligada à impermanência do corpo físico. As teorias atuais de QM não excluem, na verdade, em alguns casos, sugerem que a própria consciência pode ter traços de continuidade que sobrevivem à morte física...

A conclusão de Stapp é tão provocativa quanto profundamente humana: é fundamental para nós, como indivíduos e coletivamente, corrigir a visão dominante de que a ciência nos representa como meras máquinas biológicas. Essa ideia, baseada na mecânica clássica e agora ultrapassada, deve dar lugar à nova concepção que emerge da mecânica quântica. O ser humano deve ser visto como uma entidade complexa, na qual a consciência desempenha um papel causal significativo e potencialmente imortal. Essa revolução conceitual não apenas redefine nosso lugar no universo, mas também tem imensas implicações éticas, filosóficas e espirituais.

Em suma, Henry Stapp nos convida a repensar radicalmente nossa compreensão da realidade e de nós mesmos. É um convite para considerarmos a consciência não como um epifenômeno insignificante, mas como um elemento central e abrangente na estrutura do universo, mantendo aberta a perspectiva fascinante de que nossa consciência pode, de alguma forma, transcender os limites impostos pela finitude do corpo físico.

Diz-se que um dos maiores desafios da ciência moderna é entender a natureza da consciência. Nessa conferência em Paris, Henry Stapp colocou essa questão em evidência ao afirmar que a ciência, por meio da mecânica quântica, possui as chaves para revelar a conexão entre nossas experiências conscientes e o mundo físico. Stapp expôs sua teoria da "consciência quântica", sugerindo que a consciência pode não apenas influenciar o mundo físico, mas também possuir uma qualidade de imortalidade.

Para entender a abordagem inovadora de Stapp, é essencial começar com sua crítica à física clássica. As teorias físicas dos séculos XVIII e XIX retratavam um universo estritamente determinista, em que cada evento era o resultado inevitável de causas físicas anteriores. Nesse contexto, as experiências conscientes e a vontade humana pareciam ser irrelevantes. De acordo com essa visão, nossa mente não tinha poder para influenciar o curso dos eventos físicos, reduzindo assim o ser humano a um autômato mecânico, desprovido de livre arbítrio e significado.

No entanto, como Stapp aponta, essas teorias já foram superadas. Em sua entrevista, ele deixa claro que as teorias físicas clássicas são "*fundamentalmente falsas*" e foram substituídas pela mecânica quântica. A mecânica quântica representa uma mudança de paradigma: ela não apenas introduz o conceito de indeterminação, mas também coloca a consciência humana no centro do processo de determinação do futuro.

Stapp explicou que, na mecânica quântica, nossas "*escolhas livres*" conscientes desempenham um papel fundamental na formação do futuro. Essas escolhas são chamadas de "*livres*" porque não são limitadas por nenhum outro recurso da teoria. Em termos mais simples, as decisões conscientes não são predeterminadas por eventos físicos anteriores, mas podem determinar diretamente o curso dos eventos físicos.

Os efeitos dessas escolhas são mais evidentes no cérebro. De acordo com Stapp, as escolhas mentais livres influenciam os processos cerebrais, mostrando assim que a mente não é uma figura passiva que observa o universo, mas um agente ativo que pode modificá-lo.

Um dos aspectos mais fascinantes da teoria de Stapp diz respeito à natureza imortal da consciência. Se os processos mentais podem determinar o curso dos eventos físicos por meio da mecânica quântica, isso pode significar que a consciência não está exclusivamente ligada à fisicalidade do corpo humano. Em outras palavras, a consciência poderia ter uma continuidade que sobrevive à morte física.

Stapp não fornece provas definitivas dessa imortalidade, mas abre um horizonte de reflexão que nos convida a considerar a consciência como um elemento penetrante e persistente do universo. Esse conceito de "consciência quântica" pode até sugerir que a própria consciência é um componente fundamental da realidade, em pé de igualdade com as partículas e ondas que descrevem o mundo físico.

Em seu discurso, Stapp nos convida a rever nossa compreensão da realidade e nossa posição nela. Ele acredita que é de fundamental importância que a humanidade abandone a noção ultrapassada de ser um autômato mecânico, derivada da física clássica, e adote o cenário oferecido pela mecânica quântica. Nessa nova estrutura, o ser humano é visto como uma entidade psicofísica cujas intenções conscientes podem de fato determinar o futuro.

Essa nova visão não apenas reinterpreta o significado de nossa existência, dando à nossa consciência um papel ativo e dinâmico, mas também abre novas perspectivas sobre o conceito de imortalidade. A teoria de Stapp nos leva a ver a realidade e a nós mesmos com outros olhos, enfatizando a importância de nossas experiências e vontades conscientes na formação do mundo ao nosso redor.

Em essência, Henry Stapp nos deixa com uma mensagem poderosa: nossa consciência não é um mero epifenômeno de processos físicos, mas uma força viva e influente que pode se estender além dos limites do corpo físico. Um conceito que não apenas fascina, mas convida a uma profunda reflexão sobre a natureza da realidade e de nossa própria existência.

Materialismo esperançoso".

Na entrevista, Stapp examina o conceito de "Materialismo Esperançoso". Materialismo esperançoso, um termo cunhado por Sir Karl Popper, descreve o otimismo predominante na neurociência, segundo o qual a mente e o cérebro, como entidades tangíveis, acabarão sendo decifráveis por meio dos princípios estabelecidos da mecânica clássica. No entanto, Stapp aponta como essa visão é limitada por seus próprios fundamentos primitivos. A adesão tenaz aos princípios deterministas e reducionistas da física clássica é, de acordo com Stapp, um obstáculo insuperável para uma compreensão completa da consciência.

Para ilustrar o motivo, Stapp evoca a observação perspicaz do físico do século XIX John Tyndall. Tyndall reconheceu um "*abismo invencível*" entre o domínio físico dos objetos materiais e a experiência subjetiva da consciência humana. Embora Tyndall pudesse traçar o desenvolvimento do sistema nervoso e relacioná-lo aos fenômenos paralelos da sensação e do pensamento, ele admitiu que não conseguia entender a conexão entre os impulsos físicos e a experiência subjetiva.

Esse "abismo invencível" foi superado mais tarde, mas com uma mudança paradigmática descrita pelo lógico John von Neumann. Ele propôs a introdução da mecânica quântica, desafiando e superando as limitações inerentes à física clássica. Stapp aceitou e desenvolveu a abordagem de von Neumann, argumentando que os processos quânticos não apenas reproduzem melhor o mundo estranho e complexo de nossa experiência consciente, mas também oferecem uma estrutura teórica para a compreensão da consciência como um agente ativo na formação da realidade.

A pedra angular do pensamento de Stapp gira em torno da ideia de que a consciência não é um subproduto passivo da matéria, como o Materialismo Esperançoso frequentemente sugere, mas uma ferramenta fundamental que interage com o mundo físico. Por meio de experimentos de medição em mecânica quântica, em que o observador parece influenciar o resultado, Stapp encontra argumentos sólidos para defender que a consciência detém as rédeas da realidade percebida.

Essa perspectiva tem implicações profundas para o conceito de alma imortal. Se a consciência está intrinsecamente ligada à estrutura do universo quântico, sua existência contínua pode não ser estritamente dependente das restrições do corpo físico. Os seres humanos, como observadores conscientes, participam ativamente da criação da própria realidade, estabelecendo a base teórica para a ideia de que uma parte de nós, nossa consciência, pode persistir além da decadência física.

Stapp não apenas fornece uma crítica robusta da física clássica, mas também oferece uma visão ousada e instigante que nos encoraja a repensar nosso lugar no universo. A mecânica quântica, com suas peculiaridades e potencialidades, lança uma nova luz sobre a compreensão da consciência e, com ela, sobre a antiga questão da alma. Talvez, como sugere Stapp, através do prisma da mecânica quântica, possamos finalmente começar a vislumbrar a dimensão eterna de nossa existência consciente.

O materialismo é um paradigma em crise. Um novo paradigma.

A verdadeira revolução, sugere Stapp, veio com o advento da mecânica quântica no início do século XX. Descobertas teóricas e experimentais mostraram que as leis clássicas, perfeitamente aplicáveis a grandes objetos astronômicos e terrestres, falharam miseravelmente no mundo dos átomos. Em resposta a essas descobertas, surgiu um novo padrão de leis que, em princípio, se aplicam não apenas a átomos individuais, mas também a sistemas compostos por um número arbitrariamente grande de átomos.

Entretanto, essa abordagem renovada mostrou que, se tentarmos aplicar essas leis a um sistema que inclua tanto o observador quanto o objeto de observação, encontraremos uma discrepância fundamental. De acordo com as leis atômicas, o cérebro de um observador deve evoluir para uma mistura de muitos estados diferentes, cada um correspondendo a uma percepção diferente. No entanto, na realidade empírica, apenas uma percepção se manifesta. Essa incompatibilidade entre a teoria e a experiência levou a um avanço fundamental.

Os fundadores da mecânica quântica resolveram esse conflito abandonando a estrutura conceitual criada por Isaac Newton no século XVII. Por mais de duzentos anos, esse paradigma "clássico" havia excluído a possibilidade de que nossas experiências conscientes pudessem influenciar diretamente o futuro fisicamente descrito.

A teoria quântica, por outro lado, eleva nossas experiências conscientes do papel passivo de meros observadores para o papel ativo de participantes na criação de nosso futuro físico compartilhado. Essa elevação, de acordo com Stapp, não é apenas uma revolução científica, mas também uma profunda mudança filosófica que pode revelar pistas sobre a imortalidade da consciência.

De acordo com Stapp, a mecânica quântica oferece uma estrutura para entender a consciência como um aspecto fundamental da realidade, e não apenas um epifenômeno do cérebro físico. Nesse contexto, a consciência poderia existir além dos limites físicos do corpo, sugerindo um tipo de imortalidade mental ou espiritual.

Stapp desafia a dicotomia clássica entre mente e matéria, propondo que a consciência pode não apenas sobreviver à morte física, mas também desempenhar um papel ativo e causal no universo. Esse conceito abre possibilidades fascinantes para o futuro da pesquisa científica e filosófica, levantando questões que a humanidade vem ponderando há milênios.

Embora a física clássica seja incrivelmente eficaz na previsão do comportamento de objetos macroscópicos, ela não consegue explicar o papel da consciência. Stapp enfatiza que a ciência deve se ancorar em nossas experiências, pois é por meio delas que conhecemos o mundo. No passado, cientistas como Niels Bohr reconheceram que a tarefa da ciência não era descobrir as "verdades" ocultas por trás das experiências, mas sim traçar as relações entre os vários aspectos de nossas experiências. O próprio Bohr afirmou:

> *"O objetivo de nossa descrição da natureza não é revelar a verdadeira essência dos fenômenos, mas apenas traçar, na medida do possível, as relações entre os diversos aspectos de nossa experiência."*

Em conclusão, Henry Stapp não apenas critica as limitações do materialismo, mas propõe uma visão na qual a mecânica quântica poderia ser a chave para a compreensão da natureza essencial e imortal da consciência. Em um mundo em que a ciência e a espiritualidade são frequentemente vistas como opostas, Stapp atua como uma ponte, abrindo novos caminhos de pensamento que podem um dia mudar nossas vidas.

A interpretação de Copenhague e o papel do observador.

Stapp considera significativo que os pais da teoria quântica, especialmente na interpretação de Copenhague, tenham enfatizado o papel crucial do observador. De fato, a Interpretação de Copenhague argumenta que os resultados dos experimentos quânticos não podem ser considerados independentes dos atos de observação; o próprio observador desempenha um papel crucial na determinação da realidade experimental.

Essa ideia se alinha estreitamente com a visão de Stapp da consciência como participante ativo. De acordo com Stapp, os eventos quânticos são influenciados pelas escolhas conscientes dos observadores, uma visão que se afasta bastante do determinismo rígido da mecânica clássica. As "escolhas livres" dos experimentadores não são determinadas por leis físicas, mas emergem de uma esfera de intencionalidade e consciência, abrindo a possibilidade de novas perspectivas sobre a natureza da realidade e, talvez, sobre a imortalidade da alma.

Stapp introduz o conceito de "*escolhas livres*" para descrever decisões conscientes que não são predeterminadas por leis mecânicas, mas que desempenham um papel fundamental na influência dos resultados de experimentos quânticos. As escolhas do sujeito observador, nesse contexto, determinam quais medições serão feitas e, consequentemente, quais aspectos da realidade quântica serão revelados.

Essa abordagem revolucionária marca uma ruptura total com a mecânica clássica e sua pretensão de explicar todos os fenômenos por meio de leis predeterminadas. Em contraste, a teoria quântica, conforme desenvolvida e interpretada por Stapp, sugere que a consciência desempenha um papel intrínseco no universo, abrindo a porta para interpretações que incluem a possibilidade de uma consciência imortal.

Stapp propõe que esse novo entendimento da consciência, como um elemento ativo e fundamental na estrutura do universo, pode nos oferecer um caminho para uma compreensão mais completa de nossa essência. As implicações dessa visão são vastas e profundas, atingindo não apenas a física e a neurociência, mas também a filosofia e a teologia.

Em última análise, a teoria da consciência quântica de Henry Stapp desafia o "materialismo esperançoso" e propõe uma visão na qual a consciência não é apenas um subproduto da matéria, mas um elemento essencial na estrutura do universo. Essa perspectiva abre novos caminhos para a compreensão não apenas da natureza da realidade, mas também da possibilidade de que nossa consciência possa se estender além dos limites da vida física, sugerindo potencialmente a existência de uma alma imortal.

A função do observador.

"É preciso fazer uma pausa aqui!", adverte Stapp, enfatizando a importância de pensar seriamente sobre esse salto conceitual. A física clássica, explica Stapp, surgiu da observação de grandes corpos celestes e terrestres, onde as escolhas do observador não influenciam o sistema sob observação. Entretanto, estender essa ideia à neurociência é, segundo Stapp, um erro fatal. Nossas escolhas mentais, de fato, têm um efeito causal significativo sobre nossas ações materiais, um ponto com o qual a mecânica quântica está tecnicamente mais bem equipada para lidar do que a física clássica. A mecânica quântica, com sua complexa manipulação dos processos de medição, reconhece e explica como nossas percepções dos planetas diferem radicalmente de nossas percepções de nós mesmos.

Na mecânica quântica, o observador não é um elemento passivo, mas ativo. O procedimento geral de medição quântica começa com uma escolha consciente e uma ação subsequente do observador. Se a resposta experimental escolhida pelo observador ocorrer, então o sistema observado adquire uma nova propriedade física. Esse processo fundamental, chamado de "colapso do estado quântico", sugere que a realidade física é co-criada pelo ato de observação consciente.

Stapp nos dá um exemplo: antes da observação, o estado de um sistema pode estar espalhado em uma grande região espacial; após a observação, ele pode estar confinado a uma região muito menor. Essa transição, ou colapso, resolve o problema do dualismo onda-corpo e demonstra a importância do papel do observador.

Um aspecto crucial das teorias de Stapp é a ideia de "escolhas livres". Essas escolhas - decisões conscientes que não são predeterminadas por leis físicas - influenciam significativamente o mundo material. Dessa forma, a consciência é vista não apenas como um observador passivo, mas como um participante ativo na criação da realidade. Esse conceito desafia diretamente a ideia de que tudo em nosso universo é predeterminado e mecanicista.

Stapp expande essa ideia ao apontar que a consciência pode não estar limitada ao corpo físico, abrindo a possibilidade de que ela persista além da morte. A noção de que a alma ou a consciência pode ser imortal é uma das implicações mais profundas e fascinantes de suas teorias, ligando os mistérios da física quântica a antigas questões filosóficas sobre a existência e a natureza da alma.

Rumo a uma nova compreensão da realidade.

No paradigma tradicional da física clássica, o universo é visto como uma máquina gigante em que cada evento é determinado por leis físicas. Entretanto, as teorias de Henry Stapp sugerem um paradigma alternativo em que a própria mente desempenha um papel essencial na formação da realidade. A física quântica, com seu reconhecimento de escolhas livres e o papel ativo do observador, oferece uma visão mais fluida e dinâmica do mundo.

Stapp conclui que, para entender completamente a natureza da consciência e suas implicações, precisamos ir além das limitações do materialismo. O universo, de acordo com Stapp, é um lugar intrinsecamente conectado e interativo, onde a consciência não é apenas um produto emergente da matéria física, mas um componente fundamental da própria realidade.

Em resumo, Henry Stapp nos convida a reconsiderar não apenas a natureza do universo, mas também o nosso lugar nele. Suas ideias nos oferecem uma visão na qual a consciência e a matéria estão intimamente interconectadas, propondo a fascinante possibilidade de que nossa essência consciente possa ser eterna. Essa perspectiva não apenas enriquece nossa compreensão científica, mas também nos aproxima da solução de alguns dos maiores enigmas existenciais da humanidade.

Stapp recorre ao trabalho de John von Neumann, um famoso matemático e lógico que, em seus estudos, rejeitou a "descrição clássica" da realidade física, propondo, em vez disso, uma descrição puramente quântica. Von Neumann enfrentou de forma decisiva os enigmas da mecânica quântica, redefinindo o conceito de "colapso da função de onda" em termos da interação entre mente e matéria.

Na visão de von Neumann, o processo de colapso não é causado por uma "magnitude" nebulosa, mas pela consciência do observador. Na formulação ortodoxa da mecânica quântica, o "*corte de Heisenberg*" separa o que deve ser descrito matematicamente pela QM (Mecânica Quântica) do que é explicado em termos clássicos ou mentais. Entretanto, von Neumann moveu esse corte progressivamente para cima, integrando todos os objetos físicos sob a descrição quântica e, assim, preservando a unidade da descrição psicofísica sem recorrer a conceitos da física clássica.

No modelo de von Neumann, adotado por Stapp, o observador desempenha um papel fundamental. As "escolhas livres" do observador, de uma perspectiva quântica, não são determinadas por leis físicas, mas emergem de um reino de intencionalidade e consciência. Essa ideia desafia diretamente o determinismo da física clássica, oferecendo uma explicação mais consistente com a natureza humana e a experiência subjetiva.

A alma imortal. Além dos limites do corpo físico.

Um dos aspectos mais revolucionários e provocativos dos argumentos de Stapp é a hipótese de que a consciência não está confinada ao corpo físico e pode persistir além da morte. Stapp, ecoando as ideias de von Neumann sobre "*egos abstratos*", argumenta que os aspectos mentais do observador não pertencem ao mundo físico, mas mantêm um vínculo dinâmico quântico com o cérebro físico associado. Essa visão implica que a consciência, como uma entidade quântica, pode ter uma forma de existência independente do corpo físico, sugerindo uma possível imortalidade da alma.

Henry Stapp nos convida a superar as limitações da física clássica, adotando uma visão quântica mais abrangente e integrada do universo e da consciência. Suas ideias não são apenas um desafio científico, mas também filosófico, pois oferecem uma interpretação da realidade na qual a mente e a experiência subjetiva não são meros subprodutos da matéria, mas componentes fundamentais e dinâmicos do universo. Nessa perspectiva, a consciência não é apenas um fenômeno emergente, mas uma força ativa e penetrante que pode transcender os limites da vida física, abrindo caminho para novas reflexões sobre a própria essência de nossa existência e a possibilidade da imortalidade da alma.

Stapp concentra seu discurso no observador, dando a ele um papel bem diferente da testemunha passiva postulada pela física clássica. Na mecânica quântica (QM), de fato, o observador tem a liberdade de escolher qual pergunta fazer à natureza. Esse simples ato tem consequências profundas para a compreensão da realidade física.

Vamos considerar o efeito Zeno quântico, um dos pilares da filosofia de Stapp. Imagine o seguinte cenário: um observador faz à natureza uma pergunta do tipo "Sim/Não" sobre o estado de um sistema. Se a resposta da natureza for "Sim", o sistema exibirá definitivamente a propriedade que o observador escolheu.

Mas isso não é tudo. Em uma situação específica, se a primeira resposta da natureza for "Sim" e o observador continuar a repetir rapidamente a mesma pergunta, as respostas "Não" começarão a ser fortemente suprimidas. Esse fenômeno implica que o observador pode manter um determinado estado do sistema por um período prolongado, um poder significativo que Stapp atribui diretamente à consciência.

Um aspecto crucial entra em jogo aqui: o processo consciente de tomada de decisão do observador determina quais propriedades do sistema se manifestarão, e isso não é mero academicismo. Stapp deixa claro que, de acordo com as regras da QM, as respostas "não" são drasticamente reduzidas se a pergunta for feita com frequência - um fenômeno conhecido como *Efeito Zeno Quântico*. Consequentemente, as escolhas do observador exercem controle efetivo sobre o sistema medido, que, na formulação de Von Neumann, representa o próprio cérebro do observador.

Stapp ressalta que essa mudança dinâmica derruba a visão tradicional do observador como um mero espectador. Em vez de ficar à mercê de um universo predeterminado, o ser humano se torna um cocriador da realidade. Esse conceito, por sua vez, foi desenvolvido pelos fundadores da QM, como Niels Bohr, que enfatizou o papel duplo do homem na grande existência humana: ator e espectador.

Henry Stapp não apenas lança uma nova luz sobre a física quântica, mas também sobre o conceito filosófico de alma. Se a consciência pode influenciar diretamente a realidade física, cria-se uma ponte teórica para a ideia de uma entidade imortal que transcende o mero estado físico. Essa inovação homenageia a visão de William James, que reconheceu a integralidade da consciência em toda a atividade humana.

Stapp nos leva a considerar a implicação de que a consciência não é apenas um epifenômeno, mas um elemento dinâmico e fundamental na construção da realidade. Esse pensamento amplia muito os horizontes da física e levanta questões profundas sobre nosso lugar no universo.

Em conclusão, a teoria de Henry Stapp não apenas desafia os paradigmas da física clássica, mas também avança um discurso sobre a unidade da mente e da matéria, sugerindo que a alma, longe de ser um conceito abstrato, pode ter uma base científica na dinâmica da consciência quântica. Uma afirmação que, embora ainda altamente especulativa, poderia abrir novos caminhos para a compreensão de nossa existência e o caminho para a imortalidade.

O cérebro quântico.

Para Stapp, o cérebro humano é particularmente interessante porque atua como um gerador de incerteza quântica por meio de canais de íons. Os íons que passam por esses canais produzem incertezas significativas em suas velocidades, um processo que transmite a incerteza quântica para o nível macroscópico, sem que ninguém, nem mesmo a própria pessoa, esteja ciente disso.

Essa visão radical transforma o cérebro em uma entidade mecânica quântica, rompendo as barreiras da física clássica e abrindo caminho para a possibilidade de a mente consciente influenciar de fato o comportamento. De acordo com Stapp, a natureza seria ineficiente se dotasse a humanidade com uma consciência avançada que não pudesse influenciar o curso dos eventos reais.

Para validar ainda mais sua teoria, Stapp cita a característica "*mais rápido que a luz*" da mecânica quântica, que desafia os princípios da física relativística. Essa propriedade, também chamada por Einstein de "*ação espectral à distância*", é uma evidência da imaterialidade do mundo quântico. Einstein acreditava que essa característica era apenas um subproduto do formalismo matemático, mas Stapp mostra que ela é, em vez disso, uma propriedade básica da realidade. Essa característica macroscópica significativa da mecânica quântica, incompatível com a suposição "*nunca mais rápido do que a luz*", abre novas portas para a compreensão da consciência como um fenômeno quântico.

A visão de Stapp traz consigo provocações profundas para a ciência e a filosofia. O cérebro humano, um gerador de incertezas quânticas, pode ser a chave para entender a consciência como uma entidade imortal. Isso sugere que a alma, longe de ser um conceito espiritual vago, pode encontrar uma base sólida na física quântica. Henry Stapp não apenas desafiou os fundamentos da física clássica, mas também lançou as bases para um diálogo interdisciplinar que poderia revolucionar nossa compreensão da consciência e da própria realidade. É um convite para olhar além das aparências, para considerar que o que vemos não é toda a verdade e que dentro de nós pode haver uma conexão profunda com a essência quântica do universo.

Efeitos retroativos.

Um dos aspectos mais intrigantes das teorias de Stapp diz respeito ao surgimento de ações que parecem retroceder no tempo. Esses efeitos retrocausais não apenas desafiam o materialismo baseado na física clássica, mas sugerem que a consciência pode desempenhar um papel ativo na determinação da realidade física.

Stapp cita vários experimentos que mostram que o colapso da função de onda na mecânica quântica não é um processo puramente físico, mas é influenciado pelas escolhas conscientes do observador. Esse colapso, de fato, não apenas decide qual das potencialidades se torna realidade, mas também apaga toda a memória das possibilidades eliminadas, deixando apenas um rastro das propriedades que levaram ao evento ocorrido.

Um conceito importante apresentado por Stapp, ecoando as palavras de Stephen Hawking e Leonard Mlodinow em seu livro "*The Grand Design*", é o seguinte:

"Nós criamos a história por meio de nossas observações, não é a história que nos cria".

Essa inversão de perspectiva destaca como a consciência não é apenas um espectador passivo, mas um participante ativo na construção da realidade.

Stapp usa vários experimentos para apoiar suas teorias. Por exemplo, foi observado que o tamanho da pupila de seres humanos muda logo antes de um flash de luz, cujo momento é completamente aleatório. Outro experimento mostra um aumento repentino na condutância da pele logo antes da exibição de um estímulo visual chocante.

Esses efeitos não podem ser explicados pelos princípios da física clássica. Eles indicam que as ações do nosso corpo podem preceder os estímulos externos, sugerindo uma influência da consciência que desafia o conceito tradicional de causalidade temporal.

Stapp identifica esses efeitos retroativos como evidências empíricas que refutam o "*Materialismo Esperançoso*" - a crença de que tudo o que existe é material e que tudo pode ser explicado pelas leis da física clássica. Esses fenômenos diretamente observáveis no nível macro, argumenta Stapp, tornam o materialismo extremamente inadequado para explicar a realidade.

Um outro elemento das teorias de Stapp é o chamado "*efeito Zenon*" na mecânica quântica. Esse efeito mostra como observações contínuas podem estabilizar um determinado estado de um sistema. Aplicando esse conceito ao cérebro humano, Stapp sugere que a consciência pode manter certos processos cerebrais ativos por meio de uma série de observações ou influências conscientes.

Em conclusão, Henry Stapp nos convida a repensar radicalmente nosso conceito de realidade e consciência. Sua visão nos leva a considerar um universo no qual a consciência não apenas observa, mas molda e dirige a própria realidade, abrindo a porta para uma interpretação na qual a alma e sua imortalidade não são mais apenas uma ideia filosófica, mas uma possibilidade cientificamente fundamentada. Essa mudança de paradigma poderia um dia construir uma ponte entre a ciência e a espiritualidade, tornando o conceito de alma imortal não apenas um sonho, mas uma realidade tangível.

Giulio Tononi. O conceito de retorno de informações.

Nesse cenário, a contribuição de cientistas como Giulio Tononi se destaca por seu rigor e inovação. Embora não esteja estritamente relacionada à teoria quântica da consciência, sua Teoria da Informação Integrada (IIT) oferece uma visão fascinante e quantificável da consciência.

Giulio Tononi nasceu em Trento (Itália) em 1960. Formou-se em Medicina e Cirurgia pela Universidade de Pisa e, em seguida, obteve o doutorado na Scuola Normale Superiore, na mesma cidade. Ele continuou sua carreira em instituições internacionais de prestígio, incluindo o Brain Research Institute da Universidade de Zurique e o Massachusetts General Hospital de Harvard. Atualmente, Tononi é professor da Universidade de Wisconsin-Madison, onde continua a explorar os mistérios do cérebro e da consciência.

A teoria de Tononi baseia-se em dois princípios fundamentais: informação e integração. Ao propor que a consciência aumenta com o grau de informação integrada em um sistema, Tononi introduz o conceito de 'phi' (Φ), uma medida quantitativa da integração de informações. De acordo com Tononi, a consciência é mais elevada quando um sistema é altamente informativo e integrado, capaz de produzir uma grande quantidade de experiências unificadas.

Essa abordagem tem o mérito de fornecer uma base quantitativa para a consciência, permitindo que o "phi" de diferentes sistemas seja medido e comparado. Embora a IIT não aborde diretamente a questão da imortalidade da consciência, a precisão e a formalização matemática oferecem uma ferramenta poderosa para desenvolver nossa compreensão do fenômeno consciente.

Em uma época em que a fronteira entre o conhecimento e a especulação está cada vez mais tênue, a contribuição de cientistas como Tononi é fundamental para ancorar nosso entendimento aos fatos, ao mesmo tempo em que mantém viva nossa curiosidade e abertura para novas e fascinantes possibilidades.

Tononi desenvolveu métricas específicas, como o índice φ (phi), para quantificar o nível de informações incorporadas em um sistema, tentando fornecer uma medida objetiva da consciência. A teoria de Tononi atraiu o interesse de muitos pesquisadores no campo da consciência e da neurociência computacional.

Giulio Tononi foi reconhecido internacionalmente por seu trabalho, recebendo vários prêmios e distinções por suas contribuições para a compreensão da consciência. Sua pesquisa continua a influenciar o debate sobre a natureza da consciência e a compreensão de como ela surge no cérebro humano.

A Revolução de Tononi. Integrated Information as the Key to Consciousness (Informação Integrada como Chave para a Consciência).

No cenário da neurociência moderna, poucos conceitos provocaram debates tão apaixonados e reflexões tão profundas quanto a *Teoria da Informação Integrada* (IIT) de Giulio Tononi. Conhecido como uma das figuras mais inovadoras no campo dos estudos da consciência, Tononi introduziu e desenvolveu uma teoria que tem o potencial de revolucionar nossa compreensão da mente e de seu funcionamento.

No centro da IIT está a ideia de que a consciência corresponde à capacidade de um sistema de integrar informações. Tononi propôs que toda experiência consciente pode ser medida quantitativamente por meio de um parâmetro chamado "phi" (Φ). Esse valor representa a quantidade de informações integradas em um sistema. Um sistema com alta integração de informações e, portanto, com um alto valor de phi, terá um alto nível de consciência.

A teoria de Tononi postula que a consciência emerge não apenas da complexidade da rede neural, mas da maneira específica pela qual essa rede integra as informações.

O cérebro humano, com suas intrincadas interconexões, representa a expressão máxima dessa integração.

Para apoiar sua teoria, Tononi e sua equipe realizaram uma ampla gama de experimentos usando técnicas avançadas de neuroimagem, como ressonância magnética funcional (fMRI) e eletroencefalografia (EEG). Por exemplo, estudos do sono mostraram que, durante o sono profundo, os valores de phi no cérebro diminuem drasticamente, sugerindo um nível mais baixo de consciência. Por outro lado, durante o sonho, os níveis de phi aumentam, refletindo um estado de consciência mais elevado.

A Teoria da Informação Integrada não apenas propõe uma medida quantitativa e objetiva da consciência, mas também oferece uma nova perspectiva para a interpretação de vários fenômenos clínicos e neurocientíficos. Por exemplo, ela pode fornecer explicações para estados alterados de consciência, como aqueles experimentados durante a anestesia ou estados de coma. Além disso, a IIT também encontrou ressonância fora do campo estritamente neurocientífico. Roger Penrose, o renomado físico e matemático britânico, examinou a IIT em relação à sua teoria dos túbulos quânticos na mente.

Em uma de suas declarações, Tononi disse:

> *"Nosso objetivo é entender como e por que uma agregação de neurônios pode não apenas processar informações, mas também criar uma experiência subjetiva exclusiva."*

Essa declaração ilustra claramente a meta ambiciosa do IIT: transcender a mera análise estrutural do cérebro para penetrar no mistério da experiência subjetiva.

A proposta de Tononi é uma verdadeira revolução no campo da consciência. Ela não se limita a reinterpretar conceitos preexistentes, mas propõe um novo mapa conceitual para navegar nas complexas águas da mente. Ela muda a forma como vemos a relação entre matéria e consciência, deslocando o foco da mera descrição das redes neurais para a compreensão da informação como um elemento fundamental e integrado.

No futuro, a ITT poderá ter vastas implicações, não apenas para a ciência da mente, mas também para a filosofia, a inteligência artificial e até mesmo para nossa concepção de vida e morte. Como Tononi ressalta, o desafio está apenas começando, e a jornada para entender completamente a consciência e o papel da informação integrada promete ser uma das aventuras intelectuais mais extraordinárias de nosso tempo.

A trajetória e as contribuições culturais de Tononi.

Entre os trabalhos mais significativos de Tononi estão vários livros e artigos científicos. Em "*Phi: A Voyage from the Brain to the Soul*" (2012), Tononi leva o leitor em uma jornada imaginária pelo cérebro e pela mente, explorando os meandros da consciência com uma abordagem narrativa e científica. Esse trabalho é particularmente apreciado por sua capacidade de traduzir conceitos complexos em termos compreensíveis, mesmo para um público não especializado, mantendo a profundidade científica.

No livro '*Dream Consciousness*' (2005), escrito em conjunto com outros estudiosos eminentes, Tononi explora o fenômeno do sonho como uma forma de entender a consciência. Aqui, ele explora como o estado de sonho pode ser analisado pelas lentes da TII, oferecendo novas perspectivas sobre os estados alterados de consciência.

Ao longo dos anos, Tononi realizou vários experimentos para apoiar e testar sua teoria. Em colaboração com colegas como Christof Koch, outro renomado cientista da consciência, Tononi usou técnicas avançadas *de neuroimagem* para medir a integração de informações no cérebro humano. Em um experimento de 2008, publicado na PLoS Biology, Tononi e sua equipe analisaram os padrões cerebrais durante diferentes estados de consciência, demonstrando como o nível de "phi" variava entre os estados de vigília, sono e anestesia.

O impacto do trabalho de Tononi se estende muito além do campo da neurociência. Sua teoria estimulou debates fervorosos e renovou o interesse na compreensão da consciência. Contribuições significativas também vieram da comunidade de física teórica, com figuras como Roger Penrose expressando interesse no IIT em relação à teoria quântica da mente.

Colaboração com Gerald Edelmann.

Giulio Tononi e Gerald Edelman se destacam por suas colaborações frutíferas. Ambos os cientistas contribuíram significativamente para a compreensão da consciência humana, combinando suas mentes brilhantes para desenvolver teorias revolucionárias que lançam luz sobre aspectos ainda inexplorados da experiência humana.

Gerald Edelman, neurocientista ganhador do Prêmio Nobel por suas descobertas sobre a estrutura do sistema imunológico, voltou sua atenção para a neurociência, lançando as bases para a abordagem darwiniana da consciência por meio da Teoria da Seleção do Grupo Neuronal (TNGS). A combinação das teorias de Tononi e Edelmann levou a uma sinergia incomum, mas fascinante.

A Teoria *da Seleção do Grupo Neuronal* (TNGS), desenvolvida por Gerald Edelman, é uma abordagem darwiniana para entender a consciência. De acordo com essa teoria, a consciência surge de um processo de seleção entre grupos de neurônios, um conceito semelhante à seleção natural biológica. Edelman sugeriu que os grupos neuronais competem entre si e aqueles que se mostram mais eficazes são selecionados, assim como acontece com os genes mais bem ajustados nas populações biológicas.

Esse processo envolve vários níveis de seleção: variabilidade inicial de grupos neuronais, seleção sináptica com base na experiência e na atividade e, finalmente, reentrada, ou seja, feedback contínuo entre diferentes áreas cerebrais. Por meio desses mecanismos, o cérebro não apenas processa informações, mas também desenvolve a capacidade de consciência.

A TNGS foi ainda mais enriquecida pela colaboração de Edelman com Giulio Tononi, culminando na Teoria da Informação Integrada (IIT). Esse trabalho combinado explora em profundidade como a consciência pode emergir da complexidade e da integração dos sistemas cerebrais.

Os caminhos de Tononi e Edelman se cruzaram no início dos anos 2000, quando Tononi se mudou para os Estados Unidos para trabalhar no Neurosciences Research Institute em San Diego, onde Edelman era diretor. Lá, suas conversas intelectuais ganharam vida própria, resultando em colaborações que desafiariam e expandiriam nossos entendimentos convencionais da consciência.

Uma das principais contribuições dessa parceria é o livro "*A Universe of Consciousness: How Matter Becomes Imagination*" (*Um universo de consciência: como a matéria se torna imaginação*), publicado em 2000. Esse texto representa um marco na literatura neurocientífica, explorando como a consciência emerge da complexidade do cérebro humano. Tononi e Edelman, combinando suas respectivas teorias, apresentam um panorama no qual a consciência é vista como uma propriedade emergente de sistemas altamente complexos e integrados, estabelecendo assim a base para futuras discussões sobre a consciência quântica.

Um dos aspectos mais intrigantes das discussões entre Tononi e Edelman diz respeito à possibilidade de imortalidade da consciência. Embora nenhum dos cientistas tenha proposto diretamente que a consciência humana possa ser literalmente imortal, o trabalho deles abre a porta para especulações fascinantes. A teoria IIT de Tononi, por exemplo, sugere que a consciência não é simplesmente uma função do cérebro físico, mas uma manifestação de informações integradas. Nesse paradigma, uma configuração suficiente de informações poderia, em teoria, existir independentemente do substrato físico original.

Edelman, com a TNGS, postulou que a consciência resulta de processos seletivos semelhantes à evolução darwiniana, mas aplicados no nível neuronal. Isso implica uma adaptação contínua e a sobrevivência das configurações neurais mais eficientes, uma ideia que, embora concebida em termos fisiológicos, contribui para a compreensão teórica de uma aparente "sobrevivência" da consciência.

No contexto dessas teorias, pode-se especular que, se a consciência estiver intimamente ligada à informação e às configurações neurais, e não à matéria física específica, então pode existir um tipo de continuidade quântica da consciência que transcende a morte física. Isso inevitavelmente leva a questões filosóficas e até mesmo existenciais sobre o destino final da consciência e a possibilidade de sua persistência em alguma forma abstrata e imaterial.

As colaborações entre Giulio Tononi e Gerald Edelman influenciaram profundamente o campo da neurociência e da filosofia da mente. Embora o conceito de consciência quântica como uma entidade imortal permaneça, por enquanto, no campo da especulação, suas teorias fornecem ferramentas valiosas para explorar essas possibilidades. O trabalho desses dois pioneiros demonstra que, por meio da integração de diferentes perspectivas científicas, podemos, lenta mas seguramente, nos aproximar da compreensão de um dos maiores mistérios de nossa existência: a natureza e o destino final da consciência humana.

Uma citação famosa de Tononi diz:

> *"A consciência é o que você perde quando adormece sem sonhar e o que você recupera quando acorda".*

Essa declaração resume de forma eloquente sua abordagem da consciência como um fenômeno mensurável ligado à integração de informações.

As principais obras de Giulio Tononi representam um bastião de inovação e rigor científico no estudo da consciência. Por meio de experimentos, colaborações e uma prolífica produção literária, Tononi lançou uma nova luz sobre um dos mistérios mais fascinantes da ciência: a natureza da consciência. A Teoria da Informação Integrada continua a ser uma fonte de inspiração e um campo de pesquisa crucial para neurocientistas, físicos e filósofos, ampliando os limites da compreensão humana para novos horizontes.

O livro de Tononi, "Phi: A Journey from the Brain to the Soul" (Phi: uma viagem do cérebro à alma).

Este não é apenas um tratado científico, mas uma jornada narrativa que entrelaça ciência e filosofia. Por meio de histórias e diálogos, Tononi explora profundamente a relação entre cérebro e consciência, levando o leitor a refletir sobre as questões fundamentais da existência.

Este livro representa um trabalho seminal que vai além da abordagem puramente científica para adotar uma visão mais narrativa e filosófica da consciência.

Publicado em 2012, "Phi" não é um tratado científico tradicional, mas uma combinação evocativa de prosa narrativa e discurso acadêmico. Tononi usa um método único, narrando sua teoria por meio de uma jornada que se desdobra entre contos, diálogos e reflexões filosóficas. Essa estrutura permite que o leitor explore a complexidade da consciência de uma forma intuitiva e envolvente.

Por exemplo, a jornada imaginária de Galileu Galilei no reino da percepção e da mente humanas, deliberadamente paralela à estrutura da "Divina Comédia" de Dante, transporta o leitor por níveis de experiência e consciência. Aqui, Galileu interage com personagens históricos, fictícios e conceitos científicos, analisando a natureza da subjetividade e da experiência consciente.

No centro do 'Phi' está a Teoria da Informação Integrada (IIT) de Tononi, que propõe quantificar a consciência como o grau de integração de informações em um sistema. De acordo com a IIT, a consciência não é apenas um epifenômeno dos processos cerebrais, mas uma propriedade intrínseca de qualquer sistema que integre informações de forma significativa.

Tononi argumenta que os estados conscientes aumentam quanto mais o sistema é integrado e quanto menos suas partes podem ser consideradas separadas. Isso é ilustrado pelo conceito de "phi" (Φ), uma medida quantitativa da integração de informações. Os sistemas com phi alto são aqueles com alta consciência, como o cérebro humano, enquanto os sistemas com phi baixo têm pouca ou nenhuma consciência.

Tononi é famoso por sua capacidade de combinar ciência rigorosa com explorações profundas da filosofia da mente. Em 'Phi', ele enfatiza que a ciência da consciência não pode ser separada da filosofia. Contar histórias não é apenas uma estratégia literária, mas uma necessidade para abordar questões que a ciência por si só não pode resolver. Por exemplo, as reflexões sobre a natureza da realidade subjetiva, os limites do materialismo reducionista e as implicações éticas e existenciais da consciência não podem ser rastreadas apenas até os dados empíricos.

A jornada do livro é enriquecida por uma série de anedotas e reflexões sobre figuras históricas e teóricos modernos. Por exemplo, Tononi relembra episódios da vida de Alan Turing, o pioneiro da computação, e discute as implicações de sua famosa "máquina de Turing" para a teoria da mente e da consciência. Diálogos imaginários com figuras como Leibniz, que já havia percebido a importância da informação integrada com seu conceito de "mônadas", mostram como as ideias filosóficas do passado podem encontrar novas interpretações à luz das descobertas modernas.

'Phi' levanta questões importantes sobre a natureza da consciência e nosso lugar no universo. Por meio da metáfora da viagem, Tononi nos convida a nos considerarmos não apenas como máquinas biológicas, mas como entidades conscientes que integram e espelham as informações de todo o universo.

Em conclusão, "Phi: A Journey from the Brain to the Soul" é uma contribuição fundamental não apenas para a ciência da consciência, mas também para o diálogo intercultural entre ciência e filosofia. Giulio Tononi, com sua abordagem narrativa única e reflexões profundas, guia-nos em uma exploração que é tanto intelectual quanto existencial, levando-nos a contemplar a consciência não apenas como um fenômeno biológico, mas como uma entidade imaterial e, talvez, em certo sentido, imortal.

Expressando a opinião de um leitor comum como eu, quase parece que, no final das contas, Tononi quer usar a metáfora para sugerir o que ele não pode dizer por meio da metáfora. Cito aqui pacificamente a passagem final de seu livro:

> *"A consciência é supremamente irredutível e única; a consciência é a forma de conhecimento, a única forma verdadeiramente real, a coisa mais real que existe. A consciência é um modelo de como o mundo poderia ser, um mundo original e orgulhoso, construído ao longo de milhões de anos, com imenso sacrifício, à custa de perdas incalculáveis, nascido da vida e da morte de incontáveis ancestrais, pago por guerras intermináveis, conquistado com o suor de escravos, ajustado por lições extenuantes, polido por civilizações, escolas e raciocínio erudito, mas é um modelo tecido na única linguagem que possuímos, a do cérebro e seu tear encantado. Para saber o quanto o mundo é à imagem e semelhança de nosso cérebro, basta seguir o primeiro experimento: adormecer e sonhar. O que sonhamos é o que sabemos, e o que podemos saber é o que sonhamos. O mundo pode ser imaginado por dentro, mas não pode ser visto nu por fora. No entanto, sem o brilho interno da consciência, não haveria visão. O que devemos fazer é buscar a luz, buscar a luz que unifica."*

Penose e Hameroff: a teoria Orch-OR

Uma das tentativas mais conhecidas de fundir dois domínios aparentemente irreconciliáveis é a teoria Orch-OR proposta pelo físico Roger Penrose (ganhador do Prêmio Nobel de Física de 2020) e pelo anestesista Stuart Hameroff na década de 1990. Penrose, famoso por seu trabalho nos campos da relatividade geral e da cosmologia, propôs que a consciência poderia surgir de processos quânticos dentro dos microtúbulos neurais. Até hoje, Hameroff continua a argumentar que os microtúbulos podem atuar como um meio para os processos quânticos que dão origem à consciência, sugerindo que ela pode ter propriedades não locais e, de certa forma, perpetuar-se além da morte biológica.

A noção de coerência quântica aplicada ao cérebro é outro aspecto explorado por vários estudiosos. A física quântica, que rege o comportamento das partículas em escalas subatômicas, propõe estados em que as partículas podem existir em superposição, ou seja, estar em vários estados ao mesmo tempo. A possibilidade de esses estados de superposição ocorrerem nos microtúbulos do cérebro poderia explicar os processos altamente eficientes e interconectados de nossas mentes. A pesquisa de Matthew Fisher, físico teórico da Universidade da Califórnia, em Santa Bárbara, propôs que os núcleos de fósforo em nossos cérebros podem manter estados de coerência quântica por tempo suficiente para influenciar os processos mentais.

Não faltam experimentos que, embora preliminares e muitas vezes contestados, tentam esclarecer esses fenômenos. Um dos experimentos mais famosos e discutidos é o dos irmãos Becker-Rohrer, que, em 2010, tentaram demonstrar o efeito das decisões humanas em experimentos quânticos implementando testes psicoquânticos. Os céticos, no entanto, apontam as dificuldades de replicabilidade de tais experimentos, bem como os problemas inerentes de interpretação.

O cérebro humano de um ponto de vista físico.

O cérebro humano de um adulto médio pesa cerca de 1,4 kg e está contido no crânio, uma forte concha óssea que o protege. Embora represente apenas 2% do peso corporal total, ele consome cerca de 20% da energia produzida pelo corpo.

O cérebro é dividido em dois hemisférios principais, o direito e o esquerdo, conectados por uma densa faixa de fibras nervosas chamada corpo caloso. Cada um dos hemisférios controla o lado oposto do corpo.

A parte externa do cérebro é chamada de córtex cerebral. Ele é caracterizado por inúmeras dobras (voltas) e sulcos (tesouras), que aumentam a área de superfície disponível para os processos neuronais sem aumentar significativamente o volume do cérebro. Isso nos permite ter uma maior capacidade cognitiva e de processamento de informações.

A massa cinzenta compreende principalmente os corpos celulares dos neurônios e está localizada principalmente no córtex cerebral. Ela está envolvida em funções como percepção sensorial, comandos motores, memória e julgamento.

A substância branca é composta principalmente de fibras nervosas (axônios) revestidas com mielina, o que acelera a transmissão de impulsos elétricos ao longo dos neurônios. A substância branca está localizada nos tratos internos do cérebro e conecta diferentes partes da substância cinzenta entre si.

O cérebro é dividido em quatro lobos principais, cada um com funções específicas. O lobo frontal está associado a funções cognitivas superiores, como pensamento, planejamento, comportamento controlado e movimento voluntário. O lobo parietal é responsável pelo processamento das informações sensoriais recebidas do corpo. O lobo temporal está envolvido no processamento auditivo e na memorização de longo prazo. O lobo occipital é totalmente dedicado à visão.

O cerebelo está localizado abaixo dos lobos occipitais e é fundamental para a coordenação motora e o equilíbrio. Embora seja relativamente pequeno, ele contém cerca de metade do total de neurônios do cérebro.

O diencéfalo inclui estruturas como o tálamo e o hipotálamo, que regulam importantes funções sensoriais e autonômicas, e a glândula pineal; essa última secreta melatonina, que está envolvida na regulação do ciclo sono-vigília.

O tronco cerebral compreende o mesencéfalo, a ponte e o bulbo; ele controla funções vitais, como respiração, batimentos cardíacos e pressão arterial.

O cérebro é altamente vascularizado. Um sistema complexo de artérias, capilares e veias garante um suprimento contínuo de oxigênio e nutrientes vitais e remove produtos residuais. As principais artérias cerebrais, como as carótidas e as vértebras, formam o Círculo de Willis, um anel arterial na base do cérebro que garante um suprimento de sangue redundante.

O cérebro contém aproximadamente 86 bilhões de neurônios e um número ainda maior de células gliais, que fornecem suporte, nutrição e isolamento aos neurônios.

Os neurônios são as células fundamentais para a comunicação no cérebro. Eles se comunicam uns com os outros por meio de impulsos elétricos e sinapses químicas.

As células gliais dão suporte aos neurônios de várias maneiras, inclusive fornecendo nutrição e removendo resíduos celulares.

O cérebro humano é um órgão incrivelmente complexo, organizado de forma engenhosa para gerenciar uma ampla gama de funções vitais, cognitivas e emocionais. Embora tenhamos feito um enorme progresso em nossa compreensão do cérebro, muitas de suas características e funções ainda são objeto de estudo e descoberta.

Neurobiologia, uma ciência que estuda o cérebro.

Entre os inúmeros mistérios que nossa existência esconde em suas dobras, a natureza da consciência continua sendo um dos enigmas mais profundos e fascinantes. A neurobiologia, que estuda o sistema nervoso e os complexos mecanismos cerebrais, fez grandes avanços na compreensão de muitos processos neurais. No entanto, a percepção subjetiva, a essência do que significa estar consciente, continua a escapar do entendimento completo.

Em sua essência, a neurobiologia é o campo dedicado a dissecar todos os aspectos do cérebro, desde a menor sinapse até o mais complexo dos circuitos neurais. James Watson, o famoso codescobridor da estrutura do DNA, declarou certa vez que "se você entende o cérebro, você entende tudo". Mas, apesar do imenso progresso feito por essa ciência, a compreensão do cérebro em relação à consciência provou ser uma tarefa assustadora.

As células nervosas, ou neurônios, comunicam-se umas com as outras por meio de sinais elétricos e químicos, formando redes intrincadas que regulam todas as funções corporais e mentais. Mas foi nos microtúbulos, esses minúsculos cilindros compostos de proteínas de tubulina, que Hameroff viu um potencial extraordinário para a gênese da consciência.

A neurobiologia é um ramo da biologia que se concentra no estudo do sistema nervoso, com atenção especial à sua estrutura, funções e mecanismos. Essa disciplina integra o conhecimento de vários campos, como biologia molecular, fisiologia, anatomia, genética e bioquímica, para entender como os neurônios e os circuitos nervosos funcionam em nível individual e coletivo.

O Sistema Nervoso Central (SNC) compreende o cérebro e a medula espinhal. O cérebro é dividido em várias regiões, incluindo o cerebelo, o tronco encefálico e os lobos cerebrais (frontal, parietal, occipital e temporal), cada um com papéis funcionais específicos.

O Sistema Nervoso Periférico (SNP) abrange todos os nervos que se ramificam do SNC para o resto do corpo. Ele também é dividido em sistema nervoso somático (controle voluntário dos músculos esqueléticos) e sistema nervoso autônomo (controla funções involuntárias, como batimentos cardíacos e digestão).

A neurobiologia se preocupa em entender como os neurônios se comunicam por meio de sinapses para transmitir sinais eletroquímicos. Os neurônios são as unidades funcionais básicas do sistema nervoso e se comunicam por meio de potenciais de ação e neurotransmissores.

A Neurobiologia Molecular estuda a base molecular da função neuronal, incluindo os processos de transdução de sinal e expressão gênica nos neurônios.

A neurofisiologia examina as propriedades funcionais das células do sistema nervoso e os mecanismos de transmissão de sinais neuronais.

A neuroanatomia trata da estrutura física e da organização do sistema nervoso.

Neurogenética Analisa a influência dos genes no desenvolvimento e na função do sistema nervoso.

Entre as técnicas utilizadas está a imagem cerebral. Ela inclui várias técnicas, como a ressonância magnética funcional (fMRI), a tomografia por emissão de pósitrons (PET) e a eletroencefalografia (EEG), que são usadas para visualizar e estudar a atividade cerebral.

As descobertas na neurobiologia têm implicações importantes para a medicina, principalmente para o tratamento de distúrbios neurológicos e psiquiátricos, como Alzheimer, Parkinson, esquizofrenia e depressão. Além disso, a neurobiologia é fundamental para o desenvolvimento de tecnologias avançadas, como as interfaces cérebro-computador, que prometem revolucionar várias áreas, desde a reabilitação motora até a comunicação para pessoas com deficiências.

Em resumo, a neurobiologia representa um campo interdisciplinar que busca desvendar os mistérios do cérebro e do sistema nervoso como um todo, contribuindo para melhorar a compreensão humana da natureza da mente e das funções corporais.

O cérebro humano na teoria Orch-OR.

Na década de 1990, o físico Roger Penrose e o anestesista Stuart Hameroff propuseram uma teoria ousada e fascinante para explicar o fenômeno da consciência humana: a Hipótese Orch-OR (Orchestrated Objective Reduction). Essa teoria sugere que a consciência não é simplesmente um produto da atividade neural e das sinapses, mas sim um fenômeno quântico que pode transcender as dimensões físicas de nossos corpos.

A base da teoria Orch-OR é uma estrutura biológica específica encontrada nos neurônios: os microtúbulos. Esses cilindros microscópicos, formados por proteínas de tubulina, não são simplesmente as arquitraves do citoesqueleto, mas, de acordo com Hameroff, podem atuar como minúsculos computadores quânticos naturais. De fato, Hameroff levantou a hipótese de que os microtúbulos podem explorar fenômenos de superposição e emaranhamento quântico, conceitos centrais da teoria quântica.

O funcionamento desses microtúbulos seria influenciado por "*reduções objetivas orquestradas*" (ORs), processos que Penrose e Hameroff descrevem como não aleatórios, mas moldados por influências fundamentais do tecido do espaço-tempo. Vamos chamá-los de "colapsos quânticos"?

Uma das objeções mais frequentes à teoria Orch-OR é o fato de que o cérebro humano opera em temperaturas que muitos físicos acreditam ser muito altas para suportar a coerência quântica. Muitos críticos descreveram o cérebro como "muito quente, úmido e barulhento" para manter estados quânticos complexos por tempo suficiente para produzir efeitos biologicamente relevantes.

Entretanto, experimentos recentes mudaram a percepção nesse campo. Fenômenos de coerência quântica foram observados em sistemas biológicos, mesmo em temperaturas corporais, o que favorece a teoria proposta por Penrose e Hameroff. Por exemplo, o estudo da eficiência eletrônica em sistemas fotossintéticos mostrou que as plantas usam processos quânticos para maximizar a eficiência da coleta de energia luminosa, sugerindo que a coerência quântica em altas temperaturas não só é possível, mas também biologicamente relevante.

A teoria Orch-OR vai além de simplesmente explicar a consciência como um fenômeno que emerge da atividade neural; ela chega ao ponto de sugerir que a consciência pode estar conectada a uma estrutura fundamental do universo. Penrose argumenta que as escolhas no processo de redução objetiva são influenciadas por uma geometria quântica da realidade, uma visão que evoca a ideia de uma consciência imortal que transcende nossa existência física. Penrose afirma:

> *"A consciência é mais do que apenas uma combinação de atividade neural. Ela pode estar ligada a processos físicos fundamentais e universais".*

A pedra angular dessa visão é a "geometria quântica", um conceito que abrange os mundos do macro e do micro, das partículas subatômicas e das galáxias distantes. De acordo com Penrose, a consciência pode residir nessas interações em nível quântico, talvez sugerindo que nossos pensamentos e sentimentos estejam entrelaçados com a própria estrutura do universo.

A teoria Orch-OR de Penrose e Hameroff representa uma tentativa ousada de unificar a física quântica com a biologia do cérebro humano, oferecendo uma possível explicação para a natureza da consciência que desafia as concepções tradicionais. Embora muitas perguntas permaneçam sem resposta e as controvérsias sejam ferozmente debatidas, a teoria incorpora uma visão revolucionária que pode levar a uma compreensão mais profunda da nossa realidade e, talvez, à descoberta de que a consciência é, de fato, uma entidade imortal.

O que são microtúbulos.

Mas o que são exatamente os microtúbulos? Os microtúbulos são pequenos cilindros, formados por proteínas chamadas tubulina, que fazem parte do citoesqueleto das células. Eles são essenciais para manter a forma da célula, a divisão celular e o transporte intracelular. A estrutura dos microtúbulos, fascinante tanto por sua elegância geométrica quanto por sua complexidade funcional, é análoga à de um intrincado sistema de estradas no qual as "máquinas" moleculares da vida funcionam...

Penrose e Hameroff propuseram que os microtúbulos poderiam funcionar como minúsculos computadores quânticos dentro dos neurônios. Sua teoria baseia-se na ideia de que a natureza ondulatória das partículas subatômicas, conforme sugerido pela mecânica quântica, poderia ser explorada pelos microtúbulos para produzir estados de superposição e emaranhamento. Esses fenômenos quânticos, de acordo com os dois estudiosos, seriam a base dos processos conscientes.

Um elemento fundamental que justifica essa proposta é a capacidade exclusiva dos microtúbulos de existirem em estados quânticos sobrepostos, em que uma partícula pode ocupar vários estados simultaneamente. Esses estados quânticos podem interagir de maneiras complexas por meio do emaranhamento, uma conexão não local que permite que partículas distantes influenciem umas às outras instantaneamente.

Hameroff descreveu os microtúbulos como "*condutores em nível subneural dos processos cognitivos e conscientes*". Um experimento crucial citado com frequência nessa discussão é o de Lothar Schaefer e colegas em 1994, que sugeriu a possibilidade de coerência quântica em nível biológico. Da mesma forma, estudos sobre as propriedades físicas das proteínas de tubulina, como o de Bandyopadhyay e colaboradores em 2010, mostram oscilações quânticas em condições controladas, o que poderia apoiar a ideia de processos quânticos em microtúbulos.

Em apoio à sua teoria, Penrose enfatizou com frequência a "*lacuna explicativa*" da consciência a partir de uma perspectiva puramente computacional. Segundo ele, os modelos clássicos do cérebro como uma máquina de Turing não conseguiam explicar a experiência subjetiva da consciência. A conexão com a física quântica, de acordo com Penrose, ofereceria uma resposta potencialmente satisfatória para essa questão enigmática.

As implicações da teoria Orch-OR vão além da simples descrição dos microtúbulos. Se a consciência fosse de fato baseada em fenômenos quânticos, isso poderia sugerir uma interconexão com a estrutura fundamental da realidade, levantando até mesmo a possibilidade de um tipo de "imortalidade quântica". Quando as partículas subatômicas estão em estados sobrepostos, elas podem sobreviver à morte física do cérebro, o que implica que uma parte da nossa consciência pode continuar a existir.

Embora a teoria não seja universalmente aceita e muitos neurocientistas sejam céticos quanto à capacidade dos sistemas biológicos de manter a coerência quântica à temperatura corporal, o Orch-OR continua a estimular discussões e pesquisas importantes nos campos da ciência cognitiva e da física quântica. Como disse Penrose:

> *"A mente humana é uma experiência quântica que nenhuma máquina clássica poderia replicar."*

Em conclusão, os microtúbulos não são apenas componentes celulares funcionais, mas possíveis condutores de nossa própria essência consciente. A teoria Orch-OR nos convida a considerar a possibilidade de que, para realmente entender nossa mente, devemos olhar além das sinapses e dos neurotransmissores para o estranho e maravilhoso mundo da física quântica.

Como o colapso quântico molda a consciência humana.

A natureza da consciência humana tem provocado inúmeros debates entre cientistas, filósofos e pensadores de todas as épocas. Com o advento da física moderna e, em particular, da teoria quântica, surgiram novas perspectivas que proporcionaram um terreno fértil para especulações e teorizações revolucionárias. Uma das teorias mais discutidas e fascinantes é a proposta pelo físico e matemático Roger Penrose e pelo anestesista Stuart Hameroff: a teoria conhecida como Orch-OR. Essa teoria destaca um componente fundamental de nosso universo quântico: o colapso quântico e sua possível função na formação da consciência humana.

O conceito de colapso quântico vem do cerne da mecânica quântica, um ramo da física que descreve o comportamento das partículas em escalas infinitesimais. De acordo com a mecânica quântica, uma partícula pode existir em uma superposição de diferentes estados simultaneamente, uma condição conhecida como estado de "*superposição*" ou "*superposição*". Entretanto, quando medida ou observada, a partícula "*entra em colapso*" em apenas um desses estados possíveis. Esse evento, chamado de "*colapso quântico*", transforma as probabilidades em realidades definidas.

De acordo com a teoria Orch-OR de Penrose e Hameroff, dentro de nossos neurônios existem minúsculas estruturas proteicas chamadas microtúbulos que, devido à sua configuração, poderiam atuar como unidades quânticas capazes de manter estados de superposição. Quando ocorre o colapso desses estados quânticos nos microtúbulos, é gerado o que eles chamam de "*momento consciente*". Em outras palavras, a consciência humana surgiria de uma série de colapsos quânticos microscópicos que ocorrem dentro do cérebro.

Os microtúbulos são estruturas cilíndricas formadas por proteínas chamadas tubulinas, que formam o esqueleto das células e desempenham um papel fundamental na divisão celular e na estrutura neuronal. Penrose e Hameroff argumentam que essas estruturas não são apenas componentes celulares passivos, mas podem atuar como minúsculos "*computadores* quânticos" capazes de processar informações em nível quântico.

A ideia é que as tubulinas dentro dos microtúbulos podem existir em estados de superposição e, por meio do processo de colapso quântico, essas superposições entram em colapso em estados definidos, gerando os fenômenos que percebemos como pensamentos, sentimentos e consciência. Essa visão revolucionária da consciência como um fenômeno quântico implica que os microtúbulos são infinitamente mais complexos e essenciais para a nossa compreensão da mente do que jamais imaginamos.

A teoria de Penrose e Hameroff é certamente ousada e oferece uma leitura inovadora dos mecanismos subjacentes à consciência. Embora o debate esteja longe de ser resolvido, a ideia do colapso quântico como gerador da consciência continua a estimular a discussão e a pesquisa. Se a consciência puder ser explicada por meio de processos quânticos, isso poderá abrir portas inesperadas para a compreensão do eu e da mente e, potencialmente, para a possibilidade de que a consciência possa existir além da morte física, interconectada com o universo em nível quântico.

Concluindo, explorar como o colapso quântico pode moldar a consciência humana é uma jornada para os limites entre a física, a biologia e a filosofia. Embora ainda esteja longe de chegar a uma demonstração definitiva, essa teoria nos convida a nos considerarmos não apenas como seres biológicos, mas como entidades inextricavelmente conectadas às profundezas quânticas do universo.

Teoria Orch-OR. O básico.

No vasto cenário das teorias da consciência, uma proposta surge com a força de um raio: a teoria Orch-OR, ou "*Orchestrated Objective Reduction*". Essa teoria ousada e revolucionária tenta combinar a física quântica e a neurociência para fornecer uma explicação para as origens da consciência, sugerindo que ela pode ser um fenômeno quântico inato, em vez de emergir de processos neurais puramente clássicos.

Para compreender totalmente a originalidade da Orch-OR, é necessário aprofundar-se nos fundamentos conceituais da teoria. Roger Penrose, conhecido por suas contribuições para a física e a matemática, como a teoria do buraco negro e o teorema da incompletude de Gödel, propôs a ideia de que a mente humana não poderia ser explicada inteiramente por meio de algoritmos computacionais. Penrose, em seu livro *The Emperor's New Mind* (1989), argumentou que a consciência envolvia fenômenos físicos que não podiam ser computados, provavelmente relacionados à física quântica.

A colaboração com Stuart Hameroff, um anestesista e estudioso de microestruturas neurais, deu forma prática a essas ideias abstratas. Hameroff era particularmente fascinado pelos microtúbulos, estruturas cilíndricas encontradas nos neurônios, que ele considerava fundamentais para os processos cognitivos. Os microtúbulos, pequenos mas complexos, são compostos de proteínas chamadas tubulinas, e Hameroff sugeriu que eles poderiam desempenhar o papel de "computadores quânticos" naturais, capazes de explorar a superposição e o entrelaçamento quântico para processar informações.

A Orch-OR, de acordo com seus proponentes, afirma que a consciência emerge de "reduções objetivas *orquestradas*" (ORs) dentro dos microtúbulos dos neurônios. Essas reduções, fenômenos nos quais uma superposição quântica entra em colapso em um determinado estado, seriam orquestradas pela estrutura e pela dinâmica do cérebro. Penrose propôs que essas reduções não eram aleatórias, mas sim regidas por influências espaço-temporais fundamentais que levavam à própria estrutura do universo.

Vários experimentos e observações começaram a fornecer uma luz preliminar sobre essas ideias. Por exemplo, Hameroff citou observações de coerência quântica em sistemas biológicos à temperatura corporal, um contexto no qual seria de se esperar que a decoerência quântica dominasse. Além disso, experimentos de laboratório, como os realizados por Anirban Bandyopadhyay no RIKEN Brain Science Institute, sugeriram que os microtúbulos poderiam manter estados quânticos coerentes por tempo suficiente para serem funcionais para os processos cerebrais.

Entretanto, a teoria não escapou de críticas severas. Muitos neurocientistas e físicos questionaram a coerência dos fenômenos quânticos no ambiente quente e úmido do cérebro, caracterizado pela rápida decoerência. Críticos como Max Tegmark argumentaram que o cérebro é simplesmente muito "quente, úmido e barulhento" para manter estados quânticos coerentes por períodos biologicamente relevantes.

Penrose e Hameroff continuaram a refinar sua teoria, enfrentando críticas e propondo que condições específicas nos microtúbulos poderiam proteger contra a decoerência. Em 2014, Hameroff e Penrose publicaram uma atualização significativa que incluía novas descobertas sobre ressonância de elétrons em proteínas de microtúbulos para argumentar que os efeitos quânticos poderiam de fato ocorrer em condições biológicas.

Além das implicações científicas, o Orch-OR traz reflexões filosóficas fascinantes. Se a consciência estiver de fato ancorada em processos quânticos fundamentais, isso poderia implicar um tipo de "imortalidade" da consciência no nível quântico? A conexão da teoria com conceitos mais amplos, como a "ordem implícita" de David Bohm, dá a ela um senso de interconexão universal e, potencialmente, de retorno eterno...

Em conclusão, a teoria Orch-OR de Roger Penrose e Stuart Hameroff representa uma fronteira ousada e especulativa na busca pela consciência.

Diversidade do pensamento de Stapp e Penrose sobre a consciência quântica.

Nas últimas décadas, a ciência abriu as portas para um debate fervoroso que entrelaça a física quântica e a consciência. Dois dos protagonistas mais proeminentes dessa discussão são Henry Stapp e Roger Penrose, cujas teorias divergem significativamente, embora mantenham um objetivo comum: entender a natureza da consciência. Embora ambos explorem as interseções entre a mecânica quântica e a mente, suas abordagens e conclusões diferem bastante.

Henry Stapp, um eminente físico teórico, enfatizou a possibilidade de a consciência ser uma entidade imaterial perpetuamente existente, integrando a visão científica com a filosófica e, às vezes, espiritual. Stapp se alinha a uma corrente de pensamento segundo a qual a mente não é simplesmente um produto de interações neuronais, mas uma realidade fundamental do universo. Por meio de sua interpretação da mecânica quântica, Stapp argumenta que a consciência tem um papel causal real na dinâmica subatômica, influenciando as mudanças de decisão no próprio universo quântico. Essa visão expande a função da mente humana para além do mero observador passivo, transformando-a em um agente ativo que interage com a realidade física.

Roger Penrose, por outro lado, em colaboração com o neurobiólogo Stuart Hameroff, desenvolveu a teoria da Redução Objetiva Orquestrada (Orch-OR). De acordo com essa teoria, os processos quânticos que ocorrem nos microtúbulos, estruturas dentro das células neuronais, seriam a base da consciência. Penrose e Hameroff propõem que a consciência emerge da computação quântica, representando um tipo de penetração quântica na funcionalidade neuronal. Entretanto, ao contrário de Stapp, Penrose não atribui propriedades imateriais ou espirituais à consciência, vendo-a como um fenômeno físico quântico que pode ser teoricamente explicado e analisado pela física.

Uma das principais diferenças entre Stapp e Penrose está na visão sobre a natureza definitiva da consciência. Stapp vê a consciência como uma entidade não local e imaterial que não só existe independentemente do cérebro físico, mas também sobrevive à morte biológica, alinhando-se assim a uma visão potencialmente imortal da alma. Penrose, embora reconheça que a consciência tem raízes na mecânica quântica, não se aventura no campo da sobrevivência pós-morte, embora isso não seja negado, deixando em aberto a questão da consciência além da vida física.

Em termos de metodologia, Stapp adota uma abordagem interdisciplinar que inclui filosofia, física e, às vezes, elementos espirituais, tentando conciliar aspectos da ciência com percepções antigas sobre a alma e a imaterialidade da consciência. Em vez disso, Penrose emprega uma metodologia científica rigorosa, buscando evidências empíricas para sua teoria nos processos cerebrais e estudando como as leis da física podem explicar fenômenos cognitivos complexos. No entanto, Penrose não hesita em afirmar:

> *"Os estados quânticos de superposição e coerência da mente humana podem estar ligados a estruturas de informação no próprio universo, o que implica um tipo de imortalidade da consciência".*

Essa abordagem não exclui novas perspectivas sobre como vivemos nossa vida atual, no contexto de uma possível existência eterna no nível quântico.

Por fim, as aplicações de suas teorias na compreensão humana variam profundamente. As implicações do trabalho de Stapp oferecem uma visão da mente que dá um significado mais amplo à existência humana e ao propósito da vida, tocando em questões existenciais e espirituais. Por outro lado, as teorias de Penrose, se confirmadas, revolucionariam nossa compreensão do cérebro e poderiam abrir novos caminhos para o tratamento de doenças neurodegenerativas e para a criação de inteligências artificiais inspiradas no funcionamento quântico da mente humana.

Em conclusão, Henry Stapp e Roger Penrose representam dois pilares de uma discussão fascinante e complexa. Suas divergências oferecem um quadro amplo e diversificado das possíveis origens da consciência, estimulando um diálogo contínuo entre físicos, filósofos e neurocientistas. Assim, a pesquisa sobre a consciência quântica parece destinada a continuar por caminhos diferentes, mas interconectados, combinando investigações científicas rigorosas com reflexões filosóficas e existenciais mais profundas.

David Bohm e a ordem implícita.

David Bohm foi um físico teórico nascido nos Estados Unidos cujas ideias revolucionárias sobre a física quântica e a natureza da consciência deixaram uma marca indelével na história da ciência. Nascido em 20 de dezembro de 1917 em Wilkes-Barre, Pensilvânia, Bohm cresceu em uma família de imigrantes judeus de ascendência húngara. Sua carreira acadêmica começou na Universidade da Califórnia, em Berkeley, onde se formou em física e mais tarde obteve seu doutorado sob a supervisão de Robert Oppenheimer, o pai da bomba atômica.

Durante as décadas de 1930 e 1940, um período turbulento para os Estados Unidos e o mundo como um todo, Bohm se aproximou do marxismo, atraído pela ideia de uma sociedade mais justa e equitativa. Durante o período da Segunda Guerra Mundial, enquanto trabalhava no Projeto *Manhattan*, Bohm tornou-se ativo em grupos de esquerda e chegou perto de se filiar oficialmente ao Partido Comunista. Essa conexão política, em um momento de crescente tensão e suspeita durante a Guerra Fria, seria fatal para sua carreira nos Estados Unidos.

O episódio mais significativo dessa fase ocorre em 1949, durante o julgamento de Edward Condon, outro cientista acusado de atividades comunistas. Bohm é chamado para testemunhar, mas, invocando a Quinta Emenda, recusa-se a responder a perguntas sobre suas associações políticas passadas. Essa decisão leva à sua prisão, embora ele seja posteriormente absolvido. As consequências, no entanto, são devastadoras: sua posição acadêmica na Universidade de Princeton fica comprometida e ele é forçado a deixar os Estados Unidos.

Forçado a procurar trabalho no exterior, Bohm mudou-se para o Brasil em 1951, aceitando um cargo de professor na Universidade de São Paulo. Aqui, apesar das dificuldades iniciais e de um clima político que não era nada estável, ele continuou a desenvolver suas ideias inovadoras sobre física quântica. Uma anedota interessante diz respeito ao momento em que o grande físico Albert Einstein, com quem Bohm havia formado uma estreita amizade em Princeton, tentou ajudá-lo a retornar aos Estados Unidos, mas sem sucesso.

Em 1955, Bohm aceitou um cargo na Universidade de Bristol, na Inglaterra, onde continuou seus estudos. Foi lá que ele desenvolveu plenamente sua teoria da ordem implícita, um conceito revolucionário que desafia a compreensão tradicional da mecânica quântica. A ideia central é que cada aspecto da realidade é, na verdade, uma manifestação de uma ordem mais profunda e implícita que pode ser "desdobrada" ou "explicitada" por meio da observação e da interação.

O trabalho de Bohm atingiu seu auge com a publicação de seu livro "*Wholeness and the Implicate Order*" (1973), no qual ele expõe suas teorias em detalhes. Ele sugere que o universo não é composto de partes separadas, mas é um todo contínuo no qual cada parte reflete o todo. Esse conceito também tem implicações profundas para a concepção da consciência. Bohm propõe que a própria consciência poderia ser parte da ordem implícita, uma visão que transcende os limites do espaço-tempo clássico.

As ideias políticas de Bohm e seu exílio forçado moldaram profundamente seu trabalho científico. O fato de ter sido marginalizado pela corrente principal acadêmica pode ter permitido que ele explorasse conceitos radicais e pensasse além dos limites convencionais. Entretanto, suas teorias nem sempre foram aceitas pela comunidade científica dominante. Apesar de sua contribuição fundamental para a física, muitos dos desenvolvimentos de suas ideias permaneceram à margem da pesquisa convencional até as últimas décadas do século XX.

David Bohm é uma figura complexa, um inovador científico e profundo pensador cuja vida foi marcada por tensões políticas e acadêmicas. Sua teoria da ordem implícita abriu novos caminhos de reflexão não apenas na física, mas também na filosofia da mente. Em um mundo que muitas vezes ainda luta para entender a verdadeira natureza da consciência, as ideias de Bohm continuam a oferecer uma perspectiva única e fascinante, integrando uma visão holística da realidade que desafia as separações convencionais entre mente e matéria.

Em resumo, a vida e o trabalho de David Bohm nos lembram que a ciência, assim como a consciência, é uma jornada contínua, repleta de descobertas, lutas e iluminações, e que a sabedoria pode vir das direções mais inesperadas.

David Bohm e o potencial quântico.

David Bohm, um dos físicos teóricos mais enigmáticos e visionários do século XX, propôs uma visão do universo que era profundamente fascinante e radicalmente diferente do entendimento tradicional. Nascido em 1917, Bohm passou por vários estágios do pensamento científico, deixando uma marca indelével com sua teoria do potencial quântico. Mas o que o levou a ter essas ideias? Quais são os conceitos fundamentais dessa teoria e como eles se relacionam com a noção de consciência quântica como uma entidade imortal?

David Bohm tornou-se famoso na comunidade científica não apenas por suas contribuições à mecânica quântica, mas também por suas ideias filosóficas que buscavam unificar a ciência com uma compreensão mais profunda da realidade. Sua teoria do potencial quântico baseia-se em uma revisão radical do modelo padrão da mecânica quântica, propondo uma visão holística e não convencional da realidade.

O ponto de partida de Bohm foi o conceito de "potencial quântico" introduzido pela primeira vez na década de 1950. Em colaboração com Basil Hiley, Bohm desenvolveu uma abordagem alternativa para a mecânica quântica, conhecida como a *interpretação de Bohm* ou "*mecânica bohmiana*". Essa interpretação representa um claro afastamento da visão ortodoxa de Copenhague, pois propõe que as partículas quânticas têm posições e velocidades bem definidas, guiadas por uma "onda piloto" invisível.

Bohm pretendia apoiar as dúvidas de Einstein sobre a não-localidade quântica. Em termos simples, se as partículas fossem guiadas por "ondas-piloto" inerentes ao "potencial quântico", a indeterminação desapareceria.

O potencial quântico.

Um dos pilares do potencial quântico é o conceito de não-localidade. Ao contrário da relatividade, que pressupõe que nenhum sinal pode viajar mais rápido do que a luz, Bohm acreditava que, no nível quântico, havia uma ligação imediata entre partículas distantes. Entretanto, de acordo com Bohm, os efeitos não locais ocorriam devido ao potencial quântico, ou seja, de maneira determinística. Na prática, o potencial quântico poderia representar a misteriosa "variável oculta" invocada por Einstein.

Ordem implícita e explícita.

Bohm faz distinção entre dois níveis de realidade: a ordem implícita e a ordem explícita. A ordem explícita é o que vemos e experimentamos diariamente, caracterizada pelas leis da física clássica. A ordem implícita, por outro lado, é um domínio oculto no qual todas as possibilidades quânticas existem em um potencial não manifestado. Bohm estava convencido de que a própria consciência estava intimamente ligada a essa ordem implícita, sugerindo que a realidade que percebemos é apenas uma pequena parte de um tecido muito mais complexo e fundamental.

Onda piloto.

No modelo bohmiano, as partículas são guiadas por um campo de informações chamado de "onda piloto". Esse campo não carrega energia, mas informa à partícula como ela deve se mover. Essa é uma visão radicalmente diferente da mecânica quântica tradicional, que descreve os objetos subatômicos como ondas e partículas ao mesmo tempo.

As ideias de Bohm foram aclamadas e criticadas por seus contemporâneos. Richard Feynman e John Bell, por exemplo, reconheceram a profundidade de suas teorias, embora permanecessem céticos quanto à sua capacidade de substituir a mecânica quântica tradicional. Entretanto, outros cientistas e filósofos, como Karl Pribram, que desenvolveu a teoria holográfica da mente, inspiraram-se nas ideias de Bohm para explorar a natureza da mente e da psique.

Na cultura popular e na literatura, as ideias de Bohm foram exploradas em vários contextos, desde o livro de Fritjof Capra, "*The Tao of Physics*", que vincula a física quântica às filosofias orientais, até obras de ficção que imaginam universos paralelos e conexões transcendentais entre matéria e consciência.

A teoria do potencial quântico de David Bohm representa uma das tentativas mais ousadas e fascinantes de entender a realidade em um nível mais profundo. Embora tenha encontrado resistência e críticas na corrente principal da ciência, ela continua a inspirar aqueles que buscam conexões mais profundas entre a física, a consciência e a natureza do universo.

Ordem implícita e ordem explícita. .

As noções de "ordem implícita" e "ordem explícita" surgem como conceitos centrais no pensamento bohmiano, lançando luz sobre uma nova visão de mundo que transcende as limitações da física clássica.

David Bohm introduziu os conceitos de "ordem implícita" e "ordem explícita" para explicar a natureza profunda e subjacente do cosmos. Em seu ensaio "*Wholeness and the Implicate Order*", Bohm descreve a ordem explícita como o mundo dos fenômenos externos, tudo o que é diretamente observável e mensurável. É a realidade manifesta que percebemos diariamente. A ordem implícita, por outro lado, representa um nível mais profundo e oculto da realidade, um enorme reservatório de potenciais, informações e energias que se desdobram para dar origem a fenômenos observáveis.

De acordo com Bohm, o que aparece como um objeto físico finito na ordem explicada é, na verdade, uma emanação da ordem implícita, em que tudo está interconectado de tal forma que a separação espacial e temporal é ilusória. Essa visão holística sugere que o universo funciona como um grande holograma, em que cada parte contém as informações do todo.

A famosa interpretação de Bohm da mecânica quântica está intrinsecamente ligada ao paradoxo EPR (Einstein-Podolsky-Rosen) e ao experimento de Bell realizado por Alain Aspect em 1982. Nesse experimento, foi demonstrado que as partículas emaranhadas, embora separadas espacialmente, pareciam se comunicar instantaneamente, violando o princípio da localidade. Esses resultados reforçaram a tese de Bohm de que o universo não está dividido em entidades independentes, mas em uma realidade única e interconectada.

E é precisamente nessa interconexão que a imortalidade da consciência pode ser vislumbrada: se tudo faz parte de um holograma cósmico, então a consciência não está confinada no tempo e no espaço. Ela é uma entidade que participa da ordem implícita, fluindo continuamente por meio de várias formas de manifestação na ordem explicada.

Bohm usou a analogia da "gota de tinta" para descrever a inter-relação entre a ordem implícita e a ordem explicada. Imagine uma gota de tinta caindo em um fluido viscoso transparente. Durante a agitação, a tinta se espalhará uniformemente no fluido, tornando-se aparentemente invisível (ordem implícita). Se a agitação for revertida, a tinta se reagrupará, tornando-se visível novamente (ordem implícita). Esse exemplo visual ilustrou como as informações podem existir em um estado potencial e depois emergir em uma forma perceptível.

As implicações da teoria de Bohm são vastas e revolucionárias. A pesquisa contemporânea em neurociência e física quântica continua a explorar as conexões entre mente e matéria, buscando entender como a informação e a consciência podem fazer parte de uma ordem cósmica maior.

O trabalho de David Bohm nos convida a reconsiderar a base da realidade e da consciência. A ideia de uma ordem implícita, na qual tudo está interconectado, nos leva a ver o universo não como uma coleção de partes separadas, mas como um todo integrado. E nesse todo, a consciência poderia encontrar seu lar, transcendendo os limites do tempo e do espaço e tornando-se, de certa forma, imortal.

A pesquisa de Bohm é um lembrete de nossa curiosidade inata e da busca contínua de significado no universo. Como o próprio Bohm disse:

"A separação entre o homem e sua imagem cósmica está desaparecendo. Estamos descobrindo uma nova ordem na atividade humana e na natureza".

E nessa descoberta, podemos finalmente encontrar a conexão íntima entre nossa consciência e todo o cosmos, percebendo assim a onipresença de uma entidade imortal: a própria essência de nossa consciência.

Analogias entre a teoria da ordem implícita de Bohm e outras teorias metafísicas filosóficas.

Quando nos aventuramos no estudo de teorias que investigam a natureza fundamental da realidade e da consciência, mergulhamos em uma rede intrincada e fascinante de ideias que vão desde a física quântica até os limites da filosofia e da metafísica. Entre elas, a teoria da ordem implícita formulada por David Bohm oferece uma perspectiva única e revolucionária que não apenas redefine nossa compreensão do cosmos, mas também encontra ressonância surpreendente em muitas teorias filosóficas e metafísicas antigas e contemporâneas.

David Bohm propôs a noção de um universo em que a ordem manifestada (ordem explícita) é o aspecto visível e tangível, enquanto uma ordem mais profunda e oculta (ordem implícita) representa a textura subjacente da realidade. Nessa visão, a realidade tangível emerge de um mar de possibilidades e relacionamentos em que cada elemento está conectado a um todo maior. Essa teoria holística ecoa muitas tradições filosóficas e metafísicas que exploram conceitos semelhantes há séculos.

Uma das analogias mais diretas pode ser encontrada na filosofia vedantina do hinduísmo, onde o conceito de Brahman é fundamental. Brahman é descrito como a essência suprema, imutável e onipresente do mundo, da qual tudo surge e para a qual tudo retorna. Assim como a ordem implícita de Bohm, Brahman é uma realidade unificadora que sustenta a aparente multiplicidade do universo. Shankaracharya, o grande filósofo vedantino do século VIII, afirmou que o universo fenomenal é apenas uma manifestação temporária de uma realidade superior estável e eterna, um paralelo extraordinário com as ideias de Bohm.

Da mesma forma, o filósofo neoplatônico Plotino (204-270 d.C.) falou do Um, uma realidade suprema e indivisível da qual tudo deriva e à qual tudo está intimamente ligado. De acordo com Plotino, o "Um" é o princípio fundamental do qual emanam todas as realidades mentais e físicas, uma analogia direta à ordem implícita de Bohm. As emanações plotinianas, de fato, lembram a ideia de que o mundo manifesto (ordem explícita) é uma expressão derivada de um substrato mais profundo e unificado (ordem implícita).

Outro ponto de contato importante é encontrado na filosofia de Baruch Spinoza (1632-1677), que propôs uma visão monista do universo. Spinoza argumentou que existe apenas uma substância, Deus ou Natureza (*Deus sive Natura*), da qual todas as coisas derivam. Assim como a ordem implícita de Bohm, a substância única de Spinoza é a realidade suprema que engloba e conecta tudo o que existe, eliminando as divisões entre mente e matéria, sujeito e objeto.

Na física quântica, o conceito de não separabilidade, que ficou famoso com os experimentos de Alain Aspect na década de 1980, mostrou como as partículas emaranhadas permanecem correlacionadas independentemente da distância. Esse fenômeno é um exemplo de como a ordem implícita de Bohm pode ser rastreada na física moderna: a realidade que experimentamos é apenas a ponta de um iceberg, com conexões profundas e invisíveis que tecem a estrutura subjacente do universo.

Stuart Hameroff e Roger Penrose, com sua teoria Orch-OR (Orchestrated Objective Reduction), propuseram que a consciência emerge de processos quânticos. Essa teoria sugere que a consciência não é simplesmente um epifenômeno biológico, mas uma característica fundamental do universo que poderia interagir com a ordem implícita delineada por Bohm. Nesse sentido, a consciência humana poderia ser vista como uma manifestação local de uma consciência cósmica universal, mantendo viva a ideia da consciência como uma entidade imortal e onipresente.

Carl Jung, um psicanalista suíço do século XX, introduziu a ideia de um inconsciente coletivo, um reservatório de experiências e arquétipos comuns a toda a humanidade. Assim como Bohm, Jung acreditava que, sob a superfície da consciência individual, existe uma realidade compartilhada e interconectada. Jung descreve o inconsciente coletivo como uma espécie de arquivo universal de símbolos e mitos que influenciam profundamente o comportamento humano.

analogia com a ordem implícita de Bohm surge na percepção de um nível subjacente de realidade que informa o mundo fenomenal. Enquanto para Jung o inconsciente coletivo é povoado por imagens arcaicas e simbólicas, para Bohm a ordem implícita contém todas as configurações potenciais do universo, prontas para se desdobrar na ordem explicada. Essa congruência sugere que nossa compreensão de nós mesmos e do universo pode estar intrinsecamente conectada a estruturas profundas e universais.

Nas tradições espirituais do hinduísmo e do budismo, o Akasha é considerado o princípio etérico que permeia tudo o que existe. O antigo termo sânscrito designa um campo onipresente no qual todas as informações e energias do universo são armazenadas. O Akasha é frequentemente descrito como a "*memória do cosmos*", uma analogia que surpreendentemente ressoa com a ordem implícita de Bohm.

De fato, Bohm imaginou sua ordem implícita como um campo vasto e complexo em que cada partícula e cada evento estão implicitamente conectados. Assim como o Akasha serve como um repositório para todas as experiências passadas, presentes e futuras, o conceito de ordem implícita oferece uma visão do universo em que tudo está em uma interconexão dinâmica constante. A física quântica, com sua noção de emaranhamento e não-localidade, reforça ainda mais esse paralelismo, sugerindo que a "teia" de Bohm pode de fato corresponder ao Akasha que os sábios orientais descreveram há milênios.

Uma das imagens mais icônicas relacionadas à ordem envolvida é a do universo holográfico. Bohm, juntamente com o neurocientista Karl Pribram, explorou a ideia de que o universo poderia ser semelhante a um holograma gigante, em que cada parte contém as informações do todo. Essa visão foi aprofundada por físicos contemporâneos, como Leonard Susskind e Gerard 't Hooft, que formularam o princípio holográfico para explicar a natureza da gravidade quântica.

Em um holograma, cada fragmento, por menor que seja, contém a imagem inteira, assim como na ordem implícita de Bohm, em que cada ponto do universo contém a totalidade das informações. Esse modelo holográfico não é apenas uma "bela metáfora", mas também se reflete na teoria das cordas e em hipóteses mais recentes da física teórica. Por exemplo, o experimento do detector de ondas gravitacionais LIGO abriu novas perspectivas sobre a natureza da realidade, sugerindo que pode haver um "código" subjacente que comanda o universo, muito parecido com um holograma.

David Bohm, com sua teoria da ordem implícita, não apenas lançou as bases para uma nova compreensão da física quântica, mas também criou pontos de contato profundos com teorias metafísicas antigas e modernas. A comparação com o inconsciente coletivo de Jung, o Akasha do hinduísmo e do budismo e o conceito de um universo holográfico revela uma rede comum de interconexão e profundidade. Essa visão não apenas aproxima as ciências exatas das ciências humanas e espirituais, mas também nos convida a refletir sobre a própria natureza da consciência, da realidade e do universo. Em uma época em que as fronteiras entre a ciência e a espiritualidade parecem cada vez mais tênues, o legado de Bohm representa uma ponte crucial para explorar esses territórios inexplorados da existência humana e cósmica.

O próprio David Bohm estava ciente das profundas ressonâncias de sua teoria com várias tradições filosóficas. Em uma de suas declarações mais esclarecedoras, ele afirmou:

> *"O todo está na ordem envolvida, o cosmos é inseparável. Todos os fenômenos participam dessa ordem e cada manifestação é uma representação parcial da unidade mais profunda".*

Essa perspectiva não apenas amplia nossa compreensão do cosmos, mas também de nossa própria natureza como seres conscientes.

O físico e filósofo Henry Stapp, cuja pesquisa explorou as implicações da mecânica quântica para a teoria da mente, destacou que:

> *"Os conceitos de Bohm oferecem uma estrutura na qual a consciência pode ser vista como uma parte essencial da estrutura da realidade".*

A jornada pelas analogias entre a teoria da ordem implícita de David Bohm e outras teorias metafísicas e filosóficas nos convida a considerar um universo mais integrado e conectado do que a percepção comum pode sugerir. A ideia de uma realidade profunda e unificadora, da qual emergem todas as manifestações do cosmos, não é apenas um poderoso insight científico, mas também uma ponte para tradições de pensamento antigas e respeitadas.

A consciência quântica, vista como uma entidade imortal, prefigura-se, portanto, não apenas como uma extensão plausível das teorias físicas modernas, mas também como uma continuação de uma rica herança de ideias filosóficas que têm procurado responder ao grande enigma da existência desde tempos imemoriais. Sob essa luz, o trabalho de Bohm nos oferece uma maneira nova e profunda de entender nossa conexão com o universo, sugerindo que a essência de nossa consciência não está confinada, mas faz parte de uma dança cósmica eterna e infinita.

A abordagem de Bohm às teorias anma e à filosofia oriental.

Mas o que leva um físico quântico a se interessar pela filosofia oriental e pelas teorias anma? Para responder a essa pergunta, é essencial explorar a jornada intelectual de Bohm e seu encontro com as tradições da sabedoria oriental.

David Bohm iniciou sua carreira nos laboratórios de física quântica, onde seu trabalho sobre a teoria dos potenciais quânticos ajudou a redefinir conceitos fundamentais da mecânica quântica. Entretanto, sua visão científica era mais ampla do que os limites estritamente definidos da física. Já no final da década de 1950, Bohm procurava conexões que pudessem explicar a realidade em termos de uma totalidade indivisível. Esse caminho o levou inevitavelmente às filosofias orientais, que são conhecidas por serem sincréticas e integradas.

Seu encontro intelectual com Jiddu Krishnamurti na década de 1960 foi decisivo. Krishnamurti, um pensador espiritual e palestrante nascido na Índia, tinha uma abordagem radical para entender a mente e a consciência. Suas discussões frequentes, documentadas em uma série de diálogos publicados, permitiram que Bohm se envolvesse com conceitos como "Atman", geralmente traduzido como "*alma*" ou "*espírito*" no Ocidente, mas que tem um significado muito mais amplo e está profundamente enraizado na tradição védica.

Um dos momentos mais interessantes de seus encontros está registrado em *The Ending of Time* (1985), uma coletânea de suas conversas mais significativas. Em uma passagem, Bohm discute com Krishnamurti a ideia do universo como um todo no qual cada parte contém toda a ordem, um conceito surpreendentemente semelhante à ideia do anma como uma entidade imortal e universal. Por meio dessas discussões, Bohm começou a ver sua teoria da ordem implícita como uma possível explicação científica de ideias antigas encontradas em textos védicos e budistas.

A ordem implícita de Bohm sugere que cada parte do universo está em uma relação dinâmica com o todo, capaz de se "explicar" de forma holística em vez de reducionista. Esse conceito está muito próximo da noção de brahman no hinduísmo - a totalidade da realidade vista como uma essência universal. O próprio Bohm afirmou em várias ocasiões, como em uma entrevista em 1980, que via o brahman como "*um tipo de ordem implícita por meio da qual tudo está interconectado*".

O trabalho de Bohm também encontra paralelos nas práticas zen, em que a mente é frequentemente vista como indivisível do resto da realidade. Isso fica evidente em suas comparações com físicos orientais modernistas tardios e em conferências internacionais, como a realizada em 1973 na Universidade de Berkely. Nessa conferência, Bohm respondeu a perguntas sobre os aspectos meditativos de suas teorias e os paralelos com a noção zen de "satori", "iluminação".

Bohm não se contentou em abordar essas questões apenas na teoria. Ele também colaborou com neurocientistas, como Karl Pribram, para explorar como a ordem implícita poderia estar envolvida na atividade cerebral, buscando explicar fenômenos como intuição, criatividade e percepção holística, envolvendo tanto a ciência moderna quanto a epistemologia oriental.

Nesse contexto, o conceito de consciência quântica como uma entidade imortal torna-se menos esotérico e mais um ponto de integração entre diferentes culturas cognitivas. Bohm nos convida a considerar que a consciência não é apenas um epifenômeno do cérebro material, mas pode estar fundamentalmente enraizada em um campo mais profundo e universal - uma rede infinita de conexões, conforme proposto pelas tradições espirituais orientais por meio do conceito de anma.

Capítulo 16. Aspectos científicos da consciência quântica.

"A consciência é a base sobre a qual crescem todas as possibilidades quânticas da realidade."
(Amit Goswami)

"Consciência" e "consciência quântica".

No tumulto da pesquisa filosófica e científica contemporânea, surgem questões que desafiam os próprios fundamentos de nossa compreensão do universo e de nós mesmos. Em meio a essas questões, dois conceitos fascinantes se destacam, atraindo a atenção de estudiosos e curiosos: consciência e consciência quântica. Mas quais são as diferenças que sustentam esses dois pilares de nossa existência?

A consciência, um fenômeno complexo e misterioso, está intrinsecamente ligada à nossa identidade individual, ao nosso senso de existência e de estar no mundo. Ela representa a sede da experiência subjetiva, da intencionalidade e da autoconsciência, aspectos que muitas vezes se refletem em nosso confronto com o outro e com o mistério do próprio universo. Grandes pensadores, como Platão, Descartes, Kant, Jung e Freud, refletiram profundamente sobre a natureza da consciência humana, lançando as bases para uma investigação que desafia o tempo e o espaço.

Por outro lado, a consciência quântica lança uma luz nova e misteriosa sobre os meandros da mente humana e do universo. Emergindo dos enigmas da física quântica, esse conceito enfatiza a ideia de que a consciência e a matéria estão interligadas de maneiras impensáveis, desafiando as formas tradicionais de compreensão da realidade. Estudiosos como Roger Penrose, Stuart Hameroff e Henry Stapp produziram pesquisas e teorias que sugerem uma profunda ligação entre os fenômenos da mente e as leis da física quântica...

As diferenças entre a consciência e a consciência quântica estão nas próprias raízes de como percebemos a realidade. Enquanto a consciência tradicional costuma ser vista como um epifenômeno da matéria cerebral, a consciência quântica sugere uma visão mais integrada, na qual a mente e o mundo físico se influenciam mutuamente de maneiras intrincadas e misteriosas. Experimentos como o experimento da fenda dupla, que destaca o comportamento da luz como partícula em função da observação consciente, levantam questões profundas sobre a natureza da realidade e o papel da consciência nela.

A investigação da consciência e da consciência quântica nos convida a explorar territórios inexplorados da mente e do universo, abrindo novas perspectivas e possibilidades de compreensão.

A consciência e a consciência quântica são esferas de investigação que revelam a complexidade e a beleza do universo e de nós mesmos, convidando-nos a uma dança eterna entre o "Um" e o todo, entre o ser e o devir, entre a sombra e a luz.

O debate sobre a consciência e a consciência quântica não para por aqui, mas se ramifica em novos desafios e novas possibilidades de exploração. Por meio da colaboração interdisciplinar e da pesquisa contínua, podemos esperar lançar uma nova luz sobre esses antigos enigmas que nos cercam.

A interseção da neurociência, da filosofia, da física quântica e da espiritualidade nos oferece a possibilidade de combinar as forças do conhecimento humano para penetrar na complexidade de nossa existência.

A evolução das teorias e pesquisas sobre consciência e consciência quântica nos leva a ampliar os limites de nossa compreensão, a explorar territórios inexplorados do ser e do devir. Por meio do diálogo e do compartilhamento de conhecimentos e percepções, podemos nos aproximar cada vez mais de uma visão integrada da realidade, na qual a mente e a matéria se entrelaçam em uma dança cósmica sem fim.

À luz desses enigmas e desafios, somos deixados com um convite para explorar, questionar e abraçar a complexidade e a maravilha da existência. A consciência e a consciência quântica nos apresentam um mistério fascinante e convincente, um convite para examinarmos as profundezas de nossa essência e dançarmos com as estrelas no firmamento do universo.

Em busca da união entre a física quântica e a consciência

No vasto, enigmático e muitas vezes perturbador reino da física quântica e da teoria da consciência, uma frente emergente de investigação está capturando a imaginação de cientistas e filósofos: a possibilidade de que a consciência seja uma entidade de natureza quântica e, portanto, de alguma forma, imortal. Essa abordagem exploratória busca preencher a lacuna entre dois dos campos mais misteriosos e complexos da ciência moderna.

Uma das tentativas mais conhecidas de mesclar esses dois domínios aparentemente irreconciliáveis é a teoria Orch-OR proposta pelo físico Roger Penrose e pelo anestesista Stuart Hameroff na década de 1990. Penrose, famoso por seu trabalho nos campos da relatividade geral e da cosmologia, propôs que a consciência poderia surgir de processos quânticos dentro dos microtúbulos neurais. Até hoje, Hameroff continua a argumentar que os microtúbulos podem atuar como um meio para os processos quânticos que dão origem à consciência, sugerindo que ela pode ter propriedades não locais e, de certa forma, perpetuar-se além da morte biológica.

A noção de coerência quântica aplicada ao cérebro é outro aspecto explorado por vários estudiosos. A física quântica, que rege o comportamento das partículas em escalas subatômicas, propõe estados em que as partículas podem existir em superposição, ou seja, estar em vários estados ao mesmo tempo. A possibilidade de esses estados de superposição ocorrerem nos microtúbulos do cérebro poderia explicar os processos altamente eficientes e interconectados de nossas mentes. A pesquisa de Matthew Fisher, físico teórico da Universidade da Califórnia, em Santa Bárbara, propôs que os núcleos de fósforo em nossos cérebros podem manter estados de coerência quântica por tempo suficiente para influenciar os processos mentais.

Não faltam experimentos que, embora preliminares e muitas vezes contestados, tentam esclarecer esses fenômenos. Um dos experimentos mais famosos e discutidos é o dos irmãos Becker-Rohrer, que, em 2010, tentaram demonstrar o efeito das decisões humanas em experimentos quânticos implementando testes psicoquânticos. Os céticos, no entanto, apontam as dificuldades de replicabilidade de tais experimentos, bem como os problemas inerentes de interpretação.

Subjacente a essas teorias está uma linha de pensamento que também se reflete em correntes filosóficas e espirituais, segundo as quais a consciência transcende o mero suporte físico-biológico. O filósofo David Chalmers, conhecido por chamar o "*Problema* Difícil da Consciência", deu origem à ideia de que a consciência pode ser uma propriedade fundamental do universo, semelhante a conceitos como espaço, tempo e massa.

Ao considerar o panorama dos pesquisadores envolvidos, são emblemáticos nomes como o de David Bohm, cujo trabalho sobre interpretações quânticas holísticas e implícitas já sugeria uma natureza mais profunda e interconectada da realidade. Seus diálogos com o filósofo indiano Jiddu Krishnamurti procuraram explorar os limites entre a física e a consciência, evocando questões que ainda hoje são relevantes e poderosas.

É claro que a ideia de que a consciência é um fenômeno quântico tem seus críticos. Muitas das objeções se baseiam na compreensão ainda incompleta da decoerência quântica em sistemas biológicos, bem como em problemas com a possibilidade de experimentos laboratoriais mensuráveis com processos neurológicos complexos.

Em última análise, o sonho de unir a física quântica com uma compreensão da consciência não é apenas uma questão de ciência, mas de questões humanas profundas: quem somos, de onde viemos e o que o destino nos reserva além do véu da mortalidade. A busca, nessa visão, não é simplesmente uma aventura intelectual, mas uma jornada para os fundamentos de nosso ser e de nossa existência no universo.

Uma abordagem da consciência quântica.

Durante o século XX, a física passou por profundas revoluções conceituais, culminando com a formulação da mecânica quântica. Paralelamente, o mistério da consciência continuou a desafiar cientistas e filósofos. Nas últimas décadas, um conceito intrigante começou a ganhar terreno: a possibilidade de que a própria consciência tenha uma natureza quântica. Essa fascinante interseção entre a física quântica e a ciência da mente abre questões fundamentais e desafios filosóficos de grande calibre.

A mecânica quântica, conforme teorizada por pioneiros como Niels Bohr e Werner Heisenberg no início do século XX, nos apresenta um mundo subatômico em que as leis clássicas da física não se aplicam mais. A famosa "dualidade onda-partícula" e o "princípio da incerteza" de Heisenberg (1927) revelam um universo no qual as partículas podem existir simultaneamente em vários estados até que uma observação as reduza a um estado específico.

Um experimento emblemático nesse contexto é o famoso experimento da dupla fenda (Thomas Young, 1801, posteriormente estendido à física quântica). O experimento demonstrou que partículas como elétrons e fótons podem se comportar como ondas ou como partículas, dependendo das condições do experimento, sugerindo que o ato de observação desempenha um papel crucial na determinação do estado final da partícula.

A ideia de que a consciência pode ter uma natureza quântica surgiu da necessidade de explicar fenômenos que a biologia neural tradicional não consegue descrever totalmente. Roger Penrose, ganhador do Prêmio Nobel de Física (2020), e Stuart Hameroff, anestesista e cientista da consciência, desenvolveram a teoria da Redução Objetiva Orquestrada (Orch-OR) na década de 1990. De acordo com essa teoria, a consciência não é um simples epifenômeno da sinapse neuronal, mas surge de processos quânticos dentro dos microtúbulos das células nervosas.

Esses microtúbulos são estruturas proteicas que fazem parte do esqueleto celular e Penrose e Hameroff argumentam que eles podem sustentar estados quânticos coerentes, atuando como centros para a transformação quântica da consciência. Como Hameroff afirmou:

> *"Os microtúbulos não são apenas tubos estruturais, mas o local da atividade quântica que produz a consciência".*

A teoria de Penrose e Hameroff deu início a um intenso debate. Os experimentos que tentam destacar a coerência quântica em sistemas biológicos são significativos. Por exemplo, o trabalho de Anirban Bandyopadhyay, do *National Institute for Materials Science*, no Japão, explorou a possibilidade de coerência quântica em estruturas de proteínas em microtúbulos.

Entre os críticos, Max Tegmark, um físico teórico do MIT, apontou que os processos quânticos são extremamente sensíveis à temperatura e à interação com o ambiente, e o ambiente quente e úmido do cérebro humano parece inóspito para a coerência quântica. Em um estudo de 2000, Tegmark supostamente calculou que os tempos de decoerência nos microtúbulos seriam muito curtos para suportar processos de pensamento consciente. Essa afirmação foi refutada por estudos posteriores.

Além da ciência, a filosofia desempenha um papel fundamental na discussão sobre a consciência quântica. David Chalmers, filósofo da mente, argumentou que o "*problema difícil*" da consciência (como a matéria cria a experiência consciente) pode exigir uma nova compreensão da realidade. Chalmers não argumenta explicitamente que a consciência é quântica, mas sugere que soluções não convencionais podem ser necessárias, posicionando assim a física quântica como um possível caminho a ser explorado.

Um dos exemplos históricos mais interessantes é a correspondência e os diálogos entre Albert Einstein e Niels Bohr, nos quais eles abordaram questões fundamentais da ontologia quântica. Einstein, embora cético em relação à completude da mecânica quântica, levantou pontos cruciais sobre suas implicações para a realidade e o conhecimento humano. Esses diálogos filosóficos estabeleceram a base para interpretações posteriores que consideram a conexão entre o observador e o fenômeno observado.

Experimentos recentes que visam testar a conexão entre a consciência e a mecânica quântica incluem estudos de fótons emaranhados e ressonâncias eletromagnéticas no cérebro. Por exemplo, em 2015, uma equipe de pesquisadores da Universidade de Genebra, liderada pelo físico Nicolas Gisin, usou estados quânticos emaranhados para explorar se a observação consciente poderia influenciar os resultados experimentais, obtendo dados que, embora inconclusivos, estimulam mais pesquisas na área.

A ligação entre a consciência e a mecânica quântica continua sendo uma das fronteiras mais fascinantes e especulativas da ciência moderna. O caminho está repleto de desafios e controvérsias, mas também de possibilidades incríveis. Cada passo adiante, seja experimental ou teórico, nos aproxima de uma compreensão mais profunda de um dos enigmas mais duradouros da humanidade: a natureza da consciência e sua relação com o universo. Como disse Penrose:

> *"Se realmente entendemos a física com tantos detalhes, devemos ser capazes de explicar todos os fenômenos naturais, inclusive a consciência".*

O desafio continua em aberto, intrigando mentes brilhantes e prometendo revelações que poderiam reescrever nossos livros didáticos de física e filosofia.

A física quântica como a chave para entender a natureza da consciência na transição para a vida após a morte.

No labirinto da neurociência, a busca pela consciência continua sendo um dos tópicos mais fascinantes e misteriosos. Atualmente, alguns cientistas olham para a física quântica como uma possível chave para desvendar os segredos da nossa mente, postulando que a consciência pode transcender a própria morte. Mas até que ponto esses argumentos são sólidos? E quem são os protagonistas dessa hipótese revolucionária?

A teoria Orch-OR, proposta pelo físico Roger Penrose e pelo anestesista Stuart Hameroff, representa uma das integrações mais convincentes da física quântica e da neurociência. De acordo com Penrose e Hameroff, a consciência emerge de processos quânticos que ocorrem nos microtúbulos dos neurônios. Esses minúsculos polímeros, essenciais para a estrutura e a divisão celular, poderiam funcionar como minúsculos dispositivos de processamento quântico.

Penrose, famoso por sua pesquisa sobre buracos negros e entropia, foi inicialmente atraído pela "*explicação patética*" da consciência no contexto da mecânica clássica. Em colaboração com Hameroff, autor de vários estudos sobre anestésicos e seus efeitos na consciência, ele desenvolveu a teoria Orch-OR, que sugere que a consciência está associada a reduções objetivas no estado quântico dos microtúbulos.

Mas o que tudo isso significa? Na física quântica, as partículas podem existir em vários estados simultaneamente (superposição). É somente por meio da observação que essas partículas "colapsam" em um estado definido. De acordo com a teoria Orch-OR, esse colapso quântico ocorre nos microtúbulos. Esse colapso poderia gerar consciência e permitir que ela persistisse além da morte física....

Experimentos com partículas emaranhadas, por exemplo, os realizados por Alain Aspect na década de 1980, mostraram que duas partículas podem permanecer emaranhadas à distância, em um fenômeno que o próprio Einstein chamou de "*ação espectral à distância*". Esse entrelaçamento quântico pode ter implicações para a questão da consciência, sugerindo que a mente pode estar interconectada com o universo de maneiras que ainda não foram totalmente compreendidas.

Experimentos recentes continuam a explorar os limites dessa hipótese. Estudos das ressonâncias eletromagnéticas do cérebro e dos potenciais quânticos culturais e espirituais indicam que ainda há muito a ser descoberto sobre nossa existência. Embora o debate esteja longe de terminar, a possibilidade de que a física quântica possa um dia explicar a natureza imortal da consciência é uma viagem fascinante aos mistérios mais profundos do universo e de nossa existência.

No final, se a consciência for de fato uma entidade quântica, isso pode significar que, conforme sugerido pelos místicos e por algumas tradições espirituais, a mente não morre com o corpo, mas continua a existir em outras formas, talvez como parte de uma "consciência coletiva" ou em um reino quântico que ainda não exploramos. De qualquer forma, a física quântica já transformou nossa compreensão do universo; ela pode, um dia, fazer o mesmo com a própria mente humana.

Explorando o vínculo entre a física quântica e a percepção.

A conexão entre a física quântica e a consciência humana é um tópico fascinante que vem ganhando cada vez mais atenção nas últimas décadas. No centro dessa exploração está a questão de saber se a consciência é de fato um fenômeno quântico e, por extensão, se ela pode transcender a morte, tornando o ser humano uma entidade imortal. Esse tópico expande nossa compreensão da realidade e da percepção, reunindo o conhecimento da física mais avançada com conceitos antigos sobre a natureza da alma e da consciência.

Roger Penrose e Stuart Hameroff propuseram a teoria Orch-OR.

Um dos elementos centrais dessa teoria é a ideia de "colapso quântico". No mundo subatômico, as partículas existem em um estado de superposição, o que significa que elas podem estar em vários estados ao mesmo tempo. O colapso quântico é o processo pelo qual uma partícula passa de uma superposição de estados para um estado final quando observada. Penrose e Hameroff propõem que esses colapsos ocorram de forma orquestrada nos microtúbulos, criando o que percebemos como momentos de consciência.

Outro conceito intrigante relacionado a essa exploração é o "entrelaçamento quântico" ou entrelaçamento quântico. Esse fenômeno, que pode ser descrito como uma ligação inextricável entre partículas, foi demonstrado experimentalmente em várias ocasiões. Um dos exemplos mais famosos é o experimento de emaranhamento realizado pelo físico Alain Aspect em 1982. Alguns pesquisadores sugerem que, se duas partículas emaranhadas podem influenciar uma à outra instantaneamente, apesar da distância, o mesmo princípio pode ser aplicado à consciência e à percepção humanas...

Uma anedota relevante diz respeito ao físico Erwin Schrödinger, um dos fundadores da mecânica quântica. Ele argumentou em seus escritos que a mente e a matéria poderiam estar intrinsecamente conectadas no nível quântico. Embora ele não tenha formalizado essas ideias em um modelo teórico, suas especulações abriram caminho para muitas discussões contemporâneas sobre esse tópico.

As implicações dessa teoria são profundas, sugerindo que a natureza da consciência poderia estar ligada a um tecido quântico do próprio universo, fazendo-nos repensar nossa compreensão da realidade e de nossa existência. Como disse Albert Einstein:

> *"A coisa mais bela que podemos experimentar é o mistério. Ele é a fonte de toda a verdadeira arte e ciência."*

Concluindo, a exploração da ligação entre a física quântica e a percepção humana continua sendo um campo em evolução repleto de possibilidades fascinantes e profundas.

Reflexões sobre a natureza quântica da mente.

A natureza quântica da mente é um tópico que provoca um debate animado entre cientistas, filósofos e teóricos da consciência. Subjacente a esse debate está a questão de saber se os fenômenos quânticos podem fornecer uma explicação para os mistérios da consciência humana, que até agora escaparam à compreensão abrangente da neurociência clássica.

Embora a comunidade científica continue dividida, as implicações filosóficas da teoria quântica da consciência são profundas e provocativas. Albert Einstein, embora cético em relação à mecânica quântica ("*Deus não joga dados com o universo*"), fez uma contribuição fundamental para a compreensão da física quântica, que hoje forma a base dessas especulações. A própria mecânica quântica é um campo que exige a revisão de muitas de nossas intuições sobre a realidade objetiva, levando-nos a ponderar se a mente, como parte dessa realidade, também pode operar com base em princípios quânticos.

Portanto, essa ainda é uma questão em aberto que estimula a pesquisa e a reflexão contínuas. A possibilidade de que nossa consciência possa ter uma base quântica oferece uma nova perspectiva sobre a natureza da mente e talvez, como alguns esperam, possa um dia iluminar o mistério da vida além da morte. Até lá, as reflexões sobre a natureza quântica da mente continuarão a despertar interesse e a enriquecer o discurso científico e filosófico, explorando os limites entre a física, a biologia e a consciência humana.

O universo como uma expressão da consciência quântica.

Entre as teorias mais enigmáticas e fascinantes da consciência está aquela que a vê como um fenômeno quântico, capaz de transcender os limites do corpo físico e, potencialmente, a própria morte. Entre os proponentes mais ousados dessa ideia estão o matemático e físico Roger Penrose e o anestesista Stuart Hameroff, com sua teoria Orch-OR. De acordo com essa teoria, a consciência seria o resultado de processos quânticos que ocorrem dentro dos microtúbulos, estruturas minúsculas presentes nos neurônios.

A teoria Orch-OR desafia a concepção materialista da mente ao propor que a coerência quântica e os processos de redução objetiva estão na origem da experiência consciente.

Apesar dos debates acalorados, a ideia de uma consciência quântica revela um quadro mais amplo e sedutor: o próprio universo poderia ser visto como uma enorme expressão de uma consciência quântica que tudo permeia. Essa visão é ecoada nas especulações de Erwin Schrödinger, um dos pioneiros da mecânica quântica, que levantou a hipótese de uma conexão profunda entre a mente e a matéria.

Assim, surge a ideia de que o próprio universo poderia ser consciente. Nesse contexto, a consciência individual seria apenas um fragmento ou manifestação local dessa vastidão, capaz de ser perdida e recriada dentro do tecido quântico do cosmos. Se aceitarmos que o colapso da função de onda pode ser vinculado ao próprio ato de observação, podemos vislumbrar um universo em que toda a matéria e energia são constantemente influenciadas pelo ato da consciência.

Isso leva inevitavelmente à noção da imortalidade da consciência. Se a consciência é tão fundamental quanto as partículas de matéria, então ela pode não estar vinculada à duração do corpo físico. Em vez disso, ela pode persistir, transformar-se e fundir-se com a consciência universal onipresente. Um conceito que ecoa antigas visões cosmológicas, como no Vedanta, em que o atman individual é uma centelha do brahman universal.

Apesar da complexidade dessas ideias, a busca pela conexão entre o mundo quântico e a consciência continua. É inspirador pensar que, por meio da investigação científica e filosófica, estamos lentamente levantando o véu de uma realidade que nos envolve em um abraço quântico, ligando nosso ser ao todo. Talvez a consciência desse vínculo nos aproxime da compreensão da verdadeira natureza de nossa existência e de nosso relacionamento com o universo, um relacionamento intrinsecamente conectado e potencialmente imortal.

A onipresença da consciência na teoria do campo quântico.

Durante séculos, a humanidade tem procurado entender a natureza da consciência e sua possível persistência além da vida mortal. À medida que a ciência e a filosofia continuam a explorar esses limites, uma das teorias mais fascinantes é a da consciência quântica. Essa teoria sugere que a consciência pode emergir de processos quânticos. Mas qual é o verdadeiro potencial que permitiria que a consciência existisse como uma entidade imortal?

A teoria do campo quântico oferece uma perspectiva peculiar sobre essa questão. Um dos principais conceitos da física quântica é a onipresença de partículas e forças, que não existem em um único lugar, mas sim como um campo que permeia toda a realidade. Isso pode sugerir que, de certa forma, a própria consciência pode ser parte desse campo universal.

O físico Erwin Schrödinger, em seu artigo de 1944 "*What is Life?*" (*O que é a vida?*), especulou sobre a possibilidade de que a mente e a matéria pudessem estar intimamente ligadas em nível quântico. Ele especulou que a consciência não era simplesmente um subproduto da matéria, mas sim um elemento fundamental do universo, interconectado à própria estrutura da realidade.

Uma das evidências mais intrigantes dessa interconexão surgiu com os experimentos de Alain Aspect em 1982, que demonstraram a existência do fenômeno do entrelaçamento quântico. As partículas envolvidas no entrelaçamento permanecem conectadas instantaneamente, independentemente da distância entre elas. Isso levou muitos a perguntar: se as partículas podem manter um entrelaçamento quântico à distância, a consciência poderia fazer o mesmo?

A teoria quântica de campos nos diz que as partículas não são entidades isoladas, mas oscilações de campos que permeiam o espaço. O neurocientista e teórico quântico Menas Kafatos fala com frequência do universo como um "todo indivisível", no qual a consciência e a matéria não são duas entidades separadas, mas lados da mesma moeda. O próprio Kafatos escreveu:

> *"O universo observado está interconectado e a consciência desempenha um papel fundamental nessa interconexão."*

Apesar das críticas inevitáveis, os avanços experimentais recentes continuam a dar esperança aos defensores da consciência quântica. Em 2014, um grupo de pesquisadores do MIT realizou um experimento que mostrou que, mesmo em sistemas biológicos à temperatura ambiente, os efeitos quânticos podem ser observados. Isso abre novas e intrigantes perspectivas sobre a possibilidade de que a própria consciência opere em escala quântica.

O conceito de consciência como uma entidade imortal também encontra ressonância em algumas filosofias orientais antigas. O budismo, por exemplo, fala de uma continuidade da mente por meio de várias formas de existência, um conceito que podemos encontrar paralelo às ideias quânticas de não-localidade e eternidade do campo.

Em conclusão, embora a ciência ainda não tenha fornecido respostas definitivas, a teoria dos campos quânticos oferece um terreno fértil para especulações. A possibilidade de que a consciência seja tão onipresente quanto os campos quânticos é uma hipótese que fascina e que poderia um dia nos levar a entender se realmente existe uma maneira pela qual a consciência pode transcender nossa existência física e se aproximar da imortalidade. A busca continua e, com ela, a esperança de descobrir as verdades ocultas nos mistérios da mente e do próprio universo.

A consciência como um campo quântico.

A ideia da consciência quântica como uma entidade imortal acendeu o debate entre cientistas, filósofos e teóricos de todo o mundo. Essa perspectiva fascinante propõe que nossa consciência não é simplesmente um subproduto de neurônios e sinapses, mas uma entidade fundamental intrinsecamente conectada à própria estrutura do universo. Sob essa ótica, a consciência poderia transcender o limite da vida biológica, aspirando à imortalidade. Mas como a teoria do campo quântico se encaixa nessa visão cósmica da consciência?

A teoria do campo quântico representa um avanço da física moderna, descrevendo o universo como uma complexa rede de campos de energia que podem existir em estados sobrepostos, emaranhamento e flutuações. Alguns estudiosos argumentam que a consciência pode ser entendida como um campo quântico fundamental. Esse conceito desafia a visão tradicional, sugerindo que a consciência não se limita ao cérebro biológico, mas é um campo eterno que interage de forma complexa com outras estruturas quânticas.

Pierre Teilhard de Chardin, famoso por sua síntese de ciência e espiritualidade, introduziu o conceito de "Noosfera" em sua obra "*The Human Phenomenon*" (1955). De Chardin imaginou uma camada de pensamento coletivo interconectando todas as consciências humanas, evoluindo em direção a um ponto de convergência e unificação espiritual. Em apoio a essa visão, novos experimentos nos campos da física neuroquântica e teórica podem oferecer pistas sobre como esses campos de pensamento coletivo podem realmente existir em um reino quântico.

Uma das vozes mais proeminentes nesse campo interdisciplinar é a do filósofo e cientista da computação Bernardo Kastrup, que explora a ideia de realidade mental básica. Em obras como "*Why Materialism is Baloney*" (2014), Kastrup argumenta que a realidade suprema não é feita de matéria, mas de experiência e consciência. Ele discute como a mecânica quântica e a consciência podem estar enraizadas no mesmo tecido subjacente do universo.

O experimento "*Double-Slit*", realizado por vários físicos, inclusive Thomas Young, no século XIX, e posteriormente reproduzido com tecnologia moderna, também sugere que a consciência do observador pode influenciar o comportamento das partículas subatômicas. Isso lança luz sobre a interconexão entre a consciência e a realidade quântica, apoiando ainda mais a ideia de uma base consciente para o nosso universo.

A noção de uma consciência quântica imortal pode soar como ficção científica, mas discussões sérias entre cientistas e filósofos não devem ser negligenciadas. A evolução de nossa compreensão científica continua a revelar conexões entre a física quântica e a experiência consciente que poderiam reformular os fundamentos da filosofia, da ciência e da concepção da realidade. Se a consciência for de fato um campo quântico, então a possibilidade de sua imortalidade pode não ser apenas uma questão de esperança, mas de evidência científica futura. Como disse Carl Sagan:

> *"A ciência não é apenas compatível com a espiritualidade; ela é uma fonte profunda de espiritualidade."*

Essas explorações nos levam a refletir não apenas sobre os limites do universo, mas também sobre os limites de nosso próprio ser.

Rumo a uma teoria unificada da consciência e da física quântica.

Nas últimas décadas, o fascínio pela metafísica da consciência atraiu filósofos, cientistas e pensadores para uma aventura intelectual que visa a desvendar os segredos mais profundos de nossa existência. Essa jornada para o reino do imaterial viu uma convergência interessante com a física quântica, o ramo da física que explora o comportamento bizarro e contraintuitivo das partículas subatômicas. Subjacente a essa fusão está uma teoria que sugere que a consciência não é apenas um epifenômeno do cérebro, mas pode existir como uma entidade quântica, imortal e universal.

A discussão sobre a natureza metafísica da consciência tem raízes antigas, mas ganhou nova vida com o advento das teorias quânticas.

A visão de De Chardin influenciou muitos estudiosos contemporâneos que buscam integrar as noções de consciência e física quântica. Um dos teóricos mais influentes na ligação entre a física quântica e a consciência é David Bohm, um físico teórico que propôs a ideia de "ordem implícita" e "ordem explícita". Em seu livro "Wholeness and the Implicate Order" (1980), Bohm sugere que a realidade visível (ordem explícita) é apenas uma manifestação de um nível mais profundo e oculto da realidade (ordem implícita), onde tudo está interconectado. De acordo com Bohm, a consciência poderia ser parte dessa ordem implícita, fundamental e universal.

Uma experiência específica que ganhou atenção foi o trabalho de Eben Alexander, um neurocirurgião americano. Em seu livro best-seller *Proof of Heaven* (2012), Alexander descreve sua experiência de quase morte durante um coma induzido por encefalite bacteriana. Ele relata ter tido uma série de visões que, segundo ele, confirmam a existência de uma consciência independente do corpo. Embora suas experiências tenham sido objeto de debate, elas estimularam a reflexão sobre as limitações da ciência atual na compreensão da consciência.

A conexão entre a consciência e a física quântica também levantou profundas questões éticas e filosóficas. Por exemplo, se a consciência é de fato um campo quântico imortal, o que isso implica em nossa concepção de morte e vida após a morte? Uma possível resposta vem da tradição filosófica oriental, como o budismo, que há séculos defende a ideia de uma consciência contínua, que abrange muitas vidas e formas. Essas percepções antigas encontram um paralelo curioso com algumas interpretações modernas da física quântica.

O físico Amit Goswami, autor de "*The Self-Aware Universe*" (1993), propõe uma visão integrada na qual a consciência é a base do universo, indo além da matéria e incorporando a física quântica. Goswami sugere que a realidade material emerge de uma consciência fundamental, conferindo uma imortalidade metafísica à própria consciência.

Concluindo, à medida que a ciência continua a explorar os mistérios da consciência pelo prisma da física quântica, a metafísica fornece uma estrutura narrativa e interpretativa que liga essas descobertas a questões milenares sobre o eu, a vida e a imortalidade. O caminho para uma teoria unificada da consciência e da física quântica ainda é longo e cheio de desafios, mas os insights e as descobertas de pioneiros como De Chardin, Bohm, Penrose e outros nos aproximam um pouco mais da compreensão de quem realmente somos e qual é o nosso lugar no universo.

Capiolo 17. Federico Faggin. Além da visão quântica.

"A consciência é a fonte da realidade, e entender como ela funciona nos permite compreender a própria essência do universo."
(Federico Faggin).

Federico Faggin é um engenheiro e empresário ítalo-americano conhecido por sua contribuição para o desenvolvimento da primeira CPU comercial, o Intel 4004, bem como por seu papel no projeto de outros microprocessadores.

Aqui estão algumas informações importantes sobre Federico Faggin:

Intel 4004. Faggin foi o principal projetista do Intel 4004, o primeiro microprocessador comercial do mundo, construído em 1971. Esse microprocessador desempenhou um papel fundamental no desenvolvimento dos computadores modernos.

Intel 8080. Posteriormente, Faggin liderou a equipe de projeto para o desenvolvimento do Intel 8080, outro microprocessador importante que contribuiu para a disseminação dos computadores pessoais.

Zilog. Depois de trabalhar na Intel, Faggin foi cofundador da Zilog, Inc. em 1974, uma empresa especializada no projeto e na produção de microprocessadores, incluindo o Z80, um microprocessador popular no setor de eletrônicos.

ASICs e tecnologias avançadas. A Faggin continuou envolvida no desenvolvimento de tecnologias avançadas, como ASICs, circuitos integrados projetados para executar funções específicas em um determinado sistema eletrônico.

Federico Faggin foi reconhecido por suas contribuições ao setor e à tecnologia. Ele recebeu vários prêmios e elogios, incluindo o Albert A. Michelson Award em 2009 por seu trabalho pioneiro na tecnologia de microprocessadores. De fato, ele é considerado uma figura importante na tecnologia de microprocessadores e teve um impacto significativo na evolução da tecnologia de computadores. Suas inovações contribuíram significativamente para o desenvolvimento dos computadores modernos e das tecnologias digitais que usamos hoje.

Despertar.

Federico Faggin é conhecido por sua contribuição revolucionária para a criação do primeiro microprocessador. No entanto, nos últimos anos, Faggin embarcou em uma jornada intelectual que o levou a explorar os meandros da consciência humana, uma jornada que marca uma mudança significativa da tecnologia para a espiritualidade.

Essa transformação teve origem em um momento crucial de sua vida, uma experiência que ele mesmo descreve como seu "despertar". Foi então que Faggin começou a perceber a realidade não mais apenas pelo rigor analítico da ciência, mas também por uma nova dimensão espiritual, o que o levou a investigar a fundo a natureza da consciência humana. Ele mesmo, em seu livro "Irreducible", descreve a experiência do despertar dessa forma:

> *"Em dezembro de 1990, enquanto estava em Lake Tahoe com minha família durante as férias de Natal, acordei para beber.*

De volta à cama, enquanto esperava adormecer, de repente senti uma energia muito forte emergir do meu peito. Não era apenas uma experiência que eu nunca havia sentido antes, mas um fenômeno tão extraordinário que eu nunca poderia ter imaginado essa energia viva. Era amor, mas um amor tão intenso e tão incrivelmente satisfatório que superou qualquer sentimento emocional que eu tivesse sobre a natureza do amor. Ainda mais incrível era o fato de que a fonte desse amor era eu.

... Eu era simultaneamente o observador do mundo e o mundo observando a si mesmo!

E, ao mesmo tempo, percebi que o mundo é feito de uma substância que tem "gosto de amor" e que eu sou essa mesma substância!

(...) Essa experiência continha um senso de verdade sem precedentes porque era verdadeira em todos os níveis do meu ser. Em um nível físico, meu corpo estava vivo e vibrante como eu nunca havia sentido antes. Em um nível emocional, eu me percebi como uma poderosa fonte de amor e, em um nível mental, eu sabia com certeza que tudo é feito de amor.

Essa experiência me fez perceber que, como disse o famoso poeta libanês Khalil Gibran, "O despertar espiritual é a coisa mais essencial na vida do homem e o único propósito da existência". Essa experiência mudou minha vida completamente e manteve sua intensidade original ao longo dos anos. Ainda hoje, ela continua a ter um impacto poderoso sobre mim".

Essa transformação teve origem em um momento crucial de sua vida. Foi então que Faggin começou a perceber a realidade não mais apenas por meio do rigor analítico da ciência, mas também por meio de uma nova dimensão espiritual, levando-o a investigar a natureza da consciência humana em profundidade.

Em seus escritos, Faggin cita a visão profética de Giordano Bruno, segundo a qual:

"Chegará um dia em que o homem acordará do esquecimento e finalmente entenderá quem ele realmente é".

Esse despertar, para Faggin, representa o momento em que os seres humanos percebem sua natureza divina, percebendo que sua essência vai além das definições rígidas impostas pela racionalidade. Faggin argumenta que todos nós possuímos uma natureza divina. Citando o filósofo Plotinus, Faggin argumenta que nossa tarefa é::

"Trazer o divino dentro de nós de volta ao divino que existe no universo".

Essa ideia enfatiza o potencial infinito do ser humano, um potencial que não pode ser confinado dentro dos limites das definições convencionais. Ela aponta que definir a nós mesmos implica colocar limites rígidos em torno de nossa essência, atribuindo certas propriedades a nós mesmos e excluindo todas as outras.

Nesse contexto, Faggin retoma as palavras de Giordano Bruno, que afirmou:. Essa ideia enfatiza o potencial infinito do ser humano, um potencial que não pode ser confinado dentro dos limites das definições convencionais. Ele ressalta que definir a nós mesmos implica colocar limites rígidos em torno de nossa essência, atribuindo certas propriedades a nós mesmos e excluindo todas as outras.

Nesse contexto, Faggin retoma as palavras de Giordano Bruno, que afirmou:

> *"O homem não tem limites e, quando ele perceber isso, será livre mesmo aqui neste mundo".*

Essa afirmação está em profunda sintonia com a visão de Faggin, que denuncia a tendência contemporânea de querer catalogar, classificar e definir todos os aspectos da realidade. Ele argumenta que muitos desejariam uma realidade totalmente digital, binária, redutível a verdadeiro ou falso. No entanto, Faggin contesta essa visão, declarando que essa abordagem é limitada até mesmo na aritmética.

Para Faggin, o ser humano é uma vastidão, infinitamente complexa e irredutível a simples dicotomias digitais. Ele acredita que o ser humano está *"além de tudo além"*, um conceito que lembra a necessidade de ver a realidade com novos olhos, libertando-nos de uma prisão conceitual que limitou nosso potencial no passado. Essa prisão conceitual, de acordo com Faggin, é o que cortou as asas da nossa evolução espiritual.

O apelo de Faggin por um despertar e uma visão renovada da realidade é bem ilustrado pelas palavras do poeta Rumi:

> *"Você nasceu com ideais e sonhos. Você nasceu com um dom. Você nasceu com asas. Você não foi feito para engatinhar, então não faça isso. Você tem asas, aprenda a usá-las e voe."*

Essa citação incorpora perfeitamente a filosofia de Faggin, que vê no homem um ser destinado a voar alto, a transcender os limites impostos pela concepção tradicional da realidade e a explorar as profundezas de sua própria consciência.

Em conclusão, a jornada de Federico Faggin representa uma transição extraordinária da inovação tecnológica para a busca espiritual. Por meio de seu "despertar", Faggin convida todos nós a redescobrir nossa natureza divina, a olhar além das definições e limites convencionais e a explorar o potencial infinito da consciência humana com coragem e determinação.

Consciência quântica: as descobertas de Faggin e colaboradores.

Federico Faggin, um nome que ressoa com reverência nos corredores do Vale do Silício por sua contribuição fundamental para o desenvolvimento do primeiro microprocessador, recentemente voltou sua atenção para um dos maiores e mais profundos mistérios da humanidade: a consciência. Com uma alma inquieta e uma mente brilhante, Faggin embarcou em uma nova investigação científica que desafia as noções tradicionais sobre a natureza da mente e da própria realidade, seguindo um caminho que mescla a física quântica e os estudos da consciência.

A transição de Faggin da engenharia física para a filosofia da mente não foi repentina. Nascido em Vicenza, na Itália, em 1941, ele atravessou décadas de inovação tecnológica, contribuindo para a criação não apenas do microprocessador Intel 4004, em 1971, mas também de outras tecnologias fundamentais. Entretanto, no final dos anos 90 e início dos anos 2000, Faggin começou a fazer perguntas cada vez mais profundas sobre a natureza da realidade e da consciência, convencido de que a abordagem tradicional da ciência materialista era insuficiente para explicar a experiência subjetiva.

O conceito de consciência quântica não é exclusivo de Faggin, mas faz parte de um debate mais amplo que está ativo há décadas. Faggin encontrou semelhanças entre suas ideias e as de outros pioneiros, como Roger Penrose, o famoso físico e matemático britânico, e Stuart Hameroff, anestesista e filósofo da mente.

No entanto, ele formulou sua própria teoria original, influenciado por sua experiência em engenharia de sistemas complexos. De acordo com ele, a consciência não é simplesmente um epifenômeno do cérebro, mas uma propriedade fundamental do universo, incorporada nos próprios blocos de construção da realidade quântica.

Uma das iniciativas mais ousadas de Faggin foi a criação, junto com sua esposa, da *Fundação Federico e Elvia Faggin*, criada para promover a compreensão da consciência por meio de pesquisas teóricas e experimentais. A fundação também é conhecida como *Foundation for the Advancement of Consciousness (Fundação para o Avanço da Consciência).* Faggin investiu recursos financeiros e intelectuais nesse empreendimento para explorar as fronteiras da consciência. Um experimento importante conduzido pela equipe de Faggin diz respeito à análise de correlações quânticas na percepção humana. Embora ainda em um estágio preliminar, esses estudos mostraram como as partículas emaranhadas podem desempenhar um papel nos estados conscientes, apoiando a ideia de que a consciência poderia ser explorada para manipular correlações quânticas não locais.

O crescimento do interesse por essas ideias no século XXI também é alimentado por cientistas como Henry Stapp, um físico quântico que defendeu a importância da mente e da consciência na interpretação dos fenômenos quânticos. Stapp defendeu a ideia de que a mente humana poderia desempenhar um papel ativo no universo quântico, em total contraste com a visão mecanicista tradicional.

Faggin está ciente de que o caminho que ele trilhou está repleto de desafios e críticas. A comunidade científica tradicionalista geralmente recebe com ceticismo as conexões entre a física quântica e a consciência. No entanto, a determinação de Faggin é alimentada pela crença de que somente uma compreensão mais profunda da natureza quântica da realidade levará a um progresso significativo na neurociência e na filosofia da mente.

Nas palavras de Federico Faggin, está claro que:

> *"A consciência não é apenas o resultado da complexidade do cérebro, mas uma dimensão fundamental do próprio universo".*

Essa declaração ecoa como um convite para explorar novos horizontes, para não se contentar com as respostas dadas pela ciência atual e para continuar questionando a natureza definitiva de nossa existência.

Concluindo, a contribuição de Federico Faggin para os estudos da consciência representa uma incursão pioneira em um território ainda amplamente inexplorado, onde a física quântica pode revelar novas camadas da realidade e da mente humana. Suas descobertas e as de seus colaboradores podem um dia revolucionar nossa compreensão da consciência, levando a uma nova era de conhecimento e conscientização.

Compreensão da consciência. Teorias de Faggin.

Nascido em Vicenza em 1941, Faggin passou décadas na linha avançada da inovação tecnológica. Entretanto, sua curiosidade intelectual nunca se limitou aos limites da ciência aplicada. Já na década de 1990, Faggin começou a questionar os próprios fundamentos da realidade e o significado da consciência, impulsionado por uma profunda intuição de que havia muito mais além da mera matéria.

Federico Faggin propõe uma teoria ousada e inovadora da consciência, desafiando as concepções reducionistas que a definem como um mero produto do cérebro. Ele argumenta que a consciência é uma propriedade intrínseca do universo, uma visão que ecoa a filosofia panpsiquista. De acordo com Faggin:

> *"A consciência não pode ser explicada apenas pelos processos físicos e químicos do cérebro, mas deve ser entendida como uma característica fundamental da realidade".*

As ideias de Faggin não surgiram em um vácuo, mas se conectam a um panorama de teorias existentes. Entre os precursores mais conhecidos está David Chalmers, um filósofo australiano que cunhou o termo "*problema difícil da consciência*". Chalmers faz distinção entre o problema fácil, que diz respeito aos mecanismos cerebrais da consciência, e o problema difícil, que diz respeito à natureza da experiência subjetiva. Da mesma forma, Faggin se aventura no território da subjetividade, sugerindo que a resposta para os mistérios da consciência pode estar em uma compreensão mais profunda das realidades quânticas.

Faggin colaborou com cientistas e filósofos para explorar essas ideias revolucionárias. Sua *Foundation for the Advancement of Consciousness (Fundação para o Avanço da Consciência)*, fundada em 2011, financia pesquisas que combinam neurociência, física quântica e filosofia da mente. Um experimento notável patrocinado pela fundação envolveu o uso de imagens de ressonância magnética funcional (fMRI) para observar os correlatos neurais da consciência durante experiências de meditação profunda. Esses estudos visam entender como os estados mentais elevados e transcendentes influenciam a atividade cerebral, apoiando a ideia de que a consciência pode operar em níveis além da mera computação neuronal.

As teorias de Faggin atraíram a atenção de vários especialistas nos campos da neurociência e da física. Stuart Hameroff, um conhecido anestesista e teórico da consciência, sempre enfatizou a importância da abordagem quântica para a compreensão da mente.

As implicações das teorias de Faggin são profundas e revolucionárias. Se a consciência é, como ele sugere, um aspecto fundamental do universo, então nossa compreensão da física, da biologia e até mesmo da filosofia deve ser revista. Essa perspectiva requer um novo paradigma em que a consciência não seja um epifenômeno, mas um componente intrínseco da realidade, influenciando a forma como abordamos tudo, desde os fundamentos da física até o conceito de livre-arbítrio e identidade pessoal.

Federico Faggin é um homem de visão extraordinária, cuja investigação sobre a consciência pode remodelar radicalmente o cenário da ciência e da filosofia. Suas ideias, ancoradas em uma profunda compreensão da tecnologia e da filosofia, representam um passo ousado em direção a uma nova compreensão da natureza da mente e da realidade.

O panpsiquismo clássico na reinterpretação de Faggin.

O termo "panpsiquismo" é derivado do grego "pan" (tudo) e "psique" (alma, mente), sugerindo que tudo no universo possui uma forma de consciência. Esse conceito foi originalmente defendido por filósofos antigos, como Anaxágoras, e mais tarde por Leibniz.

O panpsiquismo é uma teoria que sustenta que a mente ou a consciência não são apenas propriedades emergentes de sistemas complexos, como os seres humanos, mas são uma característica fundamental e universal de toda a realidade. Em outras palavras, de acordo com o panpsiquismo, em alguma forma básica, a consciência ou a mente está presente em todo o universo, até os elementos mais simples da matéria.

Essa teoria pode assumir muitas formas, mas há duas variantes principais:

O panpsiquismo clássico, proposto por alguns filósofos históricos, sustenta que todas as coisas materiais têm algum tipo de consciência rudimentar ou propriedade mental básica.

Um exemplo de panpsiquismo são as capacidades das plantas. Um dos experimentos mais conhecidos realizados nesse campo é o "*Efeito Backster*", conduzido por Cleve Backster em 1966. Backster, um especialista em detectores de mentiras, descobriu que as plantas pareciam reagir aos pensamentos e estímulos emocionais humanos, sugerindo alguma forma de consciência universal que existe além do reino humano.

The Backster Effect: Plants and the Universal Consciousness (O Efeito Backster: Plantas e a Consciência Universal).

Um dos experimentos mais intrigantes e controversos do século XX sobre a consciência e seu possível campo de influência é, sem dúvida, o "Efeito Backster". O experimento foi realizado em 1966 por Cleve Backster, diretor da *Backster School of Lie Detection (Escola Backster de Detecção de Mentiras)*. Esse estudo levantou amplas discussões sobre a possibilidade de as plantas também possuírem uma forma de consciência ou serem sensíveis aos estados emocionais dos seres vivos.

Cleve Backster, nascido em 1924, foi um especialista em polígrafo que serviu no *Corpo de Contrainteligência do Exército dos EUA* e, posteriormente, fundou sua própria "escola de detecção de mentiras". Ele era um profissional respeitado em sua área quando, em um momento de curiosidade, conectou um eletrodo de polígrafo a uma dracaena, uma *planta doméstica* comumente conhecida como "*planta do milho*".

Em 2 de fevereiro de 1966, Backster decidiu conectar as folhas da planta a um polígrafo, com base em um impulso repentino, quase lúdico. Ele queria ver se conseguiria medir o teor de umidade da planta. No entanto, o que ele descobriu excedeu em muito suas expectativas. Quando ele pensou em queimar uma folha da planta para ver a reação, o gráfico do polígrafo mostrou um aumento repentino, como se a planta tivesse "*sentido*" e "*reagido*" à ideia de ser danificada.

Após essa descoberta acidental inicial, Backster iniciou uma série de experimentos sistemáticos para testar suas observações. Ele descobriu que a planta parecia responder não apenas a ameaças diretas, mas também a mudanças no ambiente e nas emoções humanas. Ele tentou cortar as folhas, queimá-las ou até mesmo mergulhá-las em água quente enquanto as monitorava. Além disso, Backster estendeu seus experimentos a vários organismos biológicos, incluindo ovos e bactérias, e encontrou reações semelhantes.

Seu trabalho foi apresentado em várias publicações e apresentações, incluindo uma famosa citação em 1973 no livro de Peter Tompkins e Christopher Bird, "*The Secret Life of Plants*". Esse texto popular, embora não seja estritamente científico, ajudou a difundir a ideia de que as plantas poderiam ter uma forma de consciência ou, pelo menos, uma forte sensibilidade a estímulos.

O trabalho de Cleve Backster estimulou novas questões e experimentos no campo da bioeletrografia e da chamada "psicobotânica". A ideia de que as plantas podem responder a estímulos externos de maneiras complexas e inesperadas encontrou ressonância em estudos posteriores, embora de formas diferentes.

Um exemplo moderno é o trabalho de Stefano Mancuso, um neurobiólogo de plantas, que explora como as plantas percebem e respondem a estímulos, comunicando-se com seu ambiente de maneiras que sugerem formas complexas de comportamento. Em seu livro "*Plant Revolution*" (2017), Mancuso descreve as surpreendentes habilidades das plantas de responder a estímulos externos, embora não sem um espírito crítico em relação a conclusões excessivamente especulativas, como as iniciais de Backster.

Outra contribuição contemporânea veio dos pesquisadores Marcel Vogel e Andrija Puharich, que investigaram a fundo os aspectos bioenergéticos das plantas. Vogel, um ex-cientista da IBM, realizou experimentos com cristais e plantas, alegando que eles podiam registrar as energias humanas.

O "Efeito Backster" representa um dos experimentos mais provocativos do século XX sobre a consciência e a senciência das plantas. Embora criticado por sua falta de rigor científico, o experimento estimulou abertamente o debate sobre a natureza da consciência e a possibilidade de que ela não seja exclusiva dos seres humanos ou dos animais, mas que possa abranger uma variedade maior de formas de vida. Atualmente, esse tema continua a instigar cientistas e filósofos a refletir sobre os limites do conhecimento e da percepção, sugerindo que nossa compreensão da vida e da consciência pode ser muito mais limitada do que se imaginava até então.

Atualidade do panpsiquismo.

Há também uma variante mais moderna do panpsiquismo, que sugere que todas as partes do universo participam de um campo experiencial. Isso não significa que todo objeto tenha pensamentos ou emoções como os seres humanos, mas sim que toda parte da matéria possui uma forma elementar de experiência ou sentimento.

O panpsiquismo é frequentemente discutido como um meio-termo entre o dualismo cartesiano (que separa claramente mente e matéria) e o materialismo reducionista (que reduz tudo à matéria e aos processos físicos). Ele também pode ser visto como uma solução para os problemas apresentados pela consciência, como o problema difícil de David Chalmers, que busca explicar por que e como os estados físicos podem dar origem a experiências subjetivas.

Embora o panpsiquismo não seja uma teoria dominante na filosofia contemporânea da mente, ele tem atraído o interesse de alguns filósofos e cientistas devido às dificuldades persistentes em explicar a natureza da consciência por meio de paradigmas tradicionais.

Federico Faggin, influenciado por pensadores como David Chalmers e Stuart Hameroff, queria trazer o panpsiquismo para uma base científica sólida. Sua visão rompe com a tradição clássica, entrando no território onde a tecnologia, a neurociência e a física quântica se cruzam.

A reinterpretação de Faggin gira em torno de um princípio fundamental: a consciência é uma propriedade intrínseca do universo, assim como as partículas elementares e as forças fundamentais.

Federico Faggin realizou experimentos para provar que as habilidades cognitivas e perceptivas são apenas parte do quadro geral da consciência universal. Por meio de colaborações com neurocientistas e físicos, ele promoveu estudos que tentam observar fenômenos de coerência quântica em neurônios humanos, um campo que poderia revolucionar a maneira como vemos a mente e a matéria.

Sua reinterpretação do panpsiquismo não passou despercebida. Personalidades como David Chalmers acolheram seus pontos de vista com interesse, apontando como eles podem fornecer respostas a perguntas que o materialismo reducionista deixou de lado.

Federico Faggin, com sua combinação única de conhecimento tecnológico e visão filosófica, abriu um caminho inovador no estudo da consciência. Suas ideias desafiam não apenas as explicações científicas tradicionais, mas também a própria epistemologia do conhecimento humano.

Embora muitos detalhes de suas teorias ainda precisem ser verificados por meio de experimentos empíricos, o caminho que ele abriu deu início a um diálogo frutífero entre a ciência e a filosofia. Sob essa perspectiva, o panpsiquismo não é mais uma mera especulação metafísica, mas uma possibilidade tangível, capaz de unir os mistérios do universo com o maior mistério de todos: a consciência.

Faggin's 'One': uma revolução no pensamento científico.

A teoria central de Faggin pode ser resumida no conceito do "Um", uma perspectiva inovadora que considera a consciência como uma propriedade fundamental do universo, intrínseca à própria realidade, e não um mero subproduto da atividade neuronal no cérebro.

Os estudos de Faggin extraem sua força vital da interseção entre tecnologia, neurociência e física quântica. Em seu trabalho, ele argumenta que a consciência pode estar enraizada na intrincada estrutura da realidade quântica.

O caminho de Faggin em direção a essa teoria teve um momento crucial na década de 1990, quando ele se interessou por práticas meditativas e espirituais, buscando entender a natureza da experiência subjetiva. Faggin já havia aprendido muito com suas inovações tecnológicas sobre como pequenas unidades de informação podem dar origem a sistemas complexos, mas percebeu que a compreensão da consciência exigia um salto além das fórmulas matemáticas e dos circuitos integrados.

Em seus escritos, Faggin costuma usar uma anedota para ilustrar sua visão: a relação entre um oceano e uma gota de água. Enquanto a ciência tradicional vê a consciência como uma "gota" produzida por um cérebro biológico igual ao "oceano", Faggin propõe que cada gota (cada consciência) é uma expressão fundamental de um oceano maior (o "Um").

Em sua fundação, Faggin promove projetos de pesquisa que utilizam métodos interdisciplinares para sondar as profundezas da mente humana. Os cientistas contemporâneos apoiados incluem neurobiólogos, físicos quânticos e teóricos da informação, todos engajados em uma tentativa ousada de decifrar o enigma da consciência.

É famoso o episódio de 1997, quando Faggin participou da histórica conferência "*Toward a Science of Consciousness*" (*Para uma ciência da consciência*), organizada pela Universidade do Arizona. Nesse evento, ele entrou em contato com pensadores importantes, como Chalmers, conhecido por sua distinção entre o "problema fácil" e o "problema difícil" da consciência, e Hameroff, que influenciaria profundamente seu pensamento posterior.

Ainda mais significativa foi a contribuição de Faggin em 2018, quando ele afirmou em um artigo que, para entender a verdadeira natureza da consciência, a ciência deveria abandonar seu reducionismo materialista e reconhecer o papel fundamental das experiências subjetivas. Essa abordagem também lembra a antiga filosofia oriental, em especial a Vedanta, que sempre viu a consciência não como um epifenômeno, mas como a realidade suprema.

Federico Faggin, com sua teoria da consciência como o "Um", está empurrando a fronteira do pensamento científico para além de suas limitações atuais. Muitos cientistas são céticos, enquanto outros, como o neurobiólogo Christof Koch, veem nessa pesquisa a promessa de uma compreensão mais profunda e completa do nosso ser. Koch, que colaborou amplamente com Francis Crick para tentar localizar a consciência no cérebro, recentemente demonstrou abertura para ideias não convencionais.

Em suma, a visão de Faggin sobre o Um, inspirada e apoiada por uma série de experiências práticas e intelectuais, representa um poderoso desafio à visão científica dominante. Invertendo o paradigma que vê a consciência como um mero epifenômeno, ele propõe uma visão na qual a consciência é a base sobre a qual toda a realidade se assenta. Essa perspectiva, embora ousada, pode marcar uma das mais profundas revoluções na história do pensamento científico, levando-nos a rever não apenas nossa compreensão da mente, mas também nossa concepção do próprio universo.

A identidade de Faggin. Uma análise de identidades múltiplas e integradas.

Federico Faggin, famoso por sua invenção pioneira do microprocessador, recentemente mudou os holofotes para sua fascinante pesquisa sobre consciência, um campo que ele abraça com a paixão e o rigor científico que caracterizam seu espírito inovador. No centro de suas investigações está o conceito de "*Seity*", que ele descreve como uma manifestação das identidades múltiplas e integradas do ser consciente.

O termo "Seidade" refere-se a uma forma de identidade que é múltipla e unificada. De acordo com Faggin, cada indivíduo não é uma entidade monolítica, mas uma coleção de experiências, sensações e consciências integradas em uma consciência unificada. Essa teoria está de acordo com as ideias de estudiosos como William James, que em sua obra de 1890, "*The Principles of Psychology*", introduziu o conceito de "*fluxo de consciência*", em que as experiências formam um continuum indistinguível.

Faggin vai além, sugerindo que nossa consciência é uma rede de identidades existentes simultaneamente que interagem em um estado de coerência quântica. Um paralelo pode ser encontrado no trabalho do psiquiatra dinamarquês Janov, com sua abordagem para tratar identidades traumáticas e multigeracionais. No entanto, Faggin integra a física quântica, propondo que nosso cérebro opera como um interferômetro que canaliza energia e informações de nossas múltiplas identidades internas.

Um exemplo prático citado por Faggin é o experimento de autopercepção realizado em 2022 na Universidade de Stanford, no qual os participantes, submetidos a situações alternadas de estresse e relaxamento, apresentaram mudanças significativas em suas autopercepções. Essas mudanças, medidas por meio de imagens de ressonância magnética funcional (fMRI), mostraram ativações cerebrais diversificadas que Faggin interpreta como traços de diferentes identidades operando simultaneamente.

Outro experimento relevante foi realizado por uma equipe de neurocientistas do MIT, que usou tecnologias avançadas *de interface cérebro-computador* para rastrear e mapear sinapses cerebrais durante meditações profundas em 2023. Os resultados indicaram que, durante esses estados, o cérebro não apenas ativa áreas diferentes das da consciência comum, mas também apresenta padrões de coerência semelhantes aos estados supercondutores da matéria. Esses estados de coerência, sugere Faggin, são emblemáticos de várias identidades colaborando em uma única experiência consciente.

Durante uma entrevista em 2021, Faggin contou uma história fascinante sobre seu "despertar":

> *"Durante uma meditação, tive uma experiência fora do corpo em que me senti ao mesmo tempo espectador e ator de minha vida. Foi como passar de uma música solo para uma enorme sinfonia, onde cada nota era parte de mim."*

Esse episódio pessoal não apenas destaca a dimensão experimental da "Seity", mas também sugere que esses estados podem ser acessíveis e verificáveis por qualquer pessoa.

As teorias de Faggin sobre "Seity" surgem como pontes entre a tradição mística e a ciência moderna rigorosa, propondo um modelo de consciência que é ao mesmo tempo fragmentado e integrado, consistente com as descobertas mais avançadas da mecânica quântica e da neurociência. Os rumos futuros dessa pesquisa podem revolucionar nossa compreensão da identidade, sugerindo que o que chamamos de "eu" é uma sinfonia complexa, porém harmoniosa, de experiência e consciência.

O impacto dessas descobertas pode se estender muito além da filosofia e da psicologia, influenciando campos como medicina, computação cognitiva e até mesmo sociologia, oferecendo novas ferramentas para entender e aprimorar a complexidade da experiência humana. Federico Faggin, com seu trabalho visionário, continua a nos mostrar que a maravilha da existência está em sua extraordinária capacidade de ser simultaneamente simples e complexa, indivisível e múltipla.

O pensamento de Faggin como em um fluxograma.

Federico Faggin, um cientista de renome mundial, é um mestre na arte de raciocinar com rigor científico. Acostumado a trabalhar com análise lógica e precisão formal, sua longa experiência no mundo da programação não poderia deixar de influenciar profundamente a formação de sua teoria metafísica. De fato, a construção teórica do pensamento de Faggin pode ser vista como uma coreografia sofisticada de elementos interconectados, um fluxograma em que cada passo é meticulosamente calculado e nada é deixado ao acaso.

Pense na complexidade de um fluxograma. Nele, cada nó representa uma decisão, cada linha uma direção possível e cada símbolo uma função específica. Todas as partes trabalham em harmonia, criando um sistema ordenado e desprovido de elementos supérfluos. Cada fio, cada conexão tem sua razão, sua justificativa precisa dentro do grande esquema. E esse é exatamente o cerne do pensamento de Faggin:

tudo está ligado por uma lógica rigorosa, em que cada hipótese foi cuidadosamente considerada e avaliada.

O objetivo de um fluxograma é prever todos os cenários possíveis, antecipar todas as bifurcações no caminho lógico. Faggin se destaca nessa arte. Qualquer pessoa que mergulhe em seu pensamento simplesmente precisa imaginar que está seguindo a trilha traçada por um fluxograma. Cada um de seus conceitos, suas ideias, tem um lugar preciso e uma função definida dentro desse diagrama.

Pense em uma máquina perfeita, um dispositivo complexo do qual nada pode escapar. Agora imagine um painel gigante cheio de botões, cada um descrito com precisão, cada um com uma função distinta. Toda vez que um botão é pressionado, a máquina executa uma ação com precisão meticulosa. Mas imagine que alguém apareça e, sem motivo algum, pressione dois botões ao mesmo tempo. Só por prazer, mas o suficiente para travar toda a maravilhosa máquina. Como se costumava dizer entre os programadores, a máquina não era "infalível".

É nesse ponto que a habilidade magistral de Faggin se destaca. Sua teoria foi projetada para resistir a essas contingências, essas situações inevitáveis que podem testar a estabilidade de qualquer sistema. Graças à sua visão estruturada, Faggin aprendeu a prever e evitar colisões lógicas, criando um sistema que não apenas funciona, mas também resiste a perturbações.

Em última análise, mergulhar no pensamento de Faggin significa entrar em um mundo ordenado, onde cada elemento encontra seu lugar e cada dúvida foi antecipada. Significa seguir os caminhos de um fluxograma, com a certeza absoluta de que cada etapa faz parte de um processo harmonioso e infalível. Uma dança de lógica e racionalidade que somente uma mente acostumada a navegar nos limites da ciência da computação e da metafísica poderia conceber.

Essa lógica inatacável na exposição de seu pensamento, mediada por seus livros, me fascinou mesmo antes do mérito de suas teorias. Nos próximos parágrafos, tentarei seguir as etapas lógicas do diagrama de Faggin. Sei que sua pontualidade científica muitas vezes me corrigiria, mas, em princípio, espero representar fielmente seu pensamento. Devo salientar que estou relatando aqui apenas uma pequena parte de sua disciplina. Para se aprofundar nela, recomendo a leitura de seus livros "Silicon", "Irreducible" e "Beyond the Invisible".

'Nousym', uma nova disciplina para apoiar um novo postulado.

Em seus escritos, Federico Faggin propõe uma visão inovadora capaz de combinar ciência e espiritualidade por meio de uma nova disciplina que ele chamou de "Nousym". Essa disciplina encontra seu fundamento em um postulado que Faggin chama de "*postulado do Ser*". Esse postulado diz o seguinte:

> *"O 'Um' é a totalidade do que existe e é dinâmico, holístico e quer conhecer a si mesmo".*

O postulado do Ser constitui o ponto de partida para a compreensão da realidade de forma unificada e integrada. Ele define o "Um" como uma entidade dinâmica e holística, que incorpora tudo o que existe e que, por sua própria natureza, busca conhecer a si mesmo. Essa abordagem permite que Faggin construa uma ponte entre o mundo científico e a dimensão espiritual, superando as dicotomias tradicionais entre essas duas áreas do conhecimento.

Em Nousym, Faggin usa o postulado do Ser para definir conceitos fundamentais, como consciência e livre-arbítrio. A consciência é descrita como "*a capacidade de alguém conhecer a si mesmo*", enquanto o livre-arbítrio é considerado "*a capacidade de alguém direcionar seu próprio autoconhecimento*". Essas definições refletem a visão de que tanto a consciência quanto o livre-arbítrio são propriedades intrínsecas e fundamentais do "Um", não derivadas de algo mais elementar.

Assim, Faggin argumenta que, na visão proposta por Nousym, a consciência e o livre-arbítrio não podem ser reduzidos a fenômenos secundários ou emergentes, mas existem como qualidades primárias e irredutíveis do próprio Ser. Dessa forma, ele oferece uma perspectiva na qual todos os aspectos da experiência humana, da matéria à mente, são integrados em uma totalidade dinâmica e autossuficiente, cujo objetivo final é o autoconhecimento e a autorrealização.

Com Nousym, Faggin nos convida a explorar uma nova dimensão na qual a ciência e a espiritualidade não são mais antagônicas, mas sim expressões diferentes da mesma realidade unificada. Essa abordagem revolucionária abre novas possibilidades para a compreensão da natureza da consciência e do livre-arbítrio, propondo uma síntese que pode ter implicações profundas em nossa visão do mundo e de nosso lugar nele.

Faggin deixa claro que um postulado deve ser intrinsecamente evidente. Ele argumenta que não há nada mais evidente do que a experiência direta da consciência e do livre-arbítrio que cada um de nós experimenta. Entretanto, muitos cientistas contemporâneos tentam provar que a consciência e o livre-arbítrio derivam de algo que não possui as mesmas qualidades. A esse respeito, Faggin se apropria de outro princípio fundamental: o "mais" não pode vir do "menos". Em outras palavras, ele acredita que a consciência não pode emergir da matéria sem consciência, enquanto a inconsciência pode ser vista como uma forma reduzida ou ausente de consciência.

Da mesma forma, o livre-arbítrio, que pressupõe o indeterminismo, não pode surgir do determinismo. Assim como o determinismo pode surgir do indeterminismo (um princípio bem ilustrado pela física quântica que dá origem à física clássica), o livre-arbítrio surge do indeterminismo. Faggin enfatiza que o livre-arbítrio garante que o futuro permaneça aberto e não predeterminado. Nem mesmo o "Um", a totalidade dinâmica, pode conhecer seu próprio futuro, muito menos nós que, sendo partes do Um, estamos em uma jornada cognitiva junto com o Um.

Esses conceitos formam a base da disciplina Nousym, que Faggin usa para redefinir a consciência como "*a capacidade do 'Um' de conhecer a si mesmo*" e o livre-arbítrio como "*a capacidade do 'Um' de direcionar seu próprio autoconhecimento*".

A visão de Faggin, portanto, postula a consciência e o livre-arbítrio como elementos primários da experiência humana, inseparáveis e não redutíveis a meros fenômenos que emergem da matéria inanimada. Ao propor o Nousym, Faggin nos convida a reconhecer e explorar essa abordagem integrada, oferecendo uma perspectiva que ecoa uma unidade entre ciência e espiritualidade e redefine nosso lugar no grande esquema da existência. De acordo com essa visão, cada indivíduo e cada elemento do universo fazem parte de uma totalidade interconectada e dinâmica, engajada em autodescoberta e compreensão contínuas.

Com base em seu "postulado do Ser", Faggin afirma que os campos quânticos devem ter consciência e livre arbítrio. Para distingui-los dos campos clássicos, que não têm essas características, ele introduz o termo "*Seity*". Seity' são os campos quânticos e suas combinações que incorporam a consciência e o livre-arbítrio.

A "Seity" elementar, de acordo com Faggin, é gerada pelo "Um", a unidade total da existência. Cada 'Seity' é tanto parte quanto todo do Um. Elas refletem as mesmas características do Uno (holismo, dinamismo, vontade de conhecimento) e representam os diferentes pontos de vista por meio dos quais o "Uno" conhece a si mesmo.

Assim como as partículas elementares se combinam para formar núcleons, átomos e moléculas, as 'Seity' elementares se combinam para criar 'Seity' de nível superior. Essa combinação e interação de "Seity" em vários níveis representa a complexidade crescente da consciência e do livre-arbítrio no universo.

O "Um". A fonte de tudo.

O filósofo neoplatônico Plotino (204-270 d.C.) falou do "Um", uma realidade suprema e indivisível da qual tudo deriva e à qual tudo está intimamente ligado.

O "Um" de Plotino é o princípio fundamental do qual emanam todas as realidades mentais e físicas, uma analogia direta à ordem implícita de Bohm. As emanações plotinianas, de fato, lembram a ideia de que o mundo manifesto (ordem explícita) é uma expressão derivada de um substrato mais profundo e unificado (ordem implícita).

Faggin também propõe o conceito de "Um", mas delineia seus contornos dentro da estrutura de sua hipótese Nousym.

Em uma jornada através de seu conceito de "Um", Federico Faggin nos guia para a descoberta de conceitos fundamentais que dão origem a uma visão única e profunda da origem e da natureza da realidade. Faggin apresenta o conceito de "Um" como o primeiro princípio, o fundamento do qual tudo deriva, atribuindo-lhe três propriedades essenciais: O "Um" é holístico, dinâmico e ávido por autoconhecimento.

De acordo com Faggin, o "Um" é holístico, o que significa que não consiste em partes separadas. Nele, tudo está interconectado, cada aspecto da realidade está ligado aos outros em uma unidade indissolúvel. Essa visão holística enfatiza que o "Um" é uma entidade indivisível na qual não há fragmentações, ao contrário dos objetos materiais que percebemos no mundo físico, que podem ser separados e analisados individualmente.

Além disso, o "Um" é dinâmico. Isso significa que ele não é estático, mas está em constante movimento e mudança. Instantaneamente, o "Um" está em constante evolução, crescimento e transformação. Esse dinamismo é o que permite que o primeiro princípio se desenvolva e progrida, apoiando a ideia de que a realidade não é fixa, mas está sempre se transformando.

A terceira propriedade do "Um" é seu desejo de conhecer a si mesmo. Esse desejo de autoconhecimento introduz um elemento de introspecção no Um, uma necessidade de entender sua própria essência. Esse desejo de entender a si mesmo implica necessariamente a existência da consciência e do livre-arbítrio. A consciência é a capacidade do "Um" de ser autoconsciente, de refletir sobre sua própria natureza e experiências. O livre-arbítrio, por outro lado, representa a capacidade de direcionar esse conhecimento de forma autônoma e voluntária.

Faggin ressalta que essas características do "Um" - consciência e livre-arbítrio - são elementos que não se refletem no universo descrito pela física tradicional. A física lida com objetos e fenômenos que podem ser observados e medidos, mas não aborda a natureza da consciência ou do livre-arbítrio, que são fundamentais para a concepção do Um.

A própria vida, na visão de Faggin, é uma expressão do "Um" buscando conhecer a si mesmo. Todo ser vivo, dotado de consciência e livre-arbítrio, é um fragmento dessa busca interminável e contínua do "Um" em direção à autocompreensão.

Por meio dessa estrutura conceitual, Faggin nos oferece uma visão integrativa e profunda da realidade, em que a consciência não é um epifenômeno da matéria, mas um componente fundamental e primário do universo. Essa perspectiva convida a uma reflexão mais ampla sobre o significado da existência, o papel da consciência e a natureza definitiva da própria realidade.

Podemos pegar um exemplo dos sábios budistas, que veem a vida como uma preparação para a morte, um processo de acumulação de conhecimento e sabedoria

O "Um" deseja conhecer a si mesmo.

Faggin apresenta uma hipótese fascinante sobre como o "Um" adquire autoconhecimento, um processo enraizado em sua natureza dinâmica e holística.

O processo de autoconhecimento do "Um", de acordo com Faggin, ocorre por meio da criação de entidades conscientes, que ele chama de UCs (*Unidade de Consciência*). Cada vez que o "Um" é observado de um novo ponto de vista, nasce uma UC distinta. Essas UCs podem ser comparadas às mônadas de Leibniz, pois representam partes inteiras do Um, cada uma com o mesmo potencial cognitivo que o próprio 'Um'. Cada UC, embora seja uma parte do todo, contém em si o potencial do todo, refletindo assim a estrutura holográfica do "Um", em que cada parte contém as informações do todo.

A vida em si, afirma Faggin, é o resultado da propriedade geradora do "Um", que deseja conhecer a si mesmo. Cada ato de autoconhecimento levará ao nascimento de um novo UC, que contribui para a existência do 'Um' por meio de sua perspectiva única. Esse processo contínuo é a forma como o "Um" expande seu conhecimento, transformando o conhecimento potencial em conhecimento real.

Faggin faz distinção entre "conhecimento potencial" e "conhecimento real" para esclarecer como o conhecimento não emerge do nada. O conhecimento potencial é parte do "Um" em um estado latente, "existente e não existente" ao mesmo tempo.

"Ele 'existe' no sentido de que é diferente do 'nada', mas 'não existe' até que seja conhecido pelo 'Um'. Esse conceito responde à questão de como o conhecimento pode emergir do aparente "nada". O conhecimento existe como uma possibilidade intrínseca ao "Um", e essa possibilidade é ativada e manifestada por meio do processo de pensamento do "Um".

O pensamento do "Um" é, portanto, a ação pela qual o "Um" ativa o conhecimento potencial e o faz existir como conhecimento real. Esse processo criativo é o que dá origem a um UC, uma nova entidade consciente com o potencial de contribuir para a compreensão do 'Um'.

Assim, Faggin insere um elemento de criatividade e dinamismo na base da realidade, sugerindo que a consciência e a existência são interdependentes. O conhecimento, para Faggin, não é apenas um ato passivo de coleta de dados, mas um ato criativo que confere existência. O "Um", por meio da geração contínua de UC, experimenta e conhece a si mesmo em um ciclo interminável de autoconhecimento e evolução.

Em resumo, a visão de Faggin integra profundamente a consciência, o livre-arbítrio e o dinamismo em uma concepção holística do universo. O "um", como o primeiro princípio, não é apenas a origem de tudo, mas também está em contínua transformação, engajado em uma jornada eterna rumo à compreensão completa de si mesmo por meio da criação e manifestação de novas formas de consciência. Esse processo reflete uma realidade na qual a existência e o conhecimento são inseparáveis, dois lados da mesma moeda, que juntos tecem o tecido da vida e do universo.

O conceito de parte-todo.

Federico Faggin, em seu elaborado pensamento sobre consciência e existência, introduz o conceito de "Um", uma entidade dinâmica e holística fundamental que busca compreender a si mesma. A partir dessa busca pela autoconsciência, surge a criação de Unidades de Consciência (UCs), comparáveis às mônadas de Leibniz. Cada UC é uma "parte inteira" do "Um", ou seja, compartilha todas as propriedades do "Um" e, ao mesmo tempo, mantém sua própria identidade única, inseparável do todo.

De acordo com Faggin, um UC surge quando o "Um" adota uma nova perspectiva sobre si mesmo. Essa nova perspectiva nunca é destrutível, sendo parte integrante da existência do "Um". Cada UC possui, portanto, o potencial do "Um" e sua própria identidade, dando-lhe autoconsciência e "agentividade", ou seja, a capacidade de direcionar seu livre arbítrio para conhecer a si mesmo e ao mundo.

As UCs são campos que emergem do 'Um' e, sendo inseparáveis dele, são dinâmicas e holísticas, com uma inclinação natural para conhecer a si mesmas e a outras UCs. Como o "Um", cada UC tem a capacidade de criar outras UCs, em um processo semelhante à reprodução humana. Esse mecanismo leva a uma criação e evolução contínua da consciência.

O "Um" pode ser imaginado como um campo unificado do qual emergem os UCs, que podem se combinar uns com os outros, formando níveis hierárquicos de entidades conscientes chamadas "Seity".

As "cidades" desenvolvem símbolos compartilhados para se comunicarem e se entenderem melhor. À medida que o conhecimento mútuo aumenta, aumenta também a complexidade dos símbolos comunicativos.

O trabalho criativo do "Um", juntamente com os UCs e a Seity, resulta, portanto, em uma evolução perpétua da consciência, evidenciada pelo desenvolvimento incessante e pelo aumento da complexidade das interações e comunicações entre as várias entidades conscientes.

UC. Unidades de consciência.

O "Um" é uma entidade fundamental, dinâmica e holística, capaz de gerar e combinar diferentes unidades de consciência (UCs), cada uma com sua própria identidade exclusiva.

As UCs se reúnem para formar hierarquias de entidades conscientes, chamadas de 'Seity', em um processo comparável à combinação de partículas elementares para formar estruturas cada vez mais complexas, como núcleos, átomos, moléculas, macromoléculas e, finalmente, células vivas. Essas UCs são, portanto, elementos primários da 'Seity'.

Identidade, consciência e agentividade são as características comuns de todas essas unidades. Faggin afirma que o "Um" cria a si mesmo por meio do ato infinito de conhecer a si mesmo. Todo novo conhecimento e existência emergem do conhecimento potencial infinito que o 'Um' possui. Somente o 'Um' pode ativar esse conhecimento potencial e manifestá-lo como conhecimento real, dando origem a novas UCs e aumentando a si mesmo.

De acordo com Faggin, a essência da vida e da reprodução está nesse processo criativo do "Um" que gera UCs à sua imagem e semelhança, entrelaçando assim os conceitos de existência, conhecimento e vida. O conhecimento que o "Um" tem de si mesmo é a soma do autoconhecimento dos UCs e da Seity, mas esse conhecimento coletivo é muito mais do que a mera soma das partes, um fenômeno possibilitado pela natureza da realidade quântica.

Em última análise, o "Um" também se conhece por meio de cada um de nós, pois cada um de nós é uma parte do "Um" que deseja conhecer a si mesmo. Entretanto, não somos meros instrumentos usados pelo 'Um' para aumentar seu conhecimento; somos, de fato, partes indivisíveis do 'Um'. Todos nós somos "Seidade". Nossa tarefa é experimentar e conhecer nossa realidade a fim de aumentar o conhecimento que o "Um" tem de si mesmo.

Segurança.

Federico Faggin apresenta um conceito profundo e revolucionário em seus livros: "Seity". De acordo com Faggin, "Seity" representa uma entidade que escapa a todas as categorizações e definições tradicionais. Não se pode descrevê-la como se fosse uma máquina, pois suas características fundamentais (consciência, identidade, agentividade e criatividade) são inseparáveis e intrinsecamente interconectadas.

"Seity" é um termo inglês pouco usado que significa "*posse de individualidade*".

Faggin define uma "Seidade" como uma entidade consciente que tem autoconsciência, é capaz de agir com livre arbítrio e possui uma identidade permanente, assim como os seres humanos. Essa entidade é um "campo" em um estado puro que existe em uma realidade maior do que o mundo físico comum.

Um ponto crucial no pensamento de Faggin é que uma "Seidade" existe independentemente do corpo físico. Essa afirmação leva a uma visão da consciência como algo não totalmente ligado à matéria. A 'Seity' usa o corpo como uma ferramenta para perceber e interagir com o mundo físico, que é apenas uma pequena parte da realidade maior na qual a 'Seity' reside.

A Seity, que não pertence ao espaço-tempo físico, comunica-se com o corpo usando o que Faggin chama de "*informação viva*". Esse tipo de informação é diferente da informação clássica, que usamos para nos comunicar com robôs ou avatares em um ambiente virtual. A informação viva é, portanto, uma ponte entre a realidade mais ampla da "Seity" e o mundo físico no qual o corpo opera.

A ideia de que a "Seity" pode agir com livre arbítrio enfatiza o aspecto da vontade e da autodeterminação, indo além da ideia de um universo determinado apenas por leis físicas.

O aspecto da permanência da identidade sugere que a individualidade não se dissolve com a morte do corpo físico, mas persiste em uma forma diferente de existência, ainda centrada na consciência.

Ao integrar essas ideias, Faggin propõe uma nova visão da consciência como uma dimensão fundamental da realidade, que não é um mero epifenômeno das interações físicas, mas um componente essencial e independente.

Essa perspectiva abre caminho para um diálogo entre as experiências subjetivas da consciência e os modelos objetivos da ciência, convidando à reflexão sobre como essas duas dimensões podem coexistir e interagir.

Faggin afirma que a "Seidade" existe mesmo sem o corpo físico. Essa posição afirma que a realidade da consciência não pode ser confinada à matéria, sugerindo uma dimensão mais ampla e implicando que nossa verdadeira essência não depende apenas da fisicalidade.

Embora, em princípio, uma "Seity" pudesse ser descrita por meio de um conjunto de equações quânticas, elas não conseguiriam capturar a experiência interna e os "*qualia*", ou seja, as qualidades subjetivamente percebidas da consciência. As teorias matemáticas só podem representar aspectos da realidade a posteriori, não o processo criativo das escolhas conscientes.

A realidade quântica, de acordo com Faggin, é mais ampla do que a realidade clássica porque não há um único ponto de vista privilegiado. Cada "Seidade" tem uma experiência diferente da realidade, e esse princípio também se estende à descrição do mundo clássico. As teorias da relatividade especial e geral mostram que a descrição da realidade varia de acordo com o sistema de referência, enfatizando que não existe uma descrição objetiva absoluta.

Em toda observação, o observador faz parte do que é observado. Consequentemente, ninguém pode ter um ponto de vista totalmente objetivo e independente, e isso se aplica tanto à mecânica quântica quanto à relatividade. A realidade, em outras palavras, está intrinsecamente ligada à experiência subjetiva e à perspectiva do observador.

Somos "Seity" habitando temporariamente nossos corpos.

Em seu trabalho teórico inovador conhecido como "Nousym", Federico Faggin propõe uma visão radical da realidade. Faggin argumenta que, para entender o universo e nossa existência, devemos aceitar a presença de um Todo holístico, que ele define como "Tudo", contendo as sementes do livre arbítrio, da consciência e da vida.

Essa abordagem contrasta fortemente com a visão convencional da ciência, que postula a consciência e o livre-arbítrio como produtos finais da evolução. Faggin inverte essa perspectiva, sugerindo que a consciência e o livre-arbítrio são, em vez disso, o ponto de partida do universo. Essa inversão ressignifica nossa humanidade, não como um mero resultado de processos evolutivos sem propósito, mas como cocriadores da vida no universo.

Faggin enfatiza que ver a consciência como um fenômeno emergente reduz nossa existência a uma sequência de eventos determinísticos. Em contraste, sua teoria nos vê como seres eternos e conscientes, habitantes temporários de nossos corpos físicos, envolvidos em uma jornada de descoberta pessoal e coletiva.

Mais precisamente, de acordo com Faggin, somos seres eternos e conscientes, não corpos perecíveis. E estamos aqui para aprender aspectos cruciais de nós mesmos, interagindo uns com os outros no universo físico que criamos para esse mesmo propósito. Tudo o que vemos no universo foi inicialmente criado na consciência da Seidade. Porque a realidade física segue a realidade quântica, que segue a informação quântica, que, por sua vez, segue o pensamento de Seity.

Nessa perspectiva, o universo físico nada mais é do que uma representação magnífica da realidade interna da Seidade, uma espécie de palco cósmico onde cada ser consciente desempenha seu papel, aprende, evolui e se reconecta com a essência do Um. Nossa capacidade de criar e interpretar a realidade física é revelada por meio da compreensão da natureza profunda da consciência, que não é um subproduto do cérebro, mas a própria essência de nossa existência eterna.

Seity" e as descobertas da física quântica.

Faggin, por meio do conceito de "Seity", propõe uma visão da consciência que transcende as limitações do mundo físico e as descrições matemáticas. Seity' representa uma dimensão fundamental da realidade, independente do corpo físico, mas interconectada a ele, capaz de se comunicar por meio de informações vivas e operar com livre arbítrio criativo. Suas ideias desafiam a concepção tradicional da realidade objetiva, enfatizando a natureza subjetiva da experiência e a necessidade de uma compreensão mais integrada da consciência e do universo.

Faggin vê uma conexão entre sua visão de "Seity" e as descobertas da física quântica, uma disciplina que revelou uma realidade muito além dos limites da física clássica. A física quântica introduziu a ideia de uma realidade probabilística em vez de determinística, caracterizada por fenômenos como o emaranhamento, que une as partículas intrinsecamente, independentemente da distância que as separa. Essa conexão sugere uma realidade holística na qual as partes nunca estão completamente separadas.

Ele enfatiza como a natureza quântica da realidade nos convida a abandonar o determinismo e o reducionismo típicos da física clássica. Nesse contexto, Faggin propõe que o livre-arbítrio já é possível no nível das partículas elementares, ecoando a visão de que cada aspecto da realidade é intrinsecamente dotado de liberdade e potencial criativo.

No entanto, ele observa surpreendentemente que muitos cientistas ainda preferem uma interpretação determinista e controlável do mundo, em que cada propriedade da realidade pode ser definida com precisão. Ao contrário dessa visão, Faggin argumenta que devemos abraçar a liberdade inerente revelada pela física quântica, reconhecendo que fazemos parte de uma aventura cooperativa e magnífica da consciência.

Faggin evoca a ideia de que cada indivíduo é uma expressão única e insubstituível dessa aventura da consciência. Comparando cada pessoa a "*um novo experimento no laboratório de Deus*", citando Isaac Bashevis Singer, Faggin sugere que cada um de nós possui um dom especial e um ponto de vista único que contribui para a compreensão do Um, ou a unidade fundamental da existência.

Em resumo, o pensamento de Federico Faggin nos convida a ver a realidade como um mosaico interconectado, no qual a consciência e a criatividade permeiam todos os níveis, desde a menor partícula até a totalidade do universo. Ele promove uma visão da vida na qual a liberdade e a singularidade de cada indivíduo desempenham um papel crucial na expansão da realidade e na descoberta de sua identidade cósmica.

Capítulo 18. A ética da sobrevivência no fim da vida.

"A consciência de nossa mortalidade pode nos guiar em direção a uma ética de compaixão e respeito pela vida em qualquer forma, reconhecendo que a sobrevivência só tem valor se for vivida com integridade."
(Federico Faggin).

Conscientização da passagem como um catalisador para a vida atual.

No cenário científico e filosófico atual, o conceito de "consciência quântica" está assumindo um papel cada vez mais central nas discussões sobre a natureza do ser e a possibilidade de existência imortal. Essa teoria emerge da interseção da física quântica, da neurobiologia e da metafísica, sugerindo que a consciência humana pode não estar vinculada à mera existência física, mas sim inscrita em um continuum cosmológico mais amplo. No centro dessa reflexão está a ideia de que a consciência da própria "passagem", ou seja, da mortalidade e da transição para o desconhecido pós-vida, pode atuar como um poderoso catalisador para uma existência mais plena e significativa.

A ideia de que a consciência pode ter uma base quântica foi proposta, entre outros, pelo físico Sir Roger Penrose e pelo anestesista Stuart Hameroff, cuja teoria sugere que a consciência se origina de processos quânticos que ocorrem nos microtúbulos das células cerebrais. Nessa visão, a mente não é simplesmente o produto de sinapses neuronais, mas sim o resultado de mecanismos quânticos que transcendem a biologia simples.

Se a consciência for entendida como uma entidade quântica, então ela não estaria necessariamente ligada à morte física da maneira tradicional.

Saber que nossa essência pode persistir em algum recesso do cosmos não diminui a relevância de nossa vida atual; pelo contrário, pode acentuá-la. A consciência de nossa inevitável morte pode se tornar uma fonte de profunda introspecção e motivação. Carl Jung, renomado psicanalista, explorou longamente o conceito de "*individuação*" - o processo pelo qual uma pessoa se percebe como uma entidade única e completa. Ele argumentou que a aceitação da própria mortalidade é crucial para alcançar um senso pleno de si mesmo.

Essa introspecção é aprimorada ainda mais pela visão quântica da consciência. Quando consideramos a possibilidade de que nossa consciência não desaparece com o corpo, mas se transforma ou continua a existir em outra forma, nossa existência atual assume um significado singular. Viver com a ideia de que cada experiência, pensamento e intuição é preservado em um tecido quântico universal dá um novo significado às nossas ações e relacionamentos.

Estudos sobre experiências *de quase morte* (EQMs) oferecem paralelos interessantes com a teoria da consciência quântica. Um dos pesquisadores mais conhecidos nesse campo, o Dr. Raymond Moody, documentou milhares de relatos de pessoas que tiveram experiências de quase morte. Muitos desses relatos descrevem sentimentos de transcendência e união com o todo, que podem ser vistos como indícios de uma conexão com uma consciência universal.

Em um nível metafísico, a ideia de que a consciência do próprio fim pode tornar a vida mais vibrante e significativa está ligada a uma longa tradição filosófica. Martin Heidegger, em sua obra-prima *Ser e Tempo* (1927), tratou o conceito de "*ser-para-a-morte*" como uma das marcas registradas da condição humana. De acordo com

Heidegger, a consciência da própria mortalidade instila em nós um senso de urgência existencial que nos leva a viver de forma mais autêntica.

Essa urgência é ainda mais alimentada pela ideia de que todas as nossas experiências têm repercussões além da vida física. Podemos tomar como exemplo os sábios budistas, que veem a vida como uma preparação para a morte, um processo de acumulação de conhecimento e sabedoria que transcenderá o corpo físico. Nesse contexto, a consciência quântica não apenas apóia uma visão de mundo interconectada, mas também um convite para viver com plena consciência e responsabilidade.

O conceito de consciência quântica como uma entidade imortal, embora ainda seja amplamente especulativo, estimula um diálogo profundo entre ciência, filosofia e espiritualidade. A consciência de nossa morte não é apenas uma meditação sobre a finalidade da vida, mas um convite para viver com mais intensidade, ciente de que cada momento carrega um peso que pode transcender os limites temporais de nossa existência física.

Em uma época em que a ciência explora o microcosmo quântico e a mente humana busca respostas para as questões eternas da vida e da morte, essa reflexão sobre como a consciência da passagem pode agir como um catalisador para uma vida mais rica e significativa não é apenas fascinante, mas essencial.

A importância do vínculo espiritual na busca de significado.

Em uma época dominada pela tecnologia e pela ciência empírica, o mistério da consciência continua a escapar de uma compreensão completa. Nas últimas décadas, um conceito fascinante e controverso ganhou força: a consciência quântica. Esse termo evoca a ideia de que a consciência pode ser explicada por meio dos princípios da mecânica quântica e sugere que ela pode existir em uma forma imortal. Entretanto, para entender completamente o escopo dessa teoria, é essencial examinar a conexão espiritual envolvida na busca pelo significado de nossa existência.

A ideia de que a consciência pode ser mais do que apenas um fenômeno emergente do cérebro tem sido explorada por muitos pensadores e estudiosos. A ligação entre consciência e espiritualidade pode ser traçada desde os filósofos antigos. Platão, por exemplo, em sua obra "*Timeu*", descreveu a alma como uma essência imortal que existe além do mundo físico. Essa ideia platônica de uma realidade superior e invisível foi adotada no contexto moderno pela teoria da consciência quântica. Aqui, os eventos quânticos podem ser vistos como uma espécie de "ponte" entre os reinos físico e espiritual.

O Dalai Lama, conhecido por seu interesse no diálogo entre ciência e espiritualidade, sempre enfatizou a importância de uma abordagem holística do conhecimento. Em seu livro "*The Universe in a Single Atom: The Convergence of Science and Spirituality*" (2005), ele repete uma citação atribuída a Einstein: :

"A ciência sem religião é coxa; a religião sem ciência é cega".

Essa declaração reflete a importância de uma conexão espiritual na compreensão da consciência quântica; é um convite para explorar não apenas os mecanismos físicos, mas também as implicações metafísicas e morais.

No campo da neurociência, estudos como os realizados por David Chalmers, que cunhou o conceito-chave *"o difícil problema da consciência"*, mostram que a compreensão da natureza da consciência exige mais do que uma simples análise dos processos cerebrais. Chalmers sugere que talvez seja necessário postular novas leis físicas para explicar como e por que existe a experiência consciente.

Além disso, experimentos no campo da mecânica quântica, como o famoso experimento da dupla fenda, mostraram que a participação do observador desempenha um papel crucial na determinação do resultado de um evento quântico. Esse fenômeno, conhecido como "*colapso da função de onda*", sugere que a própria consciência pode desempenhar um papel fundamental na construção da realidade. Essa ligação entre o observador e a realidade quântica poderia apoiar a tese de uma consciência interconectada e, de certa forma, imortal.

Dean Radin, um dos principais pesquisadores no campo da parapsicologia, realizou vários experimentos para investigar fenômenos como premonição e telepatia. Radin afirma que esses fenômenos podem fornecer pistas importantes sobre a natureza quântica da consciência. Ele se lembra de uma anedota do famoso físico John von Neumann, que via o observador como parte essencial do processo quântico, sugerindo que a consciência não apenas afeta a realidade, mas está intrinsecamente ligada à estrutura do próprio universo.

O conceito de uma consciência quântica representa uma das fronteiras mais intrigantes e especulativas da ciência moderna. Ele exige a integração de abordagens científicas rigorosas com uma abertura para as dimensões metafísicas e espirituais da existência. A conexão espiritual na busca pelo significado da consciência não apenas enriquece nossa compreensão da psique humana, mas também nos conecta a uma visão mais ampla e interconectada do universo. Nesse contexto, a consciência poderia de fato ser vista como uma entidade imortal, uma ponte entre a realidade física e a espiritual, convidando-nos a explorar novas fronteiras do conhecimento e da consciência humana.

Empatia e compaixão como ferramentas para construir uma sociedade mais consciente da vida após a transição.

Entender a consciência humana continua sendo um dos maiores desafios para a ciência e a filosofia. Recentemente, a teoria da consciência quântica despertou um interesse considerável, sugerindo que nossa consciência pode estar ligada a fenômenos quânticos e, portanto, não estar confinada à mera existência física. Nesse contexto, a empatia e a compaixão surgem como ferramentas fundamentais para a construção de uma sociedade que não apenas reconheça a possibilidade de uma consciência imortal, mas que também abrace uma maior consciência da vida e da morte.

A teoria da consciência quântica, proposta por muitos pesquisadores, sugere uma profunda conexão entre o mundo subatômico e nossa experiência consciente, abrindo a porta para considerações metafísicas sobre a imortalidade da consciência.

No livro pioneiro "*The Emperor's New Mind*" (1989), Penrose explora a ideia de que a mente humana transcende os limites da computação clássica, sugerindo que os processos quânticos poderiam estar por trás de nossas habilidades cognitivas superiores. Se a consciência estiver de fato enraizada na física quântica, então ela pode não ser limitada pelo espaço e pelo tempo, sugerindo uma forma de existência além do corpo físico.

A empatia e a compaixão não são apenas virtudes morais, mas ferramentas poderosas para a construção de um entendimento compartilhado e de uma sociedade mais harmoniosa. A prática budista de "*metta*", ou bondade amorosa, e o trabalho de figuras espirituais como o Dalai Lama nos ensinam a importância dessas qualidades. O Dalai Lama, que mantém diálogos com cientistas há décadas, afirma:

> *"O amor e a compaixão são necessidades, não luxos. Sem eles, a humanidade não pode sobreviver."*

Um estudo realizado na *Universidade da Califórnia* demonstrou que a empatia pode ser ensinada e aprimorada por meio de técnicas de meditação e *atenção plena*. Richard Davidson, neurocientista famoso por seu trabalho sobre a mente e as emoções, descobriu que a meditação compassiva pode alterar as sinapses do cérebro, promovendo uma atitude mais empática e atenta em relação aos outros.

No contexto da consciência quântica, a empatia e a compaixão podem ser vistas como meios de nos conectar com a ideia de uma consciência coletiva. Dean Radin, cientista-chefe do *Institute of Noetic Sciences*, conduziu experimentos que sugerem que as consciências humanas podem estar interconectadas em nível quântico. Radin argumenta que a bondade e a empatia podem fortalecer essas conexões, levando a uma maior consciência coletiva.

Experimentos sobre telepatia e outras formas de comunicação não local mostram que a consciência pode não estar limitada aos limites do corpo físico. No famoso "*Experimento Ganzfeld*", conduzido pela primeira vez na década de 1970 por Charles Honorton, os participantes em um estado de relaxamento profundo experimentaram taxas significativamente mais altas de "percepção extrassensorial" do que teriam percebido de acordo com os princípios da aleatoriedade. . Esses estudos sugerem que nossa consciência pode se estender além do cérebro, conectando-se com outras consciências por meio de mecanismos que ainda são pouco compreendidos.

Elisabeth Kübler-Ross é uma psiquiatra que dedicou sua vida a estudar a experiência da morte e do morrer. Em seu livro pioneiro "*On Death and Dying*" (1969), Kübler-Ross descreve como a empatia e a compaixão são ferramentas cruciais para compreender e acompanhar as pessoas em sua jornada final. Suas observações de pacientes próximos à morte geralmente indicam uma percepção de continuidade da consciência, como se a mente não estivesse totalmente ligada ao corpo.

A possibilidade de que a consciência seja um fenômeno quântico imortal oferece uma perspectiva fascinante e radicalmente nova sobre nossa existência. Nesse contexto, a empatia e a compaixão surgem como ferramentas indispensáveis não apenas para o bem-estar individual e social, mas também para uma compreensão mais profunda de nossa natureza metafísica. O ensino e a prática dessas virtudes podem nos ajudar a construir uma sociedade que reconheça e respeite a conexão entre todas as consciências, promovendo uma percepção coletiva da vida além dos limites do corpo físico.

Em última análise, explorar a consciência quântica e suas implicações por meio da empatia e da compaixão não é apenas uma jornada científica, mas também uma aventura espiritual rumo a uma maior compreensão e harmonia universais.

Criobiologia.

A criobiologia é o ramo da biologia que estuda os efeitos das baixas temperaturas nos organismos vivos. Desde os experimentos pioneiros no século XX, essa disciplina tem se preocupado com a preservação de células, tecidos e organismos por meio do resfriamento a temperaturas extremamente baixas. A principal técnica utilizada é a criopreservação, que envolve o uso de nitrogênio líquido para retardar ou interromper os processos biológicos.

A primeira pesquisa sistemática em criobiologia data do início do século XX. Em 1949, Christopher Polge, Audrey Smith e James Lovelock descobriram que o glicerol poderia proteger os espermatozoides dos danos causados pelo congelamento, abrindo efetivamente as portas para a criopreservação moderna. Esse experimento pioneiro abriu caminho para outros desenvolvimentos na preservação de vários tipos de células e tecidos, até as tentativas atuais de criopreservar órgãos inteiros e até organismos complexos.

A criopreservação exige um protocolo meticuloso. Ele começa com a preparação da amostra biológica, que é tratada com crioprotetores (como glicerol ou dimetil sulfóxido) para minimizar a formação de cristais de gelo que poderiam danificar as células. Em seguida, a amostra é resfriada lentamente a temperaturas extremamente baixas, geralmente usando nitrogênio líquido que chega a -196°C. Nessas temperaturas, os processos biológicos são essencialmente suspensos, permitindo a preservação a longo prazo. Quando a amostra deve ser usada, ela é descongelada rapidamente para minimizar os danos causados pela formação de cristais de gelo.

As promessas da criobiologia são muitas e fascinantes:

Transplantes de órgãos.

O armazenamento de órgãos em baixas temperaturas poderia revolucionar o transplante, permitindo a criação de bancos de órgãos prontos para uso quando necessário.

Conservação de espécies.

A criopreservação de material genético poderia salvar espécies ameaçadas de extinção e, ao mesmo tempo, manter a possibilidade de clonagem futura ou reprodução in vitro.

A criobiologia como uma extensão da vida humana.

Ao estudar os efeitos das baixas temperaturas nos organismos vivos, a criobiologia lançou as bases para avanços potencialmente extraordinários na preservação da vida.

Fundada por pioneiros como Christopher Polge, Audrey Smith e James Lovelock, que, em 1949, demonstraram pela primeira vez como o glicerol poderia proteger os espermatozoides dos danos do congelamento, essa disciplina aumentou as esperanças de prolongar a vida humana de maneiras que desafiam a imaginação tradicional.

Uma das aplicações mais fascinantes - e controversas - da criobiologia é a *criogenia*. Essa tecnologia visa preservar os corpos humanos imediatamente após a morte clínica, na esperança de que os futuros avanços científicos não apenas os tragam de volta à vida, mas também restaurem, intactos, o corpo e a consciência.

O processo de criopreservação envolve o uso de nitrogênio líquido para retardar ou interromper os processos biológicos, levando os tecidos a temperaturas tão baixas que os processos degenerativos são praticamente interrompidos. Esse estágio de suspensão, embora tecnicamente complexo e logisticamente exigente, é um baluarte contra a perda definitiva da vida. A ideia de que um corpo pode ser "*congelado*" em um limbo temporal, esperando que a ciência médica alcance a possibilidade de regenerar tecidos e curar doenças atualmente incuráveis, é promissora e profundamente filosófica.

Mas a criogenia não para por aí; ela levanta dilemas éticos e filosóficos fundamentais. Definir a linha entre a vida e a morte torna-se mais complexo em um contexto em que a morte clínica não é necessariamente o fim. Perguntas sobre o que constitui a verdadeira essência do ser humano e se a consciência pode ser mantida e restaurada desafiam nossas concepções mais arraigadas.

A ideia de Roger Penrose de "*redução objetiva orquestrada*", que propõe uma conexão entre a consciência e os fenômenos quânticos, alimenta outras especulações. Se a consciência for, de fato, um fenômeno quântico, ela poderia sobreviver à morte e, assim, ser restaurada por meio de tecnologias avançadas? Essa teoria abre as portas para uma fascinante interseção entre a física quântica e a biologia, levantando a possibilidade de que a consciência quântica poderia, de certa forma, ser uma entidade imortal.

O prolongamento da vida humana por meio da criobiologia não é apenas uma questão de "se", mas de "quando" e "como". À medida que a ciência continua a evoluir, as promessas dessa disciplina estão se tornando cada vez mais concretas, trazendo consigo um corolário de questões éticas e filosóficas a serem abordadas pela sociedade.

A criobiologia representa uma fronteira da ciência moderna, onde a esperança, a ciência e a filosofia se encontram. A possibilidade de prolongar a vida humana, preservando corpos e talvez até mesmo a consciência, desafia nossas concepções de mortalidade e a própria essência do ser humano. Por meio do abraço gelado do nitrogênio líquido, a criogenia pode um dia abrir as portas para uma nova era da existência humana, em que a morte não é mais o limite final, mas apenas um novo capítulo esperando para ser escrito.

A criobiologia, e a criogenia em particular, levanta questões éticas e filosóficas complexas. Uma questão central é: o que significa estar vivo? Se um corpo está tecnicamente morto, mas é preservado para um futuro retorno à vida, onde se estabelece a linha entre vida e morte? O filósofo e bioeticista James Hughes argumentou que a criogenia desafia nossas noções tradicionais de morte e pode forçar a sociedade a redefinir esses conceitos fundamentais.

A ideia de preservar a consciência introduz outras complexidades. O físico Roger Penrose explorou o conceito de uma "consciência quântica", sugerindo que a mente humana pode operar em níveis não totalmente compreensíveis com as leis físicas atuais. Se essa teoria encontrar apoio, a criogenia poderia não apenas preservar o corpo, mas também a consciência, oferecendo um tipo de imortalidade.

O conceito de uma "consciência quântica" aponta para questões metafísicas profundas. O debate sobre o que constitui a essência do indivíduo - a alma, a mente, o corpo - é antigo e complexo. Se a consciência estiver realmente ligada aos fenômenos quânticos, como sugere Penrose, então a preservação do corpo por meio da criobiologia poderia ser apenas metade da solução para garantir a imortalidade.

Em conclusão, a criobiologia representa uma fronteira futurística da ciência, com um potencial extraordinário, mas também com desafios éticos, filosóficos e técnicos consideráveis. Uma maior compreensão e aceitação dessa disciplina dependerá não apenas do avanço tecnológico, mas também de uma reflexão mais profunda sobre a natureza da vida e da consciência humana. Seja na criopreservação para transplante ou nas ambições ousadas da criogenia, estamos explorando territórios desconhecidos que podem redefinir nosso futuro e nossa própria essência como seres humanos.

Capítulo 19. Após a passagem.

"Em vez disso, acredito que somos 'Seidade' habitando temporariamente nossos corpos. Somos seres eternos e conscientes, não corpos perecíveis."

(Federico Faggin).

A duplicação da consciência.

No vasto mar da especulação humana, poucas questões encantam e desafiam tanto quanto a grande questão da sobrevivência da consciência após a morte. Embora o conceito de imortalidade esteja enraizado em tradições religiosas e filosóficas, o desenvolvimento da física quântica e da neurociência moderna tornou possível explorar essa questão de um ângulo novo e cientificamente intrigante. Mas será que é realmente possível que a consciência sobreviva à desintegração do corpo? E, em caso afirmativo, como isso pode acontecer?

Uma abordagem pioneira para esse dilema surgiu com a teoria da consciência quântica. Essa hipótese, proposta por cientistas como Roger Penrose e Stuart Hameroff na década de 1990, baseia-se na ideia de que os processos neurológicos relacionados à consciência podem ser descritos não apenas em nível químico e biológico, mas também por meio dos princípios da física quântica.

Isso nos leva ao cerne da questão: a possibilidade de sobrevivência da consciência que retém o conhecimento da própria identidade e das experiências passadas. Tradicionalmente, a sobrevivência da consciência é um tema caro à filosofia e à religião, em que conceitos como a alma ou o espírito representam entidades imateriais e eternas. Entretanto, teorias científicas recentes oferecem uma perspectiva diferente.

Um dos cenários mais interessantes consiste na possibilidade de "copiar" a consciência de uma pessoa em um novo corpo. Esse processo não seria diferente da migração de dados de um dispositivo para outro, mantendo intactas as memórias e a identidade da pessoa. No entanto, surge aqui um problema complexo: se o novo corpo não for físico ou se mostrar incompatível com a arquitetura da consciência original, o procedimento falhará.

O teorema da não-replicabilidade da consciência.

Para complicar ainda mais a questão, existe o chamado teorema da não replicabilidade da consciência, um tópico frequentemente debatido entre filósofos da mente e neurocientistas. O teorema sugere que é impossível replicar exatamente a consciência de um indivíduo, pois a experiência consciente está intrinsecamente ligada a fatores únicos e irrepetíveis do sistema nervoso original.

Um exemplo penetrante desse teorema pode ser encontrado nas teorias apresentadas pelo filósofo Daniel Dennett. De acordo com Dennett, replicar exatamente uma consciência significaria não apenas duplicar a arquitetura do cérebro, mas também recriar fielmente cada momento da experiência vivida. Isso parece impraticável, se não impossível, devido à complexidade e à singularidade das experiências conscientes.

Apesar dos obstáculos aparentemente intransponíveis, os avanços na tecnologia e na ciência alimentam a esperança e continuam a desafiar os limites de nossa compreensão. Em 2013, a empresa californiana Nectome iniciou um projeto notavelmente controverso: preservar o cérebro humano em condições ideais imediatamente após a morte, com o objetivo de um dia ser capaz de recuperar e restaurar memórias. Esse projeto, embora ainda em estágio embrionário, representa uma tentativa de manter a consciência intacta até que sejamos tecnologicamente capazes de "baixá-la" para outro substrato.

Em um artigo de 2018 para a MIT Technology Review, Robert McIntyre, um dos fundadores da Nectome, afirmou que sua tecnologia promete preservar o cérebro humano até os menores detalhes moleculares. No entanto, o debate ético em torno dessas práticas é intenso, levantando questões cruciais sobre o significado de identidade e consciência.

Infelizmente, esse projeto baseia seu sucesso no pressuposto de que a consciência é totalmente "interna" ao cérebro e, portanto, puramente localista, enquanto todas as teorias examinadas mostram que a consciência é externa ao cérebro, ou seja, não é localista, justamente por ser quântica.

Outro que vale a pena mencionar é o experimento de "cobaia neurológica" conduzido pelo neurocientista Theodore Berger na *Universidade do Sul da Califórnia*, com o objetivo de desenvolver dispositivos capazes de registrar e reproduzir sinais cerebrais para substituir funções neurológicas perdidas. Embora longe de oferecer um método de transferência de consciência, esse trabalho representa um avanço na compreensão dos mecanismos da memória e da própria consciência.

A questão da sobrevivência da consciência após a morte permanece envolta em mistério e, por enquanto, em grande parte relegada à especulação filosófica e científica. Entretanto, os avanços da neurociência e da física quântica oferecem novas perspectivas fascinantes. Embora as dificuldades sejam imensas, o desejo humano de sobreviver em uma forma em que se mantém uma percepção de si mesmo e de suas experiências continua a ultrapassar os limites da ciência e da filosofia. Em um futuro não muito distante, o que hoje consideramos impossível pode se tornar realidade, redefinindo o próprio conceito de vida e morte.

Máquinas que substituem o corpo.

No contexto de nossa existência terrena, uma das perguntas mais antigas e perenes diz respeito ao conceito de vida após a morte: existe continuidade após a morte? E, em caso afirmativo, de que forma? Com o advento da tecnologia e da ciência avançada, essa pergunta ganhou novos contornos, abrindo caminho para uma sinergia surpreendente entre a imortalidade e as possibilidades inovadoras oferecidas pelo mundo digital. Embora a vida após a morte já tenha sido um domínio exclusivo da fé e da espiritualidade, hoje a tecnologia oferece paradigmas alternativos para a questão da vida além da morte.

O conceito de que a consciência humana poderia ser transferida para um formato digital há muito tempo é preservado pela ficção científica. Arthur C. Clarke, por exemplo, em 1968, em seu livro "*2001: Uma Odisseia no Espaço*", explorou uma forma primitiva desse conceito por meio do personagem de IA HAL 9000. Entretanto, desde a época de Clarke, a ciência fez grandes progressos.

Uma das primeiras abordagens práticas do conceito de imortalidade digital foi promovida por Ray Kurzweil, pioneiro da teoria da singularidade tecnológica. Kurzweil afirma que, em um futuro próximo, será possível digitalizar e carregar o conteúdo do cérebro humano em uma máquina, possibilitando assim uma forma de existência digital perpétua. Essa perspectiva, antes relegada aos contos de ficção científica, parece cada vez mais realista graças aos desenvolvimentos em áreas como a neurotecnologia e a inteligência artificial.

Em 2012, um experimento inovador conhecido como "*Projeto* Connectome Humano" começou a mapear as conexões do cérebro humano com o objetivo de mapear todas as sinapses do cérebro. Esse projeto é uma parte essencial da pesquisa para compreender de forma abrangente a estrutura do cérebro, uma definição necessária para uma eventual transposição digital da mente. Embora ainda estejamos longe de obter um mapeamento totalmente completo, já houve um progresso significativo.

No entanto, nós nos perguntamos: Depois de mapear o contêiner, o que saberemos sobre seu conteúdo?

Obviamente, as tentativas de replicar a consciência humana digitalmente levantam questões profundamente metafísicas. O que realmente significa transferir a consciência? É suficiente duplicar as conexões neurais para recriar a pessoa em todas as suas facetas?

Não podemos ignorar as implicações éticas e sociais de uma possível imortalidade digital. Nick Bostrom, filósofo de renome mundial e diretor do *Future of Humanity Institute* em Oxford, alerta para o perigo de um cenário distópico no qual uma forma digitalizada de consciência poderia estar sujeita à manipulação ou existir em sofrimento perpétuo. Questões de memória, identidade e livre arbítrio tornam-se cruciais quando se considera as perspectivas de uma existência digital.

A ideia de uma vida após a morte tecnológica, de uma consciência que sobrevive na rede após a morte do corpo físico, é ao mesmo tempo fascinante e perturbadora. À medida que a tecnologia continua avançando, tornando a ficção científica cada vez mais próxima da realidade, devemos abordar essas possibilidades com cautela, reflexão ética e uma profunda consciência das implicações filosóficas e espirituais. A questão da imortalidade digital não é apenas um caso de teste para nossa ciência e tecnologia, mas também um novo capítulo em nossa tentativa milenar de entender a essência de nossa existência e o mistério que está além dos limites da vida e da morte.

Talvez seja melhor morrer.

Em seu belo livro "*PHI. A journey from the brain to the soul*", caracterizado por um formato narrativo inesperado, Giulio Tononi apresenta um diálogo imaginário entre um manequim e Galileu.

> *"Meu caro amigo", disse o boneco, animado, "você tem razão e, além disso, como é um bom cientista, conseguirá um acordo melhor do que Zeno.*
>
> *Graças à ciência, podemos oferecer a você uma imortalidade infalível, garantida mil vezes. Faremos uma série de gêmeos congelados, cada um deles carregado com todas as suas lembranças, sempre acessíveis e, uma vez descongelados, cada um deles pensará que é o autêntico e estará tão certo quanto você.*
>
> *É uma pechincha! Assine a apólice agora e nós, as seguradoras, garantimos que sua consciência durará para sempre, semelhante à sua consciência atual, apenas o suficiente para que você pense que ainda é você. Uma apólice um tanto cara, como você deve ter adivinhado, porque para fazer o seguro completo teremos que preparar mil cópias de sua consciência... mmmh... inimitável.*
>
> *Duvido que isso seja uma boa ideia, disse Galileu. Com todas essas cópias, posso estar segurado, mas o valor de cada uma delas não diminuirá proporcionalmente? Se minha própria forma - a de minha consciência - for replicada, se mil galileus idênticos a mim puderem ser produzidos, como hordas de guerreiros chineses, então certamente eu seria imortal, mas não seria valioso nem único.*
>
> *Ainda não terminei, disse o boneco. Se você escolher nossa apólice premium, faremos o seguro não apenas para você, mas também para seus parentes e amigos próximos (uma mulher, talvez uma amante, alguma pessoa escolhida com inclinações intelectuais, se preferir). E se - Deus nos livre - ela morrer, haverá outra ela, milhares dela, com quem você poderá ficar acompanhado por toda a tediosa eternidade! Sem perda, sem dor, disse o boneco.*
>
> *Eu escolho morrer, disse Galileu.*
>
> *Então você mantém seu valor? zomba o idiota.*
>
> *Não, disse Galileu, apenas isso...*
>
> *Muito bem, disse o boneco. Preciso lembrá-lo, então, de que com essa escolha eu também a condenaria à morte?*
>
> *Deve haver uma lei que venha a proibir a replicação da consciência, disse Galileu.*
>
> *Em virtude de quê? O boneco perguntou sarcasticamente. Uma "lei de conservação da consciência"? A identidade do indiscernível? Talvez uma lei divina? Isso seria bom, brincou o boneco, mas quando criamos um bilhão de galinhas, que outras consciências terão de desaparecer?*
>
> *Eu escolho morrer, disse Galileu.*

Será possível se comunicar de forma quântica com a consciência dos mortos?

A noção de uma consciência quântica eterna também levanta importantes questões metafísicas. Se a consciência puder de fato existir no universo quântico após a morte física, qual seria sua natureza? Ela seria semelhante à consciência que conhecemos agora ou assumiria uma forma totalmente diferente, livre das limitações do corpo e da mente humana? Essa consciência poderia interagir com o mundo físico e, em caso afirmativo, como?

Nas últimas décadas, a ciência e a filosofia têm se entrelaçado cada vez mais, dando origem a teorias que investigam as profundezas da existência humana. Uma dessas teorias, ao mesmo tempo fascinante e controversa, diz respeito à chamada "consciência quântica" e sua possível imortalidade. A questão fundamental que surge é se é possível que nossa consciência sobreviva à morte física do corpo. E, em caso afirmativo, poderíamos nos comunicar com as consciências dos mortos em um mundo quântico hipotético?

Se a consciência for realmente um fenômeno quântico, isso significa que ela pode não ser limitada pela morte física do corpo. Em outras palavras, enquanto o corpo se decompõe, a consciência poderia continuar a existir em uma forma quântica. Essa teoria, por mais fascinante que seja, encontra eco em muitas tradições espirituais e religiosas que há milênios defendem a sobrevivência da alma ou do espírito após a morte.

O físico quântico Lothar Schäfer sugeriu que as informações quânticas não são destruídas com a morte, mas podem ser preservadas em um campo quântico intrínseco ao universo, um conceito que ressoa com a noção religiosa de uma alma eterna. Essa ideia, no entanto, permanece altamente especulativa e requer uma quantidade muito maior de evidências empíricas para ser aceita pela comunidade científica.

A possibilidade de se comunicar com a consciência dos mortos por meios quânticos tem sido mais um assunto de especulação do que de pesquisa científica séria. No entanto, uma analogia interessante pode ser tirada do mundo dos fenômenos paranormais, onde foram registradas inúmeras tentativas de contato com espíritos por meio de vários métodos tecnológicos, como *fenômenos de voz eletrônica* (EVP) ou sessões mediúnicas.

Em 1974, Konstantin Raudive, um pioneiro da parapsicologia, publicou um livro intitulado "*Breakthrough: An Amazing Experiment in Electronic Communication with the Dead*" (*Descoberta: Um incrível experimento de comunicação eletrônica com os mortos*), no qual documentou milhares de supostas vozes de mortos gravadas em fita. Embora esses experimentos não tenham sido aceitos na arena científica estrita, eles levantam a questão de saber se existe um meio de a consciência se manifestar além da morte física.

Mas a consciência pode ser duplicada?

Um aspecto crucial do debate sobre a consciência quântica é sua possível não duplicabilidade. De acordo com muitas teorias filosóficas e científicas, a consciência é um fenômeno único e irrepetível. Esse princípio está refletido nos fundamentos da mecânica quântica, onde a não clonagem quântica afirma que é impossível criar uma cópia idêntica de um estado quântico desconhecido.

Essa singularidade pode explicar por que, apesar dos avanços tecnológicos e neurocientíficos, ainda não conseguimos replicar artificialmente uma consciência humana. Até que consigamos entender completamente a noção de consciência a partir de uma perspectiva quântica, sua duplicação ou replicação continuará sendo um conceito teórico e irrealizável.

Subjacente a essas explorações científicas está uma questão de natureza eminentemente metafísica: qual é a natureza de nossa existência? A questão da consciência e de sua possível imortalidade não pode ser separada da reflexão filosófica. Historicamente, filósofos como René Descartes distinguiram entre *res cogitans* (a coisa pensante) e *res extensa* (a coisa estendida), postulando um dualismo que continua a influenciar o debate contemporâneo.

A própria física quântica, com seus paradoxos e peculiaridades, parece estar reabrindo questões que a ciência moderna pensava ter encerrado. O princípio da incerteza de Heisenberg, o paradoxo do gato de Schrödinger e os recentes desenvolvimentos no entrelaçamento quântico sugerem que a realidade pode ser muito mais ambígua e misteriosa do que se imagina.

A teoria da consciência quântica como uma entidade imortal permanece profundamente especulativa e controversa, mas representa um cruzamento fascinante entre a ciência e a filosofia. Sua exploração nos leva a olhar além dos limites tradicionais do conhecimento, questionando os próprios fundamentos da realidade e da nossa existência.

Se considerarmos a consciência como um fenômeno que emerge das complexidades do cérebro biológico ou como uma manifestação de processos quânticos fundamentais, a questão permanece em aberto. No entanto, ela continua a estimular o debate, a inspirar novas pesquisas e, talvez, a nos aproximar da compreensão de um dos maiores mistérios do universo: a natureza da consciência e sua possível eternidade.

Federico Faggin e a teoria da não clonagem.

Um princípio fundamental que convenceu Faggin da singularidade da consciência é o teorema da não clonagem da mecânica quântica. Esse teorema afirma que um estado quântico puro não pode ser reproduzido, um conceito que reflete a natureza profundamente privada de nossa experiência consciente. Esse teorema é fundamental porque sugere que há uma dimensão na física que só pode ser conhecida internamente, enquanto que, de uma perspectiva externa, ela só pode ser parcialmente compreendida.

Faggin também destaca o teorema de Holevo, que mostra que a informação máxima que pode ser obtida sobre um estado quântico puro é limitada a um bit para cada qubit que o descreve. Isso implica uma semelhança extraordinária entre a informação quântica e a experiência consciente. Assim como nossa experiência interna não é totalmente compartilhável, as informações quânticas não podem ser totalmente transmitidas, mas apenas parcialmente.

Essa analogia entre a informação quântica e a consciência é claramente expressa por Faggin: o que sentimos e experimentamos dentro de nós não pode ser totalmente comunicado, exceto por meio de palavras, gestos, arte, poesia, música e literatura. Esses veículos expressam um sentimento que vai muito além dos limites dos símbolos convencionais, enfatizando que a verdadeira essência de nossas experiências conscientes é inerentemente privada e não reproduzível.

Faggin introduziu o conceito de qualia (as unidades fundamentais da experiência subjetiva) e os comparou a estados quânticos puros que não podem ser duplicados ou transferidos. Quando o físico teórico Giacomo Mauro D'Ariano percebeu a conexão entre a estrutura conceitual de Faggin e a informação quântica, nasceu a teoria QIP (*Processo de Informação Quântica*) de D'Ariano-Faggin. Essa teoria argumenta que a informação quântica possui três características fundamentais e extraordinárias análogas aos qualia: é um estado quântico bem definido e privado (não reprodutível) que só pode ser compartilhado em uma extensão muito pequena, como um bit por qubit.

Em última análise, a teoria da irreprodutibilidade afirma que a consciência, como um estado quântico, não pode ser lida ou duplicada de forma alguma.

O que são "qualia"?

O termo "*qualia*" vem do latim "*qualis*", que significa "que" ou "de que tipo".

Qualia' são as experiências subjetivas e qualitativas da consciência. São as sensações, os sentimentos e os significados que compõem nossa experiência consciente do mundo. Por exemplo, Federico Faggin usa o cheiro de uma rosa para ilustrar a diferença entre o reconhecimento por uma máquina e a experiência humana. Embora uma máquina possa reconhecer o cheiro de uma rosa ao detectar moléculas específicas, ela não percebe o cheiro como um 'qualia', ou seja, uma sensação subjetiva e significativa. Os qualia não são simplesmente sinais ou algoritmos, mas são os portadores de significado e compreensão, tornando nossa experiência consciente rica e significativa.

Em seus escritos, Federico Faggin explora profundamente a natureza da consciência e como ela difere radicalmente do funcionamento até mesmo das máquinas mais avançadas. A consciência humana é descrita como um "*espaço semântico interno*" no qual os vários sinais de dentro e de fora do corpo assumem formas ricas de significado: sentimentos, sensações e, acima de tudo, qualia.

Faggin dá um exemplo concreto para esclarecer essa distinção: o reconhecimento do aroma de uma rosa. Quando uma pessoa percebe o cheiro, moléculas específicas se ligam aos receptores olfativos, criando sinais elétricos que o cérebro processa até reconhecer o cheiro como uma "rosa". Esse fenômeno é acompanhado por uma verdadeira experiência sensorial: o perfume de uma rosa é uma experiência subjetiva cheia de significado: pode evocar lembranças e sentimentos que não podem ser descritos em palavras.

Em contrapartida, uma máquina pode reconhecer as mesmas moléculas por meio de processos semelhantes, mas sem nenhuma forma de experiência consciente. Para a máquina, o cheiro da rosa é apenas mais um sinal entre muitos, desprovido de qualquer significado intrínseco. A máquina, por mais sofisticada que seja, não "experimenta" o cheiro da rosa, não "transmite sensações de odor" a seus circuitos. Ela simplesmente responde de acordo com a forma como foi programada.

Os qualia são fundamentais para o pensamento de Faggin sobre o tema da consciência. Eles são as entidades fundamentais pelas quais a consciência vivencia o mundo. O cheiro de uma rosa, o gosto de geleia de cereja, o som de um violino ou o sentimento de amor são exemplos de qualia. Eles representam a qualidade subjetiva de nossas experiências que não podem ser reproduzidas pelas configurações elétricas ou mecânicas das máquinas.

Faggin argumenta que a consciência humana tem recursos que vão além dos algoritmos e das máquinas. A consciência não apenas processa informações, mas também entende, significa e conhece. Ela pode criar novos símbolos e algoritmos para descrever e compartilhar significados, mas nenhum algoritmo jamais poderá esgotar totalmente o significado. Isso leva Faggin a concluir que, embora a inteligência artificial possa ser imensamente poderosa do ponto de vista computacional, ela é inerentemente limitada em comparação com a consciência humana, que está além da pura capacidade computacional.

Em seu postulado do Ser, Faggin introduz uma relação profunda entre os qualia e as informações quânticas. Ele propõe que os qualia são as sensações e os sentimentos com os quais a consciência experimenta informações externas e internas. Consequentemente, o estado puro da informação quântica possui as mesmas propriedades fundamentais dos qualia, ou seja, só pode ser entendido "de dentro". Os sentimentos evocados pelos qualia são íntimos, disponíveis apenas para aqueles que os experimentaram e não podem ser transferidos com palavras ou outros símbolos.

Isso faz com que a informação quântica contenha uma dimensão qualitativa (os qualia), tornando-se uma representação matemática da percepção e do entendimento conscientes. Em outras palavras, a informação quântica não é apenas um conjunto de dados anônimos, mas uma estrutura que carrega em si as características da consciência.

Em seus escritos, Federico Faggin faz uma clara distinção entre a capacidade computacional das máquinas e a profundidade qualitativa da consciência humana. Por meio do conceito de qualia e das noções de informação quântica, ele nos convida a refletir sobre o que realmente significa estar consciente. As máquinas, por mais avançadas que sejam, continuam sendo ferramentas sem experiência consciente. O verdadeiro desafio, portanto, não é apenas construir máquinas cada vez mais poderosas, mas entender e valorizar a natureza única e irrepetível da consciência humana.

Podemos imaginar os próximos estágios da jornada da consciência imortal?

O livre-arbítrio da consciência quântica.

A questão da imortalidade da consciência sempre esteve no centro dos debates filosóficos, religiosos e científicos. Recentemente, a teoria da consciência quântica surgiu como uma possível ponte entre a ciência e a metafísica, levantando questões intrigantes sobre a sobrevivência da consciência além da morte física.

Diferentemente das explicações tradicionais da consciência que se concentram nos processos neurobiológicos, a teoria quântica da consciência sugere que a consciência é o resultado de processos quânticos. Esses processos, de acordo com a teoria, não podem ser totalmente explicados pela física clássica, mas exigem a mecânica quântica.

A ideia de que a consciência pode ter um componente quântico abre a porta para várias especulações fascinantes sobre sua natureza e sua capacidade de existir independentemente do corpo físico. De acordo com essa perspectiva, se a consciência estivesse ligada a fenômenos quânticos, ela poderia teoricamente existir em um estado não vinculado ao espaço-tempo e, assim, sobreviver à morte do corpo físico.

Uma das implicações mais sugestivas da consciência quântica é a hipótese de que ela pode ser uma entidade imortal. Se os processos quânticos que constituem a consciência existirem fora do confinamento da matéria biológica, a morte do corpo não significaria a cessação da própria consciência. Esse conceito encontra paralelos em muitas teorias espirituais e religiosas, que há milênios falam de uma alma imortal.

O neurologista Karl Pribram e o físico David Bohm apresentaram uma teoria segundo a qual o cérebro funciona como um holograma, processando frequências de uma dimensão fundamental da realidade que não está limitada pelo espaço-tempo comum. Essa visão poderia apoiar a ideia de que a consciência não está limitada ao nosso sistema nervoso, mas usa o cérebro como um canal para se manifestar no mundo físico.

Seguindo essa linha de pensamento, surge uma questão crucial: uma vez liberada do corpo, a consciência poderia exercer o livre-arbítrio? O livre-arbítrio é um conceito complexo e controverso, que envolve discussões sobre determinismo, aleatoriedade e tomada de decisão autônoma.

De acordo com algumas teorias quânticas, os fenômenos quânticos são inerentemente probabilísticos e não determinísticos, o que pode sugerir a existência de livre-arbítrio no nível quântico. Se a consciência quântica puder tomar decisões com base em processos quânticos não determinísticos, ela poderá exercer uma forma de livre-arbítrio mesmo na ausência de um corpo físico, após a morte desse corpo.

Isso levaria a um conceito de consciência livre: livre para explorar novas dimensões da realidade, para evoluir e para tomar decisões independentemente das limitações físicas.

A teoria da consciência quântica se cruza com a filosofia e a metafísica de maneiras profundas. Platão, por exemplo, falou da alma como uma entidade imortal que transcende o mundo físico. Schopenhauer considerava a vontade como uma força primordial e universal que se expressa por meio do mundo fenomênico. Essas ideias ecoam na visão de uma consciência quântica imortal dotada de livre arbítrio.

Kant argumentou que o tempo e o espaço são formas de nossa percepção e que a própria realidade poderia ser muito diferente de como a percebemos. A consciência quântica poderia operar em um nível fundamental de realidade que transcende nossas categorias normais de espaço e tempo, de acordo com uma visão kantiana.

Além disso, a metafísica indiana, em especial a Advaita Vedanta e as filosofias budistas, sempre afirmou que a consciência é uma realidade definitiva e imutável, intocada pelo nascimento e pela morte. Essas filosofias sugerem que a essência da consciência está livre de limitações físicas e pode operar de forma autônoma.

A teoria da consciência quântica representa uma tentativa fascinante de integrar aspectos da física moderna com questões filosóficas antigas sobre imortalidade e livre arbítrio. A possibilidade de que a consciência possa sobreviver à morte e continuar a exercer o livre arbítrio abre novas perspectivas sobre a natureza da realidade e nosso lugar nela.

Independentemente da validade científica dessas ideias, elas incentivam uma visão de mundo na qual a mente e a consciência desempenham um papel fundamental e inerentemente misterioso. A noção de uma consciência quântica imortal nos convida a explorar com mais profundidade os enigmas de nossa existência e a considerar a vida de uma perspectiva que vai muito além dos limites de nossos corpos físicos. Em última análise, essa exploração pode se revelar uma das maiores aventuras intelectuais e espirituais de nosso tempo.

De um ponto de vista lógico, podemos dizer que, se em nossas vidas fomos dotados de livre-arbítrio, não está claro por que nossa consciência não deveria tê-lo.

Consciência da perda do corpo.

A questão do que acontece com a consciência após a morte tem fascinado filósofos, cientistas e pensadores há milênios. Uma das questões mais provocativas e profundas menos exploradas diz respeito à percepção da consciência no momento em que ela se separa do corpo: a consciência pode perceber a perda do corpo físico? Essa perspectiva única abre um campo de investigação que abrange a neurociência, a filosofia, as experiências de quase-morte (EQMs) e muitas das tradições espirituais do mundo.

.

De uma perspectiva neurocientífica, um estudo seminal foi publicado na revista PLOS ONE em 2014. Os cientistas, incluindo Sam Parnia, do Centro Médico Langone da Universidade de Nova York, realizaram o maior estudo já feito sobre experiências de morte e o processo de consciência. O estudo, chamado AWARE (AWAwareness during REsuscitation), investigou mais de 2.000 casos de parada cardíaca em 15 hospitais no Reino Unido, nos EUA e na Áustria. Os resultados foram surpreendentes: cerca de 10% dos sobreviventes relataram experiências de consciência enquanto estavam clinicamente mortos, o que sugere que a consciência pode sobreviver temporariamente à interrupção das funções corporais.

Historicamente, a questão da consciência após a morte tem sido amplamente discutida nas tradições filosóficas e espirituais. Platão, em seu diálogo "Phaedo", explora a imortalidade da alma e sugere que a consciência persiste além do corpo físico. Nas tradições orientais, como o hinduísmo e o budismo, há uma forte crença na continuidade da consciência por meio de reencarnações, em que o ego divino ou Atman se torna consciente da transição de um corpo para outro.

Um relato fascinante vem da tradição tibetana, em especial do "Livro Tibetano dos Mortos" (Bardo Thodol), que detalha as experiências da consciência durante e após a morte física. De acordo com esse texto, a alma percebe claramente a separação do corpo e passa por vários estágios de consciência antes da reencarnação ou de atingir o nirvana.

Os depoimentos de pessoas que tiveram experiências de quase morte geralmente oferecem descrições detalhadas da consciência separada do corpo. A história de Anita Moorjani, relatada em seu livro "*Dying to be Me*" (2012), conta como ela teve uma consciência lúcida de sua condição física durante um coma causado por um câncer terminal. Moorjani descreve a experiência simultânea de liberdade de seu corpo físico e a consciência de suas limitações terrenas, oferecendo uma perspectiva intensa e pessoal sobre a possibilidade de a consciência estar ciente de sua independência física.

Um ramo fascinante desse enigma é representado por teorias parapsicológicas e filosóficas que especulam que a alma vagueia por um tempo antes de se tornar consciente da morte do corpo. Esses paradigmas oferecem cenários que desafiam nossa compreensão da vida e da morte, apoiados pelos relatos, experimentos e reflexões de estudiosos ilustres.

A tradição japonesa é rica em crenças e práticas relacionadas à vida após a morte, muitas vezes influenciadas pelas religiões budista e xintoísta. De acordo com algumas dessas crenças, a alma de uma pessoa falecida pode passar um período de tempo na Terra antes de aceitar sua morte e passar para a próxima fase da existência.

Uma das ideias presentes no budismo japonês é o conceito de "bardo" (influenciado pelo budismo tibetano), um intervalo de tempo intermediário entre a morte e o renascimento. Durante esse período, que pode durar até 49 dias, a alma do falecido está em um estado de transição e pode vagar pelo mundo dos vivos. Os rituais funerários e as orações durante esse período são cruciais para ajudar a alma a encontrar paz e renascer em uma nova forma.

Um aspecto importante das práticas funerárias japonesas é o "Sōshiki", o rito funerário que combina elementos xintoístas e budistas. Após a cremação, a alma do falecido é honrada e ajudada por meio de orações, oferendas e cerimônias para que possa fazer a transição para o próximo estágio sem dificuldades.

Na tradição xintoísta, os espíritos dos mortos (kami) também podem permanecer em várias formas como seres espirituais ou protetores dos vivos. As famílias geralmente veneram seus ancestrais mantendo altares domésticos (butsudan) onde rezam e oferecem comida e incenso para garantir que os espíritos sejam pacificados e bem mantidos.

As crenças variam muito de acordo com regiões e famílias específicas, mas a ideia de uma alma vagando brevemente após a morte antes de encontrar seu caminho é um tema comum nas práticas religiosas e espirituais japonesas.

Entre os mais conhecidos defensores dessas teorias está o Dr. Raymond Moody, autor do famoso livro "Life After Life" (1975), no qual ele descreve vários casos de experiências de quase morte (EQMs) relatadas por pacientes que foram declarados clinicamente mortos e depois voltaram à vida. Esses relatos geralmente incluem descrições de um período de indefinição e flutuação fora do corpo antes que a consciência se torne plenamente consciente da morte física.

Especificamente, Moody descreve fenômenos como o "túnel de luz" e encontros com entidades espirituais, sugerindo que a alma não percebe imediatamente sua separação do corpo físico. Essa fase liminar é frequentemente interpretada como um período de transição, durante o qual a alma se prepara para aceitar sua nova realidade.

No campo da parapsicologia, uma das principais figuras foi Ian Stevenson, professor de psiquiatria da Universidade da Virgínia, conhecido por seus estudos sobre reencarnação. Embora Stevenson tenha se concentrado principalmente na pesquisa de crianças que afirmavam se lembrar de vidas passadas, seus estudos sugerem um período em que a alma, após a morte física, pode vagar em um estado de transição antes de renascer.

Um dos experimentos mais intrigantes nesse contexto é o chamado "experimento Betty Hart", documentado no Journal of Near-Death Studies em 1981. Hart documentou os relatos de indivíduos que, após técnicas de "*hipnose suave*", descreveram um estado de indefinição e confusão seguido pela percepção de sua própria morte. Essas narrativas parecem apoiar a tese de que a alma passa por uma fase de transição antes de se tornar consciente do fim do corpo físico.

Em termos filosóficos, o dualismo cartesiano proposto por René Descartes lançou as bases de muitas ideias modernas sobre a separação entre mente e corpo. Para Descartes, a mente (ou alma) é uma substância distinta do corpo físico. A sobrevivência da mente após a morte do corpo é uma noção central em muitas perspectivas dualistas.

Outro filósofo que explorou essas questões em profundidade foi Henri Bergson, cuja obra "*L'Énergie Spirituelle*" (1919) considera a consciência como algo maior e mais duradouro do que o corpo físico. Bergson propõe que a consciência pode passar por um período de adaptação após a morte, um conceito que se alinha às narrativas de uma alma errante em transição.

Diversas culturas ao redor do mundo contam histórias de almas que não percebem imediatamente que estão mortas. Um exemplo famoso é o "*Bardo Thodol*" (Livro Tibetano dos Mortos), um texto funerário budista que descreve as experiências da alma nos dias seguintes à morte. De acordo com o texto, a alma passa por vários estados intermediários antes de reconhecer sua condição e seguir em direção à reencarnação ou ao nirvana.

Uma anedota interessante diz respeito à experiência do Dr. Eben Alexander, um neurocirurgião que descreve sua própria EQM em seu livro *Proof of Heaven* (2012). Alexander relata uma jornada sobrenatural durante um coma induzido por meningite, caracterizada por uma experiência de perambulação espiritual e encontros com entidades que o ajudaram a entender sua condição de separação do corpo físico.

As teorias parapsicológicas e filosóficas que postulam um período de perambulação da alma antes de se tornar consciente da morte corporal acrescentam uma camada fascinante de complexidade à compreensão da consciência pós-morte. Embora não haja respostas definitivas, essas perspectivas oferecem uma rica variedade de narrativas e reflexões que continuam a alimentar o debate sobre um dos maiores mistérios da vida humana.

Várias teorias parapsicológicas e filosóficas sugerem que a alma, imediatamente após a morte, vagueia por algum tempo antes de tomar consciência de sua nova condição. Essas ideias não apenas tentam explicar o que acontece com a consciência, mas também tornam plausíveis fenômenos como assombrações, espectros e fantasmas, às vezes descritos como "almas que não encontram paz". Nesse contexto, é interessante explorar o que a parapsicologia sugere, por meio da análise de testemunhas, pesquisadores e filosofia.

Raymond Moody descreve relatos frequentes de pessoas que, após sofrerem uma parada cardíaca ou uma situação de morte clínica, relatam visões de um túnel de luz e um período de confusão antes de perceberem sua morte. Esse período de desorientação parece confirmar a ideia de que a consciência não está imediatamente ciente da separação do corpo físico.

Nesse sentido, o estudo da pesquisadora Betty Hart, publicado no *Journal of Near-Death Studies* em 1981, é esclarecedor. Usando hipnose leve, Hart coletou depoimentos de pessoas que descreveram sentimentos de perplexidade e confusão imediatamente após a morte, seguidos por uma conscientização progressiva de sua condição. Isso sugere não apenas uma persistência da consciência, mas também uma fase em que a alma vagueia tentando entender o que aconteceu.

Ian Stevenson sugere que há um período intermediário no qual a alma, ainda não ciente de uma nova reencarnação, vagueia em busca de paz ou compreensão, consolidando a ideia de que a consciência continua a existir em um estado desencarnado.

O Livro Tibetano dos Mortos descreve vários estágios da experiência pós-morte, incluindo uma fase errante da alma. De acordo com essa tradição, a alma passa por períodos de confusão e ilusão antes de chegar ao seu destino final, que pode ser a reencarnação ou o nirvana.

Essas narrativas de almas errantes oferecem uma explicação coerente para as histórias de assombrações e aparições. A parapsicologia sugere que os fenômenos de fantasmas e espectros podem ser manifestações de almas em transição, ainda ligadas a lugares e situações de suas vidas terrenas. Essas almas, por não encontrarem paz ou não estarem totalmente conscientes de sua morte, continuam a interagir com o mundo dos vivos, criando o que percebemos como assombrações.

Embora não haja respostas definitivas sobre o que acontece com a consciência após a morte, as teorias parapsicológicas e filosóficas oferecem um cenário intrigante. A ideia de que a alma vagueia em um estado de confusão antes de aceitar sua condição de morte é apoiada por estudos, experiências pessoais e tradições culturais. Essas narrativas não apenas enriquecem nossa compreensão do pós-morte, mas também fornecem possíveis explicações para os fenômenos de assombrações e aparições que fascinam e aterrorizam a humanidade há séculos.

A passagem para o inconsciente coletivo.

As teorias parapsicológicas e filosóficas oferecem várias interpretações das fases pst-mortem, incluindo a ideia de que a alma pode vagar por um período antes de se tornar consciente da morte do corpo físico. Uma das teorias mais fascinantes que pode ser relacionada a esse enigma é a Teoria da Sincronicidade de Carl Gustav Jung.

Carl Gustav Jung, um dos pioneiros da psicologia analítica, introduziu a teoria da sincronicidade na década de 1950. De acordo com Jung, existe um inconsciente coletivo que contém experiências arquetípicas compartilhadas por toda a humanidade. Esse inconsciente coletivo pode influenciar a consciência individual por meio de intuições, que geralmente se manifestam por meio de eventos curiosos ou coincidências inexplicáveis.

De acordo com uma interpretação parapsicológica da teoria junguiana, a consciência de um falecido, estando em uma espécie de limbo à espera de um destino final, poderia usar a mídia do inconsciente coletivo para se comunicar com os vivos. Essa comunicação poderia ocorrer por meio de mensagens positivas incorporadas em coincidências surpreendentes ou sonhos significativos.

O biólogo Rupert Sheldrake propôs a teoria do campo mórfico, que pode ser vista como uma variante moderna do conceito junguiano de inconsciente coletivo. De acordo com Sheldrake, existe uma memória coletiva natural que influencia não apenas o comportamento dos seres vivos, mas também, potencialmente, a transição entre a vida e a morte. Isso poderia oferecer um meio adicional pelo qual as almas dos mortos interagem com os vivos.

Na filosofia, também encontramos contribuições relevantes. Henri Bergson, um filósofo francês, argumentou que a consciência individual é parte de uma consciência maior. Se aplicarmos esse conceito à perspectiva post-mortem, poderíamos imaginar que a consciência, após a morte, se reintegra em uma consciência universal, reconectando-se com o inconsciente coletivo junguiano.

As teorias sobre o destino da consciência após a morte são variadas e fascinantes, baseando-se tanto nos insights da psicologia analítica de Jung quanto nas descobertas de pesquisas parapsicológicas e filosóficas. Embora atualmente não existam evidências científicas definitivas, esses estudos oferecem uma perspectiva intrigante sobre as possibilidades de a consciência continuar de alguma forma, talvez usando o inconsciente coletivo como meio de comunicação com os vivos. As histórias individuais de coincidências e experiências significativas relatadas por aqueles que passaram por EQMs continuam a estimular o debate e a pesquisa sobre o que realmente acontece com nossa consciência após a morte.

A continuação em outro corpo.

Entre as muitas teorias que tentam responder a esse enigma, uma perspectiva fascinante emerge das filosofias orientais e encontra eco no pensamento de alguns cientistas contemporâneos, como Federico Faggin. Analisamos esse tópico com o objetivo de oferecer uma estrutura minuciosamente documentada e argumentada.

Nas tradições religiosas e filosóficas orientais, especialmente em doutrinas como o hinduísmo e o budismo, a consciência (ou *anatta* no budismo) é vista como algo que transcende a vida física. De acordo com esses ensinamentos, a morte não representa o fim da existência, mas uma transição para uma nova forma de vida. A consciência, após a morte, passa por um período de reflexão e avaliação, chamado de "*Bardo*" no budismo tibetano, antes de reencarnar em outro corpo físico.

Essa visão é lindamente ilustrada pelo Tao Te Ching de Laozi:

"A morte e a vida são duas curvas da mesma linha infinita."

Federico Faggin, físico e pioneiro da microeletrônica, oferece uma perspectiva interessante e moderna sobre esse conceito antigo. Em seus livros, Faggin propõe uma visão da consciência como uma manifestação de uma entidade mais profunda, a "seidade", que existe independentemente do cérebro físico. De acordo com Faggin, após a morte, a seidade não se dissolve, mas se junta novamente ao "Um", do qual todos nós somos parte integrante.

Faggin argumenta que essa "Seidade", por ser dotada de livre arbítrio, em vez de se fundir imediatamente com o "Um", pode optar por se manifestar novamente em um corpo diferente para buscar mais experiências de conhecimento e crescimento. Essa teoria está em harmonia com muitos princípios do biocentrismo, proposto pelo médico e cientista Robert Lanza, que vê a vida e a consciência como fundamentais para o universo, em vez de consequências acidentais da física.

Nas últimas décadas, vários estudiosos tentaram investigar o mistério da consciência post-mortem com rigor científico. Um pioneiro nesse campo é o Dr. Ian Stevenson, cuja pesquisa sobre memórias de vidas passadas documentou milhares de casos em todo o mundo. Stevenson examinou detalhadamente relatos de crianças que alegavam se lembrar de vidas passadas, encontrando evidências verificáveis em muitos casos.

A filosofia de Plotino e as ideias modernas.

A filosofia ocidental também refletiu profundamente sobre o destino da consciência após a morte. Plotino, um dos filósofos mais influentes do neoplatonismo, descreveu a alma como eternamente conectada ao Um. De acordo com Plotino, a alma, separada do corpo após a morte, embarca em uma jornada rumo à união transcendental com o princípio divino.

Essa ideia, embora formulada em um contexto diferente, ressoa surpreendentemente bem com a teoria de Seity de Faggin. Ambas as visões sugerem que algo essencial e imutável em nós continua a existir e a crescer em diferentes estados de existência.

O destino da consciência após a morte continua sendo um dos grandes mistérios não resolvidos. As filosofias orientais oferecem uma visão fascinante de continuidade e crescimento por meio da reencarnação. Em última análise, o fato de a consciência sobreviver ou não à morte física e como ela pode escolher reencarnar continua sendo um enigma. Entretanto, o estudo desse tópico continua a oferecer percepções fascinantes sobre o significado da vida, da morte e da natureza profunda de nossa essência.

A consciência como um campo quântico.

Na física moderna, o conceito de campo assumiu um papel central na explicação de vários fenômenos naturais. Originalmente introduzido para descrever forças gravitacionais e eletromagnéticas, o termo "campo" denota uma região do espaço na qual uma força física exerce sua influência. A ideia de um campo evoluiu com a teoria da relatividade geral de Einstein, que descreve a gravidade como uma curvatura do espaço-tempo, e com a mecânica quântica, em que as partículas físicas são representadas como excitações de campos quânticos.

Os campos quânticos, diferentemente dos campos clássicos, são entidades fundamentais que se manifestam como partículas e ondas, dependendo das condições de observação. Eles representam a vanguarda da compreensão das interações subatômicas e dos mecanismos constitutivos do universo. Com o tempo, cientistas e pensadores começaram a especular que essas unidades fundamentais de interação também podem ser relevantes para a compreensão da consciência humana, um assunto que continua sendo um dos mistérios mais fascinantes da ciência.

Em uma tentativa de desvendar o mistério da consciência, várias teorias surgem na interseção da filosofia, da neurologia e da física. A proposta de que a consciência pode ser descrita como um campo quântico está entre as ideias mais fascinantes e controversas das últimas décadas. Essa proposta combina intuição filosófica com rigor científico, sugerindo que a consciência não é simplesmente uma função do cérebro, mas pode depender de princípios quânticos.

Um dos estudiosos mais proeminentes nessa área é Sir Roger Penrose, ganhador do Prêmio Nobel de Física em 2020. Em 1989, Penrose publicou "The Emperor's New Mind" (A nova mente do imperador), onde propôs que os processos de consciência poderiam estar relacionados a fenômenos de gravidade quântica.

Os experimentos no campo da neurofisiologia forneceram alguns insights interessantes. Por exemplo, o estudo da sincronização neuronal e dos fenômenos de ondas cerebrais mostra que a consciência pode depender de modos altamente integrados de atividade neuronal, o que, conceitualmente, está de acordo com a ideia de um campo quântico coeso. Entretanto, esses experimentos não trazem uma confirmação definitiva da natureza puramente quântica da consciência e geram um debate considerável na comunidade científica.

Outras interpretações estão surgindo do campo da biologia quântica, uma área crescente que explora a importância dos fenômenos quânticos nos processos biológicos. O físico Erwin Schrödinger, em seu livro "What is Life?" (1944), especulou sobre uma possível função da física quântica nos processos vitais. Desenvolvimentos recentes nessa área sugerem que mecanismos de coerência quântica podem existir em sistemas vivos, abrindo a porta para a possibilidade de que tais fenômenos sejam relevantes para a consciência.

No debate contemporâneo, também é fundamental considerar as dimensões filosóficas e experimentais do tópico. Por exemplo, a posição da anestesia sobre até que ponto os microtúbulos estão envolvidos na consciência permanece em aberto. Mais uma vez, o desafio de Carl Jung e Wolfgang Pauli em vincular a psicologia analítica aos fenômenos modernos da física é considerado um precursor da integração da física quântica e da mente.

A exploração da consciência como um campo quântico nos obriga a reexaminar nossos conceitos fundamentais de realidade e experiência. Torna-se imperativo que continuemos a promover um intercâmbio interdisciplinar para desvendar as conexões profundas e ocultas entre a física de partículas, a biologia e a filosofia da mente. Somente por meio da interação desses campos poderemos nos aproximar da compreensão do mistério da consciência e de sua possível função quântica na ordem natural.

Consciências individuais como parte do campo quântico da consciência.

O conceito de consciência sempre fascinou filósofos, cientistas e pensadores ao longo dos séculos. Hoje, com o advento da física quântica e suas implicações revolucionárias, surge uma perspectiva ousada e radical: a consciência pode ser interpretada como um campo quântico, no qual as consciências individuais são configuradas como manifestações locais de um continuum universal. Essa visão não apenas desafia nossas crenças mais profundas sobre identidade e realidade, mas conecta elegantemente a ciência moderna com as antigas sabedorias espirituais.

Imaginamos a consciência como um vasto mar, no qual cada ser vivo representa uma pequena ondulação na superfície. Essa metáfora, inspirada na ideia do campo quântico da consciência, sugere que cada consciência individual, embora conectada a um corpo físico específico, está inextricavelmente ligada a um campo universal.

O físico David Bohm propôs uma ideia semelhante com sua teoria da ordem implícita e explícita, sugerindo que a totalidade do universo é um todo interconectado, em que as manifestações individuais são como ondulações na superfície de um oceano profundo e implícito. De acordo com Bohm, a consciência pode ser vista como um fenômeno que emerge dessa ordem implícita, fazendo com que as consciências individuais sejam ao mesmo tempo distintas e parte de uma única totalidade.

O conceito do campo quântico da consciência é ecoado em antigas tradições espirituais. Por exemplo, a filosofia védica e o budismo falam da unidade fundamental de todas as coisas e da ilusão da separação. A ideia de um "separado, mas unido" ressoa profundamente com o novo entendimento científico proposto.

Niels Bohr, um dos pais da mecânica quântica, observou que a física quântica e a filosofia da experiência humana estão intrinsecamente conectadas. Sua ideia de complementaridade sugere que a mente e a matéria não podem ser compreendidas separadamente. A mente (consciência) e a matéria (corpo) são dois lados da mesma moeda, conectados de forma profunda e fundamental.

C.G. Jung, em seu trabalho com Wolfgang Pauli, ganhador do Prêmio Nobel de Física, desenvolveu o conceito de "sincronicidade", explorando como os eventos psíquicos e físicos podem estar ligados por significados não causais, mas profundamente conectados. Embora não seja explicitamente quântica, sua colaboração marca uma nova tentativa de conectar a psique humana com fenômenos físicos em uma escala mais universal.

A proposta de entender a consciência como um campo quântico, em que as consciências individuais são ondulações em uma vasta superfície universal, levanta questões fascinantes e profundas sobre a natureza da realidade e nossa identidade. Essa visão avançada nos incentiva a considerar a experiência humana não como um fenômeno isolado, mas como parte de um tecido quântico interconectado e complexo. As implicações dessa teoria são profundas, desafiando nossas divisões tradicionais entre ciência e espiritualidade, indivíduo e universo, e lançando luz sobre possíveis novas maneiras de entender a mente e a realidade. Embora as evidências experimentais ainda estejam em evolução, o diálogo interdisciplinar continua a expandir nossos horizontes, aproximando-nos cada vez mais da compreensão do grande mistério da consciência.

A morte física, de acordo com essa teoria, marca o fim de uma ondulação específica, que é reabsorvida no mar quântico. Entretanto, a experiência adquirida durante a vida do corpo não é perdida. Ela acrescenta à vastidão do oceano quântico uma nova riqueza de percepções e conhecimentos.

Federico Faggin, um conhecido pesquisador da consciência, propôs o conceito de "Seity". Seity, fragmentos individuais de consciência, emergem do "Um" para experimentar o mundo físico. Seu objetivo é enriquecer o conhecimento do Um, que existe, de acordo com Faggin, precisamente para conhecer a si mesmo. Faggin argumenta:

"O Universo é uma escola gigantesca onde cada 'Seidade' aprende com a experiência e a reflete de volta para o Um".

Isso sugere que toda experiência humana contribui para um vasto arquivo cósmico, semelhante ao conceito de Akasha da filosofia oriental.

O termo Akasha vem da filosofia indiana e se refere a um éter cósmico no qual todas as experiências e conhecimentos do universo são registrados. Essa noção encontra uma analogia impressionante no campo quântico proposto para a consciência. Nada é perdido; todo pensamento, emoção e conhecimento humano é assimilado pelo universo quântico, enriquecendo-o com novas informações.

Na ciência, experimentos como interferência quântica e emaranhamento nos mostram como partículas distantes podem interagir de maneiras que desafiam a compreensão clássica. Esses fenômenos sugerem a possibilidade de que a própria consciência não esteja confinada aos limites do crânio humano, mas interaja com as redes quânticas do universo.

A teoria de que a consciência funciona como um campo quântico oferece uma ponte fascinante entre o físico e o metafísico. Ela não apenas abre novos horizontes na compreensão científica da mente, mas também mescla o conhecimento filosófico antigo com as descobertas da física moderna. Como Federico Faggin e muitos outros pioneiros, continuamos a explorar esse domínio intrigante, pairando entre a maravilha e a possibilidade. Continuamos a imaginar o "Um" que não apenas nos une, mas que aprende e evolui continuamente por meio de cada ondulação de nossa experiência de vida.

A consciência não é "nossa".

O que significa considerar a consciência como uma entidade quântica imortal, e como podemos conciliar essa visão com o conceito tradicional de alma?

A hipótese da consciência quântica sugere que os processos mentais podem ser explicados por meio das leis da mecânica quântica.

As implicações dessa teoria são profundas. Se a consciência é de fato um fenômeno quântico, então ela pode não estar vinculada ao espaço e ao tempo de forma convencional. A consciência pode sobreviver à morte do corpo físico e continuar a existir em um estado quântico não local, abrindo a porta para a possibilidade de existência pós-morte.

Historicamente, a alma tem sido vista como uma dádiva divina, algo que nos foi dado e pelo qual somos responsáveis. Esse conceito dominou a teologia e a filosofia por séculos, impondo restrições morais e espirituais à alma decididas por uma entidade superior. Entretanto, a visão modernista e científica da consciência como um fenômeno quântico nos convida a reconsiderar essas restrições, nosso papel e nossa suposta responsabilidade na determinação do destino de nossa consciência.

Por que deveríamos limitar a consciência, impondo a ela as mesmas restrições que a alma? Se considerarmos a consciência como uma manifestação quântica, livre de confinamentos físicos e temporais, também podemos imaginar a consciência continuando sua jornada além da morte, seguindo um caminho guiado pelas leis da física quântica em vez das diretrizes de uma divindade. Mas também não devemos impor nossas próprias diretrizes. De fato, se a "nossa" consciência é imortal, então ela não faz parte do nosso "eu". Em vez disso, nosso "eu" foi brevemente parte de "nossa" consciência.

O reconhecimento da consciência como um fenômeno quântico sugere que, na morte, não perdemos nossa consciência, mas nos libertamos das amarras corporais sem abrir mão do nosso "eu". Deixamos nossa consciência livre para explorar novas dimensões da existência. Nesse cenário, a sobrevivência na morte não é uma questão de paraíso ou inferno, mas uma intrigante aventura cósmica, uma escalada em direção a um destino desconhecido. Nessa escalada, nosso "eu" foi brevemente o protagonista de apenas um estágio. Nós nos confortamos com o fato de que isso deixou um rastro indelével no mistério cósmico.

Considerando a possibilidade de a consciência ser imortal de acordo com os princípios quânticos, podemos nos perguntar: que novas responsabilidades éticas e existenciais emergem dessa perspectiva? Que poder podemos ter sobre o destino da consciência quântica quando nosso corpo físico for dissolvido? E então, que poder nossos amigos e parentes poderão ter sobre nossa consciência quântica? O que eles poderão exigir dela quando ela estiver livre para seguir seu próprio caminho? Nossa consciência será um "eu" livre das amarras da carne, alheio à dimensão carnal, mas pronto para seguir um caminho por outras dimensões desconhecidas.

Para ser o Deus de nossa consciência?

A consciência é um peregrino que visitará muitos lares depois do nosso. Em cada lar, ela se sentirá bem-vinda e participará do equilíbrio familiar, mas o chamado da jornada sempre a induzirá a partir. Nenhum dono de casa jamais o proibirá de partir, nem lhe dará instruções sobre como continuar sua jornada, nem esperará que ele se lembre dele em estágios posteriores, nem marcará seu destino de maneira predominante. Nem mesmo os amigos do dono da casa podem pretender exercer domínio sobre sua consciência. Tudo deve terminar em um esquecimento justo e respeitoso....

A ideia de que a alma está vinculada às diretrizes de uma divindade dominou nossa compreensão da existência após a morte por séculos. Mas se abraçarmos a ideia de uma consciência quântica, nos sentiremos livres de condicionamentos filosóficos ou religiosos. Ao mesmo tempo, devemos evitar que nossa humanidade emerja. Isso acontece se, sabendo que a consciência não é uma dádiva dos outros, presumirmos que ela é nossa e nos pertence em sua totalidade, de modo que "*ocupamos o assento*". Tornamo-nos, de certa forma, os deuses de nossa consciência. Entretanto, justamente por ser imortal e livre, a consciência não é "nossa"; ao nos comportarmos como se a consciência fosse "nossa", afetamos negativamente sua liberdade, que é uma liberdade insuperável e "sublime".

Essa nova visão abre perspectivas extraordinárias de responsabilidade. Nossa consciência, uma vez liberada do corpo, não deve ser forçada a seguir "nossos" caminhos de existência, que seriam absolutamente pobres em comparação com a imensidão do mistério cósmico. Devemos respeitar o livre-arbítrio da consciência, e ninguém deve forçá-la a permanecer presa a uma existência desfeita pela morte.

Deixamos a consciência livre, uma vez liberada de nossos corpos, para seguir seu próprio caminho único e fascinante, seu próprio destino insondável. Afinal de contas, como poderíamos forçá-la a fazer alguma coisa? Nossa consciência é parte de um edifício do qual nunca soubemos nada. Só podemos nos consolar com o prazer de ter acrescentado um tijolinho a ele...

Em seu evangelho, João (3:6-9) afirma:

> *"O vento sopra onde quer, e vocês odeiam o seu som, mas não sabem de onde ele vem nem para onde vai; assim acontece com todo aquele que é nascido do Espírito."*

Aqui, "nossa" consciência é isso. A "nossa" consciência, nascida do Espírito, foi um vento que nos acariciou durante aquele breve momento em que vivemos em nosso corpo físico e, após o fim do corpo, continuará em sua jornada mística. Não sabemos de onde ela veio e não sabemos para onde irá, mas sabemos que ela levará consigo tudo o que fomos. Nosso "eu" viverá na consciência imortal como uma "nuvem quântica" composta de todas as escolhas feitas em nossa vida física. Nossa consciência ainda será "nós", mas de uma forma diferente.

Bibliografia.

Alexander, Eben	Living in a Mindful Universe: A Neurosurgeon's Journey into the Heart of Consciousness
Alexander, Eben	The Map of Consciousness Explained: A Spiritual Perspective on Life and Death
Alexander, Larry	The Afterlife Frequency
Alexander, Larry	The Map of Heaven: How Science, Religion, and Ordinary People Are Proving the Afterlife
Alexander, Larry	Seeking Heaven: Sound Journeys into the Beyond
Beauregard, Mario	Brain Wars: The Scientific Battle Over the Existence of the Mind and the Proof That Will Change the Way We Live Our Lives
Beauregard, Mario	The Spiritual Connection in Daily Life
Beauregard, Mario	The Spiritual Brain and Other Essays on the Applications of Neuroscience in Our Spiritual Experiences
Beauregard, Mario	Lifespan: Why We Age – and Why We Don't Have To
Beauregard, Mario	The Spiritual Process: An Investigation into the Transcendent Nature of Consciousness
Beauregard, Mario -	The Spiritual Brain: A Neuroscientist's Case for the Existence of the Soul
Beauregard, Mario -	The Spiritual Mind: Neuroscience of Spiritual Experiences
Bedford, Clare	The Shaman's Journey: Understanding Near-Death Experiences in Shamanic Practice
Bengston, William F.	The Energy Cure: Unraveling the Mystery of Hands-On Healing
Bruce Moen	Voyages Into the Afterlife: Charting Unknown Territory
Cochran, Clarke	Judgment After Death: Can We Assign the Right Place to Human Souls?
Cook, Penny Sartori, and Fenwick, Peter	The Handbook of Near-Death Experiences: Thirty Years of Investigation
Dossey, Larry	One Mind: How Our Individual Mind Is Part of a Greater Consciousness and Why It Matters
Dossey, Larry	Recovering the Soul: A Scientific and Spiritual Approach

Dossey, Larry	The Power of Premonitions: How Knowing the Future Can Shape Our Lives
Eben Alexander	Proof of Heaven: A Neurosurgeon's Journey into the Afterlife
Greyson, Bruce	After: A Doctor Explores What Near-Death Experiences Reveal About Life and Beyond
Grof, Stanislav	The Ultimate Journey: Consciousness and the Mystery of Death
Grof, Stanislav	The Holotropic Mind: The Three Levels of Human Consciousness and How They Shape Our Lives
Grof, Stanislav and Grof, Christina	The Stormy Search for the Self: A Guide to Personal Growth through Transformational Crisis
Hill, Ralph W.	The Strength to Awaken: Solutions to our Spiritual and Social Crisis
Kean, Leslie	Surviving Death: A Journalist Investigates Evidence for an Afterlife
Kübler-Ross, Elisabeth	On Death and Dying: What the Dying Have to Teach Doctors, Nurses, Clergy and Their Own Families
Kübler-Ross, Elisabeth	Living with Death and Dying: How to Communicate with the Terminally Ill
Kübler-Ross, Elisabeth	On Children and Death: How Children and Their Parents Can and Do Cope with Death
Lenzi, Massimo	Beyond Death: Evidence and Prospects for an Afterlife
van Lommel, P. V., van Wees, R., Meyers, V., & Elfferich, I.	(2001). Near-Death Experience in Survivors of Cardiac Arrest: A prospective study in the Netherlands. The Lancet.
Long, Jeffrey	Evidence of the Afterlife: The Science of Near-Death Experiences
Long, Jeffrey	God and the Afterlife: The Groundbreaking New Evidence for God and Near-Death Experience
Long, Jeffrey	Resurrection Science: Rediscovering the Supernatural Presence in the Modern World
Long, Jeffrey	The Near-Death Experience: What It Reveals About the Nature of Spiritual Energy
Mack, John E.	Passport to the Cosmos: Human Transformation and Alien Encounters
McDougall, William	The Introduction to Fieldwork: Second Edition
Melvin Morse and Paul Perry	Transformed by the Light: The Powerful Effect of Near-Death Experiences on People's Lives
Mermin, N. David	It's About Time: Understanding Einstein's Relativity
Moen, Bruce	Afterlife Knowledge Guidebook: A Manual for the Art of Retrieval and Afterlife Exploration
Moody, Raymond	Life After Life
Moody, Raymond	Reunions: Visionary Encounters with Departed Loved Ones
Moody, Raymond	The Light Beyond
Moody, Raymond	Reflections on Life After Life
Moody, Raymond	The Last Laugh: A New Philosophy on Near-Death Experiences, Apparitions, and the Paranormal
Moody, Raymond	The Light Behind God: A Psychiatrist's Experience with the Supernatural
Moody, Raymond	Through the Portal: Understanding Near-Death Experiences
Moody, Raymond	Life After Death: Classic Accounts of Near-Death Experiences

Moody, Raymond	The Death Experience: What It Is Like When You Die
Moody, Raymond	The Future Life: Scientifically Demonstrated Communicability with Spirits
Moody, Raymond, and Perry, Paul	Glimpses of Eternity: An Investigation into Shared Death Experiences
Morse, Melvin	Closer to the Light: Learning from the Near-Death Experiences of Children
Morse, Melvin	Parting Visions: Uses and Meanings of Pre-Death, Psychic, and Spiritual Experiences
Morse, Melvin	The Mystery of the Buried Crosses: Discovering Ancient Christianity in the Remote Mountains of Southern Sudan
Morse, Melvin	The True Nature of Death: A Vaccine Against Prejudice
Morse, Melvin and Perry, Paul	Where God Lives: The Science of the Paranormal and How Our Brains Are Linked to the Universe
Mullis, Kary	Dancing Naked in the Mind Field
Newton, Michael	Journey of Souls: Case Studies of Life Between Lives
Newton, Michael	Destiny of Souls: New Case Studies of Life Between Lives
Newton, Michael	Memories of the Afterlife: Life Between Lives Stories of Personal Transformation
Newton, Michael	Life Between Lives Hypnotherapy: A Facilitator's Guide
Newton, Michael	Life Between Life: Explorations of a Hypnotherapist in the Afterlife
Penrose, R., & Hameroff, S	. Quantum Computation in Brain Microtubules: The Penrose-Hameroff 'Orch OR' Model of Consciousness. Philosophical Transactions: Mathematical, Physical and Engineering Sciences.
Radin, Dean	Real Magic: Ancient Wisdom, Modern Science, and a Guide to the Secret Power of the Universe
Radin, Dean	The Conscious Universe: The Scientific Truth of Psychic Phenomena
Radin, Dean	Entangled Minds: Extrasensory Experiences in a Quantum Reality
Radin, Dean	Supernormal: Science, Yoga, and the Evidence for Extraordinary Psychic Abilities
Radin, Dean	Supernatural: Meetings with the Ancient Teachers of Mankind
Rawlings, Maurice	To Hell and Back: The Life After Death Experiences
Ring, Kenneth	Lessons from the Light: What We Can Learn from the Near-Death Experience
Sabom, Michael B.	Recollections of Death: A Medical Investigation
Sabom, Michael B.	Light and Death: One Doctor's Fascinating Account of Near-Death Experiences
Sabom, Michael B.	Beyond Death's Door: Understanding Near-Death Experiences
Schrödinger, E. (1944).	What is Life? The Physical Aspect of the Living Cell.
Schwab, Gereon Wolters, and Dossey, Larry	An Anthology of the Bridge World Literature on Psi and Survival
Schwartz, Gary	The Afterlife Experiments: Breakthrough Scientific Evidence of Life After Death
Schwartz, Gary	The Sacred Promise: How Science Is Discovering Spirit's Collaboration with Us in Our Daily Lives

Schwartz, Gary	The Living Energy Universe: A Fundamental Discovery that Transforms Science and Medicine
Schwartz, Gary	The G.O.D. Experiments: How Science Is Discovering God in Everything, Including Us
Schwartz, Gary	The Energy Healing Experiments: Science Reveals Our Natural Power to Heal
Schwartz, Gary	The Science of Miracles: How to Manifest Your Dreams
Schwartz, Gary	The Truth About Medium: Extraordinary Experiments with the Real Allison DuBois of NBC's Medium and Other Remarkable Psychics
Sheldrake, Rupert	Science and Spiritual Practices: Transformative Experiences and their Effects on our Bodies, Brains, and Health
Strassman, Rick	DMT: The Spirit Molecule: A Doctor's Revolutionary Research into the Biology of Near-Death and Mystical Experiences
Swinburne, Richard	The Evolution of the Soul
Tart, Charles	Waking Up: Overcoming the Obstacles to Human Potential
Tart, Charles	Altered States of Consciousness: A Book of Readings
Tart, Charles	States of Consciousness
Tart, Charles	From Birth to Death: The Circle of Life
Tart, Charles	On Being Stoned: A Psychological Study of Marijuana Intoxication
Turmel, André	Between Heaven and Earth: Psychokinesis, Undulation of Space-Time, and the Miracles of Jesus
van Lommel, Pim	Consciousness Beyond Life: The Science of the Near-Death Experience
van Lommel, Pim	Consciousness Beyond the Body: Evidence and Reflections
van Lommel, Pim	Endless Consciousness: A Scientific Overview of the Near-Death Experience
van Lommel, Pim	Near-Death Experiences: The Experience of the Self and the Continuity of Consciousness Beyond Death
van Lommel, Pim	Sensitive Awareness: Near-Death Experiences and the Evolution of Human Consciousness
van Lommel, Pim	Seeing Beyond the Visible: The Science of Near-Death Experiences
van Lommel, Pim	Human Consciousness and the Mystery of Life
van Lommel, Pim	Mortal or Immortal? Evolution and the Question of Death
van Lommel, Pim	Infinite Consciousness: The Unexplained Power of Near-Death Experiences
Van Praagh, James	Talking to Heaven: A Medium's Message of Life After Death
Wheeler, J. A. (1983).	Law without law. In Quantum Theory and Measurement.
Wigner, E. P.	(1961). Remarks On the Mind-Body Question. In The Scientist Speculates: An Anthology of Partly-baked Ideas.

Bruno Del Medico, blogueiro, escritor, editor, é especializado na divulgação de temas relacionados à atualidade social e às novas fronteiras da ciência. É autor de diversas publicações, incluindo uma série especializada em física quântica e metafísica.

Consciência quântica, sobrevivência da alma, física quântica, espiritualidade, metafísica, alma imortal, vida após a morte, EQM.

www.ingramcontent.com/pod-product-compliance
Lightning Source LLC
LaVergne TN
LVHW082023051026
849532LV00011B/3256